本书由郑州市建文特材科技有限公司独家资助出版

第八届全国商品砂浆学术交流会论文集

主编　王培铭　刘洪丽　张国防

中国建材工业出版社

图书在版编目（CIP）数据

第八届全国商品砂浆学术交流会论文集/王培铭，刘洪丽，张国防主编. --北京：中国建材工业出版社，2020.6

ISBN 978-7-5160-2940-4

Ⅰ.①第… Ⅱ.①王… ②刘… ③张… Ⅲ.①砂浆-学术会议-文集 Ⅳ.①TQ177.6-53

中国版本图书馆 CIP 数据核字(2020)第 101291 号

第八届全国商品砂浆学术交流会论文集
Di-ba Jie Quanguo Shangpin Shajiang Xueshu Jiaoliuhui Lunwenji
主编 王培铭 刘洪丽 张国防

出版发行：中国建材工业出版社
地　　址：北京市海淀区三里河路 1 号
邮　　编：100044
经　　销：全国各地新华书店
印　　刷：北京雁林吉兆印刷有限公司
开　　本：787mm×1092mm 1/16
印　　张：24.25 彩色 0.25
字　　数：600 千字
版　　次：2020 年 6 月第 1 版
印　　次：2020 年 6 月第 1 次
定　　价：168.00 元

本社网址：www.jccbs.com，微信公众号：zgjcgycbs

第八届全国商品砂浆学术交流会(8th NCCM)

天津，2019年11月1—3日

主办单位： 中国硅酸盐学会房屋建筑材料分会

中国建筑学会建筑材料分会

中国硅酸盐学会水泥分会

承办单位： 同济大学

天津城建大学

协办单位： 瓦克化学（中国）有限公司

郑州市建文特材科技有限公司

北京金隅砂浆有限公司

上海英业展览有限公司

先进土木工程材料教育部重点实验室（同济大学）

天津城建大学材料科学与工程学院

上海市建筑材料行业协会干混砂浆分会

顾问委员会（按姓氏笔画排序）

王肇嘉　张仁瑜　晋占平　陶有生　崔源声　谭　抚　缪昌文

指导委员会

姚　燕　崔　琪　赵霄龙

组织委员会

主　　任：孙振平

副 主 任：蔡鲁宏　刘洪丽

委　　员（按姓氏笔画排序）：

毕于东　杨孟吉　张　磊　张永明　张学文　茅　波　周　军

荣　辉　蒋正武

学术委员会

主　　任：王培铭

副 主 任：马保国　李清海　李东旭

委　　员（按姓氏笔画排序）：

王　茹　王　莹　王　晴　王　瑾　王卫军　王丛笑　王守德
王爱勤　韦江雄　孔祥明　水中和　宁作君　冯庆革　毕晓静
吴永文　刘　伟　刘加平　严兴李　李玉海　李永鑫　李相国
肖　斐　肖力光　肖群芳　朱敏涛　沈春林　陈柯柯　陈胡星
陈振荣　陈浩宇　沙建芳　张　伟　张　杰　张　量　张同生
张永明　张承志　张秀芳　张明良　张国防　张鸿毓　施　韬
苏新禄　罗庚望　苗琳琳　周宗辉　范树景　杨建森　单俊鸿
钟世云　赵立群　赵丕琪　赵青林　高小建　徐长伟　徐龙贵
徐振伟　钱晓倩　段瑜芳　顾炳伟　康　明　韩玉春　傅　雁
董　刚　董卫良　彭　晖　储洪强　戴许敏　潘亚宏　潘钢华
熊少波　薛国龙　樊　钧

会议秘书处

同济大学：张永明　张国防

天津城建大学：张　磊　荣　辉

前　言

第八届全国商品砂浆学术交流会于2019年11月1—3日在天津市举行。这是继2005年上海、2007年开封、2009年武汉、2011年上海、2013年南京、2015年济南、2017年广州之后国内商品砂浆学术交流的又一次盛会。

自第七届全国商品砂浆学术交流会以来的两年内，商品砂浆的研究范围不断扩大，研究深度不断加深，产品门类和种类不断增多，标准和规范不断完善，生产和应用规模不断扩大。本届会议旨在总结交流近两年来的研究成果，为商品砂浆的科学研究、生产和应用提供参考。

本届会议由中国硅酸盐学会房屋建筑材料分会、中国建筑学会建筑材料分会、中国硅酸盐学会水泥分会主办，同济大学、天津城建大学承办，瓦克化学（中国）有限公司、郑州市建文特材科技有限公司、北京金隅砂浆有限公司、上海英业展览有限公司、先进土木工程材料教育部重点实验室（同济大学）、天津城建大学材料科学与工程学院、上海市建筑材料行业协会干混砂浆分会协办。

本届会议遴选出53篇论文结集出版。论文集涉及商品砂浆发展现状、砂浆基本性能和原材料作用、砂浆产品研发与应用、固体废弃物利用、标准与试验方法等方面内容。

本论文集的出版得到郑州市建文特材科技有限公司独家资助。在论文征集、整理和编辑过程中，得到国内同行的大力支持。天津城建大学材料科学与工程学院张磊、荣辉等老师，同济大学材料科学与工程学院张永明、孙振平、王茹、刘斯凤、徐玲琳等老师以及王顺祥、张海旭、邱大薇、王博等研究生也为此付出辛勤劳动。在此一并表示深深的谢意！

由于编者水平有限，书中不足之处在所难免，敬请广大读者批评指正。

编者

2020年5月

目　　录

第一部分　综述

第二部分　砂浆基本性能和原材料作用

第三部分 产品研发与应用

第四部分 其 他

第一部分　综　述

从装配式建筑到商品砂浆发展的思考

王培铭
（同济大学材料科学与工程学院，上海，201804）

摘　要：从装配式建筑的种类和预制部品部件的连接方式观察装配式建筑对砂浆的需求，以未来 6 年国内新建建筑总量和装配式建筑量的走势分析装配式建筑对砂浆行业的影响，同时探讨全装配式建筑和半装配式建筑对商品砂浆品种和数量需求的差异，最后论述关于装配式建筑存在下商品砂浆发展的优势、问题和方向。
关键词：装配式建筑　商品砂浆　行业发展　影响程度　研发方向

Consideration on Development of Commercial Mortar from Prefabricated Construction

Wang Peiming
(School of Materials Science and Engineering, Tongji University, Shanghai, 201804)

Abstract: The demand of mortar for prefabricated construction is observed from the types of prefabricated constructions and the connection modes of prefabricated components and parts. The influence of prefabricated construction on mortar industry is analyzed based on the trend of the number of new buildings and that of prefabricated constructions in China in the next six years. At the same time, the difference of demand for the categories and amount of commercial mortar between fully-prefabricated and semi-prefabricated constructions is discussed. Finally, the advantages, problems and directions of the development of commercial mortar in the presence of prefabricated constructions are discussed.
Keywords: prefabricated construction　commercial mortar　industry development　influence degree　research and development direction

1　引言

装配式建筑一直被称为工业化建筑或产业化建筑，我国早在 20 世纪 50 年代就进行了尝试，70 年代落入低谷，80 年代又东山再起，后几经起伏，终于从“十二五”开始，逐渐发展起来。2017 年，密集出台装配式建筑的相关政策，当年 1 月发布装配式建筑三大体系（混凝土、钢结构、木结构）技术标准，3 月发布《“十三五”装配式建筑行动方案》及配套管理办法，12 月发布《装配式建筑评价标准》。其中《“十三五”装配式建筑行动方案》是由住房和城乡建设部提出的，规定到 2020 年每年新开工装配式建筑面积占城镇新建建筑面积的比例达到15%以上。更早一年即2016年发布的《中共中央　国务院关于进一步加强城市规划建设管理工作的若干意见》规定，力争10年左右时间（即在2025年前后），使装配式建筑占新建建筑的比例达到30%。尽管与发达国家相比，目前我国装配式建筑仍处于发展阶段，某些地区甚至徘徊在起步阶段，但是，其对其他行业的影响已引起业内密切关注。砂浆行业是否会受到装配式建筑的影响？影响程度如何？如何应对？本文就此谈谈粗浅的思考。

2　装配式建筑的种类

按2017年12月12日发布的修订版国家标准《装配式建筑评价标准》（GB/T 51129—2017），装配式建筑是由预制部品部件在工地装配而成的建筑。预制部品指由工厂生产，构成外围护系统、设备与管线系统、内装系统的建筑单一产品或复合产品组装而成的功能单元的统称；预制部件指在工厂或现场预先生产制作完成，构成建筑结构系统的结构部件及其他部件的统称。

按结构材料，装配式建筑分为混凝土结构装配式建筑、钢结构装配式建筑、木结构装配式建筑及混合结构装配式建筑等四大类。

按预制部件的形式和施工方法，装配式建筑分为砌块建筑、板材建筑、盒式建筑、骨架板材建筑和升板升层建筑等五大类[1]。

砌块建筑：用预制的块状材料砌成墙体的装配式建筑，适于建造3～5层建筑。

板材建筑：亦称大板建筑，由预制的大型内外墙板、楼板和屋面板等板材装配而成。

盒式建筑：亦称盒子建筑，盒子的结构部分、内部装修和设备，甚至家具等设施在工厂安装齐全，运至工地吊装完成、接好管线即可使用。

骨架板材建筑：由预制骨架和板材组成，按承重结构形式又分为两种：①由柱、梁组成框架，再搁置楼墙板的框架结构体系；②由柱、楼板组成承重的板柱结构体系。

升板升层建筑：是骨架板材建筑的第二种形式，即板柱结构体系的一种，而施工方法有所不同。升板建筑是在底层混凝土地面上浇筑各层楼板和屋面板，竖立预制钢筋混凝土柱子，以柱为导杆，用置于柱上的油压千斤顶把楼板和屋面板提升到设计高度，外墙用墙体材料填充或浇筑混凝土。升层建筑是在升板建筑每层的楼板还在地面时先安装好内外预制墙体，一起提升的建筑。

实际上，装配式建筑还有其他划分方法和形式，既有上述五大类的衍生形式，也有根本不属于这五大类的形式。目前国内最常见的混凝土结构装配式建筑，其结构形式虽称为剪力墙结构、框架结构、框架—剪力墙结构[2]，但基本上均属于板材建筑和骨架板材建筑这两大类及其衍生的结构形式。

另外，装配式建筑根据其装配化的程度（装配率），又分为全装配式和半装配式（或部分装配式）建筑两大类。前者的全部部品部件都在工厂里成批生产，然后到现场装配（本文定义）。后者只有一部分预制部品部件在工厂里成批生产，其余建造在现场以传统方式施工，如砌筑、现浇、抹灰等；也有的预制部件在工厂里完成下半部分，上部在工地现浇，即所谓的叠合梁、叠合板，用于所谓“等同现浇”的装配整体式结构。还有一种情况是一部分楼层是装配式建筑形式，而其余楼层完全不是装配式建筑形式。半装配式建筑中的这些不属于装配式建筑的部分，本文称为非装配式建筑部位，与其相对的是装配式建筑部位。

3　装配式建筑的连接方式

国内最常用的装配式建筑形式是板材建筑和骨架板材建筑及其衍生形式，因此，装配式建筑预制部品部件的连接方式在这里主要涉及这两种建筑形式。

板材建筑和骨架板材建筑这两种装配式建筑预制部品部件之间的连接方式分为干式连接和湿式连接两大类。干式连接包括螺栓、焊接、预应力钢绞线等连接；湿式连接包括钢筋套筒灌浆、钢筋浆锚搭接、部件浇筑等连接。由这些连接方式又衍生出 20 多种连接方式。

干式连接需要密封预制部品部件之间的缝隙。湿式连接中，除密封以外，与砂浆需求有关的主要是钢筋套筒灌浆、钢筋浆锚搭接这两种连接方式。

上述连接方式主要是针对全装配式建筑而言的，而对半装配式建筑来说，除了这些连接方式外，还有传统的连接方式。

4　装配式建筑对砂浆的需求

4.1　全装配式建筑

在全装配式建筑中，需要的砂浆有部件与部件之间钢筋套筒灌浆、钢筋浆锚搭接这两种连接方式中的水泥基灌浆料和坐浆料。有时，部件与部件、部品与部品以及部件与部品之间的竖向接缝也需要水泥基接缝料填充。

灌浆料和坐浆料均是以胶凝材料、级配细集料、外加剂及其他材料组成的干混砂浆，应具有早强、高强、微膨胀等性能。按行业标准要求的钢筋套筒灌浆料的具体性能见表 1。

表 1　钢筋套筒灌浆料产品性能指标（JG/T 408—2013）

项目		性能
流动度/mm	初始	≥300
	60min	≥260
抗压强度/MPa	1d	≥35
	3d	≥60
	28d	≥85
竖向膨胀率/%	3h	≥0.02
	24h 与 3h 之差	0.02～0.5
泌水率/%		0
Cl^- 含量/%		≤0.03

坐浆料不仅用于预制混凝土梁、柱及板等预制部件的坐浆施工，还和接缝料一样，用于这些预制部件的接缝封堵，具有承载和防水多重作用，但坐浆料和接缝料至今尚无对应的国家统一标准。

钢筋套筒灌浆料、钢筋浆锚灌浆料、预制部件坐浆料、接缝材料称为装配式建筑专用砂浆，尽管“灌浆料”“坐浆料”和“接缝料”这些术语早已有之现借用而已。

4.2　半装配式建筑

在半装配式建筑中，对目前国内最常用的装配整体式结构（主要部件含叠合梁、叠合板）来说，如果除了叠合梁和叠合板以外，其余部位也全部由预制部品部件装配而成，则仍与全装配式建筑一样，只有钢筋套筒灌浆、钢筋浆锚搭接两种连接方式中需要水泥基灌浆料和坐浆料。

对其他半装配式建筑来说，对砂浆的需求是相当复杂的，取决于非装配式建筑部位的建造形式。例如，如果预制部品部件只有楼梯，则需要的砂浆种类与传统建筑（这里指非装配式建筑）几乎完全一样。如果预制部品部件仅含框架部件，则需要的砂浆可能有砌筑砂浆、抹灰砂浆、装饰砂浆、界面砂浆、粘贴砂浆、防水砂浆、保温体系专用砂浆（高效保温板粘贴、防护砂浆，轻质砌块砌筑砂浆，抹面砂浆）等。如果除了框架部件外，所有围护结构也是由预制部件（属结构组分）或部品（属非结构组分）构成，且已含保温层和饰面层（包括清水墙面），则不再需要砌体所用的上述砂浆；如果墙体所用的墙板只是预制部件或部品需要现场抹灰的话，则需要专用的薄层抹灰砂浆，也可能需要饰面砂浆。如果全装配式楼层和非装配式楼层混合存在的情况，则显然需要上面提到的两种楼层建造方式需要的所有种类的砂浆。

5 装配式建筑对砂浆行业的影响程度

5.1 砂浆总量

装配式建筑对商品砂浆行业的影响取决于三个方面：一是新建建筑的发展趋势；二是装配式建筑的占比及发展趋势；三是砂浆行业的现状及发展趋势。

图 1 显示了前几年预测的我国近 11 年装配式建筑面积和新建建筑面积及其比例[3]及对应的砂浆类别。图中装配式建筑占比与住房和城乡建设部《“十三五”装配式建筑行动方案》（2017 年 3 月发布）规定的全国到 2020 年为 15％以上，以及《中共中央国务院关于进一步加强城市规划建设管理工作的若干意见》（2016 年 2 月发布）规定的力争 10 年左右时间达到 30％基本是一致的。

按照这个发展趋势，尽管装配式建筑面积逐年增加，但传统建筑面积即非装配式建筑面积不但没有减少，反而略有增加。假设传统建筑形式不发生大的变化，则所需求的砂浆量显

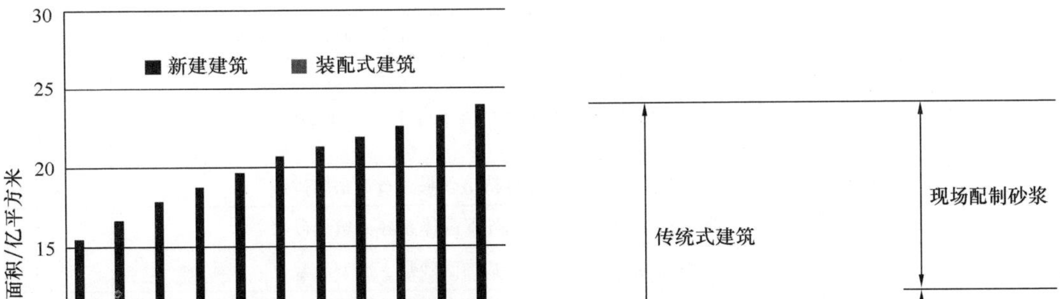

图 1 我国近 11 年装配式建筑面积和新建建筑面积比预测（根据文献［3］整理）及砂浆类别需求

然会有一定程度的增加，增加部分一是源于传统建筑与装配式建筑的面积差值增大，二是来自装配式建筑对建筑砂浆的附加需要量，特别是半装配式建筑（实际上占装配式建筑面积的50%以上）需要的砂浆量仍占一定的份额。因此，我国建筑砂浆的需求量从目前的6亿吨左右来看，到2025年不会低于这个规模。另外，商品砂浆的产量虽然逐年增加，但是目前只占砂浆总需求量的四分之一。因此商品砂浆的市场需求量不但不会受装配式建筑的影响，反而还有大幅上升空间（相应缩小现场配制砂浆的用量）。

5.2 砂浆种类

装配式建筑对商品砂浆的市场需求量不会有负面影响，从而不难理解，装配式建筑对商品砂浆的种类也没有负面影响。相反，装配式建筑因有“刚性”需求增加了新的砂浆品种。其实，有些半装配式建筑，在非装配式部位和非装配式建筑所用的砂浆种类是一样的。因此，所有商品砂浆的开发不仅与非装配式建筑有关，其实还与装配式建筑是相关的。

也就是说，即使装配式建筑具有一定量的存在，砂浆品种只会增加，不会减少。迄今为止，有标准可查的干混砂浆种类已发展到50多种，见表2。表中所列的干混砂浆品种仅限于大类，有些大类还包含若干个不同的分类（本文有时称为分型）。例如，陶瓷砖粘结砂浆这一个大类，就包含20个分类，其中水泥基干混生产的占一半（即包括普通型、快凝型、抗滑移、快凝抗滑移、增强型、加长晾晒时间增强型、快凝增强型、抗滑移增强型、抗滑移加长晾晒时间增强型、快凝抗滑移增强型等10个分型）；修补砂浆至少含12个分类（刚性、柔性、普通型、防水型、耐腐蚀性、耐磨性、快凝型、自密实型及其相互组合型）；砌筑砂浆根据所用基底的吸水率高、中、低分3个分类，抹灰砂浆亦如此。

表2 装配式建筑需求的砂浆种类

建筑类别	砂浆用途类别	砂浆品种类别及数量①	
		品种	数量
全装配式建筑专用	灌浆	钢筋套筒灌浆料、钢筋浆锚灌浆料	2
	密封	坐浆料、接缝料	2
半装配式建筑附加	砌筑	普通砌筑砂浆、薄层砌筑砂浆、混凝土砌块砌筑砂浆	3
	抹灰	普通抹灰砂浆、薄层抹灰砂浆、(机喷) 抹灰石膏	4
	地面	普通地面砂浆、水泥基自流平砂浆、石膏基自流平砂浆、混凝土地坪水泥基耐磨材料	4
	粘贴	陶瓷砖粘结砂浆、石材粘结砂浆、石膏粘结砂浆	3
	填缝	陶瓷砖填缝砂浆、外墙外保温体系界面填缝砂浆	2
	装饰	水泥基饰面砂浆、石灰基饰面砂浆、造型砂浆	3
	界面	水泥混凝土界面砂浆、加气混凝土界面砂浆、水泥基自流平砂浆用界面砂浆、外墙外保温体系界面砂浆	4
	修缮	修补砂浆、加固砂浆、灌浆材料	3
	防水	普通防水砂浆、聚合物水泥防水砂浆、水泥渗透结晶型防水材料、堵漏砂浆	4
	复合保温体系	EPS颗粒保温砂浆，其防护砂浆；无机保温砂浆，其防护砂浆；保温板②粘结砂浆，保温板②防护砂浆，储能调温砂浆	21
总计			55

注：① 基本上按国家标准和行业标准规定的品种（名称有所改动），不包括品种所含分型，亦不包括构筑物专用砂浆。
② 包括EPS板、XPS板、PU板、酚醛板、岩棉板、水泥发泡板、EPS砂浆板、无机保温砂浆板等。

今后建筑技术的进步，会对砂浆品种及品质提出新的需求。另外，随着人们对商品砂浆的认知及国内经济建设的发展，商品砂浆越来越受青睐，其市场需求量会越来越高。

6　装配式建筑存在下砂浆发展的思考

6.1　有利形势

装配式建筑的存在并不会对砂浆行业造成负面影响，再综合考虑其他因素，我国砂浆行业的发展处于有利形势，主要表现在下列几点：

（1）装配式建筑对新型砂浆的开发有重要促进作用。例如，全装配式建筑所用的灌浆料和坐浆料、半装配式建筑所用的薄抹灰和接缝密封材料都是本阶段装配式建筑对品种或品质有特别需求的砂浆。

（2）为了配合装配式建筑施工速率和绿色环保的优势，装配式建筑的非装配式部分必然采用商品砂浆。

（3）商品砂浆"多快好省"的理念更加深入人心，无论从工程质量、降低劳动成本，还是绿色环保考虑，商品砂浆比现场配制更胜一筹的现实业内已达成共识。

（4）商品砂浆特别是干混砂浆的种类已趋于齐全，在生产管理和应用服务方面也有很大的进步，为市场选择商品砂浆提供了更大的空间。

（5）我国商品砂浆的标准和规范趋于完善，单就干混砂浆来说，从1994年我国第一部产品标准［《陶瓷墙地砖胶粘剂》(JC/T 547)］颁布以来，迄今为止仅国家和行业标准就已达48部（其中多部已经过修订），包含57类独立的干混砂浆产品（见附录）。应用技术规程也随之跟进。这些都对产品生产、工程应用和监督管理提供了有力支撑。

（6）原材料如水泥和骨料的"匮乏"显得商品砂浆愈加"珍贵"，助推市场趋向商品砂浆偏移。

6.2　存在问题

砂浆行业发展的有利形势并不能掩饰在生产、应用和研发方面仍然存在的一些问题，而且这些问题与装配式建筑的存在与否基本上没有关系。

（1）在生产方面：①规模厂家数量相对小。多数小型厂家生产技术落后，有的产品品质难以满足工程需求，有的应用技术服务不能匹配，不能正确指导应用。②有些厂家生产技术并不落后，但是迫于价格竞争压力，降低了产品品质。③某些标准迁就目前产品品质，使得产品性能不能适应工程要求。有些产品标准涉及的砂浆种类互相重复，技术指标又不一致，令生产和应用无所适从。

（2）在应用方面：①商品砂浆应用普及率仍然处于低水平，总体只占建筑砂浆需求量的20%左右；②应用技术规程在时间上落后于产品实际应用，在技术上也不能全面适应应用环境条件。

（3）在研发方面：①大多厂家缺乏研发力量，不能开发新型砂浆品种，也不能对既有产品进行性能提升，甚至不能保持产品品质；②即使有规模的厂家，有的也急功近利，不能成功开发难度大的产品；③大多研究停留在产品开发阶段，基础理论研究相对薄弱。

6.3　研发方向

从存在问题来看，要使商品砂浆在数量、品质、经济、环保上更进一步，还要在生产、应用和研发方面做很多工作。本文仅就砂浆研发方向方面谈谈个人的思考。

虽然预计到2025年我国的装配式建筑规模升至新建建筑的30%（这也是发达国家届时可能也达不到的规模水平），但用实际的装配率，将全部装配式建筑折合成全装配式建筑，可能实际全装配式部位仅为新建建筑总量的10%～15%。因此我国商品砂浆的研究，既要考虑装配式建筑的特殊需求，更要重视所有建筑的普遍需求。综合起来，我国在商品砂浆方面的研究，从砂浆品种来说，需要加大力度的举例如下：

（1）灌浆料。钢筋套筒灌浆料、钢筋浆锚灌浆料、加固和修补灌浆料、堆石混凝土灌浆料的大多共性为具有大流动度、早强、高强、微膨胀等性能要求，需要进一步根据应用场合提升其品质。

（2）坐浆料。梁柱坐浆料、墙板坐浆料国内尚无统一产品标准，有待完善。

（3）大变形止水耐候性强的接缝密封材料。国外在混凝土结构装配式建筑中用的接缝密封材料基本上是高分子材料，制作成本高，耐候性差。如果能用高分子改性水泥基材料取代之，既能降低制作成本，又能提高耐候性。

（4）瓷砖胶粘剂。我国瓷砖胶粘剂在瓷砖粘贴中的使用率2017年仅10%左右，即90%的瓷砖仍用现场配制的砂浆或净浆粘贴。这种传统粘贴方式是在瓷砖密实度不断提高的情况下，加上环境气候的恶化，引发瓷砖脱落的重要原因之一。应研发适于当地使用环境条件的瓷砖粘结砂浆，并出台适合中国特殊环境的产品标准和应用规程。

（5）饰面砂浆。我国的饰面砂浆使用率更低，主要原因是色彩的均匀性、抗泛白和耐沾污性能以及由施工不当引发的色差，还没有完全解决。应开发无上述问题的饰面砂浆或自洁砂浆（后者以良好的耐沾污性能为主），重点研究装饰砂浆如何提高自身的素质（均质性、亲和力）和抵抗环境带来的化学作用（泛白）和物理作用（沾污）。

（6）防水砂浆。我国防水砂浆的产品标准问世较晚，开始于2011年，后又相继出现了若干相似的标准，但“防水”的概念、憎水与止水的界限仍需进一步明确。

（7）修补砂浆。我国修补砂浆的产品标准问世更晚，开始于2016年。修补砂浆种类繁多，应对的处境复杂，如何合理设计或“对症下药”，生产和使用正确的材料，处理好与邻层的关系至关重要。

（8）石膏抹灰砂浆。目前我国石膏抹灰砂浆大多用工业石膏作为原材料来生产。有时在并了解工业石膏长期性质的情况下，生产一哄而上。除继续研发安全优质且稳定的工业石膏砂浆，还应重视体现天然石膏制备抹灰砂浆的优势。

（9）保温体系配套砂浆。特别是对复合保温体系来说，一是邻层种类多，性质各异，二是外界气候的影响也是千变万化，体系内的温度和湿度与自保温体系的有很大差异，因此，应针对国内气候条件开发有利于复合保温体系安全耐久的配套砂浆。

（10）无尘砂浆。特种干混砂浆袋装率很高，使用时破包会产生灰尘，对操作工健康造成不良影响。而国内能生产无尘砂浆的企业寥寥无几，这种状况应得到改变。

除了砂浆品种以外，研究还应重视两点：一要立足于砂浆的高品质、功能差异性或反向、长期性能和施工性的协调发展等；二要加强基础研究，探究科学原理，用来指导开发新型砂浆和正确应用砂浆。

7 结语

对砂浆行业来说，装配式建筑不但不会产生负面影响，反而提出了新的挑战。这些挑战为砂浆行业的提质和创新提供了动力。无论装配式建筑的存在与否，迄今为止，国内在砂浆方面的研究还是零散的，仍有许多问题需要通过系统研究得以解决。总之，砂浆研发之路仍然任重道远。

参考文献

[1] https：//baike.baidu.com/item/装配式建筑.

[2] 住房和城乡建设部住宅产业化促进中心．大力推广装配式建筑必读：技术·标准·成本与效益[M].北京：中国建筑工业出版社，2016.

[3] http：//www.chyxx.com/industry/201806/651372.html.

附录：1994—2019 新编和修订干混砂浆产品国家和行业标准一览

（计 48 部，以首次颁布年份为序，标有每部标准所含干混砂浆品种数量，共含 57 个独立品种）

《陶瓷墙地砖胶粘剂》（JC/T 547—1994）（2005、2017 年修订），2017 年改名为《陶瓷砖胶粘剂》，含 1 种干混砂浆

《混凝土小型空心砌块砌筑砂浆》（JC 860—2000）（2008 修订），2008 年改名为《混凝土小型空心砌块和混凝土砖砌筑砂浆》，含 1 种干混砂浆

《蒸压加气混凝土用砌筑砂浆与抹面砂浆》（JC 890—2001）（2017 修订），2017 年改名为《蒸压加气混凝土墙体专用砂浆》，含 3 种干混砂浆

《混凝土地面用水泥基耐磨材料》（JC/T 906—2002），含 1 种干混砂浆

《混凝土界面处理剂》（JC/T 907—2002）（2018 修订），含 1 种干混砂浆

《膨胀聚苯板薄抹灰外墙外保温系统》（JG 149—2003），含 2 种干混砂浆

《聚合物水泥防水砂浆》（JC/T 984—2005）（2011 修订），含 1 种干混砂浆

《地面用水泥基自流平砂浆》（JC/T 985—2005）（2017 修订），含 1 种干混砂浆

《水泥基灌浆材料》（JC/T 986—2005）（2018 修订），含 1 种干混砂浆

《建筑保温砂浆》（GB/T 20473—2006），含 1 种干混砂浆

《墙体保温用膨胀聚苯乙烯板胶粘剂》（JC/T 992—2006），含 1 种干混砂浆，与 JG 149—2003 重

《外墙外保温用膨胀聚苯乙烯板抹面胶浆》（JC/T 993—2006），含 1 种干混砂浆，与 JG 149—2003 重

《陶瓷墙地砖填缝剂》（JC/T 1004—2006）（2017 修订），2017 年改名为《墙地砖填缝剂》，含 1 种干混砂浆

《石膏基自流平砂浆》（JC/T 1023—2007），含 1 种干混砂浆

《墙体饰面砂浆》（JC/T 1024—2007）（2019 修订），含 1 种干混砂浆

《粘结石膏》（JC/T 1025—2007），含 1 种干混砂浆

《无机防水堵漏材料》（GB 23440—2009），含 1 种干混砂浆

《饰面石材用胶粘剂》（GB 24264—2009），含 1 种干混砂浆

《预拌砂浆》（GB/T 25181—2010）（2019 修订），含 12 种干混砂浆，仅 4 种不与其他标准重

《膨胀玻化微珠保温隔热砂浆》（GB/T 26000—2010），含 1 种干混砂浆

《膨胀玻化微珠轻质砂浆》（JG/T 283—2010），含 1 种干混砂浆，与 GB/T 26000—2010 类同

《混凝土结构加固用聚合物砂浆》（JG/T 289—2010），含 1 种干混砂浆

《挤塑聚苯板薄抹灰外墙外保温系统用砂浆》（JC/T 2084—2011），含 2 种干混砂浆

《聚合物水泥防水浆料》（JC/T 2090—2011），含 1 种干混砂浆，与 JC/T 984—2011 类同

《建筑用砌筑和抹灰干混砂浆》（JG/T 291—2011），含 2 种干混砂浆

《混凝土结构修复用聚合物水泥砂浆》(JG/T 336—2011)，含 1 种干混砂浆

《水泥基渗透结晶型防水材料》(GB 18445—2012)，含 1 种干混砂浆

《抹灰石膏》(GB/T 28627—2012)，含 1 种干混砂浆

《天然石材用水泥基胶粘剂》(JG/T 355—2012)，含 1 种干混砂浆

《模塑聚苯板薄抹灰外墙外保温系统材料》(GB/T 29906—2013)，含 2 种干混砂浆，同 JG 149—2003

《胶粉聚苯颗粒外墙外保温系统材料》(JG/T 158—2013)，含 8 种干混砂浆，仅 2 种不与上重

《保温装饰板外墙外保温系统材料》(JG/T 287—2013)，含 1 种干混砂浆

《钢筋连接用套筒灌浆料》(JG/T 408—2013)，含 1 种干混砂浆

《挤塑聚苯板薄抹灰外墙外保温系统材料》(GB/T 30595—2014)，含 2 种干混砂浆（同 JC/T 2084—2011)

《外墙外保温系统用界面剂和填缝剂》(JG/T 2242—2014)，含 2 种干混砂浆

《建筑储能调温砂浆》(JC/T 2388—2015)，含 1 种干混砂浆

《建筑用找平砂浆》(JC/T 2326—2015)，含 2 种干混砂浆

《水泥基自流平砂浆用界面剂》(JC/T 2329—2015)，含 1 种干混砂浆

《岩棉薄抹灰外墙外保温系统材料》(JG/T 483—2015)，含 2 种干混砂浆

《修补砂浆》(JC/T 2381—2016)，含 1 种干混砂浆

《外保温用酚醛板粘结、抹面胶浆》(JC/T 2384—2016)，含 3 种干混砂浆

《水泥基泡沫保温板专用砂浆》(JC/T 2390—2017)，含 2 种干混砂浆

《桥梁支座灌浆材料》(JT/T 1130—2017)，含 1 种干混砂浆

《建筑用干混地面砂浆》(JC/T 2457—2018)，含 2 种干混砂浆，仅 1 种与上不同

《机械喷涂抹灰石膏》(JC/T 2474—2018)，含 1 种干混砂浆

《石灰基单层装饰砂浆》(JC/T 2490—2018)，含 1 种干混砂浆

《公路工程水泥混凝土用快速修补材料　第 1 部分：水泥基修补材料》(JT /T 1211.1—2018)，含 1 种干混砂浆

《半柔性混合料用水泥基灌浆材料》(JT /T 1238—2019)，含 1 种干混砂浆

注：凡画下画线者，砂浆种类与其他标准相同或相似，未计入 54 个独立品种内。

聚合物改性水泥复合材料的若干问题

钟世云[1]，陈维灯[1,2]，韩冬冬[1,3]

［1. 先进土木工程材料教育部重点实验室（同济大学），同济大学材料科学与工程学院，上海，200092；2. 福建省建筑科学研究院，福建福州，350025；3. 福州市城乡建设发展有限公司，福建福州，350004］

摘　要：聚合物改性水泥复合材料是以乳液或可再分散乳胶粉（聚合物分散体）作为改性剂的水泥砂浆或混凝土。尽管聚合物改性水泥复合材料以瓷砖胶和抹面胶浆为代表的特种砂浆以及以桥面和停车场罩面为代表聚合物改性混凝土获得了很多的应用，但对聚合物分散体在水泥基材料中的稳定性、作用机理，以及聚合物改性水泥基复合材料的适用性还没有形成广泛的共识。本文根据近年的实验和文献研究，对这些问题提出了自己的见解，并提出了尚待研究的一些问题。

关键词：建筑材料　混凝土-聚合物复合材料　乳液稳定性　增强增韧机理　应用问题

水泥基复合材料（cement-based composite materials）这个名词出自美国国家材料顾问委员会（NMAB）的报告《美国水泥与混凝土研究开发的现状》（1980 年），用来概括从水泥到各种混凝土的一大类材料。聚合物改性水泥混合料（polymer-modified cementitious mixture，PMC）出自美国混凝土协会 548-用于混凝土的聚合物和胶粘剂（polymers and adhesives for concrete）分委员会关于聚合物改性混凝土的报告（ACI 548. 3R）。这些材料包括聚合物改性的水泥浆、砂浆和混凝土（polymer-modified cementitious slurry，mortar，and concrete）。因此，使用聚合物改性水泥复合材料（polymer-modified cementitious composites）这个名词来表示这些材料是合适的。

在 ACI 548. 3R 中，PMC 被定义为“在混合的同时，将含骨料或者不含骨料的水泥与分散在水中或者在水中再分散的有机聚合物结合在一起（hydraulic cement combined at the time of mixing with organic polymers that are dispersed or redispersed in water，with or without aggregates）”。因此，聚合物改性水泥复合材料是以聚合物在水中的分散体（即聚合物水分散体，可以简称为聚合物分散体或者聚合物乳胶或乳液）作为改性剂的水泥基复合材料。在瓷砖胶、抹面胶浆材料中，除了聚合物分散体，还常常掺加纤维素醚、淀粉醚、聚乙烯醇等水溶性的聚合物材料，使得改性材料体系进一步复杂化。

我们都知道，在物理化学的基础知识中，分散体是热力学不稳定（或称亚稳定）的体系，而溶液是热力学稳定的体系。聚合物乳液在水泥浆体中是否稳定，如何评价，一直没有得到很好的重视，因此也没有标准的测试方法。在聚合物改性水泥复合材料中，还常常同时使用聚合物分散体和水溶性聚合物，尽管同时使用这两类聚合物的时候，水溶性聚合物材料的用量比聚合物分散体的用量少得多，但其对复合材料性能的影响却不小，其中的机理也一直困扰着我们。本文试图从聚合物分散体的稳定性及其对改性水泥复合材料结构的影响、复

作者简介：钟世云，男，博士，教授，研究领域为建筑材料，Email：syzhong@tongji. edu. cn。

合材料的结构对其性能的影响出发，对聚合物改性水泥复合材料性能表现中一些令人困惑的问题进行分析，并提出一些尚待研究的问题，供同行参考和批评。

1 聚合物分散体在水泥基材料中的稳定性

ACI 548.3R—2009 关于聚合物改性混凝土的报告给出了一个统计结果：市场上只有不到 5%的聚合物乳液可以用来对水泥浆体改性，其他 95%由于缺乏足够的稳定性，会在水泥浆体中发生凝聚。但是即便是这样，在这个报告中也仅仅要求改性水泥基材料用的聚合物乳液应具有良好的化学稳定性、机械稳定性和热稳定性。很显然，对于水泥基材料改性用的聚合物乳液来说，仅仅满足这些指标是不够的，因为市场上建筑涂料用乳液都满足这些要求，但是绝大部分并不能够用于改性水泥基材料，因为将其与水泥浆体混合的时候会发生凝聚破乳，混合物没有恰当的工作性能。聚合物乳液在水泥浆体中凝聚的原因还不是很清楚。因此，使聚合物乳液在水泥中保持稳定，需要一个摸索过程。图 1 显示了某著名公司生产的一种水泥改性专用乳液在 2012 年和 2016 年流动度随时间的变化，可以看出该公司也一直在研究改善其产品性能，以使聚合物乳液能够更好地用于改性水泥浆体。

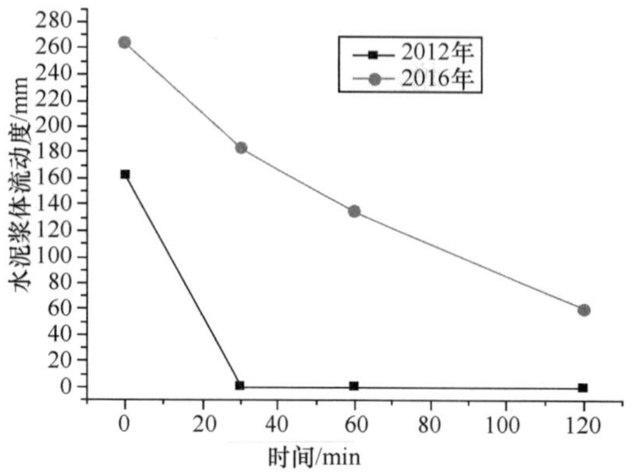

图 1 一种商品乳液在 2012 年和 2016 年的流动度

韩冬冬博士[1]通过逐渐增加影响因素的详细研究发现，高无机固体颗粒浓度、高离子浓度和机械剪切三重因素共同作用，才是机械和化学稳定性都合格的聚合物乳液在水泥浆体中不稳定（凝聚）的主要原因。

实际上，即使考虑上述三种因素的共同作用，每个因素的可变范围还是很大的。我们还发现聚灰比对乳液在水泥浆体中的稳定性也有影响。因此，为了评价聚合物乳液在水泥浆体中的稳定性，需要制定合适的测定方法作为评价标准。现在的初步研究结果认为，可以将用水泥净浆搅拌机搅拌的、水灰比为 0.35 的聚合物乳液改性水泥浆体流动度是否大于纯水泥浆体流动度作为聚合物乳液在水泥浆体中是否稳定的基本评价标准，以筛上残余率或聚合物在水泥表面的表观吸附量作为辅助评价标准验证聚合物乳液在水泥浆体中的稳定性[2]。

强调水泥净浆搅拌机搅拌和水灰比，就是强调机械作用与水泥浆体中的高固体含量以及高离子浓度的共同作用。考察筛上残余率或聚合物在水泥表面的表观吸附量，可以更进一步评价聚合物乳液是否发生了轻微的絮凝。在有轻微絮凝的时候，水泥浆体的流动度没有受到很大的影响，但是，形成的复合材料结构是有些不同的，预计对硬化后水泥基复合材料的性能也有一定的影响。

2 聚灰比对水泥基材料抗折强度和韧性影响的机理

2.1 聚灰比对水泥基材料抗折强度的影响

众所周知，随着聚灰比提高，聚合物改性水泥基材料的抗折强度表现为先增大，然后重新降低，存在获得最大抗折强度的聚灰比。但文献一直没有很好地解释出现这种现象的原因。陈维灯博士[3]从考虑了泊松比效应和环箍效应的复合材料模型出发，对聚合物乳液改性水泥复合材料的弹性模量和强度性能进行了理论分析，发现当聚合物乳液在水泥浆体中形成的薄膜面积最大同时厚度最小的时候，聚合物对复合材料的抗拉弹性模量和强度的贡献最大。由于形成面积最大，同时厚度最小、无缺陷，并且受到基体约束的薄膜与聚合物本身的断裂伸长率和水泥的水灰比有关，所以，在不同的水灰比条件下，得到最大抗折强度的聚合物改性水泥基材料的聚灰比不同（图 2）。聚合物掺量超过抗折强度最大值的聚灰比以后，砂浆抗折强度降低的原因是聚合物薄膜厚度增加使得环箍效应减弱，聚合薄膜的实际弹性模量将降低，不能发挥分担应力（即增强）的作用。

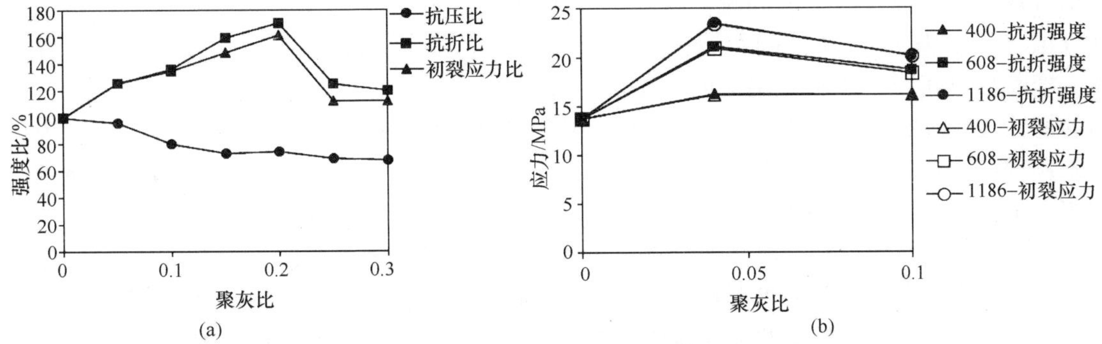

图 2　聚灰比对水泥砂浆和水泥净浆抗折强度的影响

（a）水灰比为 0.325 的水泥砂浆强度与不掺聚合物砂浆强度的比值随聚灰比的变化；

（b）水灰比为 0.22 的水泥净浆抗折强度随聚灰比的变化（图例中数字表示不同牌号的乳液）

2.2　聚灰比对水泥基材料韧性的影响

聚合物对水泥基材料改性包括提高粘结强度、抗冻融性能、耐磨性、抗折强度和抗拉强度，降低渗透性和弹性模量等。除了前面一节提到的抗折强度随聚灰比提高存在极大值，其他性能的改善，都需要聚合物掺量达到一定量以后才有比较好的效果，最常见的报道是聚灰比达到 12%～15%。为什么聚合物要达到一定量以后才能体现出比较好的效果？文献往往从聚合物乳胶粒子的填充效应，聚合物所形成薄膜的搭接和封堵裂缝效应方面来解释。特别是关于搭接裂缝的说法，有很多显微镜照片显示水泥基材料的裂缝中存在数量和大小不同的搭接两边基材的薄膜。

水泥基材料是多孔性的脆性材料，内部存在很多的微裂缝。材料的抗冻融性、抗渗性、强度都与这些孔隙和微裂缝密切相关。在各种外部负载（外力、温度变化、湿度变化等）作用下，脆性材料都容易出现微裂缝，并且微裂缝容易扩展成为大裂缝，导致材料发生脆性断裂。改性用的聚合物一般是橡胶态材料。因此，聚合物对水泥的增韧机理，或许可以与橡胶增韧塑料的机理类比。还有，陶瓷的增韧机理是否也可以用于聚合物对水泥的增韧，都还可以开展讨论。但无论如何，聚合物改性水泥复合材料的诸多性能都与裂缝的引发和扩展有关，也就是与这种复合材料的韧性有关。

表征材料韧性的方法有很多，什么条件或者用什么指标可以表征复合材料从脆性到韧性的转变？这方面的材料增韧改性研究很多。材料的应力—应变曲线或荷载—位移曲线可以用于描述材料的韧性。图 3 给出了一种聚合物乳液改性砂浆的聚灰比对抗折试样荷载—位移曲线的影响。由图中可知，聚灰比在 0.1 及其以下时，曲线表现为脆性特征，荷载最高点即试样的破坏点。聚灰比为 0.15 及其以上时，荷载—位移曲线表现出韧性断裂特征。我们推测，脆性断裂到韧性断裂的转变所对应的聚灰比就是聚合物改性水泥复合材料获得比较好的改性效果的聚灰比。

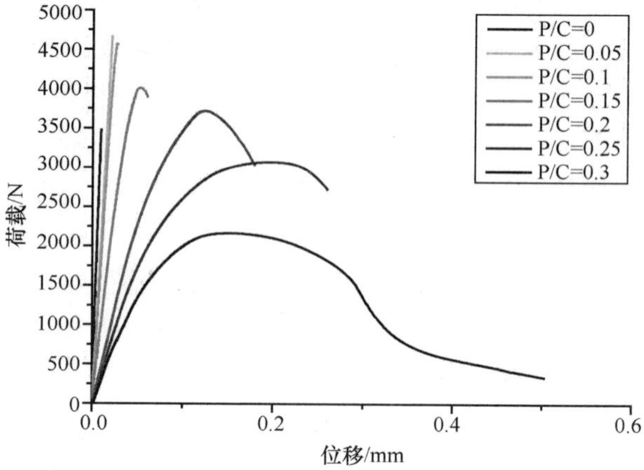

图 3　聚灰比对一种苯丙乳液性水泥砂浆（水灰比为 0.3，砂灰比为 0.5）抗折试样荷载-位移曲线的影响

根据橡胶增韧塑料的机理，塑料的脆韧转变特征参数并不是橡胶的质量或体积含量，而是橡胶粒子的间距，这与纤维增强材料作用与纤维间距有关相似。橡胶粒子间距小于临界间距时，塑料的韧性大幅度提高。显然，粒径小的橡胶粒子，达到脆韧转变所需要的橡胶体积含量较少。如果这种机理可以用于聚合物改性水泥复合材料，那么聚合物聚集体的大小和掺量才是共同决定聚合物聚集体间距的因素，即决定聚合物改性水泥复合材料是否表现为韧性的因素。然而，在聚合物改性水泥复合材料中，聚合物聚集体的尺寸显然与聚灰比、聚合物乳液的稳定性、聚合物乳胶粒子尺寸、水灰比、聚合物聚集成膜的时机等有关。在上述所有因素中，聚合物掺量（聚灰比）当然是最重要的因素，但不是唯一确定的因素，所以并不能得出适用于所有聚合物的临界聚灰比。

如果聚合物聚集体间距也可以用于解释聚合物改性砂浆的冲击韧性，就有可能解释李玉海[4]在 2007 年发表的文章中提到的不同纤维素醚与乳胶粉搭配所得聚合物改性抹面胶浆抗冲击性差别很大的问题。当然，要证实这种猜测，还需要对这些改性胶浆的微观结构进行定量的测试表征。

3　聚合物改性水泥复合材料应用和研究中的问题

1. 聚合物乳液或乳胶粉的性能是否发生了变化

前国际聚合物混凝土国际会议理事会（Board of ICPIC）主席 Czarnecki 教授在文献中抱怨，“即使是相同的掺量以及相同品种的聚合物改性水泥混凝土，其性能有时明显表现得难以预测”[5]。可能这是这个领域的研究人员和应用工程师们都遇到过的问题。

要解决这些问题，需要从材料结构决定材料性能的观点去发现问题。既然相同的掺量以及相同品种的聚合物改性水泥混凝土表现出不同的性能，说明材料的结构出现了明显的不同。造成材料结构明显不同的原因，可能是材料的原因，也可能是加工过程（工艺条件）的原因。如果是前者，说明聚合物或者水泥原材料的性能出现了变化。如果是同一品种聚合物乳液的性能出现了变化，那就意味着在以后的研究和应用工作中，必须对聚合物乳液原料的性能进行测定，其测试指标应该能够与改性水泥砂浆和混凝土的性能具有相关性。遗憾的是，直到现在为止，还没有提出这样的性能指标，所以，乳液和乳胶粉供应商提供的性能参数，还无法用于考察乳液或乳胶粉作为水泥改性剂的性能是否发生了变化。

2. 聚合物改性水泥砂浆的耐疲劳性能

迄今为止，几乎没有关注聚合物改性砂浆疲劳寿命的文章。但是，聚合物改性砂浆作为外墙外保温系统的胶粘剂和抹面胶浆等，在风压作用下，实际上处于动态负荷状态，频率约0.1Hz，其失效与动态负荷作用下的疲劳有关。

4　总结

本文解释了聚灰比对聚合物改性水泥复合材料抗折强度影响的机理，尝试了用韧性转变机理解释聚合物改性水泥复合材料的聚合物用量需要达到一定范围才能表现出良好的改性效果。

聚合物分散体（乳液和可再分散乳胶粉）作为水泥基复合材料的改性剂，其本身的哪些性能指标与改性水泥复合材料的性能指标密切相关，对此已经开展了很多的研究工作，但分散体在水泥中的稳定性对改性水泥材料性能影响的问题，还没有得到足够的重视，也没有标准的评价方法。

聚合物改性水泥复合材料的疲劳性能，可能对其某些应用领域的适用性具有非常重要的影响，需要开展更多的研究。

参考文献

[1]　Dongdong Han，Weideng Chen，Shiyun Zhong，et al. Effects of nonionic surfactants and external factors on stability of latex in cement paste[J]. Journal of Applied Polymer Science，2018，135(10)：45946(1-7).

[2]　韩冬冬. 乳化剂和功能性单体对聚合物乳液在水泥浆体中稳定性的影响研究[D]. 上海：同济大学，2018：40-52.

[3]　陈维灯. 钢桥面用高刚性高韧性铺装材料的研究[D]. 上海：同济大学，2016：19-133.

[4]　李玉海. 乳胶粉、纤维素醚及养护条件对抹面砂浆抗冲击性能影响的研究[J]. 中国建材，2007(3)：85-87.

[5]　Lech Czarnecki. From Nanomonitoring to Nanotechnology of Concrete-Polymer Composites；Searching for Synergy[A]//Kyu-Seok Yeon. Proceedings of the 12th International Congress on Polymers in Concrete. Chuncheon，Korea，2007：17-27.

铜矿渣在砂浆领域的资源化利用

闫珠华，孙振平*，庞　敏
（同济大学先进土木工程材料教育部重点实验室，上海，201804）

摘　要： 铜矿渣是炼铜工业的副产物，每生产 1t 铜大约产生 2.2t 吨铜矿渣。铜矿渣的堆存，不仅占用了大量的土地，其含有的重金属成分对水源和土壤也会造成严重污染。如何实现铜矿渣的资源化利用，是一个备受各界关注的问题。许多研究发现，铜矿渣作为建筑材料生产的原材料被利用，是实现其大规模消纳的重要途径。本文简要介绍铜矿渣的产生过程和基本特性，以及国内学者在铜矿渣用于水泥生产、辅助胶凝材料以及作为混凝土（砂浆）骨料应用等方面的研究成果，并就铜矿渣在砂浆领域的资源化利用问题进行了探讨。
关键词： 砂浆　铜矿渣　矿化剂　辅助胶凝材料　骨料

Research on Resource Utilization of Copper Slag in Mortar Field

Yan Zhuhua, Sun Zhenping*, Pang Min
(Key Laboratory of Advanced Civil Engineering Materials of Ministry of Education, Tongji University, Shanghai, 201804, China)

Abstract: Copper slag is an industrial solid waste produced during the copper smelting process. For every tons of copper production about 2.2 ton of slag is generated. The stockpiling of a large amount of copper slag not only occupies land, but also copper slag contains heavy metals, which can cause serious pollution to water and soil. How to realize the resource utilization of copper slag is an urgent problem to be solved. Many studies have found that the utilization of copper slag as building materials is an important way to achieve its large-scale consumption. This paper introduces the production and basic characteristics of copper slag, as well as the research results of domestic scholars on the application of copper slag in cement production, supplementary cementitious materials and aggregates. Furthermore, the resource utilizations of copper slag in mortar field are discussed.
Keywords: mortar　copper slag　mineralizer supplementary cementitious materials　aggregate

0　引言

铜矿渣是冶炼金属铜过程中产生的工业副产物，每生产 1t 铜大约产生 2.2t 铜矿渣[1]。

作者简介：孙振平（1969—），男，新疆奇台人，同济大学教授，博士生导师，E-mail：grtzhp@163.com。

据统计，仅2018年，我国精炼铜产量约为903万t，而由此产生的铜矿渣达2000万t。铜矿渣的堆存，不仅占用了大量的土地，其含有的重金属成分对水源、土壤也会造成严重污染。如何实现铜矿渣的资源化安全利用，有效削减铜矿渣的堆存，减少其对环境产生的危害，备受各界关注。

国内业内人士发现[2-4]，铜矿渣在建筑材料生产中的资源化利用是实现其大规模消纳的重要途径。铜矿渣因富含铁元素，可用作矿化剂降低水泥煅烧温度，降低水泥生成过程中的能耗[5,6]。水淬后的铜矿渣中玻璃体含量较高，具有较好的胶凝活性，将这类铜矿渣磨细后可用作辅助胶凝材料，用于砂浆或混凝土中，以减少水泥用量，从而实现水泥基材料的低碳制备和生产[7,8]。另外，铜矿渣质地坚硬，还可作为骨料代替天然砂石等自然资源[9,10]。国内学者针对铜矿渣在砂浆领域中的应用技术进行了初步研究和探讨，取得了一定的成果，这对产铜矿区的固废处置、生态环境治理和发展绿色循环经济等具有重要意义。

本文简要介绍铜矿渣的产生过程和基本特性，以及国内学者在铜矿渣用于水泥生产、辅助胶凝材料以及骨料等方面的研究成果，并就铜矿渣在砂浆领域的资源化利用问题进行了探讨。

1 铜矿渣的产生及物化特性

1.1 铜矿渣的产生过程

目前，最常用的炼铜工艺是火法冶炼。首先，含铜率较低的原矿石通过选矿，得到含铜率在20%～30%的铜精矿，然后利用密封鼓风炉、反射炉或闪速炉对铜精矿进行造锍熔炼。所谓造锍熔炼，是在1150～1250℃的高温氧化气氛条件下，使铜精矿中的铜尽可能富集到铜锍中，铁氧化物和脉石富集到炉渣中[11]。前者产生的为冰铜，需进一步进行冶炼；后者产生的副产物即为铜矿渣。在此过程中，氧化亚铁和所添加的石英石熔剂会反应生成硅酸亚铁，因此铜矿渣中的主要矿物组成之一为铁橄榄石（Fe_2SiO_4）。此外，铜矿渣中还有石灰石等造渣剂和其他少量物质。

1.2 铜矿渣的物理特性

铜矿渣为黑晶亮色颗粒，多棱角，质地坚硬，如图1所示。铜矿渣的密度、硬度、吸水率等物理指标见表1[12,13]。铜矿渣的耐磨系数为17.8kWh/t。磨细后的铜矿渣粉的扫描电镜（Scanning Electron Microscopy，SEM）图像如图2所示。

表1 铜矿渣的物理指标

表观密度/(g/cm³)	堆积密度/(g/cm³)	空隙率/%	莫氏硬度/Moh	吸水率/%	导电率/(500μs/cm)
2.8～3.8	1.3～2.1	45～55	6～7	0.13～0.55	500

1.3 铜矿渣的化学成分和矿物组成

铜矿渣的化学成分受矿石成分、冶炼工艺、冶炼添加剂类型等因素影响，成分复杂，不同地域铜矿渣的化学成分见表2。由表2可知，铜矿渣的化学成分以Fe_2O_3和SiO_2为主，伴有少量的Al_2O_3和CaO等。铜矿渣的X射线衍射（X-ray diffraction，XRD）图谱如图3所示[14]，其主要的物相为铁橄榄石（Fe_2SiO_4）和磁铁矿（Fe_3O_4）。磁铁矿为等轴晶系，晶

图 1　铜矿渣的外观

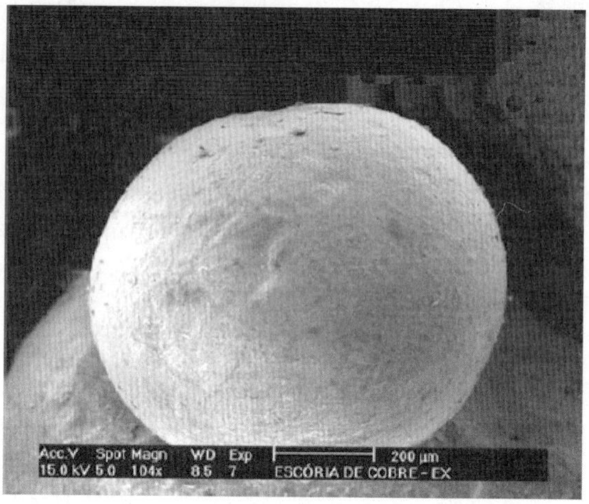

图 2　铜矿渣粉的 SEM 图像

体常呈八面体或菱形十二面体，熔点为 1597℃，具有较强磁性[15]。

表 2　不同地域铜矿渣的化学成分（%）

产地	Fe_2O_3	SiO_2	CaO	MgO	Al_2O_3	CuO
云南	36.82	35.10	4.77	4.51	4.13	0.57
江西[14]	40.44	24.41	1.96	0.87	4.58	0.27
安徽[15]	53.34	28.54	11.98	2.81	2.44	0.20

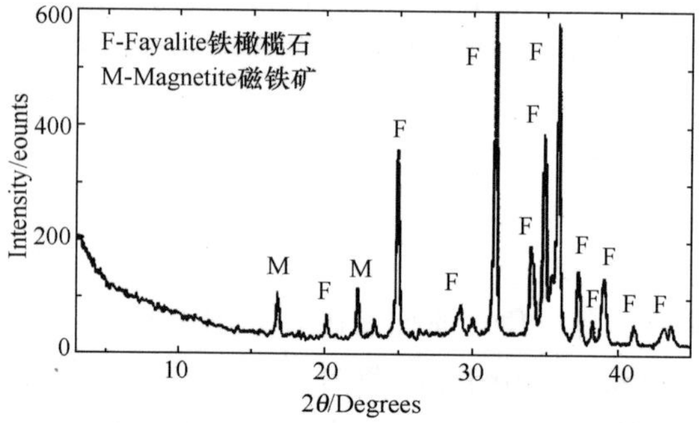

图 3　铜矿渣的 XRD 图谱

2　铜矿渣在建筑材料领域资源化利用的研究进展

2.1　用于水泥熟料的烧成

水泥企业普遍采用硫铁矿渣（铁粉）做生产水泥时的铁质校正原料，但其含水率高，运输和贮存比较困难。由于铜矿渣中的主要矿物为铁橄榄石（Fe_2SiO_4）和磁铁矿（Fe_3O_4），其铁含量较高且吸水率低，故铜矿渣代替铁粉用作铁质校正原料[2]。另外，随着煅烧温度的升高，铁橄榄石会转化为铁氧化物，这些铁氧化物具有较高的催化性，可与熟料中 SiO_2 和 CaO 等矿物在高温熔融情况下形成固熔物[3]。而磁铁矿则可生成 Fe_3O_4，Fe_3O_4 能降低烧成温度和液相黏度，对固相反应有促进作用，进而铜矿渣又可用作矿化剂，降低熟料烧成温度[16]。黄少文等[16]也证实了这一点，他们发现在相同煅烧条件下，掺铜矿渣的熟料具有更多的高温液相和更低的液相黏度，可促进固相反应进行。岩相分析和 XRD 分析也均表明，掺铜矿渣烧成的熟料中存在更多的 C_3S 矿物，且结晶均匀，发育程度良好。

2.2　用作辅助胶凝材料

铜矿渣可以被描述为铝铁硅酸盐类火山灰，其三相图如图 4 所示[17]。其化学组成的特点是富含 Fe_2O_3，随着 CaO 含量的增加，铜矿渣的化学成分逐渐接近矿渣成分。

铜矿渣的水化特性可通过质量系数、活性系数和碱度等指标来表示[18]，其质量系数 $K=(CaO+MgO+Al_2O_3)/SiO_2=0.31<1$，活性系数 $A=Al_2O_3/SiO_2=0.138$。由此可见，水淬铜矿渣属酸性矿渣具有一定程度的火山灰活性。再者，水淬铜矿渣中玻璃体含量较高，其键能低、化学稳定性差，具有较好的活性，可用作辅助胶凝材料[22-25]。但需注意的是，铜矿渣虽有一定的胶凝性，但反应活性较低，可通过物理或者化学方法激发其活性[19]。物理方法主要包括机械粉磨和高温蒸养等方法，机械粉磨可减小铜矿渣颗粒的直径，增加其比表面积，将其中的硅酸盐和铝酸盐等活性矿物暴露出来。化学方法也就是化学激发法，主要采用碱性激发剂（如水玻璃、苏打和石灰等）以及硫酸盐激发剂（如天然石膏、脱硫石膏和磷石膏等）。

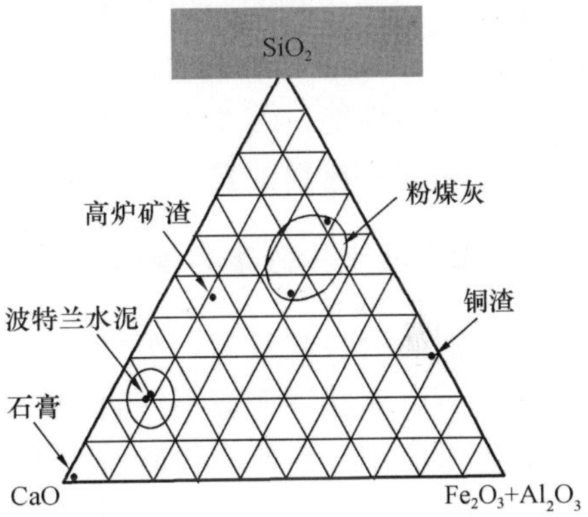

图 4　$CaO\text{-}SiO_2\text{-}Al_2O_3+Fe_2O_3$ 三相图

汪波等[20]通过试验研究了 $FeO\text{-}SiO_2$ 体系中典型的镍渣和铜矿渣的火山灰活性。结果表明：①在水化早期，它们的火山灰活性较低，随着水泥水化的进行，在水化产物氢氧化钙的激发下，铜矿渣活性逐渐增加，在 28d 时已表现出较高的反应活性；②铜矿渣的粒径越小，活性越高。王旭等[21]通过试验研究了不同种类的化学激发剂对铜矿渣及铜矿渣水泥的激发作用。结果表明：①$Ca(OH)_2$ 和 Na_2SO_4 与铜矿渣水泥的相容性较好，对铜矿渣水泥有较好的激发效果。②Na_2SiO_3 的激发效果不佳，表现为随着其掺量的增加，铜矿渣水泥砂浆的抗压强度急剧降低。

潘伟才等[22]利用石灰石粉对铜矿渣进行增钙处理，得到了活化铜矿渣，并讨论了活化铜矿渣的化学特性、活化工艺参数、物理力学性能及胶凝特性。研究表明：①活化后的铜矿渣是一种良好的活性混合材料，可代替部分水淬高炉矿渣生产矿渣水泥；②活化后铜矿渣的最佳增钙量为 15%左右（外掺），其活性在 $Ca(OH)_2$ 和 $CaSO_4$ 存在条件下易于被激活，生成 C-S-H、AFt、AFm 和 $C_4(A、F)H_{13}$ 等水化产物。

杜海云等[23]将铜渣以 5%、10%和 15%的比例取代水泥以制备铜渣-水泥复合胶凝材料。结果表明：①与水泥相比，铜渣-水泥复合胶凝材料的标准稠度用水量增加，凝结时间延长，但抗折、抗压强度有一定程度的提高；②铜渣-水泥复合胶凝材料的主要水化产物与纯水泥的水化产物类似，且伴有 $Fe(OH)_3$ 和 $Fe(OH)_2$ 凝胶的生成；③铜渣-水泥复合胶凝材料硬化体的微观结构较纯水泥浆体更为密实。

将部分高炉矿渣、粉煤灰等工业固体废弃物用作混凝土辅助胶凝材料，还可以提高混凝土的耐高温性能。一些学者对掺铜矿渣的胶凝材料的耐高温性能进行了研究，为将铜矿渣用于耐火砂浆和耐火混凝土的制备提供了重要参考资料。杜云海等[23,24]制备了铜矿渣-普通硅酸盐水泥复合胶凝体系（CSC-x，x 表示铜矿渣取代水泥的比例，分别为 0、5%、10%和 15%）和碱激发铜矿渣胶凝体系（CSA-x，x 含义同上，碱激发剂为 NaOH 溶液，其摩尔浓度分别为 6M、8M、10M 和 12M），并测试了这两种胶凝体系所配制砂浆在常温及 100℃、200℃、400℃、600℃、800℃、1000℃和 1200℃高温作用后的质量损失、残余抗折强度和残余抗压强度。结果表明：①200℃后，CSA-x 体系的质量损失率低于 CSC-x 体系；②CSA-x 体系表现出较好的耐高温性能，1200℃高温作用后 CSA-x 体系的残余抗压强度为常温时的 3～4 倍。

用铜矿渣水泥所配制的砂浆也具有良好的抗硫酸盐侵蚀性能。黄小青等[25]通过试验研究了几种比表面积的铜矿渣在不同掺量情况下，铜矿渣-水泥复合胶凝材料制备的砂浆试件的抗硫酸盐侵蚀性能的变化规律。结果表明：①铜矿渣经 Na_2SO_4 激发后，可与水泥水化产物 Ca $(OH)_2$ 反应，生成的水化硅酸钙，可提高浆体的密实度，进一步增强水泥基材料的抗硫酸盐侵蚀性能；②激发剂 Na_2SO_4 的引入，可直接增加水泥基材料内部的硫酸根离子的浓度，对水泥基材料的抗硫酸盐性能可能存在一定的不利影响，这有待进一步的研究探讨。

2.3 用作混凝土和砂浆的骨料

原状铜矿渣颗粒较粗，细度模数为 3.70～4.25，颗粒级配不符合有关标准[27]对砂的级配要求，所以原状铜矿渣不应直接用于混凝土或砂浆，而应加工成中、细砂[28]并进行合理搭配后方可应用。铜矿渣代砂可用于配制混凝土和砂浆（如砌筑砂浆、抹灰砂浆和地面砂浆等）。其中，砌筑砂浆的配合比设计应遵守《砌筑砂浆配合比设计规程》（JGJ 98）的规定，用于砌筑砂浆的铜矿渣应加工、搭配成Ⅲ区细砂所要求的颗粒级配。将铜矿渣代砂配制抹灰砂浆时，应结合试验结果与工程实际情况，控制好铜矿渣颗粒的最大粒径与颗粒级配[29]。研究发现[30]，铜矿渣所配制的水泥砂浆与河砂所配制的水泥砂浆相比，其和易性差，泌水现象严重，不易操作施工。这种情况下，可掺加适量的粉煤灰、大理石粉等，以提高砂浆的保水性和均匀性，改善其工作性。工程实践表明，铜矿渣所配制的砌筑砂浆和抹灰砂浆，抗压强度和粘结强度均较高，且不易开裂[31]。

郝淑敏等[32]提出了铜矿渣代砂所配制的混凝土和砂浆在施工过程中应注意的事项，包括：①在铜矿渣混凝土施工过程中，应适当延长搅拌时间，缩短振捣时间，以改善混凝土拌合物的工作性，防止出现泌水离析现象；②铜矿渣砂浆保水性差，应减轻砌块和砖的浸水程度，砌筑后还要加强养护，以保证砂浆的强度发展；③铜矿渣的吸水率低，当砂浆稠度较大时，出现严重泌水现象的可能性很大，所以一定要通过严格控制用水量来把控好砂浆的稠度，必要时也要增加增稠保水剂的掺量。

唐明等[33]用普通硅酸盐水泥、风选超细粉煤灰、铜矿渣骨料和高性能混凝土外加剂配制了超高强、高耐磨的水泥砂浆，利用回归旋转试验设计方法探讨了水胶比、灰砂比和风选超细粉煤灰取代水泥的取代比例等三个因素对砂浆 28d 强度的影响规律，并对配合比进行了优化，测得其具有优异的强度和耐磨性。

3 结语与展望

现有试验研究与工程实践已表明，水淬铜矿渣具有较好的火山灰活性，而排放时未经水淬等急冷措施处理的铜矿渣，其火山灰活性十分有限。

在两类铜矿渣的资源化应用方面，可遵照因地制宜、因材制宜、优质优用的原则。水淬铜矿渣尽量用于水泥混合材料、混凝土掺合料以及碱激发胶凝材料中，而未经水淬急冷处理的铜矿渣则可考虑用于矿化剂以降低水泥熟料煅烧温度，用作混凝土和砂浆的骨料等。

鉴于砂浆为非结构性材料，将未经水淬急冷处理的铜矿渣用作砂浆的骨料，更加安全、灵活。将未经水淬急冷处理的铜矿渣用作砂浆的骨料，首先应对其进行破碎、整形和颗粒搭配处理。将未经水淬急冷处理的铜矿渣用作砂浆的骨料，所配制砂浆在强度和耐磨性方面均十分优秀，但保水性不令人满意，必须在保水增稠材料的品种和掺量方面多进行试验。将未经水淬急冷处理的铜矿渣用作砂浆的骨料，可以实现炼铜地区固体废弃物的资源化高效和无害化利用，符合经济的绿色可持续发展。

此外，还可利用铜矿渣良好的耐高温性、耐腐蚀性及电磁性，研制开发和生产耐高温、耐腐蚀或有电磁屏蔽功能的特种砂浆，进一步丰富、扩展铜矿渣在砂浆领域的应用。

参考文献

[1] Gorai B，Jana R K，Premchand. Characteristics and utilisation of copper slag—a review[J]. Resources Conservation & Recycling，2003，39(4)：299-313.

[2] 刘作正，刘媛媛. 用铜矿渣作铁质原料掺萤石生产立窑水泥的试验研究[J]. 水泥工程，1999(5)：39-42.

[3] 朱街禄，宋军伟，王露，等. 铜矿渣在水泥混凝土应用的研究进展[J]. 硅酸盐通报，2017(11)：101-107.

[4] 薛军鹏. 铜渣对水泥砂浆性能的影响[J]. 福建建设科技，2016(6)：48-49.

[5] 霍崇阶. 用铜矿渣作矿化剂[J]. 建材材料工业，1960(06).

[6] 黄少文，俞平胜. 铜矿渣配料的生料易烧性及其熟料矿物特征[J]. 水泥工程，2002(06)：18-20.

[7] Najimi M，Sobhani J，Pourkhorshidi A R. Durability of copper slag contained concrete exposed to sulfate attack[J]. Construction & Building Materials，2011，25(4)：1895-1905.

[8] 宋军伟，陈俊. 铜矿渣掺合料对混凝土力学性能影响试验研究[J]. 混凝土与水泥制品，2013(8)：81-84.

[9] 宋军伟，方坤河，朱街禄，等. 铜矿渣混凝土强度与脆性试验研究[J]. 武汉理工大学学报，2013，35(10)：33-37.

[10] 党明智，温震江，高谦，等. 掺铜渣的混合骨料配比及强度试验[J]. 矿业研究与开发，2019，39(1)：36-39.

[11] 朱祖泽. 现代铜冶金学[M]. 北京：科学出版社，2003.

[12] 孙凌，于文勇，贺东彪，等. 铜矿渣路面混凝土性能及微波除冰效率试验研究[J]. 黑龙江工程学院学报，2017(1).

[13] 何伟，周予启，王强. 铜渣粉作为混凝土掺合料的研究进展[J]. 材料导报，2018，32(23)：4125-4134.

[14] Moura W A，Lima M B L. Copper slag waste as a supplementary cementing material to concrete[J]. Journal of Materials Science，2007，42(7)：2226-2230.

[15] 孙凌，于文勇，贺东彪. 掺铜矿渣路面混凝土性能及微波除冰效率试验研究[A]// 第十一届建筑物改造与病害处理学术研讨会暨第六届工程质量学术会议论文集.

[16] 杜红勇，吴务成，刘漱光，等. 利用铜矿渣生产高性能道路硅酸盐水泥[J]. 水泥工程，2001(4)：34-35.

[17] 袁润章，高琼英. 矿渣的结构特性对其水硬活性的影响[J]. 武汉建材学院学报，1982(01)：7-13.

[18] 何伟，周予启，王强. 铜渣粉作为混凝土掺合料的研究进展[J]. 材料导报，2018，32(23)：4125-4134.

[19] 汪波，盛广宏，王诗生. $FeO-SiO_2$ 系废渣的火山灰活性研究[J]. 硅酸盐通报，2014，33(04)：764-768+781.

[20] 王旭，黄小青，陆金海. 化学激发剂对铜渣及铜渣水泥激发作用的研究[J]. 广西科技大学学报，2018，29(1)：100-105.

[21] 潘伟才，王天岫. 活化铜矿渣的组成及胶凝特性的研究[J]. 华南理工大学学报(自然科学版)，1993(1)：91-99.

[22] 杜海云，马倩敏，郭荣鑫，等. 铜渣-水泥复合胶凝材料力学性能研究[J]. 硅酸盐通报，2017，36(05)：1634-1638，1645.

[23] 杜海云，郭荣鑫，马倩敏，等. 铜渣胶凝材料高温力学性能的实验研究[J]. 硅酸盐通报，2016，35(10)：3258-3263.

[24] 黄小青，王旭，陆金海. 掺有铜渣的水泥砂浆抗硫酸盐侵蚀性能[J]. 科学技术与工程，2018，18(12)：280-284.

[25] 中华人民共和国建设部. 普通混凝土用砂、石质量及检验方法(JGJ 52—2006)[S]. 北京：中国建筑工业出版社，2007.

[26] 张雅娟. 水淬铜渣代砂在建筑工程中的应用[J]. 广西水利水电，2004(04)：22-24.

[27] 宗燕. 水淬渣代替砂在抹灰工程中的应用[J]. 建材技术与应用，2012(4)：32-33.

[28] DBJ04—218—1999，铜渣代砂混凝土及砌筑砂浆技术规程[S].

[29] 张银环. 水淬铜渣代砂在建筑工程中的应用[J]. 山西建筑，2003(14)：62-63.

[30] 郝淑敏. 水淬渣在建筑工程中的应用研究[J]. 河北企业，2013(12)：102.

[31] 唐明，王博，陈勇. 铜渣集料超高强、高耐磨水泥砂浆研究[J]. 混凝土，2000(04)：30-32，41.

海砂砂浆研究现状及展望

杨思禹[1]，刘斯凤[1,2]

（1. 同济大学先进土木工程材料教育部重点实验室，上海，201804；

2. 同济大学工程结构服役性能演化与控制教育部重点实验室，上海，201804）

摘　要：近年来，由于我国日益增长的建设需求和河砂、山砂资源紧缺，沿海地区将海砂用于建筑用砂。已有大量关于海砂在混凝土中的应用研究，但海砂在建筑砂浆中的应用研究相对较少。本文通过整理国内外文献，从海砂特性，海砂砂浆的力学性能、耐久性、微观机理和应用研究等方面对海砂砂浆的研究现状进行总结，并对海砂砂浆的发展提出建议。

关键词：建筑材料　海砂　海砂砂浆　海砂应用

State of the art of Study on Sea Sand Mortar

Yang Siyu[1], Liu Sifeng[1,2]

(1. Key Laboratory of Advanced Civil Engineering Materials of Ministry of Education, Tongji University, Shanghai, 201804, China;

2. Key Laboratory of Performance Evolution and Control for Engineering Structures of Ministry of Education, Tongji University, Shanghai, 201804)

Abstract: In recent years, due to China's growing construction demand and the shortage of river sand and mountain sand resources, sea sand has been used for construction sand. There are a large number of applications of sea sand in concrete, but the application of sea sand in construction mortar is relatively small. Based on the domestic and foreign literatures, this paper summarizes the research status of sea sand mortar from the aspects of characteristics, mechanical properties, durability, micro-mechanism and application, and puts forward some suggestions for the development of sea sand mortar.

Keywords: building materials　sea sand　sea sand mortar　sea sand application

1　引言

由于经济的快速发展和建筑规模的不断扩大，河砂的需求与日俱增，加上国家正在实施

基金项目：“十三五”国家重点研发计划项目（2016YFC0701003-03）；中央高校基本科研业务费专项资金（22120180294）资助。

作者简介：刘斯凤，女，博士，副教授，上海硅酸盐学会会员，主要从事高与超高性能混凝土制备、力学及耐久性研究，Email：lsf@tongji. edu. cn。

保护青山绿水的系列环保政策，出现了河砂紧缺的状况，沿海地区尤为严重。同时，我国拥有世界第四的海岸线长度，拥有丰富的海砂资源，如果能够以海砂代替河砂、山砂，不仅可以解决沿海地区砂石资源普遍缺乏的难题，而且还可以有效避免远程砂石料的开采补给，有利于节约能源、保护生态环境。从经济和环保角度来看，使用海砂作为建筑用砂具有相当大的优势[1]。海砂具有砂粒圆滑、表面干洁、级配良好等优点。但海砂中含有一定的有害可溶盐成分如氯盐、硫酸盐以及贝壳等有害物质，不能直接用于传统建筑工业，否则会对建筑工程耐久性产生一定的影响[2]，因此许多沿海地区开始使用淡化海砂作为混凝土细骨料[3]。淡化海砂虽然通过水洗去除了氯离子，但却增加了成本，浪费了淡水资源。另外，在偏远岛屿或离岸的建筑工程中，使用淡化海砂并不可取，只能用当地的海砂，以降低建造成本[4]。因此，海砂的应用研究受到广泛关注，大多数研究关注海砂在混凝土中的应用，而对海砂在砂浆中的应用关注较少。本文总结了国内外关于海砂砂浆的研究现状，并对海砂砂浆今后的发展提出建议。

2 海砂的特性

我国海砂资源丰富，浅海海砂储量约 1.6 万亿吨。海砂含泥量低，粒形好，细度均匀，硬度高，适合配制混凝土[5]。Gutt 和 Collins[6]指出海砂的质地与混凝土中常用的细骨料相似，可用来替代河砂。而且海砂的泥浆和黏土含量低于河砂，可以提高水泥与骨料之间的粘结性[7]。但是，海砂比河砂含有更多的盐以及贝壳颗粒、有机物和其他可能有害的物质，其中部分盐和贝壳颗粒可能会严重影响以海砂作为细骨料配制的混凝土的性能[8,9]。所以为了满足工程使用要求，海砂中的贝壳需要筛除[10]。

2.1 海砂中贝壳对水泥基材料的影响及解决办法

贝壳颗粒的基本化学成分为碳酸钙（$CaCO_3$），这使得海砂具有更高的密度，而且贝壳片结实耐用，可以降低孔隙率[11]。海砂中的贝壳多为针片状，回旋结构多，会导致水泥浆体间隙增大，使海砂砂浆稠度及分层度大于普通河砂砂浆，并且保水性及拉伸粘结强度不及普通河砂砂浆[12]。王胜文等[13]的研究表明，当海砂中贝壳含量增加时，海砂砂浆的流动性会显著降低，而且对抗压强度的影响明显，但对抗折强度无显著影响。楼敦祥[14]指出，贝壳会影响混凝土的和易性，随着贝壳含量的增加，流动性将降低，还可能影响混凝土保水性，使砂浆产生泌水现象。使用海砂前可以过 5mm 筛，以降低贝壳含量，保证混凝土性能。

2.2 海砂中氯离子对水泥基材料的影响及解决办法

海砂中含有氯离子，氯离子含量与海砂中水分含量成正比，氯离子在水泥基材料中的存在形式一般有三种：化学结合的氯离子、物理吸附的氯离子以及孔溶液中游离态的氯离子，其中只有游离态的氯离子在聚集到一定浓度后会引起钢筋锈蚀[15,16]。海砂中含量较高的氯离子还会降低混凝土中的 pH，破坏钢筋的钝化膜，形成腐蚀电池[5]。而且钢筋的锈蚀产物比原体积增大 2.5 倍以上，会使得混凝土开裂、剥落，最终导致建筑结构被破坏、失效[17]。海砂中氯离子的扩散系数随水灰比的增加而增加，随每立方米用水量的减少而减少，随养护时间的增加而下降，因此，在较小的水灰比下，较少的每立方米用水量及较长的养护时间可以使得混凝土抗氯离子扩散能力增强，从而提高了耐久性[7]。为了降低海砂中氯离子的危害，可以使用淡化海砂或对钢筋采取防护措施。淡化海砂的方法有[18]：①洒水法与浸渍法，缺点是除盐的周期较长外，还具有品质管理以及连续困难的弱点，无法满足实际生产的需求；②机械除盐法，缺点在于清洗海砂的效率不高，用水量大，在淡水资源紧缺的地区很难推广，而且除盐的成本相对较高。对钢筋的防护措施有[19]：涂层，电化学技术（如阴极和阳极保护），掺抑制剂、防锈剂、具有优异的耐腐蚀性的增强材料。

3　海砂砂浆的研究现状

3.1　海砂砂浆力学性能的研究现状

海砂及海水所含盐类的主要成分为 KCl、MgCl、Na_2SO_4、CaCl 与 NaCl，其中氯离子与硫酸根离子危害最大。由于海砂砂浆中氯离子含量较高，水化反应产生的 OH^- 与游离的 Ca^{2+} 反应生成 $Ca(OH)_2$，使 C-S-H 凝胶的体积分数下降，$Ca(OH)_2$ 和钙矾石体积分数增加，从而导致海砂砂浆的孔结构疏松且分布不均匀。硫酸根离子会与水泥水化产物 $Ca(OH)_2$ 反应生成 $CaSO_4 \cdot 2H_2O$ 水化物，再与水泥中的 C_3A 水化物发生化学反应，产生高硫酸铝酸钙，导致体积膨胀，产生龟裂，对砂浆的耐久性影响很大[20,21]。海砂细度模数较低，当使用海砂替代标准砂拌制砂浆时，随着海砂掺量的增加，砂浆流动度会逐步减小，因为细度模数越低，海砂的需水量会越高；海砂的堆积密度比标准砂小，同等质量海砂的表面积更大，因此需要更多的水来湿润海砂表面；而且同等质量的海砂体积大于同等质量的标准砂，因此砂浆体积会更大，密度更小，内部的空隙更多，这也就导致了较低的砂浆强度[22]。

傅建彬[23]对不同水胶比、不同材料组分的砂浆进行了试验，试验表明海砂会促进砂浆的水化过程，海砂砂浆达到电阻率转折点（水泥浆体水化终凝点）的时间比标准砂砂浆早，故能提高砂浆早期抗折、抗压强度。Liu junzhe 等人[24]研究了粉煤灰及氯离子含量对海砂混凝土强度的影响，研究表明粉煤灰对海砂混凝土的早期强度具有延缓作用，氯离子对海砂混凝土的早期强度具有促进作用。刘斯凤等人[22]的研究表明砂浆中海砂的掺入会降低砂浆的强度，粉煤灰的掺入会对砂浆的早期强度造成一定损失，但粉煤灰的二次水化作用能够很好地提高砂浆的后期强度，而矿粉的加入能够提高强度；粉煤灰、矿渣双掺的复合叠加效应改善了海砂砂浆的力学性能。陈杰林[12]对河砂水泥砂浆与淡化海砂水泥砂浆之间的性能差异进行了比较，并分析了二者对抗压强度及工作性的影响，研究表明，当贝壳含量在 2%以下时，贝壳含量对 28d 抗压强度的影响较小，但当贝壳含量超过 2%时，28d 抗压强度随着贝壳含量的增加而急剧下降；贝壳含量在 0%～1%时，对砂浆的保水性影响不是很大，超过 1%时，保水性随着贝壳含量的增加而迅速下降，因此在实际工程建设中应该严格控制淡化海砂的贝壳含量。

3.2　海砂砂浆耐久性的研究现状

施微丹等人[25]通过建立新的电化学等效电路模型，分析了海砂砂浆的碳化行为。碳化过程会引起海砂砂浆的电化学阻抗谱行为发生规律性的变化，高频圆直径随碳化龄期增大而增大；由电化学阻抗谱拟合获得的电化学模型参数具有规律性，可以定量表征海砂砂浆的碳化过程，其参数分别与碳化深度和碳化时间存在函数关系，可以对海砂砂浆的碳化深度进行预测。许晨等人[26]研究了海砂混凝土中碳化与氯离子侵蚀的相互影响，结果表明碳化使氯离子扩散系数略有降低，在碳化区前沿形成了氯离子局部浓度峰值，而氯离子侵蚀细化了混凝土的孔隙结构，使混凝土抗碳化能力显著增强。

刘军、邢锋等人[27-29]采用一定浓度的 NaCl 溶液浸泡河砂模拟海砂，研究矿物细掺料对模拟海砂氯离子与水泥胶体结合的影响，结果表明氯离子的结合率与水泥水化产物有关，砂浆的氯盐浓度对氯离子和水泥的最终结合率影响不大，普通硅酸盐水泥的氯离子稳定后的结合率在 60％左右；粉煤灰的掺入降低了水泥结合氯离子的能力，掺量越大，氯离子结合能力下降得越多。卢俞升[30]设计了多组不同的配合比和氯离子含量的砂浆，测试其氯离子结合率，并采用阳极极化曲线法测试砂浆中钢筋锈蚀情况，试验表明氯离子引入方式对砂浆结合氯离子能力的影响较大，对氯离子结合率的影响高度显著，其次是粉煤灰和矿粉的掺量、龄期和水胶比，对氯离子结合率的影响显著，胶砂比对氯离子结合率的影响不显著。

黄华县等[31]通过将河砂浸泡在氯化钠溶液中来模拟海砂，制成混凝土砂浆，测定其氯离子扩散系数，试验结果表明，经过氯化钠溶液浸泡的砂子制成的砂浆 3d、28d、90d 强度略有降低，但抗渗性能基本上都有不同程度的提高。苏卿[32]等对比研究了不同环境湿度条件下，水灰比为 0.5 和 0.6 的砂浆中水分迁移的时变过程，并采用软件进行逆向分析回归了水分扩散系数，结果表明，与普通河砂相比，相同条件下海砂砂浆的水分迁移历时较长，故造成其材料性能劣化。

3.3 海砂砂浆微观机理的研究现状

董必钦等[20,33]先后两次研究了海砂砂浆的水化过程，利用无电极电阻率法对海砂砂浆的早龄期水化过程进行研究，以从机理上探讨海砂对水泥材料的作用机制和影响，试验结果表明，海砂掺入水泥基材料，可以促进水泥早期水化；其影响程度随着水灰比的提高或胶砂比的降低而增加。随着水灰比增大，海砂表面吸附的氯盐溶入拌合水中的量加大，使“有效氯离子”增多，对早龄期水化进程起促进作用；而胶砂比减小，海砂吸附的氯盐总量占水泥重量的百分比则会增大，也将促进水泥早龄期水化进程。

3.4 海砂砂浆的应用

关坤华[35]利用海砂配制了一种适用于沿海及海洋工程的高性能海砂水泥砂浆，并研究其制成的水泥薄板及复合保温墙板的力学性能，结果表明其具有较高的抗压抗折强度，达到了 M40 砂浆的强度要求，且其吸水率低，致密性高，是一种高强高性能的水泥砂浆。谢燕等[35]利用我国自主研发的玄武岩纤维网对海砂水泥基薄板进行增强，试验结果表明，玄武岩纤维网的抗拉强度决定了水泥基薄板的拉伸强度，随纤维网层数的增加，薄板拉伸强度大幅提高，纤维网增强薄板的拉伸强度略低于钢丝网增强薄板，但延性较好，利用玄武岩纤维网增强的薄板，其弯曲韧性和抗弯承载力均优于钢丝网增强薄板，且相应的指标显著高于规范要求。

4 总结与展望

本文通过查阅国内外文献，总结了目前有关海砂砂浆的研究和应用现状，各种研究结果已经证明海砂中氯离子含量及其掺入方式都会在不同程度上影响砂浆的性能，但通过胶凝材料的适应性及用河砂稀释方法均能有效抑制较高氯离子含量带来的负效应。如何将储量巨大的海砂资源化后应用到实际建筑工程中，研究出更加经济高效节能省时的方法固化或去除海砂中的有害成分，减少其对工程耐久性造成的危害，必将是今后一段时间内海砂砂浆研究的主要方向之一。

参考文献

[1] Etxeberria M, Limeira J, Agulló L. Dredged marine sand as a new source for construction materials Materiales de Construcción[J]. 2011(62): 7-24.

[2] 吴桂芹．海砂用于抹面砂浆对建筑工程耐久性的影响[J]. 山东建材，2006(01)：50-51.

[3] ZhuFeng P, ZhaoHui H, ZhengBin H, et al. Application and development of sea-sand concrete[C]. // Proceedings of the 15th National Symposium on Modern Structural Engineering, Henan, China, 2015.

[4] Katano K, Takeda N, Ishizeki Y, et al. Properties and application of concrete made with sea water and un-washed sea sand[C]. //Third International Conference on Sustainable Construction Materials and Technologies, 2013.

[5] 刘瑾．海砂作为建筑用砂的探讨[J]. 山西建筑，2013，39(19)：87-88.

[6] Gutt W, Collins RJ. Sea-dredged aggregates in concrete, Build[J]. UK: Res. Establish Watford, 1987(7).

[7] Yin Huiguang, Li Yan, Lv Henglin, et al. Durability of sea-sand containing concrete: effects of chloride ion penetration[J]. Mining Science and Technology (China), 2011(21): 123-127.

[8] Xiao Jianzhuang, Qiang Hengbing, Antonio Nanni, et al. Use of sea-sand and seawater in concrete construction: current status and future opportunities[J]. Construction and Building Materials, 2017(155): 1101-1111.

[9] Limeira J, Etxeberria M, Agullo L, et al. Mechanical and durability properties of concrete made with dredged sea sand[J], Constr. Build. Mater, 2011(25): 4165-4174.

[10] 王越洋，欧忠文，刘晋铭，等．利用海砂、珊瑚制备混凝土研究进展[J]. 混凝土，2018(9)：114-118.

[11] Newman K. Sea-dredged aggregates for concrete[A]// Proceedings of the Symposium: Sea-dredged Aggregates for Concrete, Sand and Gravel Association Great Britain, Buckinghamshire, UK, 1968.

[12] 陈杰林．海砂在水泥砂浆中的应用研究[J]. 福建建材，2011(06)：4-5.

[13] 王胜文，向玉磊．淡化海砂中贝壳含量对胶砂流动性能的影响[J]. 生态建材，2017(02)：46-48.

[14] 楼敦祥．贝壳砂中贝壳对混凝土性能影响研究[J]. 宁波高等专科学校学报，1995，1(2)：83-87.

[15] Limeira J, Agullo L, Etxeberria M. Dredged sea sand as a new source for construction materials[J], Mater. Constr, 2012, 62 (305): 7-24.

[16] 王晓敏．海砂混凝土中氯离子的作用机理及其固化研究[J]. 山西建筑，2019，45(07)：136-137.

[17] 张春昱，孙立喜．海砂在混凝土中的应用及保障措施[J]. 混凝土世界，2014(04)：88-89.

[18] 冯潭辉，赵樑．合理利用海砂[J]. 广东建材，2015，31(09)：23-25.

[19] Kumar V. Protection of steel reinforcement for concrete-a review[J]. Corrosion Reviews, 1998, 16(4).

[20] 董必钦，刘伟，马红岩，等．海砂砂浆水化过程的电化学阻抗谱研究[J]. 建筑材料学报，2013，16(02)：306-309+320.

[21] 赵文成，潭进财，杨景鼎．海砂用于混凝土构造物耐久性研究及使用管理[J]. 东南大学学报，2006，36：160-166.

[22] 刘斯凤．海砂砂浆的工作性及力学性能研究[A]//中国硅酸盐学会房屋建筑材料分会、中国建筑学会建筑材料分会、中国硅酸盐学会水泥分会．第七届全国商品砂浆学术交流会(7th NCCM)论文集．中国硅酸盐学会房屋建筑材料分会、中国建筑学会建筑材料分会、中国硅酸盐学会水泥分会：中国

硅酸盐学会，2017：8.

[23] 傅建彬．海砂建筑材料资源化几个关键技术的研究[D]. 武汉大学，2005.

[24] Liu Junzhe, Zhang Guoliang, Chen Jianbin, et al. Study on the strength of sea sand concrete in ningbo [J]. Advanced Materials Research, 2011: 1270.

[25] 施微丹，吴应雄．海砂砂浆碳化过程的电化学阻抗谱研究[J]. 建筑材料学报，2018，21(04)：645-648+662.

[26] 许晨，王传坤，金伟良．混凝土中氯离子侵蚀与碳化的相互影响[J]. 建筑材料学报，2011(03).

[27] 刘军，董必钦，邢锋，等．海砂氯离子与水泥胶体结合的模拟实验与结合机理[J]. 硅酸盐学报，2009，37(05)：862-866+876.

[28] 刘军，邢锋，董必钦，等．海砂型氯离子在混凝土中扩散的微观形貌分析[J]. 混凝土与水泥制品，2007(06)：15-17.

[29] 邢锋，刘军，董必钦，等．海砂型氯离子与水泥胶体的结合和机理[J]. 东南大学学报(自然科学版)，2006(S2)：167-172.

[30] 卢俞升．海砂净化质量及对预拌混凝土性能影响的研究[D]. 华侨大学，2013.

[31] 黄华县，欧阳东，蔡瑞环，等．模拟海砂混凝土氯离子渗透性试验研究[J]. 混凝土，2007(03)：22-24.

[32] 苏卿，万小梅，赵铁军，等．环境湿度对水泥基材料中水分迁移的影响[J]. 建筑结构学报，2009，30(S2)：319-323.

[33] 董必钦，刘伟，马红岩，等．海砂砂浆早龄期水化过程的电阻率法研究[A]//中国硅酸盐学会混凝土与水泥制品学分会．2011年混凝土与水泥制品学术讨论会论文集．中国硅酸盐学会混凝土与水泥制品学分会：中国硅酸盐学会，2011：8.

[34] 关坤华．高性能海砂水泥砂浆薄板及其复合保温墙板的制作及性能研究[A]//中国硅酸盐学会房屋建筑材料分会、中国建筑学会建筑材料分会、中国硅酸盐学会水泥分会．第七届全国商品砂浆学术交流会(7th NCCM)论文集．中国硅酸盐学会房屋建筑材料分会、中国建筑学会建筑材料分会、中国硅酸盐学会水泥分会、中国硅酸盐学会，2017：9.

[35] 谢燕，邓军，黄莉根．玄武岩纤维网增强海砂水泥基薄板的力学性能研究[J]. 玻璃钢/复合材料，2014(12)：19-24.

第二部分　砂浆基本性能和原材料作用

聚合物性能对砂浆变形性的影响——玻璃化转变温度（T_g）和最低成膜温度（MFFT）的重要性

Roger Zurbriggen[1]，Thomas Aberle[1]，徐龙贵[2]，蒋志恒[2]，沙莎[2]

（1. Nouryon Chemicals AG. Industriestr. 17a，CH-6203 Sempach Station，Switzerland；
2. 诺力昂特种化学（上海）有限公司，上海，201611）

摘　要： 聚合物乳液在被应用到混凝土和砂浆行业前，早已作为基础组分用于聚合物胶粘剂、油漆和涂料行业。虽然使用相同的聚合物，但这些行业与建材行业的应用却大相径庭。从材料的角度来看，主要是水泥基的高 pH 环境和聚灰比。值得注意的是，最低成膜温度（MFFT 或 MFT）及其测试标准（根据 DIN 53787、ASTM D 2354、ISO 2115）是从油漆和涂料行业发展而来的。

MFFT 用于判断聚合物乳液可形成无裂缝透明薄膜的最低温度，这是乳液基涂料能够良好硬化的前提。其机理是涂料干燥过程中乳液颗粒的变形（受玻璃化转变温度的影响，Tg）和聚结（受聚合物扩散速率的影响）。

将聚合物乳液或可再分散性乳胶粉添加到水泥基混凝土或砂浆中时，对硬化机理需要有不同的理解。因此，涂料行业的 MFFT 概念必须适当调整才能适用于水泥基的应用。配方中聚合物的添加量是一级参数。当质量比低于 5%时，乳液颗粒在水泥砂浆的毛细孔中分布良好，大部分乳液膜仅由一个或几个颗粒组成。可以认为，乳液和无机矿物间的黏合力对材料的强度性能至关重要。当质量介于 5%～15%之间，聚合物区域更大，乳液颗粒间的黏合变得至关重要。质量比高于 15%时，砂浆的结构主要由聚合物组成，聚合物一水泥复合材料的性能类似于纯聚合物材料，如脆韧性转变处出现“应力发白”现象。这种材料的桥接裂缝性能和流变性很大程度上取决于与聚合物 Tg 相关的环境温度。

本文探讨了 MFFT、Tg 与不同砂浆变形模式（如粘结变形、抗压变形、横向变形、拉伸变形及桥接裂缝变形）的相关性。

关键词： 可再分散性乳胶粉　砂浆变形性　玻璃化转变温度　最低成膜温度

作者简介：Roger Zurbriggen 博士于 1996 年毕业于瑞士伯尔尼大学（University of Bern）。自 1997 年至今他一直在 Nouryon Chemicals AG（原 Akzo Nobel Chemicals AG，Elotex AG）从事研发工作，他主要致力于聚合物改性砂浆微观结构和性能的研究。同时他也是 Nouryon 与高校、研究机构、其他企业共同进行材料科学研究的发起人和负责人。

The Influence of Polymer Properties on Mortar Deformability —the Significance of the Glass Transition Temperature (Tg) and the Minimum Film Forming Temperature (MFFT)

Roger Zurbriggen & Thomas Aberle
(Nouryon Chemicals AG. Industriestr. 17a, CH-6203 Sempach Station, Switzerland)

Abstract: Before polymer dispersions were added to concrete and mortar, they served as base ingredients for polymeric adhesives, paints, and coatings. Although using the same polymers, these industries operate in very different building applications. The major aspects from a material's perspective are the cementitious high pH environment and the polymer-mineral ratio.

Important to note is that the Minimum Film Forming Temperature (MFFT or MFT) and its analytical procedure (according to DIN 53787, ASTM D 2354, ISO 2115) were developed in the paint and coating industries. The MFFT estimates the lowermost temperature at which a polymer dispersion can form a crack-free and transparent film, which is a pre-condition for a dispersion based paint to harden properly. The mechanisms behind this are the deformation (a function of the glass transition temperature, Tg) and the coalescence (a function of the polymer diffusion rate) of latex particles as the paint undergoes drying.

Adding polymer dispersions or redispersible polymer powders to a cementitious concrete or mortar requires a more differentiated understanding of the hardening mechanisms. As a consequence, the MFFT concept from the paint industry must be adapted to cementitious applications. Thereby the amount of polymer in the formulation is a first-order parameter. At dosages below 5 wt. %, the latex particles are well dispersed in the capillary pores of the cement mortar and the majority of latex films consist of one or a few particles, only. Conclusively, adhesion between latex and mineral is critical for the material' s strength properties. At dosages between 5 and 15 wt. %, the polymer domains are larger and adhesion between latex particles becomes critical. Above 15 wt. %, the matrix of the mortar is composed mainly of polymer and the polymer-cement composite is behaving similar to a pure polymer material as indicated by "stress whitening" at the brittle-ductile transition. Such materials provide crack-bridging properties and their rheology is strongly dependent on the ambient temperature in relation to the Tg of the polymer.

This study investigates the relevancy of MFFT and Tg for different modes of mortar deformation such as adhesive, compressive, transversal, tensile, and crack-bridging.

Keywords: redispersible polymer powders　mortar deformability　glass transition temperature　minimum film forming temperature

1　Tg 和 MFFT 介绍

“聚合物的 Tg 越低，砂浆的可变形性越好”这种常听到的简化说法并不总是正确的。对此，本文给出了 Tg 和相关 MFFT 的定义，讨论了水泥环境对聚合物成膜的影响，并论证了砂浆的可变形性主要取决于聚合物含量和测试模式。其目的是提供一个概念，以分别讨论 Tg、MFFT 与特定应用的聚合物改性砂浆可变形性能之间的关系。

最低成膜温度(MFFT)是指可以形成聚合物膜的最低温度，因而 MFFT 与砂浆固化和硬化以及必须形成聚合物膜的时间最为相关(表 1)。膜一旦形成，其性能必与强度和可变形性相关，受玻璃化转变温度(Tg)的影响。

需要注意的是，由于蒸发热损失，薄层水泥砂浆会冷却几摄氏度，因此施工温度不应低于 5℃。

表 1　应用温度 T(a)、MFFT(b)、Tg(c)与砂浆演变的相关性

项目	a. 砂浆混合与施工	b. 固化与硬化	c. 硬化砂浆
相关时间间隔	前几分钟至数小时	前几天	使用寿命
关键机理	可再分散性	聚合物膜的形成	聚合物膜的性能
环境温度(T)	T＞5℃	T＞MFFT	T＜Tg 或 T＞ Tg

根据砂浆的应用类型，聚合物必须为硬性(Tg＞ T)或塑性(Tg ＜T)。

1.1　玻璃化转变温度(Tg)的定义

玻璃化转变温度(Tg)是指聚合物从玻璃态(低于 Tg)转变为粘弹态(高于 Tg)的一个 2～5℃的狭窄温度区域。Tg 不是类似熔点的基本热力学性质。它不是由状态变量定义的，它的测定高度依赖于实验的时间尺度。因此，作者应报告实验参数(图 1)，如 DSC 测量的加热速率和积分方法(如 Tg 定义为 DSC 曲线的拐点，即所谓的中点，Rodney 和 Grulke，1999)。理论 Tg 也可根据单体的组成进行计算(Distler，1999)。

经过 Tg 转变后，材料的很多性能会发生变化，其中最明显的参数为硬度、黏度、弹性模量、变形性和柔韧性。这些变化可以借助不同的热机械测试方法来检测（如 TMA、热机械分析、探针硬度仪、扭转刚度、膨胀计法等)。

此外，聚合物温度在 Tg 以上时的热容量比在 Tg 以下时高 0.1～0.5J/(g·K)。其机理为聚合物链段分子内流动性的“解冻”。当温度升高超过 Tg 时，聚合物的链段获得一定的移动性。这些额外的分子内运动吸收能量，从 DSC 上可以看做是吸热方向的一个阶段(图 1)。

温度在 Tg 以上时，有应力的情况下，聚合物以粘弹态方式变形。从而使自然卷曲的聚合物结构产生可逆拉伸，聚合物的柔韧性显著提高。这种伸长是链段展开(扭转移动性)的结果，而不是键合角度的扩大(图 2)。温度在 Tg 以下时，聚合物无扭转移动性，无法在不破裂的情况下进行拉伸，因此表现得更脆。

玻璃化转变温度 Tg 取决于单体组成、分子结构(如嵌段性)、乳液结构(如核－壳结构)、结晶度和交联度(这将降低聚合物链段的移动性)、杂质(残余单体或低分子量组分使 Tg 偏移可达 40℃)、水含量(水增塑)、分子量(Tg 随分子量增大而升高)、受热过程(如退

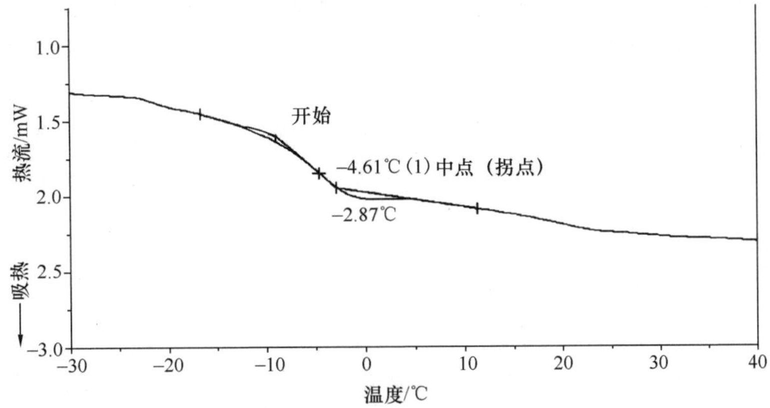

图 1　通过差示扫描量热法(DSC)以 1K/min 的加热升温速率测量玻璃化转变温度(Tg)

注：Tg 的中点(此处为 −4.61 ℃)定义为吸热阶段的拐点，聚合物在此阶段吸收热量进行分子内运动

火、加热和冷却速率)和压力(增加压力会导致 Tg 升高)。

1.2　最低成膜温度(MFFT)的定义

MFFT 是指聚合物能够形成无裂纹透明薄膜的最低温度。通常，“白点”（光学清晰度点）的温度低于“裂纹点”的温度，表明颗粒变形后非常完整致密（成膜阶段Ⅱ），因此空隙尺寸远低于可见光波长（Keddie，1997）。所以，透射光不会散射。因此乳液薄膜是透明的（图 2）。

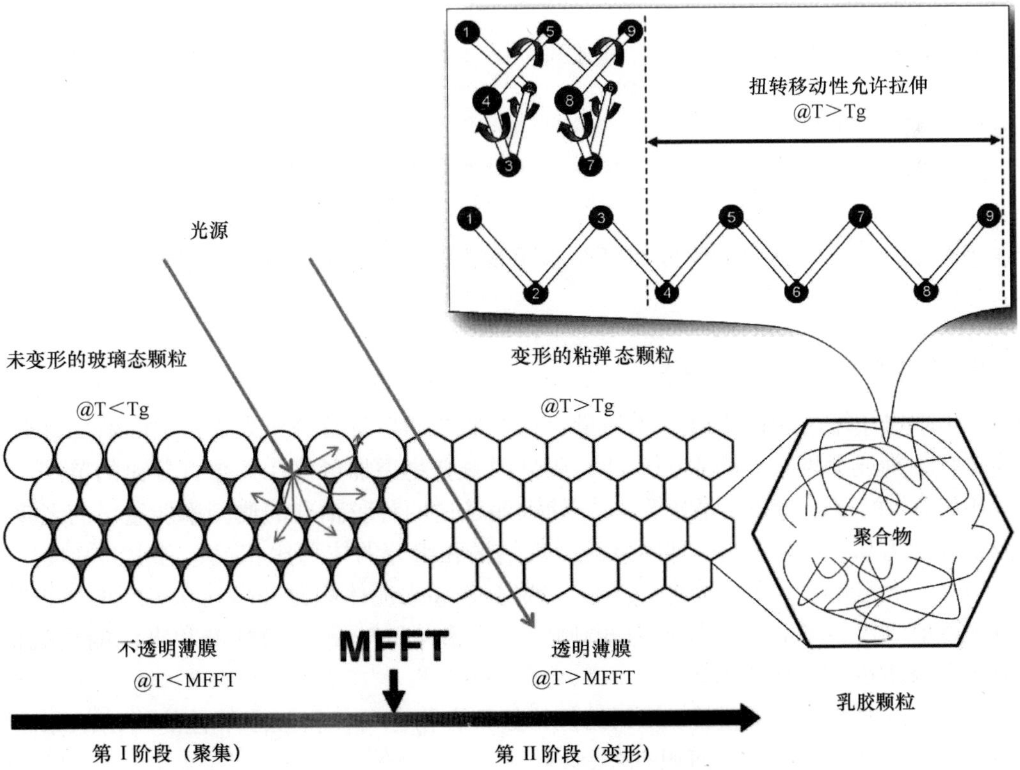

图 2　不同环境温度(低于或高于 MFFT)下，玻璃化转变温度(Tg)、最低成膜温度(MFFT)和乳液薄膜光学性能的关系

Tg用于表征乳液颗粒的聚合物，而MFFT用于表征乳液体系的成膜能力。MFFT受乳液粒径分布、剪切模量、表面张力、聚合物组成和结构（影响Tg）、增塑剂含量（包括水）、空气湿度或水相pH等参数的影响。

需要注意的是，乳液薄膜的MFFT可低于相关聚合物的Tg，如由于聚乙烯醇的塑化作用，它可以作为可再分散性乳胶粉的典型稳定剂和可再分散添加剂。另外，MFFT不能低于水的结冰温度。

2 水泥环境对成膜的影响

Zurbriggen（2004）提到，在水泥砂浆中，高pH和高离子强度对乳液成膜有很大影响。这意味着MFFT是指在正常水中测得的乳液或（再）分散后乳液的标准值，但不能说聚合物无法在低于标准MFFT的水泥砂浆中成膜。

Jenni等（2006）证明水泥环境会引发乳液颗粒的聚结（乳液膜形成的第Ⅲ阶段），其相应的微观结构可以通过SEM扫描电子显微镜研究（图3）。

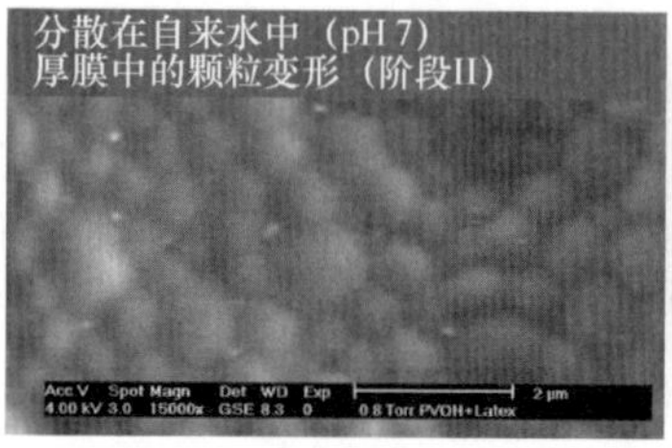

(a)

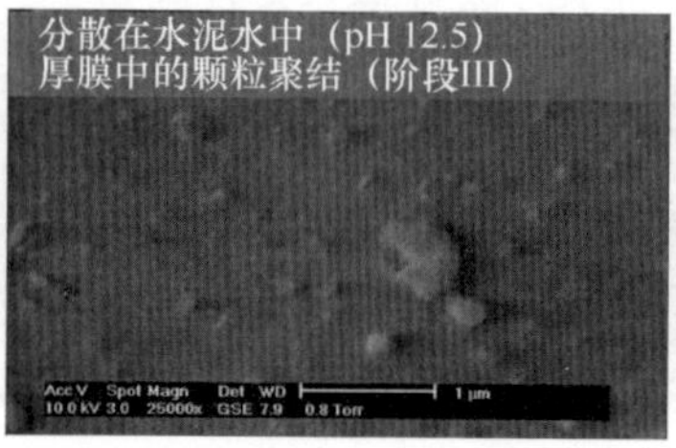

(b)

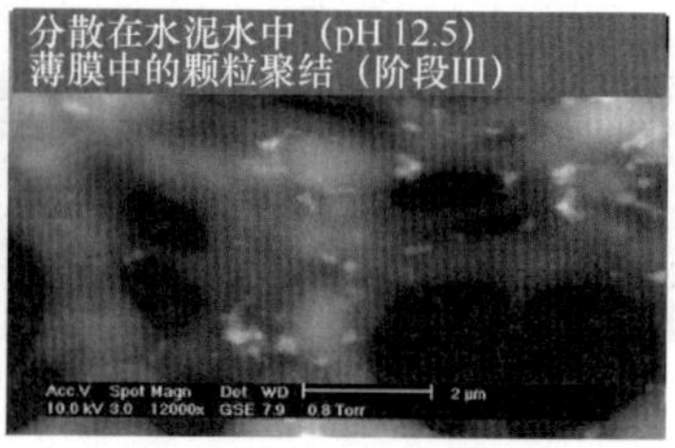

(c)

图3 可再分散性乳胶粉在（a）普通水和（b，c）高离子强度、高pH的水泥水中产生的不同乳液膜的扫描电子显微镜（SEM）图像

（a）乳液膜表面形态说明颗粒发生变形（成膜阶段Ⅱ）；（b）乳液膜的表面平整，说明颗粒间发生了聚结（成膜阶段Ⅲ），只有水泥水合物标示着初始乳液颗粒的边界；（c）水泥环境中聚结了的乳液薄膜，亮的区域是水泥相，暗的区域是空隙

在水泥条件下乳液薄膜的强度和可变形性显著提高，这也可以说明水泥环境中成膜性得到进一步提高。

3 聚合物添加量——一级参数

关于干混砂浆配方中的聚合物添加量，行业通常用质量百分比来表示。除特殊砂浆（如柔性瓷砖胶粘剂或柔性水泥防水膜）外，典型的聚合物添加量仅在几个百分比的范围内。通常质量比为3%的聚合物和质量比为30%的水泥是这两种胶粘剂的典型添加量，前者聚合物与水泥质量比为0.1。但是，这种砂浆的微观结构和组分的体积比相关。考虑其密度（聚合物为1g/ml，水泥和水泥水合物为3g/ml），聚合物和水泥体积比升高到0.3。进一步考虑相应的布莱恩值（Blain Value）分别为60000cm^2/g和4500cm^2/g的乳液和水泥的比表面积，聚合物和水泥体积比升高到1.3。

这些计算阐明了相对质量比为3%的低掺量聚合物也可使得强度等性能增倍的原因，这明显与聚合物粘结材料的比表面积有关。

图4显示聚合物和水泥体积比（y轴）与不同添加量的聚合物水泥的砂浆配方（x轴）。

聚合物质量比至少为10%，水泥质量比约为30%的配方，其聚合物和水泥体积比大于

1（图 4 中的浅灰色区域）。这种砂浆形成三维聚合物网络，其特性取决于聚合物。因此，聚合物的特性（如 Tg）也与组分相关。

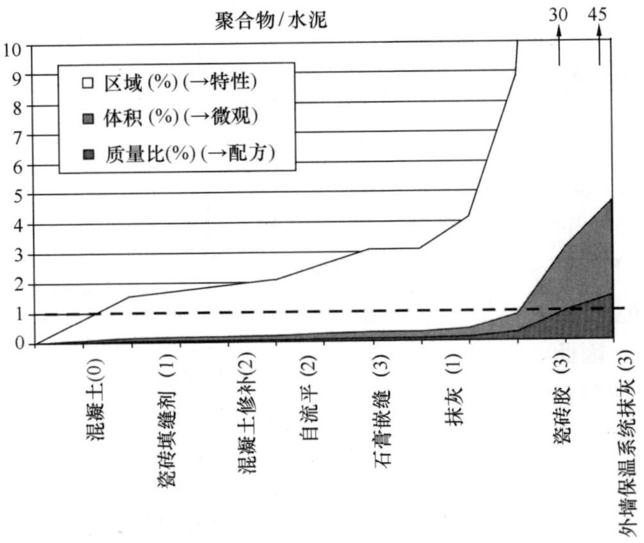

图 4　不同质量、体积和表面积百分比砂浆的聚合物和水泥体积比

注：括号中的数值表示聚合物含量。

4　Tg 对可再分散性乳胶粉和干混砂浆的多重影响

图 5 显示了 Tg 对聚合物乳液的材料特性、可喷雾干燥性、粉末颗粒的再分散性及最终在砂浆的毛细孔中、在基材（如混凝土、瓷砖或发泡聚苯乙烯板）表面和界面处形成的乳液

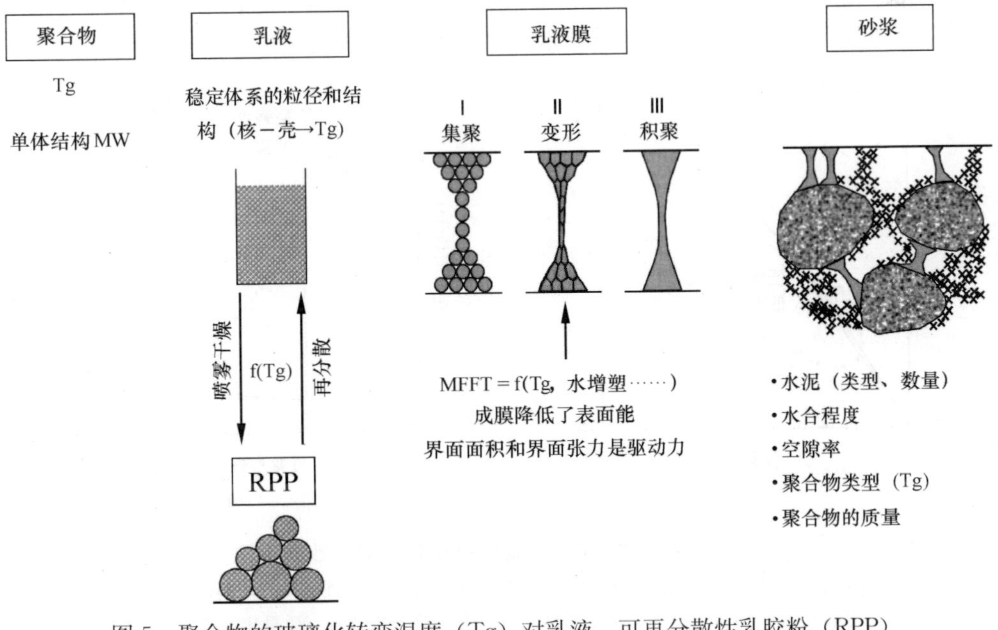

图 5　聚合物的玻璃化转变温度（Tg）对乳液、可再分散性乳胶粉（RPP）、纯乳液膜和砂浆内乳液膜性质的多重影响示意图

薄膜的特性的不同影响。因此，改变聚合物的 Tg 会引起材料性能一系列的变化，对砂浆的最终强度和变形会产生正面或负面影响。

5 Tg 对聚合物膜力学性能的影响

图 6 显示了四种具有代表性的商用可再分散性乳胶粉的应力—应变曲线，它们的 Tg 不同，在 23℃和 5℃下固化并测量。需要注意的是，在低温下固化和测量时（图 6 中的虚线箭头），性能变化主要影响可变形性，对强度影响较小。因此，选择具有特定 Tg 的聚合物即选择其膜的强度等级。

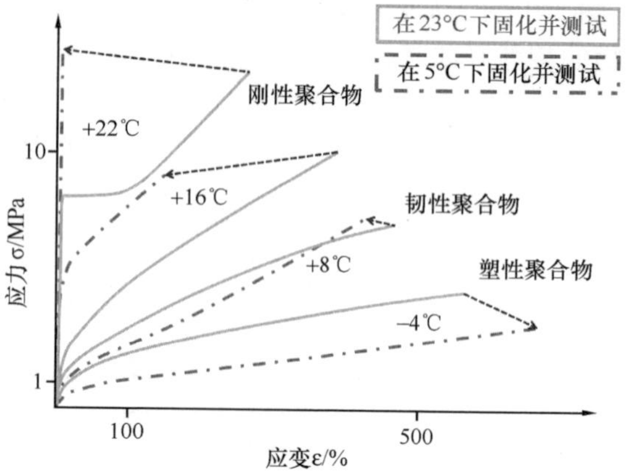

图 6 由市售不同 Tg 的可再分散性乳胶粉（RPP）制成的聚合物膜的应力-应变曲线

（拉伸测试根据 DIN EN ISO 527，参见图 8）

注：将每种产品分别在 23℃（实线曲线）和 5℃（点画线曲线）下固化成聚合物膜并测试。虚线箭头表示在低温（5℃）时固化和测量的性能变化。

图 6 所示的刚性聚合物的拉伸强度明显超过水泥砂浆的强度。此外，刚性聚合物的弹性模量更接近于水泥砂浆的弹性模量。因此，聚合物强度越高，水泥和聚合物间的机械相容性越好。

因此，对于具有高强度的砂浆配方，选用相对高 Tg 的刚性聚合物可能是正确的选择。

6 Tg 对砂浆机械性能的影响

在许多砂浆配方中，聚合物含量在几个质量比的范围内时，砂浆的机械性能主要由水泥决定。聚合物质量比低于 15%的配方主要是弹性材料，强度和可变形性呈正相关。配方的强度越高，断裂变形性越好［图 7（a）］。

聚合物质量比高于 15%的砂浆情况恰好相反［图 7（b）］，如含 25%聚合物的柔性水泥防水膜。这种高聚合物组分配方的机械性能主要由聚合物决定，刚性聚合物（Tg≥T）在有

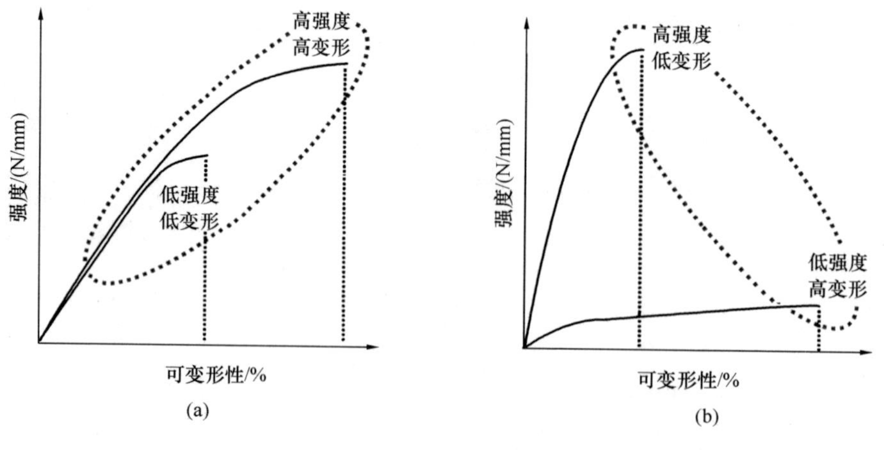

图 7 砂浆中聚合物的掺量是一级参数

（a）在低聚合物含量（质量比例低于 15%）时，砂浆主要受水泥和矿物填料的性能影响。配方在提高强度的同时也增加了可变形性。（b）在高聚合物含量（质量比高于 15%）时，砂浆主要受聚合物的机械性能影响。

限的变形性下提供高强度，塑性聚合物（Tg≤T）在有限的强度下提供高变形性。因此，高聚合物组分砂浆的断裂强度和变形呈负相关。

在图 7 中，聚合物质量比低于和高于 15%的两类砂浆用粗线划分。

图 8 提供了不同砂浆应用、不同机械性能测试模式的概述方案及其与聚合物 Tg 的相关性。

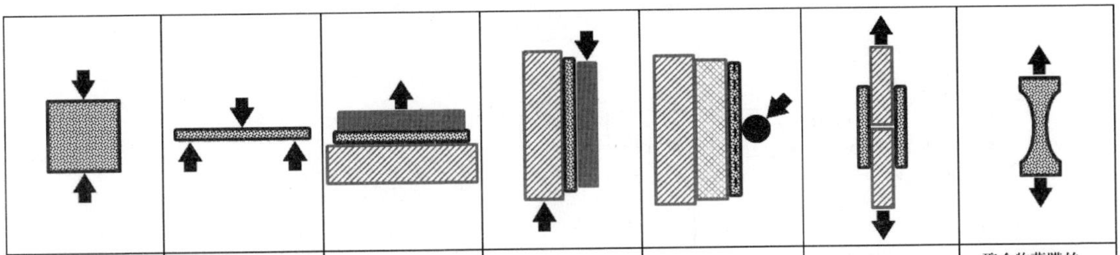

抗压强度	横向形变	粘结强度	粘结剪切强度	抗冲击性	桥接裂缝性	聚合物薄膜的拉伸强度
刚性聚合物(Tg≥T)，测试抗压强度	刚性聚合物(Tg≥T)，测试抗折强度	刚性聚合物(Tg≥T)，测试内聚力和粘结力	塑性聚合物（Tg≤T)，测试剪切强度和变形	低 Tg 高乙烯 EVA，粘结聚苯乙烯	塑性聚合物 (Tg≤T)、提供桥接裂缝性和高延伸率	
低聚合物质量比<15%，通常质量比<5%					聚合物质量比 20%~35%	聚合物质量比 100%
瓷砖填缝剂 EN 12808-3 砂浆层 EN 13892-8 混凝土修补 EN 12190 砌筑砂浆 EN 1015-11	瓷砖胶粘剂和填缝剂 EN 12002 砂浆层 EN 13892-8	瓷砖胶粘剂 ISO 13007 EN 12004 石膏抹灰 EN 13279-2 砂浆层 EN 13892-8 混凝土修补	瓷砖胶粘剂 ISO 13007 EN 12004 ANSI A118.4 ANSI A118.15	外墙保温系统 ETAG 004 VKF Nr.8 ISO 7892 EN 13497	柔性防水膜 EN 14891	聚合物薄膜 DIN EN ISO 527

图 8　不同砂浆的测试模式与聚合物玻璃化转变温度的相应要求

图 8 中通常可表述如下：

（1）横向变形是一种抗折强度试验。由混凝土知识可知，材料的抗折强度随着抗压强度的增加而增加。其原因是水泥材料的抗压强度明显高于其拉伸强度，在抗折模式下，试样的上部受到压缩，只有下部受到拉伸，所以上部较高的抗压强度决定了弯曲性能。因此，刚性聚合物（Tg≥T）具有更好的抗压强度，也有利于横向变形。

（2）从机械性能角度来看，弹性模量较高的刚性聚合物（Tg≥T）与水泥基材料的机械性能更相容。因此，在许多情况下，刚性聚合物具有更好的内聚力和粘结力。

（3）关于粘结剪切强度，通常塑性聚合物（Tg≤T）具有优势。其可能的解释是，塑性聚合物提高了剪切变形能力，消除了界面应力。

（4）对由膨胀（EPS）或挤出（XPS）聚苯乙烯制成的聚苯乙烯隔热板的黏合是对 ETICS（外墙保温系统）抹面砂浆的特殊要求。乙烯含量高的 EVA 聚合物对聚苯乙烯具有优异的粘结力，因此在许多情况下其是首选。由于乙烯含量高，所以 Tg 较低。

（5）对于聚合物质量比高于 15%的砂浆（如柔性水泥基防水膜），聚合物的塑性（Tg≤T）是优异桥接裂缝性能的关键。如图 9 所示，这取决于在何种环境温度下具备桥接裂缝性能。

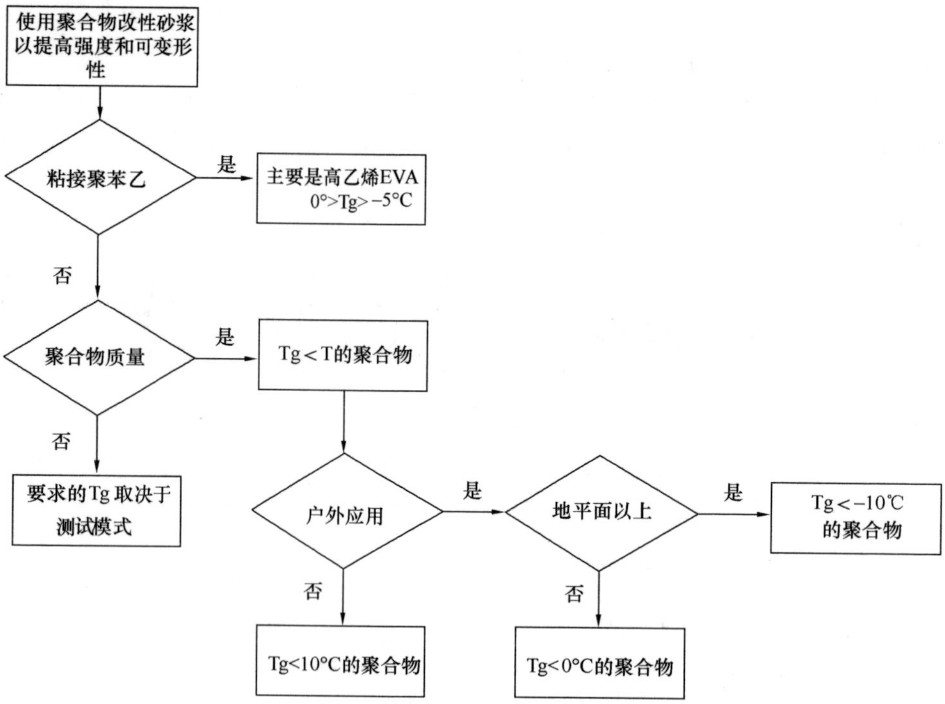

图 9　关于 Tg 的聚合物类型选择流程图

7　结论

（1）聚合物乳液和水泥是一个相辅相成的组合。

① 如在砂浆表面，砂浆在水泥水化开始前干燥，那么聚合物会形成黏性乳液膜，可以弥补局部水化不足。

② 如在瓷砖的玻璃界面，聚合物可以在水泥不能粘结的地方成膜并提供粘结力。

③ 聚合物对水泥水化具有加速、中和或缓凝作用。根据施工性和强度要求，聚合物可调节水泥系统的性能。

④ 水泥的高 pH、高离子强度会引发聚合物成膜，从而提高砂浆的强度和可变形性。

（2）Tg 和 MFFT 均在非水泥体系的标准化实验室条件下测量。但是单凭这些数值无法预测聚合物在水泥环境中的性能。

（3）选择适当的聚合物来满足特定砂浆的应用主要取决于聚合物的量、砂浆的主要机械性能以及满足此机械性能的环境温度范围。

① 高强度砂浆需要刚性聚合物（Tg⩾T），其弹性模量与水泥基质的弹性模量相似（相容）。

② 高可变形性砂浆需要高含量的塑性聚合物（Tg⩽T）。

③ 中等强度和可变形性的砂浆需要韧性聚合物（Tg≈T）。

（4）较高的聚合物含量决定乳液颗粒是否能够与其他乳液颗粒成膜；较低的聚合物含量决定乳液颗粒是否能够与水泥基中的矿物相结合。

（5）聚合物的 Tg 是众多参数之一。在某些情况下，需要刚性聚合物（Tg⩾T）来制备高强度的砂浆。在其他情况下，需要塑性聚合物（Tg⩽T）来制备具有优异可变形性的砂浆。

（6）在任何情况下，Tg始终与环境温度（T）相关。因此，先要了解其应用场合（如室内、室外、地面以上或地面以下），才能确定该材料是否能够提供所需桥接裂缝性能及其他机械性能，这一点非常重要。

参考文献

[1] Zurbriggen R. Influence of polymer glass transition temperature onto mortar flexibility[A]//Russian article in the proceedings of the 6th International scientific and technological conference. Modern technologies of dry mixtures in building, MixBUILD, 2004: 67-74.

[2] Distler D. Wässrige Polymerdispersionen [M]. Germany: Wiley-VCH, 1999.

[3] Jenni A, Zurbriggen R, Herwegh M, et al. Changes in microstructures and physical properties of polymer-modified mortars during wet storage [J]. Cement and Concrete Research, 2006, 36: 79-90.

[4] Keddie J L. Film formation of latex [J]. Materials Science and Engineering, 1997, 21: 101-170.

[5] Rodney A J, Grulke E A. Glass transition temperature of polymers [A]//J. Brandrup, E. H. Immergut, E. A. Grulke. Polymer handbook. Fourth Edition. New York: John Wiley & Sons, Inc., 1999.

5～40℃下硫铝酸盐水泥砂浆泛白研究

徐玲琳[1]，刘斯妤[1]，张学文[2]，高卫东[2]，刘小芬[2]，王培铭[1]
（1. 同济大学材料科学与工程学院，上海，201804；
2. 郑州建文特材科技有限公司，郑州，452370）

摘　要：利用浸水法和图像分析法量化了5℃、20℃、40℃下纯硫铝酸盐水泥砂浆的泛白程度，结合水泥浆体粉末加速碳化（3%CO_2气氛）后的形貌及物相组成，以白色硅酸盐水泥砂浆做对比，初步探讨了硫铝酸盐水泥砂浆的泛白机理。结果表明，硫铝酸盐水泥砂浆始终表现出高得多的抗泛白能力，延长养护时间和降低环境温度尤甚。硫铝酸盐水泥的高抗泛白能力源于其独特的碳化过程和浆体密实度。

关键词：建筑材料　硫铝酸盐水泥　泛白　碳化

Efflorescence of Calcium Sulfoaluminate Cement Mortars at 5～40℃

Xu Linglin[1], Liu Siyu[1], Zhang Xuewen[2], Gao Weidong[2], Liu Xiaofen[2], Wang Peiming[1]
(1. School of Materials Science and Engineering, Tongji University, Shanghai, 201804;
2. Zhengzhou Jianwen Special Materials Technology Co., Ltd, Henan Zhengzhou, 452370)

Abstract: The efflorescence mechanism of the calcium sulfoaluminate cement decorative mortar at 5℃, 20℃, and 40℃ was researched by water immersion and image processing method. The phase composition and microstructure were investigated by the accelerated carbonation (3% CO_2 atmosphere). Results reveal that, cured at 5℃, 20℃ or 40℃ respectively, the efflorescence degree of calcium sulfoaluminate cement firmly lower than Portland cement. Additionally, lower temperature and prolong curing time results in a lower efflorescence resistance. This mainly results from its unique carbonization process and the higher compactness of hardened calcium sulfoaluminate cement paste.

Keywords: Building materials　calcium sulfoaluminate cement　efflorescence, carbonation

1　前言

硅酸盐水泥饰面砂浆中水化生成的$Ca(OH)_2$等可溶性盐会伴随水分通过孔隙迁移至砂浆表面，并与空气中的CO_2反应生成难溶于水的白色$CaCO_3$形成泛白[1]。泛白问题会直接

基金资助：国家重点研发计划项目（2018YFD1101002）、中德科学基金（GZ1290）。

作者简介：徐玲琳（1986—），女，江苏人，副教授，硕士生导师，E-mail：xulinglin@126.com。

影响建筑物美观，严重阻碍了水泥基饰面砂浆的大规模推广应用[2,3]。硫铝酸盐水泥具有早强高强、耐蚀、低碱等特点[4]，水化后的主要产物为钙矾石(AFt)、单硫型水化硫铝酸钙(AFm)和铝胶(AH_3)。由于缺乏 $Ca(OH)_2$，硫铝酸盐水泥理论上可避免所制饰面砂浆发生泛白，然而肖群芳等[5]发现了硫铝酸盐水泥砂浆的泛白现象，但具体泛白机制不明。基于泛白与碳化之间存在紧密关联，本文采用浸水法、图像分析法研究了 5℃、20℃、40℃下纯硫铝酸盐水泥砂浆的泛白程度，结合加速碳化(3%CO_2 气氛)后的性能及物质组成，初步探讨了硫铝酸盐水泥砂浆的泛白机理，并与硅酸盐水泥的情况做了对比。

2　试验

2.1　原材料

白色硫铝酸盐水泥为郑州建文特材科技有限公司产品（记作 SAC），白色硅酸盐水泥为市售 52.5 白水泥（记作 PW），两种水泥的化学组成和物相组成分别如表 1、图 1 所示。由图 1 可知，硫铝酸盐水泥中含有一定量的碳酸钙矿物方解石。石英砂为 40～70 目与 70～100 目两种粒径段的混合物（比例为 3：2）；颜料为分析纯氧化铁红。

表 1　水泥的化学组成（%）

	SiO_2	Al_2O_3	Fe_2O_3	MgO	CaO	Na_2O	K_2O	SO_3
SAC	3.70	15.94	1.60	0.81	70.32	0.14	0.64	5.13
PW	19.40	3.39	0.14	1.02	61.20	0.50	1.84	3.16

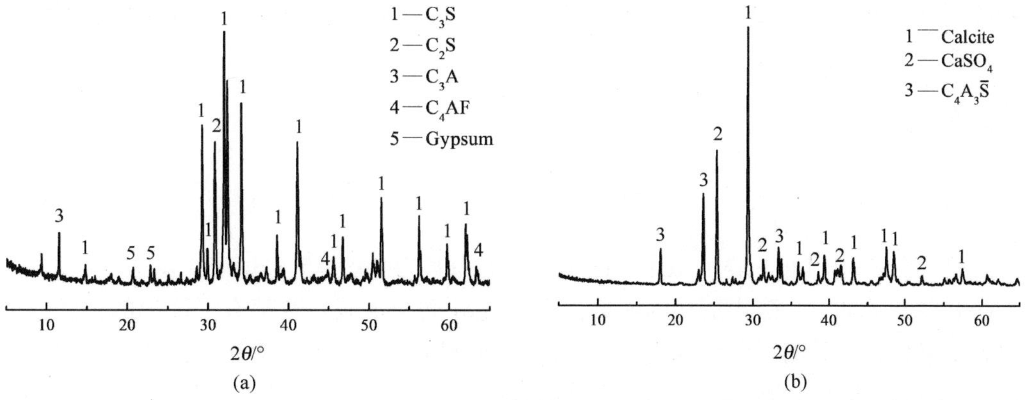

图 1　水泥的 XRD 谱
(a) PW；(b) SAC

2.2　配合比

2.2.1　砂浆

胶砂比为 1：4，颜料掺量(外掺)为水泥用量的 3%，拌合水的用量根据新拌砂浆流动度确定，流动度控制在(170±5)mm，相应的水灰比为 1(硫铝酸盐水泥)和 0.95(硅酸盐水泥)。

2.2.2　净浆

水灰比为 0.5，颜料掺量（外掺）为水泥用量的 3%。

2.3 试验方法

2.3.1 砂浆泛白

参照《墙体饰面砂浆》(JC/T 1024—2007)进行搅拌。采用浸水法[6]进行测试。具体方法为：成型在ϕ100mm的培养皿中，厚度为(5±1)mm，分别在(5±2)℃、(20±2)℃、(40±2)℃下养护1d、3d和7d，相对湿度始终保持在60%±10%，然后将试块浸在水中，8h后取出晾干，观察试块的泛白情况并拍照。采用图像处理软件Image-Pro Plus 6.0计算泛白区域所占的比例即泛白面积比，精确至1%。

2.3.2 加速碳化

将成型后的净浆养护1d后，放入玛瑙研钵中研磨至能全部通过320目标准筛，将粉末放入碳化箱中碳化3d。碳化箱内的相对湿度控制在60%±10%，CO_2浓度为3%，温度为(5±2)℃、(20±2)℃、(40±2)℃。

2.3.3 微观测试

将上述碳化后的粉末分散在酒精中，终止水化，再干燥至恒重，用于XRD、热分析和扫描电镜分析。

XRD分析采用日本Rigaku D/max 2550 X射线粉末多晶衍射仪，工作电压为40kV，工作电流为250mA，DS为1/2°，RS为0.15mm，滤波片为石墨弯晶单色器。采用连续扫描模式，2θ扫描范围为5°～75°，扫描速度为5 °/min。

热分析采用德国NETZSCH公司STA 449C型TG-DTA联合热分析仪，以N_2为保护气氛，升温速率为10℃/min，扫描温度范围是30～1000℃。

扫描电镜分析采用德国Carl Zeiss公司生产的ZEISS Sigma 300VP型场发射扫描电镜，加速电压为2kV。

3 结果与分析

3.1 抗泛白能力

表2是三种不同温度下养护1d、3d、7d后水泥砂浆的表面泛白情况。由表2可知，无论何种养护温度和龄期下，硫铝酸盐水泥饰面砂浆比硅酸盐水泥砂浆都有更优异的抗泛白能力，但难以直接量化各样品的泛白程度。经过二值化处理后（表3），可明显区分泛白位置及面积，其中白色区域为实际泛白区域，其与总面积的百分比即为泛白面积比。由表3可知，总体来说，硫铝酸盐水泥砂浆的泛白程度明显低于硅酸盐水泥，说明抗泛白能力强得多。

表2 三种温度下养护1d、3d、7d后水泥砂浆的表面泛白（原始）

Curing time/d	SAC			PW		
	Temperature/℃			Temperature/℃		
	5	20	40	5	20	40
1						

续表

Curing time/d	SAC			PW		
	Temperature/℃			Temperature/℃		
	5	20	40	5	20	40
3						
7						

表 3　三种温度下养护 1d、3d、7d 后水泥砂浆的表面泛白（图像处理后）

Curing time/d	SAC			PW		
	Temperature/℃			Temperature/℃		
	5	20	40	5	20	40
1			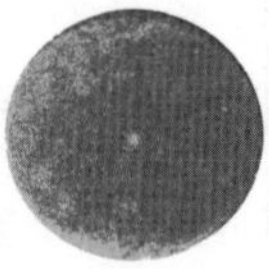		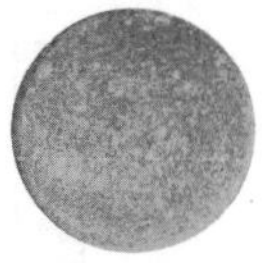	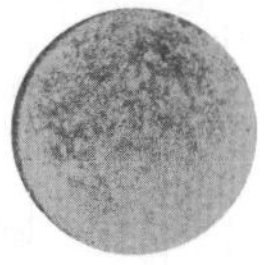
	11%	9%	13%	52%	41%	58%
3	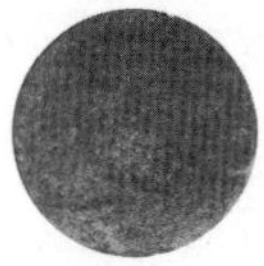					
	9%	8%	12%	53%	41%	55%
7					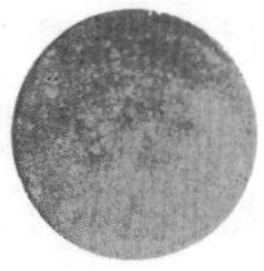	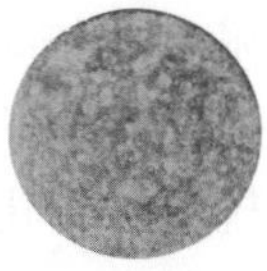
	3%	5%	10%	25%	42%	49%

为了便于比较，将表 3 数据转换为柱状图，如图 2 和图 3 所示。图 2 为 20℃下养护 1d、3d、7d 后两种水泥砂浆的泛白面积比。从图中可以看出，硫铝酸盐水泥砂浆养护 1d 后的泛白面积比仅为硅酸盐水泥的 1/4 左右；养护龄期从 1d 增至 7d，泛白程度逐渐降低，而硅酸

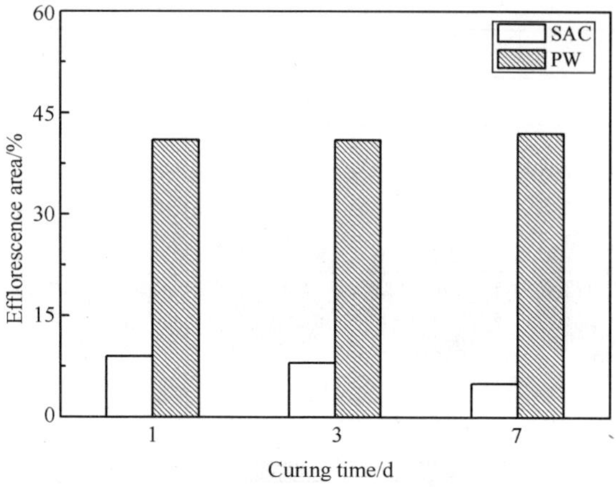

图 2　20℃下养护 1d、3d、7d 后不同系列水泥砂浆的泛白面积比

盐水泥砂浆的泛白程度基本没有变化，保持在 40%左右。

图 3 为三种不同温度下养护 1d 和 7d 后水泥砂浆的泛白面积比。从图中可知，养护 1d 的，低温（5℃）和高温（40℃）都使水泥砂浆的泛白程度提高。不过，硫铝酸盐水泥随温度变化的绝对值很小，最大只有 4%（表 3 中，13%～9%）的差异；而硅酸盐水泥却大得多，最大的差异为 17%（表 3 中，58%～41%）。低温和高温均使泛白程度提高可能源于水泥水化产物数量和浆体密实程度两个方面。高温可加速水化反应进程[7]，导致水化产物的数量增加，其中包括可溶性物质增多，且高温使水化产物无序生长而形成的浆体结构也相对疏松，而低温延缓水化进程也使得浆体结构疏松，这都有利于可溶性物质迁移到表面，使得泛白更加明显。因此，养护 1d 的，无论低温还是高温，均易导致水泥砂浆产生更严重的泛白。

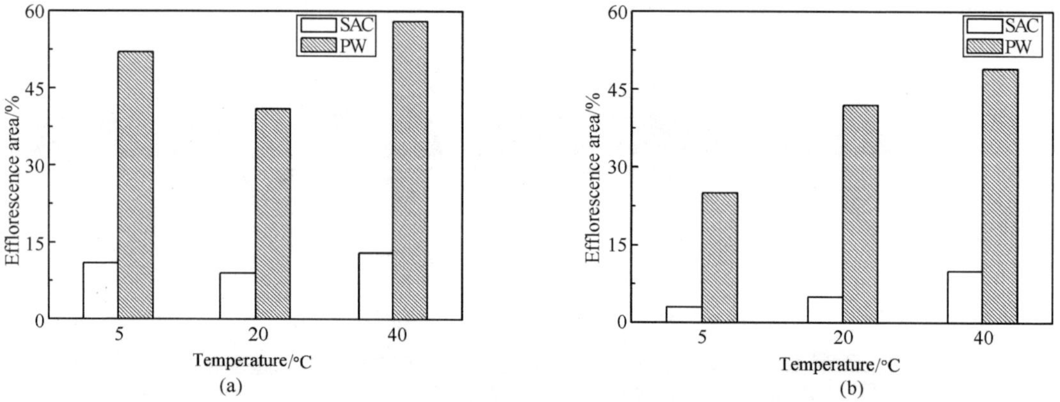

图 3　不同温度下养护 1d 和 7d 后不同系列水泥砂浆的泛白面积比

(a) 养护 1d；(b) 养护 7d

养护 7d 的，两种水泥砂浆的泛白面积比随温度变化的顺序变为 5℃＜20℃＜40℃，即高温（40℃）仍使水泥砂浆的泛白程度提高，而低温（5℃）却与之相反，这是因为低温下水泥水化产物经过 7d 有序生长形成相对致密的结构，导致可迁移到表面的可溶性物质离子较少，降低了泛白程度。同时可以看出，温度的改变使两种水泥的泛白程度差别增大。硫铝酸盐水泥与硅酸盐水泥泛白面积比的比值，低温下约为 1/8（表 3 中，3%/25%），高温下约为 1/5（表 3 中，10%/49%）。两种水泥的泛白程度的差异应是来自两个方面：水泥产物种类（可溶性大小和可碳化程度）的差异和水泥浆体密实程度的差异。

3.2　泛白机理分析

泛白物质，特别是二次泛白物质，一般认为是碳化物。本文模拟了水泥水化 1d 后在

20℃下用3%浓度 CO_2 加速碳化3d的碳化过程，观察了硫铝酸盐水泥水化产物的可碳化性及其与硅酸盐水泥的差异，并由此探讨泛白机理。

3.2.1　水化产物的可碳化性

1. 形貌观察

图4显示了养护1d的水泥浆体经粉磨并碳化3d后在扫描电镜下观察到的形貌。从图中可以看出，硫铝酸盐水泥浆体碳化产物形状特征明显［图4（a）］，且与硅酸盐水泥浆体碳化产物的形状［图4（b）］存在显著差异，前者呈稻草状，后者呈梭状，初步判断两者都是碳酸钙，矿物分别属文石（aragonite）和方解石（calcite）。

图4　20℃下不同水泥浆体粉末加速碳化3d后的SEM图像
（a）SAC；（b）PW

2. 物相确认及其量变分析

DSC-TG谱呈现出硫铝酸盐水泥浆体粉末加速碳化前后的物相变化（图5）与硅酸盐水泥的（图7）完全不同。由图5可以看出，碳化前，硫铝酸盐水泥的主要水化产物AFt和 AH_3 分别在130℃和260℃左右特征吸热峰非常明显；碳化后在130℃特征吸热峰显著降低，260℃附近 AH_3 吸热峰面积有所增大。在760～800℃碳化前就有碳酸钙的分解峰，碳化后峰强更高。结合XRD谱（图6）可知，这里的碳酸钙含有方解石（主要由水泥带入，图1）

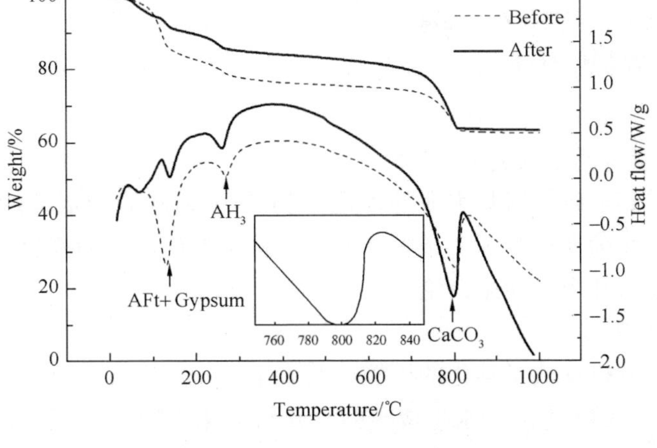

图5　20℃下硫铝酸盐水泥浆体粉末加速碳化3d后的DSC-TG谱

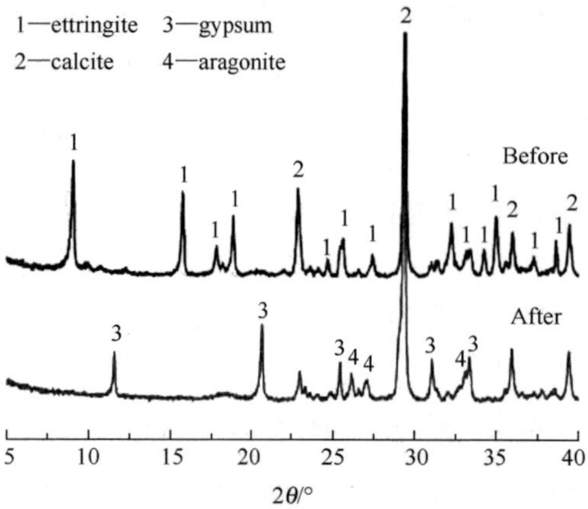

图 6 20℃下硫铝酸盐水泥浆体粉末加速碳化前后的 XRD 谱

和文石［图 4（a）的稻草状物］两种矿物。同时 XRD 谱证实了在 130℃的 DSC 特征吸热峰碳化前对应于 AFt，碳化后完全属于石膏，后者由前者碳化分解转化而来，且碳化后 AFt 在 XRD 谱已完全消失，说明其全部分解转化。综合 SEM、DSC 和 XRD 试验数据可以推断，被碳化的硫铝酸盐水泥水化产物主要是 AFt，碳化后生成的碳酸钙矿物为文石，并伴有铝胶 AH_3 和石膏。

硅酸盐水泥浆体粉末碳化前，主要是 100℃左右 AFt、水化硅酸钙和氢氧化钙的吸热峰，500℃左右氢氧化钙的吸热峰，760℃左右碳酸钙的分解峰（图 7）。碳化 3d 后，100℃左右水化硅酸钙和 AFt 的吸热峰面积大幅度降低，500℃左右氢氧化钙的吸热峰几乎完全消失，760～830℃出现了明显的碳酸钙分解峰。这说明硅酸盐水泥浆体中的主要水化产物均不同程度地被碳化，碳化反应产物为碳酸钙。结合 XRD 谱（图 8）可知，这里的碳酸钙矿物仅含方解石［图 4（b）中的梭状物］。同时，从 XRD 谱也可看出，碳化 3d 后，氢氧化钙晶体的衍射峰几乎完全消失，9.1°左右 AFt 的衍射峰也变得非常微弱，说明其基本全被碳化。

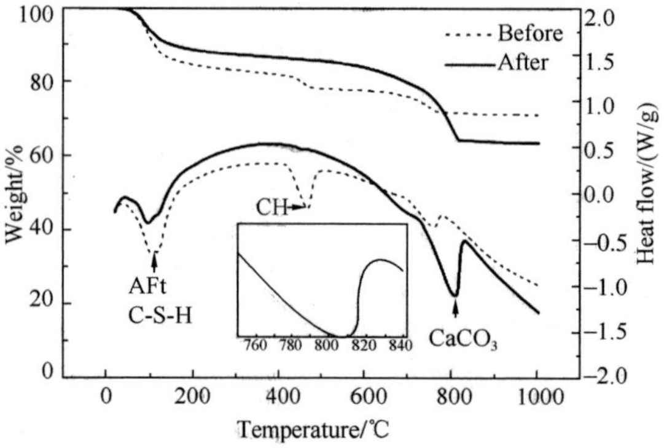

图 7 20℃下硅酸盐水泥浆体粉末加速碳化前后的 DSC-TG 谱

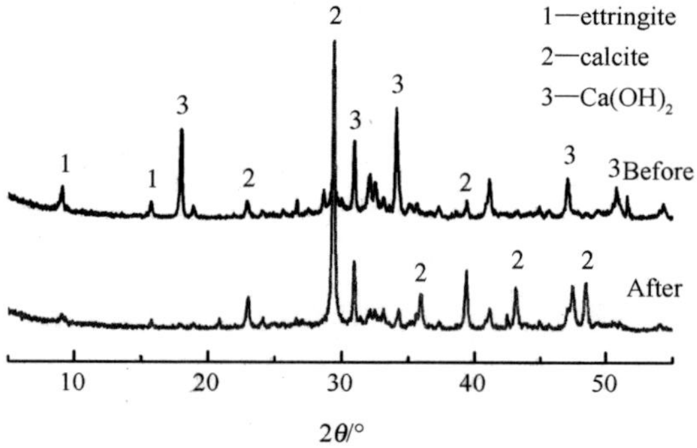

图 8 20℃下硅酸盐水泥浆体粉末加速碳化前后的 XRD 谱

3.2.2 碳化难易程度与泛白的关系

在 3.2.1 已经看到，硫铝酸盐水泥的水化产物 AFt 和硅酸盐水泥的水化产物氢氧化钙几乎都被完全碳化。而为什么在 3.1 条看到的这两种水泥的泛白面积比相差 4 倍以上？为了回答这个问题，可以从几个方面来讨论：

1. 碳化反应热力学

碳化反应热力学分析反映了碳化的可能性及大小，一般用反应过程的自由焓表达。硫铝酸盐水泥浆体碳化时，CO_2先溶于水生成碳酸，并与水化产物 AFt 反应，形成碳酸钙、硫酸钙、铝胶和水泥等。碳化反应方程式如下：

$$3CaO \cdot Al_2O_3 \cdot 3CaSO_4 \cdot 32H_2O \xrightarrow{CO_2+H_2O} 3CaCO_3+3(CaSO_4 \cdot 2H_2O)+2Al(OH)_3+23H_2O$$

而硅酸盐水泥浆体碳化时，除了 AFt 之外，其他水化产物如氢氧化钙、水化硅酸钙、AFm 也会被碳化而形成碳酸钙。其中氢氧化钙的碳化反应方程式如下：

$$CaO \cdot H_2O \xrightarrow{CO_2+H_2O} CaCO_3+H_2O$$

在所提到的水化产物中，上述两个碳化反应的自由焓差距是最大的，前者为－74.58kJ/mol，后者为－50.97kJ/mol[8]。而水化硅酸钙和 AFm 的碳化反应自由焓介于 AFt 与氢氧化钙之间，因此可以说，无论硅酸盐水泥还是硫铝酸盐水泥，其所有的水化产物都有可能被碳化，只不过在相同时间内被碳化的程度不同，碳化产物的矿物种类不同。但是硅酸盐水泥水化产物都比硫铝酸盐水泥的更容易被碳化（除 AFt 相同以外）。换言之，硫铝酸盐水泥的水化产物即使不含氢氧化钙也是可被碳化的，进而可能引发泛白。

2. 碳化和泛白反应地点

本文所研究的“碳化地点”（即碳化反应位置）和“泛白地点”（即泛白反应位置）是不一致的。浆体粉末加速碳化试验的“碳化地点”从粉末颗粒表面开始，但这些颗粒绝大多数位于浆体试件原来的内部，碳化反应物贯穿整个试件内部，而“泛白地点”全部都是在浆体试件原来的表面。泛白反应物仅集聚在试件表面或从试件内部迁移过来。也就是说，泛白产物应是由两部分碳化物组成，第一种是浆体表面原有的可碳化物被碳化后的产物，第二种是由浆体内部迁移至浆体表面的可碳化物被碳化后的产物。第一种碳化产物很少，则第二种碳化产物就主导了碳化产物的总量。而可碳化物要从浆体内部迁移至浆体表面，因为固体的迁移在浆体内部可能性很低，迁移的应是溶解在溶液中的可碳化离子。这样的话，水化产物的可溶性和浆体内部的输送通道成为两个重要因素。从后一个因素来说，硫铝酸盐水泥在相同制备条件（如相同工作性）下，硬化浆体更加致密[4]，这就减缓了泛白离子向硫铝酸盐水泥浆体表面迁移的速率，进而降低其泛白程度。

3. 碳化反应动力学

碳化反应动力学分析反映了碳化反应的速率。本文仅涉及水泥浆体粉末碳化 3d 这一时间点的碳化物的量，还不能反映整个反应进程。因此不能据此预测水泥砂浆的局部碳化和长期碳化情况及探究其与泛白的关系，今后还要进行更深入的研究。

4　结论

（1）无论何种养护温度下，硫铝酸盐水泥砂浆始终表现出高抗泛白能力，延长养护时间和降低环境温度尤甚。

（2）硫铝酸盐水泥的高抗泛白能力源于其独特的碳化过程和浆体密实度。

（3）碳化反应动力学与泛白机理研究今后还要加强。

参考文献

[1]　Thomas A，Adrian K，Roger Z，et al. 张量，译．外墙彩色砂浆的泛碱问题[J]. 建设科技，2007：59.

[2]　朱绘美，王培铭，张国防．憎水剂影响硅酸盐水泥基饰面砂浆泛白的机理[J]. 建筑材料学报，2014，17(5)：882-886＋900.

[3]　王培铭．外墙商品抹灰砂浆[J]. 上海建材，1999(2)：37-39.

[4]　王燕谋，苏慕珍，张量. 硫铝酸盐水泥[M]. 北京：北京工业大学出版社，1999.

［5］ 肖群芳．墙体饰面砂浆的研制及应用［A］//第三届（中国）国际建筑干混砂浆生产应用技术研讨会论文集［C］，2008：308-311.
［6］ 王培铭，朱绘美．测试方法及环境条件对饰面砂浆早期泛白的影响［A］//王培铭．商品砂浆的科学与技术［C］．上海：化学工业出版社，2011：302-308.
［7］ 李响，阎培渝．高温养护对复合胶凝材料水化程度及微观形貌的影响［J］．中南大学学报（自然科学版），2010，41(6)：2321-2326.
［8］ Stark J，Wicht B. Dauerhaftigkeit von Beton：der Baustoff als Werkstoff［M］. Basel：Birkhaeuser，2001.

基于沉降分层现象的新拌水泥浆体内聚合物膜结构的研究

张林[1]，赵国荣[2]，彭宇[3]，张国防[2]，范树景[4]，赵丕琪[5]，薛伶俐[6]

（1. 浙江天地环保科技有限公司，杭州，310006；2. 同济大学材料科学与工程学院，上海，201804；3. 浙江大学建筑与工程学院，杭州，310058；4. 浙江忠信新型建材股份有限公司，杭州，310052；5. 济南大学绿色建材制备与测试重点实验室，济南，250022；6. 四川省建筑科学研究院，成都，610081）

摘　要： 在模拟瓷砖粘结砂浆施工现场产生的表面自然分层的条件下，通过扫描电镜和电位分析仪探究了不同种类可再分散乳胶粉在这一表面分层内的聚合物膜结构的分布和部分溶液的电荷性质。结果表明，可再分散乳胶粉形成的聚合物膜结构呈现出了形貌的多样性和分布的随机性特征。聚合物膜结构与水化产物存在普遍的共生现象，被覆盖的水泥颗粒水化进程出现一定程度的延迟。在这一表面分层内的中层溶液的电荷性质早龄期内没有较大波动，不同种类的可再分散乳胶粉的影响也较微弱。

关键词： 沉降分层　可再分散乳胶粉　聚合物膜　新拌瓷砖粘结砂浆

Investigation on polymer film in fresh cement pastes based on natural stratification

Zhang Lin[1], Zhao Guorong[2], Peng Yu[3], Zhang Guofang[2], Fan Shujing[4], Zhao Piqi[5], Xue Lingli[6]

(1. Zhejiang Tiandi Enviromental-Protection Technology Co. Ltd, Hangzhou, 310006;
2. School of Materials Science and Engineering, Tongji University, Shanghai, 201804;
3. College of Civil Engineering and Architecture, Zhejiang University, Hangzhou, 310058.
4. Zhejiang Zhongxin New Building Materials Company Ltd, Hangzhou, 310052;
5. Shandong Provincial Key Laboratory of Preparation and Measurement of Building Materials, University of Jinan, Jinan, 250022;
6. Sichuan Institute of Building Research, Chengdu, 610081)

Abstract: Polymer film of different redispersible polymer powders and middle layer liquid had

基金项目：国家自然科学基金（51602126），中德科学基金项目（GZ1290）；浙江省分析测试基金（LGC19E020001）。

作者简介：张林，男，汉族，工程师，从事粉煤灰综合治理和工业废水处理、特种建材等方面研究，Email：zhangweilin2344@163.com。

been investigated by SEM and Zeta potential technology in centrifuges simulated for natural stratification at the top surface of fresh tile adhesive mortars in job site. Results showed that diversity on morphology and random of distributions of polymer film coming from different redispersible polymer powders had been commonly found in this compound fresh pastes simulated for natural stratification. Intergrowth between polymer film and cement hydrates was usual and hydration of some cement grains which had been covered by polymer film was retarded in a certain extent. Zeta potential of Middle layer liquid in this compound pastes maintained a little fluctuation at early ages (15min～30min) and different chemical compositions of 3 redispersible polymer powders seemingly did not show effects on them.

Keywords: Stratification　Redispersible polymer powders　Polymer film　Fresh tile adhesive mortars

聚合物乳液或可再分散乳胶粉改性的水泥砂浆及混凝土内部通常都含有聚合物膜结构，因此这些材料在宏观性能和微观结构上发生了显著的变化[1-5]。无论聚合物乳液还是可再分散乳胶粉，其聚合物膜结构均是由颗粒破裂融合形成的，已有研究证明相同种类不同形式的聚合物在水泥砂浆中形成的聚合物膜结构类似[6]。基于聚合物膜结构这一物相，一般认为其在硬化水泥基材料内部的典型的分布形态为互相贯穿的网络结构[6,7]，但是聚合物颗粒自发的成膜过程（养护温度大于 MFT）与新拌水泥浆体之间的互相作用也得到了众多学者的关注。苏钊[7]认为聚合物颗粒在新拌水泥浆体中的吸附现象是聚合物水泥浆体水化延迟的诱因；钟世云等[8]基于聚合物乳液的吸附量，推测了颗粒在水泥颗粒表面的吸附形式为单层吸附；孔祥明等[9,10]通过可视化表征聚合物乳液与新拌水泥浆体的结合方式，研究了由此引发的水化延迟效应。

可再分散乳胶粉“源于”聚合物乳液，仅是在生产过程中增加了喷雾干燥这一工艺，以此来达到粉末化的效果而便于商品砂浆的生产和销售[11]。喷雾干燥工艺参数的选择对于最终产品的性能有着决定性作用，如再分散稳定性、再分散液与前驱体乳液粒径和分布形式、吸水率和成膜性能等[12-14]。然而喷雾干燥工艺参数的波动会在一定程度上影响可再分散乳胶粉的产品性能，进而影响商品砂浆的稳定性。虽然现场专业施工的缺乏会导致瓷砖粘结砂浆的不可控失效，但是可再分散乳胶粉形成的聚合物膜结构，在自然环境下产生的“吸水膨胀—失水收缩”这一过程也是主要原因[15,16]。环境对水泥基材料的服役性能具有显著的影响，相关科研工作一直是学界的研究重点[17,18]。在最终铺装之前，新拌的瓷砖粘结砂浆内部的原材料因为蒸发现象和重力作用产生移动和分层，时间长久一点就会在表面形成一层“结皮”，不同研究[19,20]均认为这一“结皮”现象导致了粘结强度的失效。故聚合物膜结构在新拌砂浆内部的形态需要进一步确认，尤其是经历过放置并产生自然分层现象的“结皮”内部。本文据此研究了模拟条件下的可再分散乳胶粉形成的聚合物膜结构。

1　试验

1.1　原材料

试验选用水泥为安徽海螺水泥有限公司生产的海螺牌 P·Ⅱ 52.5R 硅酸盐水泥，其化学组成见表 1，基本物理性能见表 2；三种可再分散乳胶粉为瓦克化学中国有限公司生产的乙烯-醋酸乙烯酯（ethylene-vinyl acetate，EVA）、乙烯-醋酸乙烯酯-乙烯酯（ethylene-vinyl acetate/ vinyl ester，EVA/VE)、乙烯-氯乙烯-月桂酸乙烯酯（ethylene/vinyl chloride/vinyl laurate，E/VC/VL)；拌合水为自来水。

表 1 P·Ⅱ 52.5R 硅酸盐水泥的化学组成（%）

Table 1 chemical compositions of P·Ⅱ 52.5R Portland cement

Na_2O	MgO	Al_2O_3	SiO_2	SO_3	K_2O	CaO	TiO_2	MnO	Fe_2O_3	ZnO	SrO	烧失量
0.21	1.14	4.99	20.8	2.22	0.66	65.2	0.22	0.05	3.22	0.10	0.13	1.06

表 2 P·Ⅱ 52.5R 硅酸盐水泥的物理性能

Table 2 Physical properties of P·Ⅱ 52.5R Portland cement

密度/（kg/m^3）	比表面积/（m^2/kg）	凝结时间/min		抗压强度/MPa		抗折强度/MPa	
		初凝	终凝	3d	28d	3d	28d
3200	380	100	155	32.4	58.2	7.1	9.2

1.2 试验方法

为了模拟瓷砖粘结砂浆在施工现场因放置而产生的“表面自然分层”现象，将可再分散乳胶粉改性水泥浆体的水灰比选定为 50，以产生清晰的分层现象。首先将 1g 水泥与 50ml 自来水在塑料离心管内均匀混合搅拌，可再分散乳胶粉的质量为水泥质量的 10%。然后密封离心管并将新拌水泥浆体静置 30min。待自然分层现象发生后（图 1），新拌水泥浆体内的 3 个层级均对应离心管刻度，此时将 5ml 刻度线以下的底部浆体取出，制备成干燥样品，而后采用 Quanta FEG 650 型 SEM 对底部浆体的微观特征进行观察。3 种可再分散乳胶粉改性水泥浆体的自然沉降过程分别重复进行了 6 次，待测样品为 6 次试验取得的底层浆体的混合物相。

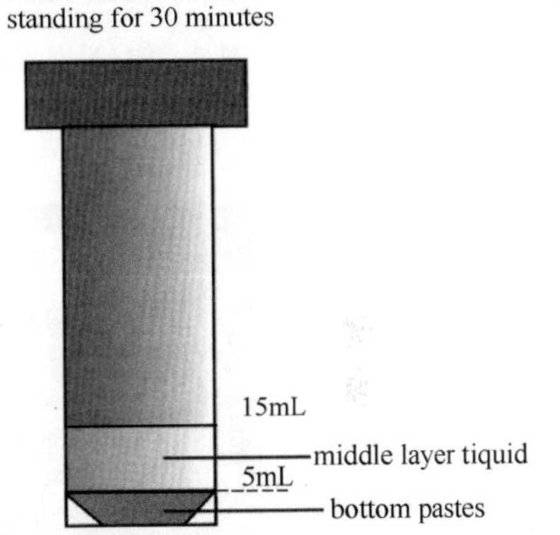

图 1 新拌可再分散乳胶粉改性水泥浆体在离心管内分层示意图

Fig. 1 Schematic representation on stratification of cement pastes modified by redispersible polymer powders in a centrifuge tube

由于在离心管内部模拟“表面自然分层”现象，底层浆体的下端“紧邻”新拌砂浆中的“匀质物相”，而底层浆体的上端则“紧邻”新拌砂浆表面的“富水层”。这一“富水层”因为蒸发作用而最终很有可能形成“结皮”。故本次试验也探究了新拌水泥浆体沉降分层稳定后中层溶液的性质，即离心管内部 5mL 刻度线至 15mL 刻度线之间的中间层溶液（图 1）。待新拌水泥浆体经历 30min 静置而产生稳定的分层现象后，对中层溶液设定了 4 次取样龄期，分别为 15min、20min、25min 和 30min。每次试验同时配制 6 组样品，避免重复取样的影响，而后采用美国 Matrac 公司生产的 Zetatrac 电位分析仪对中层溶液的电荷性质进行测定。

2 结果与讨论

2.1 新拌水泥浆体中的聚合物膜结构

图 2 至图 4 分别为 30min 龄期的 EVA 改性水泥浆体微观形貌、E/VA/VE 改性水泥浆

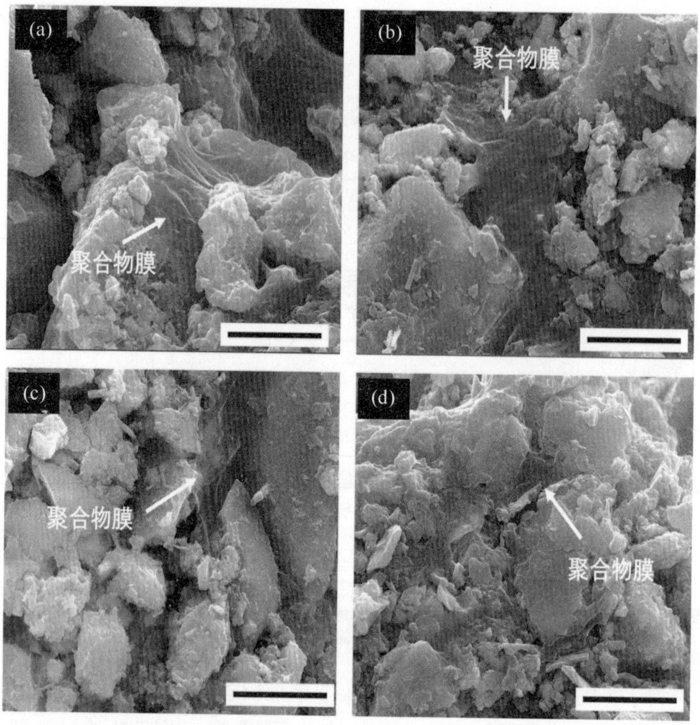

图 2　EVA 在新拌水泥浆体中形成的聚合物膜结构（Bar=5μm）

Fig. 2　Polymer film in EVA modified cement fresh pastes

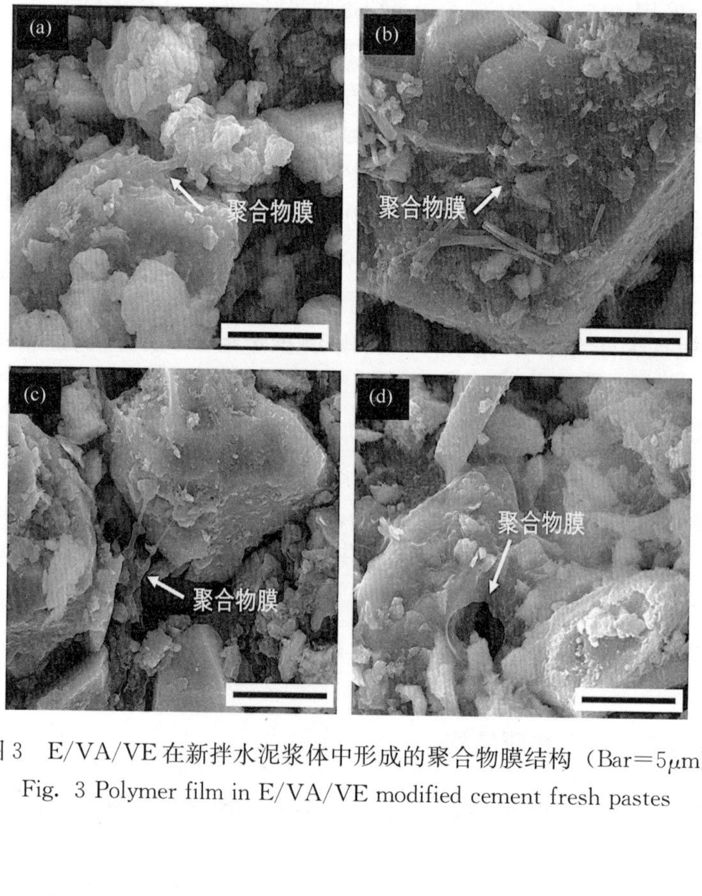

图 3　E/VA/VE 在新拌水泥浆体中形成的聚合物膜结构（Bar=5μm）

Fig. 3 Polymer film in E/VA/VE modified cement fresh pastes

体微观形貌及 E/VC/VL 改性水泥浆体微观形貌。从图 2 可以发现，经过自然沉降分层后，EVA 乳胶粉在底层新拌浆体中形成的聚合物膜结构随机分布在水泥浆体内部，或分布在水泥颗粒之间或局部覆盖在水泥颗粒表面。对比图 3 和图 4 也可发现，E/VA/VE 乳胶粉和 E/VC/VL 乳胶粉形成的聚合物膜结构均体现出了形貌多样性和分布随机性的特点。聚合物膜结构与水化产物在水泥浆体内局部区域的“共生”现象成为一种普遍微观特征。在这一共生区域内，有的聚合物膜结构仅是表面附着有水化产物［图 4（a）和图 4（b）］，而有的聚合物膜结构则是将水化产物包裹在其内部［图 3（d）］。图 3（b）中的水泥颗粒并未被聚合物膜结构覆盖，其表面已经产生了少量的水化产物。图 4（b）中的水泥颗粒因为部分表面被 E/VC/VL 形成的聚合物膜结构所覆盖，并未出现水化产物。聚合物膜结构的覆盖包裹效果也会在一定程度上造成对应水泥颗粒水化进程的延缓。

图 4　E/VC/VL 在新拌水泥浆体中形成的聚合物膜结构（Bar＝5μm）

Fig. 4 Polymer film in E/VC/VL modified cement fresh pastes

2.2　新拌水泥浆体中的电荷性质

图 5 为经过沉淀分层后的新拌水泥浆体内部中层溶液的电荷性质的变化规律。从图 5 可以看出，纯水泥浆体的 Zeta 电位呈现出逐渐增大的趋势，这一结果与先前的研究结果是吻合的[21,22]。然而不同种类可再分散乳胶粉改性水泥浆体的 Zeta 电位随着龄期的延长均呈现出轻微下降的趋势，其间的差异并不显著，仅在－1.5～0.5mV 之间进行小范围的波动。

这一试验结果体现了可再分散乳胶粉改性水泥浆体溶液组成的“复杂性”。本次电荷测定试验对象是自然沉降分层后，可再分散乳胶粉溶于水泥浆体“再分散”重新形成的含有保护胶体 PVA 的“复合聚合物乳液”。对于任一可再分散乳胶粉颗粒来说，外表面的保护胶体 PVA 含量会在一定数值内随机波动，所以“不均匀的 PVA 含量”和前文所述“喷雾干

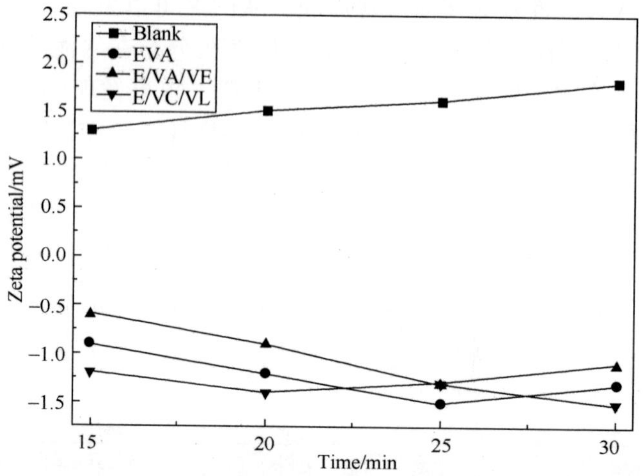

图 5　不同种类新拌水泥浆体的中层溶液的电荷变化情况

Fig. 5　Zeta potential of middle layer liquid in different fresh cement pastes

燥工艺造成的不确定胶体性质改变”干扰到了“复合聚合物乳液改性水泥浆体”的电荷性质，从而导致浆体的 Zeta 电位变化无法因为聚合物化学种类的不同而产生明显的规律性变化。其次在新拌水泥浆体中，由于静电吸附作用聚合物颗粒会吸附在水泥颗粒表面，加之自身的成膜过程，会导致液相环境中颗粒粒径分布的不均匀化程度加剧，为了测定电荷变化的规律性则必须采用一定手段排除干扰，如超声分散[8,23]，而本次试验旨在探究现场施工条件下新拌砂浆的“表面自然分层”现象。

3　结论

（1）模拟新拌砂浆表面沉降分层的浆体内部，可再分散乳胶粉形成的聚合物膜结构呈现出形貌的多样性和分布的随机性的特征。聚合物膜结构与水化产物的“共生”是一种普遍存在的微观特征。聚合物膜结构的物理覆盖可对水泥颗粒的水化进程造成一定程度的延缓。

（2）模拟新拌砂浆表面沉降分层的浆体内部，毗邻底层浆体的中层溶液的电荷性质在较早龄期内变化不显著（15～30min），不同种类的可再分散乳胶粉对其的影响差异也不明显，推测与其复杂的组成有关。

参考文献

[1]　芦令超，李云超，王守德，等．聚合物改性硫铝酸盐水泥抗硫酸盐侵蚀性能[J]．建筑材料学报，2009，12(6)：631-634.

[2]　薛伶俐，梨红兵，梁爽，等．两种乳胶粉对三元胶凝体系饰面砂浆性能的影响[J]．材料导报，2014，28(9)：108-112.

[3]　刘仍光，周仕明，陶谦，等．胶乳对油井水泥水化产物和硬化浆体微结构的影响[J]．电子显微学报，2015，34(3)：211-215.

[4]　郑少鹏，牛开民，田波，等．聚合物乳液对水泥砂浆流变性能的影响[J]．建筑材料学报，2017，20(6)：962-969.

[5]　李悦，朱金才，吴玉生．聚合物对超高韧性水泥基复合材料性能的影响[J]．建筑材料学报，2018，21(1)：26-32.

[6]　Afridi M U K，Ohama Y，Demura K，et al. Development of polymer films by the coalescence of polymer

particles in powdered and aqueous polymer-modified mortars[J]. Cement and Concrete Research, 2003, 33(11): 1715-1721.

[7] Su Z. Microstructure of polymer cement concrete[D]. Delft: TU Delft, 1995.

[8] 钟世云，李晋梅，韩冬冬，等．聚合物乳液在水泥颗粒表面吸附的影响因素——乳液类型及聚灰比[J]. 建筑材料学报，2013，16(5)：739-743.

[9] Kong X M, Emmerling S, Pakusch J, et al. Retardation effect of styrene-acrylate copolymer latexes on cement hydration[J]. Cement and Concrete Research, 2015, 75: 23-41.

[10] Kong X M, Pakusch J, Jansen D, et al. Effect of polymer latexes with cleaned serum on the phase development of hydrating cement pastes[J]. Cement and Concrete Research, 2016, 84: 30-40.

[11] 王培铭．商品砂浆[M] 北京：化学工业出版社，2007：26-32.

[12] 谢德龙，张心亚，杨波，等．干燥进出口温度对 EVA 可再分散乳胶粉的影响[J]. 华南理工大学学报(自然科学版)，2007，35(7)：88-92.

[13] 张心亚，江煜灵，谢德龙，等．干燥温度对丙烯酸酯可再分散乳胶粉性能的影响[J]. 建筑材料学报，2009，12(6)：689-692.

[14] 裴勇兵，张心亚，谢德龙，等．丙烯酸酯可再分散乳胶粉的性能与表征[J]. 高校化学工程学报，2009，6(23)：1038-1043.

[15] Wetzel A, Zurbriggen R, Herwegh H, et al. Long-term study on failure mechanisms of exterior applied tilings [J]. Construction and Building Materials, 2012, 37: 335-348.

[16] Wetzel A, Herwegh M, Zubriggen R, et al. Influence of shrinkage and water transport mechanisms on microstructure and crack formation of tile adhesive mortars[J]. Cement and Concrete Research, 2012, 42(1): 39-50.

[17] 彭宇，赵昕，徐世烺．等．高温后超高韧性水泥基复合材料的微观结构特征研究[J]. 电子显微学报，2019，38(3)：236-244.

[18] 党玉栋，钱觉时，郭清春，等．内养护对硬化水泥浆体显微硬度影响的统计分析[J]. 电子显微学报，2016，35(03)：246-252.

[19] Bentz P, Haecher J, Peltz A, et al. X-ray absorption studies of drying of cementitious tile adhesive mortars [J]. Cement Concrete Composites, 2008, 30(5): 361-373.

[20] Van Gemert D. Factors influencing durability of bond of ceramic tiles in swimming pools[C]. 7th Asian Symposium on Polymers in Concrete, Istanbul, Turkey, 2012: 165-174.

[21] 马保国，夏永芳，谭洪波，等．外加剂添加时间对水泥浆体吸附和分散性能的影响[J]. 硅酸盐学报，2013，41(6)：761-765.

[22] 韩松，阎培渝，安明喆．减水剂与低硫酸盐含量水泥的相容性[J]. 硅酸盐学报，2014，42(8)：981-988.

[23] 陆加越，刘加平，尚燕，等．聚羧酸系超塑化剂对水泥净浆性能的影响[J]. 混凝土，2009，2：66-68.

聚合物乳液在硅酸盐水泥颗粒表面吸附性研究

王茹[1,2]，刘校荣[1]，施小鑫[1]

（1. 同济大学材料科学与工程学院，上海，201804；

2. 同济大学，先进土木工程材料教育部重点实验室，上海，201804）

摘　要：本文采用沉降试验的方法分别研究了苯丙乳液和丁苯乳液在单分散水泥体系的吸附量、吸附率及其在水泥颗粒表面的覆盖率。设计单分散水泥体系的聚灰比分别为5%、10%、15%和20%，水灰比分别为5∶1、10∶1、15∶1和20∶1。研究发现，聚合物乳液在单分散水泥中的吸附量随着水灰比的增加而逐渐减小，随着聚灰比的增加而逐渐增大，而聚合物乳液在单分散水泥中的吸附率随着水灰比和聚灰比的增加都逐渐减小，其中苯丙乳液的吸附量和吸附率均较丁苯乳液大。此外，单分散水泥颗粒表面聚合物乳液的覆盖率随着水灰比的增加而逐渐减小，但随着聚灰比的增大而逐渐增加。两种乳液的覆盖率均未达到100%，其中丁苯乳液的覆盖率略高于苯丙乳液。未饱和的覆盖率证实了单分散水泥中聚合物乳液的吸附状态为单层吸附。

关键词：硅酸盐水泥　苯丙乳液　丁苯乳液　吸附

1　引言

聚合物改性水泥基材料的经济性强，利用聚合物自身的韧性、黏弹性等优点能显著改善水泥基材料的脆性、粘结性及抗侵蚀、抗渗等性能[1-6]。苯丙乳液（SAE）和丁苯乳液（SBR）对水泥基材料性能的提高都有显著作用。有研究表明SAE乳液具有较好的保水性和引气性，可以改善水泥砂浆的韧性、抗渗性，降低收缩率，提高抗折和弯折粘结强度[7]。SBR乳液的掺入能够优化水泥浆体的流动性[8]、抗渗性[2]、抗冻融性[9]和干缩性[10]，也可提高力学性能[11,12]。目前，对聚合物改性水泥基材料的性能研究已经比较完善，而水泥基材料的宏观性能与水泥水化密切相关，聚合物对水泥水化影响的研究也相继展开。有研究表明SAE和SBR均能延长水泥水化诱导期，延迟水泥水化的加速期，苯丙乳液抑制加速期水化作用更为显著[13]。SAE能够促进钙矾石的形成[13,14]，随着聚灰比的增加，SAE在水泥水化过程中与孔溶液钙离子形成Ca^{2+}-R-COO^-螯合物，使水泥浆体体系中氢氧化钙[Ca（$OH)_2$]的含量减少[14]。Kong等[15]认为，SAE对硅酸盐水泥水化的影响主要有两个方面：一是SAE会与水泥浆体中的钙离子络合，从而延长诱导期；二是SAE会吸附在水泥熟料矿物表面抑制水化产物的成核和生长过程，从而延缓水泥水化。此外，还发现适量的SBR能够促进硅酸盐水泥中铝酸钙与石膏的反应，利于钙矾石的形成和稳定性，同时会抑

基金项目：国家自然基金资助项目（51872203，51572196），中德科学中心资助项目（GZ 1290）。

作者简介：王茹，女，博士生导师，教授，主要从事聚合物水泥基复合材料、辅助胶凝材料方面的研究。

邮箱：ruwang@tongji.edu.cn。

刘校荣，女，本科，研究方向为土木工程材料。邮箱：1830655@tongji.edu.cn。

制单硫型水化硫铝酸钙（AFm）和 C_4AH_{13} 的形成[13,16,17]。在硅酸盐水泥水化的不同龄期，SBR 会改变氧化铝和硅氧化物多面体的结构，以此影响水泥水化[17]。Baueregger 等[18,19]发现羧化 SB 带负电，由于静电作用会吸附在带正电荷的水泥熟料矿物表面，当孔隙液中存在钙离子时，羧化的 SB 会与钙离子发生螯合作用。因此，羧化的 SB 通常会延缓铝酸盐和硅酸盐的反应。然而，由于聚乙烯醇（PVOH）涂层的存在，SB 粉呈现出较低的阴离子电荷密度，与水泥的相互作用较弱，因此，与液态 SB 胶乳相比，SB 粉的延缓作用也较弱。

综上所述，聚合物改性水泥基材料包含物理改性机理和化学改性机理[20,21]，而物理作用主要表现为聚合物在水泥体系中的吸附和分散。这使得研究聚合物在水泥体系中的分散以及吸附十分有必要。由于聚合物改性水泥基材料结构复杂，对聚合物在水泥体系中分布和吸附的观察尤为困难。因此，本文采用沉降法研究苯丙乳液和丁苯乳液在单分散硅酸盐水泥体系中的吸附特性，为进一步分析聚合物乳液在水泥早期水化过程中的作用机理奠定基础。

2　试验

2.1　原材料

1. 水泥

水泥为 P·Ⅱ52.5 硅酸盐水泥，其化学组成和矿物组成见表 1 和表 2。试验所用水泥的粒径分布如图 1 所示，其中水泥的平均粒径为 21.2μm。

表 1　P·Ⅱ 52.5 硅酸盐水泥的化学组成（质量分数,%）

CaO	SiO_2	Al_2O_3	Fe_2O_3	MgO	SO_3	K_2O	Na_2O	TiO_2	f-CaO
63.72	21.24	6.35	3.40	1.28	2.22	0.62	0.38	0.32	0.28

表 2　P·Ⅱ 52.5 硅酸盐水泥的矿物组成（质量分数,%）

C_3S	C_2S	C_3A	C_4AF	$CaSO_4$
58.29	17.12	9.77	10.58	3.96

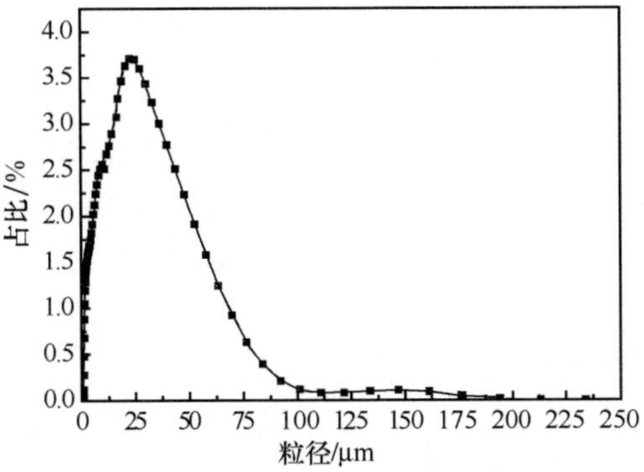

图 1　P·Ⅱ 52.5 硅酸盐水泥的粒径分布

2. 聚合物乳液

聚合物为苯丙乳液和丁苯乳液，两种乳液的基本参数见表 3，两种乳液的粒径分布如图 2 和图 3 所示。

表 3　苯丙乳液和丁苯乳液的基本参数

乳液	Average particle size /μm	pH 值	Lowest film-forming temp /℃	Solid content /%	Viscosity /(MPa・s)	Glass transition temp /℃
SAE	0.289	7.0～8.5	1	57	1000～1200	−6
SBR	0.185	7.8～10	18	51	35～150	13

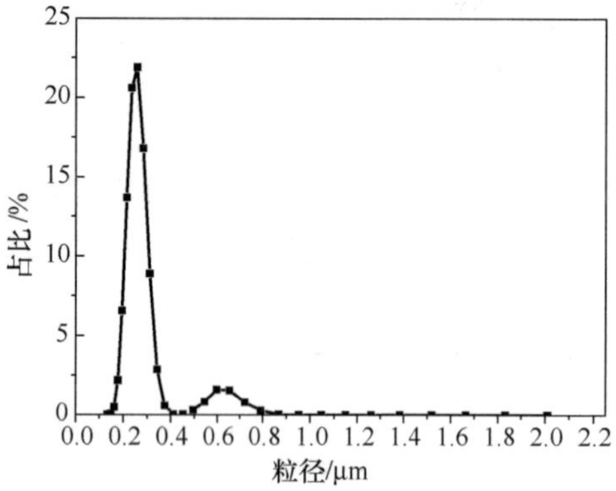

图 2　苯丙乳液的粒径分布

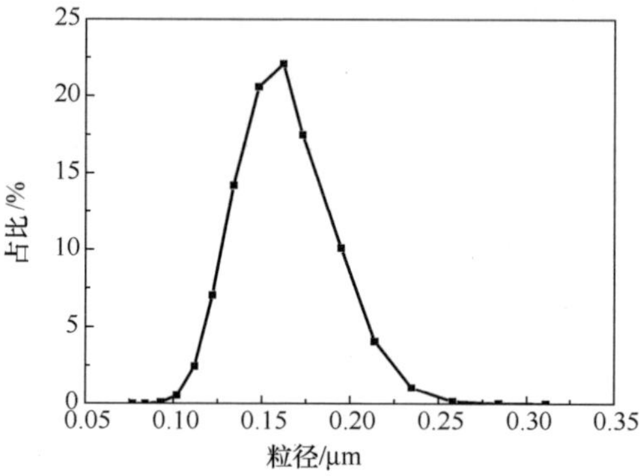

图 3　丁苯乳液的粒径分布

3. 拌合水

试验用拌合水为自来水。

2.2　试样的配比和制备

设计单分散水泥体系的聚灰比（m_p/m_c）分别为 5%、10%、15%和 20%，水灰比（m_w/m_c）分别为 5∶1、10∶1、15∶1 和 20∶1。将称量好的聚合物乳液与水混合，再加入水泥，搅拌 2min 至均匀状态。

2.3　试验方法

采用沉降试验来研究聚合物乳液的吸附量、吸附率及在水泥颗粒表面的覆盖率等。沉降试验是将加入聚合物乳液的单分散水泥体系中未被吸附的自由水及聚合物乳液分离出来，经干燥至恒重后，把这部分质量记为未被吸附的聚合物乳液量。由于试验本身具有一定的误差，为尽可能减小误差，保证试验结果的准确性，试验结果为三组平行试验的平均值。沉降试验的具体操作方法为：

（1）称量清洗干净并烘干的烧杯的质量，记为 M_1。

（2）按照聚灰比和水灰比称取适量的水泥、聚合物乳液、水，用玻璃棒搅拌均匀。

（3）取沉降后的溶液置于干净的烧杯中。

（4）将烧杯放入烘箱内，设定温度为 105℃，烘干至恒重后，置于干燥器中冷却至室温后称重，质量记为 M_2。

若加入聚合物乳液的量为 a，水泥质量为 b，则单位质量水泥吸附聚合物乳液的量为：

$$N = [a - (M_2 - M_1)]/b \quad (1)$$

（5）重复步骤（1）至（4），计算三次平行试验的平均值，将聚合物乳液吸附量的平均

值记为 N_2。

（6）聚合物乳液在单分散水泥颗粒表面的吸附率为：

$$\alpha = N_2/a \times 100\% \tag{2}$$

（7）若水泥对聚合物乳液的饱和吸附量为 m，则单分散水泥颗粒表面的聚合物乳液覆盖率为：

$$\eta = N_2/m \times 100\% \tag{3}$$

3　结果分析

3.1　聚合物乳液在单分散水泥表面的吸附量和吸附率

3.1.1　苯丙乳液在单分散水泥表面的吸附量和吸附率

不同水灰比下苯丙乳液在单分散水泥中的吸附量如图 4 所示。试验发现，同一水灰比下，苯丙乳液在单分散水泥表面的吸附量随着聚灰比的增加而增大。在水灰比为 15∶1 时，聚灰比为 5%、10%、15% 和 20% 的试样中苯丙乳液的吸附量分别为 29mg/g、44mg/g、48mg/g 和 51mg/g。当固定聚灰比时，苯丙乳液的吸附量随着水灰比的增加而逐渐减小。在固定聚灰比为 5%时，水灰比为 5∶1、10∶1、15∶1 和 20∶1 的试样中苯丙乳液的吸附量分别为 38mg/g、32mg/g、29mg/g 和 26mg/g。在所有试样中，苯丙乳液最大吸附量达 63mg/g，而最小吸附量为 26mg/g，两者相差超过 140%。

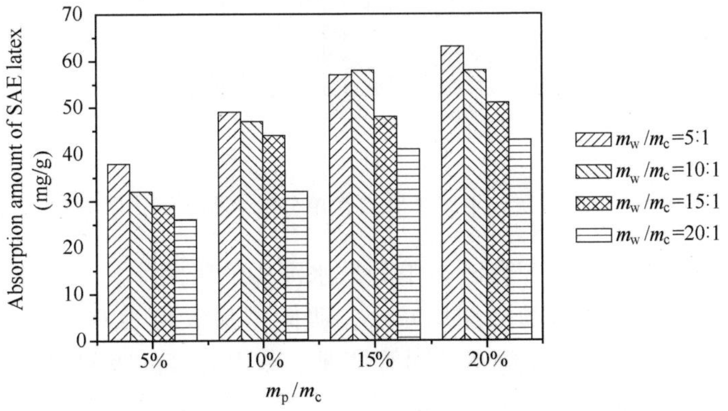

图 4　不同水灰比下苯丙乳液在单分散水泥表面的吸附量

图 5 为不同水灰比下苯丙乳液在单分散水泥表面的吸附率。从图中可以看出，当水灰比

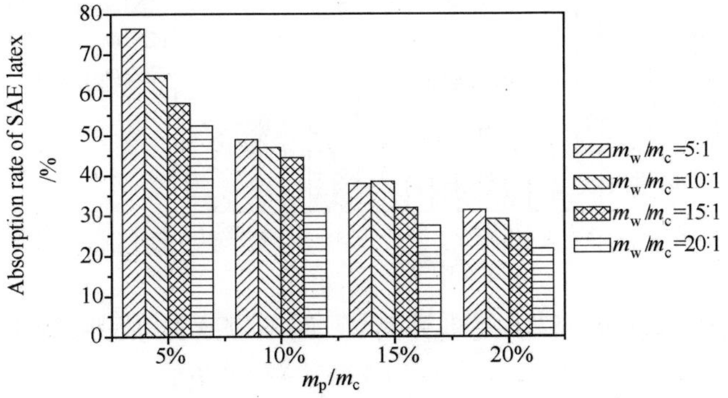

图 5　不同水灰比下苯丙乳液在单分散水泥表面的吸附率

相同时，苯丙乳液的吸附率随着聚灰比的增加而逐渐减少。在水灰比为15∶1时，聚灰比为5%、10%、15%和20%的试样中苯丙乳液的吸附率分别为58%、44%、32%和25%。而当聚灰比相同时，由于引入水量的增多，苯丙乳液的吸附率随着水灰比的增加也逐渐降低。其中，吸附率最高值为76%，而最低值为22%，两者相差约2.5倍。

3.1.2 丁苯乳液在单分散水泥表面的吸附量和吸附率

图6为不同水灰比下丁苯乳液在单分散水泥表面的吸附量。试验发现，同一水灰比下，丁苯乳液在单分散水泥表面的吸附量随着聚灰比的增加而增大。在水灰比为20∶1时，聚灰比为5%、10%、15%和20%的试样中丁苯乳液的吸附量分别为17mg/g、26mg/g、27mg/g和31 mg/g。当固定聚灰比时，丁苯乳液的吸附量随着水灰比的增加而逐渐减小。在固定聚灰比为10%时，水灰比为5∶1、10∶1、15∶1和20∶1的试样中丁苯乳液的吸附量分别为34mg/g、33mg/g、27mg/g和26mg/g。在所有试样中，丁苯乳液最大吸附量达40mg/g，而最小吸附量为17mg/g，两者相差接近135%。丁苯乳液的吸附量较同等情况下苯丙乳液的吸附量小。

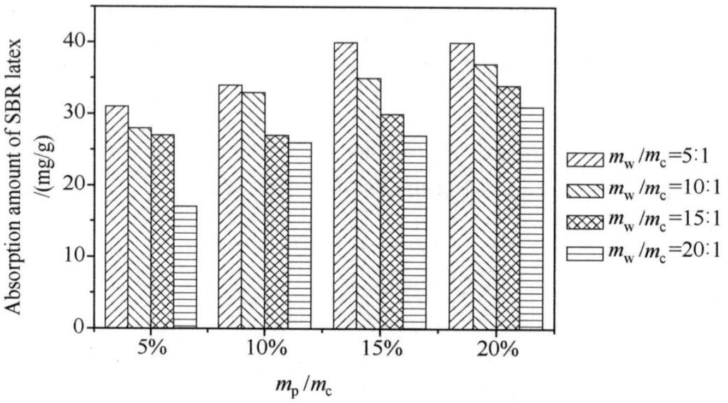

图6 不同水灰比下丁苯乳液在单分散水泥表面的吸附量

图7显示了不同水灰比下丁苯乳液在单分散水泥中的吸附率。从图中可以看出，丁苯乳液的吸附率随着水灰比和聚灰比的增加均减小。吸附率最大值为62%，最小值为15%，两者相差超过300%。丁苯乳液的吸附率较同等情况下苯丙乳液的吸附率小。

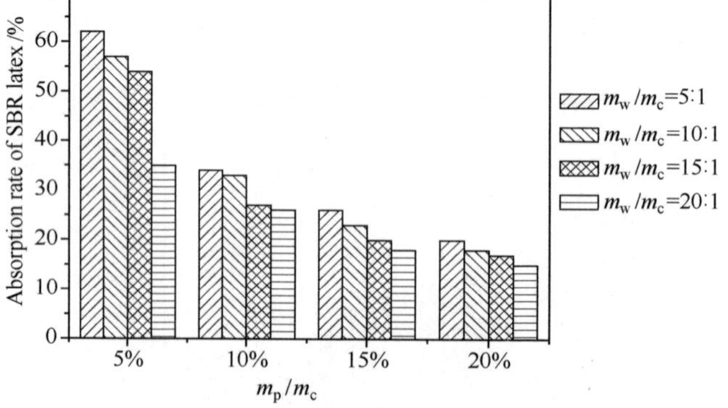

图7 不同水灰比下丁苯乳液在单分散水泥表面的吸附率

3.2　单分散水泥颗粒表面的聚合物乳液覆盖率

研究聚合物乳液在水泥颗粒表面的覆盖率有利于分析聚合物的吸附形态，即聚合物是以单层还是多层吸附于水泥颗粒表面的。依据 Dimmig[22]提出的乳液/乳胶粉紧密堆积假设，分别计算了掺苯丙乳液和丁苯乳液时水泥颗粒表面的覆盖率。

根据粒径测试结果可知，苯丙乳液和丁苯乳液颗粒的平均粒径分别为 0.289μm 和 0.244μm。通过密度的测量试验，得到苯丙乳液、丁苯乳液、水泥的密度分别约为 1.07g/mL、1.01g/mL 和 3.2g/mL，水泥的勃氏比表面积为 $3660cm^2/g$。假设聚合物乳液颗粒为等径球，且紧密覆盖在水泥粒子表面，则 1g 水泥被苯丙乳液和丁苯乳液完全覆盖分别需要 5.7×10^{12}个苯丙乳液颗粒和 1.65×10^{13}个丁苯乳液颗粒，即分别需要 69.5mg 苯丙乳液和 40.9mg 丁苯乳液。将这两个数据与之前沉降试验测得的结果相比，得到图 8 和图 9 中数据。

图 8 为不同水灰比下单分散水泥颗粒表面苯丙乳液的覆盖率。从图中可以看出，同一聚灰比下，苯丙乳液在水泥颗粒表面的覆盖率随着水灰比的增加而逐渐减小；同一水灰比下，聚灰比越大，则苯丙乳液的覆盖率也越大。其中，最大覆盖率达到 90%，而最小覆盖率只有 38%，两者相差 140%。

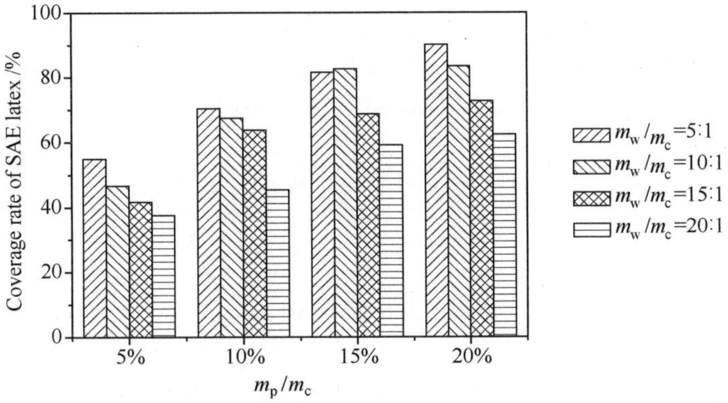

图 8　不同水灰比下单分散水泥颗粒表面苯丙乳液的覆盖率

图 9 为不同水灰比下单分散水泥颗粒表面丁苯乳液的覆盖率。试验发现，丁苯乳液在水泥颗粒表面的覆盖率随着水灰比的增加而逐渐减小，却随着聚灰比的增大而逐渐增大，这种变化趋势与苯丙乳液一致。其中，丁苯乳液的最大覆盖率达到 98%，而最小覆盖率为 42%，两者相差达 133%。

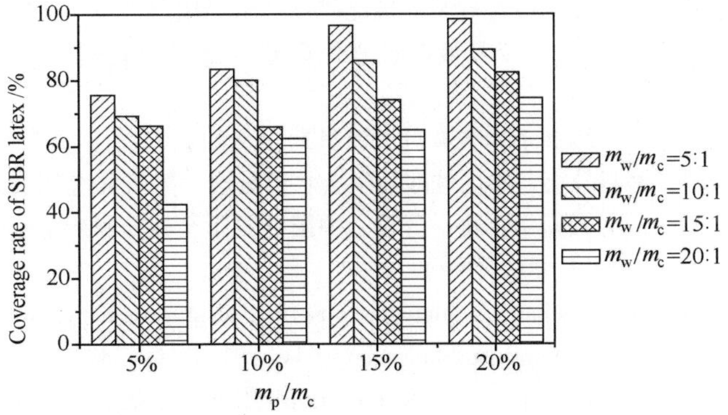

图 9　不同水灰比下单分散水泥颗粒表面丁苯乳液的覆盖率

从图 8 和图 9 可知，两种乳液在水泥颗粒表面的覆盖率均未达到 100%。这说明两种乳液在单分散水泥颗粒表面的吸附为单层吸附。

4 结论

聚合物乳液在单分散水泥中的吸附量随着水灰比的增加而逐渐减小，却随着聚灰比的增加而逐渐增大，其中苯丙乳液的吸附量较丁苯乳液大；聚合物乳液在单分散水泥中的吸附率随着水灰比和聚灰比的增加而逐渐减小，其中苯丙乳液的吸附率较丁苯乳液大。

单分散水泥颗粒表面聚合物乳液的覆盖率随着水灰比的增加而逐渐减小，却随着聚灰比的增大而逐渐增大。两种乳液的覆盖率均未达到 100%，其中丁苯乳液的覆盖率略高于苯丙乳液。未饱和的覆盖率证实了单分散水泥中聚合物乳液的吸附状态为单层吸附。

参考文献

[1] Ohama Y Polymer-based admixtures[J]. Cement & Concrete Composites，1998，20：189-212.

[2] Zhong S Y，Chen Z Y. Properties of latex blends and its modified cement mortars[J]. Cement and Concrete Research，2002，32：1515-1524.

[3] Zhong S Y，Shi M L，Chen Z Y. The A C response of polymer-coated mortar specimens. Cement and Concrete Research，2002，32：983-987.

[4] Zhang Y，Kong X. Influences of superplasticizer，polymer latexes and asphalt emulsions on the pore structure and impermeability of hardened cementitious materials[J]. Construction and Building Materials，2014，53：392-402.

[5] 王茹，王培铭．苯丙乳液水泥砂浆横向变形与压折比及其关系[J]．建筑材料学报，2008(4)：464-468.

[6] Young J，Seon J，Wan K. Bond strength of polymer cement slurry-coated rebar using EVA latex in cement concrete[A]//Proceedings of the 14th International Congress on Polymers in concrete[C]. Shanghai，China，2013. 175-184.

[7] Wang R，Wang P. Function of styrene-acrylic ester copolymer latex in cement mortar[J]. Materials and Structures，2010，43：443-451.

[8] 张水，于洋，宁超，等．苯丙乳液改性水泥砂浆的性能研究[J]．混凝土与水泥制品，2010(2)：9-12.

[9] Allan M L. Rheology of latex-modified grouts[J]. Cement and Concrete Research，1997，27 (12)：1875-1884.

[10] 梅迎军，李志勇，王培铭，等．SBR 乳液对水泥砂浆长期收缩性能影响及机理分析[J]．土木建筑与环境工程，2009，31(3)：142-146.

[11] 陈致淳．面向桥梁加固的聚合物改性砂浆的性能研究[D]．湖南大学，2017.

[12] 刘纪伟，周明凯，陈潇，等．丁苯乳液改性水泥砂浆性能及机理研究[J]．武汉理工大学学报，2013，35(1)：40-43.

[13] 王茹，施小鑫，王培铭．苯丙和丁苯乳液对水泥早期水化的影响对比[A]//中国硅酸盐学会房材分会、中国建筑学会建筑材料分会、中国硅酸盐学会水泥分会．第五届全国商品砂浆学术交流会论文集(5th NCCM)[C]．中国硅酸盐学会房材分会、中国建筑学会建筑材料分会、中国硅酸盐学会水泥分会：中国硅酸盐学会，2013：81-88.

[14] Wang R，Yao L，Wang P. Mechanism analysis and effect of styrene-acrylate copolymer powder on cement hydrates[J]. Construction and Building Materials，2013，41：538-544.

[15] Kong X，Emmerling S，Pakusch J，et al. Retardation effect of styrene-acrylate copolymer latexes on cement hydration[J]. Cement and Concrete Research，2015，75：23-41.

[16] Wang R, Wang P. Formation of hydrates of calcium aluminates in cement pastes with different dosages of SBR powder[J]. Construction and Building Materials, 2011, 25: 736-741.

[17] Wang R, Li X G, Wang P M. Influence of polymer on cement hydration in SBR-modified cement pastes [J]. Cement and Concrete Research, 2006, 36: 1744-1751.

[18] Baueregger S, Perello M, Plank J. Role of PVOH and kaolin on colloidal stability of liquid and powder EVA and SB latexes in cement pore solution[J]. Colloids and Surfaces a-Physicochemical and Engineering Aspects, 2013, 434: 145-153.

[19] Baueregger S, Perello M, Plank J. Influence of carboxylated styrene-butadiene latex copolymer on Portland cement hydration[J]. Cement & Concrete Composites, 2015, 63 : 42-50.

[20] Wang M, Wang R, Yao H, et al. Research on the mechanism of polymer latex modified cement[J]. Construction and Building Materials, 2016, 111: 710-718.

[21] Wang C, Liu Z, Zhao W. Research Development on Mechanism of Polymer Modified Cement Based Materials[J]. Bulletin of the Chinese Ceramic Society, 2017, 36: 1254-1257, 1265.

[22] Dimmig-Osburg A. Microstructure of PCC-Effects of Polymer Components and Additives[A]//Proceedings of 12th International Congress on Polymers in Concrete[C]. Chuncheon, Korea, 2007: 239-247.

不同取代度羟丙基甲基纤维素对硫铝酸盐水泥砂浆性能的影响

王茹，李磊

（同济大学材料科学与工程学院，先进土木工程材料教育部重点实验室，上海，201804）

摘　要：本文采用高低两种取代度的羟丙基甲基纤维素（HPMC），探究纤维素醚取代度对硫铝酸盐水泥砂浆性能的影响，包括新拌性能和硬化性能。结果表明，纤维素醚会显著增大硫铝酸盐水泥砂浆含气量，降低湿密度，减小流动度，增大稠度，延长凝结时间，降低抗折/抗压强度，提升拉伸粘结强度，增大干燥收缩率。纤维素醚取代度会影响砂浆含气量、湿密度、稠度值、抗折/抗压强度、拉伸粘结强度、干燥收缩率，且影响掺量对上述性能的作用效果，而对流动度、凝结时间、保水性无影响。

关键词：羟丙基甲基纤维素　取代度　硫铝酸盐水泥砂浆　性能

Effect of Hydroxypropyl Methyl Cellulose with Different Degrees of Substitution on Properties of Calcium Sulphoaluminate Cement Mortar

Wang Ru, Li Lei

(Key Laboratory of Advanced Civil Engineering Materials of Ministry of Education, School of Materials Science and Engineering, Tongji University, Shanghai, 201804, China)

Abstract: Hydroxypropyl methyl cellulose (HPMC) with high and low degrees of substitution was used to investigate the effect of degree of substitution of cellulose ether on the properties of calcium sulphoaluminate cement mortar, including fresh mixing and hardening performance. The results show that cellulose ether can significantly increase the air content, decrease the wet density, decrease the flow, increase the consistency, prolong the setting time, reduce the flexural and compressive strength of calcium sulphoaluminate cement mortar, and the tensile bond strength and dry shrinkage rate were increased. The substitution degree of cellulose ether will affect the air content, wet density, consistence, flexural and compressive strength, tensile bond strength and drying shrinkage of mortar, and the effect of content on

---

基金项目：国家自然基金资助项目（51872203，51572196），中德科学中心资助项目（GZ 1290）。

作者简介：王茹，女，博士生导师，教授，主要从事聚合物水泥基复合材料、辅助胶凝材料方面的研究。
邮箱：ruwang@tongji. edu. cn。

above properties, but has no effect on flow, setting time and water retention rate.
Keywords: Hydroxypropyl methyl cellulose　degree of substitution　calcium sulphoaluminate cement mortar　property

1　引言

硫铝酸盐水泥自 1975 年由中国建筑材料科学研究院研制而成，已有 40 余年发展历史，其生产和应用技术不断成熟，具有一系列优异性能，如早强、高强、低徐变、低收缩、抗冻、耐腐蚀等[1]。且较硅酸盐水泥而言，硫铝酸盐水泥煅烧温度低，能耗少，在国内应用越来越广泛。但硫铝酸盐水泥在施工过程中会出现一些问题，如拌和过程中泌水、可施工时间过短、施工性差等，这些问题会影响工程质量，限制硫铝酸盐水泥的应用范围。在实际施工中常常在硫铝酸盐水泥制品中掺加减水剂或缓凝剂等外加剂来调控水泥凝结时间，但并不好控制，而且成本较高。纤维素醚是一种重要的水泥砂浆添加剂，在建材领域广泛应用。大量关于纤维素醚改性硅酸盐水泥砂浆的研究表明，掺加微量纤维素醚可以显著地提高砂浆的保水性、均匀性、和易性和施工性，这些恰好是硫铝酸盐水泥应用过程中需要实现的。

纤维素醚在硅酸盐水泥砂浆和硫铝酸盐水泥砂浆中最显著的作用是保水和增稠，同时还会延缓水泥水化进程和降低放热量，而且都是通过延迟水化产物的形成实现的[2-6]。但纤维素醚在显著改善砂浆保水性的同时，会降低硅酸盐水泥砂浆的抗压强度、抗折强度[7-9]，增大拉伸粘结强度[10]。随着纤维素醚掺量的增加，改性砂浆在不同龄期的抗折、抗压强度不断降低，且抗压强度降低的幅度不断减小并趋于平缓[7]。研究表明，纤维素醚改性效果的强弱主要与水泥种类和矿物组成、纤维素醚掺量、黏度、化学结构和取代度有关，除此以外，还有温湿度、养护条件等因素[11,12]。

目前学术界中对于纤维素醚改性水泥基材料的主要研究对象是普通硅酸盐水泥砂浆，对于纤维素醚改性硫铝酸盐水泥砂浆性能的研究较少，纤维素醚在硫铝酸盐水泥砂浆中的适应性有待探究。据此，本文选用取代度不同的两种典型羟丙基甲基纤维素（HPMC），设定高低掺量，探究纤维素醚取代度对改性硫铝酸盐水泥砂浆性能的影响，包括含气量、湿密度、流动度、稠度、凝结时间、保水率、抗折强度、抗压强度、拉伸粘结强度和干燥收缩率，为厘清纤维素醚在硫铝酸盐水泥中改性效果的影响因素提供参考。

2　试验

2.1　原材料和配合比

本试验采用 52.5 级快硬硫铝酸盐（CSA）水泥，其化学组成见表 1；采用 ISO 标准砂及自来水；采用的两种纤维素醚的具体参数见表 2。

表 1　水泥化学成分　wt./%

MgO	Al_2O_3	SiO_2	CaO	SO_3	TiO_2	Fe_2O_3	K_2O	P_2O_5	SrO	Cl	MnO	SUM
1.73	20.20	9.22	45.00	11.10	1.10	1.97	0.37	0.20	0.09	0.05	0.02	91.05

表 2　纤维素醚参数

纤维素醚种类	英文简写	黏度/（MPa·s）	取代度
高取代度羟丙基甲基纤维素	HPMC-H	32000	2.1
低取代度羟丙基甲基纤维素	HPMC-L	34000	1.4

本试验中灰砂比为 1∶3，水灰比为 0.56，纤维素醚低高掺量分别为水泥质量的 0.3%和 0.6%，改性砂浆各组编号分别为 0.3HPMC-H、0.6HPMC-H、0.3HPMC-L、0.6HPMC-L；另设不掺纤维素醚的对比砂浆，编号为 CONTROL。

2.2　试验方法

湿密度、含气量、稠度、保水率、凝结时间测试参照《建筑砂浆基本性能试验方法》（JGJ/T 70—2009）进行。湿密度以密度桶装入新拌砂浆前后质量差除以密度桶容积的数值作为测试结果，取两次测量结果平均值作为砂浆湿密度；采用砂浆含气量测定仪测试砂浆自加水起 6min 时含气量，取两次测量结果平均值作为砂浆含气量；采用砂浆稠度测定仪测试砂浆稠度值，取两次测量结果平均值作为砂浆稠度值；采用滤纸法，以用滤纸吸水计时开始时刻为准，测试自砂浆加水 8min 时保水率，以两次测试结果平均值作为砂浆保水率；采用砂浆凝结时间测定仪测试砂浆凝结时间，以两次测试结果平均值作为砂浆凝结时间。流动度测试参照《水泥胶砂流动度测定方法》（GB/T 2419—2005）进行，采用跳桌法，从砂浆加水至测量结束应在 6min 内完成，以两次测试结果平均值作为砂浆流动度。

抗折、抗压强度测试参照《水泥胶砂强度检验方法（ISO 法）》（GB/T 17671—1999）进行，拌和好砂浆后，分两次装入 40mm×40mm×160mm 三联试模内，成型 24h 之后拆模，而后放置于温度为 20℃、相对湿度为 60%的养护室内养护。测试龄期为 1d、3d、7d、14d、28d，到达龄期之后，使用标准规定的抗压抗折强度试验机进行测试。拉伸粘结强度测试参照《干混砂浆物理性能试验方法》（GB/T 29756—2013）进行，采用混凝土大板作基底，砂浆试件尺寸为 50mm×50mm×5mm。成型时将砂浆填入成型框，压实抹平，24h 脱模后放置于温度为 20℃、湿度为 60%的养护室内养护至相应龄期的前一天，用配制好的高强粘结剂将拉拔铁块粘结在试样成型面上，继续放置至规定龄期后进行测试（测试龄期为 1d 的试样需在成型 12h 时脱模并粘胶，到 24h 时进行测试）。测试龄期为 1d、3d、7d、14d、28d。干燥收缩率测试参照《建筑砂浆基本性能试验方法》（JGJ/T 70—2009）进行，采用试件尺寸为 40mm×40mm×160mm 的三联收缩模具，两端固定铜制收缩头，成型之后标明测试方向，用比长仪测试各龄期钉头顶端间的距离，测试龄期为 1d、3d、7d、28d、63d。取三个试件测试值的算术平均值作为干燥收缩率。

3　结果与讨论

3.1　新拌性能

图 1 和图 2 分别为砂浆含气量和湿密度。由图 1 和图 2 可见，掺入 HPMC 使得砂浆含气量明显增大，因此导致湿密度也明显低于对比砂浆。纤维素醚具有吸附作用，在浆体内形成的膜结构附着在气泡表面，使小气泡融合成大气泡，起到稳定气泡的作用，从而导致砂浆含气量增大，湿密度降低[13]。低掺量 HPMC-H 改性砂浆比 HPMC-L 改性砂浆含气量大，

高掺量时正好相反，且高、低掺量的 HPMC-L 改性砂浆的含气量差值也要比 HPMC-H 大，这表明取代度会影响砂浆含气量，掺量对含气量的作用效果也会受取代度影响。同掺量 HPMC-H 改性砂浆比 HPMC-L 改性砂浆湿密度小，高、低掺量的 HPMC-L 改性砂浆的湿密度差值也要比 HPMC-H 大，这表明取代度对湿密度有影响，且会影响掺量对湿密度的作用效果。

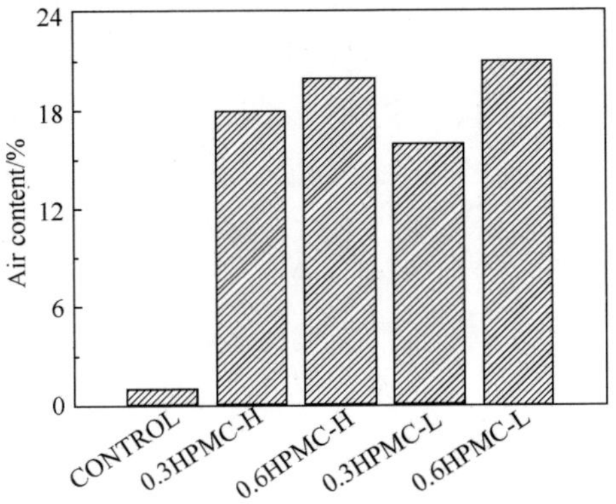

图 1　砂浆含气量

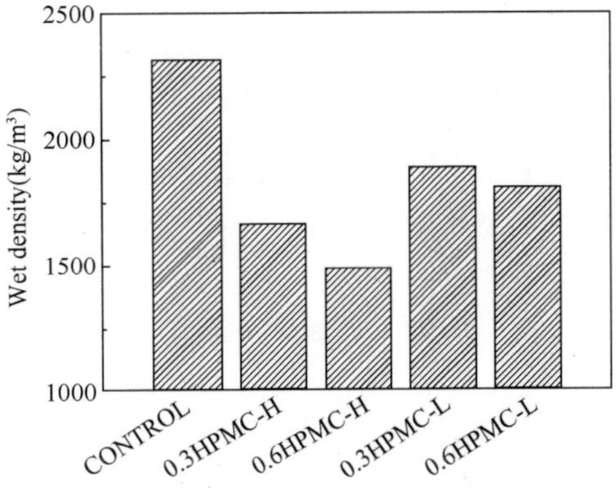

图 2　砂浆湿密度

图 3 和图 4 分别为新拌砂浆流动度和稠度。由图 3 和图 4 可见，所有 HPMC 改性砂浆流动度明显低于对比砂浆流动度，稠度值明显低于对比砂浆。这是因为纤维素醚本身就具有很强的黏性，砂浆的流动受到阻碍[8]。同掺量 HPMC-L 改性砂浆与 HPMC-H 改性砂浆流动度基本相同，这表明取代度对流动度无影响。同掺量 HEMC-L 改性砂浆稠度值更低，HEMC-L 改性砂浆高低掺量下稠度值差值更大，这表明取代度会影响稠度值，也会对掺量对稠度值的作用效果产生影响。

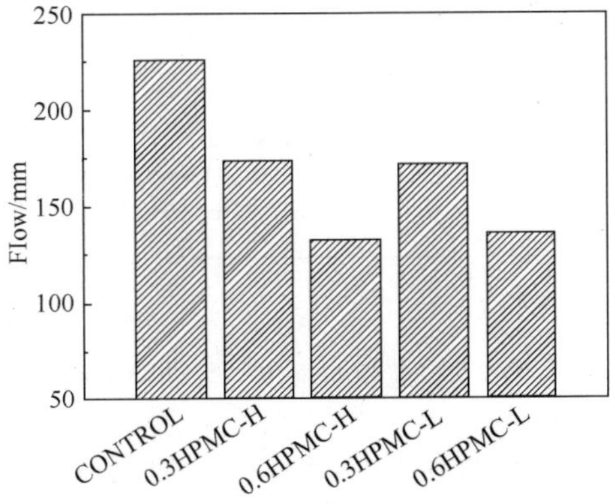

图 3　砂浆流动度

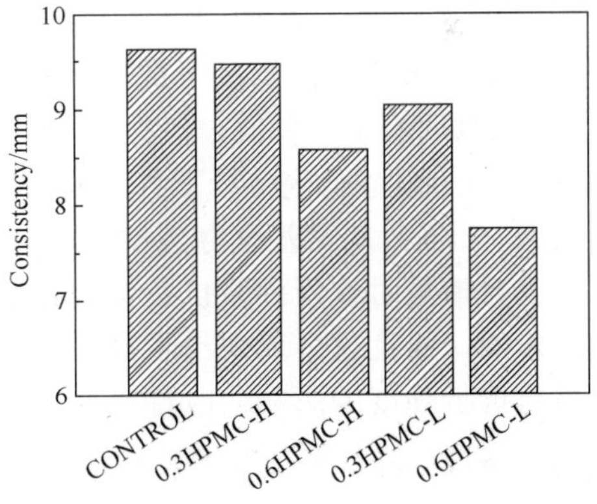

图 4　砂浆稠度

图 5 是新拌砂浆凝结时间。由图 5 可见，HPMC 改性砂浆凝结时间明显长于对比砂浆，表现出很强的缓凝作用。这是因为纤维素醚本身是由纤维素醚化生成的，属多糖类结构，含有脱水葡萄糖环，水泥浆体中钙离子会与其络合，从而浓度降低，水化产物的析出受到抑制，水化进程延迟[14]；纤维素醚的吸附作用阻碍了水泥颗粒与水的接触，也会降低水化速度[13]。同掺量 HPMC-L 改性砂浆凝结时间与 HPMC-H 改性砂浆几乎相同，这表明取代度对凝结时间无影响。图 6 为新拌砂浆保水率。由图 6 可见，HPMC 能够显著提升新拌砂浆

保水率，提高保水性，不因掺量、取代度产生明显差异。

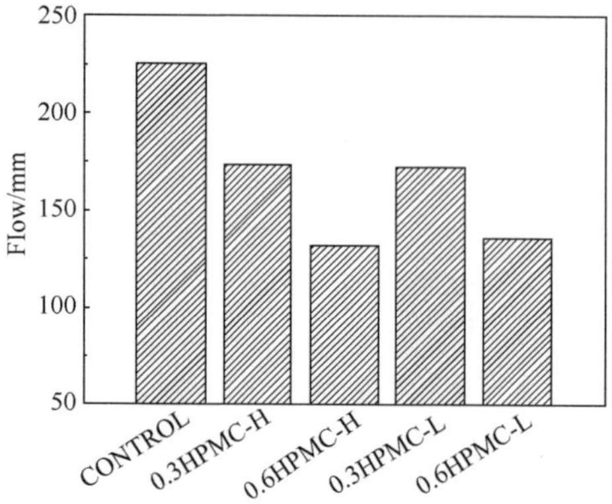

图 5　砂浆凝结时间

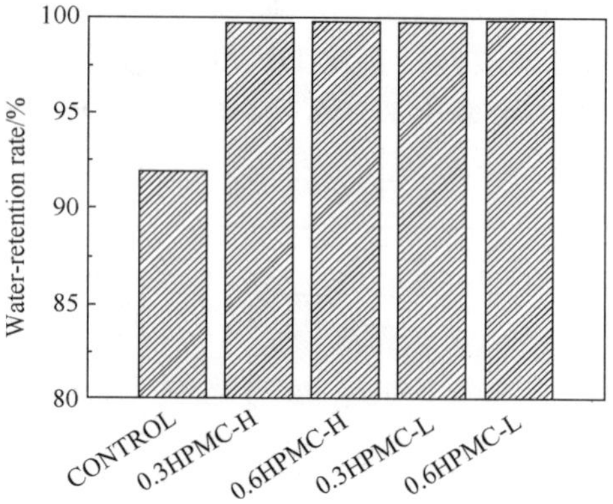

图 6　砂浆保水率

3.2　硬化性能

3.2.1　抗折强度

图 7 是砂浆抗折强度随龄期的变化曲线。由图 7 可见，对比砂浆抗折强度在 7d 时发生倒缩，而后强度逐渐增长，改性砂浆抗折强度却呈现先增大后减小的趋势。掺 HPMC 使抗折强度明显下降，且各龄期高掺量下的抗折强度要低于低掺量。同掺量下，HPMC-L 改性砂浆各龄期抗折强度明显高于 HPMC-H 改性砂浆抗折强度，这表明取代度会影响抗折强度。HPMC-L 改性砂浆与 HPMC-H 改性砂浆均低掺量下抗折强度高于高掺量下抗折强度，但 HPMC-L 改性砂浆低高掺量下抗折强度差值较小，28d 龄期时有最大差值，仅为 0.5MPa，而 HPMC-H 改性砂浆低高掺量下各龄期抗折强度差值很大，28d 龄期时差值为 0.8MPa，这表明取代度会对掺量对改性砂浆抗折强度的作用效果产生影响，而且这里表现出了高取代度会放大掺量对抗折强度的影响。改性砂浆 28d 抗折强度仍在略微下降，至于纤维素醚是延缓抗折强度发展进程还是会导致抗折强度持续下降，仍需要更长龄期抗折强度值进行探究。

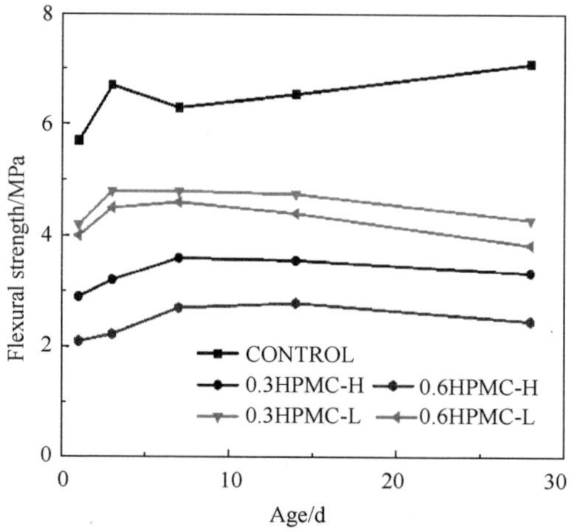

图 7　砂浆抗折强度与龄期的关系

3.2.2　抗压强度

图 8 是砂浆抗压强度与龄期的关系曲线。由图 8 可见，对比砂浆早期抗压强度发展迅速，3d 抗压强度为 37.2MPa，达到 28d 强度的 79.6%，且并未出现强度倒缩现象。HPMC 改性砂浆各龄期抗压强度显著低于对比砂浆抗压强度，高掺量下抗压强度更低。改性砂浆抗压强度随龄期增长而增加，但增速较缓。同掺量 HPMC-L 改性砂浆抗压强度高于 HPMC-H 改性砂浆抗压强度；随龄期增长，低高掺量 HPMC-L 改性砂浆抗压强度差值逐渐增加，而低高掺量 HPMC-H 改性砂浆抗压强度差值减小，这表明取代度会影响抗压强度，也会改变

掺量对强度发展的影响。

HPMC 作为柔性分子分散在砂浆内部不能提供有效的刚性支撑，同时会增大砂浆含气量，降低湿密度，并且吸附于水泥颗粒表面阻碍水化，这些都是使砂浆抗折抗压强度明显降低的原因[14]。推测高取代度不利于改善抗折抗压强度与其湿密度更低有关。

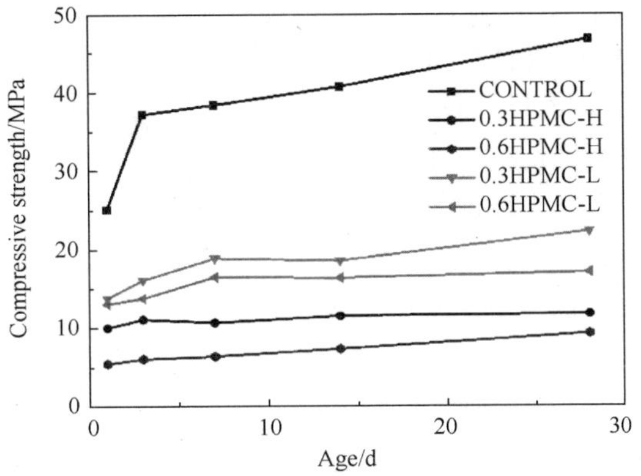

图 8　砂浆抗压强度与龄期的关系

3.2.3　拉伸粘结强度

图 9 是砂浆拉伸粘结强度与龄期的关系。由图 9 可见，对比砂浆拉伸粘结强度呈现 3d 内快速增长，而后明显下降，7d 后不再显著变化的趋势。3d 时拉伸粘结强度最高，7d 后各改性砂浆拉伸粘结强度均不同程度高于对比砂浆，这表明掺 HPMC 会增大砂浆拉伸粘结强度。3d 后，同掺量 HPMC-H 改性砂浆拉伸粘结强度高于 HPMC-L 改性砂浆拉伸粘结强度，这表明 HPMC 取代度对砂浆拉伸粘结强度有影响。14d 内，HPMC-H 改性砂浆拉伸粘结强度低掺量时高于高掺量，28d 时高掺量更高；高低掺量 HPMC-L 改性砂浆拉伸粘结强度也是如此。总体来看，各龄期 HPMC-L 高低掺量下拉伸粘结强度差值大于 HPMC-H，这表明取代度不影响掺量对改性砂浆拉伸粘结强度发展趋势的作用，但是会影响掺量变化对拉伸粘结强度差值带来的改变。

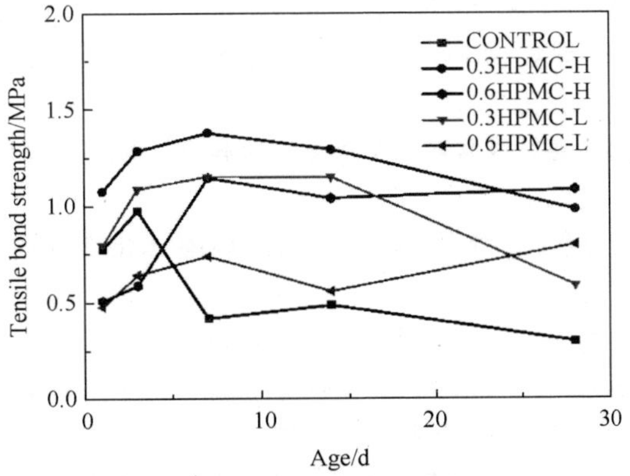

图 9　砂浆拉伸粘结强度与龄期的关系

取代度对抗折抗压强度和拉伸粘结强度的影响规律相反，结合拉伸粘结试件的破坏形式为内聚破坏，推测这种情况的出现与纤维素醚提高砂浆韧性、改善抗拉能力有关。

3.2.4 干燥收缩率

图10是砂浆干燥收缩率随龄期的变化曲线。由图10可见，改性砂浆63d之后干燥收缩率均高于对比砂浆，高取代度更明显。HPMC-H改性砂浆的干燥收缩率在7d时就超过了对比砂浆，而HPMC-L改性砂浆在55d左右才超过对比砂浆。同掺量HPMC-H改性砂浆干燥收缩率大于HPMC-L，这表明取代度会影响干燥收缩率。HPMC－H改性砂浆在各龄期均高掺量时干燥收缩率大于低掺量，HPMC-L改性砂浆在28d内高低掺量下干燥收缩率差值很小，63d时高掺量下干燥收缩率开始高于低掺量下，其差值小于HPMC-H高低掺量下干燥收缩率差值，这表明取代度会影响掺量对干燥收缩率的作用效果。

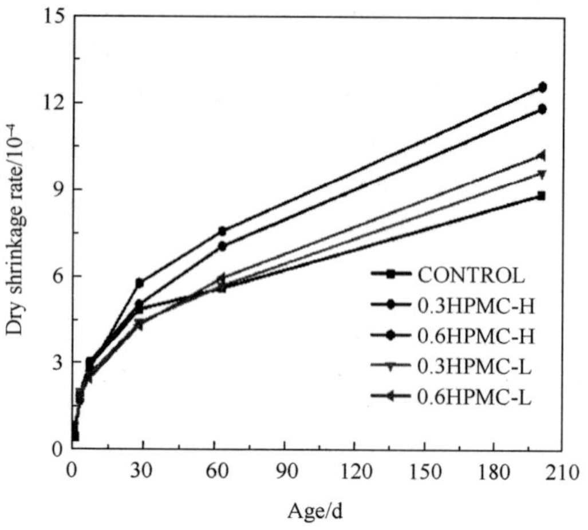

图10 砂浆干燥收缩率与龄期的关系

4 结论

（1）纤维素醚会明显增大硫铝酸盐水泥砂浆含气量，降低湿密度，减小流动度，增大稠度，延长凝结时间，降低抗折/抗压强度，提升拉伸粘结强度，增大干燥收缩率。

（2）纤维素醚取代度会影响硫铝酸盐水泥砂浆含气量、湿密度、稠度值、抗折/抗压强度、拉伸粘结强度、干燥收缩率，且影响掺量对上述性能的作用效果。高取代度使砂浆湿密度更小，同时不利于抗折/抗压强度、干燥收缩率的改善，但利于拉伸粘结强度的提高。

（3）纤维素醚取代度对硫铝酸盐水泥砂浆流动度、凝结时间、保水性无影响。

参考文献

[1] 刁江京，辛志军，张秋英．硫铝酸盐水泥的生产与应用[M]．北京：中国建材工业出版社，2006.

[2] QU X, ZHAO X. Influence of SBR latex and HPMC on the cement hydration at early age[J]. Case Studies in Construction Materials，2017，6(C)：213-218.

[3] 马保国，欧志华，蹇守卫，等．HEMC对水泥浆早期水化产物形成历程的影响[J]．建筑材料学报，2011，14(06)：798-802.

[4] 张国防，王培铭．羟乙基甲基纤维素对水泥水化的影响[J]．同济大学学报（自然科学版），2009，37(03)：369-373.

[5] 欧志华，毛泰威，沈燕华，等．纤维素醚对不同水泥和单矿水化热的影响[J]．硅酸盐通报，2016，35(05)：1606-1611.

[6] ZHANG G, HE R, LU X, et al. Early hydration of calcium sulfoaluminate cement in the presence of hydroxyethyl methyl cellulose[J]. Journal of Thermal Analysis & Calorimetry，2018(09)：1-10.

[7] 黄连根．纤维素醚对水泥砂浆性能的影响[J]．江西建材，1996(1)：14-17.

[8] 郅真真，蹇守卫，宋雪峰，等．纤维素醚改性水泥砂浆力学性能研究[J]．砖瓦，2016(01)：17-22.

[9] 欧志华，马保国，蹇守卫，等．纤维素醚分子参数对水泥浆力学性能的影响[J]．硅酸盐通报，2016，35(08)：2371-2377.

[10] 李永鹏，何锐，陈拴发，等．聚丙烯酰胺与羟乙基纤维素对砂浆性能的影响[J]．武汉理工大学学报，2012，34(07)：28-31.

[11] Pourchez J, Grosseau P, Ruot B. Changes in C_3S hydration in the presence of cellulose ethers[J]. Cement and Concrete Research, 2010, 40: 179-188.

[12] Patural L, Marchal P, Govin A, et al. Cellulose ethers influence on water retention and consistency in cement-based mortars[J]. Cement and Concrete Research, 2011, 41: 46-55.

[13] 王培铭,赵国荣,张国防. 纤维素醚在新拌砂浆中保水增稠作用及其机理[J]. 硅酸盐学报, 2017, 45(08): 1190-1196.

[14] 詹镇峰,李从波,陈文钊. 纤维素醚的结构特点及对砂浆性能的影响[J]. 混凝土, 2009(10): 110-112.

胶凝材料对水泥基自流平砂浆干缩率的影响

戴　浩，张　超[1]，王　辉[1]，李东旭[2]
（1. 江苏兆佳建材科技有限公司，江苏 苏州，215151；
2. 南京工业大学材料科学与工程学院，江苏南京，210009）

摘　要：本文研究了硅酸盐水泥—铝酸盐水泥—石膏三元胶凝体系对自流平砂浆干缩率的影响。结果表明，三元体系自流平砂浆的尺寸随着龄期呈先膨胀后收缩的趋势，随着石膏掺量的增加，砂浆早期的尺寸膨胀增大，后期的干缩率降低。与无水石膏相比，α—半水石膏能够更有效地提高自流平砂浆的早期膨胀率，降低后期的干缩率。铝酸盐水泥掺量过多时，自流平砂浆的后期干缩率会加大。

关键词：三元胶凝体系　钙矾石　干缩率　膨胀率

The Influence of Binder Systems on Cement Based Self-leveling Mortars Dry Shrinkage

Dal Hao[1], Zhang Chao[1], Wang Hui[1], Li Dongxu[2]
(1. Jiangsu Zhaojia Materials Technology Co., Ltd, Suzhou, 215151; 2. College of Materials Science and Engineering, Nanjing Tech University, Nanjing, 210009)

Abstract: The influence of ternary systems on self-leveling mortars dry shrinkage have been studied. The results show that, the dimension of ternary systems self－leveling mortars present the trend of increase first and then decrease. With the increasing content of calcium sulfate, the expansion ratio at early ages increased and the dry shrinkage ratio at late ages decreased. Compared with anhydrite, α-hemihydrate could more effectively increase expansion ratio at early ages and decrease the dry shrinkage ratio at late ages. With the excessive addition of calcium aluminate cement, shrinkage of self-leveling mortars will increased in late.

Keywords: ternary binder systems　ettringite　dry shrinkage ratio　expansion ratio

1　引言

水泥基自流平砂浆的胶凝材料是由硅酸盐水泥、铝酸盐水泥或硫铝酸盐水泥、石膏组成

作者简介：戴浩，男，硕士，研发工程师，主要从事建筑材料外加剂研发及应用技术研究工作。地址：江苏省苏州市高新区浒晨路 29 号，E-mail：daihao.442@163.com。

的混合体系[1-3]。普通硅酸盐凝结硬化和早期强度发展得较慢，当其单独用作自流平砂浆的胶凝材料时，极容易出现离析沉降以及塑性开裂。同时，水泥硬化后体积变形较大，易出现干缩开裂。当自流平砂浆胶凝材料由硅酸盐水泥、铝酸盐水泥或硫铝酸盐水泥、石膏组成时，利用三者之间反应生成的钙矾石的特性，不仅可以提高体系早期强度，还能有效地补偿体积收缩[4,5]。

干燥收缩是水泥基材料不可避免的问题，是水泥在不饱和空气中失去内部毛细孔和胶凝孔的吸附水而产生的[6]。自流平砂浆的胶凝材料比例高，用水量大，且以薄层形式施工，极容易出现因干燥失水而导致的开裂。本文试验了石膏种类和石膏掺量以及铝酸盐水泥掺量对以硅酸盐水泥为主三元体系自流平砂浆干缩率的影响。

2　试验

2.1　原材料

硅酸盐水泥：P. O 42.5 硅酸盐水泥，常州盘固水泥有限公司生产；铝酸盐水泥：凯诺斯 Ternal CC（CA-50），凯诺斯（中国）铝酸盐技术有限公司生产；α-半水石膏：江苏省一夫新材料科技有限公司生产；无水石膏：南通品诺化学科技有限公司生产。骨料和填料：市售。外加剂生产：江苏兆佳建材科技有限公司生产。

2.2　试验配比

表 1 为胶凝材料的配比，胶凝材料在砂浆中占比为 40%。砂浆其他组分，调整减水剂和缓凝剂用量，使其满足正常使用要求，其他组分均相同。

表 1　胶凝材料的配比　　%

原料	S0	H1	H2	H3	A1	A2	A3	A4
硅酸盐水泥	80	75	70	65	75	70	65	60
铝酸盐水泥	20	20	20	20	20	20	20	30
α-半水石膏	0	5	10	15	0	0	0	0
无水石膏	0	0	0	0	5	10	15	10

2.3　试验方法

试验方法参照《地面用水泥基自流平砂浆》（JC/T 985—2005）。收缩模具尺寸为 40mm×10mm×160mm，两端设有收缩测头预留孔洞。预先将铜质收缩测头放入预留孔洞中，然后将新拌和的砂浆倒入模具中成型，24h 后拆模，取 1d 长度为基准长度，用比长仪测量试件各龄期尺寸变化率，测试龄期为 2d、3d、7d、14d、21d、28d。

水化产物测试样品制备及方法：按 0.5 水胶比制备净浆，与砂浆在同等条件下养护至一定龄期，敲取中间部分置于酒精中终止水化，在真空干燥箱中烘至恒重，在玛瑙研钵中磨成粉末。使用 Dmax/RB 型 X 射线衍射仪进行测试。

3　试验结果与讨论

3.1　石膏对自流平砂浆干缩率的影响

在同等条件下，对比了 α-半水石膏和无水石膏对三元体系自流平砂浆干缩率的影响。

铝酸盐水泥用量不变，改变石膏和硅酸盐水泥的掺量，图 1 所示为砂浆干缩率试验结果。

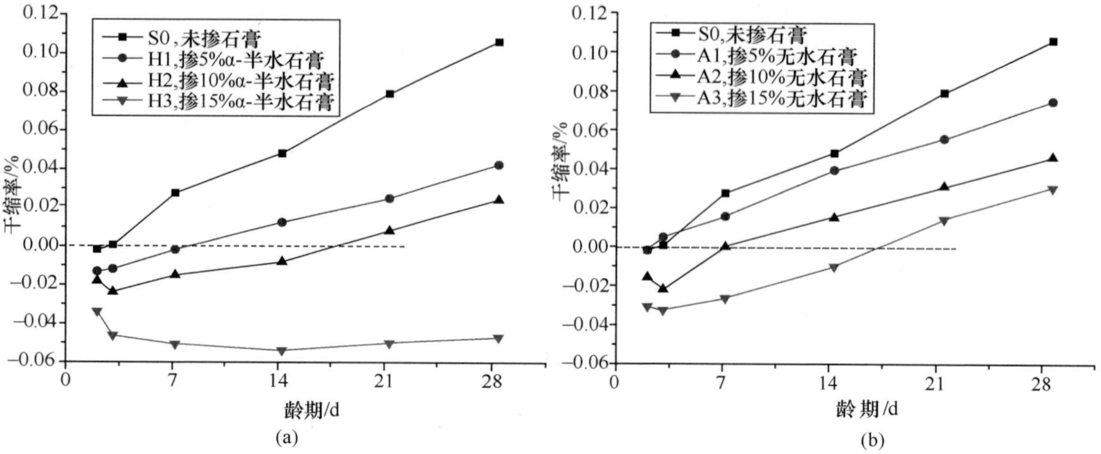

图 1　石膏对自流平砂浆干缩率的影响

（a）掺 α-半水石膏；（b）掺无水石膏

由图 1 可以看出，在硅酸盐水泥-铝酸盐水泥二元体系自流平砂浆中掺入石膏后，砂浆的干缩率有了显著的降低，掺 α-半水石膏的组分尤为明显。砂浆的尺寸变化率随龄期的变化呈先膨胀后收缩的趋势，随着石膏掺量的增加，砂浆的早期膨胀率增加，由膨胀转为收缩的龄期向后延迟。增加石膏掺量，砂浆后期的干缩率增长幅度有减小的趋势。这是因为一方面，石膏掺量越高，胶凝体系在水化初期生成的钙矾石越多，钙矾石除了会增加体系的膨胀，还会络合大量的自由水，从而降低干燥收缩[4]。随着龄期的延长，体系内钙矾石的生成速率降低，补偿砂浆干燥收缩的作用减小。另一方面，随着石膏对硅酸盐水泥的替代量的增加，体系内的硅酸盐水泥含量相对较少，因而，砂浆后期的干缩率也相应减少。

对比两种石膏补偿砂浆收缩的作用，α-半水石膏大于无水石膏。其中，掺 α-半水石膏砂浆早期膨胀量较大，后期的干缩率较小，且由膨胀转为收缩的时间最靠后。在掺半水石膏的体系中，半水石膏的溶解速率更快，在早期生成的钙矾石量过多，同时在该体系中在早期还有一定量的二水石膏，这些均会增加砂浆的膨胀量[7]。但是，掺半水石膏的自流平砂浆被证明早期强度偏低，用量较高时，容易导致砂浆膨胀开裂[4]。因此，在自流平砂浆中，半水石膏的用量不宜过高，或者与无水石膏结合使用，但都要以对砂浆强度没有太大的影响为前提。

3.2　铝酸盐水泥对自流平砂浆干缩率的影响

对 A2 和 A4 两组配比自流平砂浆的干缩率，石膏掺量不变，改变铝酸盐水泥对硅酸盐水泥的替代量，结果如图 2 所示。

从图 2 可以看出，两组配比的砂浆均表现出了干燥收缩，14d 之前，二者收缩率比较接近，而在 14d 之后，A4 收缩率增大幅度更显著，且超过了 A2。在复合胶凝体系水化早期，增加铝酸盐水泥掺量有利于促进钙矾石的形成，减少砂浆的干燥收缩，但过多的铝酸盐水泥会在后期使钙矾石（AFt）向单硫型水化硫铝酸钙（AFm）转化，进而导致砂浆的后期干缩率加大[7-8]。因此，在三元体系中，铝酸盐水泥和石膏用量还存在一个合适的比例。

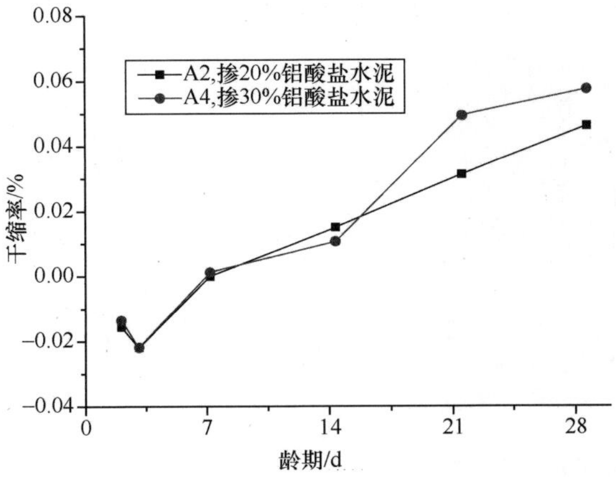

图 2　铝酸盐水泥对自流平砂浆干缩率的影响

3.3　水化产物 XRD 分析

图 3 为 H2 和 A2 净浆水化 1d 和 3d 的 XRD 图谱。

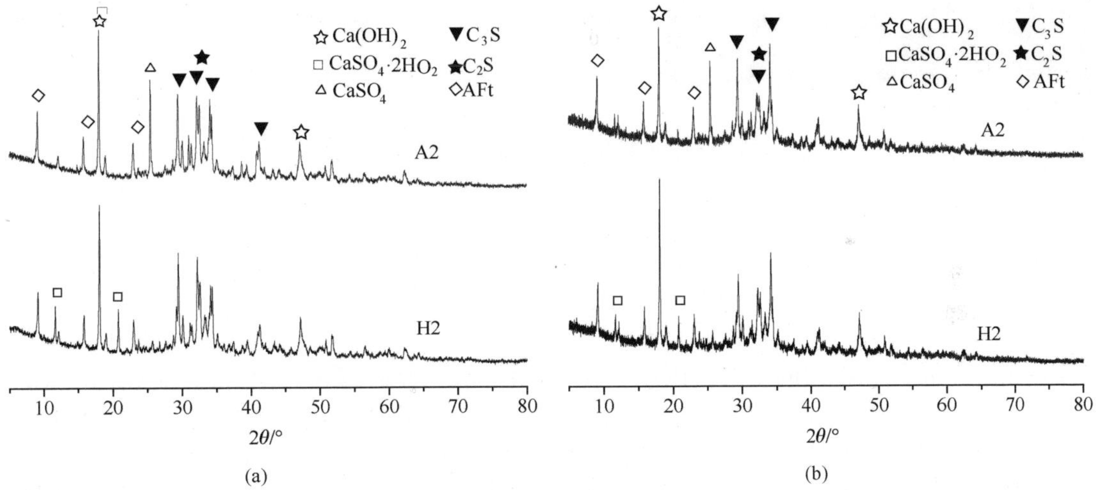

图 3　水化产物的 XRD 图谱

（a）水化 1d；（b）水化 3d

从图 3（a）可以看出，1d 龄期时，净浆 H2 和 A2 的水化产物中均出现了显著的钙矾石衍射峰。钙矾石的大量生成，使得体系产生微膨胀，补偿了干燥收缩。在 H2 的水化产物中，还包含一定量的二水石膏，进一步促进了体系的膨胀[6]。因此，掺半水石膏的自流平砂浆早期膨胀量更大。至 3d 龄期时，净浆 H2 中二水石膏衍射峰有了显著的减弱，钙矾石生成量进一步增加。而在净浆 A2 中，无水石膏的衍射峰强度并未明显降低，即钙矾石增加不多。由此可以推断，半水石膏的活性和参与的反应程度均大于无水石膏。因而，掺无水石膏的自流平砂浆后期干缩率相对较大。

3.4　水化产物微观形貌

图 4 为净浆为 H2 和 A2 水化 3d 的 SEM 和 EDS 图谱，比较石膏种类对胶凝体系微观形

貌的影响。

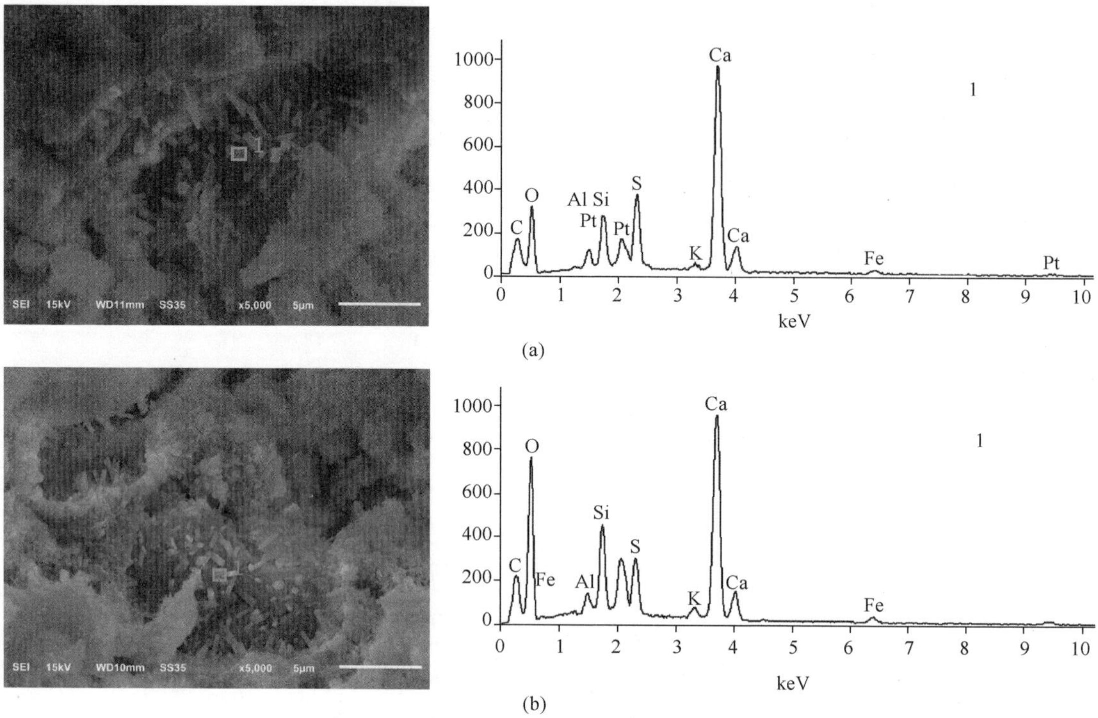

图 4 水化产物净浆的 SEM 和 EDS 图谱

（a）净浆 H2；（b）净浆 A2

从净浆 SEM 和 EDS 图谱可看出，在掺入石膏后，体系内生成了大量针棒状物质。结合 EDS 测试结果，这两种产物均含有 Al、Ca、O 和 S 元素，因此针棒状物质为 AFt。掺 α-半水石膏和无水石膏的试样中，钙矾石的长度和粗细差别不大，相对粗短，主要集中在颗粒的表面，增加了水泥颗粒间的距离。因此，在宏观性能上表现为钙矾石增加了体系的膨胀。结合上述 XRD 分析结果，半水石膏和无水石膏对三元体系水化反应生成的钙矾石形貌影响差别不大，但对钙矾石的生成速率影响差别较大，这是对砂浆尺寸变化率造成影响的主要因素。

4 结论

（1）在硅酸盐水泥—铝酸盐水泥二元体系自流平砂浆中掺入石膏，可有效降低砂浆的干燥收缩率。三元体系自流平砂浆的尺寸变化率随龄期的变化呈先膨胀后收缩的趋势，随着石膏掺量的增加，砂浆早期的尺寸膨胀逐渐增大，后期的干缩率降低。

（2）与掺无水石膏的自流平砂浆相比，掺 α-半水石膏砂浆早期膨胀量较大，后期的干缩率较小，且由膨胀转为收缩的时间更加靠后。

（3）在三元体系自流平砂浆中，铝酸盐水泥过掺会导致砂浆后期的干缩率增加。

（4）在三元体系净浆中，α-半水石膏和无水石膏对水化反应生成的钙矾石形貌影响不大，但掺 α-半水石膏的体系中，钙矾石生成速率更快。

参考文献

[1] 衡艳阳，张铭铭，赵文杰．水泥基自流平材料的研究进展[J]．硅酸盐通报，2015，34(12)：3529-3535.

[2] 黄天勇，章银祥，陈旭峰，等．水泥基自流平砂浆机理研究综述[J]．硅酸盐通报，2015，34(10)：2864-2869.

[3] 戴浩，张树鹏，琚诚兰，等．复合水泥基自流平材料的研究进展[J]．材料导报：综述篇，2015，29(11)：103-106.

[4] 王培铭，孙磊，徐玲琳，等．硅酸盐水泥与铝酸盐水泥混合体系的研究和应用[J]．材料导报，2013，27(1)：139-142.

[5] 霍利强．石膏对水泥基自流平砂浆性能影响的研究[J]．新型建筑材料，2016(2)：81-84.

[6] 李悦，刘雄飞．水泥基材料收缩及其导致开裂的研究进展[J]．混凝土，2014(3)：90-93.

[7] 徐玲琳，王培铭，张国防，等．石膏种类对硅酸盐-铝酸盐混合水泥强度的影响机理[J]．硅酸盐学报，2013，41(11)：1499-1505.

[8] 袁润章．胶凝材料学[M]．武汉理工大学出版社，1996.

化学添加剂对β石膏基自流平砂浆性能的影响

郭亚楠，傅乐峰[1]，邓最亮[1,2]，王伟山[1]，潘如意[1]，尹述春[1]
（1. 上海三瑞高分子材料股份有限公司，上海，200231；2. 华东理工大学，上海，200232）

摘　要：石膏基自流平砂浆是以建筑石膏为主要胶凝材料，河砂或机制砂为骨料，再掺加适量的化学添加剂配制而成的。本文以β脱硫石膏为主材，研究了减水剂、缓凝剂、胶粉、消泡剂等化学添加剂对石膏基自流平砂浆性能的影响规律，得到最佳的石膏基自流平砂浆配比，性能指标符合《石膏基自流平砂浆》(JC/T 1023—2007) 的要求。

关键词：自流平砂浆　β脱硫石膏　化学添加剂　性能

Study on the influence of chemical additive on the properties of β gypsum-based self-leveling mortar

GUO Yanan[1], FU Lefeng[1], DENG Zuiliang[1,2],
WANG Weishan[1], PAN Ruyi[1], YIN Shuchun[1]
(1. Shanghai Sunrise Polymer Materials Co., Ltd. Shanghai, 200237;
2. East China University of Science and Technology, Shanghai, 200232)

Abstract: Gypsum-based self-leveling mortar was prepared with building gypsum cementations material, sand aggregate, and the right amount of chemical additive. This paper used industrial by-produced β gypsum as basic material, and tested the influence of different water reducer, retarder, re-dispersible latex powder and defoamer on the performance of gypsum-based self-leveling mortar. Through the above research, the optimum proportion of theβgypsum-based self-1eveling mortar was formed, and the main properties of this mortar reaches or exceeds the requirements specified in the standard of JC/T 1023—2007.

Keywords: Self-leveling mortar　βgypsum　Chemical additive　Performance

1　前言

自流平材料是地面找平材料的俗称，其最大的特点是，无需人工抹平，能够自动流成平整表面，施工方便，效率高，质量好[1,2]。随着低弹性模量的地面材料（如PVC地板、橡胶地板卷材等）的广泛应用，自流平材料的应用越来越广泛，成为大型商场、工厂车间、仓

基金项目：上海工程技术研究中心能力提升项目。
作者简介：郭亚楠（1992—），女，硕士，工程师，从事建筑材料的开发与应用研究。

库、停车场、房屋等建筑地面工程的理想材料，市场应用潜力巨大[3,4]。

自流平材料通常分为有机和无机两类[5]。有机类自流平材料主要是环氧自流平材料，具有流平性好、表面质量高等优点，已成为应用最普遍的自流平材料，但它对基材和施工的要求比较高，且价格昂贵，多年来广大学者一直致力于低成本、高性能的无机类自流平材料的开发和应用。无机类自流平材料包括水泥基和石膏基自流平砂浆，水泥基自流平砂浆的配制技术相对比较成熟，流动度、强度等硬性指标能够达到要求，但容易开裂[6]；相比之下，石膏基自流平砂浆的优点在于尺寸稳定性好、干燥不开裂、吸潮[7-9]，但配制难度相对较高，目前主要是采用 α 高强石膏进行配制，成本较高，推广有难度。

脱硫石膏是继粉煤灰之后火电厂的第二大固体废物，年产量在 5000 万吨以上[10]。如果将 β 脱硫石膏应用于石膏基自流平砂浆的研究，既可以提供脱硫石膏资源化应用的途径，又可以推进石膏基自流平砂浆的发展。因此，本文主要以 β 脱硫石膏为主材，研究了减水剂、缓凝剂、胶粉、消泡剂等化学添加剂对石膏基自流平砂浆的性能影响。

2　试验过程

2.1　原材料

脱硫石膏：β 型，由上海宜驰建筑材料有限公司生产，其物理性能和化学成分分别见表 1、表 2；石英砂：粒径分别为 40～70 目和 70～140 目的细砂，按质量比 1∶1 混合使用；重钙粉：800 目，作为无机填料；化学添加剂：聚羧酸减水剂、可再分散乳胶粉、缓凝剂、消泡剂等。

表 1　β 脱硫石膏的物理性能

标准稠度用水量/%	凝结时间/min		2h 强度/MPa		绝干强度/MPa	
	初凝	终凝	抗折	抗压	抗折	抗压
56.7	5	13	4.3	10.4	7.5	26.5

表 2　β 脱硫石膏的化学成分（wt. %）

项目	SiO_3	Al_2O_3	Fe_2O_3	CaO	MgO	SO_3	K_2O	Cl^-
含量/%	1.36	1.04	0.31	31.25	1.19	43.31	0.15	0.32

2.2　试验方法

JC/T 1023—2007 规定了石膏基自流平砂浆的性能指标，包括 30min 流动度损失，凝结时间，24h 和绝干抗折、抗压强度，绝干拉伸粘结强度，收缩率。对于石膏基自流平砂浆，收缩率比较容易达标，因此本试验主要测试了其流动度、凝结时间、抗折/抗压强度和粘结强度，均依据《石膏基自流平砂浆》(JC/T 1023—2007）中的方法进行测试。

3　试验结果与讨论

3.1　减水剂种类及掺量对 β 石膏基自流平砂浆性能的影响

β 脱硫石膏制品强度低，主要原因在于实际需水量远高于理论需水量。为了满足自流平材料的流动性和强度要求，减水剂的选择和应用是极其重要的。常用的减水剂包括木质素磺酸盐、三聚氰胺和聚羧酸盐减水剂（上海三瑞自主研发生产的石膏专用聚羧酸减水剂），分别试验了这些减水剂对石膏基自流平砂浆性能的影响。

图1是萘系、三聚氰胺、聚羧酸三种减水剂在不同掺量下，自流平砂浆流动度达到（145±5）mm所需用水量。从图中可以看出，在一定范围内，随着减水剂掺量的增加，需水量是在减少的，但减水剂掺量有一定的饱和点，超过一定量继续增大减水剂掺量，减水效果不明显。三种减水剂相比较，聚羧酸的减水效果最优，因此选用聚羧酸减水剂来进一步试验其最佳掺量。

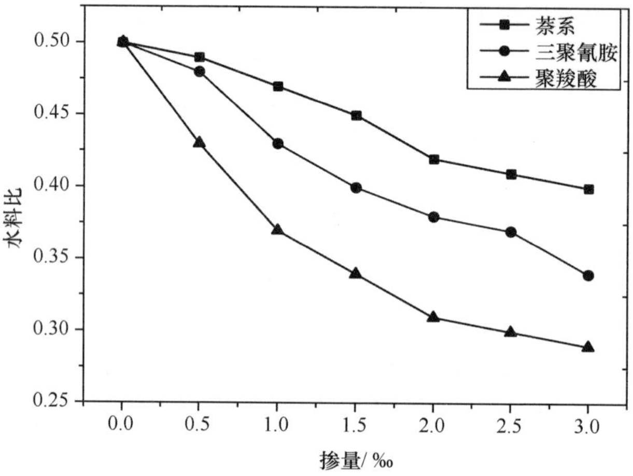

图1　减水剂对β石膏基自流平砂浆用水量的影响

从表3的结果可以看出，聚羧酸减水剂的掺量并非越高越好，随着掺量的增大，力学强度先增大后减小，当掺量提高至1.7‰时，1d绝干抗折、抗压强度最优。继续提高减水剂掺量，减水效果不明显，且对强度增长不利。因此，确定减水剂的最佳掺量为1.7‰。

表3　聚羧酸对β石膏基自流平砂浆性能的影响

聚羧酸掺量/‰	需水量	流动度/mm		凝结时间/min		1d强度/MPa		绝干强度/MPa	
		初始	30min	初凝	终凝	抗折	抗压	抗折	抗压
1.0	0.37	150	149	74	90	2.5	6.6	6.5	20.3
1.5	0.34	150	150	85	96	2.8	8.5	7.4	24.6
1.7	0.33	149	150	96	110	3.4	9.4	7.9	28.9
2.0	0.31	147	147	98	110	3.3	9.4	7.8	28.2
2.5	0.3	148	146	120	130	3.2	9.0	7.6	27.3

3.2　缓凝剂种类及掺量对β石膏基自流平砂浆性能的影响

半水石膏的凝结硬化速度非常快，初凝时间通常在5～20min，为了满足石膏基自流平砂浆1h以上的初凝要求，保证现场的可施工性，选取合适的缓凝剂调整其凝结时间尤为重要。常用的缓凝剂有酒石酸、柠檬酸、蛋白类等，试验研究了三种缓凝剂对流动度、凝结时间和力学性能的影响。

从图2的凝结时间结果可以看出，酒石酸类缓凝剂在β石膏基自流平砂浆中缓凝效果一般，柠檬酸和蛋白质的缓凝效果较好，且随着缓凝剂掺量的增加，初凝和终凝时间均有不同程度的延长。石膏基自流平砂浆较为适宜的凝结硬化时间在 2h 左右，因此柠檬酸和蛋白质类缓凝剂的适宜掺量为 0.3‰～0.5‰。

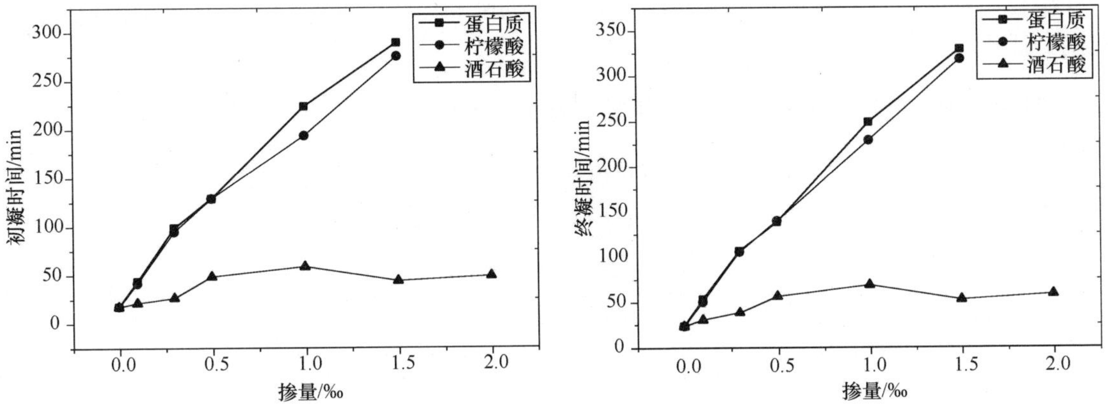

图 2 缓凝剂对 β 石膏基自流平砂浆凝结时间的影响

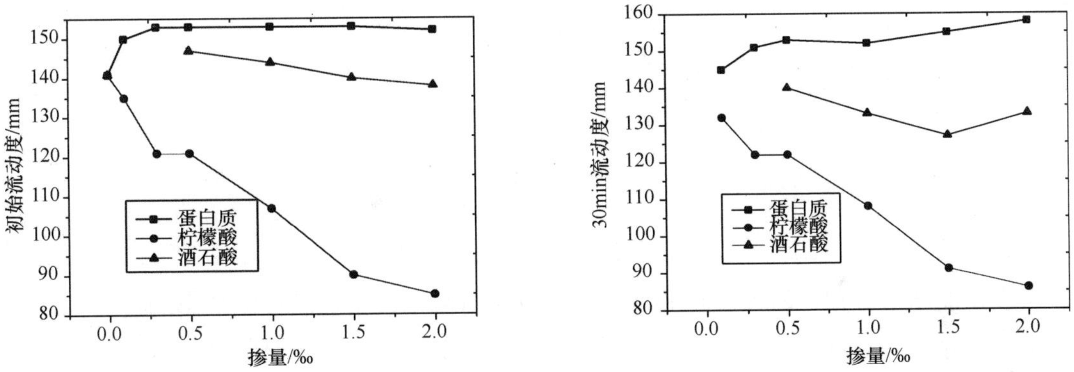

图 3 缓凝剂对 β 石膏基自流平砂浆流动度的影响

图 3 是缓凝剂对石膏自流平砂浆的流动性能的影响。从图中可以看出，柠檬酸对流动度的影响很大，蛋白质类缓凝剂的加入可以提高流动性和流动性保持能力。

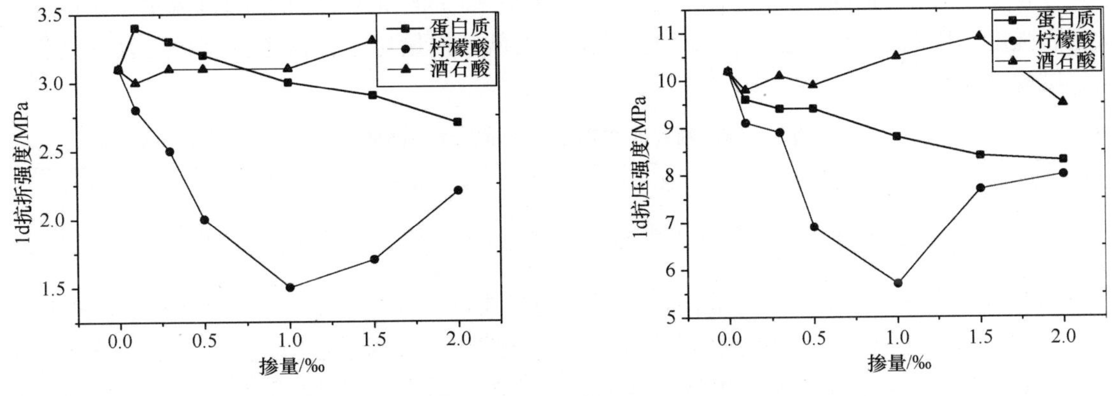

图 4 缓凝剂对 β 石膏基自流平砂浆力学性能的影响

三种缓凝剂对石膏自流平砂浆 1d 强度的影响如图 4 所示。发现少量柠檬酸即能严重影响其强度的发展；而随着蛋白质类缓凝剂掺量的增加，强度也会降低，蛋白质类缓凝剂的掺量不宜太高；酒石酸对强度的不利影响最小。

综合三种缓凝剂对自流平砂浆缓凝效果、流动度和力学性能的影响，优选出蛋白质类缓凝剂，适宜掺量为 0.3‰～0.5‰。

3.3 可再分散乳胶粉对 β 石膏基自流平砂浆性能的影响

可再分散乳胶粉是一种应用广泛的有机粘结剂，可提高石膏制品的性能。本文选用瓦克化学的 5010N 和 5044N 两种可再分散乳胶粉进行对比测试，试验结果见表 5。

表 4 可再分散乳胶粉对 β 石膏基自流平砂浆性能的影响

胶粉	掺量/‰	流动度/mm		凝结时间/min		1d 强度/MPa		绝干强度/MPa		粘结强度/MPa
		初始	30min	初凝	终凝	抗折	抗压	抗折	抗压	
无	0	137	134	70	93	3.0	8.0	6.2	20.3	1.30
5010N	0.5	143	145	100	105	3.1	8.8	5.9	20.3	1.44
	1.0	453	153	100	107	3.2	8.6	6.1	20.5	1.62
	1.5	154	155	106	112	3.1	9.0	5.7	20.0	1.98
	2.0	155	158	113	119	2.9	9.1	5.7	19.8	2.06
5044N	0.5	143	145	97	102	3.1	8.7	5.2	18.7	1.41
	1.0	150	148	100	107	3.0	8.7	5.4	18.8	1.58
	1.5	152	155	105	113	2.8	7.8	5.6	18.5	1.89
	2.0	153	153	95	107	2.7	8.2	5.5	17.1	1.92

由表 4 的结果可知，两种胶粉的加入对石膏基自流平砂浆流动性能的影响规律一致，初始流动度和流动性保持能力均随着胶粉掺量的增大有所提高，凝结时间有一定延长，且有益于力学性能的提高（抗折和抗压强度特别是粘结强度提高显著）。5010N 和 5044N 相比，5010N 的作用效果尤为明显。

3.4 消泡剂对 β 石膏基自流平砂浆性能的影响

在自流平砂浆的机械搅拌过程中，常常会引入一定的气泡，从而影响自流平砂浆的表观状态和强度。因此选用三瑞 DFP-02 型消泡剂，测试其掺量对 β 石膏基自流平砂浆的性能影响。试验结果见表 5。

表 5 消泡剂对 β 石膏基自流平砂浆性能的影响

DFP-02 掺量/‰	流动度/mm		容重/（g/cm³）		凝结时间/min		1d 强度/MPa	
	初始	30min	初始	抗折	抗折	抗压	抗折	抗压
0	147	146	1876	1876	123	130	2.8	7.8
0.3	148	148	1892	1892	110	119	3.1	8.8
0.5	146	150	1892	1892	115	125	3.1	8.9
1.0	147	154	1900	1900	112	118	2.1	9.2
1.5	150	148	1896	1896	103	112	3.2	9.4
2.0	148	148	1916	1916	110	119	3.2	9.7

从表 5 和图 5 可以看出，消泡剂的加入不会很大程度增大浆体的容重，但可以很显著地提高石膏自流平砂浆的强度，并大幅减少砂浆表面的针孔。当消泡剂掺量为 1.0‰时，表面针孔几乎全部消失，且强度有很大提高；继续提高消泡剂掺量，强度提高和表面改善不多。因此，消泡剂的最佳掺量为 1.0‰。

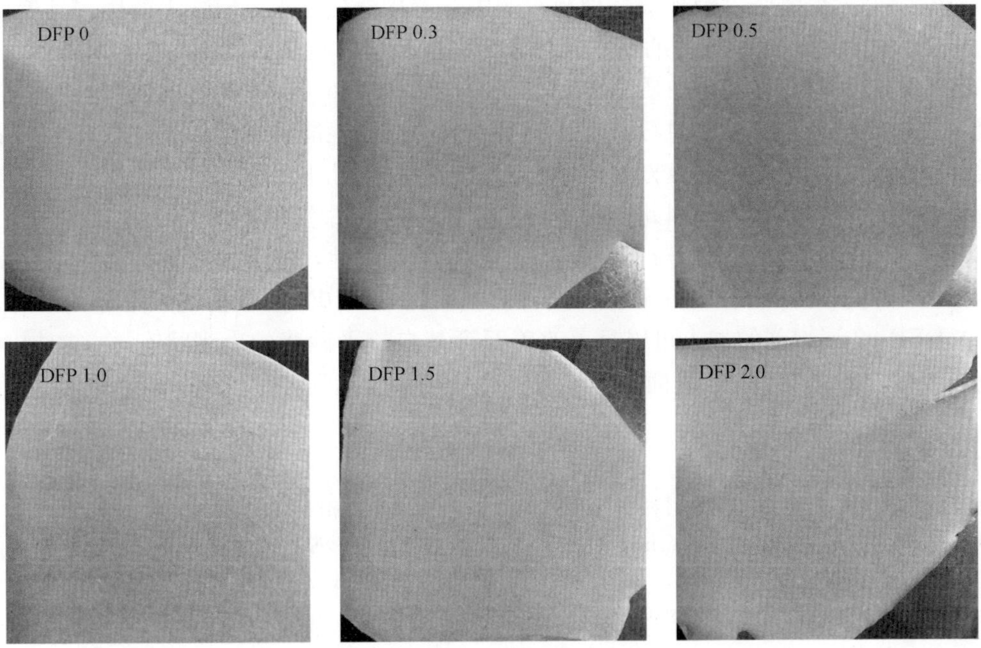

图 5　消泡剂对 β 石膏基自流平砂浆表观状态的影响

3.5　β 石膏基自流平砂浆性能检测

基于以上研究结果，以 β 脱硫石膏为主材，辅以减水剂、胶粉、消泡剂等添加剂，配制得到 β 石膏基自流平砂浆。依据《石膏基自流平砂浆》（JC/T 1023—2007）中的试验方法和性能指标来进行检测，检测结果见表 6。

表 6　β 石膏基自流平砂浆的性能指标与检测结果

检测项目		性能指标	检测结果
30min 流动性损失/mm		≤3	0
凝结时间/min	初凝	≥60	115
	终凝	≤360	125
强度/MPa	1d 抗折	≥2.5	3.0
	1d 抗压	≥6.0	9.1
	绝干抗折	≥7.5	8.2
	绝干抗压	≥20.0	28.5
	绝干拉伸	≥1.0	2.0
收缩率/%		≤0.05	0

4 结论

通过合理的配方优化，使用β脱硫石膏可以制备出符合标准的自流平砂浆材料。配制过程中，化学添加剂的选择和掺量控制非常关键。

（1）萘系、三聚氰胺、聚羧酸三种减水剂中，聚羧酸的减水分散效果最优，且聚羧酸的掺量为1.7‰时，能够达到较好的减水效果和最高的抗压、抗折强度。

（2）柠檬酸、酒石酸和蛋白质三种缓凝剂中，柠檬酸和蛋白质的缓凝效果较好，酒石酸的缓凝效果不明显；但柠檬酸对石膏基自流平砂浆的流动性能影响比较大，酒石酸次之，蛋白质类缓凝剂无不利影响；强度方面，酒石酸对砂浆强度几乎无影响，蛋白质类缓凝剂有微小影响，柠檬酸影响非常大。因此选用蛋白质类缓凝剂，适宜掺量为0.3‰～0.5‰。

（3）可再分散乳胶粉会改善石膏基自流平砂浆的流动性，显著提高抗折和粘结强度，但对抗压强度影响不大。5010N和5044N两种胶粉相比，5010N的改善效果更好。

（4）DFP-02消泡剂的加入可以显著改善石膏基自流平砂浆的表观状态，并能提高其力学强度。当掺量为1.0‰时，表面几乎没有针孔，且强度达到一个较高值。

参考文献

[1] 周啸尘，唐海燕．地面自流平材料研究及应用[J]．科技创新导报，2010(25).

[2] Degasparo A，Kighelman J，Zurbriggen R，et al. 自流平地面砂浆的性能机理及应用[J]．新型建筑材料，2006(9)：4-7.

[3] 新民，李颂．新型建筑干拌砂浆指南[M]．北京：中国建筑工业出版社，2004.

[4] 李晶辉，刘兆爽，赵文杰．石膏基自流平地面材料的研究进展[J]．硅酸盐通报，2016(11)：3587-3593.

[5] 黎力，吴芳．自流平材料的应用发展综述[J]．新型建筑材料，2006(4).

[6] Bühler E，Zurbriggen R，张量．快硬地面自流平砂浆的早期收缩与膨胀机理[J]．膨胀剂与膨胀混凝土，2007(2)：16-18.

[7] 李东旭，张树鹏，张毅，等．石膏基自流平材料的研究进展[A]// 中国硅酸盐学会房材分会、中国建筑学会建筑材料分会、中国硅酸盐学会水泥分会．第五届全国商品砂浆学术交流会论文集(5th NCCM)．中国硅酸盐学会房材分会、中国建筑学会建筑材料分会、中国硅酸盐学会水泥分会：中国硅酸盐学会，2013.

[8] 黄向东，曹青，王东．用高强石膏配制石膏基自流平材料[J]．西南科技大学学报，2011，26(4)：34-38.

[9] 黄天勇，章银祥，张文才，等．普通硅酸盐水泥对石膏基自流平砂浆性能的影响[J]．硅酸盐通报，2016，35(10)：3106-3111.

[10] 潘玉言，杨小东，王鹏起，等．脱硫石膏气流煅烧控制系统设计[J]．建材发展导向，2012(18).

不同缓凝剂对磷建筑石膏性能的影响

马保国，胡鹏辉，金子豪，张婷
（武汉理工大学，硅酸盐建筑材料国家重点实验室，武汉，430070）

摘　要：磷建筑石膏凝结时间短、强度低，限制了其应用。本文研究在不同掺量条件下，柠檬酸（CA）、柠檬酸钠（SA）、多聚磷酸钠（SP）和蛋白质类（SC）四种缓凝剂对磷建筑石膏凝结时间和强度的影响。结果表明，CA、SA、SP 和 SC 对磷建筑石膏均具有一定的缓凝作用，但效果不同，CA 的缓凝效果优于其他三种，SP 的缓凝效果最差；在相同掺量下，SC 对磷石膏硬化体强度影响最小，SP 的影响最大。试验结果为进一步研究磷建筑石膏的缓凝机理提供了参考。

关键词：磷建筑石膏　缓凝剂　凝结时间　强度

Effect of Different Retarders on Properties of Phosphorus Building Gypsum

MA Baoguo，HU Penghui，JIN Zihao，ZHANG Ting
（School of Materials Science and Engineering，Wuhan University of Technology，Wuhan，430070，China）

Abstract: Phosphorus building gypsum has short setting time and low strength，which limits its application. In this paper，the effects of four retarders，citric acid（CA），sodium citrate（SA），sodium polyphosphate（SP）and protein（SC），on the setting time and strength of phosphate building gypsum were studied. The results showed that CA，SA，SP and SC had certain retarding effect on phosphorus building gypsum，but the effect was different. The retarding effect of CA was better than that of the other three，and the retarding effect of SP was the worst. At the same content，SC has the least effect on the strength of phosphogypsum hardened body，and SP has the greatest effect on the strength of phosphogypsum hardened body. The experimental results provide a reference value for the further study of the retardation mechanism phosphorus building gypsum.

Keywords: phosphorus building gypsum　retarder　setting time　strength

---

项目来源："十三五"国家重点研发计划（2016YFC0700904），湖北省技术创新重大专项（2017ACA177）。

作者简介：马保国（1957—），男，博士，教授。E-mail：mbgjob@163.com。

1 引言

磷石膏是工业湿法制备磷酸所产生的固体废弃物，也是化学工业中排放量最大的固体废弃物之一[1-2]。平均每生产 1t P_2O_5，就会形成 4.5～5.5t 磷石膏。磷石膏中存在大量杂质（主要是磷、氟和有机物），这些杂质会导致磷石膏性能不稳定，从而限制了磷石膏的利用。据不完全统计，目前我国每年排放的磷石膏在 8000 万吨以上，且综合利用率不足 20%，总堆存量已超过 5 亿吨。磷石膏中残存的磷、氟和有机物等杂质会随着雨水进入地下，污染土地以及水资源，并且机械作业时扬起的磷石膏粉尘会污染空气[3]。磷石膏的资源化综合利用已成为当前亟待解决的技术难题。利用磷石膏煅烧生成磷建筑石膏，从而制备建筑材料，是目前磷石膏利用最普遍和最成熟的技术[4-6]。由于磷建筑石膏具有凝结时间短、强度低等缺点，难以利用，因此需要加入外加剂延长其凝结时间，优化其性能。其中柠檬酸钠缓凝效果好但强度损失大，蛋白质类缓凝剂强度损失较小且缓凝效果较好。蛋白质类缓凝剂添加到天然建筑石膏、天然高强石膏中，不仅强度降低少，而且缓凝效果好，是天然石膏的优选缓凝剂，但磷建筑石膏中的杂质会使得蛋白质类缓凝剂的缓凝效果变差[7-9]。本文研究了柠檬酸、柠檬酸钠、多聚磷酸钠和蛋白质类缓凝剂分别在不同掺量条件下对磷建筑石膏凝结时间和强度的影响。

2 实验

2.1 主要原材料及实验仪器

（1）实验所用的磷建筑石膏来自湖北宜化集团有限公司。吸附水含量为 22%～27%，结晶水含量为 19.4%，粒径分布在 10～60μm 之间，平均粒度为 30～35μm。晶体形态基本上为平行四边形或菱形的板状晶体，晶体结晶完整，晶体表面有大量的附着物，呈灰白色，如图 1 所示，二水硫酸钙含量为 92.7%，pH 为 2.27。磷建筑石膏的化学成分见表 1。

图 1　磷建筑石膏的 SEM

表 1　磷建筑石膏的化学组成

化学组成	Al_2O_3	SiO_2	P_2O_5	SO_3	CaO	Fe_2O_3	MgO	Loss
wt. %	0.47	3.65	1.49	41.05	31.52	0.20	0.79	20.23

（2）缓凝剂：柠檬酸（CA）、柠檬酸钠（SA）、多聚磷酸钠（SP）和蛋白质类（SC）。

（3）五水柠檬酸钠缓凝剂（SA）：无色小颗粒，分析纯试剂。

（4）选用 QUANTA FEG450 型扫描电镜进行微观形貌分析，其加速电压为 200V～30kV；采用荷兰 PANalytical. B. V 公司生产的 Axios advanced X 射线荧光光谱仪对磷建筑石膏进行成分分析。

2.2 实验方法

以水灰比为 0.7，缓凝剂掺量为磷建筑石膏的 0%、0.05%、0.10%、0.15%、0.20%、

0.25%和0.30%称取磷建筑石膏、缓凝剂和水。将磷建筑石膏和缓凝剂依次加入水中，搅拌均匀，然后迅速注入三联磨具中成型，待石膏硬化后脱模，置于相应制度下进行养护。凝结时间和绝干强度参照《建筑石膏》（GB/T 9776—2008）进行测试。

3　结果与讨论

3.1　凝结时间调控组分研究

磷建筑石膏凝结时间短，主要因为是其比表面积较大，且晶体缺陷较多，活性更高，水化硬化快。半水石膏水化硬化过程为溶解、析晶、晶体长大。缓凝剂一般是控制溶解、析晶、晶体长大过程，从而达到延长半水石膏凝结时间的效果。图2给出不同掺量、不同种类缓凝剂对磷石膏浆体初凝和终凝时间的影响。从图中可以看出，在相同掺量的缓凝剂作用下，磷酸盐对磷石膏的缓凝作用并不明显，而有机酸的缓凝效果非常明显，有机酸可溶盐及变态蛋白质的缓凝效果基本达到粉刷石膏的标准。

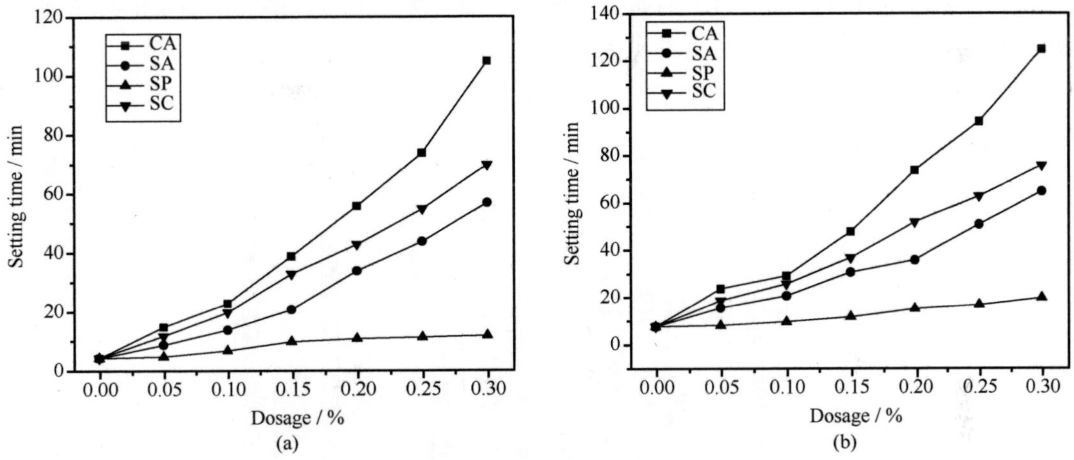

图2　不同掺量、不同种类缓凝剂对磷石膏浆体凝结时间的影响

（a）初凝时间；（b）终凝时间

当CA掺入量为0.1%时，出现明显缓凝效果，但是没有达到《粉刷石膏》凝结时间的标准。当掺入量增加到0.2%时，凝结时间基本达到标准，但此时出现泌水，随着掺入量的增加，泌水程度增加。有机酸及其可溶性盐与石膏表面的钙离子发生化学结合，覆盖在二水石膏晶胚的表面，导致晶核的表面活性降低，成核势垒增加，二水石膏晶体成核数目减少，速度减慢，诱导期延长。但掺加柠檬酸及其可溶盐缓凝剂后出现不同程度的泌水现象，随着掺量的增加泌水现象趋于严重，这主要是由于磷石膏的粒径分布相对集中，大部分集中在40～60μm之间，浆体在搅拌过程中，多余的水分在水膜包裹的石膏颗粒之间起润滑作用，减小了颗粒沉降阻力，当石膏-水悬浮体系的稳定性遭到破坏的时候，絮凝结构释放包裹的水，石膏颗粒下沉，出现分层离析。凝结时间越长，磷石膏浆体状态越久，强度损失越大，“泌水”现象越严重。

SA与CA同为有机缓凝剂，作用机理相同，但由于SA是有机化合物钠盐，缓凝效果不如CA缓凝效果明显。SA的分子结构中有1个—OH和3个—COOH。羧基和羟基能与半水石膏在水中溶解电离出的Ca^{2+}形成络合物柠檬酸钙，覆盖在石膏颗粒表面，阻碍半水石膏的溶解、析晶和晶体长大过程[11]。

掺入SC缓凝剂后，磷建筑石膏的凝结时间有较为明显的延长，当SC掺入0.25%的缓凝剂时，凝结时间符合基本要求。碱度一定时，SC缓凝剂吸附在石膏颗粒表面，结晶胚芽的生成速度和半水石膏的溶解度降低，从而减少了半水石膏对于所生成的二水石膏的饱和度，结晶化过程随之减缓，石膏的凝结时间随之延长。掺入0.25%的SC，没有出现分层离析，也无“泌水”现象出现。

SP（三聚磷酸钠）缓凝剂是由3个$[PO_4]^{5-}$聚合而成的直链三聚物，具有与如钙、镁等碱金属离子生成难溶盐的性质。SP溶于水之后会发生电离，电离后的某些离子能够与石膏溶液中的Ca^{2+}发生化学反应，并生成难溶于水的沉淀物，沉淀物通过吸附作用包裹在石膏颗粒的表面，抑制了石膏的溶解，导致石膏溶液的过饱和度降低，减缓了石膏晶核的形成与长大，因此加入SP后石膏溶液的凝结时间有所延长。

3.2 缓凝剂对磷建筑石膏强度的影响

缓凝剂对磷建筑石膏强度的影响如图3所示。加入缓凝剂后，磷建筑石膏的抗压强度都有明显的降低，缓凝剂掺量越大，磷建筑石膏的强度降低越明显。

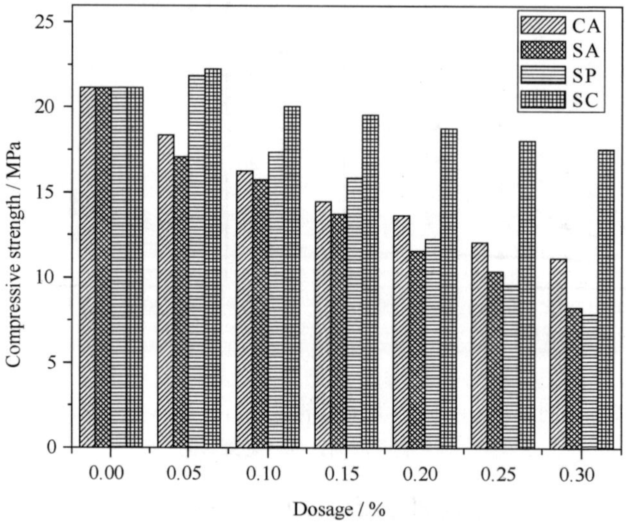

图3 缓凝剂对磷建筑石膏强度的影响

SP及SC缓凝剂对磷建筑石膏强度变化的影响为：随着掺量的增加，绝干抗压强度先增加后减小，在掺量为0.05%时，抗压强度均出现一个峰值：掺入SP的绝干抗压强度为21.9 MPa；掺入SC的绝干抗压强度为22.3MPa；再继续增加掺量，强度明显逐渐降低。

掺0.25%的SA会使磷石膏抗压强度损失超过40%；掺0.30%的SP会使磷石膏抗压强度损失70%。磷石膏浆体达到标准凝结时间的强度损失为SP>SA>CA>SC。

4 结论

（1）CA、SA、SP和SC对磷建筑石膏均具有一定的缓凝作用，但效果不同，缓凝效果从好到差依次是CA、SC、SA、SP。

（2）随着CA和SA掺量的增加，磷建筑石膏硬化体的强度逐渐降低；随着SP和SC掺量的增加，磷建筑石膏硬化浆体的强度先增大后减小。

参考文献

[1] 杨沛浩．磷石膏的综合利用[J]．中国资源综合利用，2009，27(01)：13-15.

[2] 王沁芳，张朝辉，杨江金．磷石膏的特性及其建材资源化利用[J]．砖瓦，2008(05)：57-59.

[3] 茹晓红．磷石膏基胶凝材料的制备理论及应用技术研究[D]．武汉理工大学，2013.

[4] 席美云．磷石膏的综合利用[J]．环境科学与技术，2001(03)：10-13.

[5] 周富涛，石宗利．磷石膏制备建筑石膏工艺研究[J]．新型建筑材料，2007(07)：48-52.

[6] 杨林．利用磷石膏制备建筑材料的研究[D]．西南科技大学，2013.

[7] 黄滔，彭小芹，王淑萍，等．蛋白类缓凝剂对建筑石膏的适应性研究[J]．建筑材料学报．2017：1-11.

[8] 彭家惠．建筑石膏减水剂与缓凝剂作用机理研究[D]．重庆大学，2004.

[9] 谢孟峡，刘媛．红外光谱酰胺Ⅲ带用于蛋白质二级结构的测定研究[J]．高等学校化学学报，2003(02)：226-231.

[10] 彭家惠，瞿金东，吴莉，等．柠檬酸对二水石膏晶体生长习性与晶体形貌的影响[J]．东南大学学报(自然科学版)，2004(03)：356-360.

[11] Bingöl A F , Rüstem Gül. Residual bond strength between steel bars and concrete after elevated temperatures[J]. Fire Safety Journal，2009，44(6)：854-859.

双氧水对磷石膏基泡沫石膏性能影响的研究

马保国，金子豪，胡鹏辉
（武汉理工大学硅酸盐建筑材料国家重点实验室，武汉，430070）

摘　要：磷石膏是湿法生产磷酸时产生的工业副产物，其大规模资源化利用是国际难题。本文以磷建筑石膏制备泡沫石膏，研究双氧水对泡沫石膏容重、强度、吸水率和孔结构的影响，旨在获得容重与强度可精确调控的泡沫石膏产品。结果表明，双氧水的掺入可以实现磷建筑石膏容重 300～600kg/m^3 可调，绝干抗压强度大于 1MPa。本文为实现磷石膏的综合利用提供了一种有效的途径。

关键词：石膏　泡沫石膏　双氧水　容重

1　引言

磷石膏是工业湿法制备磷酸时排放量最大的固体废弃物之一[1-2]。据不完全统计，目前我国每年排放的磷石膏在 8000 万 t 以上，且综合利用率不足 20%，总堆存量已超过 5 亿 t。磷石膏中残存的磷、氟和有机物等杂质会随着雨水进入地下，污染土地以及水资源，并且机械作业时扬起的磷石膏粉尘会污染空气[3,4]。磷石膏的资源化综合利用已成为当前亟待解决的技术难题。利用磷石膏煅烧生成磷建筑石膏，从而制备建筑材料，是目前磷石膏利用最普遍和最成熟的技术[5,6]。建筑节能从 20 世纪 80 年代就有了政策，近 30 年取得了较大的进步[8]。

本文利用磷建筑石膏制备泡沫石膏，为建材行业提供多种具有高附加值的产品。泡沫石膏具有诸多优点，如容重小，利于施工；保温性能好，减少了空调等的能耗[7]。泡沫石膏的应用领域较为广泛，将磷石膏资源化，制备成有高附加值的泡沫石膏具有重要意义。目前大多数学者热衷于寻找和研制高效发泡剂，以获得较优的发泡倍数和较长的稳泡时间，但对发泡工艺等应用研究并不深入，关于发泡效果的影响因素研究也较少。本文重点研究了泡沫石膏的发泡过程，研究双氧水对泡沫石膏容重、强度、吸水率和孔结构的影响。

2　实验

2.1　实验原材料和设备

（1）石膏：产自湖北宜化集团有限公司，灰色粉末，磷建筑石膏（β-HPG）的主要成分为 $CaSO_4 \cdot 0.5H_2O$。由表 1 可知，其中含有较多的杂质，主要为 SiO_2、P_2O_5、F。

项目来源："十三五"国家重点研发计划（2016YFC0700904）；湖北省技术创新重大专项（2017ACA177）。
作者简介：马保国（1957—），男，博士，教授，E-mail：mbgjob@163.com。

表 1　磷建筑石膏的化学组成

化学组成	Na_2O	Al_2O_3	SiO_2	P_2O_5	SO_3	CaO	Fe_2O_3	F	Loss
wt. %	0.10	0.66	6.10	0.86	47.95	34.41	0.28	0.58	8.71

（2）稳泡剂：为获得较好的发泡效果，需要调整石膏浆体黏度，故加入增稠组分羟丙基甲基纤维素醚。其代号为 HPMC，黏度值为 10 万 Pa·s，产自郝克力士有限公司。

（3）发泡剂：双氧水（H_2O_2），无色，30%浓度分析纯液体。

（4）催化剂：MnO_2，黑色粉末，不可燃，分析纯试剂。

（5）缓凝剂：蛋白质类缓凝剂，代号为 SC，产自河北京广混凝土外加剂厂。

（6）设备：选用日本京都电子工业株式会社生产的 QTM-500 型导热系数测试仪对泡沫石膏进行测试；采用浙江爱华仪器公司生产的 AWA6122A 型智能电声测试仪器测量泡沫石膏试样的吸声系数；采用日本 HIROX 公司型号为 KH-7700 的显微镜观察孔径分布，并绘出孔分布曲线。

2.2　实验方法

本文探究 H_2O_2 对发泡效果的影响，配合比见表 2。发泡工艺流程为：先将称量好的 MnO_2、HPMC、SC 倒入搅拌锅，再加入水，搅拌 30 s，再加入双氧水，10 s 内加入磷建筑石膏，搅拌机慢搅 2min，快搅 2min，然后倒入 160mm×40mm×40mm 的三联模具中，初凝前开始刮平。刮完后若仍在膨胀，则继续刮平。在室温、恒湿条件下养护，2 h 后拆模。室温养护 24h 后，放入 50℃烘箱中养护至恒重，称重，计算容重。观察试块表面有无裂缝或破损。

磷建筑石膏水化后得到的二水石膏真密度为 2.301g/cm^3，并结合容重和吸水率，计算得到石膏硬化体的总孔隙率、开孔隙率、闭孔隙率。MnO_2 真密度比石膏大，但掺量较小，需要考虑真密度的测试误差。本文中二水石膏真密度恒定以 2.301g/cm^3 来计算孔隙率。

表 2　泡沫石膏制备配合比（wt%）

组别	β-HPG	MnO_2	HPMC	SC	H_2O_2	H_2O
A1	100	0.8	0.08	0.1	4	73
A2	100	0.8	0.08	0.1	5	73
A3	100	0.8	0.08	0.1	6	73
A4	100	0.8	0.08	0.1	7	73
A5	100	0.8	0.08	0.1	8	73
A6	100	0.8	0.08	0.1	4	80
A7	100	0.8	0.08	0.1	5	80
A8	100	0.8	0.08	0.1	6	80
A9	100	0.8	0.08	0.1	7	80
A10	100	0.8	0.08	0.1	8	80
A11	100	0.5	0.05	0.1	4	80
A12	100	0.5	0.05	0.1	5	80
A13	100	0.5	0.05	0.1	6	80
A14	100	0.5	0.05	0.1	7	80
A15	100	0.5	0.05	0.1	8	80

3 结果与讨论

3.1 双氧水对容重的影响

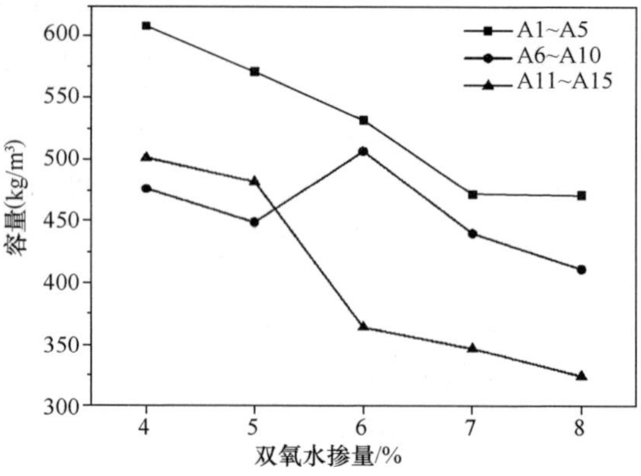

图 1 双氧水对泡沫石膏容重的影响

图 1 为双氧水对泡沫石膏容重的影响。由图 1 可知，其他掺量固定时，随着双氧水掺量的增大，容重逐渐下降。A6～A10 的用水量比 A1～A5 更多，水分散失后最终在硬化体中形成的孔也更多，故容重更小。A11～A15 比 A6～A10 使用的催化剂更少，发气速率更慢；保水剂更少，发气更容易。故双氧水较少，如为 4%、5%时，由于 A11～A15 发气太快，石膏硬化后气孔较少，故容重大于 A6～A10。当双氧水较多时，在石膏浆体初凝前，A11～A15 仍有双氧水分解，有较多气泡残留在硬化体中，形成孔隙。A11～A15 与 A6～A10 的对比也说明，当用水量相同时，黏度大小不一定决定最终的发气效果，而是黏度、双氧水掺量、二氧化锰三者的综合影响。

3.2 双氧水对强度的影响

图 2 为双氧水对泡沫石膏绝干强度的影响。由图 2 可知，其他掺量固定时，随着双氧水掺量的增大，绝干抗折、绝干抗压强度基本上逐渐下降，且结合图 1，容重小的强度较小。影响强度的因素很多，保水剂掺量越大，强度下降越大；形成的孔隙越多，强度越低；孔结构越差，强度越低。

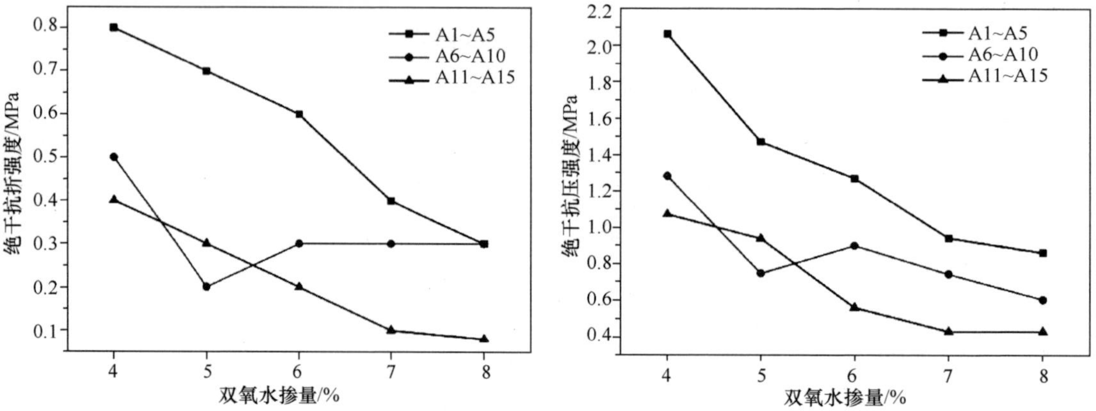

图 2 双氧水对泡沫石膏绝干强度的影响

3.3 双氧水对吸水率和孔结构的影响

图 3 为双氧水对泡沫石膏吸水率的影响；图 4 为 A1～A5 孔径分布。由图 3 可知，其他掺量固定时，双氧水掺量越大，吸水率越大。吸水率的大小可以反映出开孔数量的多少。当形成的气泡过多后，浆体中气泡间距变小，相互连通的概率变大，形成开孔或者连通孔。故当产生气泡较多时，硬化体中孔隙的开孔率增大。由图 4 可知，A3～A5 的大孔明显比 A1、

A2更多，故当双氧水掺量过多时，小气泡在浆体中不稳定，石膏浆体逐渐硬化，浆体变稠，小气泡合并形成大气泡后没能逸出，以致硬化体中大孔数量变多。

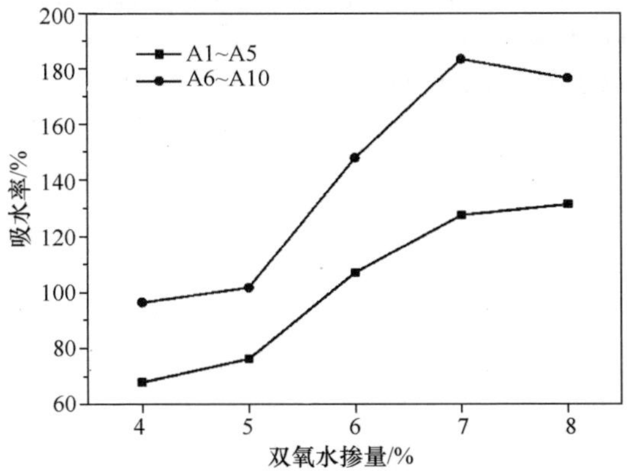

图3　双氧水对泡沫石膏吸水率的影响

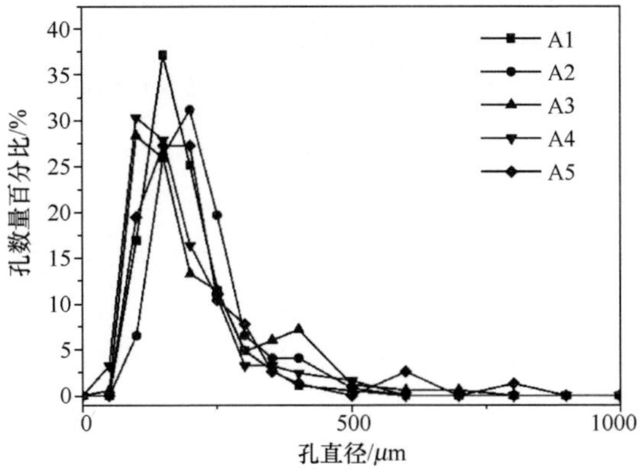

图4　A1～A5孔径分布

表3　A1～A5孔结构

组别	容重（kg/m³）	吸水率/%	总孔隙率/%	开孔隙率/%	闭孔隙率/%
A1	608	68	73.58	41.33	32.25
A2	571	76	75.17	43.66	31.51
A3	532	107	76.88	56.94	19.95
A4	472	128	79.49	60.19	19.30
A5	471	131	79.52	61.88	17.65

由表3可知，随着双氧水掺量增加，总孔隙率和开孔隙率逐渐增大，闭孔隙率减小；双氧水掺量大于或等于7%时，总孔隙率几乎不变，开孔隙率略微增大，闭气孔率略微减小。即发气总量增加，分解产生的气泡增多后，发泡效果提升，孔间距减小，独立的闭孔之间连通的概率增大，开孔率增大，闭孔率减小。

4　结论

（1）随着双氧水掺量增加，容重逐渐下降，可以实现建筑石膏容重300～600kg/m³可调。

（2）随着双氧水掺量增加，绝干抗折、绝干抗压强度基本上逐渐下降。当掺量大于7%时，绝干抗压强度小于1MPa。

（3）随着双氧水掺量增加，总孔隙率和开孔隙率逐渐增大，闭孔隙率减小；当双氧水掺量大于或等于7%时，总孔隙率几乎不变，开孔隙率略微增大，闭气孔率略微减小。

参考文献

[1]　代慧．磷石膏通过双极膜电渗析法制备硫酸的工艺及机理研究[D]．贵州大学，2016.
[2]　杨志强，陈晴，郭清春，等．磷石膏在水泥生产中的应用现状与展望[J]．硅酸盐通报，2016，35(9)：2860-2865.

[3] 茹晓红. 磷石膏基胶凝材料的制备理论及应用技术研究[D]. 武汉理工大学，2013.
[4] 李前均. α-石膏基自流平材料的制备与性能研究[D]. 贵州大学，2017.
[5] 马保国，孙仲达，苏英，等. 缓凝剂改性磷建筑石膏及其机理研究[J]. 硅酸盐通报，2017，36(12).
[6] 杨林. 利用磷石膏制备建筑材料的研究[D]. 西南科技大学，2013.
[7] 田甜. 磷石膏泡沫混凝土的制备及性能研究[D]. 西南科技大学，2016.

不同种类建筑石膏水化升温与物理力学性能的变化研究

冯秀艳[1]，滕朝晖[2]，国爱丽[1]，路瑞娟[1]
（1. 北京建筑材料检验研究院有限公司，北京，100041；
2. 山西省石膏综合利用工程技术中心，山西太原，030013）

摘　要：通过试验，对两类不同建筑石膏的物理、化学、力学性能及水化升温进行研究并分析。结果表明，与渭河电厂脱硫石膏相比，四川磷石膏遇水晶核生长速度慢，过饱和度小，水化凝结较慢，导致其 2h 强度及绝干强度明显低于渭河电厂脱硫石膏。加入 321-石膏增强剂的石膏浆体相对于同种石膏浆体水化升温速率均有明显降低，水化凝结变慢，导致石膏硬化体 2h 强度降低。但是从后期应用效果来看，加入 321-石膏增强剂可降低石膏标准稠度用水量，提高石膏的绝干抗压强度，并有一定的缓凝作用。

关键词：无机非金属材料　建筑石膏　水化升温　物理力学性能

Reasearch on Hydration Heat and Physical and Mechanical Properties Changes of Different Types of Calcined Gypsum

FENG Xiuyan[1] TENG Zhaohui[2] GUO Aili[1] LU Ruijuan[1]
(1. Beijing Building Materials Testing Academy Co., Ltd., Beijing, 100041, China;
2. Shanxi Engineering and Technology Center of Gypsum Comprehensive Utilization, Taiyuan, 030013, China)

Abstract: Through experiments, hydration heat and the physical, chemical and mechanical properties of two different kinds of calcined gypsum were studied and analyzed. The results show that compared with the desulfurization gypsum of Weihe Power Plant, Sichuan phosphorus gypsum has a slow growth rate, low supersaturation, and slow hydration condensation, resulting in a significantly lower 2h strength and absolutely dry strength than the desulfurization gypsum of Weihe Power Plant. The gypsum slurry added with 321－gypsum enhancer decreased the hydration heat rate of the same type of gypsum slurry, and the hydration condensation slowed down, resulting in a reduction of the 2h strength of the hard body

---

作者简介：冯秀艳，女，博士，高级工程师，中国建材联合会预拌砂浆分会专家委员会委员，主要从事预拌砂浆、保温材料的质量检测、标准编制及科研研发，E-mail：fengxiuyan@bmtbj.cn。

for gypsum. However, from the perspective of the later application, the addition of 321-gypsum enhancer can reduce the water requirement of normal consistency of gypsum, increase the absolutely dry strength of gypsum, and delay coagulation on gypsum slurry.

Keywords: Non-metallic Material　Calcined Gypsum　Hydration Heat　Physical and Mechanical Properties

石膏材料在土木工程中的应用历史悠久，各种石膏制品具有质轻、耐火、保温、吸声、施工性好、制造耗能低等优点。近年随着社会和经济的快速发展及城市化进程的加快，现代化的建筑对材料的质量要求越来越高，功能要求越来越多样化，与此同时，生态环境保护、走可持续发展之路也已提到了不容忽视的高度，而这些在很大程度上需要靠建筑功能材料来实现[1-3]。很多国家和地区已建成不少石膏资源化利用项目，对石膏产品的开发和利用进入快速发展的阶段，石膏资源化利用也是我国固废利用、节能环保项目的重点。国内外对脱硫石膏和磷石膏的研究应用很多，脱硫石膏作为净化烟气产生的工业副产品，其产量在2012—2016年间从5230万t增加到7100万t，且仍在不断增长。脱硫石膏具有纯度高、成分稳定、水化后结晶结构紧密等优点，但也存在强度不均匀、耐水性差等不足，严重阻碍了石膏制品的推广应用，因此需要对其进行改性处理。相关学者研究发现脱硫石膏经过改性处理，可以代替部分水泥作为胶凝材料。大量利用脱硫石膏，既节约水泥，降低工程造价，又改善生态环境，产生极大的经济和社会效益。

磷石膏是磷化工企业湿法生产磷酸的工业副产品，由硫酸与磷矿石反应生产，每生产1t磷酸，就产生4～5t磷石膏，磷石膏含有机磷、硫、氟类化合物，对环境有较大污染。我国每年所排放的磷石膏超过了2000万t，累计排放已经超过1亿t，大多数磷化工企业采用的是露天堆放的方式处置磷石膏，随着磷石膏堆增高，压强增大，磷石膏中所含氟化物、游离磷离子、P_2O_5、磷酸盐等污染物会逐渐渗透到地下，从而污染土壤和地下水，并且因为风蚀、雨蚀等作用，对大气、水系造成严重污染。此外，磷石膏的堆积还侵占了大量的土地资源。因此，加快磷石膏资源利用的任务已迫在眉睫。目前，磷石膏的综合利用主要用于生产水泥缓凝剂、石膏粉、石膏板、自流平砂浆、加气混凝土砌块等产品[4-6]。

为了更好地研究脱硫石膏、天然石膏、磷石膏性能的同异，本文选取渭河电厂脱硫石膏、四川磷石膏及321—石膏增强剂，在对比其力学性能的基础上，以四种石膏在应用中的发热过程为研究对象，对建筑石膏的水化反应进行分析。

1　试验

1.1　试验材料

本试验材料包括渭河电厂脱硫石膏、四川磷石膏及321—石膏增强剂。

1.2　试验方法

1. 附着水、结晶水、pH

按照《石膏化学分析方法》(GB/T 5484—2012) 的规定进行测试。

2. 半水硫酸钙含量、细度 (0.2mm方孔筛筛余)、标准稠度用水量、凝结时间、抗折强度、抗压强度按照《建筑石膏》(GB 9776—2008) 的规定进行测试。

3. 堆积密度

按照《建筑石膏 粉料物理性能的测定》(GB/T 17669.5—1999) 的规定进行测试。

4. 水化升温

自制保温瓶，将标准稠度水膏比的石膏浆体拌匀，注入配瓶塞的保温瓶内，瓶塞打孔插入温度计，密封良好，温度计底端直接插入石膏浆体，读取不同水化时间的温度。

2　结果与讨论

2.1　物理力学性能

表 1 给出了渭河电厂脱硫石膏和四川磷石膏两种建筑石膏的物理、化学及力学性能测试结果。

表 1　两种建筑石膏的物理力学性能

试验项目		渭河电厂脱硫石膏	四川磷石膏
附着水/%		0.21	0.18
结晶水/%		5.74	6.33
半水硫酸钙含量/%		65.21	76.04
pH		7.0	6.7
细度（0.2mm 方孔筛筛余）/%		1.82	6.9
堆积密度/（kg/m^3）		1022.8	784.15
标准稠度用水量/%		62	68
凝结时间/min	初凝	4.31	2.30
	终凝	6.30	8.10
2h 强度/MPa	抗折	2.8	2.4
	抗压	5.4	4.3
绝干强度/MPa	抗折	6.0	5.2
	抗压	14.5	12.1

由表 1 可以看出，渭河电厂脱硫石膏附着水的含量、堆积密度高于四川磷石膏；渭河电厂脱硫石膏结晶水、半水硫酸钙含量、细度小于四川磷石膏；两种石膏的标准稠度用水量相似。四川磷石膏呈酸性。渭河电厂脱硫石膏 2h 强度及绝干强度均明显高于四川磷石膏。

分析各项指标，脱硫石膏以单独的结晶颗粒存在。脱硫石膏主要矿物相为二水硫酸钙，主要杂质为碳酸钙、氧化铝和氧化硅，其他成分有方解石或 α 石英、α 氧化铝、氧化铁和长石、方镁石等。脱硫石膏部分晶体内部有压力存在，脱硫石膏杂质与石膏的易磨性相差较大，脱硫石膏颗粒多为石膏，细颗粒为杂质，而四川磷石膏可见颗粒多为杂质。

2.2　水化升温

众所周知，建筑石膏的水化过程是一个放热过程，研究建筑石膏水化过程的温度变化有助于深入地了解其水化硬化规律和物理力学性能。本文选取四种石膏进行水化温度试验，包括 1# 渭河电厂脱硫石膏、2# 四川磷石膏、3# 渭河电厂脱硫石膏＋321-石膏增强剂、4#

四川磷石膏+321-石膏增强剂。四种石膏的水化温度变化如图1所示。从图中可以看出，四种石膏的水化温度都集中在很短时间内快速升高，四川磷石膏后期升温速率明显比渭河电厂脱硫石膏慢，加入321-石膏增强剂的石膏浆体相对于同种石膏浆体其水化升温速率均明显减慢，水化凝结较慢，导致石膏硬化体2h强度降低。然而，从后期应用效果来看，加入321-石膏增强剂可降低石膏标准稠度用水量，提高石膏的绝干抗压强度，并有一定的缓凝作用。

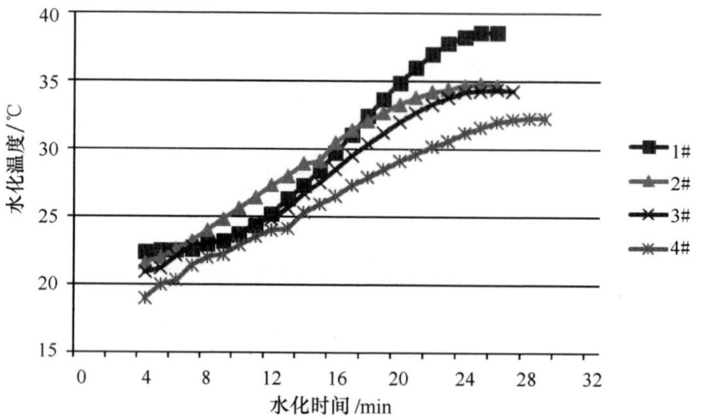

图1　四种石膏浆体水化过程升温曲线

3　结论

（1）相对于渭河电厂脱硫石膏，四川磷石膏晶核生长速度慢，过饱和度小，水化凝结较慢，导致其2h强度及绝干强度明显偏低。

（2）加入321-石膏增强剂的石膏浆体相对于同种石膏浆体其水化升温速率均明显减慢，水化凝结较慢，这必然导致石膏硬化体2h强度降低。然而，从后期应用效果来看，加入321-石膏增强剂可降低石膏标准稠度用水量，提高石膏的绝干抗压强度，并有一定的缓凝作用。

参考文献

[1]　吴赤球，吕伟．磷石膏在水泥制品中的应用[J]．混凝土与水泥制品，2019，237(1)：45-46.

[2]　周富涛，石宗利．磷石膏制备建筑石膏工艺研究[J].新型建筑材料，2007，34(7)：48-51.

[3]　王裕银，李玉山，高子栋，等．脱硫石膏转化为建筑石膏的应用研究[J].砖瓦，2010，40(4)：35-38.

[4]　黄孙恺，俞新浩．用烟气脱硫石膏制备建筑石膏的工艺技术[J].建筑石膏与胶凝材料，2005(1)：27-28.

[5]　张克华．化工磷石膏制备石膏胶凝材料研究及应用[D].南京：南京理工大学材料科学与工程学院，2008：1-47.

[6]　权刘权，李东旭．用磷石膏配置石膏基自流平材料研究[J].非金属矿，2007，30(3)：19-22.

石膏基砂浆力学性能影响因素探索研究

杨正波，王丽，周全光，尚珺姣，张晓菲，刘文君
（北新集团建材股份有限公司，北京，102209）

摘　要：本文研究了普通硅酸盐水泥对石膏基材料凝结时间、力学性能的影响。结果表明，掺入适量普通硅酸盐水泥能够显著提高石膏基胶凝材料的力学性能，普通硅酸盐水泥适宜掺量应小于 20%（质量分数）；温度和湿度会影响水泥一石膏基胶凝材料力学强度，在恒温恒湿（25 ℃，50%RH）条件下养护相较在自然条件下养护其复合胶凝材料的抗折强度可提高 16%～25%，抗压强度可提高 6%～34%，优化养护条件可以改善水泥一石膏基复合胶凝材料的力学性能。溶胀型聚合物可以改善复合胶凝材料抗压强度。适量的可再分散性胶粉和骨料可以提高石膏基材料的抗折强度。

关键词：石膏基砂浆　溶胀型聚合物　硅酸盐水泥　外加剂

Influence of Additive on Performance of Gypsum-based Mortar

YUNG Zhengbo, WANG Li, ZHOU Quanguang, SHANG Junxiao, ZHANG Xiaofei, LIU Wenjun
(Beijing New Building Materials Public Limited Company, Beijing, 102209, China)

Abstract: Based on the waste slag of desulfurization, Effects of ordinary Portland cement on working setting time and mechanical properties were studied. The results show that less than 20% ordinary Portland cement can significantly improve the mechanical properties. The dry flexural and compressive strength of building gypsum-cement composite were influenced by temperature and humidity, when building gypsum-cement composite was maintained, temperature and humidity controlling were very important. Swelling polymer could improve the compressive strength of building gypsum-cement composite. Polymer powder and sand can increase the dry flexural strength of materials.

Keywords: Gypsum-based Mortar　Swelling polymer　Ordinary Portland cement　Additive

随着工业化、城镇化进程加快，全国 80%以上的电力由燃煤发电厂提供，燃煤发电年消耗煤炭达 12 亿吨，年脱硫石膏排放量已达 5000 万吨以上。脱硫石膏作为电厂的固体废弃物，大量贮存不仅占地面积大而且堆放分解会造成二次污染。同时，脱硫石膏煅烧后得到的建筑石膏（$CaSO_4 \cdot 0.5H_2O$）在凝结特性、水化动力学等方面不比天然建筑石膏差[1,2]。实现脱硫石膏高附加值和绿色化综合利用意义深远，开发工业副产石膏基砂浆有利于实现资源

节约型和环境友好型相结合的生态文明建设。因此，采用脱硫石膏代替天然石膏生产砂浆越来越受到重视[3-5]。

石膏基砂浆以石膏为主要胶凝材料，通过添加各种外加剂、骨料等制成，具有收缩率小、保温隔热、隔声、调湿和施工简单以及综合成本低的特点。石膏基砂浆在国外已有广泛应用，如日本和欧洲，有成熟的生产技术和配套的施工器具。而国内石膏基砂浆的应用并不普遍，可能是认知、生产技术、配套施工技术、成本等因素导致的。另外，作者认为石膏基材料的力学强度较差也是制约其发展和应用的一个重要因素，本文结合国内的市场现状采用β半水石膏探索石膏基砂浆的力学性能改善的方法。

1　原材料及试验方法

1.1　原材料

脱硫石膏：产自宁海附近某电厂，对脱硫石膏进行化学分析测试，结果见表1。对原料进行煅烧，制备建筑石膏粉，备用。

表1　脱硫石膏的化学分析

脱硫石膏生料	附着水	氧化镁	结晶水	氧化钾	氧化钠	pH
1#	14.85	0.027	18.61	0.002	0.023	6.5
2#	14.74	0.042	19.16	0.004	0.078	6.9

与天然石膏相比，脱硫石膏具有颗粒过细、含水率较高（脱硫石膏是在浆液中快速沉淀形成，因此国内脱硫石膏含水量一般达到10%～15%）、所含杂质与天然石膏不同、颜色偏深等特点。天然石膏经粉碎后，细度约140μm，而脱硫石膏颗粒直径为30～50μm，由于颗粒过细，粒度分布较窄而带来流动性和触变性问题。因此，脱硫石膏的流变性能较差，制备的砂浆浆体更容易发生离析、分层和泌水现象。更重要的是，脱硫石膏基砂浆硬化后孔隙率偏高，严重影响其耐水性和耐久性，缩短砂浆制品的使用寿命。

水泥：钻牌32.5级普通硅酸盐水泥；减水剂：德国巴斯夫（BASF）公司；可再分散乳胶粉：德国瓦克（Wacker）公司；骨料：40～70目和70～140目两种砂，杂质含量（含泥量）≤0.2%。溶胀型聚合物：山东阳谷县龙泉化工厂。

1.2　试验方法

材料性能检测标准：流动度测试筒为无底圆筒（ϕ3cm×5cm）；表面用抹刀轻轻刮平，垂直向上提起圆筒，浆体自由流动形成圆盘状，待浆体流动停止后，量取相互垂直方向的4个直径取平均值，即为摊展度（mm）。

凝结时间测定：参照《建筑石膏》(G B 9776—2008）测定凝结时间。试件成型及强度测定：参照《建筑石膏　力学性能的测定》(GB/T 17669.3—1999）测定。

2　试验与讨论

2.1　水泥对石膏基材料性能的影响

本试验将普通硅酸盐水泥掺入β脱硫石膏，研究水泥对石膏基材料力学强度和凝结时间等性能的影响。通过测试结果（图 1）发现，随着水泥掺量增加试块 1d 绝干抗压强度大幅下降，当水泥掺量为 20%时绝干抗压强度降低 15%。这是因为试块烘干后水泥水化进程结束，1d 龄期的试块中水泥水化程度较低，水泥对试块强度贡献有限，更多起填料的作用。从图 2 可以看出，随着水泥掺量增加试块 28d 龄期抗压强度逐渐增大，这是因为水泥水化程度较好，随着水泥掺量增加其对试块力学强度的贡献加大；当水泥掺量为 20%时其抗压强度增加 42%，当水泥掺量为 50%时其抗压强度增加 53%，当水泥掺量为 80%时其抗压强度增加 66%。水泥一石膏基复合胶凝材料遇水后主要经历两个反应过程：水化过程和凝结硬化过程。水化为第一反应过程，凝结硬化为第二反应过程；水化是凝结硬化的前提，没有水化就不可能有凝结硬化。水泥-石膏基复合胶凝材料的水化过程是石膏在水泥矿物环境下的水化及水泥在石膏饱和溶液中水化及相互反应水化的综合过程。水泥-石膏基复合胶凝材料的水化产物为二水硫酸钙、各种形态的水化硫铝酸钙类物相和 C-S-H 凝胶类物质。随着复合胶凝材料中水泥掺量增加，其水化进程则越来越复杂。试验结果表明，水泥的适宜掺量超过 20%后其抗压强度增加幅度减小，同时水泥掺量过多会影响胶凝材料的体积安定性，增加复合胶凝材料开裂风险，因此水泥的掺量应小于 20%。

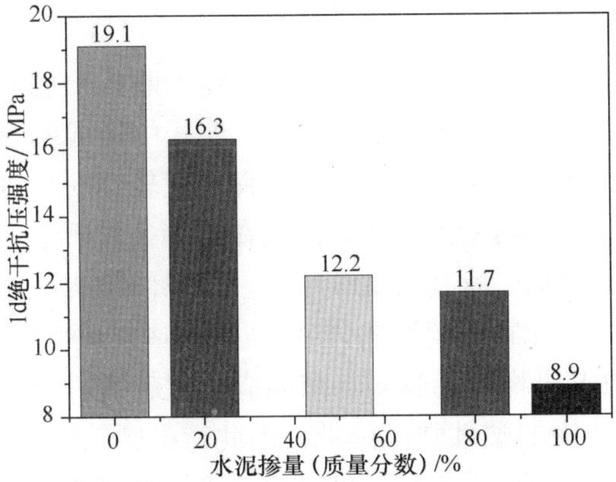

图 1　水泥（1d 龄期）对石膏基胶凝材料力学性能影响

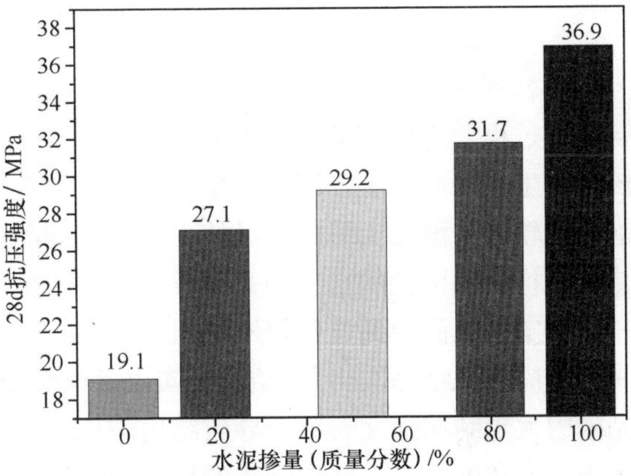

图 2　水泥（28d 龄期）对石膏基胶凝材料力学性能影响

目前，对于水泥-石膏基复合胶凝材料一般都默认采用在自然环境中进行养护，缺乏专门针对水泥-石膏基复合胶凝材料的养护装置和养护方法。自然条件下养护环境极不稳定（温度、湿度等变化很大），且随着水泥-石膏基复合胶凝材料中水泥含量增，养护条件对水泥-石膏基复合胶凝材料的强度发展影响越来越大。显然用石膏强度测试标准《建筑石膏 力学性能的测定》（GB/T 17669.3—1999）和水泥强度测试标准《水泥胶砂强度检验方式（ISO 法）》（GB/T 17671—1999）中试件的养护方法已不能准确反映出复合胶凝材料试块强度发展规律。如果能根据水泥-石膏基复合胶凝材料组分的不同适当控制该复合胶凝体系的水化过程和凝结硬化过程，应当可以使养护后水泥-石膏基复合胶凝材料获得更好的力学强度。为了研究养护条件对水泥-石膏基复合胶凝材料力学性能的影响，本试验将水泥-石膏基复合胶凝材料试块置于 25℃、50% RH 的恒温恒湿的环境进行养护。通过试验结果（图 3）发现，25℃、50% RH 的恒温恒湿环境的养护方式可以改善水泥-石膏基复合胶凝材料的力学性能，也就是说养护过程中的温度和湿度会影响水泥-石膏基复合胶凝材料的强度发展。当水泥掺量为 5%时，在恒温恒湿（25℃，50% RH）环境养护后试块的抗折强度提高

17%，抗压强度提高30%；当水泥掺量为20%时，在恒温恒湿（25℃，50% RH）环境养护后试块的抗折强度提高27%，抗压强度提高6%。

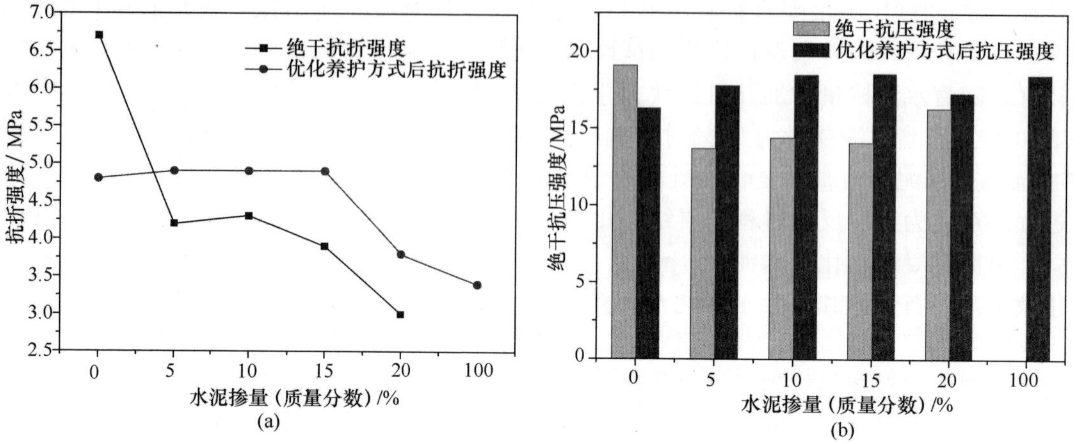

图3　养护方式对石膏-水泥基复合胶凝材料力学性能的影响

（a）抗折强度；（b）抗压强度

石膏-水泥基复合胶凝材料的水化过程是一个物料颗粒不断溶解、水化产物不断析出的溶解析晶过程。温度较低时，水泥-石膏基复合胶凝材料的料浆过饱和度较高，液相中形成的晶核多，生成的晶粒小，因而产生的结晶接触点也多，容易形成结晶结构网；而温度较高时，过饱和度较低，液相中形成的晶核少，生成的晶粒大，结晶接触点也少，因此在同等条件下形成结晶结构网要消耗的水化物数量较多。初始结构形成以后，水化物继续形成，可以使结构网进一步密实，从而起到强化作用。但达到某一限值后，水化物继续增加会对已形成的结构网产生一种内应力（结晶应力）。结构密实以后继续形成的水化物结晶越多，结晶应力就越大。当结晶应力大于结构强度时就会导致结构破坏，从而使结构的塑性强度降低。因此，温度较低时，由于过饱和度较高，硬化浆体的最大塑性强度较低。适宜的养护温度可以控制各种水化产物的生成和结构应力，有利于复合胶凝材料强度的发展，并有利于控制所生成的钙矾石向单硫型水化硫铝酸钙转变。因此，养护制度（温度、湿度、压力等）对水泥-石膏基复合胶凝材料的水化进程影响极大。不同的养护阶段所需要的条件也不同，合适的养护方法可以完善水泥-石膏基复合胶凝材料的水化进程，使其力学强度能完全发挥出来，因此，在养护过程中适宜的养护温度和湿度可以保证水泥-石膏基复合胶凝材料在规定的龄期内达到较为理想的养护状况。可以更加精准地反映出水泥-石膏基复合胶凝材料的力学强度发展状况。

在脱硫石膏中掺加普通硅酸盐水泥后，通过测试（表2）发现石膏基砂浆的初凝时间和终凝时间延长。这说明，从某种程度上，水泥可以延缓脱硫石膏的凝结，在配方上可以减少缓凝剂的使用，同时对砂浆施工性能产生有利影响。

表2　水泥掺量对石膏基材料凝结时间的影响

序号	水泥掺量/wt.%	初凝时间/min	终凝时间/min
0	0	6.8	24.75
1	5	7.75	26.51
2	10	10	28
3	15	11	32
4	20	19	43

2.2　溶胀聚合物对水泥-石膏基胶凝材料力学性能的影响

本试验将溶胀型聚合物引入水泥-石膏基复合胶凝材料中，探索溶胀聚合物对材料力学性能的影响。分别在水泥-石膏胶凝材料（基材中水泥含量为5wt.%）掺入0.1%、0.2%、0.3%的溶胀型聚合物，试块自然养护7d后测试其力学强度，测试结果如图4所示。通过试验结果可知，随着溶胀型聚合物掺量增加，复合胶凝材料的抗折强度逐渐下降，但其抗压强度逐渐增大；掺入0.3%聚合物试块的抗压强度要比不掺聚合物试块的抗压强度高10%。这就为改善石膏基砂浆力学性能（抗压强度）提供了一条新思路。溶胀型聚合物强吸水性能可以改善砂浆的稠度，在砂浆施工完成后可以将石膏一水泥基复合胶凝材料中多余的水分锁住，在石膏基材料硬化过程中控制多余水分将复合胶凝材料早期强度发展的不利因素减少，随着时间延长溶胀聚合物发挥海绵效应，储存的水逐渐释放出来，为复合材料中的水泥水化供水、提供内养护，有利于复合材料强度的发展。砂浆完全干透后，溶胀聚合物可在材料内部留下微米级封闭孔洞，有利于改善砂浆的吸放湿性能。

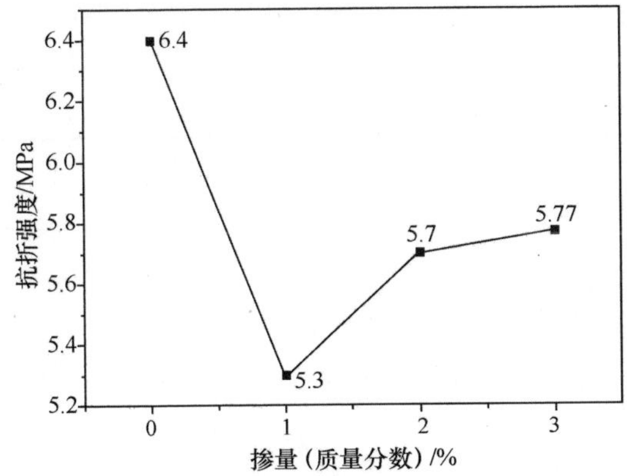

(a)

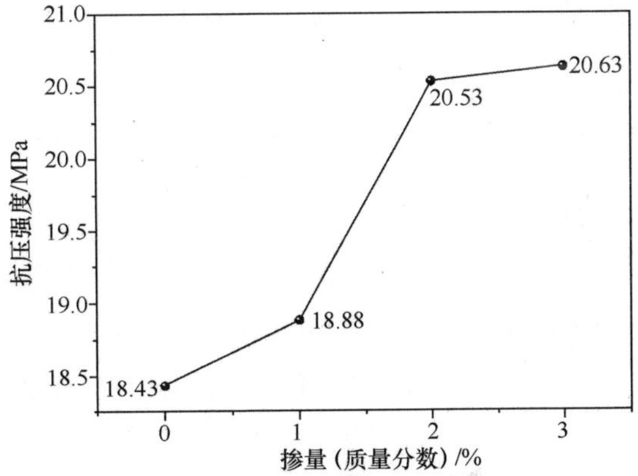

(b)

图4　溶胀型聚合物对水泥-石膏基胶凝材料力学强度的影响

（a）抗折强度；（b）抗压强度

2.3　可再分散乳胶粉对水泥-石膏基胶凝材料力学性能的影响

可再分散乳胶粉是配制自流平砂浆必不可少的成分，其能够改善新拌砂浆的施工性能，并且对提高砂浆与混凝土基层的粘结力、耐磨性和柔韧性等有重要作用。但已知文献对石膏基材料性能尤其是强度的影响研究较少。图5为改变可再分散乳胶粉的掺量所测得的石膏基

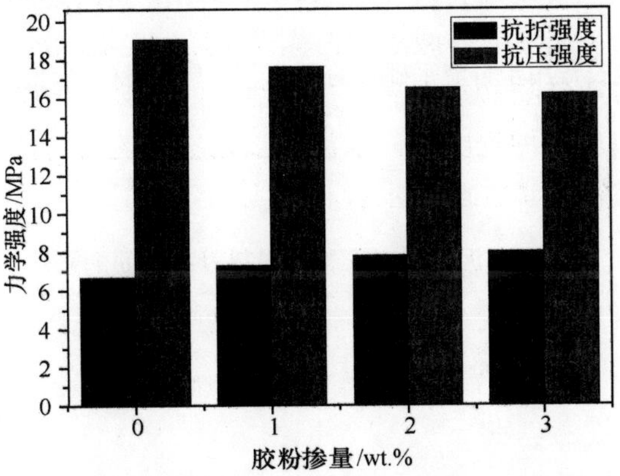

图5　可再分散乳胶粉对石膏基材料力学性能的影响

材料的力学性能数据。通过试验发现，随着可再分散乳胶粉掺量的增加，石膏基砂浆的绝干抗折强度逐渐升高，但绝干抗压强度有降低趋势。

2.4 骨料对水泥-石膏基胶凝材料力学强度的影响

在砂浆配制过程中，骨料可以降低配方的成本，调整胶凝材料的颗粒级配，改善石膏制品后期的强度。本试验采用了粗砂（70～140 目）和细砂（40～70 目），粗砂（70～140 目）：细砂（40～70 目）＝1：1。通过试验（表 3）发现，随着骨料掺量增加，石膏基材料的抗压强度大幅下降，其抗折强度出现先升高后降低的趋势，在骨料掺量为 10%～20%时其抗折强度较好。

表 3　骨料对石膏基材料力学性能的影响

	空白	10 %	20 %	30 %	40 %	50 %
湿重 /g		430.8	447	447.5	452.1	445.5
干重 /g		332.7	339.9	335.7	342.6	335.8
绝干抗折 /MPa	6.7	7.7	7.4	6.5	6.85	4.1
绝干抗压 /MPa	21.6	20.2	17.4	16.1	16.5	9.95

3 结论

（1）养护方式会影响水泥-石膏基复合胶凝材料的力学性能，在恒温恒湿环境（25℃，50% RH）有利于复合胶能材料力学强度的发展进程。

（2）溶胀型聚合物可以改善水泥-石膏基复合胶凝材料的抗压强度。

（3）可再分散乳胶粉和骨料可以改善石膏材料的抗折强度，当骨料掺量为 10%～20%时其抗折强度较好。

参考文献

[1] 曾爱斌．烟气脱硫石膏应用于自流平材料的研究 [D]. 杭州：浙江大学，2008.

[2] 杭美艳，张小平，刘继涛．脱硫石膏与天然石膏的应用研究 [J]. 内蒙古科技大学学报，2010(3)：281-284.

[3] 黎祥，张国防．矿渣微粉对脱硫石膏基砂浆物理力学性能的影响 [J]. 粉煤灰，2016(6)：5-8.

[4] 刘文斌，高淑娟．脱硫建筑石膏粉制备自流平砂浆的技术研究 [J]. 硅酸盐通报，2013(9)：1927-1931.

[5] 彭明强，叶蓓红．脱硫石膏用于自流平砂浆的研究 [J]. 建筑材料学报，2012(3)：406-409，421.

三异丙醇胺对水泥-大理石粉砂浆物理力学性能及毛细吸水行为的影响

马保国，汪杰，楚著根
（武汉理工大学硅酸盐建筑材料国家重点实验室，湖北武汉，430070）

摘　要：本文在水泥-大理石粉体系中掺加三异丙醇胺，系统性探究其对砂浆物理力学性能及毛细吸水行为的影响规律。试验中所有不同 MP、TIPA 掺量的净浆及砂浆试样均采用0.5 的水胶比（w/b）进行制备，并研究了水泥-MP 体系的工作性能、抗压强度、毛细吸水率及水化硬化过程的变化规律。结果表明，水泥-MP 体系中掺加 TIPA 对其工作性能和凝结特性无明显影响，但可以提高水泥-MP 砂浆在 3d、7d、28d 的物理力学性能。当 TIPA 用量超过 0.06%时，水泥-MP 砂浆的毛细吸水性能也得到显著改善。

关键词：大理石粉　三异丙醇胺　水化进程　力学强度　毛细吸水率

1　引言

近年来，随着建筑业的快速发展，对高性能混凝土的需求量越来越大。2017 年，我国水泥产量达到 23.2 亿吨，占世界总产量近 58.5%。水泥生产消耗了大量的自然资源和能源，并排放大量二氧化碳、二氧化硫和氮氧化物等污染物，这些都是造成温室效应和酸雨的罪魁祸首，威胁着人类的健康和生态环境的可持续发展。在水泥基材料中使用粉煤灰[1]、硅灰[2]和粒化高炉矿渣[3]等辅助性胶凝材料（SCM），可以在一定程度上减少水泥用量，显著提高其物理力学性能和耐久性，并减少能源消耗和污染物排放。然而，高质量的 SCM 已逐渐成为稀缺资源，特别是一些偏远山区和"一带一路"沿线国家及地区，更是面临着无矿物掺合料可用的窘境。因此，充分利用当地可用资源及固体废弃物作为 SCM[4,5]已被广泛接受。

大理石粉（MP）是石材加工副产的粉粒状固体废弃物，其堆存及处置问题依然困扰着许多国家[6,7]。近年来，研究人员在探索废弃大理石粉在水泥基材料中的利用方面做了大量基础性工作。Aliabdo[8]通过研究掺量分别为 0.0%、5.0%、7.5%、10.0%和 15%的大理石粉砂浆和混凝土的物理力学性能发现，大理石粉的掺加对凝结时间和膨胀性影响不大。当混凝土水胶比为 0.4 时，混凝土的抗压强度随着大理石粉掺量逐渐增加，最高掺量可达15%，但当水胶比为 0.5 时，总体上呈下降趋势。GESOǧlu[9]通过大理石粉替代自密实混凝土中部分水泥，结果表明，大理石粉改善了混凝土的工作性，但显著降低了混凝土的抗压强度。Rana[10]研究了分别掺 0%、5%、10%、15%、20%和 25%大理石泥浆对混凝土物理力学性能的影响，结果表明，随着大理石泥浆掺量增加，当掺量小于 10%时，混凝土的力

项目来源："十三五"国家重点研发计划（2016YFC0700904）；湖北省技术创新重大专项（2017ACA177）。
作者简介：马保国（1957—），男，博士，教授。E-mail：mbgjob@163.com。

学强度无明显降低，但随着掺量继续增加，混凝土抗压强度和抗折强度均大幅降低。基于以上分析，MP 的掺入可改善混凝土的流变性能，但当其掺量较高时，混凝土的物理力学性能将显著降低。

三异丙醇胺（TIPA）是一种常见的水泥助磨剂，也常用作水泥混凝土早强剂。研究发现[11, 12]，TIPA 可以加速水化硫铝酸钙的生成，并有效地诱导 C_4AF 中 Fe^{3+} 和 Al^{3+} 的溶解，从而形成络合物 TIPA-Fe，缩短水泥水化的诱导期，并在一定程度上促进水泥水化，改善早期硬化水泥浆体的力学性能[13, 14]。而在水泥-石灰石体系中掺加 TIPA 也可有效提高体系的早期物理力学性能[15]。Huang[12]认为 TIPA 可以加速 C_4AF/C_3A-$CaCO_3$ 反应并促进碳铝酸盐的生成，从而促进 AFt 相的稳定。此外，反应生成的碳铝酸盐层可有效改善骨料与浆体间界面过渡区（ITZ）的结构，从而提高了水泥砂浆的强度。

大理岩作为一种石灰石质岩石，其主要矿物组成为方解石和白云石，与石灰石相似。因此，在水泥-MP 体系中加入 TIPA 也有望改善其早期物理力学性能并促进废弃大理石粉在水泥基材料中的资源化利用。本文通过掺入 TIPA（0%、0.03%、0.06%和 0.09%）来提高水泥- MP 体系的早期强度和毛细管吸水率，并对其进行了系统性研究。

2　原材料与试验方法

2.1　原材料

本试验所用水泥为 42.5 级普通硅酸盐水泥，产自华新水泥股份有限公司。所用大理石粉（MP）产于中国河南省郑州市。硅酸盐水泥和 MP 矿物相组成如图 1 所示，其化学组分见表 1；图 2 为水泥和 MP 的粒度分布曲线；MP 的微观形貌如图 3 所示。所用三异丙醇胺（TIPA，固含量为 95.0%）产自阿拉丁试剂（上海）有限公司，其分子结构如图 4 所示。使用的标准砂符合国家标准 GSB 08-1337—201；拌和用水符合国家标准 JGJ 63—2006。

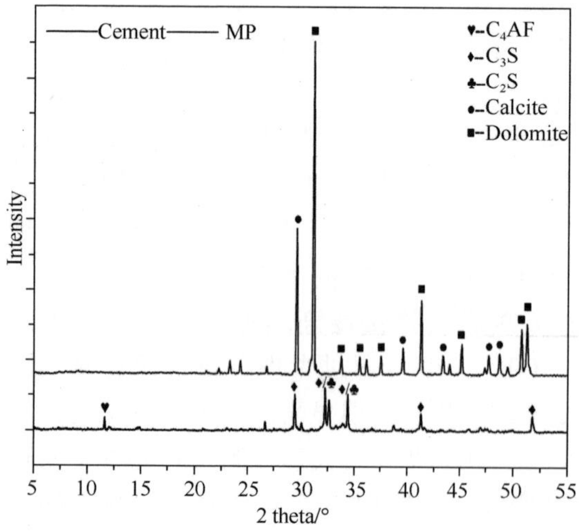

图 1　水泥及大理石粉的 XRD 图谱

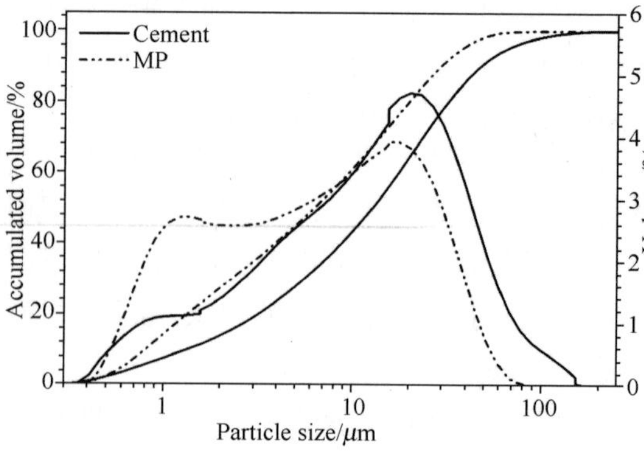

图 2　水泥及大理石粉的粒度分布曲线

图 3　大理石粉颗粒的微观形貌

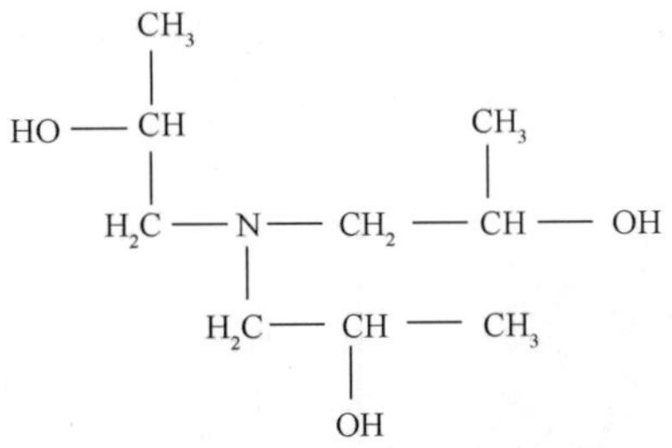

图 4　三异丙醇胺的化学分子式

表 1　水泥及大理石粉的化学组分

Chemical composition	Cement	MP
SiO_2	22.83	3.84
Al_2O_3	7.04	1.45
Fe_2O_3	2.64	0.73
SO_3	2.81	0.08
CaO	57.13	37.48
MgO	1.96	13.75
Na_2O	0.13	—
K_2O	0.75	0.24
P_2O_5	0.21	0.03
LOI	3.85	42.27
Total	99.35	99.87

2.2　样品制备

试验砂浆所用水灰比均为 0.5，MP 掺量为胶凝材料总质量的 20%，TIPA 掺量分别为 0%、0.03%、0.06%和 0.09%，具体配比见表 2。按 GB/T 17671—1999 配制水泥砂浆试样，成型尺寸为 40 mm×40 mm×160 mm，所有样品均在≥90%RH 和（20±1)℃的养护室中进行养护。

表 2　试验净浆及砂浆的配比（wt. %）

Mixture	Cement	MP	TIPA	Water	Sand
Mortars					
C0	100	0	0	50	300
M20	80	20	0	50	300
MT3	80	20	0.03	50	300
MT6	80	20	0.06	50	300
MT9	80	20	0.09	50	300

2.3 试验方法

水泥净浆的标稠需水量和凝结时间按照国家标准 GB/T 1346—2011 进行测定；砂浆流动性能按照国家标准 GB/T 2419—2005 进行测定；砂浆物理力学性能按照国家标准 GB/T 17671—1999 进行测试。

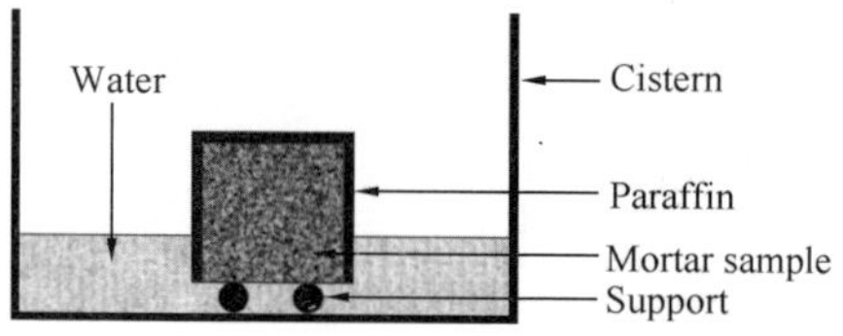

图 5 毛细吸水率试验装置示意图

用于毛细管吸水率测试的砂浆试样尺寸为 40 mm×40 mm×40 mm，养护条件与用于强度测试的砂浆一致。养护至 28d 后，将试样置于水中浸泡，其饱水质量记为 M，砂浆试样吸水率 ζ 由式 1 计算可得；然后将试样置于烘箱中在 50℃下烘至恒重，并将样品干重记录为 M_0。完成上述步骤后，试样与水接触面外的表面均用石蜡密封，按照图 5 进行试验。将吸水前砂浆试样的质量记为 M_i。在吸水 1min、5 min、10 min、20 min、30 min、1 h、2 h、3 h、4 h、5 h、6 h 时，用海绵将砂浆试样表面水分吸干，其质量记为 M_S。最后，绘制砂浆的累积吸水率（I，mm）与时间的平方根（$t^{1/2}$，$min^{1/2}$）之间的关系[16]，如式 2 所示。

$$\zeta = \frac{M - M_0}{M_0} \times 100\% \tag{1}$$

$$I = \frac{\Delta M}{A \times \rho} = \frac{M_s - M_t}{A \times \rho} = S \times \sqrt{t} \tag{2}$$

式中，A 为试样与水接触的面积，mm^2；S 是砂浆的毛细吸水系数，$mm/min^{1/2}$。

3 结果与分析

3.1 标稠需水量、工作性能及凝结时间

水泥浆体的标稠需水量、凝结时间及砂浆流动度如图 6、图 7 所示。掺加 20%MP 后，水泥浆体的标稠需水量从 23.3%降低到 22.7%，这可能是由于大理石粉颗粒结构致密、表面较光滑，以及较细的石粉颗粒可填充于水泥颗粒空隙之间，从而导致体系需水量下降；掺加 TIPA 后，水泥-MP 浆体的标稠需水量未显示出显著差异。从图 7 可知，掺加 20%大理石粉使得砂浆流动度，从 196 mm 增加到 210mm 增加了 7.1%。结果表明，MP 的掺入可以降低水泥浆体的单位需水量，有利于改善水泥基材料的工作性能；而 TIPA 的掺量对砂浆的流动性影响不大，掺入 0.03%～0.09%TIPA 的水泥-MP 砂浆的流动度在 210 mm 左右波动。

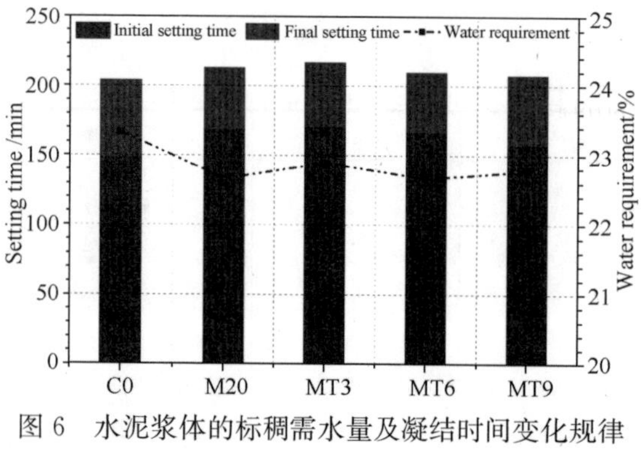

图 6 水泥浆体的标稠需水量及凝结时间变化规律

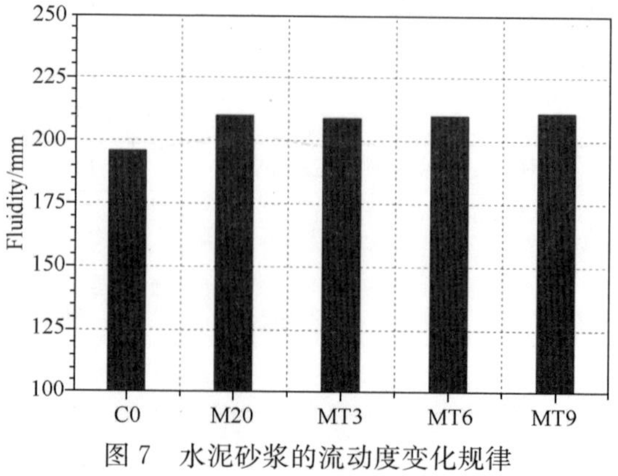

图 7 水泥砂浆的流动度变化规律

从图 6 可知，用 20%MP 取代水泥使得水泥浆体的初凝时间和终凝时间分别延迟了 13.51%（20min）和 4.41%（9min），这一结果可以归因于水泥总量的减少。在浆体凝结硬化过程中，尽管 MP 可与 C_3A 反应生成碳铝酸盐[17]，但水化产物的数量仍会有所降低，从而导致凝结时间的延长。加入 TIPA 后，浆体的初凝时间和终凝时间与 M20 试样相比无明显变化，说明 TIPA 的加入对水泥-MP 浆体的硬化过程影响不大。本试验所有结果均符合国家标准 GB 1346—2001 规定的最小初凝时间为 45min，最大终凝时间为 360min。

3.2 抗压强度

如图 8 所示，含 20%大理石粉的水泥-MP 砂浆的抗压强度明显降低，与养护龄期为 3d、7d、28d 的基准试样 C0 相比，分别降低了 29.3%、25.2%和 24.7%。这主要是因为水泥水化是砂浆强度的主要来源，尽管体系中碳铝酸盐的形成对强度有一定的益处[18, 19]，但大掺量 MP 替代水泥仍将大幅降低水化产物总量，从而影响砂浆物理力学性能。在水泥—MP 体系中加入 TIPA 后，尽管 TIPA 的引气效应可能会影响水泥基材料的物理力学性能，但砂浆的抗压强度仍有显著提高[20]。掺 0.03% TIPA 的水泥-MP 砂浆在 3d、7d、28d 的抗压强度分别比 M20 试样提高了 6.45%、2.33%和 2.72%。随着 TIPA 用量的增加，砂浆的抗压强度进一步提高。掺 0.06%和 0.09%TIPA 的水泥-MP 砂浆 28d 的抗压强度达到 45.9MPa 和 47.5MPa，分别比 M20 提高 13.6%和 17.6%。结果表明，TIPA 对水泥-MP 体系物理力学性能的增强效果远大于其引气效应所造成的负面效应。当 TIPA 掺入水泥基材料中时，C_4AF 的溶解速度大幅增加，Fe^{3+} 与之反应形成 TIPA-Fe 络合物，这一过程也将促进其他离子的快速溶解，从而加速水泥的水化过程[1]。在这种情况下，水泥水化生成的氢氧化钙被大量消耗，同时也促进了钙矾石的加速生成[12]，提高早期强度。

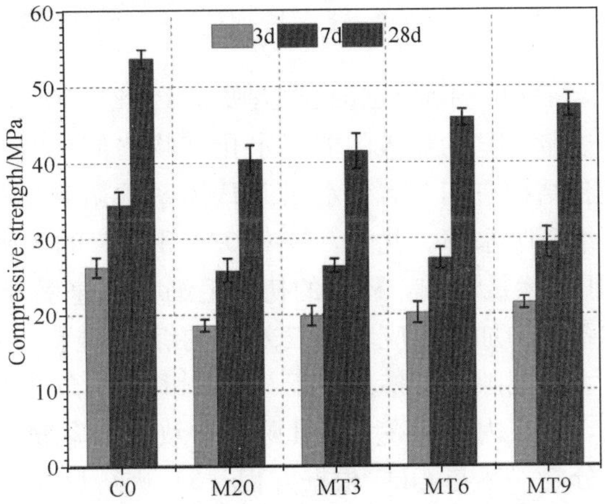

图 8 水泥砂浆的抗压强度变化规律

3.3 毛细管吸水率

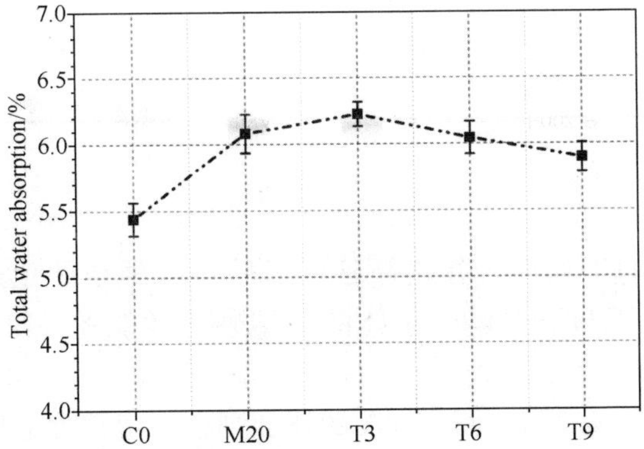

图 9 不同水泥砂浆的总吸水率变化规律

砂浆吸水率是水泥基材料的重要性能之一，它可以反映水在毛细管中吸附和传输行为的趋势，可以通过吸水试验间接预测水泥基材料的孔隙率和孔隙结构[21, 22]。不同水泥砂浆的总吸水率如图 9 所示，基准水泥砂浆（C0）的吸水率最低；当掺入 20%MP 时，砂浆吸水率增加了 11.8%，这说明砂浆的孔隙率有所提高、抗渗性有所降低。当水泥-MP 体系中掺加 TIPA 时，砂浆的吸水率略有波动，掺 0.03%TIPA 的水泥-MP 砂浆的吸水率最高，但随着 TIPA 掺量进一步增加，砂浆的吸水率呈逐渐下降趋势。

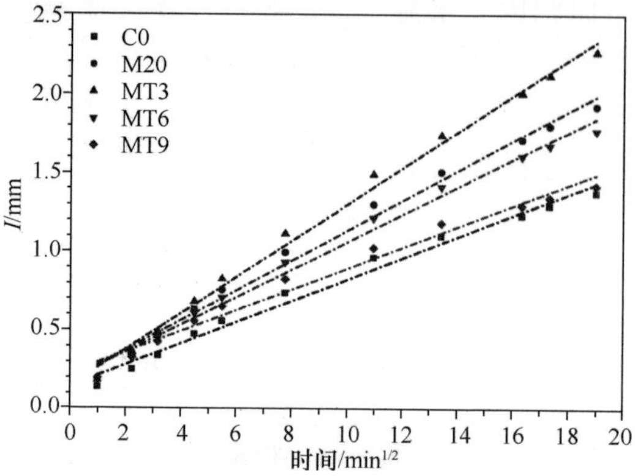

图 10　不同砂浆的毛细管吸水率变化规律

除了总吸水率之外，毛细吸水系数也是表征水泥基材料传输特性的一个重要参数[23]。毛细管吸水率在水泥基材料中随时间逐渐变化，在后期由于 C-S-H 凝胶孔尺寸较小，水分传输会受到更大的阻力，从而导致毛细吸水率降低[24]。本试验对砂浆初始阶段的毛细吸水系数进行测定（图 10），结合表 3，可以推断出砂浆在初始吸水期的变化趋势。与总吸水率的结果相似，C0 砂浆试样的初始吸水系数最低；当掺入 20％MP 时，砂浆初始吸附系数增加了 39.7％。这可能是由于过量 MP 的掺入削弱了水化产物之间的连接，增加了水化产物颗粒间距，破坏了 C-S-H 凝胶结构空间，劣化水泥-MP 体系的微观结构，从而导致砂浆孔隙率增加，提升了砂浆的毛细管吸水率。此外，掺 0.03％TIPA 的水泥-MP 砂浆的初始毛细吸水速率最高，但随着 TIPA 掺量增加，砂浆的初始毛细吸水速率开始逐渐减小，这可以归因于 TIPA 在水泥-MP 体系中的加速效应和引气效应的综合效果。由于 TIPA 的引气效应，水泥-MP 体系中产生了大量孔隙。当掺量小于 0.03％时，引气作用占主导地位，水化产物不足以填补孔隙。因此，砂浆内部存在大量孔隙，导致吸水率增加。另外，在碱性环境中，白云石（MP 的主要成分之一）与 OH^- 根据方程（3）进行反应，会发生去白云石化反应。白云石、方解石和水镁石的摩尔体积分别为 64.3cm^3/mol、36.9cm^3/mol 和 24.6cm^3/mol，因此反应固相的绝对体积减小了 4.32％。此外，方解石和反应形成的水镁石颗粒之间存在许多孔隙[25]，增加了整体孔隙率。随着 TIPA 掺量增加，其加速效应逐渐起主导作用，促进了 AFt、碳铝酸盐和 C-S-H 凝胶的生成，从而改善了砂浆的毛细管吸附特性。

$$CaMg(CO_3)_2 + 2OH^- \longrightarrow CaCO_3 + Mg(OH)_2 + CO_3^{2-} \quad (3)$$

表 3　毛细吸水率拟合结果

	Co-relation equation	Initial sorptivity coefficient/（mm/min$^{1/2}$）	R^2
C0	$y=0.068x+0.143$	0.068	0.985
M20	$y=0.095x+0.183$	0.095	0.991
MT3	$y=0.115x+0.146$	0.115	0.994
MT6	$y=0.088x+0.184$	0.088	0.989
MT9	$y=0.071x+0.228$	0.071	0.977

4　结论

（1）MP 的掺入在一定程度上改善了砂浆的工作性，并略微延长了砂浆的凝结硬化过程；TIPA 的掺入对水泥- MP 体系的工作性能无显著影响，浆体的凝结硬化性能随 TIPA 掺量变化不大。

（2）20％MP 使砂浆的 28d 抗压强度降低了 24.7％，而 TIPA 的掺加则在一定程度上提高了水泥-MP 砂浆的强度。

(3) 掺加MP增加了水泥砂浆的毛细吸水率；由于TIPA的引气效果，0.03%的TIPA增加了砂浆的毛细吸水速率，而TIPA掺量超过0.06%时，水泥－MP砂浆的毛细吸水率则有所提高。

参考文献

[1] Zou F, Tan H, He X, et al. Effect of triisopropanolamine on compressive strength and hydration of steaming-cured cement-fly ash paste[J]. Construction and Building Materials, 2018(192): 836-845.

[2] Siddique R. Utilization of silica fume in concrete: Review of hardened properties, Resources[J]. Conservation and Recycling, 2011, 55(11): 923-932.

[3] Mehta A, Siddique R. Sustainable geopolymer concrete using ground granulated blast furnace slag and rice husk ash: Strength and permeability properties[J]. Journal of Cleaner Production, 2018(205): 49-57.

[4] Qin L, Gao X, Chen T. Recycling of raw rice husk to manufacture magnesium oxysulfate cement based lightweight building materials. [J] Journal of Cleaner Production, 2018 (191): 220-232.

[5] Tan H, Zhang X, He X, et al. Utilization of lithium slag by wet-grinding process to improve the early strength of sulphoaluminate cement paste[J]. Journal of Cleaner Production, 2018 (205): 536-551.

[6] Aruntaş H Y, Gürü M, Dayı M, et al. Utilization of waste marble dust as an additive in cement production, Materials & Design, 2010, 31(8): 4039-4042.

[7] Ulubeyli G C, Artir R. Properties of hardened concrete produced by waste marble powder[J]. Procedia-Social and Behavioral Sciences, 2015 (195): 2181-2190.

[8] Aliabdo A A, Abd Elmoaty A E M, et al. Re-use of waste marble dust in the production of cement and concrete[J]. Construction and Building Materials, 2014 (50): 28-41.

[9] Gesoǧlu M, Güneyisi E, Kocabaǧ M E, et al. Fresh and hardened characteristics of self compacting concretes made with combined use of marble powder, limestone filler, and fly ash[J]. Construction and Building Materials, 2012(37): 160-170.

[10] Rana A, Kalla P, Csetenyi L J. Sustainable use of marble slurry in concrete[J]. Journal of Cleaner Production, 2015(94): 304-311.

[11] Ma B, Zhang T, Tan H, et al. Effect of triisopropanolamine on compressive strength and hydration of cement-fly ash paste[J]. Construction and Building Materials, 2018 (179): 89-99.

[12] Huang H, Li X-r, Shen X-d. Hydration of ternary cement in the presence of triisopropanolamine[J]. Construction and Building Materials, 2016 (111): 513-521.

[13] Huang H, Shen X-d. Interaction effect of triisopropanolamine and glucose on the hydration of Portland cement[J]. Construction and Building Materials, 2014 (65): 360-366.

[14] Huang H, Shen X-d. Statistical study of cement additives with and without chloride on performance modification of Portland cement[J]. Progress in Natural Science: Materials International, 2011, 21 (3): 246-253.

[15] Shi C, Liu H, Pingliang L I, et al. Effects of Triisopropanolamine on Hydration and Microstructure of Portland Limestone Cement[J]. 2011, 39(10): 1673-1681.

[16] Sabir B, Wild S, O'farrell M J M, et al. A water sorptivity test for martar and concrete[J]. 1998, 31 (8): 568.

[17] Ma B, Wang J, Tan H, et al. Utilization of waste marble powder in cement-based materials by incorporating nano silica[J]. Construction and Building Materials, 2019 (211): 139-149.

[18] Matschei T, Lothenbach B, Glasser F P. The role of calcium carbonate in cement hydration[J]. Ce-

ment and Concrete Research, 2007, 37(4): 551-558.

[19] Moon J, Oh J E, Balonis M, et al. High pressure study of low compressibility tetracalcium aluminum carbonate hydrates $3CaO \cdot Al_2O_3 \cdot CaCO_3 \cdot 11H_2O$[J]. Cement and Concrete Research, 2012, 42 (1): 105-110.

[20] Xu Z, Li W, Sun J, et al. Research on cement hydration and hardening with different alkanolamines [J]. Construction and Building Materials, 2017 (141): 296-306.

[21] Liu B, Luo G, Xie Y. Effect of curing conditions on the permeability of concrete with high volume mineral admixtures[J]. Construction and Building Materials, 2018(167): 359-371.

[22] Benli A, Karataş M, Bakir Y. An experimental study of different curing regimes on the mechanical properties and sorptivity of self-compacting mortars with fly ash and silica fume[J]. Construction and Building Materials, 2017 (144) 552-562.

[23] Cam H T, Neithalath N. Moisture and ionic transport in concretes containing coarse limestone powder [J]. Cement and Concrete Composites, 2010, 32(7): 486-496.

[24] Martys N S, Ferraris C F J C, Research C. Capillary transport in mortars and concrete[J]. 1997, 27 (5): 747-760.

[25] Zheng L, Lu Y, Han S, et al. Alkali-Carbonate Reaction And pH Value, 1990.

淀粉醚对改性石灰石粉砂浆性能影响的研究

王荣荣

（武汉德毅环保新材料有限公司，湖北武汉，430200）

摘　要：本文主要研究钢渣粉掺入石灰石粉作为掺合料以及淀粉醚对干混砂浆性能的影响，通过对比试验法确定钢渣粉以及淀粉醚的最佳掺量。试验结果表明，钢渣粉掺量为15%时，改性石灰石粉比表面积达到最大值为573m²/kg，流动度比达到最大值为100.4%，3d活性指数达到最大值为74.5%，28d活性指数为69.3%，抗折强度随钢渣粉掺量增加而提高，钢渣粉掺量为15%时抗折强度较大；淀粉醚掺量为0.6‰时，干混砂浆力学性能达到最优，7d、28d抗压强度达到最大值分别为6.5MPa、8.3MPa，14d拉伸粘结强度达到最大值为0.42MPa。

关键字：材料科学　淀粉醚　改性石灰石粉　干混砂浆

Study on the Influence of Starch Ether on the Performance of Modified Limestone Powder Mortar

WANG Rongrong

(WuHan Environmental New Materials Co. Ltd., Hubei Wuhan, 430200, China)

Abstract: This paper mainly studies the effect of steel slag powder mixed with limestone powder as admixture and starch ether on the performance of dry mortar. The optimum amount of steel slag powder and starch ether were determined by comparative experiment. The test results showed that when the steel slag powder content was 15%, the specific surface area of the modified limestone powder reached the maximum value of 573m²/kg, the fluidity ratio reached the maximum value of 100.4%, the 3d activity index reached the maximum value of 74.5%, and the 28d activity index was 69.3%, and the flexural strength increased with the increase of the amount of steel slag powder. When the amount of steel slag powder was 15%, the flexural strength was larger. When the content of starch ether was 0.6‰, the mechanical properties of dry-mixed mortar were optimized. The compressive strength of 7d and 28d reached the maximum, which was 6.5MPa and 8.3MPa respectively, and the tensile bond strength of 14d reached the maximum value of 0.42MPa.

Keywords: material science　starch ether　modified limestone powder　dry mortar

---

作者简介：王荣荣，女，硕士，研究领域为新型建筑材料。

1 前言

近年来中国钢材消耗量快速增长，产能急剧扩张[1]。据中国钢铁工业协会统计，2018年我国粗钢产量约为9.28亿吨，钢渣是炼钢过程中的必然产物，每炼1t钢大约产生140kg左右的钢渣。钢渣的产量较大，但其利用率却较低。将钢渣粉磨之后应用到干混砂浆中，可提高钢渣的利用率。

机制砂干混砂浆因机制砂自重较大，抹灰时易产生坠落现象，添加淀粉醚可提高砂浆的施工性，增强其抗流挂性。

2 试验

2.1 原材料

1. 水泥

选用武汉亚鑫有限公司生产的P·O 42.5级水泥。水泥的主要性能指标见表1。

表1 水泥的基本性能

细度/（80μm,%）	烧失量/%	标准稠度用水量/ml	比表面积/（m^2/kg）	初凝时间/终凝时间/min	3d抗折抗压强度/MPa	28d抗折抗压强度/MPa
0.4	3.88	132.5	337	195/270	5.6 29.4	7.9 54

2. 机制砂

细骨料选用武汉德毅环保新材料有限公司生产的机制砂。所用机制砂细度模数为2.6，颗粒级配见表2。

表2 机制砂分级筛余

筛孔尺寸/mm	4.75	2.36	1.18	0.6	0.3	0.15	0.075	筛底
筛余/%	0	8	23	24	23	8	10	4

3. 石灰石粉

选用武汉德毅环保新材料有限公司生产的石灰石粉。石灰石粉的主要性能指标见表3。

表3 石灰石粉的基本性能

细度/45μm,%	流动度比/%	比表面积/（m^2/kg）	CaO/%	MgO/%	SiO_2/%	7d和28d活性指数/%
17.2	95.3	550	53.94	0.91	1.1	70.7、69.8

4. 钢渣

钢渣研磨1.5h，过0.3mm筛，比表面积达到530m^2/kg。钢渣的基本成分见表4。

表4 钢渣的基本成分

SiO_2/%	Fe_2O_3/%	Al+Ti/%	CaO/%	MgO/%	水分/%
12.42	28.59	4.87	44.19	7.73	8.58

5. 奇工外加剂

选用武汉奇工新材料有限公司 K-1206A 型号外加剂。

6. 淀粉醚

淀粉醚通常与纤维素醚配合使用，具有很好的适应性。淀粉醚的物理性能指标见表 5。

表 5　淀粉醚的物理性能

含水率/%	黏度/（MPa·s）	250μm 筛余/%	500μm 筛余/%
4.3	721	250	0

7. 拌合水

选用武汉市自来水。

2.2　主要试验仪器

DYE-300A 微机伺服抗折抗压试验机，产自无锡建材试验机械厂；LS-546 型砂浆含气量测定仪，产自北京时代三思测试仪器有限公司；ZS-15 新标准振实台，产自无锡华锡建材试验仪器有限公司；WDW-10 型液晶显示电子万能试验机，产自天津市美特斯试验机厂。

2.3　试验方法

钢渣粉按照 0%、5%、10%、15%、20%、25%的比例掺入石灰石粉，称其为改性石灰石粉，依据 ISO 法选择钢渣粉的最佳掺量。

选择武汉地区奇工牌外加剂作为基础外加剂，依据厂家提供的掺量选择砂浆总质量的 0.6‰，以此为基准组，淀粉醚按照胶凝材料的 0.2‰、0.4‰、0.6‰、0.8‰依次掺加，试验按照《建筑砂浆基本性能试验方法标准》（JGJ/T 70—2009）进行。

3　试验结果及分析

3.1　改性石灰石粉胶砂试验

钢渣粉磨 1.5h 后通过 0.03mm 筛，按照 0%、5%、10%、15%、20%、25%的比例掺入石灰石粉中，通过胶砂试验确定钢渣粉的最佳掺量。改性石灰石粉胶砂试验数据见表 6。

表 6　改性石灰石粉胶砂试验数据

钢渣掺量/%	比表面积/（m^2/kg）	流动度比/%	3d 抗折抗压强度/MPa	3d 活性指数/%	28d 抗折抗压强度/MPa	28d 活性指数/%
0	527	95.3	4.0 20.3	69	6.4 36.1	66.9
5	538	96.7	4.0 20.4	69.4	6.5 36.0	66.7
10	553	97.5	4.2 20.5	69.7	6.6 36.1	66.9
15	573	100.4	4.3 21.9	74.5	6.7 37.4	69.3
20	545	97.5	4.4 20.4	69.4	6.9 38.2	70.7
25	540	97.1	4.5 20.4	69.4	7.1 36.5	67.6

由表 6 可知，钢渣粉掺量为 15%时，改性石灰石粉胶砂试验流动度比达到最大值为 100.4%，比表面积达到最大值为 573m^2/kg，3d 活性指数达到最大值为 74.5%；钢渣粉掺量为 20%时，28d 活性指数达到最大值为 70.7%；胶砂抗折强度随钢渣粉掺量增加而提高，钢渣掺量 15%时其抗折强度较高。考虑到胶砂流动度比、比表面积、活性指数、抗折强度以及生产成本，钢渣粉掺量选取 15%。

3.2 淀粉醚对砂浆性能的影响

掺加 15%钢渣粉的改性石灰石粉作为干混砂浆掺合料。干混砂浆中水泥占 11%，掺合料占 6%，机制砂占 83%。淀粉醚按胶凝材料的 0‰、0.2‰、0.4‰、0.6‰、0.8‰进行掺加，通过对比试验法确定淀粉醚的最佳掺量。

3.2.1 淀粉醚对砂浆物理性能的影响

淀粉醚对改性石灰石粉砂浆性能的影响见表 7。

表 7 淀粉醚对砂浆基本性能的影响

掺量/‰	水料比/%	稠度/mm	2h 稠度损失率/%	表观密度/（kg/m^3）	保水率/%	含气量/%	凝结时间/min
0	12.6	96	14.6	1840	88.9	4.4	365
0.2	13.4	96	12.5	1775	87.9	6.2	325
0.4	13.5	95	7.9	1818	86.6	5.9	330
0.6	13.7	94	3.2	1894	84.1	5.2	330
0.8	13.8	94	9.6	1848	86.3	5.4	335

由表 7 可知，砂浆稠度在一定情况下，掺加淀粉醚可增加砂浆用水量；淀粉醚掺量在 0.2‰～0.8‰时，随着掺量增加 2h 稠度损失率有先降低后提高的趋势，淀粉醚掺量为 0.6‰时 2h 稠度损失率达到最小值为 3.2%；淀粉醚掺量在 0.2‰～0.8‰时，随着掺量增加砂浆表观密度有先增大后减小的趋势，掺量为 0.6‰时表观密度达到最大值为 1894kg/m^3；淀粉醚掺量在 0.2‰～0.8‰时，随着掺量增加砂浆保水率有先降低后提高的趋势，淀粉醚掺量为 0.6‰时砂浆保水率达到最小值为 84.1%，可见淀粉醚几乎没有保水性；淀粉醚掺量在 0.2‰～0.8‰时，随着掺量增加砂浆含气量有先降低后提高的趋势，淀粉醚掺量为 0.6‰时砂浆含气量达到最小值为 5.2%；淀粉醚对砂浆凝结时间影响不大，掺加淀粉醚与未掺加淀粉醚试验组相比，砂浆凝结时间基本稳定在 330min 左右。

3.2.2 淀粉醚对砂浆力学性能的影响

淀粉醚对砂浆抗压强度的影响如图 1 所示。

由图 1 可知，淀粉醚掺量固定在 0.2‰～0.8‰时，砂浆 7d、28d 立方体抗压强度随着淀粉醚掺量增加呈先提高后降低的趋势。淀粉醚掺量为 0.6‰时，砂浆 7d、28d 抗压强度达到最大值，分别为 6.5MPa、8.3MPa，比基准试验抗压强度分别提高了 7%、9%。随着淀粉醚掺量增加，砂浆内部含气量逐渐降低，使得砂浆内部更加密实，从而提高了砂浆强度。一方面，淀粉醚颗粒在砂浆搅拌过程中附着在水化粒子表面，形成具有防水性能的水膜，减缓了水化反应的进行，对砂浆力学性能有削减作用[2]；另一方面，随着淀粉醚掺加比例的提高，砂浆中的气泡数量逐渐降低，砂浆的密实度增大，从而提高了砂浆的强度。前者影响大，则砂浆抗压强度降低；后者影响大，则砂浆抗压强度提高。

淀粉醚对砂浆粘结强度的影响如图 2 所示。

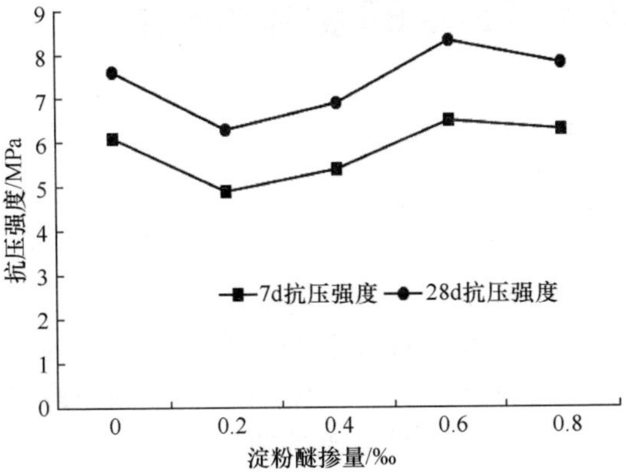

图 1　淀粉醚对砂浆抗压强度的影响

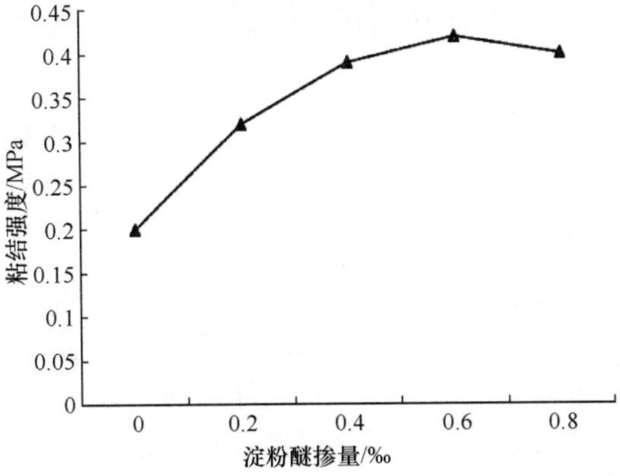

图 2　淀粉醚对砂浆粘结强度的影响

砂浆的拉伸粘结强度随着淀粉醚掺量增加呈先提高后降低的趋势。试验结果表明，掺加淀粉醚的砂浆粘结强度高于基准试验强度。淀粉醚掺量为 0.2‰、0.4‰、0.6‰、0.8‰时，砂浆粘结强度分别为 0.32MPa、0.39MPa、0.42MPa、0.40MPa，比基准试验粘结强度分别提高了 60%、95%、110%、100%。淀粉醚提高砂浆拉伸粘结强度主要有两方面的原因：一方面，淀粉醚具有黏聚性，可提高砂浆的黏度，一定掺量的淀粉醚可以较高程度地提高砂浆粘结强度[3,4]；另一方面，当淀粉醚溶于水后会均匀分散在水泥砂浆体系中，淀粉醚分子呈网状结构，且带负电，因此会吸附带正电的水泥颗粒，作为过渡桥梁可以将水泥连接起来，从而增大了砂浆的粘结强度。

4　结论

改性石灰石粉中钢渣粉的最佳掺量选择 15%。钢渣粉掺量为 15%时，改性石灰石粉的比表面积达到最大值为 573m²/kg；流动度比达到最大值为 100.4%；3d 抗压强度达到最大为 21.9MPa，28d 抗折强度较大，为 37.4MPa；3d、28d 抗折强度较大。

淀粉醚掺量选择 0.6‰时，干混砂浆 7d、28d 抗压强度达到最大值，分别为 6.5MPa、8.3MPa；14d 拉伸粘结强度达到最大值为 0.42MPa；2h 稠度损失率达到最小值为 3.2%。

参考文献

[1]　任新涛，康春霞．钢渣微粉对道路混凝土掺合料性能的影响[J]. 沈阳大学学报，2018，30(3)：237-243

[2]　黄莉红，孙广荣，孙振平．改性淀粉醚对新拌砂浆相关性能的影响[J]. 新型建筑材料，2014，41(5)：26-29.

[3]　Othman Omikrine Metalssi，Abdelkarim Ait-Mokhtar，Philippe Turcry，et al. Consequence of carbonation on microstructure and drying shrinkage of a mortar with cellulose ether[J]. Construction and Building Materials，2012，34：218-225.

[4]　王东．淀粉醚改性纤维素醚在保温砂浆中的应用研究[J]. 新型建筑材料，2013，40(7)：72-74.

外加剂对全取代风积沙砂浆性能的影响研究

郭君华，高春勇
（中国建筑材料科学研究总院有限公司，北京，100024）

摘　要： 以风积沙作为细骨料，采用固定灰砂比（1∶2），研究了在砂浆稠度相同前提下，可再分散乳胶粉（VAE）和保水剂单掺及复掺对砂浆工作及物理性能的影响，通过其与空白砂浆性能的对比，得到外加剂成分的最佳掺量以及复掺最优比例，为指导高比例或全取代风积沙砂浆开发研究提供思路。结果表明，VAE 和保水剂可以明显改善使浆的和易性、施工及保水性能，但砂浆的物理力学性能有所降低；当 VAE 掺量为 0.7%、BS-W 掺量为 0.15%时，二者复掺下的砂浆总体性能较为优良，砂浆的 28d 抗折和抗压强度分别达到 4.78MPa 和 15.3MPa。

关键词： 材料学　风积沙　保水剂　VAE　复掺

1　引言

随着我国“一带一路”政策的加快实施，基础设施工程项目也快速增加，对建筑砂浆等原材料的需求量越来越大，而相关区域的原材料尤其是建筑用砂资源却极为匮乏。针对沙漠地区和沙地地区骨料资源匮乏、交通运输成本高等现状，结合地区沙漠资源优势，许多工程技术人员对风积沙在混凝土和砂浆中的应用进行大量试验和深入研究，取得了大量的研究成果。内蒙古农业大学、宁夏大学等单位对风积沙作为砂浆和混凝土细骨料进行了初步的研究。马蕾[1]等研究指出风积沙能够作为细骨料替代部分天然沙用于制备砂浆；董伟[2]等研究表明风积沙取代部分普通砂后，能够显著提高砂浆早期强度；李玉根等研究指出砂浆中风积沙掺量宜为 30%，过多风积沙掺入会对砂浆和易性造成不利影响[3]；刘艳华等研究表明随着沙漠砂掺量增加砂浆流动性呈现先增大后减小的趋势[4]。

可以看到，国内对于风积沙的研究大部分都是停留在部分取代骨料阶段，不能完全解决风积沙在实际工程中的应用问题，并且风积沙颗粒极细，利用风积沙制备的砂浆粘结性差、保水能力低、易分层离析。[5]因此，提高粘结性和保水能力是开发风积沙干混砂浆的重点。[6]在砂浆中掺入可再分散乳胶粉（VAE）可以提高砂浆的粘结强度，掺入保水剂可以改善砂浆的施工性能，使砂浆具有良好的保水能力，减少泌水，不易分层、离析。为此，本文较系统地研究了 VAE 和保水剂单掺及复掺对风积沙干混砂浆性能的影响，以期为风积沙砂浆开发研究提供思路。

2　试验

2.1　原材料

水泥：P·I42.5 基准水泥；可再分散乳胶粉：亚什兰 N2028；保水剂：自制 BS-W 保

作者简介：郭君华（1986—），男，硕士，工程师，主要从事混凝土及砂浆研究。

水剂。风积沙：取自新疆塔克拉玛干沙漠，细度模数 1.0，属于特细沙，干沙含水量 0.14%，主要成分见表 1，微观形态如图 1 所示。

表 1　风积沙的主要成分

成分	SiO_2	Al_2O_3	Fe_2O_3	Na_2O	CaO	K_2O	MgO
含量/%	65.63	9.84	2.28	2.3	7.92	2.17	1.73

由图 1 可以看出，风积沙颗粒圆滑，外形结构无规律，棱角明显，极细，级配很差，粒径总体上小于 500μm（图 2）。

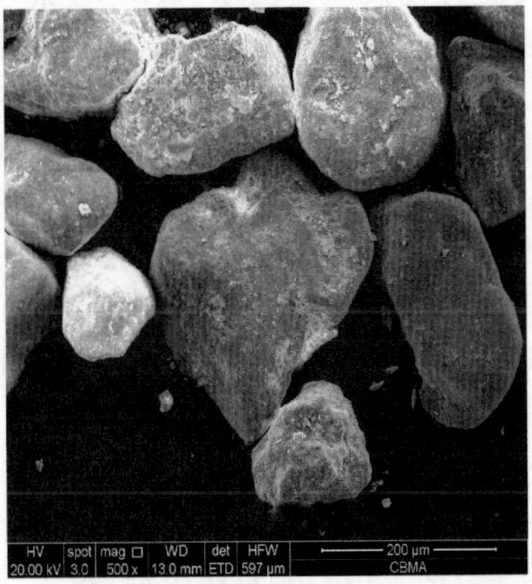

图 1　风积沙的 SEM 图

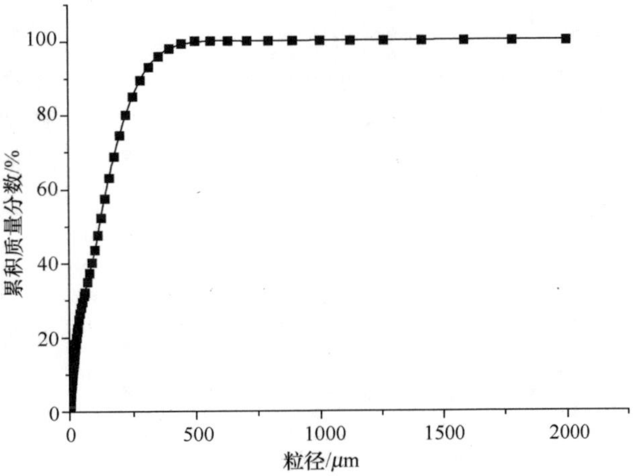

图 2　风积沙的粒径分布

2.2　试验方法

本试验采用控制砂浆稠度（80mm），通过向固定灰砂比（1：2）的空白砂浆中加入保水剂和 VAE 测定砂浆的工作性能以及物理性能指标的变化，找到风积沙砂浆不同外加剂最佳掺量。砂浆的配制采用先干混再加水搅拌的方法，尽量接近干混砂浆的生产工艺。砂浆的普通物理力学性能试验参照《水泥胶砂强度检验方法（ISO 法）》（GB/T 17671—1999）以及《建筑砂浆基本性能试验方法》（JGJ 70—1990）进行。

3　试验结果与讨论

3.1　VAE 对风积沙砂浆性能的影响

由表 2 可以看出，砂浆的需水量随着 VAE 掺量的增加而逐渐减小，也即水灰比逐渐降低，原因可能是 VAE 存在表面活性成分，且会导致砂浆拌合物大量引气，具有一定的减水作用。

表 2　VAE 掺量对风积沙砂浆性能的影响

VAE /%	水灰比	稠度 /mm	分层度 /mm	抗折强度/MPa		抗压强度/MPa	
				7d	28d	7d	28d
0	0.85	80	22	3.09	4.40	11.1	20.6
0.3	0.85	82	18	2.79	4.19	9.3	14.9

续表

VAE /%	水灰比	稠度 /mm	分层度 /mm	抗折强度/MPa		抗压强度/MPa	
				7d	28d	7d	28d
0.5	0.83	82	21	2.92	4.81	9.3	15.6
0.7	0.83	80	18	3.16	5.10	9.6	14.6
1.0	0.82	85	16	3.13	5.02	9.2	14.4
1.2	0.82	82	16	3.24	5.38	9.2	14.3

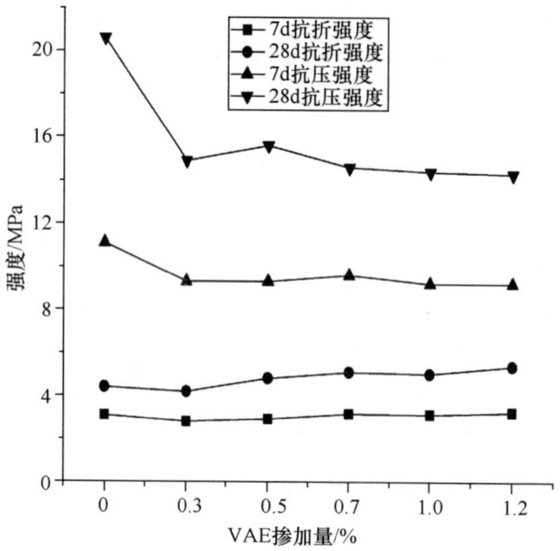

图 3　VAE 掺量对砂浆强度的影响

由图 3 可以发现，由于 VAE 的加入，砂浆的物理性能发生了变化。随着 VAE 掺量增加，砂浆的抗压强度基本呈逐渐下降的趋势，且 7d 的变化趋势较 28d 的要平缓，说明 VAE 对砂浆的早期影响大于对后期的影响。砂浆的抗折强度在 VAE 掺量小于 0.7%时是随着 VAE 掺量增加而降低的，但是当 VAE 掺量超过 0.7%以后，砂浆的抗折强度趋缓，变化范围较小。

3.2　保水剂对风积沙砂浆性能的影响

由表 3 可以看出，随着保水剂 BS-W 掺量的不断增加，砂浆用水量逐渐增大，水灰比逐渐增大。在砂浆中加入保水剂 BS-W，砂浆的保水性能有较大幅度的提高。当 BS-W 的掺量达到 0.1%时，砂浆的分层度与空白样砂浆相比都有较大幅度的降低。砂浆的泌水率都随着保水剂 BS-W 掺量增加而下降，当保水剂 BS-W 掺量达到 0.15%时，砂浆已经基本不泌水。

表 3　保水剂掺量对风积沙砂浆物理性能的影响

BS-W /%	水灰比	泌水率 /%	稠度 /mm	分层度 /mm	抗折强度/MPa		抗压强度/MPa	
					7d	28d	7d	28d
0	0.85	7	80	22	3.09	4.40	11.1	20.6
0.05	0.85	3.8	82	19	2.66	3.83	8.7	14.2
0.10	0.852	2.1	81	14	2.69	3.65	8.5	13.0
0.15	0.852	0.6	81	10	2.71	3.25	7.2	11.1
0.2	0.858	不泌水	82	5	2.54	3.13	6.5	10.6
0.3	0.858	不泌水	81	1	2.29	3.07	5.3	9.3

由图 4 可以看出，砂浆的抗压强度因为保水剂 BS-W 的掺入而呈逐渐降低的趋势，并且在掺量为 0.0%～0.05%范围内，曲线的斜率较大，说明只要小掺量的保水剂 BS-W 就会对砂浆的抗压力学性能指标产生很大的影响。这是由于保水剂 BS-W 为表面活性剂，会导致

砂浆拌合物引入一定量的气体，在砂浆体系中形成孔隙结构，导致强度的降低。

3.3 VAE与保水剂复掺对风积沙砂浆性能的影响

根据3.1和3.2试验结果，VAE采取0.5%、0.7%、1.0%三个掺量，保水剂采用0.15%和0.2%两个掺量。

由表4可以看出，在固定灰砂比下，在相同BS-W掺量下，砂浆稠度随着VAE掺量增加无明显变化，但是砂浆的分层度却随着VAE掺量增加而增大。还可以看到，当砂浆中保水剂BS-W掺量达到0.2%时，砂浆的分层度却比BS-W掺量为0.15%时的大。

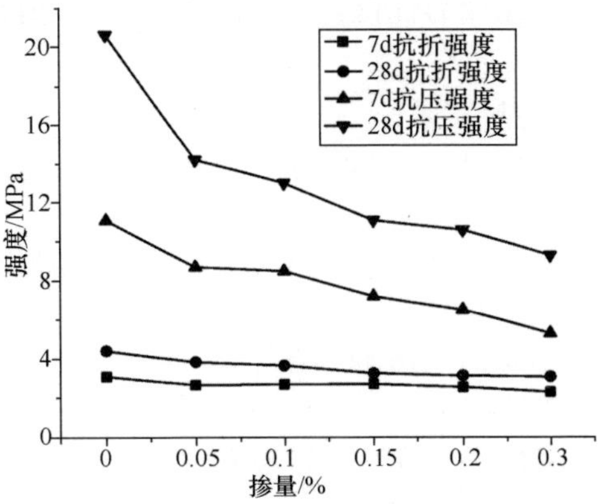

图4 保水剂掺量对砂浆强度的影响

表4 VAE与保水剂对风积沙砂浆性能的影响

编号	BS-W/%	VAE/%	水灰比	稠度/mm	分层度/mm	抗折强度/MPa		抗压强度/MPa	
						7d	28d	7d	28d
C-1	0.15	0.5	0.652	80	6	2.78	4.36	7.06	12.4
C-2	0.15	0.7	0.651	82	8	2.81	4.78	8.24	15.3
C-3	0.15	1.0	0.654	81	8	2.36	4.31	5.32	11.2
C-4	0.2	0.5	0.651	81	7	2.84	4.30	6.56	13.0
C-5	0.2	0.7	0.652	82	8	2.97	4.64	7.20	12.8
C-6	0.2	1.0	0.652	81	11	2.54	4.48	5.21	12.2

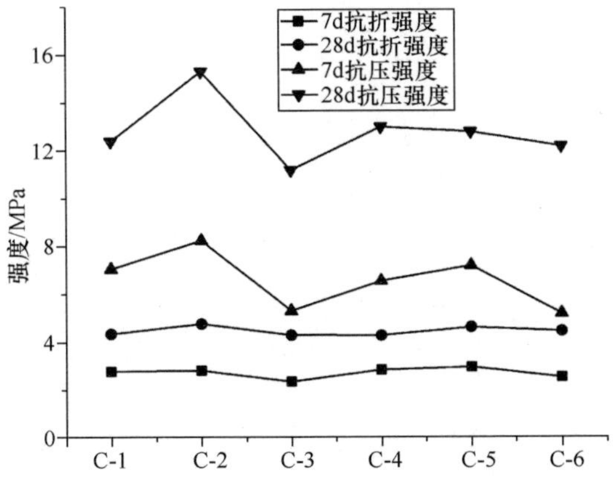

图5 保水剂与VAE复掺对砂浆性能的影响

由图5可以看出，C-2和C-5组中，当VAE掺量为0.7%时，砂浆的抗折强度均达到最大值，而砂浆的抗压强度分别达到15.3MPa和12.8MPa。综合考虑，可以看出在1∶2灰砂比下，当VAE掺量为0.7%、保水剂BS-W掺量为0.15%时，砂浆的总体性能较为优良，同时也验证了本文单掺试验部分的结论。

4 结论

（1）在砂浆中掺入可再分散乳胶粉可以使砂浆的和易性得到明显改善，粘聚性提高，砂浆的和易性亦有所改善；砂浆的抗折强度在VAE掺量小于0.7%时是随着VAE掺量增加而降低的，但是当VAE掺量超过0.7%以后，砂浆的抗折强度趋缓，变化范围较小。

（2）在砂浆中掺入保水剂，砂浆的泌水率随着保水剂BS-W掺量增加而下降，当保水剂BS-W掺量达到0.15%时，砂浆已经基本不泌水。保水剂能有效改善砂浆的施工及保水性能，但砂浆的其他力学性能有所降低。

（3）在1∶2灰砂比下，当VAE掺量为0.7%、保水剂BS-W掺量为0.15%时，砂浆的总体性能较为优良，砂浆的28d抗折和抗压强度分别达到4.78MPa和15.3MPa。

参考文献

［1］马蕾，梁栋，樊晓鹏，等. 沙漠砂作为建筑砂浆细骨料可行性研究[J]. 低温建筑技术，2012，34(4)：9-10.

［2］董伟，申向东. 不同风积沙掺量对水泥砂浆流动度和强度的研究[J]. 硅酸盐通报，2013，32(9)：1900-1904.

［3］李玉根，马小莉，胡大伟，等. 风积砂掺量对砂浆混凝土性能影响及机理研究[J]. 硅酸盐通报，2017，36(6)：2128-2133.

［4］刘艳华，王铁良，白义奎，等. 沙漠砂混合砂浆性能正交性试验[J]. 沈阳农业大学学报，2015，46(3)：373-378.

［5］袁震宇，吴慧敏，杨建西. 聚丙烯纤维对砂浆抗裂性能影响的试验研究[J]. 混凝土与水泥制品，1999(6)：41-42.

［6］马一平，谈慕华. 聚丙烯纤维水泥基复合材料物理力学性能研究(I)-抗塑性干缩开裂性能[J]. 建筑材料学报，2000，3(1)：48-52.

两种膨胀剂对矿井支护用水泥基注浆材料性能影响的研究

冀言亮，孙振平*，闫珠华，庞　敏，杨敬斌
（同济大学先进土木工程材料教育部重点实验室，上海，201804）

摘　要：本文以普通硅酸盐水泥和石英砂为主要原材料，以减水剂、羟甲基纤维素醚、葡萄糖钠、塑性膨胀剂和普通膨胀剂等为外加剂制备矿井支护用水泥基注浆材料，通过试验，就塑性膨胀剂和普通膨胀剂对水泥基注浆材料流动性、竖向膨胀率与抗压强度等性能的影响进行了对比，并分析了机理。试验结果表明，在塑性膨胀剂掺量为0%～0.03%范围内，初始时间和30min流锥流动度时间随塑性膨胀剂掺量的增加而减小，流锥流动度时间随着普通膨胀剂掺量的增加而增大；塑性膨胀剂在掺量为0.04%时，3h竖向膨胀率可达1.5 %以上，普通膨胀剂的掺入对早期（3h）竖向膨胀率无显著影响，而24h的膨胀率可随普通膨胀剂掺量的增加显著增大；抗压强度随塑性膨胀剂与普通膨胀剂掺量的增加而有所降低。

关键词：矿井支护用水泥基注浆材料　膨胀剂　流动性　竖向膨胀率　抗压强度

Study on Influence of Different Expansion Agents on Performance of Cement-based Grouting Materials for Mine Support

JI Yanliang, SUN Zhenping, YAN Zhuhua, PANG Min, YANG Jingbin
(Key Laboratory of Advanced Civil Engineering Materials of Ministry of Education, Tongji University, Shanghai, 201804, China)

Abstract: In this paper, ordinary Portland cement and quartz sand are used as the main raw materials, and cement-based grouting materials for mine support are prepared with water reducing agent, methylol cellulose ether, sodium gluconate, plastic expansion agent and ordinary expansion agent as admixtures. The influence of plasticity expansion agent and ordinary expansion agent on the fluidity, vertical expansion ratio and compressive strength of cement-based grouting materials were compared, and the mechanism was analyzed. Results show that: ① Within the range of plastic expansion agent 0～0.03%, the initial and 30min flow

作者简介：冀言亮（1987—），男，吉林伊通人，博士后，E-mail：tjyanliangji@tongji.edu.cn。
通讯作者：孙振平（1969—），男，新疆奇台人，教授，博士生导师，E-mail：grtzhp@163.com。

cone fluidity time decreases with the increase of plastic expansion agent dosage. However the flow cone fluidity time increase with ordinary expansion agent. ② the vertical expansion rate of 3h can reach 1.5% or more when the amount of plastic expansion agent is 0.04%, and the addition of ordinary expansion agent have no clear influence on the early (3h) vertical expansion rate. The expansion rate of the sample at 24h can be significantly increased with the increase of the amount of ordinary expansion agent; ③ The compressive strength decreases with the dosage of the plastic expansion agent and ordinary expansion agent used in the cement-based grouting materials.

Keywords: Cement-based Grouting Materials; Expansion Agents　Fluidity　Vertical expansion ratio　Compressive strength

1　前言

地下采煤矿井开挖过程中，岩壁结构的强度和稳定性与安全生产息息相关[1]。借鉴基坑开挖与隧道掘进支护过程中常用的方法——喷锚注浆法[1-3]，某矿区开发出了一种钢绞线与锚固注浆相结合的支护方法（图1）。其采用长度为3～6m的钢绞线锚固岩壁，通过安置在钢绞线中心部位的内径为4mm或5 mm的钢制管（或塑料管），注入起填充和增强作用的材料，以达到增强围岩，强化支护作用。

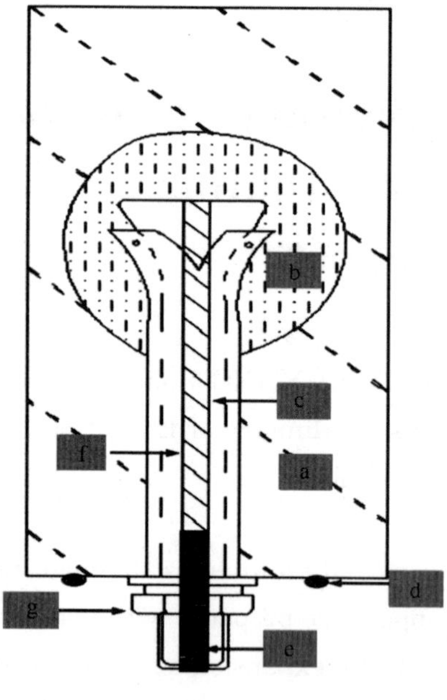

图1　喷锚注浆法结构示意图
a—矿井围岩；b—注浆材料影响区域；
c—钢绞线；d—支护网；e—钢制注浆管；
f—塑料（PVC）注浆管；g—固定螺栓

支护方法的技术核心是开发研制出合适的矿井支护用注浆材料，以满足密实填充和增强的高要求。但由于水泥基材料未采用如此细直径的管道灌注过，且灌注填充后容易失水收缩，研制难度很高。作者认为，只要实现良好的流动性和压注性能，并赋予良好的塑性膨胀和硬化过程中的膨胀，水泥基注浆材料可以作为较为理想的材料之一。实际生产中，水泥基注浆材料除应满足原材料取材广泛、制备工艺简单、无污染与成本合适等要求外，尚应具有如下特征：①水泥基注浆材料有较好的流动性，能够顺利通过内径为4～5mm的钢制管（或塑料管），并在压力作用下，充满钢绞线锚栓端头部位空隙，流入锚栓周边的缝隙及岩石缝隙；②水泥基注浆材料凝结硬化后，具备较高的力学强度，达到增强围岩的作用；③水泥基注浆材料应具有一定的膨胀性，补偿自身收缩并增强注浆材料与缝隙界面的粘结强度。理论上，塑性膨胀剂与普通膨胀剂是实现水泥基材料体积稳定性的重要组成部分，以往研究表明[4-9]，膨胀剂的应用会对水泥基材料的流动性、强度与体积稳定性等性能存在显著影响。

鉴于此，本文以普通硅酸盐水泥和石英砂为主要原材料，辅以减水剂、羟甲基纤维素醚、葡萄糖酸钠、塑性膨胀剂和普通膨胀剂等外加剂，制备了一系列水泥基注浆材料，开展了塑性膨胀剂与普通膨胀剂对水泥基注浆材料流动性、竖向膨胀率与抗压强度影响的研究，得出了关于水泥基注浆材料设计的结论，以期提高岩壁结构的稳定性，有益于安全生产。

2 原材料与试验方法

2.1 原材料

本试验所用水泥为普通硅酸盐水泥，强度等级为P·I 42.5，比表面积为475m²/kg，初凝时间为65min，终凝时间为3.5h，其化学组成测试结果见表1。减水剂为聚羧酸系减水剂（PCEs），粉体，减水率约为30%；石英砂为70～140目；羟甲基纤维素醚（HPMC）的黏度为100000MPa·s；葡萄糖酸钠为化学纯级；塑性膨胀剂（PS-CSA）与普通膨胀剂（HP-CSA）为市售产品，其中PS-CSA建议掺量为胶凝材料的0.02%～0.05%，HP-CSA建议掺量为胶凝材料的3%～12%。拌合水为饮用自来水。

表1 水泥的主要化学组成

材料	质量百分比/%										
	SiO_2	CaO	Al_2O_3	Fe_2O_3	MgO	SO_3	K_2O	TiO_2	SrO	MnO	其他
水泥	20.8	61.3	6.34	3.07	1.03	2.29	0.85	0.29	0.07	0.28	3.68

2.2 试验方法

本试验所涉及的水泥基注浆材料配合比见表2。

表2 水泥基注浆材料配合比

序号	水泥/g	石英砂/g	水/g	羟甲基纤维素醚/g	葡萄糖酸钠/g	PCEs/g	PS-CSA/g	HP-CSA/g
1	1000	1000	400	0.4	0.4	6.15	0	—
2	1000	1000	400	0.4	0.4	6.15	0.1	—
3	1000	1000	400	0.4	0.4	6.15	0.2	—
4	1000	1000	400	0.4	0.4	6.15	0.3	—
5	1000	1000	400	0.4	0.4	6.15	0.4	—
6	1000	1000	400	0.4	0.4	6.15	0.5	—
7	1000	1000	400	0.4	0.4	6.15	0.3	0
8	1000	1000	400	0.4	0.4	6.15	0.3	30
9	1000	1000	400	0.4	0.4	6.15	0.3	60
10	1000	1000	400	0.4	0.4	6.15	0.3	90
11	1000	1000	400	0.4	0.4	6.15	0.3	120
12	1000	1000	400	0.4	0.4	6.15	0.3	150

水泥基注浆料制备与抗压强度检测方法依据《水泥胶砂强度检验方法（ISO法）》（GB/T 17671—1999）[10]。水泥基注浆材料流锥流动度时间与竖向膨胀率的测定主要参考《水泥基灌浆材料应用技术标准》（GB/T 50448—2015）[11]进行。需要说明的是，对于水泥基注浆材料流锥流动度的测定，在将样品放入测试灌模过程中，要尽量减少灌浆料对玻璃板产生的向上冲浮作用。竖向膨胀率按式1计算：

$$\varepsilon(t)=\frac{h_t-h_0}{h}\times 100 \tag{1}$$

式中，$\varepsilon(t)$ 为竖向膨胀率；h_0为初始高度读数；h_t为时间为 t 时高度读数；h 为试件基准高度。试验结果取三个试件的平均值，计算结果精确至 10^{-2}。

3 结果与讨论

3.1 水泥基注浆材料流动性

本试验以流锥流动度时间量化水泥基注浆材料的流动性，主要分析了塑性膨胀剂与普通膨胀剂对水泥基注浆材料流动性的影响。具体结果如图 2 所示。

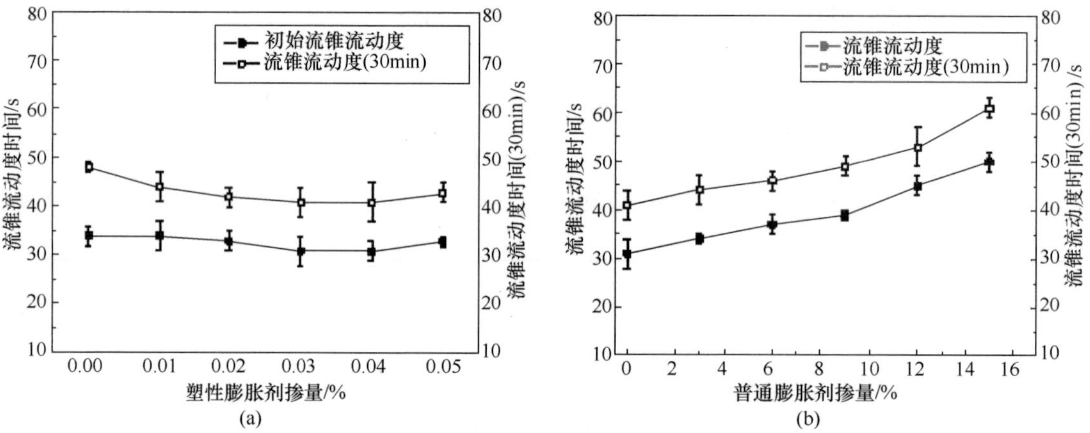

图 2 塑性膨胀剂

（a）与普通膨胀剂；（b）对水泥基注浆材料流锥流动度的影响

由图 2(a) 可知，相同水灰比（0.40）下，在塑性膨胀剂掺量为 0～0.03%范围内，初始和 30min 流锥流动度时间随着塑性膨胀剂掺量的增加而减少，说明在此掺量范围内流动性随塑性膨胀剂掺量的增加而升高。而在 0.03%～0.05%掺量范围内，流锥流动度时间随着塑性膨胀剂掺量的增加而增加，说明较高掺量的塑性膨胀剂会降低水泥基注浆材料流动性。产生上述现象的原因可能与塑性膨胀剂可引入微小气泡有关，即塑性膨胀剂在较低掺量下，可引入适量的气泡，在流动过程中减少颗粒间阻力，因此流动性得到提高。然而随着气泡量达到一定程度，液相黏度增大，因而流动性随着塑性膨胀剂掺量增加而降低。由图 2（b）可知，普通膨胀剂的掺入使得初始和 30min 流锥流动度时间随着掺量的增加而增加，说明流动性随着普通膨胀剂掺量的增加而降低。这主要因为普通膨胀剂掺量较高，在相同掺量减水剂的作用下，普通膨胀剂的存在相当于增加了粉料的含量，因而水泥基注浆材料流锥流动度随之降低。

3.2 水泥基注浆材料早期膨胀特征

本试验以竖向膨胀率反映水泥基注浆材料的流动性，主要分析了塑性膨胀剂与普通膨胀剂对水泥基注浆材料竖向膨胀率的影响。具体结果如图 3 所示。

由图 3（a）可知，塑性膨胀剂掺量在 0.02 %（占水泥的比重）以下时，3h 竖向膨胀率变化不明显，而塑性膨胀剂在掺量为 0.04% 时，3h 竖向膨胀率可达 1.5%以上。另外，可

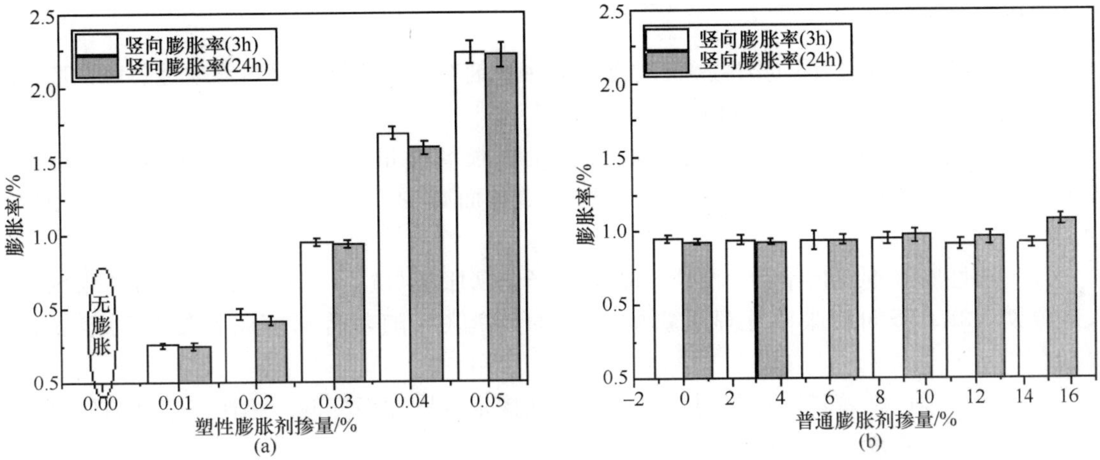

图 3　塑性膨胀剂

（a）与普通膨胀剂；（b）对水泥基注浆材料膨胀特征的影响

以发现单掺塑性膨胀剂情况下，水泥基注浆材料的 24h 膨胀率均有不同程度的下降。分析可知，塑性膨胀剂产生的气体量使得早期水泥基注浆材料膨胀，而后期膨胀率的降低主要与水化产生的自收缩有关。由图 3(b) 可知，普通膨胀剂的掺入对早期（3h）竖向膨胀率无显著影响，而 24h 膨胀率随着普通膨胀剂掺量的增加有所提高。

3.3　水泥基注浆材料抗压强度

由图 4(a) 可知，整体上，抗压强度随着塑性膨胀剂与普通膨胀剂掺量的增加而降低。对于塑性膨胀剂，其掺量在 0.03％以上时，抗压强度下降较为显著；而对于普通膨胀剂，掺量在 6 ％以上时，抗压强度下降更为显著。对比发现，相比于普通膨胀剂，塑性膨胀剂会导致更低的抗压强度。

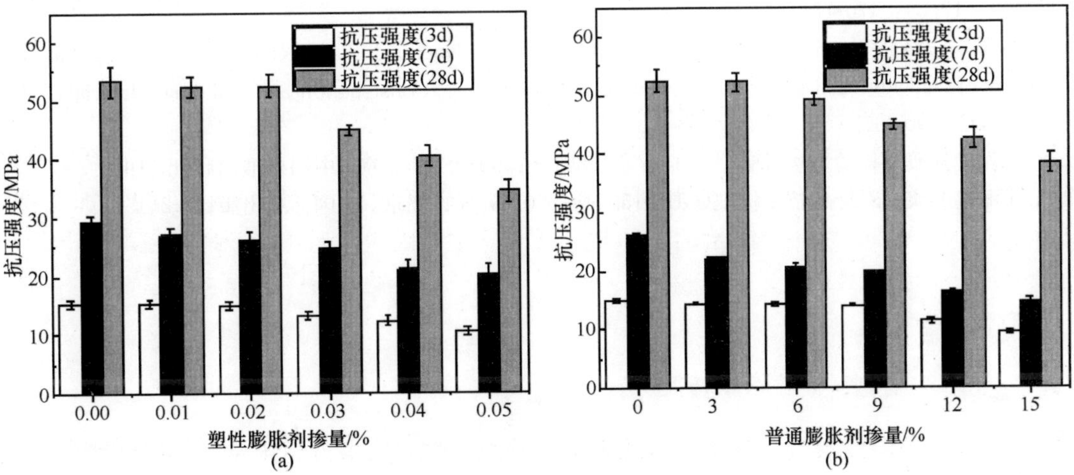

图 4　塑性膨胀剂

（a）与普通膨胀剂；（b）对水泥基注浆材料抗压强度的影响

4 结论

通过试验，分析了不同塑性膨胀剂与普通膨胀剂对水泥基注浆材料流动性、竖向膨胀率与抗压强度的影响，主要结论如下：

（1）相同水灰比（0.40）情况下，在塑性膨胀剂掺量为0～0.03%范围内，初始和30min流锥流动度时间随着塑性膨胀剂掺量的增加而减少，随着普通膨胀剂掺量的增加而增加。

（2）塑性膨胀剂在掺量为0.04%时，3h竖向膨胀率可达1.5%以上；普通膨胀剂的掺入对早期（3h）竖向膨胀率无显著影响，而24h膨胀率随着普通膨胀剂掺量的增加有所提高。

（3）抗压强度随着塑性膨胀剂与普通膨胀剂掺量的增加而降低。相比于普通膨胀剂，塑性膨胀剂对抗压强度的负面影响更大。

参考文献

[1] 王建伟. 预应力桁架锚索支护技术在动压巷道中的应用[J/OL]. 能源与环保，2019(09)：194-197.

[2] 莫冬华，张耀文，蒋田勇. 基于预应力锚索支护的综合管廊深基坑施工监测研究[J]. 公路与汽运，2019(05)：121-124+127.

[3] 朱海建，王少强. 煤矿极破碎顶板长短锚索支护技术应用研究[J]. 煤炭技术，2019(09)：23-25.

[4] 熊进刚，谈歆，林悦慈，等. 高性能灌浆料置换加固混凝土柱的受力性能[J]. 建筑科学，2015，31(11)：1-7.

[5] 张巨松，李宗阳，张娜，等. 水泥基灌浆料工作性的实验[J]. 沈阳建筑大学学报(自然科学版)，2013，29(6)：1072-1077.

[6] Joseph J Assaad，Yehia Daou. Cementitious grouts with adapted rheological properties for injection by vacuum techniques [J]. Cement and Concrete Research，2014，59(5)：43-54.

[7] 吴元，王凯，杨晓婧，等. 水泥基灌浆料基本力学性能试验研究[J]. 建筑结构，2014，44(19)：95-98.

[8] 袁广林，李青，李庆涛，等. 高性能水泥基灌浆料高温后抗压强度退化规律[J]. 建筑材料学报，2014，17(3)：470-474.

[9] Roque Borinaga-Trevi O Pablo Pascualmu OZ Miguel Ngel Calzada-P REZ，et al. Freeze-thaw durability of cement-based geothermal grouting materials [J]. Construction and Building Materials，2014，55(3)：390-397.

[10] 水泥砂强胶度检验方法(ISO法)(GB/T 17671—1999)[S]. 北京：中国标准出版社，1999.

[11] 水泥基灌浆材料应用技术标准(GB/T 50448—2015)[S]. 北京：中国标准出版社，2015.

阳离子季铵盐在泉州地区干混砂浆中应用初探

韩　刚　郑克久　杨　超

（福建鼎宇建材有限公司，福建泉州，362200）

摘　要： 以 XRD、XRF 分析机制砂中石粉的理化性质，借鉴阳离子季铵盐表面活性剂在油田开采中作黏土稳定剂和预拌混凝土中作抗泥剂的使用经验，以其作为石粉中高岭石与蒙脱石吸附改性剂，与自研砂浆外加剂复配使用，通过试验验证了各型各掺量改性剂对全石粉机制砂干混砂浆的性能影响。着重考察拌合物需水量、稠度、分层度、塑性黏度等施工性能指标，测试砂浆试件抗压强度、拉伸粘结强度与干燥收缩率。结果表明，对石粉含量大于15%且混杂高岭石、蒙脱石的机制砂干混砂浆，掺入 QA3 聚合型 0.05kg/t 时，改善了施工性能，保证了产品质量。

关键词： 材料学　阳离子季铵盐　石粉机制砂　干混砂浆

Preliminary application of cationic quaternary ammonium as adsorbent modifier for dry-mixed mortar in Quanzhou

Han Gang，Zheng Kejiu，Yang Chao

（Fujian Dingyu Building Materials Technology Co.，Ltd.，Quanzhou，362200）

Abstract： Draw lessons from cationic quaternary ammonium surfactant used as clay stabilizer in the process of oil exploration and as anti-clay agent in ready-mixed concrete，this research introduce several different types of cationic quaternary ammonium surfactant as adsorbent modifier for dry-mixed mortar. At first the physicochemical properties of stone powder in machine-made sand were studied by XRD and XRF analysis. And a series of comparison tests has been carry out in order to verify the absorption effect to kaolinite and montmorillonite in the stone powder，the influences of different types and amounts upon the mortar property were discussed. the results showed that the type QA3 is most suitable for this system and the optimal amount is 0.05kg/t.

Keywords： material science　cationic quaternary ammonium　machine-made sand　dry-mixed mortar

---

作者简介：杨超，男，硕士，高级工程师，从事商品砂浆与 FRUHPC 相关研究，联系方式：13665061258，Email：4406199@qq.com。

1 引言

预拌干混砂浆在福建省发展至今，因环保力度加大与地方政策导向，发展全机制砂砂浆趋势明显。在不影响砂浆使用性能与产品质量的前提下，首先需要解决的是机制砂中较高石粉含量所带来的负效应。机制砂的来源与干法生产决定了其石粉量偏高，而干混砂浆生产过程中的高温烘砂又进一步放大了石粉含量。虽然 GB/T 14684—2011 要求石粉（<75μm）含量不大于 10%，但实际情况石粉含量普遍大于 15%。这就造成全机制砂砂浆使用过程中需水量大、浆料过黏，增加劳动强度，拖慢施工进度；浆体硬化后，强度不够，裂纹空鼓增多。

为解决这一问题，借鉴阳离子季铵盐表面活性剂在油田开采中作黏土稳定剂[1]和预拌混凝土中作抗泥剂[2]的使用经验，尝试在干混砂浆体系中引入，以应对其中较高石粉含量所带来的负效应。韩力挥等[3]很早就对 Gemini 阳离子季铵盐黏土稳定剂进行了研究；王姗姗等[4]以一种小分子阳离子季铵盐作为牺牲剂来降低聚合物在近井地带吸附量；马喜平[5]则以一种低聚阳离子季铵盐防止黏土膨胀、分散；张光华[6]以 Gemini 阳离子季铵盐用作抗泥剂，解决含泥量对水泥浆体的负面影响。既有的研究结果表明阳离子季铵盐耐高温、耐碱、低引气，尤其对黏土质可以优先选择性吸附，这些特质正对应了高石粉含量机制砂应用中需要解决的问题。

综上，本文选用三类阳离子季铵盐与砂浆外加剂复配，将其应用到高石粉含量的全机制砂干混砂浆中，做初步的应用尝试，考察各类季铵盐对砂浆使用性能与产品质量的影响，通过试验筛选出适用类型与合理用量。

2 试验

2.1 原材料

水泥：市售散装海螺 P. O42.5 水泥；粉煤灰：国电福建南埔电厂Ⅱ级粉煤灰；机制砂：南安水头某砂场干法制得，俗称“石粉砂”；添加剂：自制复合型普通干混砂浆通用添加剂；阳离子季铵盐：烷基三甲基型 QA1、Gemini 型 QA2、聚合型 QA3，均为市售粉末状工业产品。

2.2 机制砂中石粉成分

由表 1 筛分级配可见，试验所用机制砂石粉含量为 16.6%，且颗粒级配呈头尾多、中间少的哑铃形分布。这是现阶段市场最常见机制砂实际的质量水平，也是目前制砂企业工艺水平的真实体现。

表 1 机制砂筛分级配

方孔筛分计/累计筛余/%						
4.75mm	2.36mm	1.18mm	600μm	300μm	150μm	筛底
0/0	27.3/27.3	18.1/45.4	10.0/55.4	15.4/70.8	12.6/83.4	16.6/100

取筛底石粉做 XRD、XRF 检测，分析表 2、图 1 结果并结合陈观赐[7]的研究表明，其主要矿物组成组分为石英、钾长石、斜长石、云母，表观为典型的花岗岩，是由于砂场制砂

原料来源繁杂、取材垂向位置不一，混入了高岭石与蒙脱石。

过高含量的石粉本身比表面积大，满足砂浆使用稠度时需水量高的要求；而高岭石与蒙脱石的混入使得可解决需水量问题的砂浆添加剂中分散组分、引气组分失效；剩余的保水抗沉组分在过量用水情况下也难以发挥作用；提高添加剂掺量、压低用水量时，浆料过黏，施工性能不适用。所以设想引入阳离子季铵盐先行吸附于石粉以改善上述情况。

表 2 石粉的化学成分

成分	SiO_2	Al_2O_3	Fe_2O_3	CaO	MgO	K_2O	Na_2O
含量/%	62.40	17.37	3.34	2.64	1.43	3.12	2.72

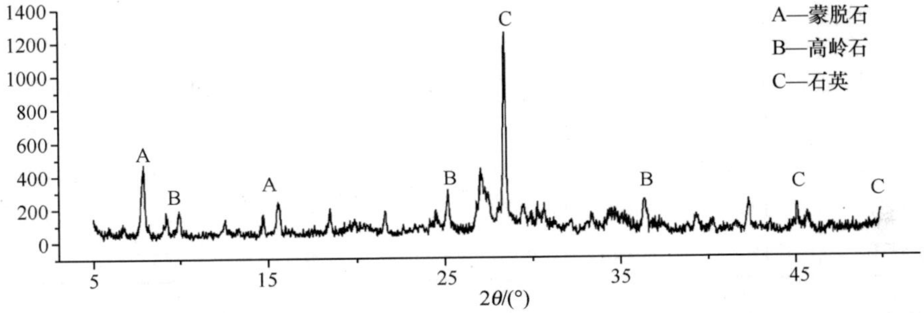

图 1 石粉的 XRD 图谱

2.3 试验配比与项目

试验所选用的全机制砂 M7.5 普通干混抹灰砂浆单吨配比设计见表 3。

表 3 M7.5 抹灰砂浆单吨配比

材料	水泥	粉煤灰	机制砂	水	添加剂	季铵盐
数量/(kg/t)	130	40	830	*	0.4	* *

注：* 用水量以调整砂浆稠度到（90±10）mm 为准。

* * 季铵盐分别以 0、0.02kg/t、0.05kg/t、0.1kg/t 掺量，三种类型各重复一次。

试验项目包括：考察各型季铵盐各掺量砂浆稠度达到 100～110mm 时需水量，按照 GB/T 25181—2010、JGJ/T 70—2009 测试砂浆拌合物的初始表观密度、初始保水率、静置 1h 分层度；测试砂浆试件 28d 抗压强度、14d 拉伸粘结强度、28d 干燥收缩率。此外，以 NXS-11B 型砂浆同轴旋转黏度计测试砂浆拌合物静置 30min 时的塑性黏度；结合实际工况综合考察砂浆的施工性能与力学性能。

3 结果分析与讨论

三种类型阳离子季铵盐 QA1、QA2、QA3 按设计配比与固定掺量添加剂复配使用，季铵盐选用掺量分别为 0（对照组）、0.02kg/t、0.05kg/t、0.10kg/t；调整用水量使各型各掺量砂浆拌合物稠度达到 100～110mm，同稠度条件下考察砂浆施工性能与力学性能。试验结果见表 4。

表 4 添加阳离子季铵盐砂浆相关性能

编号	季铵盐掺量/(kg/t)	需水量/(kg/t)	表观密度/(kg/m³)	保水率/%	分层度(1h)/mm	抗压强度(28d)/MPa	拉伸粘结强度(14d)/MPa	干燥收缩率(28d)/%	塑性黏度(30min)/(Pa·s)
QA1-00	0	190	1870	86.2	27	7.2	0.14	0.26	2.432
QA1-02	0.02	190	1840	87.3	20	7.4	0.16	0.22	2.251
QA1-05	0.05	185	1810	88.6	17	8.0	0.21	0.18	1.734
QA1-10	0.10	180	1780	88.8	13	8.0	0.23	0.17	1.723
QA2-00	0	190	1880	85.8	25	7.3	0.14	0.24	2.612
QA2-02	0.02	195	1860	87.2	18	7.2	0.14	0.22	2.923
QA2-05	0.05	190	1850	88.4	15	7.4	0.14	0.19	2.772
QA2-10	0.10	185	1850	89.0	12	7.6	0.16	0.20	2.716
QA3-00	0	190	1880	86.1	24	7.3	0.15	0.24	2.528
QA3-02	0.02	185	1850	87.8	14	7.6	0.19	0.22	1.954
QA3-05	0.05	170	1830	90.8	7	8.3	0.24	0.16	1.337
QA3-10	0.10	170	1830	90.0	10	8.7	0.26	0.14	1.241

分析表 4 中添加各型阳离子季铵盐所得砂浆数据结果，QA1 组中随着掺量的增加，砂浆各项指标性能呈优化发展趋势，在 0.05kg/t 掺量时已满足 GB/T 25181—2010 标准要求。

但是在实际工况下达标还不够，砂浆抹灰施工时最大原则是“工人说了算”，现场经常在稠度合标时，工人仍反映浆料使用时手感黏滞，抹灰不顺畅，影响工效。所以引入塑性黏度指标量化表征砂浆施工性能优劣，考虑施工实际，测试砂浆拌合物静置 30min 时塑性黏度。因在稠度一致时，塑性黏度不尽相同，如能根据实际要求，同时控制稠度与塑性黏度，砂浆施工性能可大幅提高。通过与一线工人反复沟通、适用验证，符合本地区抹灰使用习惯的砂浆稠度适用经验范围为 100～110mm，塑性黏度适用经验范围为 1.200～1.400Pa·s。

再结合此项指标分析 QA1 组数据，虽在 0.05kg/t、0.10kg/t 掺量时，砂浆性能已经得到改善，尤其在 0.10kg/t 掺量时，用水量相较对照组明显减小，砂浆分层度与收缩率得到有效控制，但二者在塑性黏度上相差不大。这说明 QA1 烷基三甲基型阳离子季铵盐达到了预期效果，对石粉中的高岭石与蒙脱石起到了抑制作用，但表观密度的下降说明 QA1 还是有一定的引气效果，在实际生产中要谨慎使用。同时这也提示我们在后续工作中，需要深入探明改善砂浆工作性能的主要原因是吸附抑制还是引气润滑。

QA2 组已经有效在油田开采中作黏土稳定剂和预拌混凝土中作抗泥剂的 Gemini 型阳离子季铵盐，应对本地石粉砂失效了。分析数据可知，各掺量砂浆都未达到 GB/T 25181—2010 标准要求，反而增加了浆料塑性黏度；需水量、表观密度无明显变化，抗压、粘结强度与收缩率改善不大；保水率与分层度的提高是浆料过黏造成的；从施工直观感受而言，Gemini 型季铵盐的加入使得砂浆手感沉重、黏滞，手握颗粒感明显，恶化了使用工况。这与干混砂浆 HPMC 高温保水失效时反映出的某些问题类似，与解决添加剂分散组分与保水组分配伍问题时产生的某些现象一致，我们推测是 Gemini 型阳离子季铵盐与添加剂配伍性出了问题，试验所用添加剂中包含多种功能组分，它们在砂浆体系中各自生效、相互制约，QA2 的引入打破了体系平衡，使其丧失了其本身应有的优先吸附性能。

QA3 组选用的是聚合型阳离子季铵盐。分析数据可知，在 0.02kg/t 掺量时，相较对照组砂浆塑性黏度即显著改善；在 0.05kg/t 掺量时，满足 GB/T 25181—2010 标准要求同时需水量急剧降低至 170kg/t，且表观密度未出现 QA1 组的大幅下降，保水率与分层度三组中最优，抗压强度、粘结强度、收缩率三组中最优，砂浆塑性黏度 1.337Pa・s 位于适用范围内；继续提高掺量至 0.10kg/t 时，砂浆塑性黏度降至 1.241Pa・s，其他各项指标变化不大。

综上可知，QA3 聚合型阳离子季铵盐较适用于本地高石粉含量机制砂干混砂浆体系，且与既有复合型添加剂配伍性较好，推荐掺量为 0.05kg/t。分析原因，我们认为 QA3 与 HPMC 接近的分子结构是主要有利的影响因素，由图 4 可知，QA3 与 HPMC 具有同样的聚合重复单元结构，但 QA3 在醚化基团上引入了阳离子季铵盐。

同前述黏土稳定剂与抗泥剂一样，引入阳离子季铵盐就是为了解决吸附的问题，对于砂浆体系而言，王培铭教授[8]指出纤维素醚对砂浆保水和增稠起决定性的作用，而纤维素醚是通过吸附在水泥颗粒表面发挥作用。QA3 通过端基改性以化学键连接将阳离子季铵盐引入纤维素醚中，相比简单的物理复配，既发挥了其与石粉中高岭石与蒙脱石优先吸附，屏蔽其他纤维素醚的作用，又发挥了其自身结构具备的保水增稠作用。而与 HPMC 类似的结构（图 2），不会打破既有复合型添加剂体系中各组分平衡，不致出现 QA2 组中的失效问题。

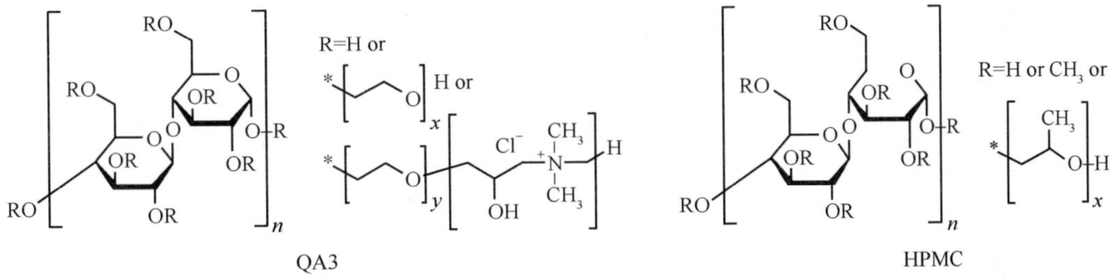

图 2　QA3 与 HPMC 分子结构式

4　结语

本文在干混砂浆体系中引入阳离子季铵盐表面活性剂，借鉴其在油田开采中作黏土稳定剂和预拌混凝土中作抗泥剂的使用经验，作为改性剂应对区域内较高石粉含量机制砂所带来的干混砂浆使用问题。

通过试验初步应用验证，得出结论：①对区域内石粉含量＞15％，混杂有高岭石与蒙脱石的高石粉含量机制砂，聚合型阳离子季铵盐 QA3 相较烷基三甲基型 QA1、Gemini 型 QA2 更适合作改性剂，改善全机制砂干混砂浆施工性能与产品质量；②QA3 掺量为 0.05kg/t 时，达到 GB/T 25181—2010 标准要求，砂浆塑性黏度 1.337Pa・s 位于经验适用范围内。作为生产型企业，能做的工作十分有限，很大程度上局限于应用研究，试验设计不尽周全、分析讨论不尽科学，希望以上粗浅的研究工作能够为行业同仁提供一些参考。

参考文献

［1］ 张黎明．稳定黏土用季铵型阳离子聚合物[J]．石油与天然气化工，1995(01)：34-37.

［2］ 张亦林，严捍东，钟国才，等．泥粉对聚羧酸减水剂水泥净浆流变性的影响[J]．华侨大学学报(自然科学版)，2018，39(06)：832-839.

[3] 韩力挥，尚蕴果，薛清潮，等．Gemini季铵盐黏土稳定剂的合成及其防膨性能评价[J]．化学与生物工程，2009，26(01)：68-70.

[4] 王姗姗，张健，朱玥珺，等．小分子表面活性剂作为牺牲剂降低聚合物吸附损失的研究[J]．化学研究与应用，2017，29(07)：974-979.

[5] 马喜平，杨苗，东静波．一种季铵盐型阳离子黏土稳定剂PTE的合成及性能[J]．应用化工，2019，48(02)：336-340.

[6] 张光华，王爽，张策，等．双子季铵盐对聚羧酸减水剂抗泥性能的影响[J]．硅酸盐学报，2019，47(02)：178-183.

[7] 陈观赐．泉州地区花岗岩残积土地质特征与岩土工程评价[J]．福建建筑，2011(08)：58-61.

[8] 王培铭，赵国荣，张国防．纤维素醚在新拌砂浆中保水增稠作用及其机理[J]．硅酸盐学报，2017，45(08)：1190-1196.

硫铝酸盐水泥对水泥基灌浆料物理力学性能的影响

邱大薇[①]，张国防[②]，王顺祥，王 博，王培铭
（1. 同济大学先进土木工程材料教育部重点实验室，上海，201804；
2. 同济大学材料科学与工程学院，上海，201804）

摘 要：本文主要研究了硫铝酸盐水泥掺量变化对水泥基灌浆料流动度、力学性能以及体积稳定性等性能的影响规律。研究发现，硫铝酸盐水泥及其掺量变化显著影响灌浆料的各项性能；随着硫铝酸盐水泥掺量增大，灌浆料初始流动度基本不变，30min 流动度明显降低；抗折强度、抗压强度和竖向膨胀率呈现出先逐渐增大而后又降低的趋势，干燥收缩率则呈现出先降低而后又增大的趋势。就上述性能而言，硫铝酸盐水泥在水泥基灌浆料中存在着最佳掺量范围。

关键词：水泥基灌浆料 硫铝酸盐水泥 流动度 强度 体积稳定性

Effects of Calcium Sulphoaluminate Cement on the Properties of Cement-Based Grouts

Qiu Dawei[①], Zhang Guofang[②], Wang Shunxiang, Wang Bo, Wang Peiming
(1. Key Laboratory of Advanced Civil Engineering Materials of Ministry of Education, Tongji University Shanghai 201804, China; 2. School of Materials Science and Engineering, Tongji University Shanghai 201804, China)

Abstract: In this paper, the effects of the calcium sulphoaluminate (CSA) cement content variation on the fluidity, mechanical properties and volume stability of cement-based grouts are studied. The results show that CSA cement and its content variation have significant influences on the properties of grouts. With the CSA cement content increasing, the initial fluidity of grout almost keeps constant, but the fluidity at 30min significantly decreases. The flexural strength, compressive strength and vertical expansive rate gradually increase and then decrease, while the drying shrinkage assumes an opposite trend. Accordingly, there is an optimum content range for CSA cement in cement-based grouts.

基金资助：“十三五”国家重点研发计划项目（2018YFD1101003，2016YFC0700905），上海市科委重点研发计划项目（17DZ1200303），中央高校基本科研业务费专项资金项目（22120180292）。

① 邱大薇（1994— ），女，硕士，主要从事水泥基灌浆料的性能和技术研究，E-mail：2843728460@qq.com。

② 张国防（1977— ），男，副研究员，博士生导师，博士，E-mail：zgftj@sina.com。

Keywords: cement-based grout calcium sulphoaluminate cement (CSA cement) fluidity mechanical strength volume stability

1 引言

近年来，装配式建筑因具有绿色环保、施工效率高、质量高、安全性好以及资源得到有效利用等诸多优点，在我国得到迅速发展，也是建筑业未来发展的必然趋势[1-3]。混凝土构件之间节点的连接，是影响装配式建筑质量稳定性及抗震性的关键因素。目前，钢筋套筒灌浆连接是主要的连接方式之一，所用灌浆料应具有流动度大、早期微膨胀、强度高等性能。国内外对套筒灌浆料已有不少研究，发现其主要质量问题是因灌浆质量而导致连接件破坏，从而导致结构损坏[4-6]。此外，硅酸盐水泥基灌浆料也存在早期强度低等方面的问题。因此一些研究将硅酸盐水泥与硫铝酸盐水泥复配来提高灌浆料的早期强度，改善收缩性能和泌水性。Pelletier 等[7]研究提出了硅酸盐水泥与硫铝酸盐水泥复配的水化机理以及砂浆性能变化规律。Huang 等[8]研究发现硅酸盐水泥-硫铝酸盐水泥-硬石膏三元胶凝体系的流变性能变化规律。Li 等[9]将硫铝酸盐水泥与铝酸盐水泥复配制备超早强灌浆料。任宏伟等[10]研究了硫铝酸盐水泥与硅酸盐水泥复配得到的灌浆料强度和竖向膨胀率等性能。这些研究发现，硫铝酸盐水泥一定程度上可以弥补硅酸盐水泥的不足之处，使得水泥基灌浆料具有早强和早期微膨胀等特点，但已有研究缺乏对二者复配制备灌浆料的硬化体积稳定性的研究。然而，水泥基灌浆料硬化体积稳定性也是影响其服役安全和服役寿命的关键指标之一。因此，本文通过硫铝酸盐水泥与硅酸盐水泥复配，并掺加一定量的塑性膨胀剂，系统研究硫铝酸盐水泥掺量变化对水泥基灌浆料流动度、抗折强度、抗压强度、竖向膨胀率以及干燥收缩性等性能的影响规律，以期为硫铝酸盐水泥在水泥基灌浆料中的应用提供一定的技术参考。

2 试验

2.1 原材料

胶凝材料：P·Ⅱ 52.5R 硅酸盐水泥（OPC），江南小野田水泥有限公司生产；72.5 级硫铝酸盐水泥（CSA），唐山北极熊建材有限公司生产；两种水泥的化学组成见表 1。骨料：40～70 目石英砂。石膏：脱硫石膏。外加剂：聚羧酸减水剂、消泡剂、缓凝剂、增稠剂、塑性膨胀剂、UEA 膨胀剂。

表 1 两种水泥的化学组成（%）

Component	CaO	Al_2O_3	SiO_2	Fe_2O_3	MgO	Na_2O	K_2O	SO_3
OPC	69.26	4.07	17.87	3.30	0.74	0.09	0.74	3.33
CSA	44.59	32.62	7.21	1.97	1.77	0.06	0.48	9.38

2.2 配合比

水泥基灌浆料的砂胶比固定为 0.9，水灰比固定为 0.25；石膏为外掺，掺量为胶凝材料的 5%；聚羧酸减水剂、消泡剂、缓凝剂、增稠剂、塑性膨胀剂为外掺，掺量固定不变，五种外加剂总掺量为水泥质量的 1.25%；UEA 膨胀剂为外掺量的 10%。硫铝酸盐水泥掺量分别为胶凝材料总质量的0%、5%、10%、15%和20%，具体的配合比见表2。其中，未掺CSA水泥的配合比为基准配合比。

表2　试验配合比

编号	OPC/g	CSA/g	砂/g	石膏/g	化学添加剂/g	UEA/g	水胶比
R0	100	0	90	5	1.25	10	0.25
R1	95	5	90	5	1.25	10	0.25
R2	90	10	90	5	1.25	10	0.25
R3	85	15	90	5	1.25	10	0.25
R4	80	20	90	5	1.25	10	0.25

2.3　试验方法

2.3.1　流动性

参照《钢筋连接用套筒灌浆料》(JG/T 408—2013)进行测试。

2.3.2　抗折强度和抗压强度

参照《水泥胶砂强度检验方法(ISO法)》(GB/T 17671—1999)进行制备与测试。试块成型时，将新拌浆体灌入试模中，不需振动试模，刮平后，在实验室内静置2h后，将试模移入温度为(20±2)℃、湿度为(95±5)%RH的标准养护箱中养护至规定龄期。

2.3.3　竖向膨胀率

参照《钢筋连接用套筒灌浆料》(JG/T 408—2013)进行测试。

2.3.4　干燥收缩率

参照《水泥砂浆和混凝土干燥收缩开裂性能试验方法》(GB/T 29417—2012)进行测试。试件尺寸为40mm × 40mm×160mm。试块成型时，将新拌浆体灌入试模中，不需振动试模，刮平后，放在温度为(20±2)℃、湿度为(60±5)%RH的环境下养护1d后拆模，编号，标明测试方向，然后按照标明的测试方向立即测定试件的初始长度L_0；测定砂浆试件初始长度后，在相同的养护条件下养护到1d、7d、14d、21d和28d，分别测定试件的长度L_t。

3　结果与讨论

3.1　硫铝酸盐水泥对流动度的影响

硫铝酸盐水泥掺量变化对水泥基灌浆料流动度的影响如图1所示。由图中可以看出，随着硫铝酸盐水泥掺量增大，灌浆料的初始流动度略有降低，但总体变化幅度不大；30min流动度则呈现出先略微增大而后逐渐降低的趋势。当硫铝酸盐水泥掺量为5%和10%时，灌浆料30min流动度较基准灌浆料略微增大；硫铝酸盐水泥掺量为15%和20%时，30min流动度较基准灌浆料明显降低，降幅分别为13.0%和

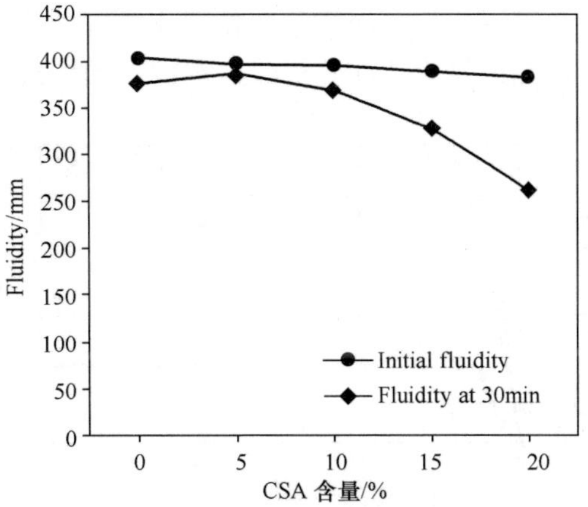

图1　硫铝酸盐水泥掺量变化对灌浆料流动度的影响

30.7%，但仍均能满足《钢筋连接用套筒灌浆料》（JG/T 408—2013）中初始流动度和30min流动度分别大于300mm和260mm的技术要求。分析表明，硫铝酸盐水泥对灌浆料初始流动度的影响很小，但掺量较大时，会明显降低30min流动度。

3.2 硫铝酸盐水泥对强度的影响

硫铝酸盐水泥掺量变化对水泥基灌浆料抗折强度和抗压强度的影响分别如图2和图3所示。由图2可以看出，随着硫铝酸盐水泥掺量增大，水泥基灌浆料的抗折强度先增大而后又有所降低，但均高于基准砂浆。硫铝酸盐水泥掺量为10%时，1d和3d抗折强度达到最大值；硫铝酸盐水泥掺量为15%时，28d抗折强度达到最大值。水泥基灌浆料的抗压强度变化趋势与抗折强度相似（图3），也是随着硫铝酸盐水泥掺量增大呈现出先增大而后又降低的趋势。硫铝酸盐水泥掺量为5%时，3d和28d抗压强度最大；硫铝酸盐水泥掺量为10%时，1d抗压强度最大。硫铝酸盐水泥掺量大于10%时，灌浆料28d抗压强度均低于基准灌浆料，这表明硫铝酸盐水泥及其掺量变化会显著影响灌浆料的抗折强度和抗压强度，硫铝酸盐水泥能明显提高各龄期的抗折强度，低掺量情况时也有利于提高抗压强度。因此，就强度而言，硫铝酸盐水泥掺量应严格控制在一定范围内。

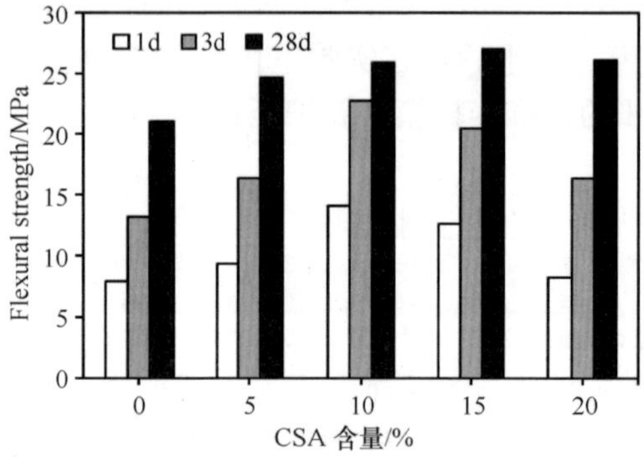

图2 硫铝酸盐水泥掺量变化对抗折强度的影响

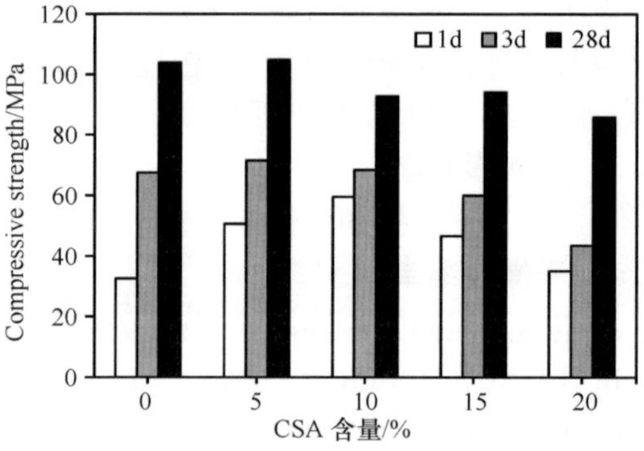

图3 硫铝酸盐水泥掺量变化对抗压强度的影响

3.3 硫铝酸盐水泥对竖向膨胀率的影响

硫铝酸盐水泥掺量变化对水泥基灌浆料竖向膨胀率的影响如图4所示。由图中可以看出，无论是否掺加硫铝酸盐水泥，随着龄期延长，灌浆料竖向膨胀率均呈现出先大幅增加而后又缓慢下降的趋势。基准灌浆料从开始到12h的早期竖向膨胀率逐渐增大，3h时仅为0.02%，在12h时达到最大值（0.08%），之后有所降低。硫铝酸盐水泥掺量为5%时，灌浆料竖向膨胀率变化趋势与基准灌浆料相当，各龄期竖向膨胀率略高于基准灌浆料。硫铝酸盐水泥掺量为10%时，灌浆料6h内的竖向膨胀率显著增大，3h竖向膨胀率达0.16%，6h达0.24%，之后缓慢降低，但24h竖向膨胀率仍达0.23%。硫铝酸盐水泥掺量为15%和20%时，3h灌浆料竖向膨

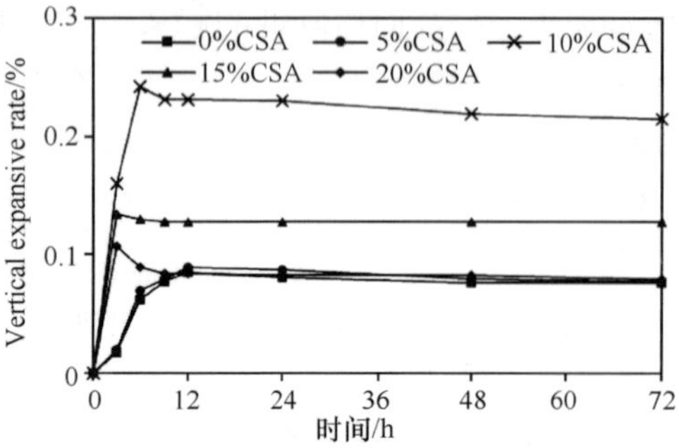

图4 硫铝酸盐水泥掺量变化对竖向膨胀率的影响

胀率达到最大值，但低于硫铝酸盐水泥掺量10%的灌浆料，之后随着水化时间延长，竖向膨胀率缓慢降低，且低于3h竖向膨胀率。就同龄期而言，随着硫铝酸盐水泥掺量增大，灌浆料竖向膨胀率先增大而后降低；硫铝酸盐水泥掺量为10%时达到最大值，掺量超过10%的灌浆料竖向膨胀率下降，但仍均高于基准灌浆料。且硫铝酸盐水泥掺量在10%以内时，灌浆料的竖向膨胀率结果均满足《钢筋连接用套筒灌浆料》(JG/T 408—2013)中的规定要求。这表明硫铝酸盐水泥及其掺量变化显著影响灌浆料的竖向膨胀率，硫铝酸盐水泥能明显提高各龄期的竖向膨胀率；较高掺量时会导致3h后的竖向膨胀率相对较低。因此，就竖向膨胀率而言，硫铝酸盐水泥掺量应严格控制在一定范围内。

3.4 硫铝酸盐水泥对干燥收缩率的影响

硫铝酸盐水泥掺量变化对水泥基灌浆料干燥收缩率的影响如图5所示。由图中可以看出，无论是否掺入硫铝酸盐水泥，随着养护龄期延长，灌浆料的干燥收缩率逐渐增大。相比于基准灌浆料，硫铝酸盐水泥掺量为5%的灌浆料干燥收缩率有所降低。硫铝酸盐水泥掺量在10%以上时，灌浆料的干燥收缩率均高于基准灌浆料。在相同龄期情况下，随着硫铝酸盐水泥掺量增大，干燥收缩率先增大而后降低；但硫铝酸盐水泥掺量为20%的灌浆料干燥收缩率与掺量为10%的灌浆料基本相当。这表明硫铝酸盐水泥及其掺量变化也显著影响灌浆料的干燥收缩率；低掺量时，硫铝酸盐水泥有利于降低灌浆料干燥收缩率；较高掺量时，硫铝酸盐水泥会导致干燥收缩率明显增大。因此，硫铝酸盐水泥掺量应严格控制在一定范围内。

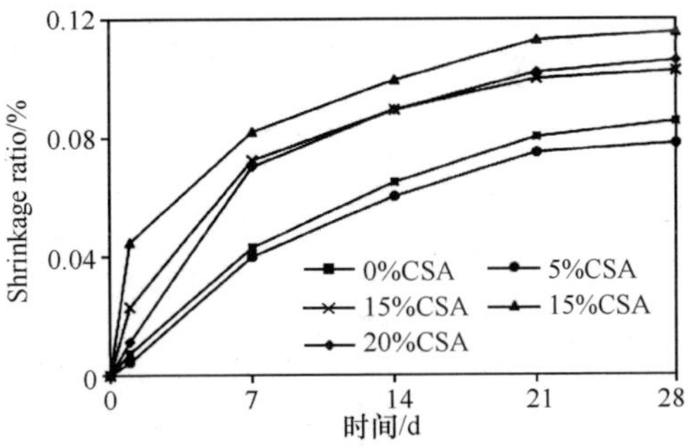

图5 硫铝酸盐水泥掺量变化对干燥收缩率的影响

综合硫铝酸盐水泥对灌浆料的上述物理力学性能的影响规律，可以看出，硫铝酸盐水泥对灌浆料性能具有显著的改善作用，但其掺量较大时，均会带来一定的不良效果，因此其掺量应严格控制在一定范围内。

4 结论

硫铝酸盐水泥及其掺量变化对水泥基灌浆料的物理力学性能具有显著的影响。随着硫铝酸盐水泥掺量增大，灌浆料的初始流动度变化很小，30min流动度明显降低，但都满足标准要求；灌浆料的抗折强度、抗压强度和竖向膨胀率均呈现出先提高而后降低的趋势；灌浆料的干燥收缩率则随着硫铝酸盐水泥掺量增大呈现出先降低而后提高的趋势。硫铝酸盐水泥较低掺量时，灌浆料的上述力学性能均明显优于基准灌浆料。综上所述，硫铝酸盐水泥在水泥基灌浆料中存在最佳掺量范围；就本文而言，其掺量以不超过15%为佳。

参考文献

[1] Cao X, Li X, Zhu Y, et al. A comparative study of environmental performance between prefabricated and traditional residential buildings in China[J]. Journal of Cleaner Production, 2015, 109: 131-143.

[2] Hong J, Shen G Q, Mao C, et al. Life-cycle energy analysis of prefabricated building components: an input-output-based hybrid model[J]. Journal of Cleaner Production, 2016, 112: 2198-2207.

[3] Wang N, Chen X, Wu G, et al. A short-term based analysis on the critical low carbon technologies for the main energy-intensive industries in China[J]. Journal of Cleaner Production, 2018, 171: 98-106.

[4] Xu F, Wang K, Wang S, et al. Experimental bond behavior of deformed rebars in half-grouted sleeve connections with insufficient grouting defect[J]. Construction and Building Materials, 2018, 185: 264-274.

[5] 匡志平，郑冠雨，焦雪涛．灌浆不足对钢筋套筒连接力学性能影响试验[J]. 同济大学学报（自然科学版），2019，47(07)：934-945.

[6] 张永强．装配式建筑套筒灌浆质量问题研究进展[J]. 江苏建筑，2018，(S1)：80-81.

[7] Pelletier L, Winnefeld F, Lothenbach B. The ternary system Portland cement-calcium sulphoaluminate clinker-anhydrite: Hydration mechanism and mortar properties[J]. Cement and Concrete Composites, 2010, 32(7): 497-507.

[8] Huang T, Li B, Yuan Q, et al. Rheological behavior of Portland clinker-calcium sulphoaluminate clinker-anhydrite ternary blend[J]. Cement and Concrete Composites, 2019, 104: 103403.

[9] Li X, Hao J. Effects of mortar ratio on the properties of super early strength grouting materials by ternary complex system[J]. Construction and Building Materials, 2017, 152: 769-776.

[10] 任宏伟，严珊，韩佃利．硫铝酸盐水泥基灌浆料的试验研究[J]. 混凝土，2018(11)：148-151.

矿物掺合料对磷石膏基地面自流平砂浆性能影响的研究

马保国，戚华辉
（武汉理工大学硅酸盐建筑材料国家重点实验室，湖北武汉，430070）

摘　要：以磷石膏为原料研究制备磷石膏基地面自流平砂浆（PGSL），具有早强、硬化无收缩、热稳定性好、保温隔声、成本低、绿色环保等特点。本文使用常压水热法，以二水磷石膏为原料制备出了磷基高强石膏胶凝材料，以此制备磷石膏基自流平砂浆，系统地研究了粉煤灰、矿粉作为掺合料对流动度、凝结时间和强度的影响。结果表明，掺合料作为 PGSL 的改性材料，可以改善其工作性能，其中矿粉效果非常明显，掺量在 10%～20%之间，PGSL 的性能最佳。

关键词：磷基高强石膏　矿物掺合料　自流平砂浆

1　引言

磷石膏是湿法生产磷酸过程中产生的副产物，每生产 1t P_2O_5 约排放 4.5～5.5t 磷石膏[1]。据统计，目前全国磷石膏累计堆存量已超过 3 亿 t。磷石膏的堆存量与日俱增，不仅占用大量土地、浪费资源，而且造成土壤、水系、大气的严重污染和生态危害[2-5]。因此，磷石膏的资源化高效利用关系到我国农业、磷化工及相关行业可持续发展，直接影响国家循环经济的发展。目前，以磷石膏为原料制备建筑石膏等低附加值的产品的相关研究很多，而关于制备自流平材料等性能优异、附加值高的研究较少[6-9]。

自流平材料（Self-leveling Material，简称 SL）是以无机胶凝材料或者有机材料为基材，加入各种外加剂改性而成的建筑地面找平材料。它因为具有成本低、快速施工、无需人工抹平、短时间内大面积精确找平以及地面装饰性好等特点，应用越来越广泛。自流平材料在国外已经有四十余年的发展和应用[10-13]，目前已经开发出了石膏基、水泥基以及有机聚合物类自流平材料。

本文采用常压水热法，利用磷石膏制备出了满足《α 型高强石膏》（JC/T 2038—2010）中规定的 α30 等级的磷基高强石膏胶凝材料，并以此制备磷石膏基自流平砂浆，系统研究了粉煤灰、矿粉作为掺合料对流动度、凝结时间和强度的影响，采用 XRD 和 SEM 技术分析了水化机理，为磷石膏基地面自流平材料的制备提供了技术支撑。

项目来源：“十三五”国家重点研发计划（2016YFC0700904）；湖北省技术创新重大专项（2017ACA177）。
作者简介：马保国（1957—），男，博士，教授，E-mail：mbgjob@163.com。

2 原材料与试验方案

2.1 原材料

2.1.1 磷石膏

磷石膏产自湖北宜化肥业有限公司，呈深灰色粉状，含水率一般为22%～27%，平均粒度为30～35μm，pH为2.27，二水硫酸钙含量为90.7%，其化学组成见表1。

表1 磷石膏的化学组成

磷石膏	SiO_2	Al_2O_3	Fe_2O_3	CaO	Na_2O	F	SO_3	P_2O_5	LOI
质量分数/%	5.30	0.47	0.26	28.79	0.37	1.54	39.92	0.95	21.99

磷石膏常压水热法制备α型高强石膏胶凝材料的工艺参数为：盐溶液氯化钙浓度为25%～30%，固液比为1∶1，反应温度为95～100℃，晶型调控剂NSA掺量为0.10%～0.20%，制备得到的α型高强石膏胶凝材料达到《α型高强石膏》（JC/T 2038—2010）中规定的α30等级。制备的高强石膏形貌如图1所示。

图1 α型高强石膏

2.1.2 掺合料

粉煤灰采用华能集团武汉阳逻电厂生产的粉煤灰，矿粉采用山东鲁新新型建材有限公司生产的S105矿粉。粉煤灰和矿粉的化学成分见表2。

表2 粉煤灰和矿粉的化学成分

氧化物	SiO_2	Al_2O_3	CaO	Fe_2O_3	MgO	K_2O	Na_2O	TiO_2	LOI
粉煤灰	47.38	34.77	4.37	4.43	0.62	0.56	0.28	1.64	2.34
矿粉	31.41	14.46	34.65	0.5	12.19	0.33	0.48	1.2	0.47

2.1.3 骨料

骨料采用湖北仙桃市某采砂厂生产的普通河砂，过8mm孔径的筛子，含泥量不大于3%。

2.1.4 外加剂

采用河北栾城县京广混凝土外加剂厂生产的蛋白质类石膏专用缓凝剂SC；采用河北久强建材有限公司生产的萘系减水剂（FDN），武汉华轩高新技术有限公司生产的KH-5系列聚羧酸减水剂（PC）、F10系列三聚氰胺减水剂；采用美国赫克力士集团公司生产的羟丙基甲基纤维素（HPMC），黏度为100000Pa·s。

2.2　测试方法

2.2.1　流动度测定

浆体的流动扩展度试验参照《α型高强石膏》(JC/T 2038—2010) 以及《石膏基自流平砂浆》(JC/T 1023—2007) 中的相关规定进行测定，检测方法如图2所示。

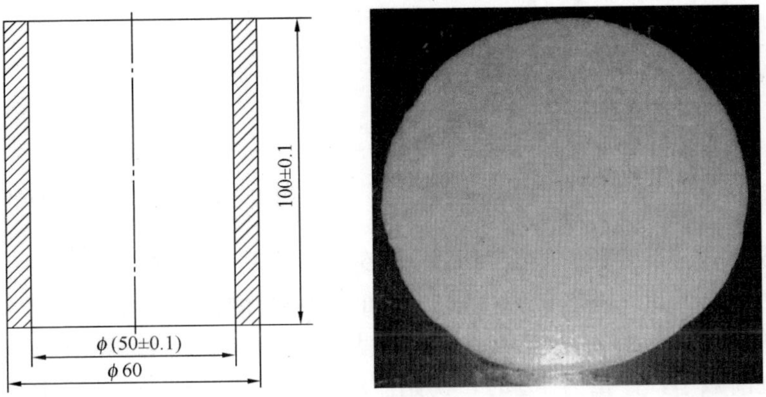

图2　浆体流动扩展度测试

2.2.2　凝结时间测定

参照《α型高强石膏》(JC/T 2038—2010) 以及《石膏基自流平砂浆》(JC/T 1023—2007) 中的相关规定进行测定。

2.2.3　强度测定

抗压强度性能按照《α型高强石膏》(JC/T 2038—2010) 进行测试。

3　试验结果与讨论

3.1　掺合料对PGSL流动性和凝结时间的影响

粉煤灰的颗粒较α型半水石膏的颗粒细，而且其标准稠度需水量更大，因此势必会影响PGSL的流动性。图3给出了粉煤灰对PGSL流动性的影响。由图3可知，随着粉煤灰掺量的增加，PGSL的初始流动度显著降低；30min流动度的变化趋势与初始流动度存在相同的趋势，也是随着粉煤灰掺量的增加，流动度下降。

粉煤灰中含有多种活性矿物，在PGSL体系中会发生水化反应，生成水化硅酸钙（C-S-H凝胶）以及水化硫铝酸钙（AFt），可能会影响到PGSL的凝结时间。图4为粉煤灰对PGSL凝结时间的影响。由图4可知，PGSL中掺入粉煤灰之后凝结时间发生改变，随着粉煤灰掺量的增加，凝结时间先延长后缩短。当粉煤灰的掺量为10%时，PGSL的凝结时间最长，初凝时间为85min，终凝时间为93min；随着粉煤灰的掺量继续增加，凝结时间逐渐缩短，但是在30%处有些波动。随着粉煤灰掺量增加到10%，凝结时间有所延长，但是掺量继续增加，凝结时间的整体趋势是缩短的。

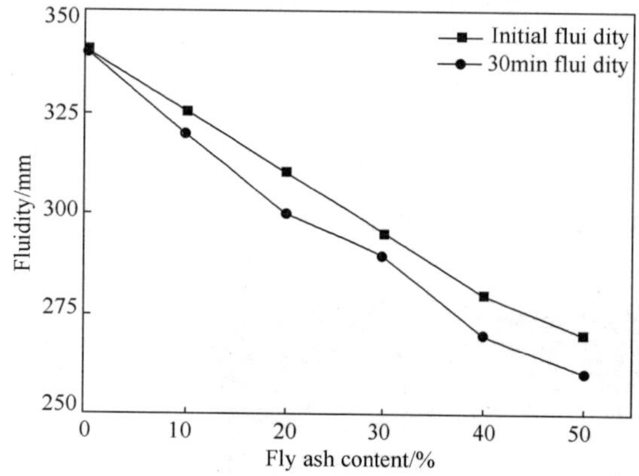

图 3 粉煤灰对 PGSL 流动性的影响

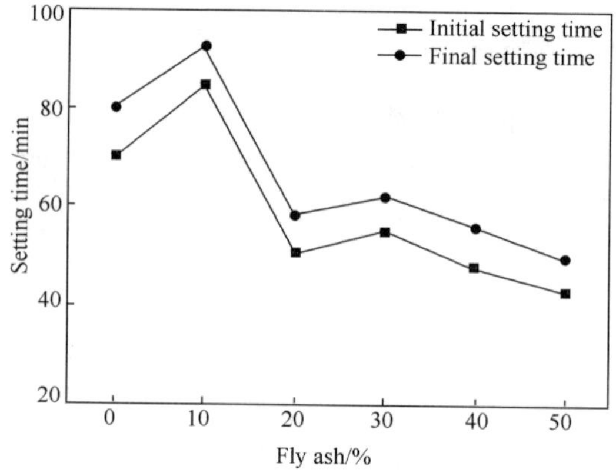

图 4 粉煤灰对 PGSL 凝结时间的影响

矿粉可以改善 PGSL 的颗粒级配，因此势必会改善其流动性能，图 5 为矿粉对 PGSL 流动性的影响。由图 5 可知，随着矿粉掺量的增加，PGSL 的初始流动度先增大后减小。当矿粉掺量为 10％时，PGSL 的初始流动度达到最大值 360mm；随着矿粉掺量的增加，PGSL 的初始流动度逐渐减小，掺量为 4％时，初始流动度最小为 335mm，与不掺矿粉时 PGSL 的初始流动度 340mm 相比，略有减小。30min 的流动度整体变化趋势和初始流动度大体相似，随着矿粉掺量的增加，先增大后减小；当矿粉掺量大于 30％时，30min 的流动度和初始流动度相比，损失较严重。PGSL 中掺入矿粉的合适掺量应该不高于 20％。

PGSL 中掺入矿粉之后，30min 流动度变化显著，掺量大于 20％之后，流动度损失非常严重。其原因很有可能是矿粉的掺入影响了 PGSL 的凝结时间。图 6 所示为矿粉对 PGSL 凝结时间的影响。由图 6 可知，矿粉掺量对 PGSL 凝结时间影响较大，随着矿粉掺量的增加，PGSL 的初凝和终凝时间均逐渐缩短，两者的变化幅度相差不多。

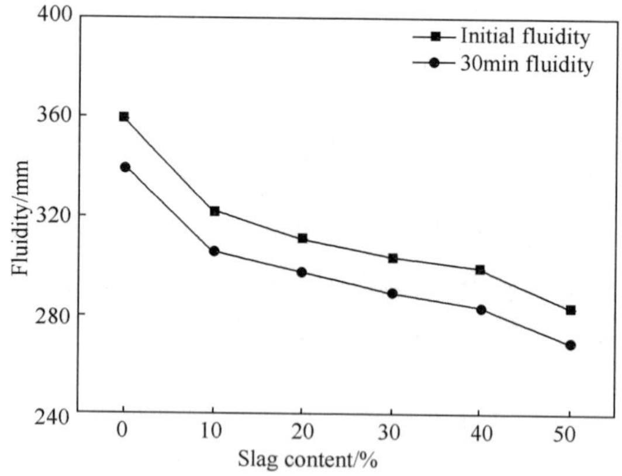

图 5 矿粉对 PGSL 流动性的影响

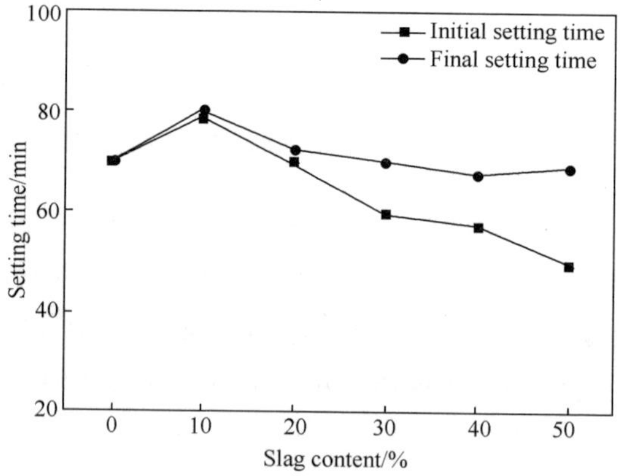

图 6 矿粉对 PGSL 凝结时间的影响

3.2 掺合料对 PGSL 力学性能的影响

粉煤灰中的活性矿物组成决定其水化产物，最终的力学性能会产生差异，因此，PGSL 中掺入粉煤灰势必会影响其力学性能。图 7 为不同掺量的粉煤灰对 PGSL 力学性能的影响。由图 7 可以看出，随着养护时间延长，PGSL 的强度不断增加。随着粉煤灰掺量的增加，

PGSL 各龄期的强度均发生变化，3d 绝干强度和 90d 绝干强度是先略微增加，然后下降，当粉煤灰掺量超过 20%之后，强度变化较大，下降明显；PGSL 的 24h 强度随着粉煤灰掺量的增加逐渐下降。

矿粉的颗粒粒径较小，可以很好填充于水化产物的空隙，优化硬化体的结构，另外矿粉中的活性矿物组成势必会影响水化反应，因此，PGSL 中掺入粉煤灰可能会影响其力学性能。图 8 为不同掺量的矿粉对 PGSL 力学性能的影响。由图 8 可以看出，随着矿粉掺量的不断增加，PGSL 的强度先增大后减小。当矿粉掺量为 10%时，PGSL 的 24h 强度、3d 绝干强度以及 90d 绝干强度均达到最大值；随着矿粉掺量继续增加，3d 绝干强度及 90d 绝干强度下降明显，当掺量达到 50%时，PGSL 的 3d 绝干强度下降到 40MPa 以下。

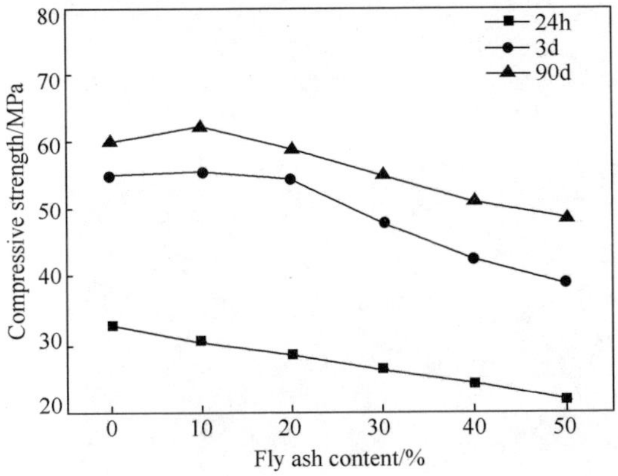

图 7　粉煤灰掺量对 PGSL 强度的影响

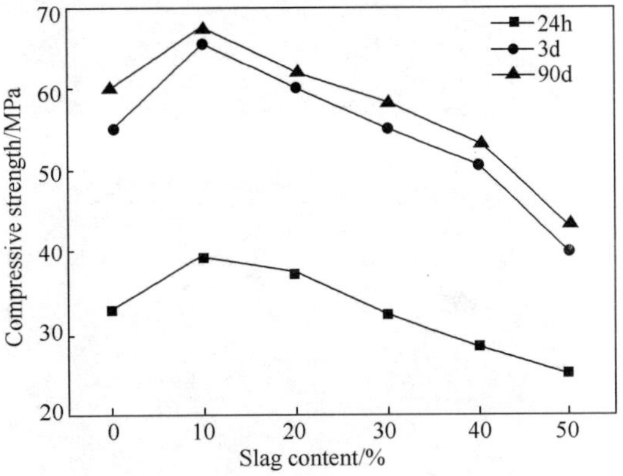

图 8　矿粉掺量对 PGSL 强度的影响

3.3　水化产物及水化机理

在 PGSL 中掺入 8%普通硅酸盐水泥和 20%粉煤灰的试样水化 3d、28d、90d 的 XRD 图谱如图 9 所示。由图 9 可知，试样的水化产物主要有二水石膏和钙矾石。试样水化 3d 之后，还存在半水石膏的衍射峰，但衍射强度已经很弱，主要还是二水石膏的衍射峰；随着水化时间的延长，水化产物的量发生了变化，其中变化最明显的是钙矾石的衍射峰，随着水化时间的延长，水化产物中钙矾石的数量逐渐增多。另外，衍射强度发生变化的还有强氧化钙的衍射峰，试样水化 3d 时，试样中还存在少量的氢氧化钙，主要是水泥水化反应产生的；水化至 28d，试样中氢氧化钙衍射峰消失，这是因为粉煤灰中存在活性的 SiO_2 和 Al_2O_3，这些活性氧化物在有 $Ca(OH)_2$ 和 $CaSO_4 \cdot 2H_2O$ 存在时，可以发生水化反应，生成水化硅酸钙、水化铝酸钙和钙矾石等胶凝相，从而消耗掉水泥水化产生的氢氧化钙。

在 PGSL 体系中控制普通硅酸盐水泥的掺量为 8%，不同掺量的矿粉对水化产物晶体形貌的影响如图 10 所示。从图中可以看出，未掺入矿粉的（a）组水化产物的晶体结构较松散，晶体之间的键接不多；掺入矿粉之后，水化产物的晶体结构更加紧密，尤其是掺量为 20%的（c）组，水化产物之

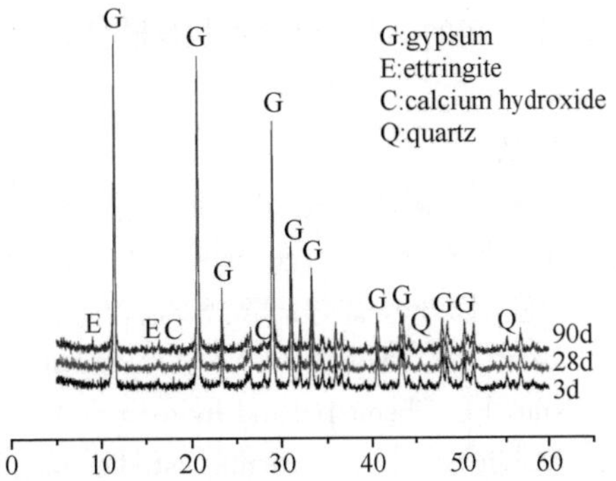

图 9　试样水化 3d、28d、90d 的 XRD 图谱

间连接紧密。一方面，矿粉中存在高活性的矿物，可以与石膏水化产物键合形成一种完整的网状结构；另一方面，矿粉中的矿物会参与水化反应，生成C-S-H凝胶和钙矾石（AFt）。通过C-S-H凝胶的交联作用，水化产物会胶结起来，从而大大改善石膏胶凝材料水化产物的微观以及亚微观结构，提高了石膏胶凝材料水化硬化体的物理力学和耐久性能。

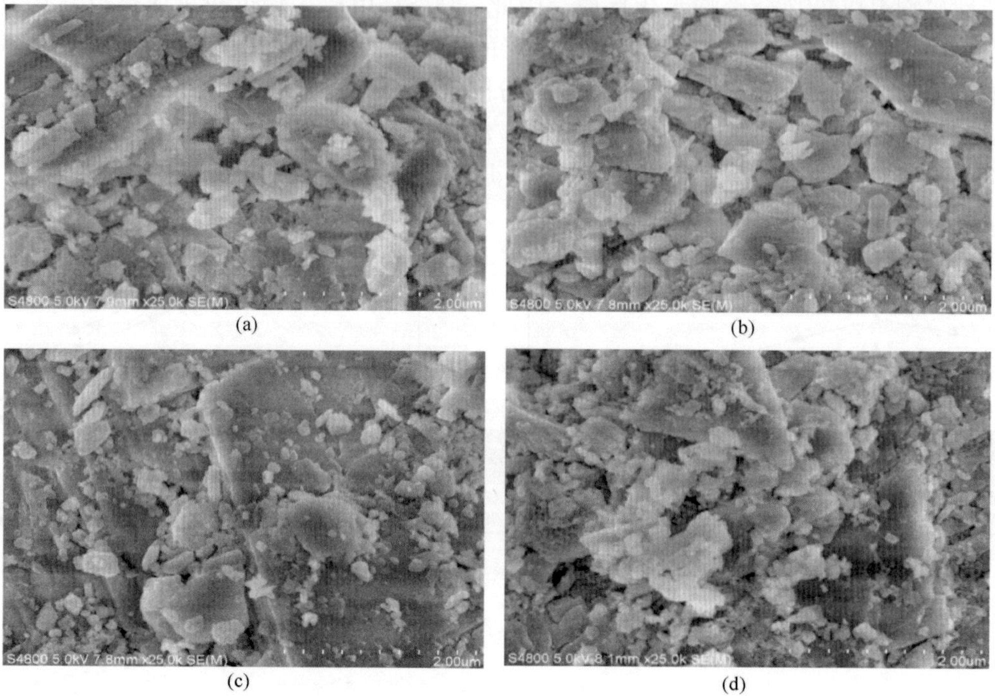

图10 不同掺量矿粉试样水化3d的SEM（图谱）

（a）未掺矿粉；（b）10%矿粉；（c）20%矿粉；（d）30%矿粉

4 结论

掺合料作为PGSL的改性材料，可以改善其工作性能，其中，矿粉效果非常明显，粉煤灰改性效果不佳。随着粉煤灰掺量的增加，PGSL的初始流动度和30min流动度显著降低；粉煤灰对PGSL各龄期的强度也带来不良影响。矿粉掺量对PGSL的凝结时间影响较大，随着矿粉掺量的增加，PGSL的初凝和终凝时间均逐渐缩短，从而导致浆体30min流动度损失严重；但是，矿粉的掺入对初始流动度以及力学性能有很好的改善作用，矿粉掺量在10%～20%之间时，PGSL的性能最佳。

参考文献

[1] 吴佩芝．湿法磷酸[M]. 北京：化学工业出版社，1987：40-41.

[2] Murakami K. Proceedings of the fifth international symposium on the chemistry of cement, Part Ⅳ (4) [C]. Toyko, 1968: 457-503.

[3] Barry E E, Kuntze R A. Calcium sulphate transition temperature in the DTA of lattice substituted gypsum[J]. Chemistry and Industry, 1972, 38: 1073-1076.

[4] Manjit S. Physico-chemico studies on phosphogypsum for use in building materials[D]. University of Roorkee, Roorkee, India, 1980.

[5] Rutherford P M, Dudas M J, Arocena J M. Heterogeneous distribution of radionuclides, barium and strontium in phosphogypsum by-product[J]. Science of the Total Environment, 1996, 180(3): 201-209.

[6] Huang Yun, Lin Zongshou. Investigation on phosphogypsum-steel slag-granulated blast-furnace slag-limestone cement[J]. Construction and building materials, 2010, 24: 1296-1301.

[7] 周可友，潘钢华，张朝晖，等．免煅烧磷石膏—矿渣复合胶凝材研究[J]. 混凝土与水泥制品，2009，(6)：55-58.

[8] Manjit S, Mridul G. Making of anhydrite cement from waste gypsum[J]. Cement and Concrete Research, 2000, 30(4): 571-577.

[9] 席美云．磷石膏的综合利用[J]. 环境科学与技术，2001，95(3)：10-13.

[10] De Gasparo A, Herwegh M, Zurbriggen R, et al. Quantitative distribution patterns of additives in self-leveling flooring compounds (underlayments) as function of application, formulation and climatic conditions. Cement and Concrete Research, 2009(39): 313-323.

[11] Knaufetal. Calciumsul Phateanhydritemortar. U. S. Patentnumber: 3, 954, 492. 5/1976.

[12] KyriHansDr, Abbindeanreger. Fed. ReP. ofGermany. Patentnumber: 2609123. 9/1977.

[13] Obbers, etal. Self-levellingmortar-nixture. U. S. Patentnumber: 4, 931, 099. Jun. 5, 1990.

碳化秸秆纤维和硅藻土协同作用对砂浆调湿性能的影响

肖力光　刘喜旭
（吉林建筑大学材料科学与工程学院，长春，130118）

摘　要：本文主要研究了碳化秸秆纤维和硅藻土协同作用对砂浆调湿性能的影响。试验结果表明，秸秆纤维经过200℃碳化20min，其毛细管变得更加通透，空隙率更大，秸秆碳化前后比表面积提高了近34倍。碳化后的秸秆纤维加入砂浆后改善了缓凝现象。当碳化秸秆纤维掺量为2％时，砂浆吸湿率为52×10^{-3}kg/m^2，放湿率为42×10^{-3}kg/m^2，与普通秸秆纤维砂浆的吸湿率和放湿率相比，分别提高了8.3％和2％，并且加入了碳化秸秆纤维后的硅藻土改性砂浆对环境的湿度调节能力显著提高。

关键词：材料学　硅藻土　秸秆碳化　力学性能　调湿砂浆

Effect of Carbonated Straw Fiber on the Properties of Soil Modified Mortar of Diatoms

Xiao Li guang, Liu Xixu
(School of Materials Science and Engineering, Jilin Jianzhu University, Changchun, 130118)

Abstract: In this paper, the effects of the synergy of carbon straw fiber and diatomite on the moisture regulation performance of mortar are studied. The experimental results showed that straw fiber was carbonized by 20min at 200℃, straw fiber capillary became more transparent, the gap rate was larger, and the surface area of straw was increased by nearly 34 times before and after carbonization. After the carbonized straw fiber was added to the mortar, the condensation was improved. When the content of carbonated straw fiber was 2%, the moisture absorption rate of the mortar was 52×10^{-3} kg/m^2; The dehumidification rate is 42×10^{-3} kg/m^2, which is 8.3% and 2% higher than that of ordinary straw fiber mortar. The soil modified mortar of diatomite after adding carbon straw fiber has significantly improved the humidity regulation ability of environment

Keywords: Materials Science　Diatomite　Straw carbonization　Mechanical properties　Moisture mortar

---

基金项目：“十三五”国家重点研发计划（2018YFD1101001）。

作者简介：肖力光，男，博士，教授，博士生导师，中国硅酸盐学会房屋建筑材料分会理事，长期从事新型建筑材料的研究，联系电话：13578879577。

1 引言

空气湿度是影响居住环境舒适度的重要因素，目前对于环境湿度的调节主要依靠空调技术，但空调系统耗能巨大，对环境污染大。利用材料的吸放湿性对环境湿度进行调节，具有低能耗、无污染等特点，是一种生态性调控方法。我国硅藻土资源储量丰富，已经探明的有4亿t左右，总储量20亿t以上，居亚洲首位[1]。硅藻土具有三维微细孔道结构，孔道通过对环境中的水分子吸附和脱附可以很好地调节环境的湿度。秸秆纤维是一种来源广泛的绿色生物质材料，通过碳化处理后的秸秆纤维吸附性变得更强。本试验重点研究碳化后的秸秆纤维特性和秸秆纤维与硅藻土共同作用对砂浆的吸放湿性能的影响。

2 试验

2.1 原材料

水泥选用P. O 42.5水泥；秸秆纤维化学成分见表1；硅藻土选用吉林长白地区低品位三级硅藻土，粉磨20min后经600℃煅烧120min，收集备用，其理化性能见表2；砂选用细度为2.3的石英砂；水选用自来水。

表1 秸秆纤维化学成分

成分	粗纤维				灰分	其他
	纤维素	半纤维素	木质素	角质		
含量/%	43.2	31.6	15.1	6.7	6.4	2.6

表2 硅藻土的理化性能及成分分析

堆积密度/(g/cm³)	孔半径/nm	比表面积/(m²/g)	化学成分/%				
			SiO_2	Al_2O_3	Fe_2O_3	CaO	其他
2.4	100～600	20.1376	80.13	5.45	1.23	0.53	12.66

2.2 试验过程

预拌干混砂浆时，胶凝材料与石英砂的比例为1∶2.5，水胶比为0.38，硅藻土掺量占胶凝材料的20%，聚羧酸减水剂掺量为胶凝材料的0.3%。将秸秆纤维置于无氧充氮气保护环境下，在150℃、175℃、200℃、225℃、250℃五个温度梯度下分别保持5min、10min、15min、20min进行碳化处理，碳化秸秆纤维的掺量占总质量的2%。将所有原料依照试验配合比均匀混合，根据《建筑砂浆基本性能试验方法》（JGJ/T 70—2009）加入拌合水制作试件，测试砂浆的工作性能。调湿性能根据《建筑材料及制品的湿热性能—吸湿性能的测定》（GB/T 20312—2006）进行测试。比表面积采用金埃谱2800-TP型孔径及比表面积分析仪测试；采用TM3030型电子扫描显微镜观察秸秆纤维的表层形貌，采用Affinity-1型红外光谱仪进行基团频率分析，采用OXFORD X-MAXN 50型能谱仪对碳化秸秆纤维进行表层微区元素分析。

3　结果与讨论

3.1　碳化秸秆纤维对砂浆初凝时间的影响

经过200℃碳化15min的秸秆纤维与原秸秆纤维对砂浆初凝时间的影响的试验结果如图1所示。秸秆掺量增加了凝结时间的延长，原因是秸秆为一种生物质材料，遇碱溶解后以醚键相连的木质素结构单元断开，连接木质素与半纤维素的酯键因皂化反应断裂，纤维素与半纤维之间的氢键断裂，分解为单糖，糖类含有许多—OH官能团，在碱性环境中与游离的钙离子生成不稳定的络合物，控制了水化初期液相中钙离子的浓度；与此同时，羟基易与水分子通过氢键缔合，使水泥颗粒表面形成一层溶剂化水膜，阻碍了水化进程，从而起到缓凝的作用[4]。经过碳化处理的秸秆纤维加入砂浆中，初凝时间远短于同等掺量的原秸秆纤维，主要原因是高温碳化破坏了大分子糖的结构，使得秸秆纤维在碱性环境下少量析出或不析出聚糖类物质，减少了对水泥水化进程的阻碍，大大降低了秸秆纤维对砂浆的缓凝作用。

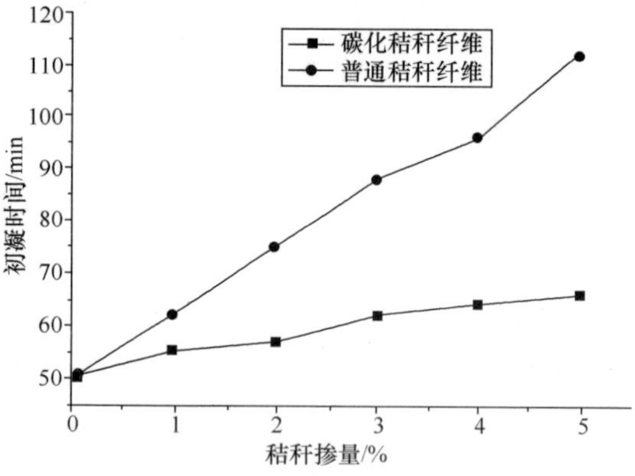

图1　碳化秸秆纤维对砂浆初凝时间的影响

3.2　碳化纤维对砂浆调湿性能的影响

对比图2、图3可知，经过碳化处理的秸秆纤维毛细管变得更加通透，空隙率更大，经测试，普通秸秆的比表面积为0.062m^2/g，碳化后比表面积变大，可达到2.132m^2/g，提高了近34倍。由图4可见，硅藻土具有大量微孔的形貌特征，对比表3试验结果可知，不掺纤维的硅藻土改性砂浆吸、放湿量分别为$43\times10^{-3}kg/m^2$和$32\times10^{-3}kg/m^2$，掺加普通秸秆纤维的硅藻土改性砂浆吸、放湿量分别为$48\times10^{-3}kg/m^2$和$35\times10^{-3}kg/m^2$；掺加碳化秸秆纤维的硅藻土改性砂浆吸、放湿量分别为$52\times10^{-3}kg/m^2$和$42\times10^{-3}kg/m^2$，三种配方中24h放湿量均在吸湿量的70%以上。

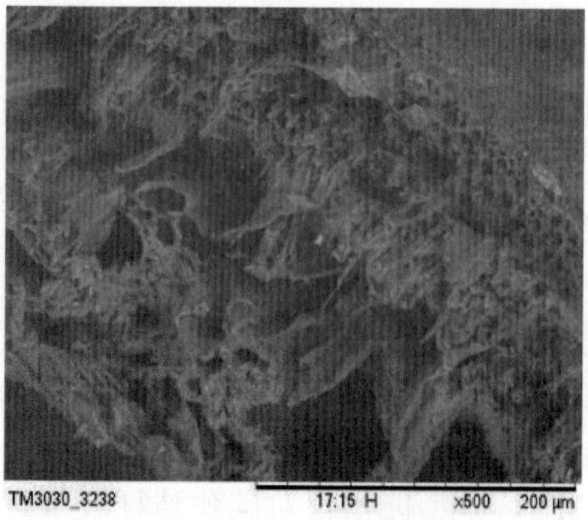

图2　普通秸秆纤维的SEM图谱

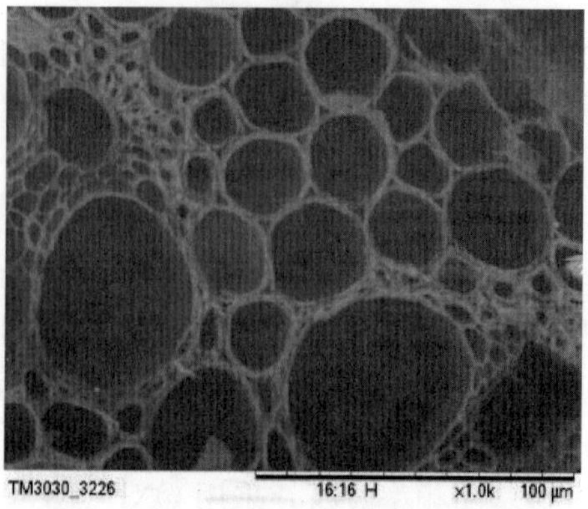

图3　碳化秸秆纤维的SEM图谱

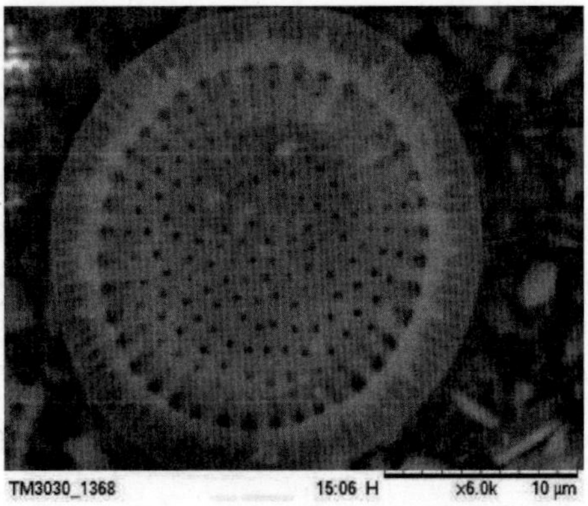

图 4　硅藻土的 SEM 图谱

表 3　砂浆各时段吸、放湿量（10^{-3}kg/m²）

纤维种类	吸湿量				放湿量			
	3h	6h	12h	24h	3h	6h	12h	24h
无秸秆纤维	21	29	38	43	37	28	19	11
普通秸秆纤维	23	32	40	48	39	30	21	13
碳化秸秆纤维	26	37	47	52	43	31	20	10

图 5、图 6 分别为三种砂浆不同时间间隔的吸、放湿性曲线。由图中可知，砂浆对水分的吸收与释放是一个动态的过程，取决于其表面及周围环境的水蒸气分压。当砂浆处于湿度较低的环境时，硅藻土与碳化秸秆纤维主要依靠范德华力将水分子吸附于孔道的表面，形成薄薄的单层水膜。水分子间多是以氢键结合，在环境湿度较高时，主要是多分子层吸附，在单层吸附的基础上，水分子通过氢键结合，在材料的孔道中水分子逐层积累[5]。当孔道内剩余空间的半径小于毛细孔临界孔径时，水分子便会发生毛细管凝聚吸附，吸湿性也会急剧增加。当表面水蒸气分压高于周围环境分压时，砂浆释放水分子；当表面水蒸气分压等于环境分压时，吸、放湿过程保持平衡。普通水泥砂浆由于骨料与胶凝材料之间也存在少许空隙[6]，可以调节环境的湿度，但效果不明显。碳化秸秆纤维与硅藻土具有较大的比表面积和孔容积，为水分子的吸附与脱附提供了空间。硅藻土与碳化秸秆纤维协同作用，表现出更优的调湿性能。

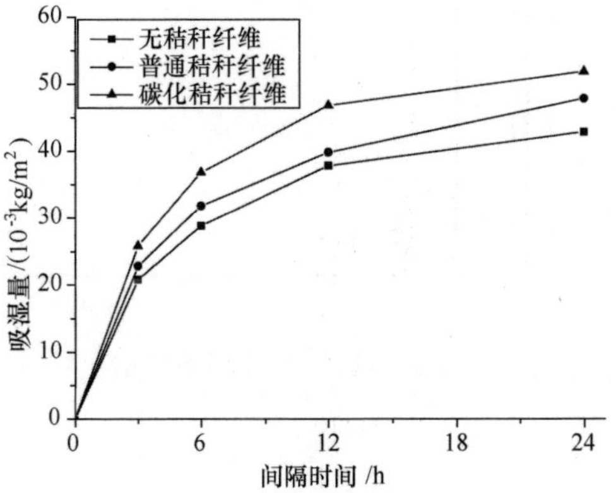

图 5　秸秆纤维对砂浆吸湿性的影响

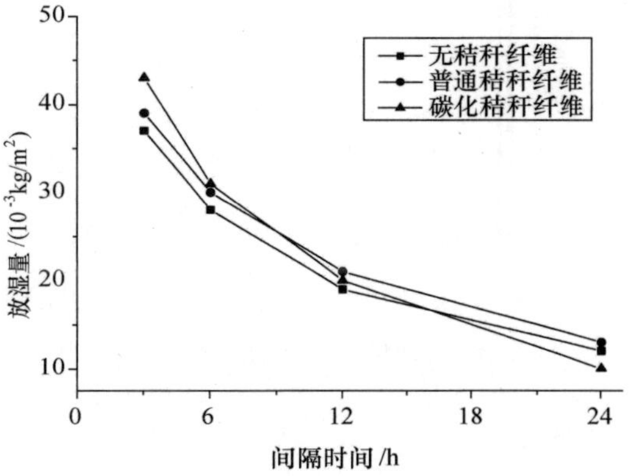

图 6　秸秆纤维对砂浆放湿性的影响

3.3 微观分析

高温碳化秸秆不仅改变了纤维内部孔隙结构，物质成分与官能团也发生不同程度的改变，通过测定秸秆纤维的红外光谱（IR）、能谱（EDS）来研究碳化前后的变化。图 7 为原秸秆纤维与碳化秸秆纤维的红外谱图。秸秆纤维具有纤维素典型的红外特征吸收峰。纤维中的 3416.0cm^{-1}处是—OH 的伸缩振动吸收峰；2900.2cm^{-1}与 1372.6cm^{-1}处分别是—CH 的伸缩振动吸收峰与弯曲振动吸收峰；1636.0cm^{-1}处是吸附水振动吸收峰；1059.0cm^{-1}处是环状 C—O—C 的 C—O 伸缩振动吸收峰[7]。对比两张图谱可明显看出，碳化秸秆纤维的—OH 伸缩振动和环状 C—O 伸缩振动吸收峰峰由强减弱，羟基和醛基含量降低，碳化秸秆纤维中的有机聚糖类物质含量降低。

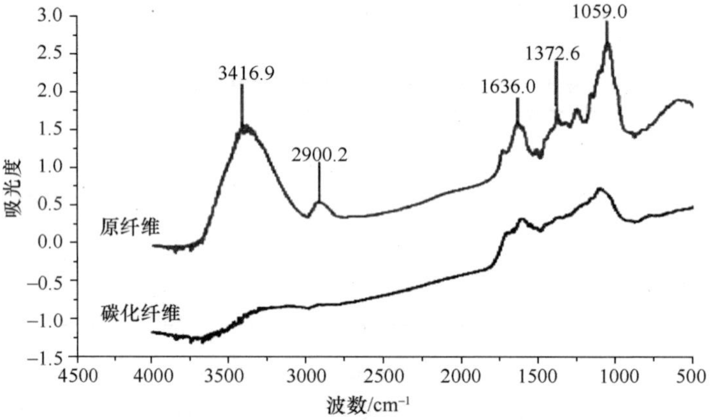

图 7　秸秆纤维碳化前后的红外谱图

图 8 和图 9 为采用 EDS 对普通秸秆与碳化秸秆分别进行表层微区分析。对比两者可知，秸秆碳化后 Si 元素的含量显著增加，秸秆表皮中 Si 元素主要来源于 SiO_2。秸秆纤维在碳化前表层 Si 元素的质量百分比为 15.73%，经分析可知，SiO_2 含量约为 34%；秸秆纤维在碳化后表层 Si 元素的质量百分比为 29.36%，SiO_2 含量约为 63%。与碳化前秸秆纤维对比可知，表层中无机 SiO_2 的含量提高了 86.69%。

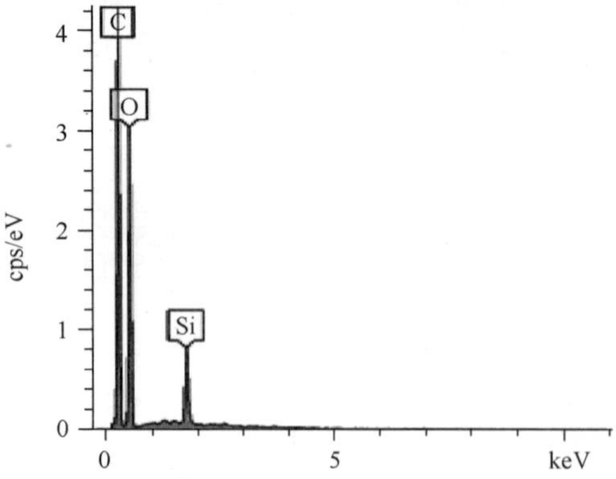

图 8　普通秸秆纤维的 EDS 图谱

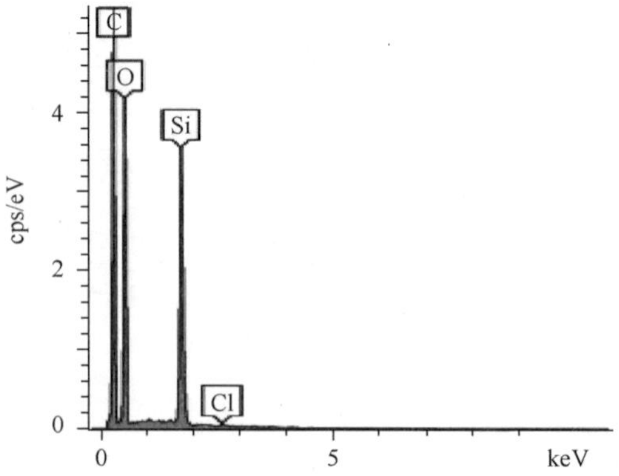

图 9　碳化秸秆纤维的 EDS 图谱

4　结论

秸秆纤维经过 200℃碳化 20min，其毛细管变得更加通透，空隙率更大，比表面积提高了近 34 倍。表层有机物含量降低，有效抑制糖类物质的析出，缩短水泥的初凝时间。无机 SiO_2 含量提高了 86.69%。碳化秸秆纤维掺量为 2%时，砂浆的吸湿量为 52×10^{-3} kg/m²，放湿量为 42×10^{-3} kg/m²，吸湿量和放湿量分别提高了 8.3%和 2%。因此，碳化纤维调湿性能优异，是一种应用前景广阔的新型调湿砂浆。

参考文献

[1] 肖力光，庞博. 硅藻土/纳米氧化锌/氧化石墨烯复合光催化材料的制备及其光催化性能研究[J]. 人工晶体学报，2018，47(02)：441-445+451.

[2] Li-guang Xiao，Xi-xu Liu. Effect of straw carbonization on properties of cement-based straw fiber composites[J]. Earth and Environmental Science，2019(267)：1-5.

[3] Nabil M，Al-Akhras，Bilal A，et al. Effect of wheat straw ash on mechanical properties of autoclaved mortar[J]. Cement and Concrete Research，2002(32)：859-863.

[4] 李静瑶. 秸秆水泥基复合材料性能的研究[D]. 吉林：吉林建筑大学. 2016：89-91.

[5] 胡明玉，付超. 硅藻土调湿材料的性能及调湿机理研究[J]. 功能材料，2017，4(04)：35-37.

[6] 李静. 环保调湿功能砂浆的制备与性能[J]. 河南建材，2016，4(4)：33-36.

[7] 蒋开彬，牛品，王博，等. 火炬松木材基本密度和纤维长度近红外模型的建立与应用[J]. 福建农林大学学报(自然科学版)，2018，47(06)：764-768.

电厂稻壳灰对水泥砂浆力学性能的影响

肖力光　李根壮

（吉林建筑大学材料科学与工程学院，长春，130118）

摘　要：本文主要研究了电厂稻壳灰（ERHA）物理活化后的微观结构和活性变化，并通过不同掺量、不同龄期的电厂稻壳灰水泥砂浆的胶砂强度试验，探索了电厂稻壳灰对水泥砂浆力学性能的影响。试验结果表明，随着粉磨时间的增加，电厂稻壳灰的细度增加，火山灰活性提高，但是粉磨时间超过 30min 后，细度和火山灰活性变化不大；随着电厂稻壳灰掺量的增加，水泥砂浆的力学性能呈现出先提高后降低的趋势，当电厂稻壳灰掺量为 10%时，砂浆力学性能最佳，28d 抗压强度为 60. 97MPa，相较对照组砂浆提高了 13%。

关键词：材料学　电厂稻壳灰　力学性能　微观结构　强度

Effect of Rice Husk Ash from Power Plant on Mechanical Properties of Cement Mortar

Xiao Liguang，Li Genzhuang

(College of Materials Science and Engineering,

Jilin Jianzhu University，Changchun，130118)

Abstract: This paper mainly studies the microstructures and activity changes of rice husk ash from power plant (ERHA) after physical activation，and explores the influence of ERHA on the mechanical properties of cement mortar through the strength test of ERHA cement mortar with different dosage and age. The results show that the fineness and pozzolanic activity of ERHA increase with the increase of grinding time，but the fineness and pozzolanic activity do not change much after grinding time exceeds 30minutes. With the increase of ERHA，the mechanical properties of cement mortar show a trend of first increasing and then decreasing. When the ERHA content is 10%，the mortar has the best mechanical properties. The 28d compressive strength is 60. 97 MPa，which is 13% higher than that of the control mortar.

Key words: Materials Science　Rice Husk Ash of Power Plant　Mechanical Properties　Microstructure　Strength

---

基金项目："十三五"国家重点研发计划（2018YFD1101001）。

作者简介：肖力光，男，博士，教授，博士生导师，中国硅酸盐学会房屋建筑材料分会理事，长期从事新型建筑材料的研究，联系电话：13578879577。

1　引言

中国水稻年产量约为2亿t，大约产生4000多万t稻壳。近年来，随着石油、天然气、煤炭等天然能源的日益枯竭，越来越多的生物质燃料发电厂开始尝试利用稻壳作为燃料燃烧发电，产生了大量的电厂稻壳灰，因此寻找电厂稻壳灰等生物质废弃物的合理应用途径具有巨大的现实意义，逐渐成为国内外学者的研究热点[1]。研究表明，稻壳在600℃以下焚烧时所得的稻壳灰中SiO_2含量超过90%，具有良好的火山灰活性，是一种理想的绿色活性掺合料[2-55]。万惠文等指出，生物质燃料发电厂稻壳的燃烧温度为600～850℃，但高温燃烧的时间很短，电厂稻壳灰依然具有一定的火山灰活性[6,7]。

本文尝试将物理活化后的电厂稻壳灰掺入水泥砂浆中，研究不同掺量的电厂稻壳灰对水泥砂浆力学性能的影响，不仅有利于促进电厂稻壳灰资源的有效利用，而且可以为电厂稻壳灰用作活性掺合料提供一定的理论依据。

2　试验

2.1　原材料

水泥：吉林亚泰水泥有限公司生产的鼎鹿牌P·O 42.5级水泥；稻壳灰：长春宏日新能源提供的颗粒燃料残渣，磨细后使用，微观形貌如图1所示；砂：ISO标准砂；减水剂：粉状聚羧酸系高效减水剂；拌合水：自来水。

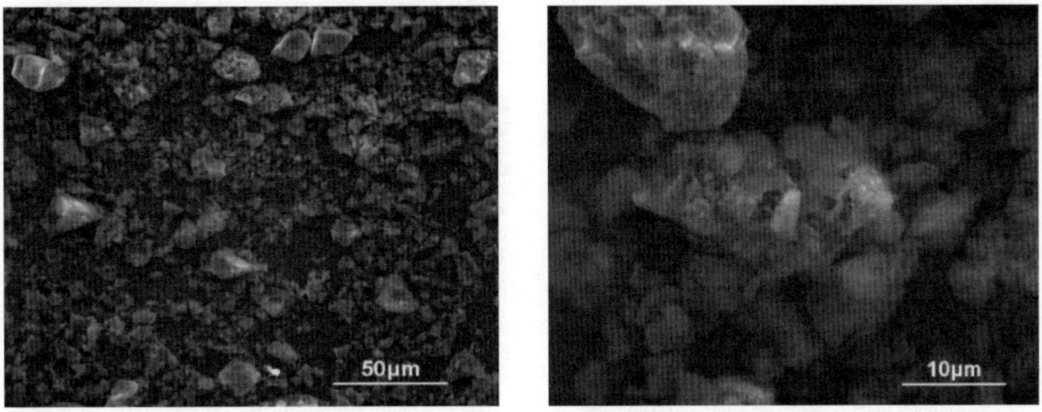

图1　不同放大倍率下电厂稻壳灰的SEM图像

2.2　试验过程

将电厂稻壳灰粉磨10min、20min、30min、40min进行机械活化处理，分析其粒径分布及反应活性。然后将水泥、标准砂、电厂稻壳灰、减水剂等经配料、计量、均混，配置成为干混砂浆，使用时只需按一定比例加水即可。砂浆的力学性能测试参照《水泥胶砂强度检测方法（ISO法）》（GB/T 17671—1999）进行。

采用X射线粉末衍射仪（PANalytical X'Pert3 Powder）分析样品的矿物组成；采用电子扫描显微镜（TESCAN VEG A3）观察样品的微观形貌；采用激光粒度分布仪（Microtrac S3500）测试样品的粒径分布，火山灰活性指数通过取代30%硅酸盐水泥的胶砂试件28d抗压强度进行测试。

3 结果与讨论

3.1 粉磨时间对电厂稻壳灰粒径分布的影响

矿物掺合料的细度对其活性的发挥至关重要，图2为粉磨时间对电厂稻壳灰D50粒径的影响。分析图2可知，随着粉磨时间的延长，颗粒尺寸显著减小，但粉磨时间从30min提高到40min时，电厂稻壳灰的D50下降幅度明显降低，说明粉磨时间超过30min后继续延长粉磨时间对电厂稻壳灰细度的影响降低。

3.2 粉磨时间对电厂稻壳灰反应活性的影响

电厂稻壳灰的反应活性参照《用于水泥混合材的工业废渣活性试验方法》（GB/T 12957—2005）进行测试，将掺30%电厂稻壳灰与不掺电厂稻壳灰的硅酸盐水泥试件的28d胶砂抗压强度比作为电厂稻壳灰的火山灰活性指标。图3为不同粉磨时间的电厂稻壳灰的火山灰活性。从图中可以看出，随着粉磨时间的延长，电厂稻壳灰的火山灰活性并不是一直增加，粉磨时间为30min时电厂稻壳灰的火山灰活性最高，为85.47%。这是因为物质的反应活性与其颗粒形态有关，粉磨时间过长时，稻壳灰颗粒容易出现二次团聚，降低电厂稻壳灰的火山灰活性。所以稻壳灰适宜粉磨时间为30min。

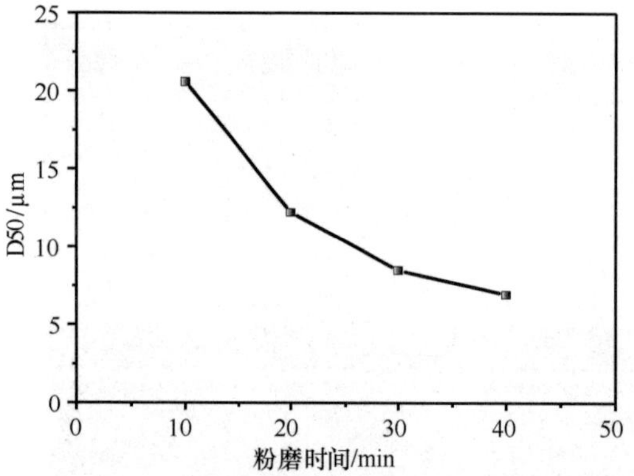

图2 粉磨时间对电厂稻壳灰D50粒径的影响

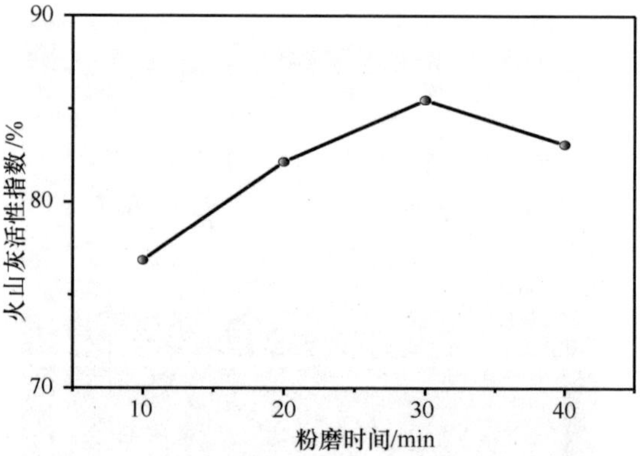

图3 不同粉磨时间电厂稻壳灰的火山灰活性

3.3 电厂稻壳灰对水泥砂浆力学性能的影响

将稻壳灰分别替代0、5%、10%、15%、20%、25%的水泥进行试验，测得7d、28d的胶砂强度试验结果，如图4所示。分析图4可知，在合理掺量范围内，电厂稻壳灰能够提高砂浆的抗压强度，但对后期强度的影响更为显著。这是因为早期时砂浆内部$Ca(OH)_2$浓度较低，电厂稻壳灰的活性不能被完全激发，随着水化反应的进行，砂浆内部$Ca(OH)_2$浓度逐渐提高，稻壳灰的活性被充分激发，逐渐与$Ca(OH)_2$发生二次水化反应，生成了具有胶凝能力的C-S-H凝胶，表现为砂浆的28d抗压强度显著提高。在0～10%掺量范围内，随着电厂稻壳灰掺量的增加，砂浆的抗压强度逐渐提高，但掺量超过10%后，继续增加电厂

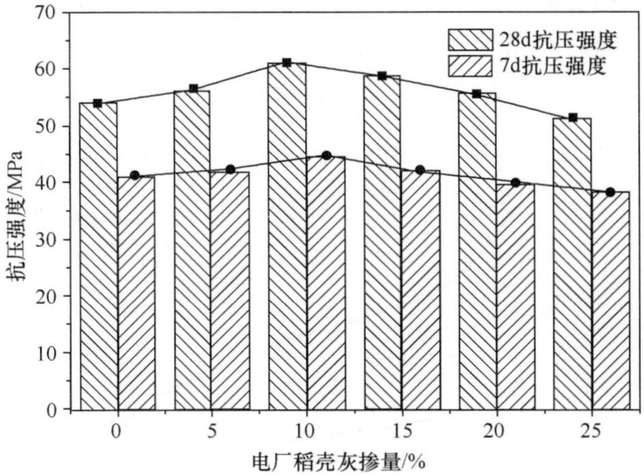

图 4　电厂稻壳灰对水泥砂浆力学性能的影响

稻壳灰用量，砂浆的抗压强度不再提高，反而呈现出降低的趋势。这是因为电厂稻壳灰中的活性 SiO_2 和 Al_2O_3 会与水泥水化产生的 $Ca(OH)_2$ 发生水化反应，生成具有胶凝作用的二次水化硅酸钙和水化铝酸钙，使得电厂稻壳灰颗粒与水泥水化产物之间结合得更为致密；其他无法参与火山灰反应的电厂稻壳灰颗粒作为微集料填充在硬化后的水泥石中，改善砂浆的孔结构，电厂稻壳灰的火山灰效应和微集料效应共同促进了砂浆抗压强度的增强。电厂稻壳灰掺量超过 10%后，由于水泥熟料减少，造成砂浆强度下降的后果凸显出来，电厂稻壳灰的火山灰效应和微集料效应已无法完全弥补这些强度损失，宏观表现为砂浆抗压强度降低。

3.4　水化产物矿物组成及微观结构分析

水泥砂浆 28d 水化产物的微观结构和矿物组成分别如图 5、图 6 所示。从图 5 可以看出，不掺电厂稻壳灰时，砂浆 28d 水化产物中有大量的片层状 $Ca(OH)_2$，结构较为疏松；掺 10%电厂稻壳灰后，砂浆 28d 水化产物中几乎不存在 $Ca(OH)_2$，电厂稻壳灰与其他水化产物交织在一起形成了网状结构，较为致密。分析图 6 可知，掺入 10%的电厂稻壳灰后，水化产物中 $Ca(OH)_2$ 衍射峰明显减弱，说明砂浆中 $Ca(OH)_2$ 含量显著降低。这是由于砂浆中 $Ca(OH)_2$ 的主要来源是水泥熟料矿物成分 C_3S、C_2S 的水化反应产物，掺入电厂稻壳灰后，C_3S 和 C_2S 的含量减少，水化反应生成的 $Ca(OH)_2$ 减少；此外，电厂稻壳灰会与 $Ca(OH)_2$ 发生二次水化反应，进一步降低砂浆中 $Ca(OH)_2$ 含量，提高了水泥砂浆的强度。

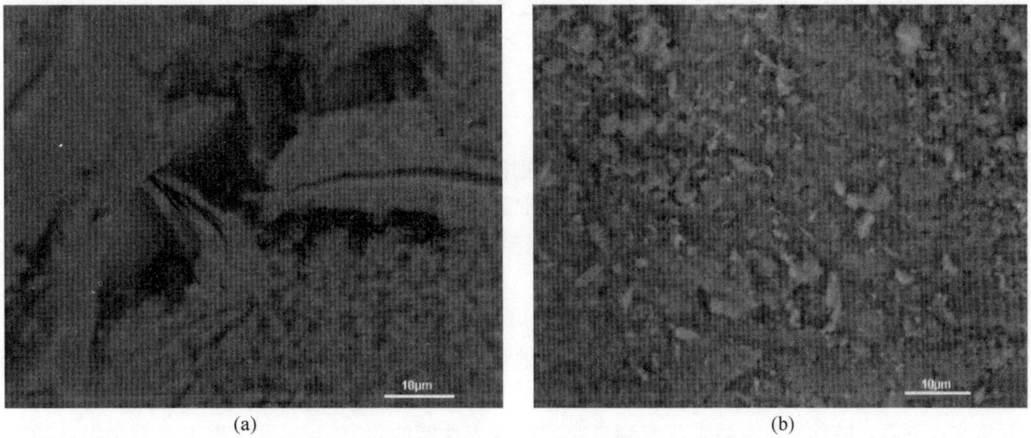

图 5　水泥砂浆 28d 水化产物的 SEM 图像

(a) 不掺电厂稻壳灰；(b) 掺 10%电厂稻壳灰

在加热温度为 20℃/min 的条件下，对 28d 龄期的对照组和掺入电厂稻壳灰的水泥砂浆进行热重分析，结果如图 7 所示。可以观察到两组砂浆在 450～550℃之间都有质量损失区域，这主要与 $Ca(OH)_2$ 的受热分解有关，但对照组砂浆要比掺 10%电厂稻壳灰砂浆的质量损失更明显，证明稻壳灰与水泥水化产生的 $Ca(OH)_2$ 发生了反应，有利于提高水泥砂浆的力学性能。

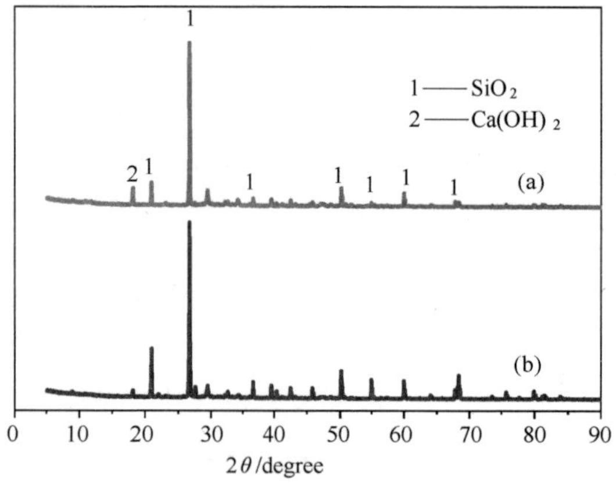

图 6　砂浆 28d 水化产物的 XRD 图谱

（a）不掺电厂稻壳灰，（b）掺 10%电厂稻壳灰

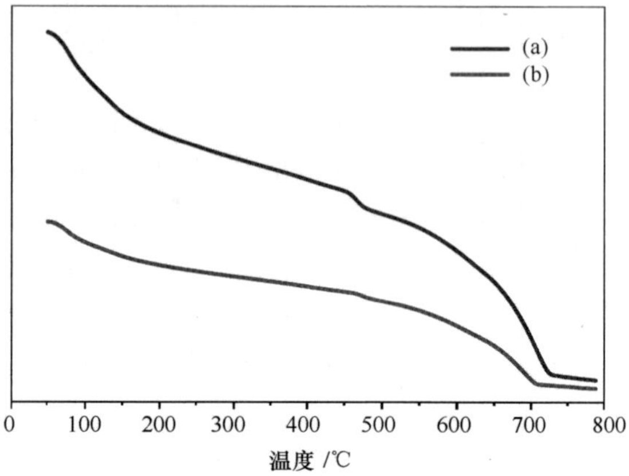

图 7　砂浆 28d 水化产物的 TG 曲线

（a）不掺电厂稻壳灰；（b）掺 10%电厂稻壳灰

4　结论

（1）机械活化能够显著提高电厂稻壳灰的化学反应活性，粉磨 30min 时，电厂稻壳灰的火山灰活性最高，达到 85.47%。

（2）机械活化后的电厂稻壳灰能显著提高水泥砂浆的力学性能，电厂稻壳灰的最佳掺量为 10%，7d、28d 强度分别达到 44.54MPa、60.97MPa，相较不掺电厂稻壳灰的砂浆提高了 8.6%、13.0%。机械活化后的电厂稻壳灰可作为高性能活性掺合料掺入水泥混凝土中。

（3）利用电厂稻壳灰制备水泥砂浆，既能充分利用工业废料，又有利于降低水泥砂浆的生产成本，具有广阔的应用前景。

参考文献

[1]　肖力光，李静瑶．秸秆在水泥基建筑材料中的应用[J]．吉林建筑大学学报，2016，33(04)：48-51.

[2]　欧阳东．稻壳灰和硅灰的波谱学对比研究[J]．混凝土，2003(10)：34-35.

[3]　袁继峰，刘彬，董晓进．不同细度稻壳灰对混凝土强度及自收缩的影响[J]．兰州理工大学学报，2015，41(06)：143-147.

[4]　王维红．稻壳灰混凝土性能及机理研究[D]．银川：宁夏大学，2017：4-6.

[5]　杨迎春，姚兴贵，吴照学．电厂稻壳灰不同掺量对混凝土性能影响的试验研究[J]．佳木斯大学学报(自然科学版)，2018，36(01)：30-31+36.

[6]　万惠文，刘离，陈伟．利用稻壳灰配制自密实混凝土性能的研究[J]．武汉理工大学学报，2011，33(07)：32-34+46.

[7]　刘离．电厂稻壳灰及其在混凝土中的应用研究[D]．武汉：武汉理工大学，2012：4-10.

钢渣粉-粉煤灰复合掺合料的研制

李　斌

（上海同济检测技术有限公司，上海，201901）

摘　要：利用炼钢的工业固废加工成的钢渣粉与宝钢自备电厂的粉煤灰按一定比例进行混合，通过试验获取一种具有需水量比低、活性指数高、制备工艺简单、低生产成本等特点的复合掺合料，其性能可满足复合粉煤灰的技术要求。掺钢渣粉-粉煤灰复合掺合料后所配制的水泥砂浆具有良好的工作性能，粘聚性、保水性非常好，完全没有离析、泌水现象，坍落度满足施工的最低要求。通过试验，选择适宜复合掺合料掺量，使水泥砂浆各项技术性能指标均得到明显改善。

关键词：粉煤灰　钢渣粉　复合掺合料　水泥砂浆

0　引言

由于工业用电减少、西气东送、进口煤用量增加等因素，上海及周边地区粉煤灰供应量急剧减少，上海地区混凝土搅拌站采购粉煤灰比较困难，有的混凝土搅拌站甚至只能采购炉底渣磨细粉煤灰应用在混凝土中。在今后的几年中，这种情况会尤为突出，粉煤灰的供应量缺口会不断扩大。面对市场的需求，公司希望将炼钢的工业固废加工成的钢渣粉、宝钢自备电厂的粉煤灰运用到水泥及混凝土中，不仅可以产生一定经济效益，而且可以减少对环境的危害。开发出一种高品质复合粉煤灰，既能保证粉煤灰产品质量，又能增加市场的供应量，满足市场的需求，有着巨大的技术、经济、环境和社会效益。此外，大量的试验研究显示，单掺粉煤灰的混凝土具有一系列优点。然而，单掺粉煤灰的混凝土最大的缺点在于其早期活性偏低，尤其是使用低钙灰（目前我国的粉煤灰以低钙灰为主），难以满足建筑工程快速施工的要求。

通过实践，人们发现单掺一种矿物掺合料虽然能提高混凝土的整体性能[1-3]，如利用钢渣粉、粉煤灰、矿渣粉可以改善混凝土的工作性能及二次水化作用，但是也存在一些缺陷。例如，单掺粉煤灰时，混凝土需水量小；自干燥收缩和干燥收缩都很小；早期强度会明显降低，后期强度发展良好；水化热降低，消减温峰效果好，尤其适用于大体积混凝土的施工；抑制碱集料反应能力强。但掺量增大时，混凝土的碱度储备可能不足，导致抗碳化性能降低。大量掺入矿渣粉的混凝土的和易性不好，容易引入气体，体积收缩率高，容易开裂；大量掺入钢渣粉的混凝土的早期强度低等。

钢渣粉-粉煤灰复合掺合料是一种以粉煤灰为主材，复配钢渣粉而成的复合矿物掺合料。该复合掺合料具有需水量比低、活性指数高、制备工艺简单、生产成本较低等特点。

作者简介：李斌，男，管理学学士，助理工程师，从事建材材料检测。

1 钢渣粉-粉煤灰复合掺合料

1.1 试验原材料

1. 水泥

采用上海南方水泥有限公司生产的42.5级普通硅酸盐水泥，其技术指标见表1。

表1 水泥的技术指标

水泥品种	筛余/%	MgO/%	SO_3/%	烧失量/%	安定性	初凝时间/min	终凝时间/min	抗折强度/MPa		抗压强度/MPa	
								3d	28d	3d	28d
P.O 42.5	1.26	1.48	1.76	1.62	合格	158	248	5.5	8.6	28.4	50.5

2. 粉煤灰

采用宝钢电厂生产的F类Ⅱ级粉煤灰，其化学成分见表2。

表2 粉煤灰的化学成分

成分	CaO	SiO_2	Al_2O_3	Fe_2O_3	TiO_2	MnO	SO_3	MgO	烧失量
含量/%	10.86	52.20	20.81	9.35	1.19	0.42	1.16	0.60	2.90

3. 钢渣粉

采用宝钢股份的滚筒钢渣原料经宝龙建材有限公司生产的磨细设备粉磨而成的钢渣粉，其化学成分和技术指标分别见表3、表4。

表3 钢渣粉的化学成分

成分	CaO	SiO_2	Al_2O_3	Fe_2O_3	TiO_2	MnO	SO_3	MgO	烧失量
含量/%	42.53	13.92	1.92	28.42	0.93	1.02	0.04	10.05	0.90

表4 钢渣粉的技术指标

等级	比表面积/(m^2/kg)	密度/(g/m^3)	SO_3/%	f-CaO/%	含水量/%	安定性	流动度比/%	活性指数	
								7d/%	28d/%
一级	410	3.40	0.12	2.84	0.22	合格	99	66	81

4. 其他原料与试剂

(1) 矿粉：S95级。

(2) 骨料

细砂：细度模数为2.1。

中砂：细度模数为2.5。

碎石：5～25mm连续级配。

(3) 水：混凝土拌和用水为自来水。

（4）减水剂：聚羧酸系液态减水剂。

1.2　试验方案

采用粉煤灰与钢渣粉不同掺量比例配制钢渣粉-粉煤灰复合掺合料进行性能试验研究。复合掺合料性能按《用于水泥和混凝土中的粉煤灰》（GB/T 1596—2017）和《粉煤灰混凝土应用技术规程》（DG/TJ 08-230—2006 ）的规定要求进行试验。

1.3　钢渣粉-粉煤灰复合掺合料检测分析

1.3.1　钢渣粉-粉煤灰复合掺合料的基本性能

对不同比例钢渣粉-粉煤灰复合掺合料进行流动度、安定性和需水量比检测，得到的复合指标均在指标范围内，其中粉煤灰与钢渣粉按 50∶50 比例掺量的安定性最好，详见表 5。选用海门海螺 P. O 42.5 和 P. Ⅱ 52.5 分别进行不同比例复合掺合料胶砂活性试验，结果见表 6，如图 1、图 2 所示。

表 5　复合掺合料的基本性能

质量指标	水泥 70%	复合掺合料 30%（粉煤灰∶钢渣粉）			
		80∶20	70∶30	60∶40	50∶50
流动度比/%	—	102%	102%	101%	97%
雷氏法安定性/mm		2.2	2.7	2.5	1.7
需水量比/%	—	98%	97%	95%	93%

表 6　复合掺合料活性指数试验

水泥品种	方案	水泥 /%	复合掺合料（粉煤灰∶钢渣粉）/%	活性指标/%	
				7d	28d
海门海螺 P.O 42.5	基准 A	100	0	39.9	49.3
	对比试验 1	70	30(80∶20)	67	80
	对比试验 2	70	30(70∶30)	68	81
	对比试验 3	70	30(60∶40)	69	82
	对比试验 4	70	30(50∶50)	70	83
海门海螺 P. Ⅱ 52.5	基准 B	450	0	41.0	53.7
	对比试验 5	70	30(80∶20)	74	84
	对比试验 6	70	30(70∶30)	75	83
	对比试验 7	70	30(60∶40)	75	84
	对比试验 8	70	30(50∶50)	76	86

由图 1 可以看出：

（1）在 P. O 42.5 水泥 7d 活性指数中，粉煤灰∶钢渣粉＝ 50∶50 的活性比 80∶20 的活性高出 3%；钢渣粉取代粉煤灰掺量以 10%的比例提高时，对应的复合掺合料活性约呈 1%的比例升高。

（2）在 P. O 42.5 水泥 28d 活性指数中，粉煤灰∶钢渣粉＝50∶50 的活性比 80∶20 的活性高出 3%；钢渣粉取代粉煤灰掺量以 10%的比例提高时，对应的复合掺合料无明显降低。

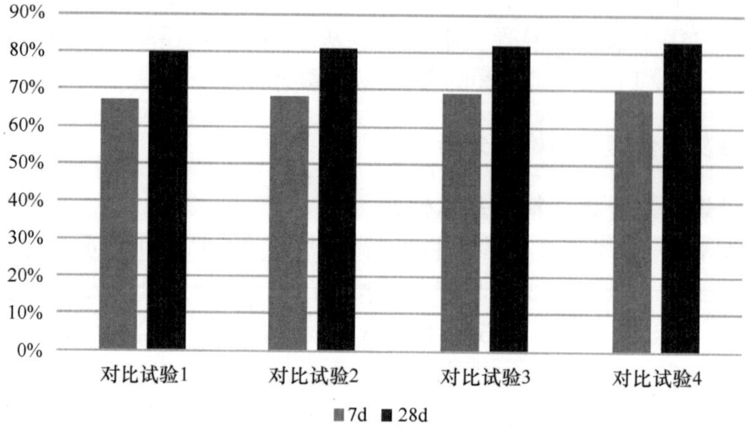

图 1　P. O 42.5 海门海螺水泥 7d、28d 活性对比

由图 2 可以看出：

（1）在 P. Ⅱ 52.5 水泥 7d 活性指数中，粉煤灰∶钢渣粉＝50∶50 的活性比 80∶20 的活性高出 3%，其中钢渣粉由 20%增加到 40%时，活性变化不明显。

（2）在 P. Ⅱ 52.5 水泥 28d 活性指数中，粉煤灰∶钢渣粉＝50∶50 的活性比 80∶20 的活性高出 2%，其中钢渣粉取代粉煤灰为 20%～40%用量时，活性高于粉煤灰活性 6%～7%，但是，当钢渣粉以 50%的用量取代粉煤灰复合而成的粉料活性无明显降低。

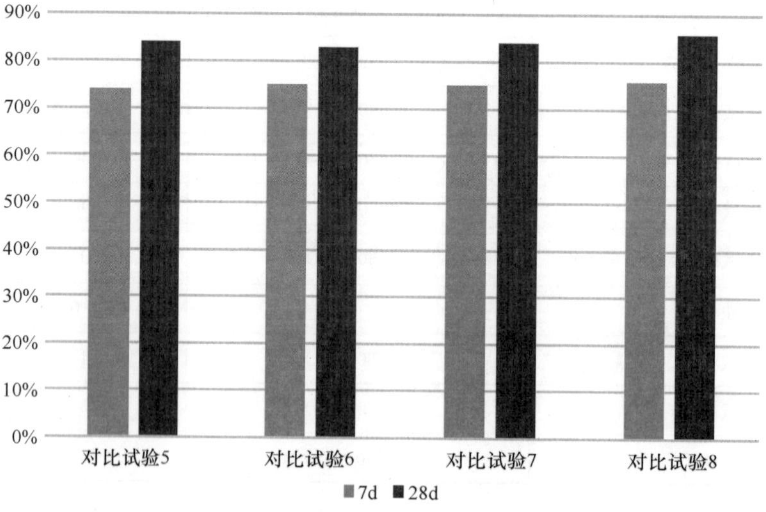

图 2　P. Ⅱ 52.5 海门海螺水泥 7d、28d 活性对比

1.3.2　复合掺合料与外加剂的适应性试验

外加剂的适应性试验选用 5 种外加剂，外加剂的品种见表 7。

表 7　选用的外加剂品种

方案	外加剂品种（掺量）				
	泵送剂（羧酸类）		高效剂（羧酸类）	高性能（羧酸类）	
外加剂品种	ZX360	SQ-ⅡC701	TX600	RP325	SX700
厂家	上海建工材料外加剂厂	上海建工材料外加剂厂	上海建工材料外加剂厂	上海麦斯特建材有限公司	上海建工材料外加剂厂

按照《混凝土外加剂匀质性试验方法》（GB/T 8077—2000）测定复合掺合料与不同外加剂匀质性试验，试验结果见表 8、表 9。

表 8　复合掺合料与 5 种外加剂适应性试验结果（1）

方案	外加剂品种（掺量）			
	泵送剂			
外加剂品种	ZX360		SQ-ⅡC701	
	1.00%		1.00%	
时间	初始/mm	1h/mm	初始/mm	1h/mm
对比试验 1	132	108	142	105
对比试验 2	163	135	145	110
对比试验 3	190	165	145	120
对比试验 4	215	180	150	125

注：基准水泥均为 P. Ⅱ 52.5 海门海螺水泥，用水量均为 87mL。

由表 8 可以看出，两种外加剂从初始到 1h 全部出现流动损失，损失基本都保持在 25～35mm 之间。使用泵送剂 ZX360，粉煤灰：钢渣粉由 80：20 增加到 50：50 时，初始流动度由 132mm 增加到 215mm。其中随着钢渣粉 10%取代量的增加，流动度以 25～30mm 范围稳步递增。使用泵送剂 SQ-ⅡC701 ，粉煤灰：钢渣粉由 80：20 增加到 50：50 时，初始流动度由 142mm 增加到 150mm，无明显变化。

表 9　复合掺合料与 5 种外加剂适应性试验结果（2）

方案	外加剂品种					
	高效剂		高性能			
外加剂品种	TX600		RP325		SX700	
掺量	0.80%		0.80%		0.80%	
时间	初始/mm	1h/mm	初始/mm	1h/mm	初始/mm	1h/mm
对比试验 1	240	228	230	260	220	250
对比试验 2	238	223	237	265	233	275
对比试验 3	222	225	242	270	242	295
对比试验 4	240	230	242	275	265	300

注：基准水泥均为 P. Ⅱ 52.5 海门海螺水泥，用水量均为 87mL。

由表 9 可以看出，使用高效剂 TX600，粉煤灰：钢渣粉＝80：20 增加到 50：50 时，初始流动度无明显变化。1h后基本都出现10mm损失。两种高性能外加剂初始流动度都达到220mm以上，1h后在30～40mm之间。使用高性能外加剂RP325，粉煤灰：钢渣粉由80：20增加到50：50时，初始流动度和1h流动度增加不明显。使用高性能外加剂SX700，粉煤灰：钢渣粉由80：20增加到50：50时，初始流动度由220mm增加到265mm。其中随着钢渣粉10%取代量的增加，流动度以10mm范围稳步递增。

以上几种外加剂试验数据表明，相对于钢渣粉取代量的变化，泵送剂ZX360和高性能外加剂SX700表现敏感。随着钢渣粉10%取代量的增加，流动度均以一定比例增大。

由本次试验数据可以得出：

（1）在P.O 42.5海门海螺水泥中，粉煤灰：钢渣粉＝50：50的复合掺合料7d、28d可达到复合粉煤灰的活性指数。各比例的复合掺合料28d活性指数随着钢渣粉取代量的增加，活性降低不明显。

（2）对于P.Ⅱ 52.5海门海螺水泥，各比例的复合掺合料也均可达到复合粉煤灰的7d、28d活性指数。

（3）在外加剂适应性试验中，相对于钢渣粉取代量的变化，泵送剂ZX360和高性能外加剂SX700表现敏感。随着复合掺合料中钢渣粉取代量的增加，初始和1h流动度均有一定比例增大，适应性表现也较好。

2 混凝土试验分析

2.1 混凝土配合比设计

采用钢渣粉-粉煤灰复合掺合料的不同掺量取代水泥配制C30强度等级混凝土，进行混凝土的工作性能和力学性能试验研究。混凝土的工作性能按照《普通混凝土拌合物试验方法标准》（GB/T 50080—2002）的规定进行；混凝土的力学性能按照《普通混凝土力学性能试验方法标准》（GB/T 50081—2002）的规定进行。

试验水胶比设定为0.49，胶凝材料总量为350kg/m^3，外加剂掺量为1.2%，本试验将钢渣粉与粉煤灰按1：1复合，分别以20%、25%、30%复合掺量取代水泥，采用生产常用C30混凝土配合比配制试验混凝土。试验配合比见表10。

表10 C30混凝土试验配合比

试验组	P.O水泥（42.5）	矿粉（S95）	粉煤灰（Ⅱ级）	复合掺合料	水	砂（2.3）	石子（5～25mm）	减水剂
F1	200	80	70	—	170	820	1030	4.2
F2	200	80	—	70	170	820	1030	4.2
F3	183	80	—	87	170	820	1030	4.2
F4	165	80	—	105	170	820	1030	4.2

2.2 新拌C30混凝土的工作性能

混凝土的工作性能是指新拌混凝土适于搅拌、运输、浇筑、振捣密实成型的功能，包括流动性、粘聚性、保水性、可泵性等。混凝土的工作性能主要是保证混凝土结构成型时无原始缺陷，从而保证混凝土的耐久性。工作性能优良的混凝土在保证施工质量的前提下，可形成质量均匀、密实、坚固的硬化混凝土结构，并获得良好的强度和耐久性。而工作性不良的新拌混凝土，施工时会在混凝土的表面或侧面出现泌水，导致其硬化后表面疏松多孔，容易在凝结硬化过程中收缩开裂，严重降低混凝土的强度与耐久性。

由表 11 的工作性能试验结果可以看出，各试验组的坍落度均能完全满足泵送混凝土的最低要求；掺钢渣粉-粉煤灰复合掺合料的混凝土的粘聚性、保水性非常好，完全没有离析、泌水现象。通过发挥钢渣粉和粉煤灰之间的工作性能互补效应，以及发挥粉煤灰的形态效应，减少摩擦阻力，大大改善了混凝土的流动性。另外，复合掺合料的填充作用使拌合物更加密实，水泥用量也减少，能有效减少混凝土的离析、泌水现象，使混凝土的粘聚性与保水性提高；复合掺合料增加了拌合物的黏聚力和可塑性，改善了混凝土的和易性。因此掺钢渣粉-粉煤灰复合掺合料的混凝土得到极佳的流动性和粘聚性，C30 工作性能非常好。

表 11　C30 混凝土的工作性能与抗压强度

试验组	复合产品掺量/%	坍落度/mm	黏聚性/保水性	7d 抗压强度/MPa	7d 活性指数/%	28d 抗压强度/MPa	28d 活性指数/%
F1	0	180	良好	26.6	88	41.1	137
F2	20	150	非常好	27.5	92	42.5	142
F3	25	150	非常好	25.2	84	40.3	134
F4	30	150	非常好	22.8	76	37.6	125

2.3　C30 混凝土的抗压强度试验与结果分析

由图 3 试验抗压强度结果可以看出，钢渣粉-粉煤灰复合掺合料的掺量不超过 20%时，效果最佳，7d、28d 抗压强度超过掺Ⅱ级灰的基准混凝土，有 3%的增长幅度；掺量不大于 25%时，7d 抗压强度略有下降；掺量不大于 30%时，7d 抗压强度虽与掺Ⅱ级灰的基准混凝土相比下降明显，但 28d 抗压强度均符合 C30 混凝土的标准要求。掺复合掺合料的 C30 混凝土早期强度与原掺Ⅱ级粉煤灰的混凝土早期强度略有提高，这表明在抗压强度性能影响方面，掺复合掺合料与掺Ⅱ级粉煤灰效果接近。

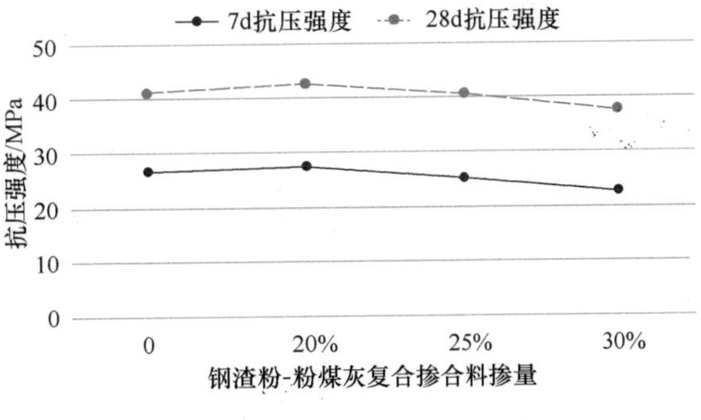

图 3　C30 混凝土的抗压强度

通过一系列的 C30 混凝土试验可以看出：

（1）掺复合掺合料的 C30 混凝土的黏聚性、保水性非常好，完全没有离析、泌水现象，坍落度也满足泵送施工要求。

（2）钢渣粉-粉煤灰复合掺合料的掺量不超过 20%时，效果最佳，7d、28d 抗压强度超过掺Ⅱ级灰的基准混凝土，有 3%的增长幅度；掺量不大于 30%时，各组均符合 C30 混凝土规定的标准。

3　结论

（1）钢渣粉-粉煤灰复合掺合料的各项技术指标可达到《粉煤灰混凝土应用技术规程》

（DGT J08-230—2006）规定的复合粉煤灰技术指标。

（2）掺钢渣粉-粉煤灰复合掺合料所配制的C30级混凝土具有以下性能特点：

① 良好的工作性能：黏聚性、保水性非常好，完全没有离析、泌水现象，坍落度也满足泵送施工的最低要求。

② 增强效果：钢渣粉-粉煤灰复合掺合料的掺量不超过20%时，效果最佳，7d、28d抗压强度超过掺Ⅱ级灰的基准混凝土，有3%的增长幅度；掺量不大于30%时，各组均符合C30混凝土规定的标准。

（3）钢渣粉-粉煤灰复合掺合料具有需水量比低、活性指数高（特别是早期活性指数高）等特点，在混凝土中具有增塑、增强、改善施工性能等作用，适宜掺量为20%～30%。掺钢渣粉-粉煤灰复合掺合料的混凝土各项性能均得到明显改善，对于延长混凝土结构的使用寿命具有积极的作用。

参考文献

[1] 陈益民，张洪滔. 磨细钢渣粉作水泥高活性混合材料的研究[J]. 水泥，2001(12)：5.

[2] 马保国，李宗津. 高活性混凝土掺合料的制备技术和方法[P]. 中国专利，专利申请号：99116326.

[3] 覃维祖. 大掺量粉煤灰混凝土与高性能混凝土[J]. 混凝土与水泥制品，1995(2)：22-26.

石英砂颗粒粒径分布对聚合物水泥防水砂浆抗渗性能影响的灰色关联分析

范树景　杭法付　叶　勇　葛师鋆
（浙江忠信新型建材股份有限公司杭州研发分公司，杭州，310052）

摘　要：根据灰色关联原理，运用灰色关联分析方法研究了不同粒径范围内的石英砂颗粒对砂浆 7d 和 28d 龄期抗渗性能的影响。结果表明，石英砂中不同粒径范围内的颗粒对砂浆抗渗性的贡献有明显差异，与龄期无关。其中，大于 1.25mm 的石英砂颗粒与砂浆抗渗性能呈负相关，而小于 1.25mm 的石英砂颗粒则呈正相关，尤其是 0.16～0.63mm 的石英砂颗粒起到了关键作用。结合实际应用石英砂的情况，40～70 目石英砂 1∶1 复掺时，砂浆抗渗效果最佳，且满足 JC/T 984—2011 对聚合物水泥防水砂浆的各项指标要求。

关键词：石英砂颗粒粒径分布　防水砂浆　灰色关联分析　抗渗性

Grey Connection Analysis betweenthe Particle Size Distribution of Quartz Sand and Permeability of Polymer Modified Cement Mortar for Waterproof

FAN Shujing, HANG Fafu, YE Yong, GE Shijun
(Hangzhou R&D Branch, Zhejiang Zhongxin New Building Materials Co. Ltd., Hangzhou, 310052, China)

Abstract: The effect of particle size distribution of quartz sand on the permeability of waterproof at the curing time of 7d and 28d was studied by grey connection analysis. The results indicated that there are significant differences in the contribution to the impermeability of mortar with different size particles of quartz, which is without of the curing time. The particles, which is larger than 1.25mm, are negatively correlated to impermeability of mortar, however, impermeability performance of mortar is positive correlation to the particles with smaller than 1.25mm, Especially the particles within 0.16～0.63mm plays role in the imper-

基金项目：台州市科技计划项目（XM20190193）。

作者简介：范树景（1980—　），女，河北定州人，博士，中国建筑硅酸盐学会房建分会干混砂浆专业委员会委员，从事商品砂浆和固体废弃物研究，E-mail：liuluorenjiantree@163.com。

meability performance. Combining the actual situation of the quartz sand in mortar, Duplicate admixed of 40～70 and 70～100quartz sand with the ratio 1∶1, which gets the best impermeability performance of mortar, and be satisfied with the Polymer modified cement mortar for waterproof standard (JC/T 984—2011).

Keywords: Particle Size Distribution of Quartz sand　Waterproof　Grey Connection Analysis　Permeability

0　引言

建筑物渗漏一直是建筑质量的通病，在工程应用中为了满足建筑物耐久性的要求，通常采用必要的防水措施，国内相应的防水标准也陆续出台。近年来，聚合物防水砂浆在防水材料中逐渐占据优势地位，尤其是在刚性防水材料的应用中最为突出。文献[1～4]研究了不同级配石英砂对聚合物水泥防水砂浆抗渗性能的影响，在配制聚合物水泥防水砂浆时，采用不同级配的石英砂进行复掺，但不同学者采用石英砂的级配和用量有一定的差异。

尽管对聚合物水泥防水砂浆已经做了大量研究，但关于石英砂级配对聚合物水泥防水砂浆抗渗性能的定量分析鲜有报道。基于此，笔者采用灰色关联分析原理和方法，分析研究了不同石英砂级配与砂浆抗渗性能的关联性，并给出关联极性。

1　灰色关联分析原理

灰色关联分析的基本原理是考察各行因素之间微观或宏观的几何接近[5]，目的是分析各因素之间的影响程度或若干子因素（子序列）对主因素（母序列）的贡献程度。根据因素之间发展态势的相似或差异程度来衡量因素之间接近程度，寻求系统中各因素之间的关系，确定影响目标值的主要因素，并据此找到完善措施，达到优化系统目的。

考察 k 个时间序列 $\{X_1^{(0)}(r)\}$，$r=1, 2, 3, \cdots, N_1$；$\{X_2^{(0)}(r)\}$，$r=1, 2, 3, \cdots, N_2$；…；$\{X_k^{(0)}(r)\}$，$r=1, 2, 3, \cdots, N_k$，其中，N_1，N_2，…，N_k 均属于自然数；k 个序列代表 k 种因素。给定时间序列 $\{X_0^{(0)}(r)\}$，$r=1, 2, 3, \cdots, N_0$ 为母序列，相应地，$\{X_m^{(0)}(r)\}$，$m=1, 2, 3, \cdots, k$ 为子序列。通过对子序列的一系列计算，包括平均值计算、标准值计算、关联系数计算，并判断关联极性。关联度是因素之间关联极性的量度，关联度越大，则子序列与母序列的相关性越大，正关联表示子序列对母序列起增进作用，负关联则表示子序列对母序列起削弱作用。

2　试验部分

2.1　试验原材料

普通硅酸盐水泥为安徽海螺水泥公司生产；减水剂、粉末消泡剂、HPMC、可再分散乳胶粉和重钙及石英砂均为市售；水采用自来水。试验配方见表 1。

采用 4 种石英砂，分别为 10～20 目、40～70 目、70～100 目、120～180 目，利用方孔筛分法测定石英砂的颗粒粒径分布，见表 2。

表 1　聚合物防水砂浆的试验配方　　%

项目		1#	2#	3#	4#	5#	6#	7#	8#	9#	10#
水泥		45	45	45	45	45	45	45	45	45	45
石英砂	10～20 目	45	—	—	—	—	—	—	—	—	—
	40～70 目	—	45	—	—	36	27	22.5	18	9	15
	70～100 目	—	—	45	—	9	18	22.5	27	36	15
	120～180 目	—	—	—	45	—	—	—	—	—	15
重钙		7.30	7.30	7.30	7.30	7.30	7.30	7.30	7.30	7.30	7.30
消泡剂		0.30	0.30	0.30	0.30	0.30	0.30	0.30	0.30	0.30	0.30
减水剂		0.20	0.20	0.20	0.20	0.20	0.20	0.20	0.20	0.20	0.20
HPMC		0.20	0.20	0.20	0.20	0.20	0.20	0.20	0.20	0.20	0.20
乳胶粉		2.00	2.00	2.00	2.00	2.00	2.00	2.00	2.00	2.00	2.00

表 2　石英砂的颗粒粒径分布　　%

石英砂级配	粒径/mm				
	≥1.25	1.25～0.63	0.63～0.315	0.315～0.16	≤0.16
10～20 目	96.2	0.95	0.95	0.95	0.95
40～70 目	0.2	0.2	94.8	4.2	0.6
70～100 目	0.5	0.5	8	78.3	12.7
120～180 目	0.1	0.1	0.1	1	98.7

2.2　试验方法

依据《水泥胶砂强度检验方法（ISO）》（GB/T 17671—1999）进行聚合物水泥防水砂浆的抗压、抗折强度性能试验；参照《混凝土界面处理剂》（JC/T 907—2002）进行拉伸粘结强度试验；按照《聚合物改性水泥砂浆试验规程》（DL/T 5126—2001）进行吸水率试验；依据《无机防水堵漏材料》（GB 23440—2009）测试抗渗性能。

3　试验结果

3.1　单一级配石英砂

1. 抗压强度、抗折强度、拉伸粘结强度和吸水率

表 3 显示了单掺石英砂时，聚合物水泥防水砂浆的抗压、抗折强度、拉伸粘结强度和吸水率。从表 3 可看出，随着石英石颗粒越来越细，砂浆 28d 抗压强度有所降低，抗折强度差异不大，拉伸粘结强度有所降低（7d 和 28d 时），28d 吸水率明显降低，且吸水率非常低，小于 3%，满足《聚合物水泥防水砂浆》（JC/T 984—2011）中规定砂浆的性能指标要求。

表 3 单掺石英砂时，聚合物水泥防水砂浆的抗压强度、抗折强度、拉伸粘结强度和吸水率

性能 \ 编号		1# (10～20μm)	2# (40～70μm)	3# (70～100μm)	4# (120～180μm)
28d 抗压强度/MPa		47.0	40.0	39.1	40.5
28d 抗折强度/MPa		7.9	8.3	8.7	8.6
拉伸粘结强度/MPa	7d	1.9	2.0	1.9	1.1
	28d	2.0	2.0	1.6	1.4
28d 吸水率/%		2.5	1.8	1.6	1.7

2. 抗渗性能

图 1 显示了单掺石英砂时，聚合物水泥防水砂浆试件在 7d 和 28d 时的抗渗性能，其中，图 1（a）显示了 7d 时在 0.8MPa 的抗渗压力下试件的渗透深度，图 1（b）显示了 28d 时砂浆试件的抗渗压力。从图 1 可看出，单一级配的石英砂对砂浆的抗渗性能贡献差异较大。10～20 目的石英砂颗粒粗大，尺寸大于 1.25mm，造成砂浆中形成很多的连通孔，使得 7d 时 0.8MPa 渗透压力下砂浆的渗透深度最大，达到 23mm；120～180 目的石英砂颗粒细小，尺寸小于 0.16mm，减少了砂浆中的连通孔，使得 7d 时渗透深度非常小。28d 时，随着石英砂颗粒尺寸变细，砂浆的抗渗性能以抗渗压力的大小来表征，可见抗渗压力有所增大，单掺 120～180 目的石英砂时，抗渗性能达到 1.5MPa，且在此时砂浆的渗透深度为 23mm 左右，满足《聚合物水泥防水砂浆》（JC/T 984—2011）中规定砂浆厚涂时的要求。从表 3 可见，砂浆的吸水率也反映了单掺 120～180 目的石英砂时，砂浆的连通孔较少，也印证了该结论。

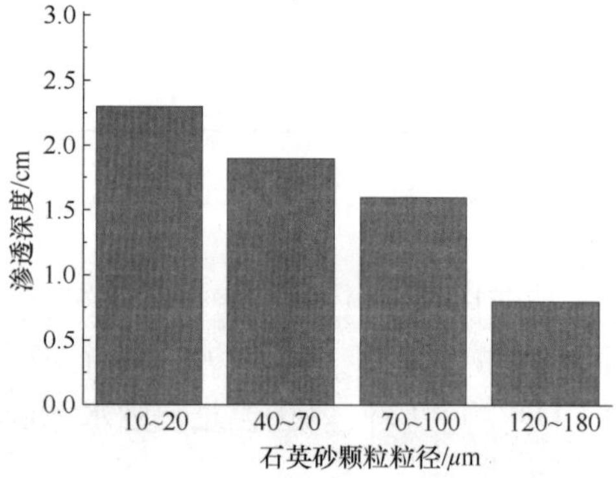

(a)

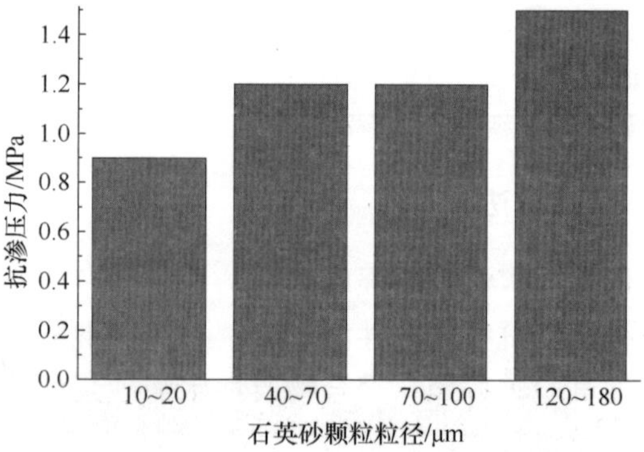

(b)

图 1 单掺石英砂时，聚合物水泥防水砂浆的抗渗性能

（a）7d；（b）28d

3.2 石英砂复配时

3.2.1 抗压强度、抗折强度、拉伸粘结强度和吸水率

表 4 显示了复掺石英砂时，聚合物水泥防水砂浆的抗压强度、抗折强度、拉伸粘结强度和吸水率。从表 4 可看出，当采用 40～70μm 与 70～100μm 石英砂复掺时，0.315～0.16mm 之间的颗粒数量增多，聚合物水泥防水砂浆 28d 抗压、抗折强度略有降低，7d 拉伸粘结强度差别不大，但 28d 拉伸粘结强度有所降低，且吸水率明显降低。根据最紧密堆积

理论，合理的骨料颗粒级配有助于提升砂浆的密实度，减少砂浆吸水率。当聚合物水泥防水砂浆中掺加 3 种不同粒径的石英砂时，小于 0.16mm 的石英砂颗粒粒径数量明显增多，28d 的抗压、抗折强度略有提高，7d 和 28d 拉伸粘结强度变化不大，吸水率大幅度降低，可见 120～180 目石英砂的掺加有助于填充砂浆中的孔隙，减少连通孔的数量。

表 4　复掺石英砂时，聚合物水泥防水砂浆的抗压强度、抗折强度、拉伸粘结强度和吸水率

性能 \ 编号		5 号 (4∶1)	6 号 (3∶2)	7 号 (1∶1)	8 号 (2∶3)	9 号 (1∶4)	10 号 (1∶1∶1)
28d 抗压强度/MPa		47.6	44.4	46.7	42.5	41	44.2
28d 抗折强度/MPa		9.3	9.4	10.5	10.7	7.9	9.6
拉伸粘结强度/MPa	7d	1.6	1.5	1.8	1.9	1.5	1.5
	28d	2.0	1.7	1.9	1.7	1.6	1.9
28d 吸水率/%		3.5	4.0	2.1	4.1	4.5	2.6

3.2.2　抗渗性

图 2 显示了复掺石英砂时，聚合物水泥防水砂浆试件在 7d 和 28d 时的抗渗性能，其中，图 2（a）显示了 0.8MPa 抗渗压力下 7d 时砂浆试件的渗透深度，图 2（b）显示了 28d 时砂浆试件的抗渗压力。从图 2 可看出，不同石英砂级配对砂浆抗渗性能贡献差异较大。7d 时，0.8MPa 的抗渗压力下，砂浆的渗透深度明显降低，不足 10mm；28d 时，砂浆的抗渗性能也比单掺明显提高，尤其是 1∶1 的 40～70 目和 70～100 目石英砂复掺时，砂浆的抗渗压力达到 1.5MPa，且渗透深度不足 15mm。对比图 1 和图 2 发现，与单掺单一级配石英砂聚合物水泥防水砂浆的抗渗性能相比，采用不同级配石英砂复掺时砂浆抗渗性能明显提高。

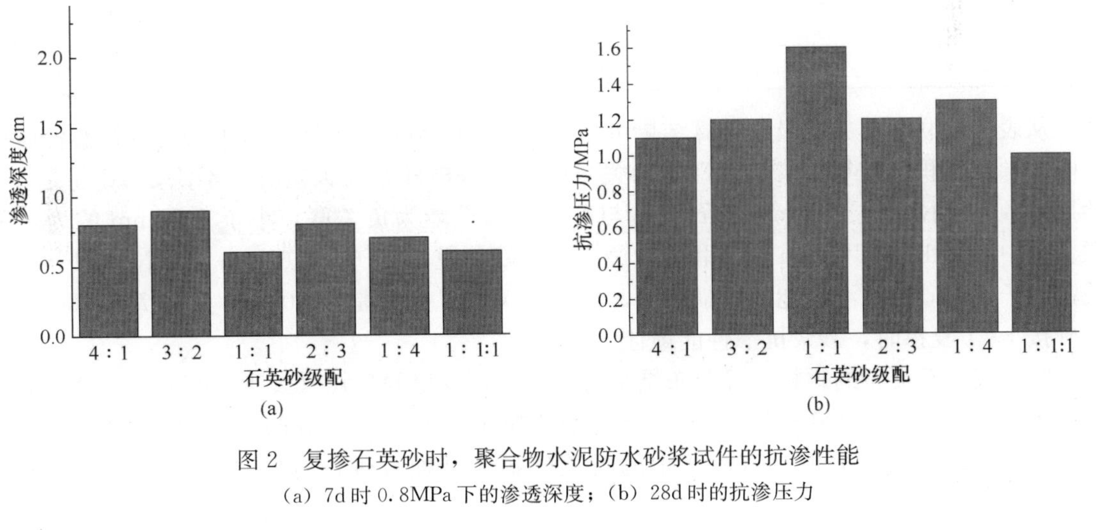

图 2　复掺石英砂时，聚合物水泥防水砂浆试件的抗渗性能

（a）7d 时 0.8MPa 下的渗透深度；（b）28d 时的抗渗压力

4　关联分析计算与讨论

试验中，以在砂浆中掺加不同细度的石英砂为一组计算群，采用 5 种不同颗粒度的石英砂配制砂浆，测试了砂浆的 7d 渗透深度和 28d 抗渗压力，共进行 2 组的灰色关联分析计算。在进行每组灰色关联分析计算时，均以砂浆 7d 的渗透深度和 28d 抗渗压力为母序列，相应

的石英砂的颗粒级配为子序列，将原始数据换算为标准值，见表5和表6，并由此计算出它们的关系系数和关联度。表7显示了石英砂级配和砂浆抗渗性能的灰色关联分析结果。

表5　子序列的标准值时间序列

编号	Y_1 (≥1.25)	Y_2 (1.25～0.63)	Y_3 (0.63～0.315)	Y_4 (0.315～0.16)	Y_5 (≤0.16)
1#	9.86	3.91	0.02	0.03	0.05
2#	0.02	0.85	2.38	0.13	0.03
3#	0.05	2.14	0.20	2.46	0.70
4#	0.01	0.43	0.003	0.03	5.37
5#	0.01	0.94	1.95	0.60	0.16
6#	0.01	0.60	1.52	1.06	0.30
7#	0.01	0.43	1.30	1.30	0.36
8#	0.01	0.26	1.09	1.53	0.43
9#	0.04	0.17	0.66	1.99	0.56
10#	0.01	0.13	0.87	0.43	2.05

表6　母序列的标准值时间序列

试样	1号	2号	3号	4号	5号	6号	7号	8号	9号	10号
Y_{7d}	2.09	1.73	1.45	0.73	0.73	0.82	0.55	0.73	0.64	0.55
Y_{28d}	0.74	0.98	0.98	1.23	0.91	0.98	1.31	0.98	1.07	0.82

表7　石英砂级配和砂浆抗渗性能的灰色关联度及关联极性

性能指标	粒径/mm				
	≥1.25	1.25～0.63	0.63～0.315	0.315～0.16	≤0.16
Y_{7d}	−0.6759	0.6313	0.9955	0.9928	0.8139
Y_{28d}	−0.6790	0.6310	0.9789	0.9762	0.8216

从表7关联度及关联极性计算结果可知，石英砂的颗粒度不同，石英砂的颗粒群各粒径范围的颗粒体积分数与砂浆抗渗性能的关联度及关联极性有较大差异。不论是7d还是28d龄期，颗粒粒径大于1.25mm的石英砂与砂浆抗渗性能为负关联，小于1.25mm的为正关联。其中以0.16～0.63mm的关联度为最大，也就是说，0.16～0.63mm的颗粒体积分数是关键因子，对砂浆抗渗性能的贡献最大，且为正关联，尤其是当40～70目和70～100目石英砂按1∶1复掺时，砂浆抗渗性能最佳。

结合表2石英砂的颗粒粒径分布结果可以看出，过粗的颗粒（大于1.25mm）对砂浆抗渗性能是不利的（即关联极性为负），而过细的颗粒（小于0.16mm）与砂浆抗渗性能的关联度较小。这一结果表明，若砂浆中的石英砂颗粒级配合理，对砂浆抗渗性能是比较有利的。

5　结论

通过灰色关联分析，探讨了不同粒径范围内的石英砂对聚合物水泥防水砂浆抗渗性能的影响和贡献程度。通过调整石英砂的粒径，得到合理的防水砂浆抗渗性能。

石英砂中0.16～0.63mm的颗粒与聚合物水泥防水砂浆7d和28d龄期砂浆抗渗性能均

为正关联，尤其是 0.315～0.63mm 之间的颗粒与砂浆抗渗性能的关联度最大；而大于 1.25mm 的颗粒则刚刚相反；小于 0.16mm 的颗粒可起到良好的填充作用。

从抗渗性能方面考虑，在寻找石英砂的最佳粒径分布时，应尽量提高 0.16～0.63mm 的颗粒，限制 0.16mm 的颗粒含量，避免大于 1.25mm 的颗粒。实际应用中采用 1∶1 的 40～70 目和 70～100 目石英砂复掺的方式较为合理，以充分发挥颗粒的最紧密堆积。

参考文献

[1] 潘伟，段瑜芳．聚合物改性刚性防水砂浆性能研究[J]．新型建筑材料，2015，(2)：30-33.

[2] 潘伟，段瑜芳．聚合物改性刚性防水砂浆配方优化研究[J]．新型建筑材料，2016，(3)：53-59.

[3] 李玉海．聚合物在防水砂浆中的应用[J]．建筑节能，2008，36(4)：54-57.

[4] 王颖，高鹿鸣．粉体消泡剂在聚合物水泥防水砂浆中的应用研究[C]//王培铭，余其俊．第七届全国商品砂浆学术交流会论文集．北京：中国建材工业出版社，2017：345-350.

[5] 邓聚龙．灰色控制系统[M]．武汉：华中工学院出版社，1985，348-355.

再生砂浆中细骨料包覆强化及其性能研究

王守德，赵智慧，赵丕琪，芦令超，程　新
（济南大学山东省建筑材料制备与测试技术重点实验室，济南，250022）

摘　要：基于目前建筑垃圾再生细骨料利用研究较少，一般仅用于路面抹平砂浆的现状，为了扩大再生细骨料的利用范围并提高再生细骨料砂浆的力学性能和耐久性，本文研究了对再生砂浆中细骨料的改性，利用事先调制好的指定浆液对再生细骨料进行浸泡、搅拌、包覆强化等处理，以改善再生细骨料的结构和性能。试验结果表明，改性后再生砂浆的强度损失率明显降低，抗硫酸盐侵蚀及抗渗性能提高。在建筑行业加以利用，会极大提高再生细骨料的应用，有益于节能减排，绿色建设。

关键词：砂浆　再生细骨料　包覆强化　改性

1　前言

目前，我国正处于新时代高质量发展时期，针对新农村建设，大量的房屋拆迁以及日常生活带来了大量的建筑废物。然而，大部分建筑废物未经任何处理，只进行简单的填埋或露天堆放，这不仅浪费了土地和资源，还直接造成了严重的环境污染，破坏了生态环境。其中建筑垃圾中废混凝土块经过破碎分级之后，可作为再生骨料加以利用[1]。再生骨料主要有两大应用领域[2]：一是经过一般破碎的混凝土骨料可以用在道路工程垫层和面层及混凝土砌块砖、铺道砖、花格砖等建材制品方面；二是废弃混凝土经过破碎、筛分、分选、洁净后，可作为再生粗骨料和细骨料代替天然砂石用在混凝土和砂浆中。

与再生粗骨料改性相比，对再生细骨料利用研究相对较少，一般仅用于路面抹平砂浆[3]和替代混凝土细骨料[4]。为了扩大再生细骨料的利用范围并提高再生细骨料砂浆的力学性能和耐久性，本文利用硅酸盐水泥、硫铝酸盐水泥、水玻璃、有机硅防水剂以及矿物掺合料等为浆液原料，研究不同种类的处理浆液对再生骨料性能的影响。在获得水灰比后，对级配好的再生细骨料进行预包裹浆液改性，测试不同种类水泥浆下再生骨料的基本物理参数（含水率、表观密度、吸水率和压碎指标），并研究再生骨料改性对再生混凝土力学性能的影响及其作用机理，以期得到具有良好性能的再生细骨料砂浆，为再生细骨料砂浆的利用提供新的思路，扩大其循环利用的范围。再生细骨料利用不仅能够减少建筑业对天然砂石骨料的消耗，而且可以极大地利用建筑垃圾，减少建筑废物堆积，减轻生态环境负担，有利于建设环境友好型、人与自然和谐型社会，极大地推动社会的可持续发展。

2　原材料与试样制备

2.1　原材料

2.1.1　水泥

本试验采用的水泥品种为济南山东水泥厂生产的 P. O42.5 级硅酸盐水泥（OPC）和曲

阜中联生产的 42.5 级硫铝酸盐水泥（SAC），其物理性能和力学性能见表 1。

表 1　水泥的物理性能和力学性能

Table 1　Physical and mechanical properties of cements

水泥种类	标准稠度/%	密度/(g/cm³)	比表面积/(m²/kg)	凝结时间/min		抗折强度/MPa		抗压强度/MPa	
				初凝	终凝	3d	28d	3d	28d
OPC	26.5	3.08	345.8	237	290	5.5	8.6	25.6	45.5
SAC	27.2	2.82	358.0	9	17	6.8	6.7	28.8	52.7

2.1.2　矿物掺合料

本试验采用的粉煤灰和矿渣均来自济南四建混凝土搅拌站。粉煤灰为二级粉煤灰，由图 1 可看出，其主要矿物相为石英、莫来石等；硅灰为济南鹏程硅业微硅粉公司生产，外观为灰白色粉末，耐火度>1600℃；矿渣主要矿相为辉石、黄长石、C_2AS 及 γ-C_2S。矿物掺合料的化学成分和物理性能见表 2。

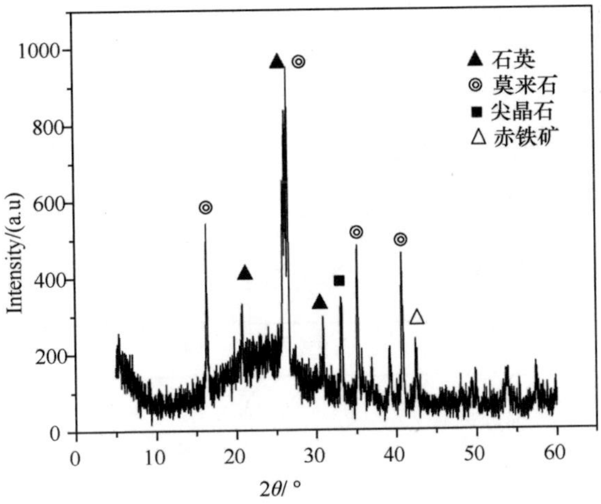

图 1　粉煤灰的 XRD 图谱

表 2　矿物掺合料的化学成分和物理性能（质量分数，%）

Table 2　Chemical analysis of mineral admixtures（wt. %）

名称	Loss	SiO_2	Al_2O_3	Fe_2O_3	CaO	MgO	K_2O	TiO_2	密度/(g/cm³)	比表面积/(m²/kg)
粉煤灰	5.99	51.78	31.09	4.06	1.98	0.73	1.338	1.22	2.14	467.0
硅灰	4.75	91.11	0.75	0.50	0.38	0.92	0.55	0.04	2.11	130.8
矿渣	1.02	32.12	13.64	0.5	37.57	12.12	0.32	0.64	2.90	309.4

2.1.3　细骨料

本试验采用的细骨料为再生细骨料与天然细骨料。再生细骨料为经过破碎、筛分处理后最大粒径不超过 5mm 的骨料颗粒。所采用的天然细骨料为天然河砂，过筛后取粒径在 4.75mm 以下的砂，采用 GB/T 14685—2011 中规定的试验方法，砂的筛分结果见表 3。

表 3 天然砂的筛分结果

Table 3 Screen results of natural sand

筛孔尺寸/mm	0.15	0.3	0.6	1.18	2.36	4.75
累计筛余量/%	1.0	8.0	23.0	51.0	79.0	97.0
	1.0	9.0	26.0	55.0	82.0	97.0

通过公式计算得到该砂的细度模数 $M_x=2.59$，M_x 在 3.0～2.3 之间，属于中砂，含泥量为 1.2%，泥块含量为 0.2%，符合标准规定。采用 GB/T 14685—2011 中规定的试验方法测试再生细骨料的物理性能，试验结果见表 4。

表 4 细骨料颗粒的物理性能

Table 4 Mechanical properties of fine aggregate

细骨料	累计筛余/%						表观密度 /(kg/m³)	压碎指标 /%	吸水率 /%
	5mm	2.5mm	1.25mm	0.63mm	0.315mm	0.16mm			
天然砂	3.4	10.9	24.2	59.7	95.1	99.4	2660	7.0	0.85
再生细骨料	8	20	45	65	90	99.9	2560	22	2.1

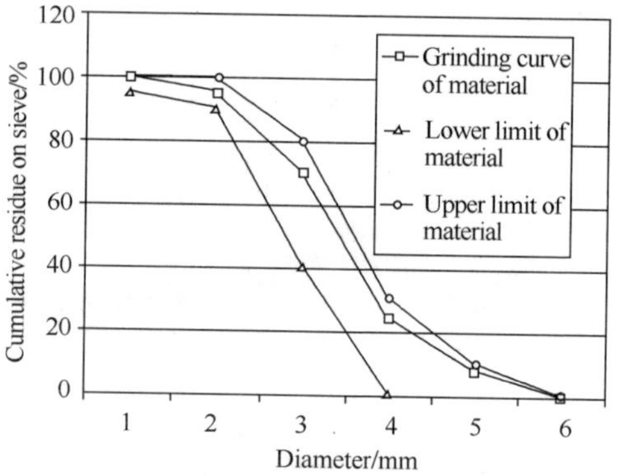

图 2 再生细骨料颗粒级配曲线

Fig. 2 Grading curve of recycled fine aggregate

2.1.4 其他材料

有机硅防水剂为济南瑞兆恒化工有限公司生产，使用时稀释到浓度为 5%；水玻璃为济南辉煌园化工有限公司生产，模数为 3.2，使用浓度为 5%；减水剂为聚羧酸系减水剂，在混凝土中的掺量为 0.8%，减水率达 28%。

2.2 再生骨料制备

再生骨料的生产过程包括三个阶段：①预处理阶段：除去废弃混凝土中的杂质，用颚式破碎机将混凝土块破碎成 40mm 直径的颗粒；②二次破碎阶段：将预处理后的 40mm 混凝土块放入破碎机中，继续破碎成粒径小于 25mm 的颗粒；③筛分阶段：将破碎后的骨料颗粒筛分，除去水泥细粉和不符合要求的颗粒，最后得到粒径为 0.16～5mm 的再生细骨料。

再生骨料的制作过程如图 3 所示。改性骨料的制备即对骨料进行浆液处理。浆液处理是指用事先调制好的指定浆液对再生骨料进行浸泡、搅拌及干燥等处理，以改善再生骨料的结构和性能。试验分别制备了水灰比为 0.5、0.6、0.7、0.8 及 1.0 的 P.O 42.5 普通硅酸盐水泥浆、水灰比为 1.0 的纯硫铝酸盐水泥浆，以及水灰比为 1.2 的硫铝酸盐水泥分别外掺粉煤灰和硅灰的浆液，对粒径为 0.16～5mm 的再生细骨料颗粒进行裹浆处理。骨料的浸泡时间设定为 5min，待浸泡处理后，取出骨料自然风干即可。此外，试验中还采用了有机硅防水剂和水玻璃两种溶液对骨料进行改性。改性后的再生细骨料用代号 PC-RFA（Pre-Coated RFA）表示。试验采用的浆液见表 5。

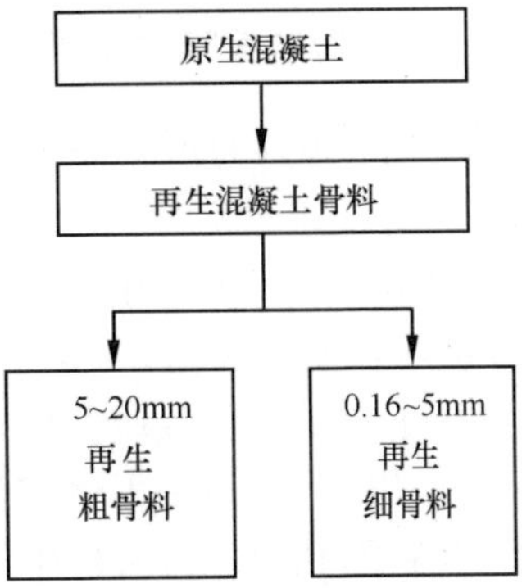

图 3　再生骨料的制作过程
Fig. 3　Preparation of recycled aggregate

表 5　制备改性骨料的浆液

Table 5　Chemical slurry of pre-coated RA

强化液	浓度或水灰比	生产厂家
水玻璃	5%	济南辉煌园化工
有机硅防水剂	4%	济南瑞兆恒化工有限公司
纯硅酸盐水泥	1∶1	山东水泥厂
纯硫铝酸盐水泥	1∶1	曲阜中联水泥厂
纯硫铝酸盐水泥外掺 30%粉煤灰	1.2∶1	曲阜中联水泥厂
纯硫铝酸盐水泥外掺 5%硅灰	1.2∶1	曲阜中联水泥厂

3　结果与讨论

3.1　再生细骨料的物理性能

与再生粗骨料改性相比，对再生细骨料利用研究较少，一般仅用于路面抹平砂浆。为了扩大再生细骨料的利用范围并提高再生细骨料砂浆的力学性能和耐久性，在再生粗骨料改性研究的基础上研究了再生细骨料改性。使用改性效果较好的硫铝酸盐水泥外掺粉煤灰对粒径范围为 0.16～5mm 的再生细骨料进行处理，测试再生细骨料的物理性能，结果见表 6。

表 6　改性再生细骨料的物理参数

Table 6　Physical performance of PC-RFA

骨料种类	粒径/mm	密度/(kg/m^3)			压碎指标/%	吸水率/%	含水率/%
		表观	松散堆积	紧密堆积			
RFA	0.16～5	2560	1360	1450	22	2.1	5.6
RFA-1.2S-FA	0.16～5	2650	1390	1510	16	1.7	4.9

注：RFA-1.2S-FA 是指水灰比为 1.2 的硫铝酸盐水泥外掺粉煤灰浆液改性的再生细骨料。

对比再生粗骨料的压碎指标 14.2%，再生细骨料压碎指标达 22%，其原因是再生细骨料中含有太多的水泥细粉，降低了其强度。改性后再生细骨料压碎指标降至 16%，同时吸水率也有很大程度下降，说明该浆液可以改善再生细骨料的孔结构，提高其物理性能。

3.2 改性骨料浆液对砂浆力学性能的影响

利用100%的再生细骨料代替天然砂制备水泥砂浆，养护至规定龄期测试其抗折强度及抗压强度，如图4所示。

由图4可见，采用硫铝酸盐水泥外掺30%粉煤灰浆液的改性再生细骨料效果最好，其28d抗压强度增幅达34.8%，同时水玻璃改性后增幅也达32.4%。这说明矿物掺合料粉煤灰发挥了它的稀释效应、成核作用和二次水化反应效应，有效改善了再生细骨料与水泥砂浆的界面结构，提高了再生细骨料砂浆的力学性能。同时水玻璃硬化时析出的硅凝胶能堵塞再生细骨料的孔隙，改善再生细骨料的孔隙结构，从而提高再生细骨料砂浆的强度。

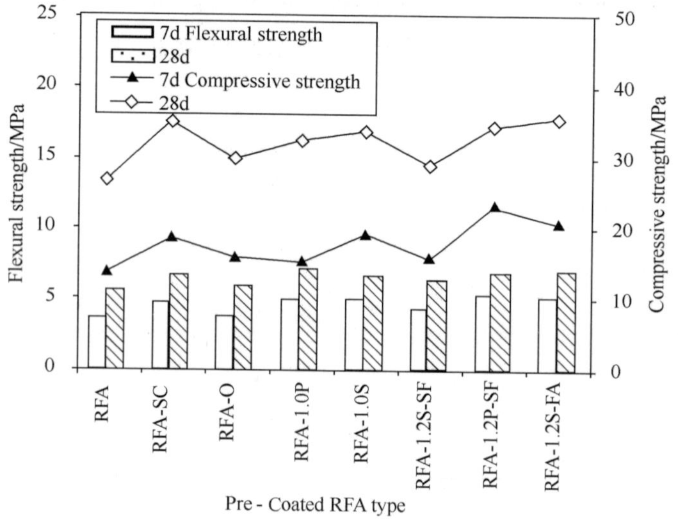

图4 改性浆液对砂浆力学性能的影响

Fig. 4 Effect of PC-RFA on mechanical performance of cement mortar

3.3 改性再生细骨料砂浆的抗硫酸盐侵蚀性能

将再生细骨料砂浆试块放在淡水和硫酸盐溶液中，养护至规定龄期，以抗折强度及抗蚀系数来表征其抗硫酸盐侵蚀性能，试验结果见表7。

表7 改性前后砂浆试块的抗硫酸盐侵蚀性能

Table 7 Effect of PC-RFA on sulfate attack resistance of cement mortar

骨料种类	抗弯强度/MPa		最大弯曲力/kN		抗蚀系数/%
	淡水	硫酸盐溶液	淡水	硫酸盐溶液	
RFA	5.5	4.4	0.073	0.058	80.0
RFA-1.2S-FA	7.0	6.8	0.094	0.090	97.1

注：RFA-1.2S-FA是指水灰比为1.2的硫铝酸盐水泥外掺粉煤灰改性的再生细骨料。

未处理细骨料砂浆在硫酸盐溶液中的抗弯强度比在淡水中下降20%，而处理后的细骨料砂浆仅下降了2.9%，改性后强度损失率明显降低，如图5所示。这说明水泥浆与粉煤灰可能与再生细骨料旧砂浆中的$Ca(OH)_2$发生反应生成凝胶，消耗了大量的$Ca(OH)_2$，使其与SO_4^{2-}反应生成的钙矾石含量降低，减小了因体积膨胀而导致的结构破坏，提高了砂浆试

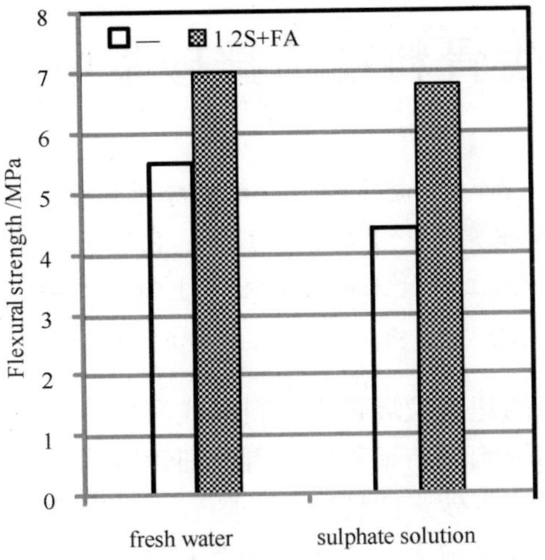

图 5　再生细骨料砂浆侵蚀前后的抗弯强度

Fig. 5　Sulfate attack resistance results for mortar

块的抗侵蚀能力。

$$Ca(OH)_2 + SO_4^{2-} + H^+ = CaSO_4 \cdot 2H_2O$$

$$3(CaSO_4 \cdot 2H_2O) + 4CaO \cdot Al_2O_3 \cdot 12H_2O + 14H_2O = 3CaO \cdot Al_2O_3 \cdot 3CaSO_4 \cdot 31H_2O + Ca(OH)_2$$

4　结论

研究细骨料改性对再生砂浆力学性能、抗硫酸盐侵蚀及抗渗性能的影响结果显示，硫铝酸盐水泥外掺 30％粉煤灰浆液改性效果最好，砂浆 28d 抗压强度增幅达 34.8％。同时，利用水玻璃改性骨料制备的砂浆 28d 抗压强度后增幅也达 32.4％。改性后砂浆的强度损失率明显降低，抗硫酸盐侵蚀及抗渗性能提高。

参考文献

[1]　Arezoumandi M , Smith A , Volz J S , et al. An experimental study on flexural strength of reinforced concrete beams with 100％ recycled concrete aggregate[J]. Engineering Structures, 2015, 88: 154-162.

[2]　马啸，张双艳，姚宇飞，等．再生骨料相关研究现状综述[J]. 商品混凝土，2018(5)：27-30.

[3]　郭远新，李秋义，徐庆宝，等．再生骨料抹灰砂浆抗冻性能试验研究[J]. 混凝土，2018，348(10)：123-127.

[4]　Cartuxo F, Evangelista J de BritoaL, Jiménez J R, et al. Rheological behaviour of concrete made with fine recycled concrete aggregates-Influence of the superplasticizer[J]. Construction and Building Materials, 2015, 89: 36-47.

建筑垃圾再生骨料在预拌砂浆中应用技术研究

王　娟[1,2]，赵立群[1,2]，陈　宁[1,2]，焦　津[1,2]
（1. 上海市建筑科学研究院，上海，201108；2. 上海工业固体废弃物资源化利用工程技术研究中心，上海，201108）

摘　要：本文研究了上海市的建筑垃圾再生骨料取代河砂对预拌砂浆抗压强度、拉伸粘结强度、抗冻性和干燥收缩率的影响。结果表明，再生细骨料的掺入降低了砂浆的抗压强度，增大了砂浆的干燥收缩率，提高了砂浆的抗冻性。随着再生细骨料取代率的提高，砂浆的抗压强度逐渐降低，干燥收缩率逐渐增大。当再生细骨料取代率为30％时，再生细骨料的掺入可以提高砂浆的拉伸粘结强度。再生细骨料的性质会影响砂浆的抗压强度、拉伸粘结强度、抗冻性和干燥收缩率。

关键词：建筑垃圾　再生骨料　预拌砂浆　干燥收缩

Study of Application Technology of Recycled Aggregate Made of Construction Waste in Ready-Mixed Mortar

WANG Juan[1,2], ZHAO Liqun[1,2], CHEN Ning[1,2], JIAO Jin[1,2]
(1. Shanghai Research Institute of Building Sciences, Shanghai, 201108;
2. Shanghai Industrial Solid Waste Resources Utilization Technology Research Center, Shanghai, 201108)

Abstract: This paper investigates the influence of the replacement of river sand by recycled aggregate made of construction waste from Shanghai on the compressive strength, tensile bond strength, frost resistance and drying shrinkage ratio of ready-mixed mortar. The results show that the addition of recycled fine aggregate decreases the compressive strength and increases the drying shrinkage ratio and frost resistance of mortar. With the increment of recycled fine aggregate replacement rate, the compressive strength and drying shrinkage ratio of mortar go down and up respectively. When the recycled fine aggregate replacement rate is 30%, the addition of recycled fine aggregate can increase the tensile bond strength of mortar. The properties of recycled fine aggregate will affect the compressive strength, tensile bond strength, frost resistance and drying shrinkage ratio of mortar.

作者简介：王娟，女，硕士，高级工程师，主要从事高性能建筑材料和固废利用研究。地址：上海市闵行区申富路568号5号楼306室，电话：021-54831241. 邮箱：wangjuan1@sribs.com.cn。

Keywords: construction waste recycled aggregate ready-mixed mortar drying shrinkage

1　概述

预拌砂浆在保护环境、节约资源、保证工程质量和资源再利用等方面具有明显优势，是一种新型绿色建材，被大力推广和应用。随着预拌砂浆应用量的逐渐增大，对天然砂的消耗量也越来越大。天然砂的过量开采破坏了生态环境，目前随着环境保护的日益加强，天然砂的开采受到了限制，天然砂价格上涨、供不应求的情况日益突出[1,2]。

随着我国城市化进程的加快、新农村建设的推进，建筑垃圾年产量不断增加，占城市垃圾总量的30%～40%，建筑垃圾再利用的问题迫在眉睫。建筑垃圾再生细骨料是由建筑垃圾中的混凝土、砂浆、石或砖瓦等经分拣、破碎、筛分和清洗后得到的粒径小于4.75mm的颗粒，主要由天然砂、废弃混凝土碎屑、石屑和细小粉料（如废砖粉、泥土）等组成。预拌砂浆中利用建筑垃圾再生细骨料取代传统的天然骨料，对于缓解天然骨料供不应求的局面和环境保护具有重要意义，是预拌砂浆未来的发展趋势[3-5]。

张惠民等[6]研究了再生骨料对砌筑砂浆力学性能的影响，结果表明，随着再生骨料取代率的增加，砂浆的稠度和密度分别上升和下降，抗压和抗折强度均下降。陈宗平等[7]研究了再生细骨料水泥砂浆的力学性能，结果表明，与天然细骨料相比，再生细骨料的表观密度低、吸水率高、吸水速率快；再生细骨料砂浆具有良好的流动性，但保水性较差，其抗压强度比天然细骨料砂浆降低50%左右；不同细骨料取代率对砂浆的抗压强度影响不大。杨医博等[8]研究了全再生细骨料对砂浆性能的影响，结果表明，在相同砂浆稠度的情况下，全再生细骨料砂浆的综合性能优于传统再生细骨料砂浆，与机制砂砂浆和河砂砂浆相近。

本文研究了上海市几处典型处置点的建筑垃圾再生细骨料取代天然骨料对预拌砂浆性能的影响，从再生细骨料的基本性能和取代率入手，开展砂浆基本力学性能和耐久性的研究，对于再生细骨料在预拌砂浆中的应用具有重要的指导意义。

2　原材料及试验方法

采用上海万安P.O42.5水泥，其部分性能见表1；全部通过5mm筛网的河砂，细度模数为2.5，处于Ⅱ级配区域，堆积密度为1560kg/m^3，表观密度为2640kg/m^3；预拌砂浆中采用稠化粉作为保水增稠材料，由上海市建筑科学研究院研制，上海建研建材科技有限公司生产，其性能指标符合《砌筑砂浆增塑剂》（JG/T 164—2004）要求；试验用粉煤灰为二级灰；建筑垃圾再生细骨料都经过筛分处理，最大粒径通过4.75mm筛孔。

建筑垃圾再生细骨料来自上海四处建筑垃圾再生骨料生产企业，将其分别编号为A、B、C、D，将再生细骨料A中0.15mm以下的颗粒筛除，将其编号为E。建筑垃圾再生细骨料的基本性能见表2，砂浆的配合比见表3。

表1　万安水泥厂P.O42.5水泥的物理性质

项目	标准稠度用水量/%	凝结时间		强度/MPa	
		初凝	终凝	3d抗折	3d抗压
测试值	23.40	3h30min	4h01min	7.83	36.01

表 2　建筑垃圾再生细骨料的基本性能

编号	MB 值	微粉含量/%	泥块含量/%	单级最大压碎指标/%	空隙率/%	细度模数	堆积密度/(kg/m³)	表观密度/(kg/m³)	再生胶砂	
									需水量比	强度比
A	0.5	7.3	1.4	27.2	48.6	2.3	1140	2220	1.68	0.65
B	0.4	3.8	1.1	19.9	48.2	2.7	1130	2180	1.58	0.74
C	1.5	6.5	1.8	27.2	52.1	2.8	1120	2340	1.76	0.69
D	0.8	7.8	1.6	24.6	49.2	3	1200	2360	1.63	0.74

表 3　砂浆的配合比

编号	胶骨比	再生细骨料		稠化粉/%	粉煤灰/%	水固比	稠度（0/2h）/mm	保水率/%
		种类	取代率/%					
0	0.149	—	0	1.4	6	0.12	94/59	90
1	0.149	A	30	1.4	6	0.15	97/65	89
2	0.149	B	30	1.4	6	0.15	96/64	90
3	0.149	C	30	1.4	6	0.17	96/62	90
4	0.149	D	30	1.4	6	0.15	95/68	91
5	0.149	E	30	1.4	6	0.15	95/62	90
6	0.149	A	50	1.4	6	0.17	95/68	92
7	0.149	A	70	1.4	6	0.18	94/61	89
8	0.149	E	50	1.4	6	0.16	93/60	90
9	0.149	E	70	1.4	6	0.18	93/57	90
10	0.149	E	100	1.4	6	0.20	93/52	92

建筑垃圾再生细骨料性能参照《建设用砂》（GB/T 14684—2011）测试；砂浆的稠度、保水率、抗压强度、拉伸粘结强度、抗冻性和干燥收缩率等参照《建筑砂浆基本性能试验方法标准》（JGJ/T 70—2009）测试。

3　试验结果及分析

3.1　基于同取代率的不同处置点的再生细骨料类型对预拌砂浆基本力学性能的影响

采用再生细骨料取代河砂，取代率为 30%，不同类型再生细骨料配制砂浆的抗压强度如图 1 所示。由图中可知，再生细骨料配制砂浆的 7d 抗压强度相差不大，在 9～10MPa 之间，略低于基准砂浆。再生细骨料配制砂浆的 28d 抗压强度明显低于基准砂浆，主要原因是：与天然骨料相比，再生骨料的坚固性差，内部孔隙和微裂纹多，含泥量大，影响了水泥与骨料间的结合，对砂浆的抗压强度有不利影响。再生细骨料类型对砂浆的 28d 抗压强度有明显影响，再生细骨料 B 配制砂浆的强度最高，为 16.3MPa，而再生细骨料 A 配制砂浆的强度最低，为 12.8 MPa。在 4 种再生细骨料中，B 的单级最大压碎指标最小，说明其坚固性最好，泥块含量、微粉含量和 MB 值也最低，因此其配制砂浆的抗压强度最高。再生细骨料 E 配制砂浆的 28d 抗压强度明显高于再生细骨料 A，说明再生细骨料 A 中 0.15mm 以下的颗粒对砂浆的抗压强度有不良影响。这些细颗粒影响了水泥与骨料间的结合，将其筛除后砂浆的抗压强度明显提高。

采用再生细骨料取代河砂，取代率为 30%，不同类型再生细骨料配制砂浆的拉伸粘结强度如图 2 所示。由图中可知，再生细骨料 A、B 和 C 配制砂浆的拉伸粘结强度与基准砂浆相差不大，再生细骨料 D 和 E 配制砂浆的拉伸粘结强度略高于基准砂浆。再生细骨料 E 配制砂浆的拉伸粘结强度略高于再生细骨料 A，说明再生细骨料 A 中 0.15mm 以下的颗粒对砂浆的拉伸粘结强度有不良影响，这些细颗粒影响了水泥与骨料间的结合，将其筛除后砂浆的拉伸粘结强度略有提高。

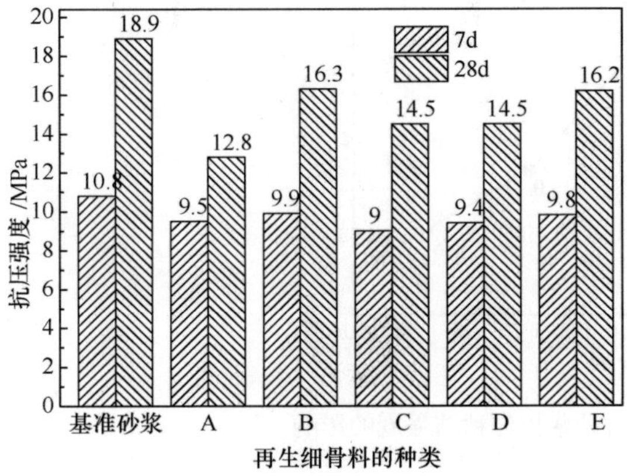

图 1　再生细骨料类型对砂浆抗压强度的影响

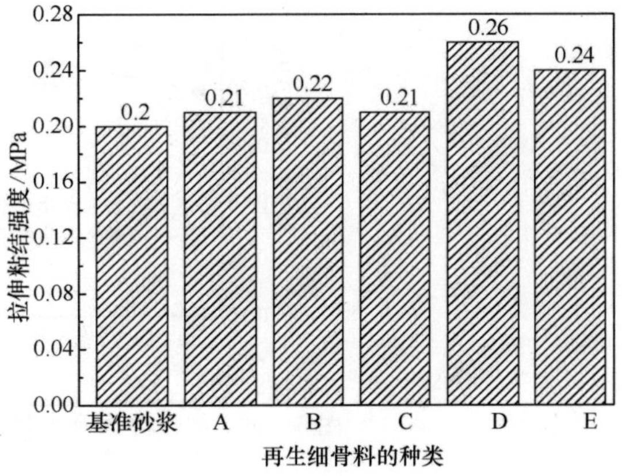

图 2　再生细骨料类型对砂浆拉伸粘结强度的影响

3.2　再生细骨料掺量对预拌砂浆基本力学性能的影响

分别采用再生细骨料 A 和 E 取代河砂，再生细骨料 A、E 配制砂浆的抗压强度分别如图 3 和图 4 所示。由图中可知，随着再生细骨料 A 和 E 取代率的提高，砂浆的 7d 和 28d 抗压强度整体上逐渐下降。与天然骨料相比，再生细骨料的坚固性差，表观密度低，泥块含量高，内部的孔隙和微裂纹多，对砂浆的抗压强度有不良影响。因此随着再生细骨料取代率的提高，砂浆的抗压强度整体上逐渐下降。在取代率相同时，再生细骨料 E 配制砂浆的抗压强度整体上高于再生细骨料 A，说明将再生细骨料 A 中 0.15mm 以下的颗粒筛除可以提高砂浆的抗压强度。

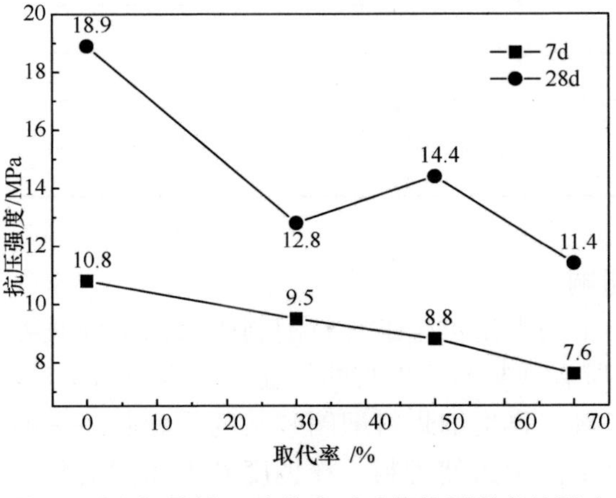

图 3　再生细骨料 A 取代率对砂浆抗压强度的影响

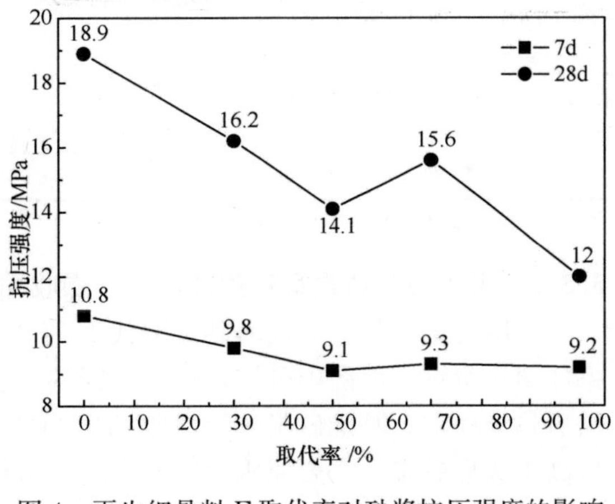

图 4　再生细骨料 E 取代率对砂浆抗压强度的影响

再生细骨料 A、E 配制砂浆的拉伸粘结强度如图 5 所示。由图中可知，随着再生细骨料 A 取代率的提高，砂浆的拉伸粘结强度先是逐渐上升，然后保持不变，为 0.23MPa。随着再生细骨料 E 取代率的提高，砂浆的拉伸粘结强度先上升后下降，取代率为 30%时拉伸粘结强度最高，为 0.24MPa。当取代率超过 50%时，砂浆的拉伸粘结强度低于 0.20MPa，不满足《预拌砂浆》(GB/T 25181—2019) 的要求。

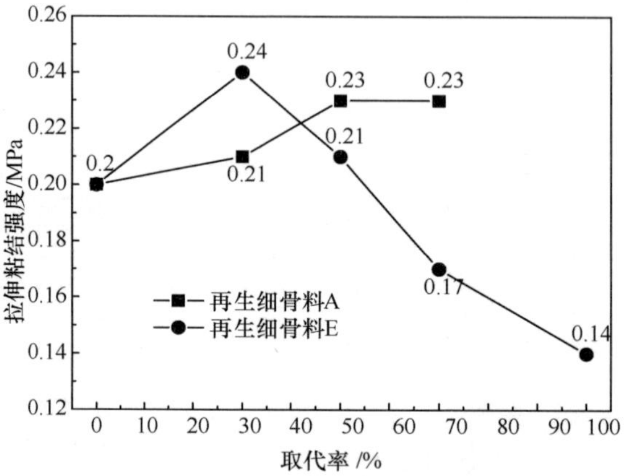

图 5 再生细骨料 A 和 E 取代率对砂浆拉伸粘结强度的影响

3.3 再生细骨料对预拌砂浆耐久性的影响

3.3.1 再生细骨料对预拌砂浆抗冻性的影响

采用再生细骨料取代河砂，再生细骨料配制砂浆的抗冻性试验结果见表 4。由表中可知，在冻融循环 25 次后，与基准砂浆相比，再生骨料配制砂浆的质量损失率相差不大，强度损失率明显降低，抗冻性显著提高。再生细骨料 A 取代率从 30%提高到 50%时，冻融循环 25 次后砂浆的抗压强度由降低 8.6%变为提高 21.3%。再生细骨料 E 取代率从 70%提高到 100%时，冻融循环 25 次后砂浆的抗压强度损失率明显上升。

表 4 砂浆的抗冻性 (冻融循环 25 次) 试验结果

编号	质量损失率/%	强度损失率/%
0	0.01	20
1	0.04	8.6
6	0.01	−21.3
9	0.09	3.8
10	0.06	10.6

注：强度损失率中，"—" 代表强度增加。

3.3.2 再生细骨料类型对预拌砂浆干燥收缩的影响

采用再生细骨料取代河砂，取代率为 30%，不同类型再生细骨料配制砂浆的干燥收缩率如图 6 所示。由图中可知，随着时间的延长，所有砂浆的干燥收缩率在 28d 内快速上升，然后趋于稳定。基准砂浆的干燥收缩率约为 0.07%，再生细骨料配制砂浆的干燥收缩率明显高于基准砂浆，主要原因是再生细骨料的吸水率高于天然骨料，在稠度基本相同的条件下，再生细骨料配制砂浆的用水量更大，增大了砂浆的干燥收缩率。再生细骨料类型对砂浆的干燥收缩率有明显影响，再生细骨料 C 配制砂浆的干燥收缩率最高，超过 0.12%，而再生细骨料 D 最低，约为 0.10%。细骨料 C 配制砂浆的用水量最大，因此其干燥收缩率最高。当取代率为 30%时，再生细骨料配制砂浆的 28d 收缩率都低于 0.2%，符合《预拌砂浆》(GB/T 25181—2019) 的规定。

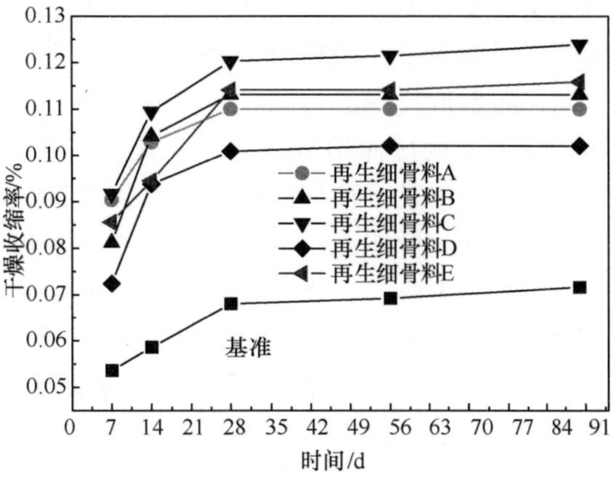

图 6　再生细骨料类型对砂浆干燥收缩率的影响

3.3.3　再生细骨料掺量对预拌砂浆干燥收缩的影响

分别采用再生细骨料 A 和 E 取代河砂，再生细骨料 A、E 配制砂浆的干燥收缩率分别如图 7 和图 8 所示。由图中可知，随着时间的延长，所有砂浆的干燥收缩率在 28d 内快速上升，然后趋于稳定。随着取代率的提高，再生细骨料 A、E 配制砂浆的干燥收缩率逐渐上升，主要原因是再生细骨料的吸水率高于天然骨料，在稠度基本相同的条件下，再生细骨料配制砂浆的用水量更大，取代率越高，砂浆的用水量越大，干燥收缩率也越高。当取代率为 30%时，再生细骨料 A、E 配制砂浆的干燥收缩率相差不大，当取代率为 50%和 70%时，再生细骨料 A 配制砂浆的干燥收缩率明显更高，说明取代率较高时，再生细骨料 A 中 0.15mm 以下的颗粒增大了砂浆的干燥收缩率。所有再生细骨料 A 和 E 配制砂浆的 28d 收缩率都低于 0.2%，符合《预拌砂浆》(GB/T 25181—2019) 的规定。

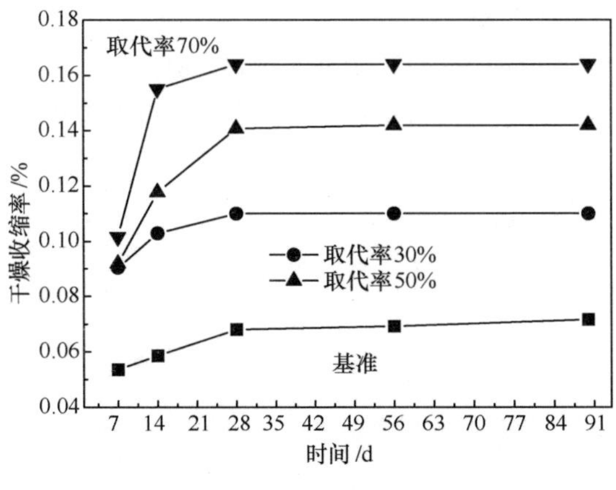

图 7　再生细骨料 A 取代率对砂浆干燥收缩率的影响

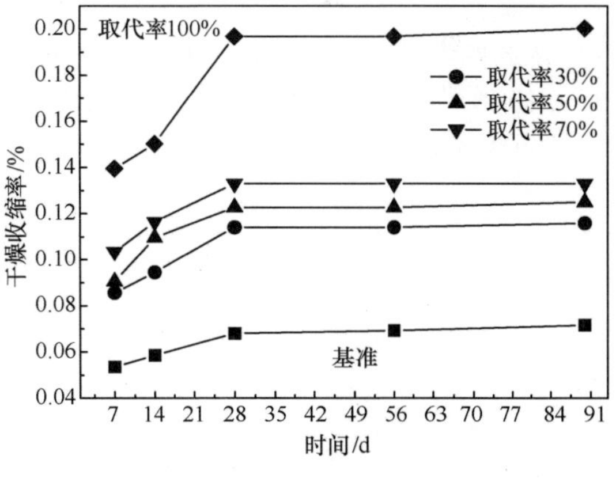

图 8　再生细骨料 E 取代率对砂浆干燥收缩率的影响

综上所述，本文所用的再生细骨料的掺入降低了砂浆的抗压强度，增大了砂浆的干燥收缩率。随着再生骨料取代率的提高，砂浆的抗压强度逐渐降低，干燥收缩率逐渐增大。再生细骨料的类型会影响砂浆的抗压强度和干燥收缩率。再生细骨料 A 和 E 的掺入可以提高砂浆的抗冻性。

4　结论

(1) 本文采用的再生细骨料的掺入降低了砂浆的抗压强度，而且随着取代率的提高，砂浆的抗压强度逐渐降低。再生细骨料的类型会影响砂浆的抗压强度。具有较低的单级最大压碎指标、泥块含量、微粉含量和 MB 值的再生细骨料可能有助于提高砂浆的抗压强度。

（2）随着取代率的提高，再生细骨料 A 配制砂浆的拉伸粘结强度略有提高，再生细骨料 E 配制砂浆的拉伸粘结强度先上升后下降。当取代率不大于 50％时，再生细骨料配制砂浆的性能指标满足《预拌砂浆》（GB/T 25181—2019）的要求。为保证再生细骨料应用于预拌砂浆时，砂浆性能满足标准要求且有一定程度的富余，再生细骨料取代率不宜大于 40％。

（3）本文中所有砂浆的干燥收缩率在 28d 内快速上升，然后趋于稳定。再生细骨料的掺入提高了砂浆的干燥收缩率，再生细骨料类型会影响砂浆的干燥收缩率。随着取代率的提高，再生细骨料 A 和 E 配制砂浆的干燥收缩率逐渐上升。将再生细骨料 A 中 0.15mm 以下的颗粒筛除后，可以提高砂浆的抗压强度，在取代率高于 30％时，会降低砂浆的拉伸粘结强度和干燥收缩率。

（4）再生细骨料 A 和 E 的掺入提高了砂浆的抗冻性，冻融循环 25 次后砂浆的抗压强度损失率明显下降。

参考文献

［1］ 常安，崔祥，王秀庆．机制砂在预拌砂浆中的应用[J]．江苏建筑，2015(2)：111-112.

［2］ 李向阳，梁芮，赵志浩，等．预拌砂浆及再生砂浆研究与发展现状[J]．环境与可持续发展，2016，41(1)：155-157.

［3］ 郝彤，侯保星，刘斌．再生细骨料在砂浆中应用的研究与进展综述[J]．混凝土，2019(3)：115-119.

［4］ 朱增梅．再生砖细集料砂浆国内外研究现状综述[J]．墙材革新与建筑节能，2019(6)：63-65.

［5］ 刘斌．建筑垃圾再生细骨料及微粉制备再生砂浆试验研究[D]．郑州：郑州大学，2019：1-10.

［6］ 张惠民，蔡小平，徐波，等．再生骨料对砌筑砂浆力学性能影响研究[J]．城市道桥与防洪，2019(7)：276-279.

［7］ 陈宗平，王妮，郑述芳，等．再生细骨料水泥砂浆的力学性能研究[J]．混凝土，2011(8)：115-120.

［8］ 杨医博，雷灏轩，郭文瑛，等．全再生细骨料对砂浆性能影响的实验研究[J]．混凝土与水泥制品，2015(12)：94-98.

机制砂对机喷型湿拌抹灰砂浆施工性能的影响

沙建芳，徐海源，刘建忠，郭飞，吴洲
（1. 高性能土木工程材料国家重点实验室，江苏 南京，210008；2. 江苏苏博特新材料股份有限公司，江苏 南京，211103）

摘　要：本文从细度模数、石粉含量及含泥量等方面研究了机制砂对机喷型水泥抹灰砂浆工作性能与机喷性能的影响规律。结果表明，当机制砂细度模数为 2.3～2.8 时，机喷抹灰砂浆 4h 的稠度损失率、保水率损失率及密度增长率变化幅度小；适量提高石粉掺量有利于改善砂浆的保水、保塑及机喷性能；当机制砂含泥量超过 6%后，不利于机喷砂浆的泵送与机喷。

关键词：机喷砂浆　机制砂　细度模数　石粉　含泥量

Effect of machine-made sand on construction performance of machine-sprayed wet-mix plastering mortar

SHA Jian-fang, XU Hai-yuan, LIU Jian-zhong, Guo Fei, Wu Zhou
(1. State Key Laboratory of High Performance Civil Engineering , Nanjing, 210008, China;
2. Jiangsu Subute New Materials Co. , Ltd, Nanjing, 211103, China)

Abstract: In this paper, the influence of manufactured sand on the performance of machine-sprayed cement plastering mortar is studied from the aspects of fineness modulus stone powder content and mud content. The results show that the change range of consistency loss rate, water retention loss rate and bulk density growth rate of machine-sprayed plastering mortar in 4H is small when the fineness modulus of machine-made sand is 2.3 ～ 2.8. Appropriate amount of stone powder is beneficial to improve the water retention, plastic preservation and machine spray performance of the mortar. When the mud content of the mechanism sand exceeds 6%, it is not conducive to the pumping and machine spraying of the machine spray mortar.

Keywords: spray mortar　machine sand　fineness modulus　stone powder　mud content

0　前言

近年来，机喷型湿拌抹灰砂浆因其施工效率高、墙面无空鼓等优点，应用逐渐增多[1]。河

作者简介：沙建芳（1979—　），女，高级工程师，从事新型水泥基材料的开发，E-mail：shajianfang@cnjsjk. cn。
基金项目：国家重点研发计划（2016YFC0701907）。

砂作为湿拌砂浆中应用量最大的原材料，随着国内基建规模的不断扩大，已出现资源紧缺的危机，机制砂必将成为天然砂的重要替代资源[2]。目前，相对天然砂，机制砂存在形貌不规则、棱角多、级配差、与湿拌砂浆其他材料兼容性较差等问题[3-7]。开展机制砂在机喷抹灰砂浆中的应用研究，对解决自然资源的短缺及提高机喷砂浆的工程质量有重要意义。

本文根据机制砂的特性，从细度模数、石粉含量及含泥量等方面研究了其对机喷水泥抹灰砂浆工作性能与机喷性能的影响规律，可为机制砂在机喷型湿拌抹灰砂浆中的应用提供一定的技术参考。

1 试验

1.1 试验材料

(1) 胶凝材料：海螺 P.O 42.5 硅酸盐水泥，密度为 3.02g/cm^3，28d 抗压强度为 48.6MPa，其性能均满足《通用硅酸盐水泥》(GB 175—2007) 的相关要求；南京热电厂Ⅰ级粉煤灰，密度为 2.4g/cm^3。石粉的化学成分见表 1。

表 1 石粉的化学成分 %

SiO_2	Al_2O_3	CaO	MgO	Na_2O	K_2O
69.23	12.53	5.39	2.78	3.28	0.70

(2) 外加剂：江苏苏博特新材料股份有限公司生产的 SJJ-M (I) 机喷型砂浆稳塑剂，保水率比为 108%，含气量为 14%，2h 稠度损失率为 7%。

(3) 细骨料：机制砂 S1、S2、S3、S4，细度模数分别为 3.3、2.8、2.3、1.8，骨料累计筛余百分数见表 2。

表 2 骨料累计筛余百分数 %

粒径/mm	4.75	2.36	1.18	0.6	0.3	0.15	<0.15
S1	8.3	29.9	63.2	76.0	85.3	88.9	89.9
S2	6.4	19.2	43.1	60.5	79.5	85.8	99.9
S3	4.6	10.6	32.0	55.1	72.3	81.4	98.5
S4	2.5	8.1	22.0	36.6	56.5	71.5	99.8

1.2 试验方案及方法

机喷型水泥抹灰砂浆基准配合比见表 3。采用不同机制，分析细度模数对砂浆性能的影响规律；以石粉替换粉煤灰，掺量分别为胶材总量的 10%、15%、20%，分析其对砂浆性能的影响；保持各组分与用量不变，将准备好的干泥按计算量加入干砂中混合拌匀，探讨含泥量对机喷抹灰砂浆性能的影响。

表 3 机喷型水泥抹灰砂浆基准配合比 kg/m^3

水泥	粉煤灰	砂	稳塑剂	水
220	120	1300	6	210

砂浆的性能考察项目包括工作性能、可泵送距离、回弹率、抗压强度等。砂浆的流动度按照《水泥胶砂流动度测定方法》GB/T 2419—2005 进行测试。砂浆的表观密度、保水率和凝结时间按照《建筑砂浆基本性能试验方法标准》(JGJ/T 70—2009)进行测定；配制的砂浆采用浙江温工 JP-90 砂浆喷涂机喷浆机进行机喷上墙施工，测试砂浆的可泵送距离、回弹率。喷射施工按照《机械喷涂抹灰施工规程》(JGJ/T 105—2011)进行，采用逐渐延长泵送软管的方法观察砂浆可泵送的最长距离；回弹率按照《喷射混凝土应用技术规程》(JGJ/T 372—2016)进行测定。

2　试验结果与分析

2.1　机制砂细度模数对机喷抹灰砂浆性能的影响

按表 3 基准配合比，采用不同细度模数的机制砂配制机喷抹灰砂浆，分析其对机喷抹灰砂浆的工作性能、力学性能与施工性能的影响规律，结果如表 4、图 1 所示。

表 4　机制砂细度模数对机喷抹灰砂浆性能的影响

机制砂编号	细度模数	同稠度时用水量/(kg/m³)	稠度/mm	4h 稠度损失率/%	保水率/%	4h 保水率损失率/%	密度/(kg/m³)	4h 密度增长率/%	抗压强度/MPa
S1	3.3	240	102	15.6	92.6	3.6	1870	3.75	12.5
S2	2.8	252	101	9.9	93.1	3.4	1863	3.24	11.7
S3	2.3	263	100	6.0	93.6	2.7	1860	1.02	10.9
S4	1.8	275	100	6.5	93.8	2.4	1850	1.05	9.6

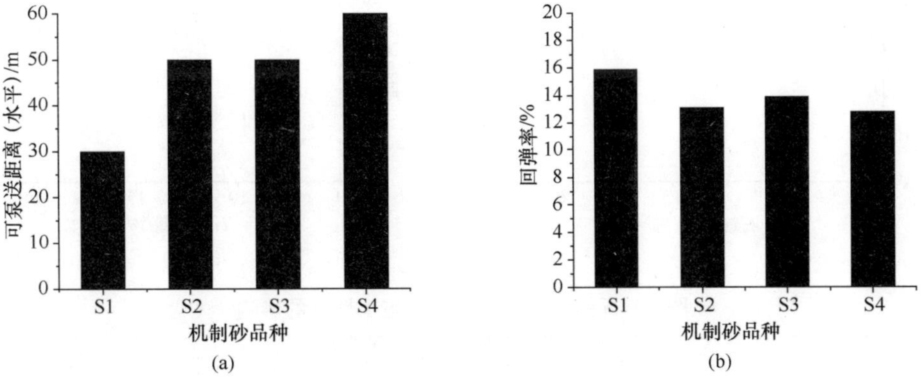

图 1　机制砂细度模数对机喷抹灰砂浆施工性能的影响

(a) 可泵送距离；(b) 回弹率

从表 4 可以看出，当机制抹灰砂浆稠度相近时，机制砂细度模数每降低 0.5，砂浆单方用水量需提高 10～15kg，机制砂细度模数增加后，比表面积增加，润湿其表面的用水量增加。随着机制砂细度模数的降低，用水量增多，水胶比增大，其 28d 抗压强度逐渐减小，且机制砂细度模数较差，内部骨架结构强度低，颗粒空隙率高且不能被有效填充，抗压强度更低。

砂浆稠度相同时，细度模数最大的机制砂 S1 配制的砂浆保水率最低，密度最大；当机制砂细度模数从 3.3 降至 1.8 时，砂浆的保水率增加了 1.2%，而密度降低了 20kg/m³；当机制砂细度模数小于2.3后，机喷抹灰砂浆的4h稠度损失率、保水率损失率及密度增长率变化幅度较小，且有利于提高砂浆的可泵送距离与降低砂浆机喷时的回弹率，这可能是细粉所占比例增大后，砂浆体系变稠，保水率增大，砂浆在压力作用下体系稳定性增强，且机制砂中大颗粒数量减少后，堵管发生的概率降低。

因此，从机喷抹灰砂浆综合性能考虑，当机制砂的细度模数在2.3～2.8时，具有较好的工作性能、力学性能与施工性能。

2.2 石粉含量对机喷抹灰砂浆性能的影响

采用表3机喷抹灰砂浆基准配合比，掺加石粉量为总胶材的10%、15%、20%，分析其对机喷抹灰砂浆工作性能、力学性能与施工性能的影响规律，结果如表5、图2所示。

表5 石粉含量对机喷抹灰砂浆性能的影响

石粉掺量/%	同稠度时用水量/(kg/m³)	稠度/mm	4h稠度损失率/%	保水率/%	4h保水率损失率/%	密度/(kg/m³)	4h密度增长率/%	抗压强度/MPa
0	252	102	15.6	92.6	3.4	1850	3.35	12.9
10	259	101	10.1	93.3	2.5	1836	3.01	11.8
15	267	100	6.0	93.6	2.2	1860	2.56	10.8
20	270	99	4.5	94.2	2.7	1890	2.10	10.1

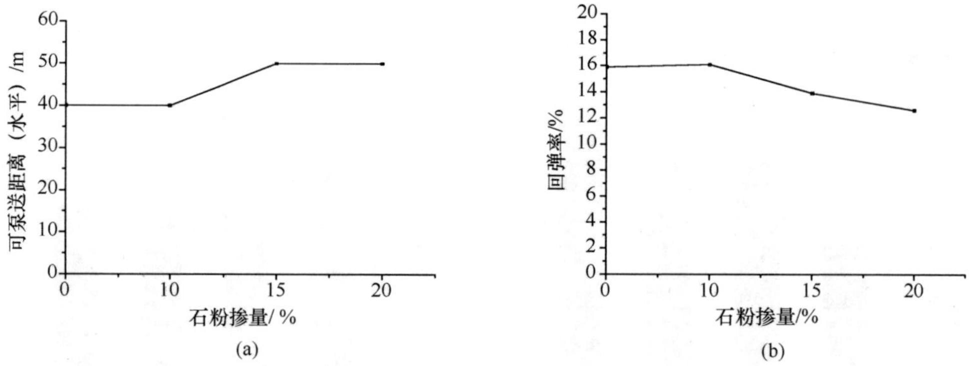

图2 石粉对机喷抹灰砂浆施工性能的影响
(a) 可泵送距离；(b) 回弹率

从表5可以看出，控制机喷砂浆稠度接近，不掺加石粉时，其单方用水量为252g；当石粉掺量为10%时，用水量为259g，增加了3.6%；当掺量为20%时，用水量为270g，增加了8%。同时随着石粉掺量的增加，4h稠度损失率逐渐降低，表明石粉掺入后虽增加了机喷砂浆的单方用水量，但对4h稠度保持有利，改善了砂浆的机喷施工性能，这可能是机制砂石粉在生产过程中会产生大量的微裂纹，使得吸水作用增强，砂浆初始用水量增大，水化作用变缓，改善了砂浆的稠度保持性能。在保水性能方面，不添加石粉时，砂浆保水率为92.6%，石粉的掺量为20%时，砂浆保水率为94.2%，增加了1.6%，石粉掺量增加后，由于其形态效应的作用能够减少自由水在水泥表面的聚集，保水率增大，同时石粉起填充密实的作用，砂浆的湿密度增大。

从图2可以看出，当石粉的掺量为10%时，可泵送距离与回弹率分别为40m与16.6%，提高掺量至20%后，砂浆可泵送距离增加，且回弹率降至12.8%。

因此，机喷抹灰砂浆中引入适量石粉后，可增大砂浆的初始保水率，降低工作性能损失，进一步改善了砂浆的泵送与机喷性能。

2.3　含泥量对机喷抹灰砂浆性能的影响

采用表3机喷抹灰砂浆基准配合比，掺入不同比例的干泥，分析其对机喷砂浆的工作性能、力学性能与施工性能的影响规律，结果如表6、图3所示。

表6　含泥量对机喷抹灰砂浆性能的影响

含泥量/%	同稠度时用水量/(kg/m³)	稠度/mm	4h稠度损失率/%	保水率/%	4h保水率损失率/%	密度/(kg/m³)	4h密度增长率/%	抗压强度/MPa
2	260	102	8.9	92.2	3.4	1880	3.25	12.6
4	269	100	8.6	93.1	2.8	1910	3.04	11.8
6	278	101	8.5	91.9	2.4	1950	2.65	10.2
8	285	99	8.9	92.3	3.0	1985	3.10	9.6

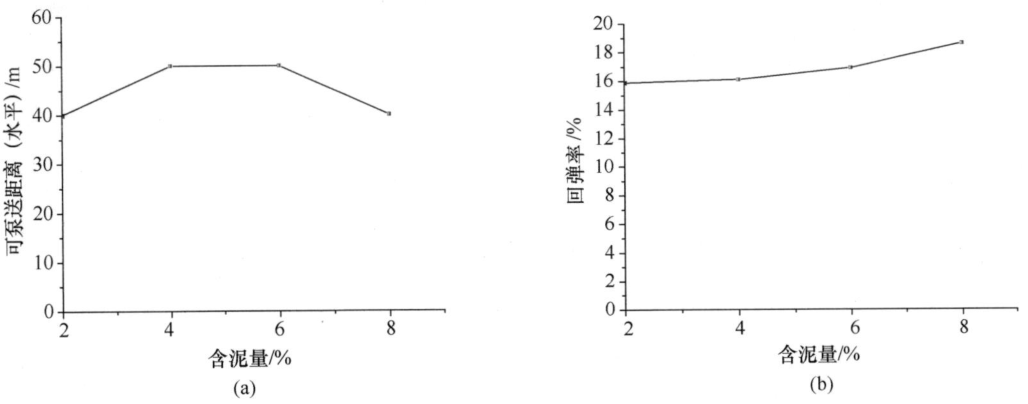

图3　含泥量对机喷抹灰砂浆施工性能的影响

（a）泵送距离；（b）回弹率

从表6可以看出，当控制机喷砂浆的稠度为（100±3）mm，含泥量为2%时，其单方用水量为260kg，含泥量每增加2%，用水量需增加8～10kg。这主要是由于泥粉的颗粒多、疏松多孔，具有较强的吸附性，会吸附大量的水，砂浆的单方用水量逐渐增大；用水量增加后，水胶比增大，28d抗压强度值逐渐减小。随着含泥量的增加，当砂浆稠度相近时，4h稠度损失率相差不大，但4h保水率损失率、密度增长率均先降低后增加。

从图3可以看出，在机喷性能方面，随着含泥量的增加，砂浆可泵送距离呈减小的趋势，机喷上墙回弹率逐渐增大，这主要原因是含泥量增加后，一方面影响砂浆保水率与湿密度，另一方面机制砂中泥粉会使浆体和骨料的界面粘结力降低，从而影响了砂浆的机喷性能。因此，机喷抹灰砂浆用机制砂的含泥量宜控制在6%以内。

3 结论

（1）当机制砂细度模数为2.3～2.8时，机喷抹灰砂浆4h稠度损失率、保水率损失率及密度增长率变化幅度较小，有利于改善砂浆的泵送与机喷性能。

（2）适量提高石粉的掺量，有利于提高砂浆的保水及保塑效果，虽小幅度降低砂浆稠度及砂浆的28d强度，但有利于改善抹灰砂浆的机喷性能，具有较好的应用前景。

（3）机制砂含泥量超过6%后，对砂浆的4h流动性损失影响较小，但会降低砂浆的可泵送距离，并增大机喷抹灰砂浆的回弹率。

参考文献

[1] 豆晓玲．湿拌砂浆和传统现场搅拌砂浆施工性能对比[J]. 广东建材，2014(11)：102-104.

[2] 董超颖，孙振平，陈明，等．预拌砂浆及其发展趋势[A]//第五届全国商品砂浆学术交流会论文集(5th NCCM). 南京，2013：12-20.

[3] 周爱军，周红．机制砂在普通砂浆中应用试验研究[J]. 硅酸盐通报，2016(1)：310-315，321.

[4] 宋勇．机械化喷涂施工是推广预拌砂浆的关键[J]．散装水泥，2011(4)：49-50 .

[5] 刘鹏飞，兰明章．羟丙基甲基纤维素醚对机喷水泥砂浆性能的影响[J]. 建筑材料学报，2016，43(7)：49-52.

[6] 陈景，刘永道，王晶晶，等．机制砂湿拌抹灰砂浆研究与生产应用[J]. 混凝土与水泥制品，2015(3)：66-70.

[7] 王娟．建筑砂浆机械化施工关键指标研究[J]. 新型建筑材料，2016，43(12)：57-59.

水灰比对硫铝酸盐水泥水化与性能的影响

李林，王茹
（同济大学先进土木工程材料教育部重点实验室；同济大学材料
科学与工程学院，上海，201804）

摘　要：本文研究了水灰比对硫铝酸盐水泥的水化及相关性能的影响。结果表明，提高水灰比减小了水化初期第二放热峰的水化放热速率，但却加速了第三水化放热峰的出现并提高其峰值。提高水灰比有利于钙矾石的形成，增加水化放热量，最终提高了硫铝酸盐水泥的水化程度。但高水灰比会导致硫铝酸盐水泥砂浆的总孔隙率及孔径尺寸均显著增加，从而使抗压强度有所下降，干燥收缩显著增加。
关键词：硫铝酸盐水泥　水灰比　水化　性能

Effect of Water to Cement Ratio on the Hydration and Properties of Calcium Sulfoaluminatre Cement

Li Lin, Wang Ru
(Key Laboratory of Advanced Civil Engineering Materials of Ministry of Education, School of Materials Science and Engineering, Tongji University, Shanghai, 201804, China)

Abstract: In this paper, the effect of water to cement ratio (w/c) on the hydration and properties of calcium sulfoaluminate (CSA) cement was investigated. The results show that the addition of high w/c would decrease the 2nd maximum heat flow while the 3rd maximum peak is accelerated and promoted. With increasing of w/c, the generation of ettringite is increased, the cumulative heat is increased, therefore the hydration level of CSA cement is promoted. However, the increase of w/c would cause total porosity and pore size of CSA cement mortar increasing, which finally leads to strength decreasing as well as dry shrinkage increasing.
Keywords: CSA cement; water to cement ratio; hydration; properties

1　引言

硫铝酸盐（CSA）水泥突破了传统水泥矿物组分，将无水硫铝酸钙（C_4A_3）、硅酸二钙

基金项目：国家自然科学基金（51572196，51872203）、中德科学基金（GZ1290）。
通讯作者：王茹，女，博士，教授，博士生导师，主要研究方向为聚合物水泥基复合材料。Email：ruwang@tongji.edu.cn.

(C_2S) 以及石膏 ($CaSO_4$) 等进行匹配，获得很好的胶凝性能，具有早强、低收缩，抗冻、抗渗、耐蚀和低碱度等优良特性[1, 2]。硫铝酸盐水泥已成功地应用于建筑工程、冬期施工、海港工程、地下工程、制作水泥制品及预制构件等领域，应用范围广阔[3]。CSA 水泥的水化进程受到石膏类型及掺量的影响，其水化产物主要为钙矾石（AFt)、单硫型水化硫铝酸钙（AFm）以及氢氧化铝凝胶（AH_3)[4-6]。CSA 水泥中无水硫铝酸钙与石膏的含量决定了最终水化产物中 AFt 与 AFm 的比例[4, 7]。

在石膏含量充足时，C_4A_3与其反应生成 AFt、AH_3。

$$C_4A_3\overline{S}+2C\overline{S}H_2+34H \longrightarrow C_3A\cdot 3C\overline{S}\cdot H_{32}+2AH_3 \quad (1)$$

当石膏含量较低且被消耗完毕后，C_4A_3将继续与水反应，生成 AFm 与 AH_3。

$$C_4A_3\overline{S}+18H \longrightarrow C_3A\cdot C\overline{S}\cdot H_{12}+2AH_3 \quad (2)$$

除石膏之外，水灰比对 CSA 水泥的水化也会产生一定的影响。F. Glasser[8]通过理论计算表明 CSA 水泥熟料完全水化的需水量为 0.6，当水灰比降至 0.36 时，熟料的水化程度降至 60%，而水灰比继续降至 0.28 时，熟料的水化程度仅为 40%左右。因此，为保证 CSA 水泥完全水化所需用水量，其实际水灰比一般均控制在 0.6～0.8[9, 10]。水灰比的大小对 CSA 水泥的水化产物影响较大，当水灰比大于 10 时，首先出现 AFt 针状水化产物，其后才逐渐生成 AFm，当体系达到平衡状态时，其水化产物主要以 AFm 与 AH_3为主；而当水灰比较低时，AFt 与 AFm 几乎同时形成，之后 AFt 含量逐渐降低，但最终水化产物仍以 AFm 与 AH_3为主[3]。韩建国等[11]通过测试水化热研究了水灰比对 CSA 水泥水化历程的影响，研究表明，当水灰比从 0.3 增至 0.5 时，CSA 水泥的水化放热速率增大，其水化放热量也有所增加。

本文对比研究了不同水灰比条件下 CSA 水泥的水化及相关物理力学性能，考查了水灰比对 CSA 水泥浆体的水化热、水化产物以及孔隙结构特征的影响，并进一步分析了水灰比对 CSA 水泥砂浆的抗压强度、干燥收缩的影响机制。

2 试验

2.1 试验材料

水泥：快硬硫铝酸盐水泥，其化学成分和矿物成分分别见表 1 与表 2。砂：标准砂。水：自来水。

表 1 硫铝酸盐水泥的化学成分 %

Al_2O_3	CaO	SO_3	SiO_2	Fe_2O_3	K_2O	MgO	Mn_2O_3	Na_2O	P_2O_5	SrO	TiO_2	LOI
24.50	44.6	14.89	9.85	2.35	0.31	2.39	0.02	0.08	0.13	0.10	1.00	1.70

表 2 硫铝酸盐水泥的矿物成分 %

C_4A_3S	C_2S	CS	C_4AF	$C_{12}A_7$	CT	$CaMg(CO_3)_2$	MgO
35.9	25.2	21.4	0.6	2.0	12.9	0.9	1.1

2.2 试验方法

2.2.1 试样制备

水化热、XRD、热分析以及压汞测试均采用 CSA 水泥浆体试件。按照所需水灰比在净浆搅拌锅中称取所需用水量，同时称取 CSA 水泥 500g，将 CSA 水泥快速倒入搅拌锅中，先慢速搅拌 30s，再快速搅拌 90s，然后称取 10g CSA 水泥浆体用于水化热测试，同时称取适量浆体置于 PE 瓶中且在温度 23℃、湿度 50%的条件下养护至规定龄期，以便用于 XRD、热分析以及压汞测试。

抗压强度和干燥收缩均采用 CSA 水泥砂浆试件。按照所需水灰比在砂浆搅拌锅中称取所需用水量，同时称取 500g CSA 水泥、1350g 标准砂，具体搅拌流程参照《水泥胶砂强度检验方法（ISO 法）》（GB/T 17671—1999）。

2.2.2 试样测试

（1）水化热测试：采用 TAM-AIR 八通道微量热仪测试不同水灰比条件下 CSA 水泥浆体的水化放热特征，试验温度设置为 23℃，测试龄期为 72 h。

（2）XRD 测试：将水化样品分别于 3h、1d 以及 28d 取出，将样品破碎并浸入分析纯无水乙醇中终止水化，24h 之后取出样品放入研钵研磨，烘干后过 100μm 筛，立即使用 Rigaku-D/max2550VB3+设备进行测试。

（3）热分析测试：将 XRD 测试分析用粉末样品同时用于热分析的相关测试。使用 TA Q600 设备测试 TG 及 DSC，温度上限设置为 1000℃，保护气为氮气。

（4）MIP 测试：样品选自 CSA 水泥浆体在 28d 龄期的试件，将样品破碎并浸入无水乙醇终止水化、干燥，然后将样品修饰成 1cm^{3}尺寸大小，使用 AutoPore 9500 型压汞仪进行测试。

（5）砂浆抗压强度参照《水泥胶砂强度检验方法（ISO 法）》（GB/T 17671—1999）进行测定。

（6）砂浆干缩率参照《建筑砂浆基本性能试验方法标准》（JGJ/T 70—2009）进行测定。以试件成型后 24h 的长度为初始长度，然后测定试件在不同龄期下的长度，并计算各龄期的干缩率。

3 结果与讨论

3.1 水化热

图 1 为不同水灰比条件下 CSA 水泥浆体的水化放热特征曲线。由图 1（a）可见，当水灰比为 0.4 时，CSA 水泥浆体在放热速率曲线中显示三个主要放热峰，这与相关文献报道较为一致[10, 12, 13]。在初始几分钟内发生的初始水化放热峰主要归结于水泥在水介质中的离子溶解，以及活性相和水之间由于润湿而发生的快速反应[4, 14-17]。之后水化反应进入诱导期，这可以理解为初始水化产物覆盖在水泥颗粒表面上，从而延迟了进一步的水化反应。之后水化放热速率急速增加，并且在 38min 时达到最高值，这是由于硫铝酸钙与硫酸钙之间发生的水化反应，见式（1）。之后水化放热速率有所下降，进入第二个缓慢反应期。第三个水化放热峰出现在 8.4h 附近，这是由于硫铝酸钙的快速溶解以及大量水化产物（如 AFt、AFm 和 AH_3）的形成，在此之后钙矾石的形成趋于稳定[18, 19]。

提高水灰比后，CSA 水泥浆体的水化放热速率的发展趋势与水灰比为 0.4 时较为相似，但其主要放热速率峰值有所下降。由图 1（a）可见，提高水灰比至 0.6，其第二个放热峰出现时间依然为 38min，但 CSA 水泥浆体的水化放热速率从 28.7mW/g 降至 25.7mW/g，继续提高水灰比，水化放热速率降低更为显著，当水灰比升高至 1.0 时，水化放热速率为 23.6 mW/g。可见，增加水灰比，CSA 水泥水化初期的水化程度将被降低，这可能是由于提高水灰比增加了水泥颗粒之间的早期反应距离，从而导致初始反应减慢。然而从图 1（a）还可看出，水灰比对第三个放热速率峰的影响与第二个放热速率峰的影响并不一样。在此阶段，提高水灰比会导致放热峰出现时间显著提前，其放热速率也随之增加。当水灰比为 0.6 时，其峰值提前至 4.5h，其放热速率也从 2.73mW/g 增至 11.8mW/g；而当水灰比提高至 1.0 时，其峰值出现时间提前至 2.3h，而放热速率也增至 19.8mW/g。

图 1（b）为不同水灰比条件下 CSA 水泥浆体的累积放热曲线。由图可见，水灰比不高于 0.8 时，提高水灰比，其浆体水化放热量显著提高；水灰比为 0.4 时，其 3d 水化放热量为 298.2J/g；提高水灰比至 0.8，其累计放热量提高至 466.6J/g。这是由于水灰比增大时，其水泥粒子的分散空间扩大，从而导致水泥矿物溶解和水化产物沉降的概率增大[11]。继续提高水灰比至 1.0，其放热量为 467.9J/g，较水灰比为 0.8 时其浆体的放热量无显著增加，表明 CSA 水泥完全水化所需水灰比不高于 0.8。

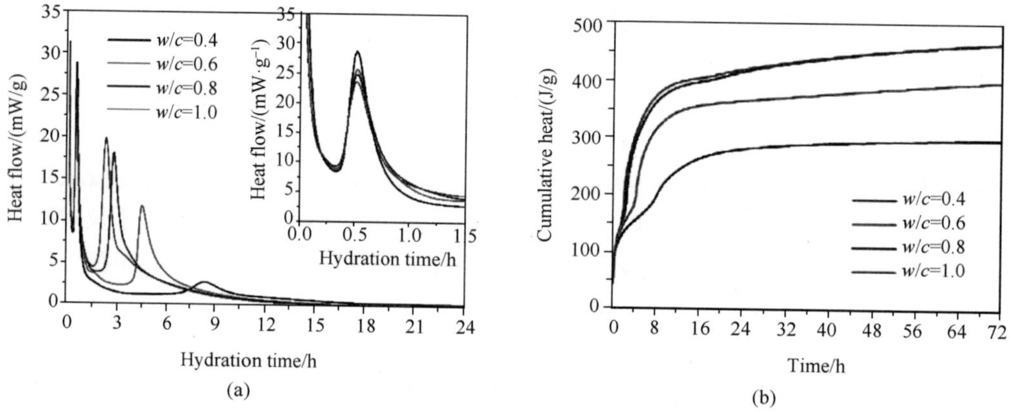

图 1 不同水灰比时硫铝酸盐水泥的水化放热特征曲线

（a）Heat flow；（b）Cumulative heat

3.2 XRD 分析

图 2 显示了不同水灰比条件下 CSA 水泥浆体在 3h、1d 及 28d 的 XRD 图谱。由图 2（a）

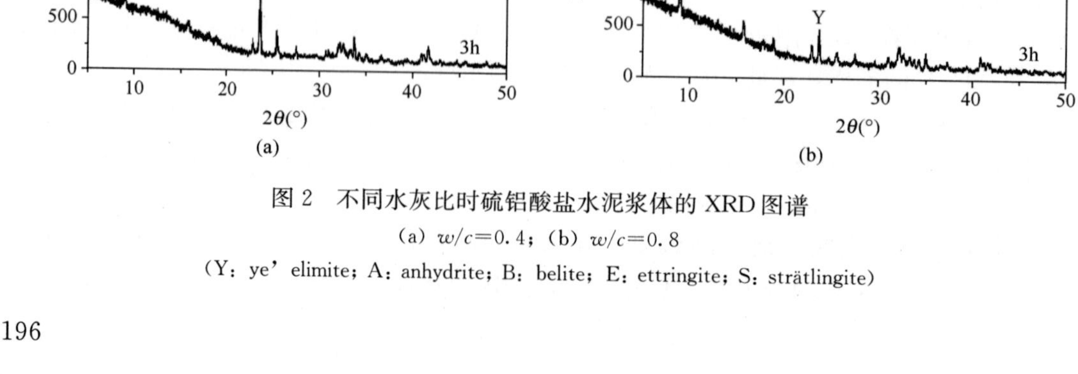

图 2 不同水灰比时硫铝酸盐水泥浆体的 XRD 图谱

（a）$w/c=0.4$；（b）$w/c=0.8$

（Y：ye' elimite；A：anhydrite；B：belite；E：ettringite；S：strätlingite）

可见，CSA 水泥的主要矿物组成包括无水硫铝酸钙、硫酸钙以及硅酸二钙，当水灰比为 0.4 时，CSA 水泥在早期 3h 的水化产物较为单一，主要为钙矾石（反应见式 1）。随着反应时间的延长，其反应程度不断增加，无水硫铝酸钙与硫酸钙对应峰强不断下降，钙矾石对应峰强逐渐增加，表明其含量逐渐提高。水化龄期至 28d 时，无水硫铝酸钙及硫酸钙的特征衍射峰依然存在且较显著，表明此刻并未完全反应。提高水灰比，CSA 水泥的水化程度显著增加。当水灰比增至 0.8 时，CSA 水泥的主要物相无水硫铝酸钙及硫酸钙在水化 3h 时对应峰强显著下降，水化产物钙矾石对应峰强较水灰比为 0.4 时的峰强有所增加。当水化龄期至 1d 时，无水硫铝酸钙已基本反应完毕，钙矾石含量也进一步增加。进一步延长水化龄期至 28d，其钙矾石增加幅度并不显著，这主要由于无水硫铝酸钙已反应完全。此刻水化产物中有大量水化硅铝酸钙（strätlingite）形成，这主要归因于无水硫铝酸钙反应完毕后，硅酸二钙与前期反应生成的氢氧化铝进一步发生反应生成了水化硅铝酸钙[21]。

$$C_2S + AH_3 + 5H \longrightarrow C_2ASH_8 \tag{3}$$

3.3 热分析

图 3 显示了不同水灰比条件下 CSA 水泥浆体在 3h、1d 及 28d 的 TG-DTG-DSC 图谱。由图 3（a）可见，当水灰比为 0.4 时，其 DTG 曲线在不同温度区间呈现四个峰强，其主峰出现在 100～130℃，主要对应于 AFt 受热分解失去 20 个结晶水；第二个峰出现在 150～200℃，主要归因于 AFm 受热失去剩余的 12 个结晶水；第三个峰出现在 250～280℃，对应于非晶态氢氧化铝（AH_3）的失水；而在 600～800℃ 的 DTG 峰则来自原材料中白云石的分解[22]。

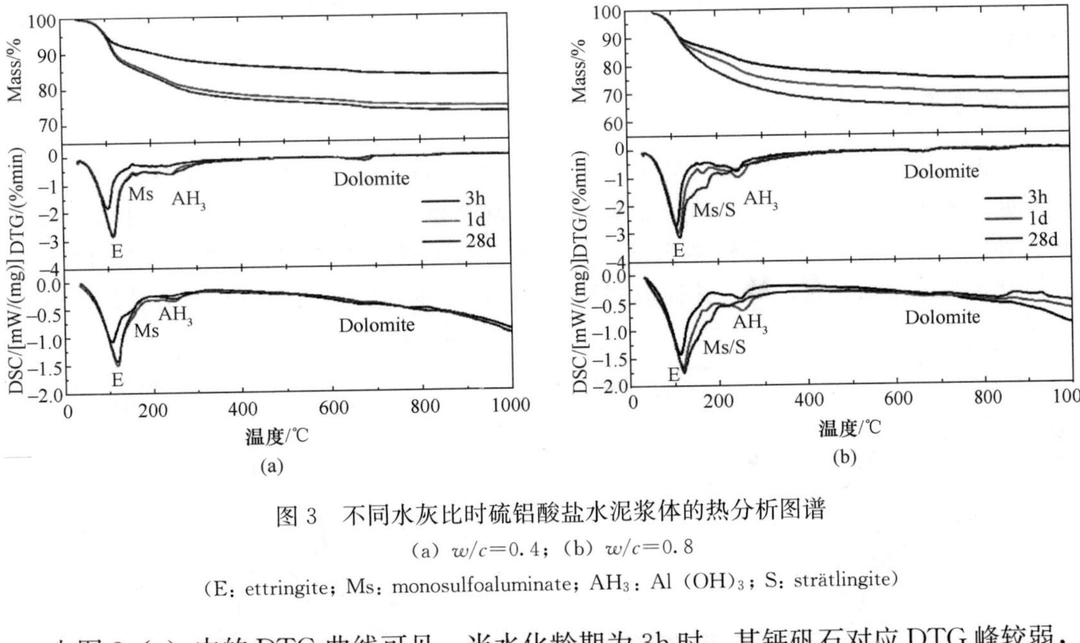

图 3 不同水灰比时硫铝酸盐水泥浆体的热分析图谱

（a）$w/c=0.4$；（b）$w/c=0.8$

（E：ettringite；Ms：monosulfoaluminate；AH_3：Al（OH）$_3$；S：strätlingite）

由图 3（a）中的 DTG 曲线可见，当水化龄期为 3h 时，其钙矾石对应 DTG 峰较弱，表明此刻水化生成的钙矾石含量较低。随着水化进一步进行，钙矾石含量逐渐增加，其对应 DTG 峰强在 1d 显著增加，3d 峰强与 1d 相当，表明其生成量增加并不显著。同时，AFm 对应 DTG 峰强较弱，表明其含量较低，与其在 XRD 图谱中并未显示较为对应。与 AFt 的生成及发展趋势一致，AH_3 在 3h 含量也较低，对应 DTG 峰强较弱；其在 1d、28d 时峰强都有所增加，表明其含量有所上升。图3（a）中DSC曲线的峰强及变化规律与DTG较为一致，表明DSC同样可用于指示CSA水泥的水化产物。

图3（b）显示了水灰比为0.8条件下CSA水泥浆体在3h、1d及28d的TG-DTG-DSC图谱。由DTG图可见，水化龄期为3h时，其AFt对应DTG峰强要显著高于水灰比为0.4时，说明AFt生成量在水灰比为0.8时显著增加，这与XRD的测试结果一致。当水化龄期至1d时，AFt含量较3h有所增加，但1d到28d期间AFt对应峰强增加幅度较小，表明AFt含量增加并不明显。同时，在250～280℃对应AH_3的DTG峰强在28d时显著减小，这主要是AH_3与C_2S反应生成水化硅铝酸钙所致，这进一步证实了XRD的分析结果。

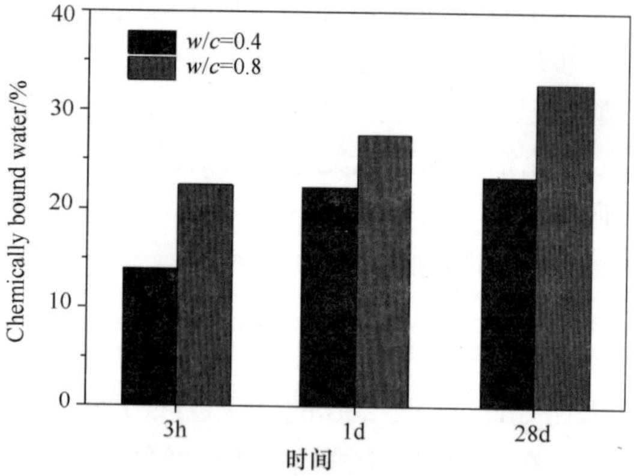

图4　不同水灰比时硫铝酸盐水泥浆体的化学结合水含量

由图3可知，CSA水泥水化产物的热分解主要发生在500℃以内，因此通过计算50～500℃范围的化学结合水，可进一步评估CSA水泥浆体的水化程度。

图4显示了不同水灰比条件下CSA水泥浆体的化学结合水含量。由图可见，水灰比越高，其化学结合水含量也越高。同时，CSA水泥浆体随着水化龄期的延长，其化学结合水含量逐渐增加，表明其水化程度进一步增加。与水灰比为0.8相比，水灰比为0.4时CSA水泥浆体的化学结合水在1d龄期之后增加幅度较小，这是浆体进一步水化所需用水量不足所致。

3.4　孔隙特征

图5进一步分析了CSA水泥浆体在不同水灰比条件下的内部孔隙分布特征。由图5（a）可见，水灰比为0.8时，CSA水泥浆体的孔隙率要显著高于水灰比为0.4时的孔隙率。除此之外，其孔径大小差异也较为明显，水灰比为0.4时，孔径主要分布于小于100μm区域，提高水灰比至0.8时，最大孔径提高至约600μm。通过对进汞量进行微分处理，可清晰

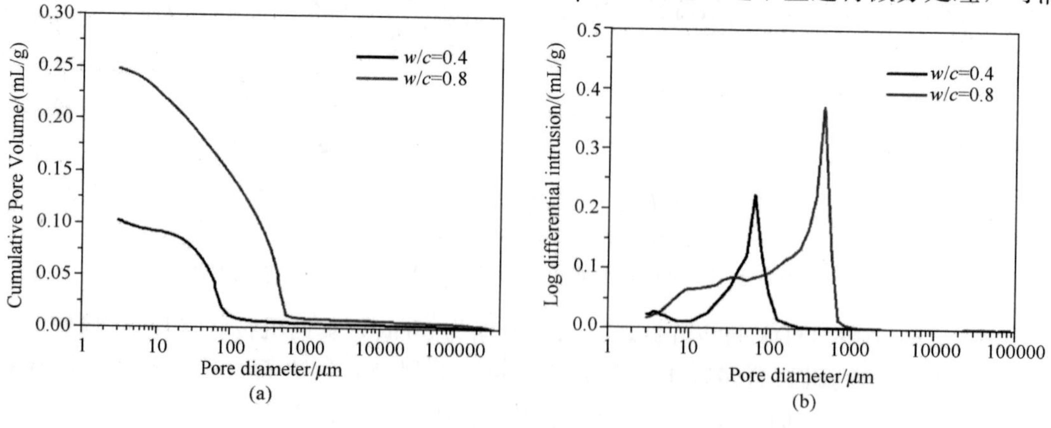

图5　不同水灰比时硫铝酸盐水泥浆体在28d龄期的孔隙分布特征

（a）Cumulative pore volume；（b）Log differential intrusion

显示其孔径的大小，如图 5（b）所示，水灰比为 0.4 时，CSA 水泥浆体的孔径范围要显著窄于水灰比为 0.8 时的孔径范围，且其孔径尺寸也显著小于水灰比为 0.8 时的孔径尺寸。

表 3 统计了不同水灰比时 CSA 水泥浆体的总孔隙率及平均孔径。水灰比为 0.4 时，浆体的总孔隙率及体积中值平均孔径分别为 18.3%、53.7nm，提高水灰比至 0.8，其总孔隙率与体积中值孔径分别增加至 33.1%、161.6nm。

表 3　不同水灰比时硫铝酸盐水泥在 28d 龄期的孔径与孔隙率

	w/c=0.4	w/c=0.8
Total porosity	18.3%	33.1%
Median pore diameter (volume)	53.7nm	161.6nm
Median pore diameter (area)	9.38nm	9.8nm
Average pore diameter (4V/A)	24.8nm	35.5nm

3.5　抗压强度

由上述分析可知，提高 CSA 水泥浆体的水灰比有利于提高其水化程度，但其孔隙率增加也较为显著，为进一步了解水灰比对 CSA 水泥的物理力学性能的影响，测试了不同水灰比条件下 CSA 水泥砂浆的抗压强度及干燥收缩。

图 6 显示了不同水灰比条件下 CSA 水泥砂浆的抗压强度。由图可见，抗压强度随水灰比的增加而逐渐下降，水灰比为 0.4 时砂浆强度最高，而水灰比为 1.0 时砂浆的强度最低，这可归因于提高水灰比，其孔隙率增加且孔径增大。

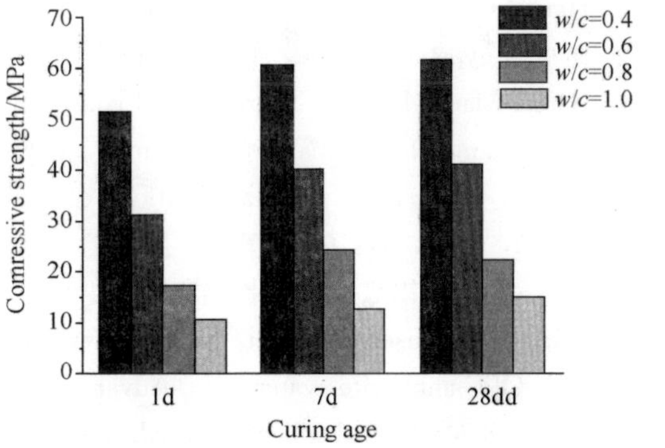

图 6　不同水灰比时硫铝酸盐水泥砂浆的抗压强度

3.6　干燥收缩

图 7 显示了不同水灰比条件下 CSA 水泥砂浆的干燥收缩。由图可见，随着养护龄期的延长，CSA 水泥砂浆的干燥收缩逐渐增加，且在 119d 龄期时增加依然明显，表明干燥收缩依然在进行。提高水灰比，其干燥收缩进一步增加，且水灰比越高，干燥收缩也越大，同时增加趋势也越发明显。当水灰比为 0.4 时，其 119d 龄期的干燥收缩值为 0.36mm/m，当水灰比为 0.8 时，其干燥收缩值为 0.74mm/m，增加幅度较为显著。可见，提高水灰比，其孔隙率显著增加，且孔径也显著变大，这都有利于砂浆的失水，从而导致干燥收缩的发展。

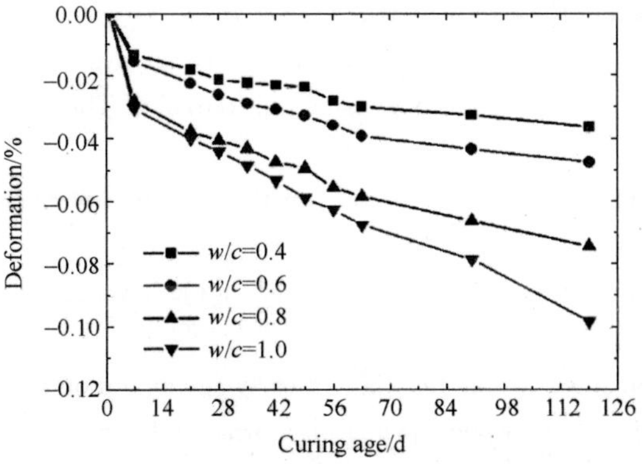

图 7　不同水灰比时硫铝酸盐水泥砂浆的干燥收缩

4 结论

本文主要研究了水灰比对CSA水泥浆体的水化及性能的影响。由上述分析可知，CSA水泥浆体的水化放热曲线主要呈现三个主要水化放热峰，提高水灰比降低了第二个水化放热峰的热流值，但却加快了第三个水化放热峰的出现，其水化放热的热流值也显著提高。通过XRD及热分析发现，低水灰比（0.4）时，CSA水泥浆体的主要水化产物为钙矾石，且在28d水化龄期依然有无水硫铝酸钙存在。当提高水灰比至0.8，其水化程度显著提高，且在28d龄期有水化硅铝酸钙的形成。然而，提高水灰比导致CSA水泥砂浆的总孔隙率及孔径均显著增加，从而使砂浆强度显著下降，干燥收缩也显著增加。

参考文献

[1] 毕利坤，王晓华，李德栋．硫铝酸盐水泥的性能与应用[J]. 云南建材，1998：4.

[2] 王建军，张自力，万善奎．硫铝酸盐水泥的发展现状与展望[J]. 新世纪水泥导报，2011，6：51-53.

[3] 王燕谋，苏慕珍，张量．硫铝酸盐水泥[M]. 北京工业大学出版社，1999，12：60.

[4] Winnefeld F, Barlag S. Calorimetric and thermogravimetric study on the influence of calcium sulfate on the hydration of ye'elimite[J]. Journal of Thermal Analysis and Calorimetry, 2010, 101: 949-957.

[5] Hargis C W, Telesca A, Monteiro P J M. Calcium sulfoaluminate (Ye, elimite) hydration in the presence of gypsum, calcite, and vaterite[J]. Cem Concr Res, 2014, 65: 15-20.

[6] Garcia-Mate M, De la Torre A G, Leon-Reina L, etal. Effect of calcium sulfate source on the hydration of calcium sulfoaluminate eco-cement[J]. Cement & Concrete Composites, 2015, 55: 53-61.

[7] Péra J, Ambroise J. New applications of calcium sulfoaluminate cement[J]. Cement and Concrete Research, 2004, 34: 671-676.

[8] Glasser F. 硫铝酸盐水泥化学需水量的计算[J]. 硅酸盐学报，2000，28：340-347.

[9] Wolf J J, Jansen D, Goetz-Neunhoeffer F, et al. Mechanisms of early ettringite formation in ternary CSA-OPC-anhydrite systems[J]. Advances in Cement Research, 2018.

[10] Winnefeld F, Lothenbach B. Hydration of calcium sulfoaluminate cements-Experimental findings and thermodynamic modelling[J]. Cement and Concrete Research, 2010, 40: 1239-1247.

[11] 韩建国，阎培渝．水灰比和碳酸锂对硫铝酸盐水泥水化历程的影响[J]. 混凝土，2010，12：5-8.

[12] Li L, Peng Y, Wang R, et al. The effect of polymer dispersions on the early hydration of calcium sulfoaluminate cement[J]. Journal of Thermal Analysis and Calorimetry, 2019: 1-13.

[13] Zajac M, Skocek J, Bullerjahn F, et al. Effect of retarders on the early hydration of calcium-sulpho-aluminate (CSA) type cements[J]. Cement and Concrete Research, 2016, 84: 62-75.

[14] Huang Y B, Qian J S, Liang J, et al. Characterization and calorimetric study of early-age hydration behaviors of synthetic ye'elimite doped with the impurities in phosphogypsum[J]. Journal of Thermal Analysis and Calorimetry, 2016, 123: 1545-1553.

[15] Winnefeld F, Barlag S. Influence of calcium sulfate and calcium hydroxide on the hydration of calcium sulfoaluminate clinker[J]. Zkg International, 2009, 62: 42-53.

[16] Zhang L, Glasser F P. Hydration of calcium sulfoaluminate cement at less than 24h[J]. Advances in Cement Research, 2002, 14: 141-155.

[17] Huang Y, Qian J, Liang J, et al. Characterization and calorimetric study of early-age hydration behaviors of synthetic ye'elimite doped with the impurities in phosphogypsum[J]. Journal of Thermal Analysis and Calorimetry, 2016, 123: 1545-1553.

[18] Jansen D, Spies A, Neubauer J, et al. Studies on the early hydration of two modifications of ye'elimite

with gypsum[J]. Cement and Concrete Research, 2017, 91: 106-116.

[19] Zhang G, He R, Lu X, et al. Early hydration of calcium sulfoaluminate cement in the presence of hydroxyethyl methyl cellulose [J]. Journal of Thermal Analysis and Calorimetry, 2018, 134: 1429-1438.

[20] Lura P, Winnefeld F, Fang X. A simple method for determining the total amount of physically and chemically bound water of different cements[J]. Journal of Thermal Analysis and Calorimetry, 2017, 130: 653-660.

[21] Wang J. Hydration mechanism of cements based on low-CO_2 clinkers containing belite, ye'elimite and calcium alumino-ferrite[D]. Material chemistry Universit e des Sciences et Technologie de Lille-Lille I, 2010.

[22] Li L, Wang R, Zhang S. Effect of curing temperature and relative humidity on the hydrates and porosity of calcium sulfoaluminate cement[J]. Construction and Building Materials, 2019, 213: 627-636.

HEMC 改性水泥砂浆在低温养护下的力学性能研究

王顺祥，张国防*，邱大薇，张海旭，王培铭
（1. 同济大学先进土木工程材料教育部重点实验室，上海.201804；
2. 同济大学材料科学与工程学院，上海.201804）

摘　要：本文研究了5℃低温养护下羟乙基甲基纤维素（HEMC）改性水泥砂浆的力学性能的演变规律。结果表明，5℃低温养护下，无论是否掺加 HEMC，水泥砂浆的早期强度均较低，中后期强度显著提高，干燥收缩率则均随养护时间延长而逐渐增大；HEMC 能明显降低水泥砂浆的抗压强度和抗折强度，显著提高粘结拉伸强度，提高干燥收缩性能；但与基准相比，HEMC 改性水泥砂浆中后期的抗压强度和粘结拉伸强度提升明显。
关键词：水泥砂浆　羟乙基甲基纤维素（HEMC）　5℃低温养护　力学性能

Study on the Mechanical Properties of HEMC Modified Cement Mortar Cured at Low Temperature of 5℃

Wang Shunxiang, Zhang Guofang*, Qiu Dawei, Zhang Haixu, Wang Peiming

([1] Key Laboratory of Advanced Civil Engineering Materials of Ministry of Education, Tongji University Shanghai 201804, China; [2] School of Materials Science and Engineering, Tongji University Shanghai 201804, China)

Abstract: In this paper, mechanical properties evolution of cement mortar modified with hydroxyethyl methyl cellulose (HEMC) cured at 5℃ were investigated. The results show that cured at 5℃, with HEMC or not, the early aged strength of cement mortars is lower, the strength significantly increases at middle and late stage, and the drying shrinkage increases with curing time. HEMC can apparently decrease compressive strength and flexural strength, but increase tensile bond strength and drying shrinkage of cement mortars cured at 5℃. However, compared to that of the control mortar, the compressive strength and tensile bond strength of cement mortar modified with HEMC at middle and late stage increase dra-

基金资助："十三五"国家重点研发计划项目（2018YFD1101003，2016YFC0700905），上海市科委重点研发计划项目（17DZ1200303）。

第一作者：王顺祥（1992—　），男，同济大学博士研究生，主要从事聚合物水泥基复合材料的性能和水化机理研究。E-mail：wsxtjdx@163.com.

通讯作者：张国防（1977—　），男，同济大学副研究员，博士生导师，博士。E-mail：zgftj@sina.com.

matically.
Keywords：cement mortar，hydroxyethyl methyl cellulose (HEMC)，curing at low temperature of 5℃，mechanical properties

1 前言

聚合物改性水泥砂浆的研究与应用始于 20 世纪 30 年代，经过近 90 年的迅速发展，聚合物改性水泥砂浆已广泛应用于海工防水、内外墙保温和裂缝修补等诸多特殊领域，其优异性能主要表现在保水性好[1, 2]、粘结强度高[3]、抗水渗透能力强[4]和抗盐腐蚀能力优异[5]等方面。

不同用途的聚合物改性水泥砂浆，常处于不同的温湿度环境条件中。已有研究[6-8]表明，养护温度对聚合物改性水泥砂浆的物理力学性能具有显著的影响。王培铭等[6]研究发现，5℃恒温养护以及 20℃/5℃循环养护均有利于提高水泥砂浆 28d 粘结拉伸强度；文献[7]认为，正负温和正负温交替养护均会显著影响到聚合物改性水泥砂浆的粘结拉伸强度，使得聚合物改性粘结砂浆与聚苯板之间的早期粘结拉伸强度很低，甚至为零；文献［8］研究了 5℃低温养护下瓷砖胶粘剂与混凝土基板之间的早期粘结拉伸性能，发现 5℃低温养护显著降低瓷砖胶粘剂的早期粘结拉伸强度，部分瓷砖胶粘剂的水泥砂浆 1d 时甚至没有粘结拉伸强度。

探明低温条件对聚合物改性水泥砂浆的力学性能的影响规律，对合理选择和使用聚合物改性水泥砂浆具有重要参考价值。作为常用于改性水泥砂浆的聚合物之一，纤维素醚能显著改善水泥砂浆的保水性、工作性能和柔韧性等物理力学性能[9-12]。纤维素醚改性水泥砂浆在标准养护条件下的力学性能和水化进程演变规律也已有较多研究报道[13-15]。然而，纤维素醚改性水泥砂浆在低温养护下的力学性能变化规律鲜有报道。因此，本文利用羟乙基甲基纤维素（HEMC）来制备 HEMC 改性水泥砂浆，研究其在 5℃低温养护下的抗压强度、抗折强度、粘结拉伸强度和干燥收缩性能等关键力学性能的演变规律，以期为 HEMC 改性水泥砂浆在低温养护下的合理选择与应用提供一定的参考和依据。

2 试验

2.1 试验材料

P.Ⅱ 52.5R 硅酸盐水泥，安徽海螺水泥有限公司生产，其物理性能见表 1，化学组成见表 2；ISO 标准砂；羟乙基甲基纤维素（HEMC），陶氏化学有限公司生产，其黏度为 35000～45000MPa·s（2%溶液，20℃），取代度 DS 为 1.40～1.70。

表 1 水泥的物理性能

比表面积/(m^2/kg)	凝结时间/min		抗压强度/MPa			抗折强度/MPa		
	初凝	终凝	3d	7d	28d	3d	7d	28d
373	140	195	31.2	42.8	52.7	6.0	7.7	9.6

表 2 水泥的化学组成（mass %）

SiO_2	Al_2O_3	CaO	MgO	Fe_2O_3	MnO	SO_3	Na_2O	K_2O	TiO_2	LOI
17.87	4.07	69.26	0.74	3.30	0.13	3.33	0.09	0.74	0.21	0.26

2.2 配合比

采用 1：3 的灰砂比（本文所述比值和掺量等均为质量比或质量分数），水灰比固定为 0.50；HEMC 掺量分别为水泥质量的 0、0.3%、0.5%和 1.0%。其中，纤维素醚掺量 0%的水泥砂浆为基准砂浆。

2.3 试验方法

2.3.1 抗折强度和抗压强度

参照《干混砂浆物理性能试验方法》（GB/T 29756—2013）成型、养护和测试。成型后，放在该标准规定的（5±1)℃、(60±5)%RH 标准养护条件下养护至 3d、28d 和 90d，然后测试抗折强度和抗压强度。

2.3.2 粘结拉伸强度

参照《干混砂浆物理性能试验方法》(GB/T 29756—2013）成型、养护和测试，基底材料为符合《陶瓷砖胶粘剂》(JC/T 547—2017）规定的混凝土板。成型后，放在（5±1)℃、(60±5)%RH 标准养护条件下养护至 3d、28d 和 90d，然后测试粘结拉伸强度。

2.3.3 干燥收缩率

参照《干混砂浆物理性能试验方法》（GB/T 29756—2013）成型、养护和测试。成型后，放在该标准规定的（5±1)℃、(60±5)%RH 标准养护条件下养护至 1d、2d、3d、7d、14d、28d、60d 和 90d，然后测试长度。

3 结果与讨论

3.1 HEMC 改性水泥砂浆在低温养护下的抗压强度

5℃低温养护下水泥砂浆的抗压强度随 HEMC 掺量及养护龄期的变化趋势如图 1 所示。由图 1 可知，5℃低温养护下，随着 HEMC 掺量的增大，水泥砂浆的抗压强度逐渐降低；与基准砂浆相比，掺有 0.3%HEMC 的水泥砂浆 90d 抗压强度下降了 39.4%，但 HEMC 掺量较大时其抗压强度降幅趋缓，这与已有文献研究发现 HEMC 会显著降低水泥砂浆抗压强度的结论一致[5, 15]。这表明，5℃低温养护下，HEMC 仍能显著降低水泥砂浆的抗压强度，且其掺量越大，抗压强度越小。

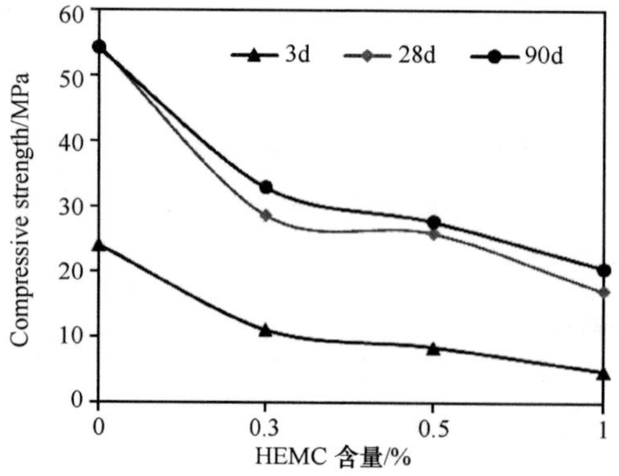

图 1 5℃低温养护下 HEMC 改性水泥砂浆抗压强度的变化规律

由图 1 还可知，5℃低温养护下，随着养护时间的延长，不同 HEMC 掺量的水泥砂浆抗压强度均逐渐增大，但随着养护时间继续延长，抗压强度增幅变小；相比于基准砂浆，HEMC

改性水泥砂浆 90d 抗压强度增幅较大。这表明，5℃低温养护下，HEMC 改性水泥砂浆的中后期抗压强度仍能随着龄期延长而逐渐增大。

3.2　HEMC 改性水泥砂浆在低温养护下的抗折强度

5℃低温养护下水泥砂浆的抗折强度随 HEMC 掺量及养护龄期的变化趋势如图 2 所示。由图 2 可知，5℃低温养护下，随着 HEMC 掺量的增大，水泥砂浆的抗折强度逐渐降低；与基准砂浆相比，掺有 0.3%HEMC 的水泥砂浆抗折强度降幅较大，之后随着 HEMC 掺量的增大，其抗折强度降幅变小。这表明，与标准养护温度时 HEMC 对水泥抗折强度的影响类似[15]，5℃低温养护下 HEMC 仍能显著降低水泥砂浆的抗折强度，且其掺量越大，抗折强度越小。

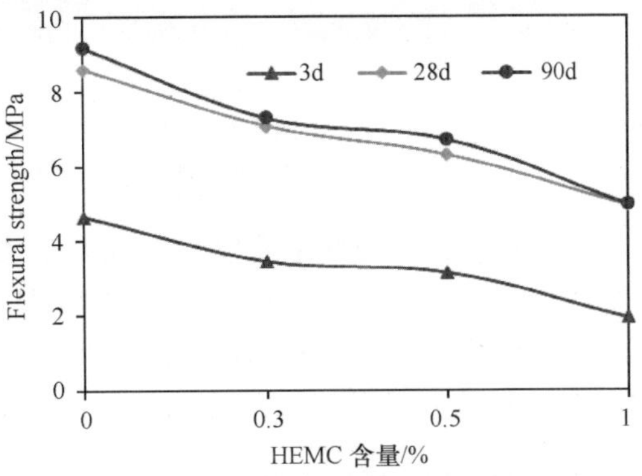

图 2　5℃低温养护下 HEMC 改性水泥砂浆抗折强度的变化规律

由图 2 还可知，5℃低温养护下，随着养护时间的延长，HEMC 掺量不同的水泥砂浆抗折强度均逐渐增大，但随着养护时间继续延长，抗折强度增幅变小；且与基准砂浆相比，HEMC 改性水泥砂浆 90d 抗折强度增幅较小。这表明，5℃低温养护下，HEMC 改性水泥砂浆的中后期抗折强度增幅小于基准砂浆，HEMC 不利于水泥砂浆中后期抗折强度的提升。

3.3　HEMC 改性水泥砂浆在低温养护下的粘结拉伸强度

5℃低温养护下水泥砂浆的粘结拉伸强度随 HEMC 掺量及养护龄期的变化趋势如图 3 所示。由图 3 可知，5℃低温养护下，随着 HEMC 掺量的增大，水泥砂浆的粘结拉伸强度逐渐增大；与基准砂浆相比，掺有 0.3%HEMC 的水泥砂浆 90d 粘结拉伸强度增幅达 150%以上，之后随着 HEMC 掺量的增大，粘结拉伸强度增幅放缓。这表明，与标准养护温度时 HEMC 对粘结拉伸强度的影响类似[3, 6-7]，5℃低温养护下，HEMC 也能显著提高水泥砂浆的粘结拉伸强度，且其掺量越大，粘结拉伸强度越大。

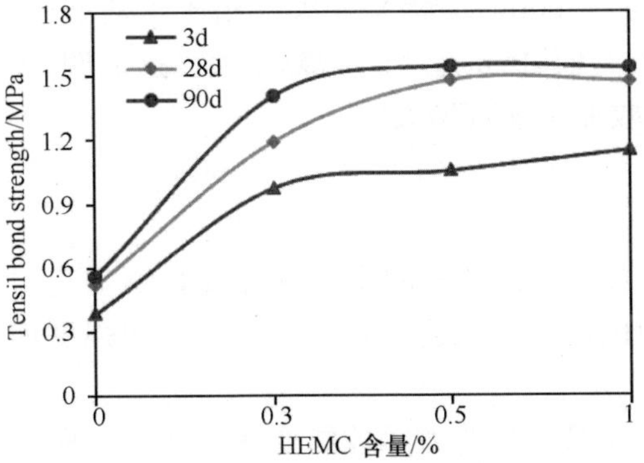

图 3　5℃低温养护下 HEMC 改性水泥砂浆粘结拉伸强度的变化规律

由图 3 还可知，5℃低温养护下，随着养护时间的延长，HEMC 掺量不同的水泥砂浆粘结拉伸强度均逐渐增大，但随着养护时间继续延长，粘结拉伸强度增幅变小；相比于 3d 时，基准砂浆的 28d 粘结拉伸强度有所增大，而 90d 粘结拉伸强度与 28d 相当；而 HEMC 改性水泥砂浆 90d 粘结拉伸强度相比于 28d 时仍有明显提高。这表明，5℃低温养护下，HEMC 改性水泥砂浆的中后期粘结拉伸强度仍能逐渐增大。

HEMC 改性水泥砂浆粘结拉伸强度测试后的试块破坏情况如图 4 所示。由图 4 可知，5℃低温养护的水泥砂浆粘结拉伸强度测试后，基

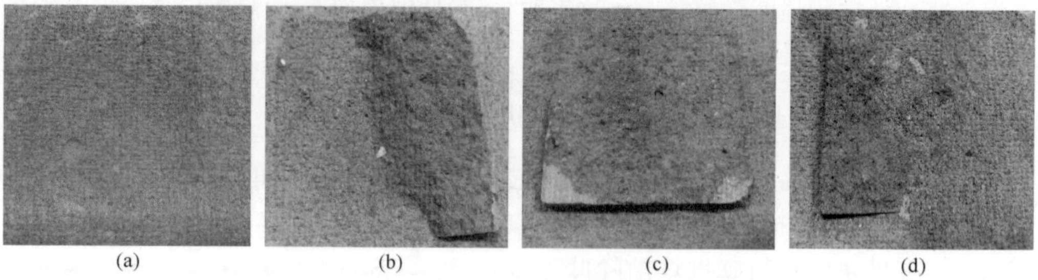

图 4　HEMC 改性水泥砂浆的粘结拉伸破坏情况

(a) 基准砂浆；(b) 0.3%HEMC；(c) 0.5%HEMC；(d) 1.0%HEMC

准砂浆的粘结拉伸破坏主要发生在水泥砂浆与混凝土基板之间的界面处，反映出两者之间的界面粘结强度较低；掺有 0.3%～1.0%HEMC 的改性水泥砂浆粘结拉伸强度远大于基准砂浆，但其粘结拉伸破坏发生在水泥砂浆内部以及其与混凝土板之间的界面处，这反映出虽然 HEMC 改性水泥砂浆具有较高的粘结拉伸强度，但其本体内聚强度相对较低。

3.4　HEMC 改性水泥砂浆在低温养护下的干燥收缩率

5℃低温养护下水泥砂浆的干燥收缩率随 HEMC 掺量及养护龄期的变化趋势如图 5 所示。由图 5 可知，5℃低温养护下，随着 HEMC 掺量的增大，水泥砂浆的干燥收缩率逐渐增大，掺有 0.3%HEMC 的水泥砂浆干燥收缩率增幅较大，掺有 0.5%HEMC 的水泥砂浆干燥收缩率增幅趋缓，掺有 1.0%HEMC 的水泥砂浆干燥收缩率增幅又较大。这表明，5℃低温养护下，HEMC 仍能显著增加水泥砂浆的干燥收缩率，且其掺量越大，干燥收缩率越大。

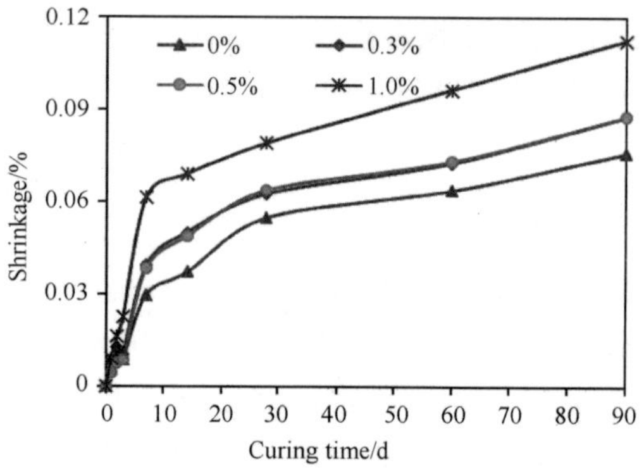

图 5　5℃低温养护下 HEMC 改性水泥砂浆干燥收缩率的变化规律

由图 5 还可知，5℃低温养护下，随着养护时间的延长，不同 HEMC 掺量的水泥砂浆干燥收缩率均逐渐增大，且养护 1～7d 时，干燥收缩率最大，养护 14～28d，增幅趋缓，养护 60～90d，增幅又变大；相比于基准砂浆，HEMC 改性水泥砂浆中后期干燥收缩率增幅较大，且其掺量越大，增幅越大。这表明，5℃低温养护下，HEMC 改性水泥砂浆的中后期干燥收缩率显著增大。

4　结论

(1) 5℃低温养护下，随着 HEMC 掺量的增大，水泥砂浆的力学性能变化明显。与基准砂浆相比，掺有 HEMC 的水泥砂浆抗压强度和抗折强度降幅明显，但粘结拉伸强度增幅明显，干燥收缩率增幅也明显。

(2) 5℃低温养护下，随着养护时间的延长，水泥砂浆的力学性能变化也明显。所有体系水泥砂浆的早期强度发展均较缓慢；相比于基准砂浆，掺有 HEMC 的水泥砂浆中后期抗压强度和粘结拉伸强度提升明显，抗折强度提升较小。

(3) 5℃低温养护下，随着养护时间的延长，水泥砂浆的干燥收缩性能变化明显。所有体系水泥砂浆的早期和后期干燥收缩率变化显著；相比于基准砂浆，掺有 HEMC 的水泥砂浆中后期干燥收缩率增幅较大，且其掺量越大，增幅越大。

参考文献

[1] 徐迅，郝益，郑成章．纤维素醚对普通砂浆保水性能的影响[J]．混凝土与水泥制品，2017，(4)：69-71.

[2] 王培铭，赵国荣，张国防．纤维素醚在新拌砂浆中保水增稠作用及其机理[J]．硅酸盐学报，2017，(8)：1190-1196.

[3] Jenni A，Holzer L，Zurbriggen R，et al. Influence of polymers on microstructure and adhesive strength of cementitious tile adhesive mortars[J]. Cement and Concrete Research，2005，35(1)：35-50.

[4] Zhao，F Q，Li H，Liu S J，et al. Preparation and properties of an environment friendly polymer-modified waterproof mortar[J]. Construction and Building Materials，2011，25(5)：2635-2638.

[5] 张国防，王顺祥，陆小培，等．HEMC 改性水泥砂浆在硫酸盐侵蚀作用下的力学性能[J]．建筑材料学报，2019，22(2)：173-178.

[6] 王培铭，陈彩云，张国防．0～20℃养护对聚合物水泥砂浆拉伸黏结强度的影响[J]．建筑材料学报，2014，17(3)：446-449.

[7] 史淑兰，张量，路永华，等．不同养护制度下聚合物改性砂浆与 EPS 板的粘结强度[J]．新型建筑材料，2006(5)：1-6.

[8] Oberste-Padtberg R，Sieksmeier J，Tsou E. 不同温度对水泥基瓷砖胶粘剂性能的影响[G].//首届全国商品砂浆学术会议论文集[C].[出版者不详]，2005.

[9] 张义顺，李艳玲，徐军，等．纤维素醚对砂浆性能的影响[J]．建筑材料学报，2008，11(3)：359-362.

[10] Brumaud C，Bessaies-Bey H，Mohler C，et al. Cellulose ethers and water retention[J]. Cement and Concrete Research，2013，53：176-184.

[11] Patural L，Marchal P，Govin A，et al. Cellulose ethers influence on water retention and consistency in cement-based mortars[J]. Cement and Concrete Research，2011，41(1)：46-55.

[12] 李玉海．乳胶粉、纤维素醚及养护条件对 EIFS 抹面砂浆抗冲击性能的影响[J]．墙材革新与建筑节能，2007，(10)：50-51.

[13] Zhang G，Zhao J，Wang P，et al. Effect of HEMC on the early hydration of Portland cement highlighted by isothermal calorimetry[J]. Journal of Thermal Analysis and Calorimetry，2015，119(3)：1833-1843.

[14] Pourchez J，Peschard A，Grosseau P，et al. HPMC and HEMC influence on cement hydration[J]. Cement and Concrete Research，2006，36(2)：288-294.

[15] 朱东坡，王培铭，张国防．纤维素醚黏度对水泥砂浆压折比及粘结强度的影响[J]．绿色建筑，2013，(2)：61-63.

不同温度下二元和三元铝酸盐水泥基砂浆泛白研究

刘贤萍[1]，迪鲁热·帕尔哈提[1]，吴丹琳[1]，高汉青[2]，王玉良[2]，Bruno Touzo[2]，王培铭[1]
（1. 同济大学材料科学与工程学院，上海，201804；2. 凯诺斯（中国）铝酸盐技术有限公司，天津，300457）

摘　要： 本文主要研究了二元和三元铝酸盐水泥基砂浆在不同养护温度下的新拌砂浆性能和硬化砂浆性能，以揭示养护温度及胶凝体系材料组成对铝酸盐水泥基砂浆泛白性能的影响。结果表明，铝酸盐水泥基砂浆在不同养护温度下均未出现初次泛白现象；体积密度增加和毛细孔吸水率降低，有利于降低铝酸盐水泥基砂浆的二次泛白等级；升高养护温度，提高了纯铝酸盐水泥基砂浆二次泛白等级，但添加适量半水石膏后的二元铝酸盐水泥基砂浆可消除不同养护温度下的二次泛白，添加半水石膏和硅酸盐水泥的三元铝酸盐水泥基砂浆，在室温和更高养护温度下，二次泛白则最为严重；室温和高温养护下，铝酸盐水泥基砂浆3d拉伸粘结强度符合使用要求。在对铝酸盐水泥基砂浆进行配合比设计时，要综合考虑环境温度和胶凝材料组分对泛白性能的影响。

关键词： 无机非金属材料　铝酸盐水泥　泛白性能　养护温度

Efflorescence performance of binary and ternary aluminate cement-based mortar at various curing temperatures

Xianping Liu[1], Paerhati Dilure[1], Danlin Wu[1], Hanqing Gao[2], Yuliang Wang[2], Bruno Touzo[2], Peiming Wang[1]
(1. School of Materials Science and Engineering, Tongji University, Shanghai, 201804;
2. Kerneos (China) Aluminates Technology Co., Ltd., Tianjin, 300457)

Abstract: The properties of fresh and hardened binary and ternary bauxite cement-based mortars cured at various temperatures were studied to reveal the effect of curing temperature and materials composition to the efflorescence performance of bauxite cement-based mortar. Results show that there was no primary efflorescence at various curing temperatures in bauxite cement-based mortars, and the increase of bulk density and the decrease of capillary water absorption were beneficial to reduce the secondary efflorescence. The increase of curing

---

作者简介：刘贤萍，女，工学博士，副研究员，从事水泥化学及材料微观结构表征的研究，上海市硅酸盐学会会员，中国电子显微镜学会非金属建筑材料微观测试技术专业委员会委员。邮箱：lxp@tongji.edu.cn；电话：021-39526230。

temperature deteriorated the secondary efflorescence of pure bauxite cement mortar, however, that of binary mixes at various curing temperatures was eliminated by adding proper amount of hemihydrate. Secondary efflorescence of ternary mixes was the most serious at room and higher curing temperatures. The 3d adhesive strength of bauxite cement-based mortars cured at room and higher temperatures met the requirements. When designing the formula of bauxite cement-based mortar, the effect of curing temperature and materials composition on efflorescence performance should be considered comprehensively.

Keywords: inorganic nonmetallic material　bauxite cement　efflorescence　curing temperature

水泥基饰面砂浆因其施工方便、成本低、耐久性好，在建筑领域具有很大的应用前景，但实际使用过程中常会遇到色差和泛白等问题，影响工程质量[1]。迄今为止，人们对硅酸盐水泥基饰面砂浆的泛白问题进行了大量研究，并在泛白形成机理、泛白程度的影响因素、泛白产生条件、抑制措施和预防途径方面获得较多的研究成果[2,3]。但对铝酸盐水泥基饰面砂浆来说，因水化时不产生氢氧化钙，就没有石灰质泛白的风险[4]，而有研究发现[5,6]，水化铝酸钙也会被碳化并产生 $CaCO_3$ 和 Al $(OH)_3$。当铝酸盐水泥和石膏或（和）硅酸盐水泥组成二元和三元胶凝材料体系的砂浆时，只有采用适当的组分比例，才能减少或避免泛白[4,6]。因此，无论是纯铝酸盐水泥砂浆，还是二元和三元铝酸盐水泥基砂浆，同样存在碳化问题，但组成不同，泛白程度也不同。因此，对铝酸盐水泥基饰面砂浆泛白现象、影响机理和抑制措施等方面的研究仍需大量的实践和理论数据支持。此外，饰面砂浆在使用过程中常常经历环境温度的变化，进而影响铝酸盐水泥基砂浆水化产物的稳定性和碳化过程，产生不同的泛白效果。据此，本文从使用环境温度角度研究铝酸盐水泥基砂浆泛白性能的差异及其他相关性能指标，以此揭示环境温度和胶凝材料组成对硬化浆体结构和泛白性能的影响。

1　试验

1.1　原材料

铝酸盐水泥：IMERYS公司提供的特诺白铝酸盐水泥，英文简写为 CAC；硅酸盐水泥：市售白色硅酸盐水泥，英文简写为 WPC。水泥的主要化学组成见表 1，水泥的主要矿物组成见表 2，胶凝材料的密度和比表面积见表 3，胶凝材料的粒度分布如图 1 所示。

α-半水石膏：纯度 92.1%，英文简写为 HH。其密度和比表面积见表 3，粒度分布如图 1 所示。

集料：石英砂，其级配见表 4。

颜料：Lanxess 4130 型红色颜料。

拌合水：蒸馏水。

表 1　XRF 测得的水泥的主要化学组成（wt. %）

	Na_2O	MgO	Al_2O_3	SiO_2	SO_3	K_2O	CaO	Fe_2O_3
CAC	0.32	0.20	68.43	0.25	0.08	0.01	30.52	0.14
WPC	0.42	3.34	2.53	21.33	4.14	0.54	67.26	0.25

表 2　XRD 测得的水泥的主要矿物组成（wt. %）

CAC	CA			CA_2			$C_{12}A_7$		
	61.2			35.6			0.3		
WPC	C_3S	β-C_2S	C_3A	C_4AF	f-CaO	$CaSO_4 \cdot 2H_2O$	SiO_2	$CaCO_3$	$CaMg(CO_3)_2$
	65.2	20.2	1.7	0.7	0.8	0.8	0.7	1.4	8.1

表 3　胶凝材料的密度和比表面积

	密度/(g/cm^3)	比表面积/(m^2/kg)
CAC	2.96	402
WPC	3.06	465
HH	2.76	311

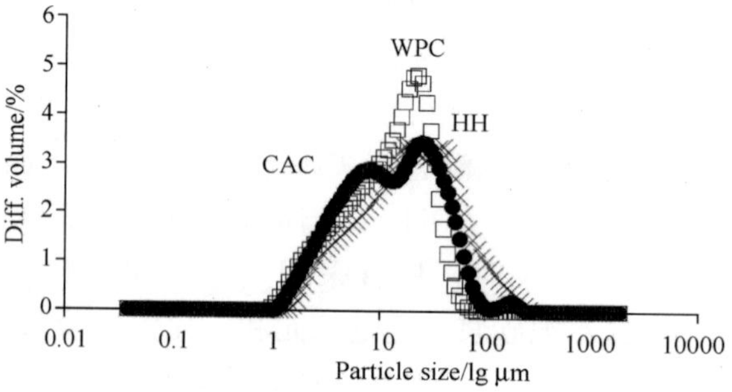

图 1　胶凝材料的粒度分布

表 4　石英砂的级配

筛孔直径/mm	10～20	20～40	30～60	40～70	70～100
质量比数/%	32	20	20	18	10

1.2　试验配合比

采用三种胶凝体系（铝酸盐水泥一元体系、铝酸盐水泥-半水石膏二元体系、铝酸盐水泥-半水石膏-硅酸盐水泥三元体系）制备了四种铝酸盐水泥基砂浆。胶凝体系中胶凝材料的配合比见表 5，分别标记为 T1、T2、T3、T4，其中 T2 和 T3 是两种半水石膏含量不同的二元体系。制备砂浆时，胶砂比为 1∶3，水胶比为 0.68，颜料掺量为 3%，所配制的砂浆同样标记为 T1、T2、T3、T4。

表 5　胶凝材料的配合比（wt%）

	T1	T2	T3	T4
CAC	100	80	60	76
WPC	0	0	0	5
HH	0	20	40	19

1.3　试验方法

参照 GB/T 29756—2013 的方法搅拌砂浆并测试新拌砂浆的体积密度；参照 GB/T

2419—2005 的方法测试新拌砂浆的流动度；参照 GB/T 11969—2008 的方法测试硬化砂浆的体积密度。

按照 GB/T 29756—2013 的方法制备拉伸粘结强度试块，分别养护在温度为（5±2)℃、(20±2)℃ 和（40±2)℃，相对湿度为（60±5）%的养护室中至 3d 时测试拉伸粘结强度。

参照 DIN 52617 测试水泥砂浆的底面毛细孔吸水率。

泛白性能的测试方法：将新拌砂浆成型于直径为 90mm、高度为 5mm 的培养皿中，放置于温度为（5±2)℃、(20±2)℃ 和（40±2)℃，相对湿度为（60±5）%的养护室中养护至 24h 后，观察表面泛白情况，并用数码相机拍照，检测其初次泛白等级；继续养护至 3d 后，放入蒸馏水中浸泡 8h，取出晾干，观察表面泛白情况，并用数码相机拍照，检测其二次泛白等级。泛白等级根据表 6 进行判定，每组以三块试块的检测结果作为最终判定结果。

表 6　泛白等级的判定

泛白等级	含义	泛白等级	含义
0	无泛白	++	中度泛白
+	轻度泛白	+++	重度泛白

2　结果与讨论

2.1　流动度

表 7 所示为新拌砂浆流动度。添加了半水石膏的二元体系和同时添加半水石膏和硅酸盐水泥的三元体系，两者的流动度都有较大提高，并且二元体系比三元体系的流动度提高幅度更大。

表 7　新拌砂浆流动度（mm）

T1	T2	T3	T4
162	214	204	199

2.2　新拌砂浆体积密度

表 8 所示为 20℃下所测试的新拌砂浆体积密度。添加了半水石膏的二元体系和同时添加半水石膏和硅酸盐水泥的三元体系，两者的新拌砂浆体积密度都有所降低，并且三元体系比二元体系降低幅度更大。

表 8　新拌砂浆体积密度（g/cm^3）

T1	T2	T3	T4
2.23	2.18	2.21	2.17

2.3　硬化砂浆体积密度

表 9 所示为温度为 5℃、20℃和 40℃养护条件下水化 3d 后硬化砂浆体积密度。在三种养护温度下，二元体系和三元体系的硬化砂浆体积密度均高于一元体系。这表明升高养护温度有利于提高硬化砂浆体积密度。

表 9　硬化砂浆体积密度（g/cm³）

养护温度/℃	T1	T2	T3	T4
5	2.11	2.13	2.14	2.13
20	2.11	2.13	2.19	2.13
40	2.13	2.16	2.19	2.16

2.4　泛白性能

2.4.1　初次泛白

在不同养护温度下养护 24h 后，所有试样表面均无泛白现象产生，初次泛白等级均为 0。

2.4.2　二次泛白

表 10 所示为在不同养护温度下养护 3d 后，浸水前与浸水 8h 晾干后试样表面的二次泛白现象。表 11 所示为不同养护温度下的二次泛白等级。

表 10　不同养护温度下的二次泛白现象

配比＼温度	5		20		40	
	浸水前	浸水 8h 后	浸水前	浸水 8h 后	浸水前	浸水 8h 后
T1						
T2						
T3						
T4						

表 11　不同养护温度下的二次泛白等级

配比＼温度	5	20	40
T1	0	+	+
T2	0	0	++
T3	0	0	0
T4	0	++	+++

由表 10 可见，5℃养护时，所有试样表面均没有明显泛白现象。20℃养护时，一元体系的 T1 表面有轻微泛白现象，二元体系的 T2 和 T3 表面无明显泛白现象，三元体系的 T4 表面则有中度泛白现象。可见，铝酸盐水泥中掺入适量半水石膏，可以有效降低其二次泛白等级。40℃养护时，一元体系的 T1 表面有轻度泛白现象，二元体系的 T2 表面有中度泛白现

象，T3表面无明显泛白现象，三元体系的T4表面有重度泛白现象。40℃养护时的二次泛白等级按由大到小的顺序为T4>T2>T1>T3。由此可见，40℃养护时，二元体系的T3的泛白等级最低，这可能是由于其较高的体积密度（表9），而三元体系的T4的泛白等级最高，这可能归因于三元体系中硅酸盐水泥水化生成的氢氧化钙最容易被碳化[4]。

一元体系的T1只在5℃养护时无二次泛白；二元体系的T2在5℃和20℃养护时均无二次泛白；二元体系的T3在不同养护温度时均无二次泛白，具有最好的抗二次泛白性能；而三元体系的T4在20℃和40℃养护时的二次泛白等级最高，即抗二次泛白性能最差。

除T3以外，提高养护温度对铝酸盐基水泥砂浆的抗二次泛白性能不利。温度对抗二次泛白性能的不利影响由大到小为T4>T1>T2>T3。

2.5 毛细孔吸水率

图2～图4所示为各配比水泥砂浆在不同养护温度下养护3d后，浸水48h内所测得的毛细孔吸水率。

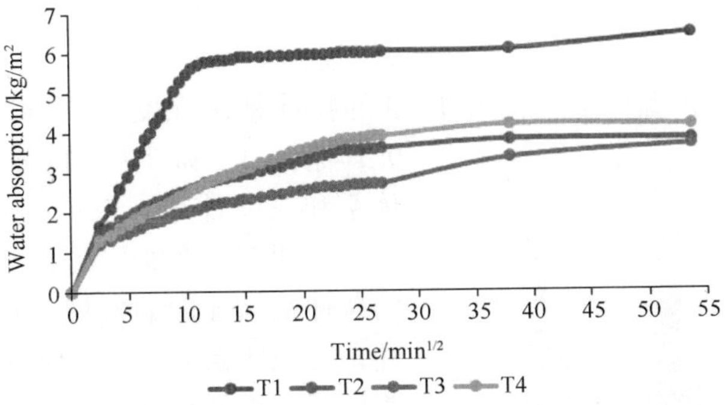

图2 5℃养护时铝酸盐水泥基砂浆的毛细孔吸水率

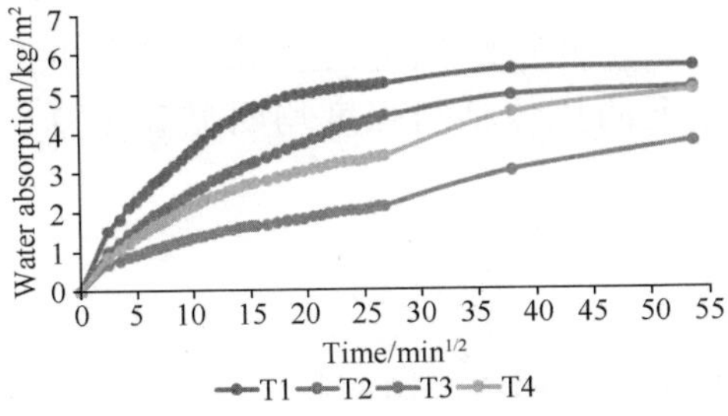

图3 20℃养护时铝酸盐水泥基砂浆的毛细孔吸水率

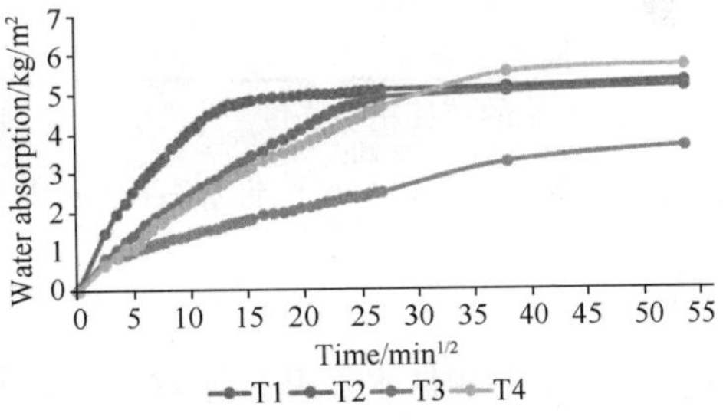

图4 40℃养护时铝酸盐水泥基砂浆的毛细孔吸水率

5℃养护时，各配比水泥砂浆毛细孔吸水率由大到小的排序为T1>T4>T2>T3。虽然在泛白测试的试样表面未见到明显泛白，但是试样表面颜色由浅到深的排序为T1>T4>T2>T3，这与毛细孔吸水率的大小排序相吻合。与20℃养护的同配比水泥砂浆相比，5℃养护的水泥砂浆吸水率高于同龄期20℃养护的水泥砂浆，表明较低的养护温度减缓了水泥的水化速度，因而三元体系中硅酸盐水泥水化产生的氢氧化钙的碳化尚不足以产生泛白。

20℃养护时，各配比水泥砂浆毛细孔吸水率由大到小的排序为T1>T2>T4>T3。T1和T4相比较，虽然T4的毛细孔吸水率低于T1，但是T4的二次泛白等级高于T1，这可能是由于三元体系中硅酸盐水泥水化生成了足够量的容易被碳化的氢氧化钙[4]。

40℃养护时，各配比水泥砂浆毛细孔吸水率由大到小的排序1d前为T1＞T2＞T4＞T3，1d后为T4＞T1＞T2＞T3。除了养护温度提高促进了硅酸盐水泥的水化，使得三元体系的T4中硅酸盐水泥的水化产物氢氧化钙更多以外，T4在所有样品中具有最高的最终毛细孔吸水率，因此其二次泛白最为严重。T3的毛细孔吸水率最低，即使在较高的养护温度下，其抗二次泛白性能依然非常好。T1的毛细孔吸水率略高于T2，但是40℃养护时，T2的抗二次泛白性能比T1好，甚至优于20℃养护时，这可能是由孔结构的变化或者高温养护下水化产物的转变造成的。

总之，随着硬化浆体毛细孔吸水率的降低，可溶性碱和盐的迁移通道减少，因此其二次泛白等级也相应降低。这可以很好地解释T3在各种温度下均具有极佳的抗二次泛白性能。此外，来自原料和水化产物的可溶性碱和盐的种类和数量也是影响二次泛白的重要因素，从而造成了T1、T2和T4在不同温度下二次泛白的差异。因此，在进行铝酸盐水泥基饰面砂浆配合比设计的时候，养护条件和胶凝材料组成都是需要考虑的因素。

2.6 拉伸粘结强度

图5所示为不同养护温度下硬化浆体3d的拉伸粘结强度。5℃和20℃养护温度下，二元体系的T2和T3的拉伸粘结强度均高于一元体系和三元体系，三元体系的拉伸粘结强度最低。因此5℃和20℃的养护温度有利于二元体系的拉伸粘结强度的发展。40℃养护时，除T3以外，其他体系的拉伸粘结强度均高于5℃和20℃养护下的拉伸粘结强度，且T4具有最高的拉伸粘结强度。由此可见，40℃的养护温度有利于一元体系、二元体系（当半水石膏掺量合适时）和三元体系拉伸粘结强度的发展。20℃和40℃养护温度下的拉伸粘结强度均明显高于0.5MPa，超出水泥砂浆标准中28d的拉伸粘结原强度的要求[7]。

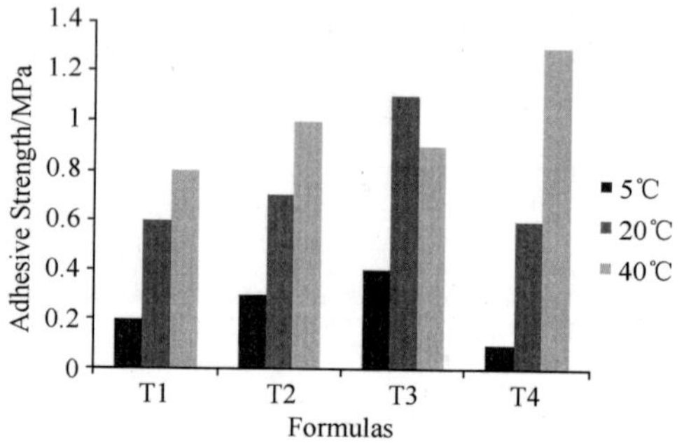

图5 不同养护温度下铝酸盐水泥基砂浆的拉伸粘结强度

3 结论

（1）各配比铝酸盐水泥基砂浆在不同养护温度下均无初次泛白。

（2）增加硬化浆体体积密度，降低毛细孔吸水率对提高铝酸盐水泥基砂浆的抗二次泛白性能有利。

（3）降低和提高养护温度时，添加适量半水石膏的二元铝酸盐水泥基砂浆能够保持高的抗泛白性能。

参考文献

[1] 张传顺，吴开胜．水泥基饰面砂浆工程质量控制要点[J]．墙材革新与建筑节能，2018(7)：60-62.

[2] 朱绘美，王培铭，张国防．硅酸盐水泥基饰面砂浆泛碱机理及抑制措施的研究进展[J]．硅酸盐通报，2013，32(12)：2508-2513.

[3] 朱绘美．硅酸盐水泥基饰面砂浆泛白机理及抑制[D]．上海：同济大学，2014.

[4] 殷庆立，胡冲，Loris Amathieu. 铝酸盐水泥对抑制泛碱效果的初步探讨[A]//第五届中国国际建筑干混砂浆生产应用技术研讨会论文集[C]. 北京：[出版社不详]，2012，388-393.

[5] 翁开茂，闵盘荣，王国宾．铝酸盐水泥碳化性能的研究[J]. 硅酸盐学报，1989，17(2)：173-180.

[6] 薛伶俐．铝酸盐水泥-硅酸盐水泥-半水石膏三元体系饰面砂浆的使用性能及其改善[D]. 上海：同济大学，2014.

[7] 中华人民共和国工业和信息化部．墙体饰面砂浆(JC/T 1024—2019)[S]. 北京：中国建材工业出版社，2019.

第三部分　产品研发与应用

干混砂浆的配合比设计方法

武双磊[1]，施小龙[2]，丁文东[2]，陈胡星[1]
（1. 浙江大学材料科学与工程学院，浙江杭州，310027；2. 杭州临安正翔建材有限公司，浙江杭州，311300）

摘　要： 干混砂浆在我国发展速度很快，目前还没有一种良好的配合比设计方法。本文提出一种新的干混砂浆配合比设计方法，该方法是在现有配合比设计的基础上，综合考虑保水增稠材料、砂浆的品种等级等因素，对计算的初始水泥用量进行修正，同时参照混凝土配合比设计方法，提出矿物掺合料取代水泥率和取代系数，以及进行和易性补偿修正，因而较为切合生产实际，可供干混砂浆生产企业参考应用。

关键词： 干混砂浆　配合比　设计方法　修正系数

1　前言

我国干混砂浆行业发展势头正猛，迄今相关企业已有千余家，但是，多数企业不知如何进行配合比的设计，通过现有方法计算得到的配合比与实际往往偏离较大，影响企业质量控制水平。

目前，干混砂浆配合比设计主要参考依据有《砌筑砂浆配合比设计规程》（JGJ/T 98—2010）和《抹灰砂浆技术规程》（JGJ/T 220—2010），其他可参考的文献也很少。本文主要针对天然砂配制干混砂浆的情况，在已有的干混砂浆配合比设计方法的基础上，综合考虑实际情况，包括砂浆原材料、砂浆的品种等级、生产和施工质量水平等因素，对原有配合比设计方法进行修正和完善，提出一种较为切合生产实际的新配合比设计方法。

2　干混砂浆配合比设计步骤

（1）试配砂浆目标值的确定。根据砂浆品种和等级，参照《预拌砂浆》（GB/T 25181—2019），并考虑具体的施工墙体、环境温湿度、施工方式以及生产、储运和施工水平等具体情况，确定试配砂浆的各项性能指标目标值。

其中，试配砂浆的28d抗压强度和14d粘结拉伸强度（抹灰砂浆）目标值分别按式（1）和式（2）进行计算。

$$f_{m,o} = kf_2 \tag{1}$$

$$f'_{m,o} = mf'_2 \tag{2}$$

式中　$f_{m,o}$——试配砂浆的28d抗压强度目标值（MPa），精确至0.1MPa；

f_2——砂浆强度等级值（MPa）；

$f'_{m,o}$——试配砂浆的14d拉伸强度目标值（MPa），精确至0.1MPa；

f'_2——抹灰砂浆14d拉伸粘结强度标准值（MPa）；

k——砂浆生产与施工质量水平系数，取1.15～1.25。

作者简介：武双磊（1988－　），男，工程师，主要从事水泥材料研究。邮箱：786012704@qq.com.

砂浆生产与施工质量水平优良、一般、较差时，k 值分别取为 1.15、1.20、1.25。生产与施工质量水平与出厂砂浆强度偏差、储运过程的离析及拌制水平等有关，最终反映在施工时拌和砂浆的强度偏差大小。砂浆强度标准差 σ 及 k 可参照表 1 取值。当有统计资料时，砂浆强度标准差可按式（3）计算。

$$\sigma = \sqrt{\frac{\sum_{i=1}^{n} f_{\mathrm{m},i}^{2} - n\mu_{\mathrm{fm}}^{2}}{n-1}} \tag{3}$$

式中　$f_{m,i}$——统计周期内同一品种砂浆第 i 组试件的强度（MPa）；

m——统计周期内同一品种砂浆 n 组试件强度的平均值（MPa）；

n——统计周期内同一品种砂浆试件的总组数，$n \geqslant 25$。

表 1　砂浆 σ 及 k 值

拌和砂浆强度波动	σ/MPa							k
	M5	M7.5	M10	M15	M20	M25	M30	
较小	1.00	1.50	2.00	3.00	4.00	5.00	6.00	1.15
一般	1.25	1.88	2.50	3.75	5.00	6.25	7.50	1.20
较大	1.50	2.25	3.00	4.50	6.00	7.50	9.00	1.25

（2）初始水泥用量的计算。

① $1\mathrm{m}^3$ 干混砂浆中的初始水泥用量 Q_{c0} 按式（4）进行计算：

$$Q_{c0} = \frac{1000(f_{\mathrm{m,o}} - \beta)}{\alpha f_{\mathrm{ce}}} \tag{4}$$

式中　Q_{c0}——$1\mathrm{m}^3$ 砂浆的水泥初始用量（kg），精确至 1kg；

$f_{\mathrm{m,o}}$——水泥的实测强度（MPa），精确至 0.1MPa；

α、β——分别为砂浆的特征系数，其中，α 取 3.03，β 取 -15.09。

注：也可根据本地区试验资料确定 α、β 值，统计用的试验组数不得少于 30 组。

②在无水泥的实测强度数据时，可按式（5）计算。

$$f_{\mathrm{ce}} = \gamma_{\mathrm{c}} \cdot f_{\mathrm{ce,k}} \tag{5}$$

式中　$f_{\mathrm{ce,k}}$——水泥强度等级值（MPa）；

γ_{c}——水泥强度等级值富余系数，宜按实际统计资料确定；无统计资料时取 1.0。

（3）砂用量的确定。直接采用 $1\mathrm{m}^3$ 砂的堆积质量作为 $1\mathrm{m}^3$ 干混砂浆中砂的用量，即干混砂浆中砂的用量 Q_s 的数值可取砂的堆积密度 ρ_s 的数值。

（4）保水增稠材料用量的确定

可根据保水增稠材料供应商提供的参考数据初步确定保水增稠材料的用量 Q_t。

（5）修正后水泥用量的计算。对水泥用量的修正一般只需考虑砂浆的品种、保水增稠材料质量的因素。砂浆的品种、保水增稠材料质量的修正系数 ω_1 和 ω_2 根据表 2 选择，其中保水增稠材料修正系数根据它的砂浆强度损失率来确定，强度损失率数据可通过试验、经验总结或供应商提供等途径获得，若没有可参考的数据，一般取 25%。

表 2　初始水泥用量修正系数

砂浆品种	砌筑砂浆	抹灰砂浆	地面砂浆	防水砂浆
砂浆品种修正系数 ω_1	1.00	1.05	1.00	1.00
保水增稠材料修正系数 ω_2	按 1.00＋强度损失率取值，无强度损失率数据时，一般取 1.25			
其他因素修正系数 ω_i	按 1.00＋强度损失率取值			

注：强度损失率数据可通过试验、经验总结或供应商提供等途径获得。

除了砂浆品种、保水增稠材料质量修正系数以外，若有必要，还可以根据实际情况，引入其他因素的修正系数 ω_i，其他各因素修正系数也可以通过试验、经验总结或供应商提供的强度损失率数据来确定。

修正后 1m^3 干混砂浆中的水泥用量 Q_{Ct} 按式（6）进行计算。

$$Q_{Ct} = Q_{C0} \times \omega_1 \times \omega_2 \times \cdots \times \omega_i \tag{6}$$

式中　Q_{Ct}——修正后每立方米干混砂浆中的水泥用量（kg），精确至 1kg；

ω_1——砂浆品种修正系数；

ω_2——保水增稠材料修正系数；

ω_i——其他因素修正系数。

（6）取代水泥率和取代系数的选择。取代水泥率是指干混砂浆中的水泥被掺合料取代的百分率，主要有粉煤灰取代水泥率和矿渣粉取代水泥率，分别用 β_f 和 β_k 表示；取代系数是指掺合料掺入量与其取代水泥量的比值，主要有粉煤灰取代系数和矿渣粉取代系数，分别用 δ_f 和 δ_k 表示。

砂浆中掺合料的较为适宜的取代水泥率和取代系数见表 3。

表 3　砂浆中的取代水泥率和取代系数

取代水泥率与取代系数		砂浆强度等级						
		M5	M7.5	M10	M15	M20	M25	M30
矿渣粉	取代水泥率 β_k/%	0～5	0～5	0～10	0～15	0～15	0～20	0～20
	取代系数 δ_k	1.0						
粉煤灰	取代水泥率 β_f/%	15～25	15～25	10～20	5～15	5～10	0～5	0～5
	取代系数 δ_f	1.3～1.7						

其他活性掺合料也可参照粉煤灰或矿渣粉进行取代，取代水泥率和取代系数根据它的活性情况而定。

（7）水泥实际用量的计算

掺合料用量的确定是以砂浆中基准水泥用量为基础的，根据粉煤灰（矿渣粉）取代水泥率按式（7）求出 1m^3 砂浆中水泥的用量 Q_C。

$$Q_C = Q_{Ct}(1 - \beta_k - \beta_f) \tag{7}$$

式中　Q_C——1m^3 砂浆中水泥的实际用量（kg），精确至 1kg；

Q_{Ct}——修正后水泥用量（kg）；

β_k——矿渣粉的取代水泥率；

β_f——粉煤灰的取代水泥率。

（8）掺合料用量的计算。

①取代水泥的粉煤灰用量按式（8）进行计算。

$$Q_{f1} = Q_{Ct} \times \beta_f \times \delta_f \tag{8}$$

式中　Q_{ft}——1m^3砂浆中粉煤灰的实际用量（kg），精确至1kg；

δ_f——矿物掺合料的取代水泥率。

② 取代水泥的矿渣粉用量按式（9）进行计算。

$$Q_k = Q_{ct} \times \beta_k \times \delta_k \tag{9}$$

式中　Q_k——1m^3砂浆中矿渣粉的实际用量（kg），精确至1kg；

δ_k——矿物掺合料的取代水泥率。

③ 当砂浆中水泥、粉煤灰、矿渣粉、保水增稠材料总量小于350kg/m^3时，应进行砂浆和易性补偿。补偿和易性所需的粉煤灰用量按式（10）进行计算。

$$Q_{f2} = 350 - Q_C - Q_{f1} - Q_k - Q_t \tag{10}$$

式中　Q_{f2}——每立方米砂浆中补偿和易性所需的粉煤灰用量（kg），精确至1kg。

④ 粉煤灰的实际用量按式（11）进行计算。

$$Q_f = Q_{f1} + Q_{f2} \tag{11}$$

⑤ 当采用其他矿物掺合料时，也可参照粉煤灰进行计算，只是其取代率和取代系数根据它的活性情况酌情取值。

（9）初步配合比的计算。根据上述1m^3干混砂浆中各组成材料的用量，换算成砂浆质量比例，即干混砂浆的初步配合比。

（10）配合比的试配与校核。

① 和易性校核。根据工程实际使用的材料，按设计的初步配合比试拌砂浆，根据不同品种砂浆稠度范围的要求确定用水量Q_W。几种常用干混砂浆的稠度要求见表4。

表4　几种常用干混砂浆的稠度要求

砂浆品种	砌筑砂浆	普通抹灰砂浆	地面砂浆	普通防水砂浆
稠度/mm	70～80	90～100	45～55	70～80

以计算出的初步配合比为基准组，调整保水增稠材料的用量，试配时其浮动量一般为掺量的±10%。测定新拌砂浆的稠度和保水率，得到满足设计性能指标要求时的最小保水增稠材料用量。

②强度校核。水泥用量和掺合料取代水泥率都会影响干混砂浆的强度。试配时至少采用三个不同的配合比。其中一个为基准配合比，另外两个配合比的水泥用量按基准配合比分别增减10%，相应调整粉煤灰或矿渣粉的用量（不足时可调整砂的用量）。根据这三个配合比，参照JGJ/T 70—2009中“立方体抗压强度”试验方法测试砂浆的28d抗压强度等各项性能，从中选择符合质量要求和经济性较佳的配合比作为最终的生产配合比。

3　天然砂制备DP M10配合比设计举例

3.1　基本情况

（1）砂浆品种和强度等级：DP M10。

（2）原材料。

① 水泥：复合硅酸盐水泥（42.5级），28d实测强度为48.5MPa。

② 砂：天然中砂，细度模数为 2.4，堆积密度为 1540kg/m³。

③ 掺合料：Ⅲ级粉煤灰。

④ 保水增稠材料：外购，推荐掺量为 0.5%。

（3）其他。应用于烧结砖内墙抹灰，施工时间在 7 月份。生产、运输及施工质量水平一般。

3.2 配合比设计过程

（1）试配砂浆性能指标目标值确定。烧结砖墙体吸水率较高，吸水时间较长，直接进行抹灰时，砂浆水分易被墙体吸走，施工期间温度高，水化反应加速，水分容易蒸发，砂浆流动性损失较大，砂浆凝结较快。因此，考虑砂浆在符合《预拌砂浆》（GB/T 25181—2010）的基础上，适当提高砂浆保水率，适当延长凝结时间，并适当降低 2h 稠度损失率。同时，对砂浆拌合物的表观密度进行控制，以辅助保证砂浆拌合物的和易性。

考虑砂浆生产、运输及施工质量水平一般，质量水平系数 k 取 1.20。试配砂浆的 28d 抗压强度目标值按下式计算。

$$f_{m,o} = kf_2 = 1.20 \times 10.0 = 12.0(\text{MPa})$$

试配砂浆的 14d 粘结拉伸强度目标值按下式计算。

$$f'_{m,o} = kf'_2 = 1.20 \times 0.20 = 0.24(\text{MPa})$$

设计的抹灰砂浆主要性能指标的标准值和目标值见表 5。

表 5　设计的抹灰砂浆主要性能指标的标准值和目标值

性能指标	稠度/mm	保水率/%	表观密度/(kg/m³)	2h 稠度损失率/%	凝结时间/min	14d 拉伸粘结强度/MPa	28d 抗压强度/MPa
标准值	90～100	≥88	—	≤30	180～540	≥0.2	≥10.0
目标值	90～100	≥92	1800～2000	≤20	240～540	≥0.24	≥12.0

（2）计算初步配合比。

①取得水泥的实测强度。已知水泥的实测抗压强度值为 48.5MPa，即

$$f_{ce} = 48.5\text{MPa}$$

② 计算每立方米抹灰砂浆中初始水泥用量。已知干混抹灰砂浆的试配强度 $f_{m,o}$=12.0 MPa，f_{ce}=48.5 MPa，α 取 3.03，β 取−15.09，按下式计算 1m³砂浆中水泥初始用量 Q_{c0}。

$$Q_{c0} = \frac{1000(f_{m,o} - \beta)}{\alpha \cdot f_{ce}} = \frac{1000(12.0 + 15.09)}{3.03 \times 48.5} \approx 184(\text{kg})$$

③ 计算每立方米抹灰砂浆中砂用量。已知砂的堆积密度为 1540kg/m³，可直接取砂的堆积密度得到 1m³砂浆中砂用量 Q_S。

$$Q_S = 1540\text{kg}$$

④ 确定每立方米抹灰砂浆中保水增稠材料用量。供应商推荐的保水增稠材料用量为 0.5%，假设 1m³砂浆质量为 1700kg，1m³砂浆中保水增稠材料掺量 Q_t 按下式计算。

$$Q_t = 1700 \times 0.5\% \approx 9(\text{kg})$$

⑤ 计算修正后每立方米抹灰砂浆中水泥用量。已知 1m³抹灰砂浆初始水泥用量 Q_{C0} = 184kg。砂浆品种修正系数 ω_1 取 1.05。保水增稠材料强度损失率无试验数据，由供应商提供

数据 ω_2 取 1.25。按下式计算修正后 1m³砂浆中水泥用量 Q_{Ct}。

$$Q_{ct} = Q_{c0} \times \omega_1 \times \omega_2 = 184 \times 1.05 \times 1.25 \approx 242(\text{kg})$$

⑥ 选择粉煤灰取代水泥率和取代系数。矿物掺合料为Ⅲ级粉煤灰，按以往经验，该粉煤灰质量较好，接近Ⅱ级，根据表 3 选取粉煤灰的取代水泥率 $\beta_f = 15\%$，取代系数 $\beta_f = 1.5$。

⑦ 计算每立方米抹灰砂浆中的水泥实际用量。已知修正后 1m³干混抹灰砂浆中水泥用量 $Q_{Ct}=242$kg，按下式计算砂浆中水泥实际用量 Q_C。

$$Q_C = Q_{Ct}(1-\beta_f) = 242 \times (1-15\%) \approx 206(\text{kg})$$

⑧ 计算每立方米抹灰砂浆中取代水泥的粉煤灰用量。已知修正后每立方米抹灰砂浆中水泥用量 $Q_{Ct}=242$kg，粉煤灰的取代水泥率 $\beta_f=15\%$，超量取代系数 $\delta_f=1.5$，按下式计算砂浆中粉煤灰用量 Q_{f1}。

$$Q_{f1} = Q_{Ct} \times \beta_f \times \delta_f = 242 \times 15\% \times 1.5 \approx 54(\text{kg})$$

⑨ 计算每立方米抹灰砂浆中补偿和易性所需的粉煤灰用量。已知砂浆中水泥的实际用量 $Q_C=206$kg，取代水泥的粉煤灰用量 $Q_{f1}=54$kg，按下式计算 1m³砂浆中补偿和易性所需的粉煤灰用量 Q_{f2}。

$$Q_{f2} = 350 - Q_C - Q_{f1} - Q_t = 350 - 206 - 54 - 9 = 81(\text{kg})$$

⑩ 计算每立方米抹灰砂浆中粉煤灰实际用量。已知 1m³砂浆中取代水泥的粉煤灰用量 $Q_{f1}=54$kg，补偿和易性所需的粉煤灰用量 $Q_{f2}=81$kg，按下式计算砂浆中粉煤灰实际用量 Q_f。

$$Q_f = Q_{f1} + Q_{f2} = 54 + 81 = 135(\text{kg})$$

⑪ 计算初步配合比。根据上述计算得出 1m³ DP M10 砂浆中的水泥实际用量为 206kg，粉煤灰用量为 135kg，砂用量为 1540kg，保水增稠材料用量为 9kg。将上述 1m³砂浆中各组成材料的用量换算成质量比例，即该干混砂浆的初步配合比（表 6）。

表 6　DP M10 初步配合比（%）

原材料	水泥	粉煤灰	保水增稠材料	砂
配合比	10.90	7.14	0.48	81.48

（3）生产配合比确定。

① 和易性校核。配制三组砂浆和易性校核试样，每组 10kg，其中一组为和易性校核基准组，另外两组分别在基准组的基础上增减 10%的保水增稠材料用量，试样配合比见表 7。

表 7　砂浆和易性校核试样配合比（%）

编号	水泥	粉煤灰	保水增稠材料	砂
基准组	10.90	7.14	0.48	81.48
+10%组	10.90	7.19	0.53	81.48
−10%组	10.90	7.09	0.43	81.48

每组砂浆试样初步混合均匀后加入适量的水，拌制均匀后立即进行稠度测定，保证稠度介于 90～100mm。按 JGJ/T 70—2009 测定砂浆拌合物的保水率、表观密度、2h 稠度损失率和凝结时间，结果见表 8。

表 8　砂浆和易性校核试样的性能测试结果

编号	稠度/mm	保水率/%	表观密度/(kg/m³)	2h 稠度损失率/%	凝结时间/min
目标值	90～100	≥92	1800～2000	≤20	240～540
基准组	96	92	1920	19	340
+10%组	94	95	1880	17	380
−10%组	98	90	1950	25	350

对比三组砂浆的保水率、表观密度、2h 稠度损失率和凝结时间与目标值的符合程度，其中“基准组”和“+10%组”均满足要求，但“基准组”的保水增稠材料用量比“+10%组”少，从经济性等角度综合考虑，以和易性校核“基准组”配合比为后续的强度校核基准配合比。

② 强度校核。确定强度校核基准配合比后，以此配合比为基础，分别增加和减少 10% 水泥用量，相应调整粉煤灰用量（表 9），配制三组干混砂浆强度校核试样，每组 10kg，按 JGJ/T 70—2009 测试各试样的稠度、保水率、表观密度、2h 稠度损失率、凝结时间、14d 拉伸粘结强度和 28d 抗压强度，测试结果见表 10。

表 9　砂浆强度校核试样配合比（%）

编号	水泥	粉煤灰	保水增稠材料	砂
基准组	10.90	7.14	0.48	81.48
+10%组	11.99	6.05	0.48	81.48
−10%组	9.81	8.23	0.48	81.48

表 10　砂浆强度校核试样的性能测试结果

编号	稠度/mm	保水率/%	表观密度/(kg/m³)	2h 稠度损失率/%	凝结时间/min	14d 拉伸粘结强度/MPa	28d 抗压强度/MPa
目标值	90～100	≥92	1800～2000	≤20	240～540	≥0.24	≥12.0
基准组	96	92	1920	19	340	0.23	11.3
+10%组	96	93	1900	19	360	0.29	13.1
−10%组	94	93	1890	17	400	0.20	9.8

比较三组砂浆的稠度、保水率、表观密度、2h 稠度损失率、凝结时间、14d 拉伸粘结强度以及 28d 抗压强度可知，仅有“+10%组”的砂浆各性能符合设计要求。因此，可以认为“+10%组”的配合比较为理想。

③ 配合比的确定。根据初步配合比计算及后续的试配试验结果，设计的 DP M10 生产配合比见表 11。

表 11　设计的 DP M10 生产配合比（%）

原材料	水泥	粉煤灰	保水增稠材料	砂
配合比	11.99	6.05	0.48	81.48

3.3　实际应用情况

杭州临安正翔建材有限公司采用上述方法设计出的生产配合比进行实际应用，所得到的产品性能良好，满足预期要求。表 12 为该企业实际生产的 DPM 10 砂浆的性能举例。

表 12　实际生产的 DPM 10 砂浆的性能

批号	稠度/mm	保水率/%	表观密度/(kg/m³)	2h 稠度损失率/%	凝结时间/min	14d 拉伸粘结强度/MPa	28d 抗压强度/MPa
P1	95	92.5	1930	17	345	0.30	12.8
P2	95	91.8	1960	18	320	0.28	13.8
P3	96	91.2	1920	17	330	0.29	13.2

4　结论

本文提出了一种干混砂浆配合比设计方法，由于该方法是在已有设计方法的基础上，综合考虑砂浆的原材料、品种等级、生产和施工质量水平等因素进行修正和完善，因而与生产实际较为切合，可供干混砂浆生产企业参考。

参考文献

[1] 中华人民共和国国家质量监督检验检疫总局，中国国家标准化管理委员会．预拌砂浆(GB/T 25181—2010)[S]. 北京：中国标准出版社，2010.

[2] 叶茂．预拌砂浆配合比设计及应用研究[J]. 四川水泥，2016(9)：279.

[3] 黄秀弟，叶廷审，叶青．预拌干混砌筑砂浆配合比的设计与讨论[J]. 新型建筑材料，2014，41(12)：31-34.

[4] 徐芬莲，陈景，黄波，等．预拌砂浆配合比设计方法的探讨[J]. 混凝土，2009(5)：116-117.

[5] 丁健美，李光中，胡晓．预拌砂浆配合比设计与应用[J]. 混凝土，2008(4)：81-84，87.

[6] 中华人民共和国住房和城乡建设部．砌筑砂浆配合比设计规程(JGJ 98—2010)[S]. 北京：中国建筑工业出版社，2010.

[7] 中华人民共和国住房和城乡建设部．抹灰砂浆技术规程(JGJ/T 220—2010)[S]. 北京：中国建筑工业出版社，2010.

基于 $g\text{-}C_3N_4$/纳米 TiO_2/硅藻土复合光催化剂的水泥装饰砂浆制备及其可见光下降解室内甲醛研究

肖力光，张晓彤
（吉林建筑大学材料科学与工程学院，长春，130118）

摘　要：甲醛（HCHO）时刻影响着人们的健康，对此种污染物的去除尤为重要。而半导体光催化则是一种有效地去除空气中甲醛的方法。本文以硅藻土为载体，硫酸氧钛为前驱体，经过 $g\text{-}C_3N_4$ 修饰改性，制备一种 $g\text{-}C_3N_4$/纳米 TiO_2/硅藻土复合光催化剂。利用 XRD、SEM 对其结构信息和形貌进行表征，对其在水泥装饰砂浆中降解室内甲醛的效果进行研究，最后对光催化降解甲醛的机理进行分析。结果表明，掺入此种复合光催化剂的水泥装饰砂浆能够在可见光下降解室内甲醛，10h 降解效率达 50%以上。

关键词：材料学　$g\text{-}C_3N_4$　纳米TiO_2　硅藻土　装饰砂浆　光催化

Preparation of Cement Decorative Mortar Based on $g\text{-}C_3N_4$/Nano-TiO_2/diatomite Composite Photocatalyst and Study on Degradation of Indoor Formaldehyde under Visible Light

Xiao Liguang, Zhang Xiaotong
(School of Materials Science and Engineering, Jilin Jianzhu University, Changchun 130118)

Abstract: Formaldehyde affects people's health at all times, and the removal of such pollutants is particularly important. Semiconductor photocatalysis is an effective method to remove formaldehyde from air. In this paper, a $g\text{-}C_3N_4$/nano-TiO_2/diatomite composite photocatalyst was prepared by modifying $g\text{-}C_3N_4$ with diatomite as carrier and titanium sulfate as precursor. The structure information and morphology were characterized by XRD and SEM. The degradation of indoor formaldehyde in cement decorative mortar was studied. Finally, the mechanism of photocatalytic degradation of formaldehyde was analyzed. The results show that the cement decorative mortar with the composite photocatalyst can degrade indoor formaldehyde in visible light, and the degradation efficiency can reach more than 50% within 10 hours.

基金项目：“十三五”国家重点研发计划（2018YFD1101001）。

作者简介：肖力光，男，博士，教授，博士生导师，长期从事新型建筑材料领域的研究，中国硅酸盐学会房屋建筑材料分会理事。联系电话：13578879577。

Keywords: Material Science; g-C_3N_4; nano-TiO_2; dioxide; Decorative mortar; diatomite; photocatalytic

1　引言

为消除室内甲醛污染，人们做出了重大努力[1,2]。基于可见光响应半导体的光催化消除技术，以其经济、可再生、清洁和安全的特点吸引了人们的关注，已成功地用于消除挥发性有机化合物[3,4]。近年来，人们对室内装饰砂浆的各种性能产生极大兴趣[5,6]，然而对装饰砂浆在可见光下降解室内甲醛的报道还很少。纳米 TiO_2 由于其成本低廉、制备简单、稳定性高，被广泛应用于室内有毒污染物的降解，然而其窄的带隙和高的载流子复合效率，使其只能在紫外光下被激发[7]。因此，对 TiO_2 进行修饰改性尤为重要。有研究将一种新型的具有可见光响应能力的石墨碳氮化物（g-C_3N_4）与纳米 TiO_2 结合，证明 g-C_3N_4 是一种很好的改性剂，可使 TiO_2 的吸收边红移，使光催化反应的响应波长扩展到可见光区，并且复合物适用于光催化脱除甲醛[8]。硅藻土由于其特殊的孔道结构和大的比表面积，被广泛用于光催化材料的载体。利用硅藻土作为基底担载半导体材料，可以有效地分散半导体材料，避免其团聚，同时充分吸附气体污染物，增大半导体与污染物的接触面积，提高光催化活性[9,10]。而将光催化剂与装饰砂浆合二为一，达到在可见光下便可去除室内甲醛的效果，则是本文研究的重点。

2　实验材料与仪器

2.1　实验材料

三聚氰胺；硅藻土（来自白山地区的低品位二、三级原土）；硫酸氧钛；42.5 级白水泥；粒径<0.25mm 的石英砂；粉状聚羧酸系高效减水剂；甲醛溶液；甲醛检测专用试剂。

2.2　实验仪器

X’ Pert 3 Powder X-射线衍射仪（XRD）；MIRA 3 LMH 扫描电子显微镜（SEM）；CEL-HXF300 氙光光源系统；420mm 滤光片；8L 石英光催化反应器；GDYK-2 全自动双通道大气采样仪；GDYJ-201 MF 全自动多功能甲醛-氨测定仪。

3　实验过程

3.1　g-C_3N_4/纳米 TiO_2/硅藻土光催化剂的制备

将三聚氰胺粉末置于氧化铝坩埚中，升温速率控制在 5℃/min，开通风橱，550℃保持 3h，冷却至室温，研磨得到 g-C_3N_4 粉末。取一定量的硫酸氧钛加入蒸馏水超声，60℃恒温水浴加热，将 pH 调至 2 后，磁力搅拌至澄清后，加入一定量的 g-C_3N_4 经过机械研磨、煅烧和酸浸处理过的硅藻土，超声均匀，95℃恒温水浴加热 1h。80℃烘干后 400℃煅烧 2h，充分研磨备用。

3.2　g-C_3N_4/纳米 TiO_2/硅藻土光催化剂的水泥砂浆的制备

如表 1 所示，用 g-C_3N_4/纳米 TiO_2/硅藻土光催化剂取代水泥掺量（0%、2%、4%、

6%、8%、10%、15%），然后将白水泥、复合光催化剂、石英砂、减水剂等经配料、计量、均混，配置成为干混砂浆，使用时只需按一定比例加水即可。未掺光催化剂的水泥砂浆组成：m(水泥)∶m(水)∶m(砂)∶m(减水剂)＝100∶50∶300∶0.3。

表1　不同 g-C_3N_4/纳米 TiO_2/硅藻土掺量的水泥砂浆配合比

试样	水泥砂浆配合比/kg				
	水泥	光催化剂	水	砂	减水剂
0%	100	0	50	300	0.3
2%	98	2	50	300	0.3
4%	96	4	50	300	0.3
6%	94	6	50	300	0.3
8%	92	8	50	300	0.3
10%	90	10	50	300	0.3
15%	85	15	50	300	0.3

3.3　甲醛的光催化消除

在 8L 石英光催化反应器中，在可见光照射下，用 5W 风扇在室温下对甲醛进行光催化脱除。一个 300W 的氙灯光源垂直放置在光反应器的外部，同时使用紫外线截止滤光片（400nm）去除紫外线。将不同光催化剂掺量的水泥砂浆分别均匀涂覆（2～3mm）在 15cm ×15cm 的玻璃板上，待完全干燥后，将玻璃板放入光反应器内。注入一定量的甲醛于光反应器内，达到吸附-解吸平衡后蒸发的甲醛在黑暗中的初始浓度为 0.5mg/m^3。每隔 2h 测量一次甲醛浓度，甲醛的去除率（Y）按 Y（%）＝（$1-C/C_0$）×100%计算，其中 C 和 C_0 分别为 0 和 t h 时甲醛的浓度。

4　结果与讨论

4.1　XRD 分析

下面利用 X 射线衍射（XRD）对纳米 TiO_2、硅藻土、g-C_3N_4 及 g-C_3N_4/纳米 TiO_2/硅藻土光催化剂的晶体结构进行表征。如图 1（a）所示，纯硅藻土的 XRD 图谱显示出以

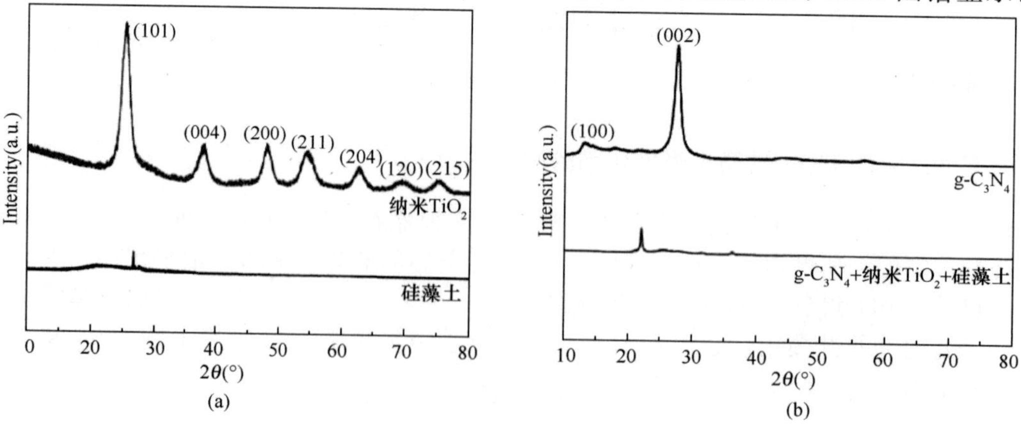

图1　XRD 图谱

（a）纳米 TiO_2 和硅藻土的 XRD 图谱；（b）g-C_3N_4 和 g-C_3N_4/纳米 TiO_2/硅藻土的 XRD 图谱

21.8°为中心的宽峰，与非晶态 SiO_2 相对应。硅藻土在以 26.6°为中心的尖锐衍射峰与结晶石英有关。对照 PDF 标准卡（84～1286）可发现，所制得的复合材料中纳米 TiO_2 为锐钛矿晶型，在 2θ=25.3°出现锐钛矿 TiO_2 的（101）晶面衍射峰[9]。如图 1（b）所示，g-C_3N_4 的特征衍射峰分别出现在 12.8°和 27.7°处[11]。在 g-C_3N_4/纳米 TiO_2/硅藻土复合物中没有观察到明显的硅藻土特征峰，这可能是硅藻土含量太低所致。

4.2　SEM 分析

为了研究所制备的光催化剂的微观结构，图 2 给出了硅藻土和 g-C_3N_4/纳米 TiO_2/硅藻土复合光催化剂的扫描电镜图像。图 2（a）为未经处理的硅藻土，大量杂质清晰可见。图 2（b）为经过机械研磨、煅烧和酸浸处理后的硅藻土，可以看到硅藻土表面几乎无杂质，大量均匀孔洞清晰可见。图 2（c）为负载了 g-C_3N_4 和纳米 TiO_2 的硅藻土，硅藻土圆盘上 1μm 大小的 TiO_2 颗粒分布均匀，此外，作为光催化剂载体的硅藻土表面的孔结构仍然明显，有利于提高其吸附能力。图 2（d）可以在 TiO_2 颗粒表面清晰地看出 g-C_3N_4 纳米片结构，这说

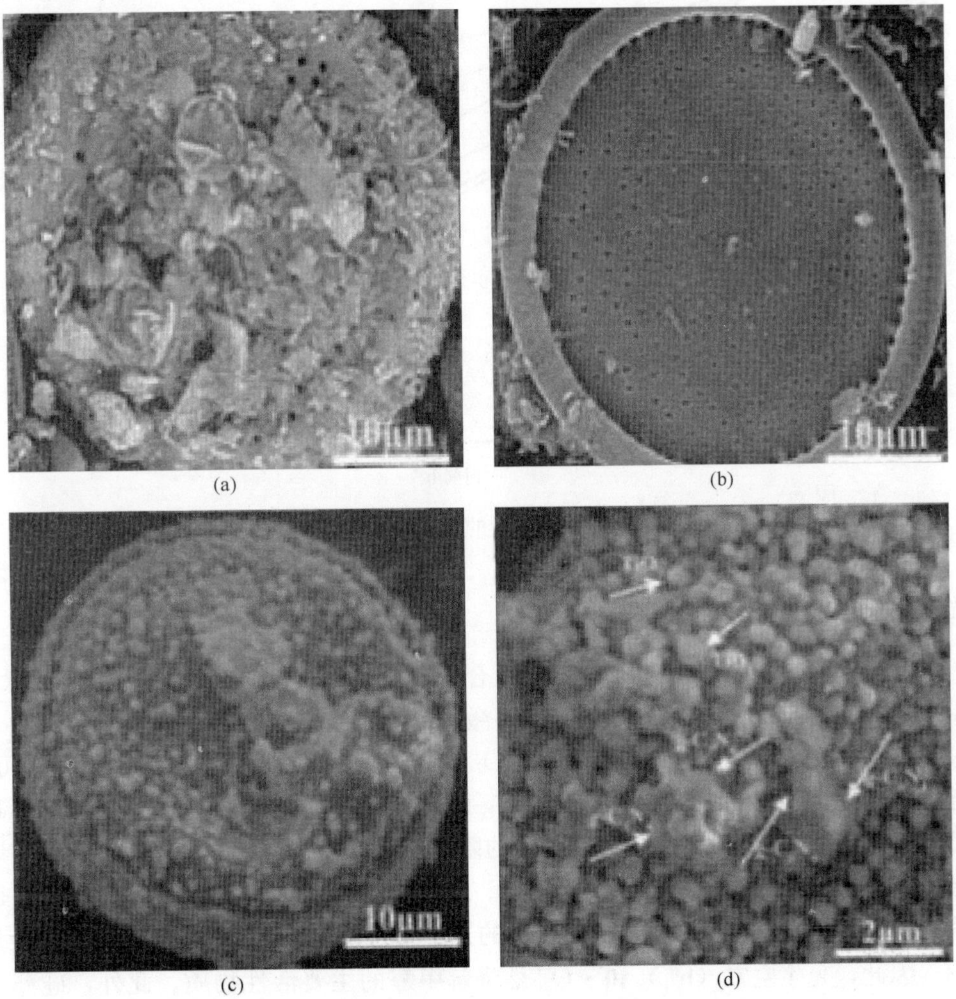

图 2　SEM 图像

（a）、（b）未处理和已处理硅藻土的 SEM 图像；（c）、（d）g-C_3N_4/纳米 TiO_2/硅藻土复合光催化剂的 SEM 图像

明已成功制备了 g-C_3N_4/纳米 TiO_2/硅藻土复合材料，这与 XRD 分析结果一致。二氧化钛的结晶和 g-C_3N_4与 TiO_2之间的强相互作用表明，复合材料中的 g-C_3N_4与纳米 TiO_2之间形成了异质结，有利于光生电子的转移，提高了光催化效率。负载的 TiO_2纳米颗粒通过弯曲的 g-C_3N_4纳米片相互包裹和分离，这将为挥发性有机污染物降解提供更多的表面活性位点，并有助于提高光催化活性。

4.3 光催化降解甲醛效率

图 3 为不同光催化剂掺量的水泥装饰砂浆在可见光下 10h 的光催化降解甲醛效率曲线。g-C_3N_4/纳米 TiO_2/硅藻土光催化剂取代水泥掺量为 0%、2%、4%、6%、8%、10%和15%时，10h 的光催化效率分别为 0.5%、15%、30%、42%、49%、54%和 56%。光催化效率随光催化剂掺量的增加呈上升趋势，但不是线性的，并且光催化效率在掺量为 10%～15%的区间内变化不大，趋于饱和。

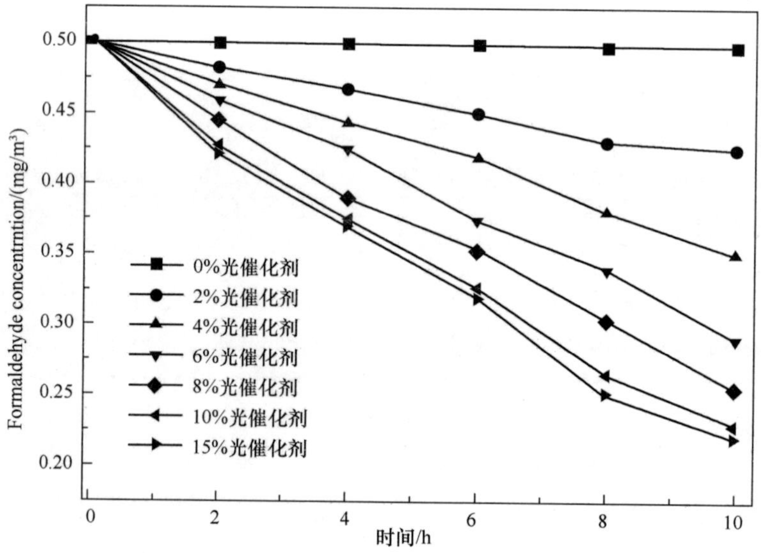

图 3　不同 g-C_3N_4/纳米 TiO_2/硅藻土掺量的水泥装饰砂浆降解甲醛的光催化效率曲线

4.4 光催化机理

图 4 给出了 g-C_3N_4/纳米 TiO_2/硅藻土复合光催化剂光催化降解甲醛的机理示意图。g-C_3N_4具有约 2.7eV 的带隙[12]，在可见光下可激发出电子空穴对。然而，g-C_3N_4的电子空穴对的快速复合限制了其光催化性能。对于 TiO_2，由于其较大的带隙，几乎不能使用可见光。当接受到可见光时，g-C_3N_4的光生电子由于 g-C_3N_4和 TiO_2之间的异质结[13]转移到 TiO_2的导带。因此，电子空穴对的复合会受到明显的阻碍。在 TiO_2的导带中产生的电子可以与空气中的氧气反应，形成活性超氧自由基·O_2^-。相反，由于 g-C_3N_4的价带电位低于 H_2O/·OH 的氧化还原电位，因此 g-C_3N_4的价带上的光生空穴不会与 H_2O 反应生成活性羟基自由基·OH。因此，光生空穴（h^+）和·O_2^-是降解甲醛的主要活性物质。此外，硅藻土的特殊孔道结构和大的比表面积有利于光催化剂的担载和分散，以及对甲醛的充分吸附可以通过表面扩散增加与 g-C_3N_4/纳米 TiO_2光催化剂接触的可能性，从而提高光催化性能。

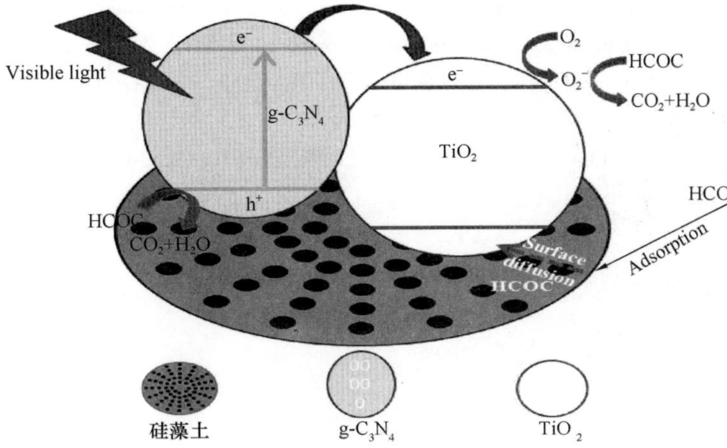

图 4　光催化机理示意图

5　结论

$g\text{-}C_3N_4$/纳米 TiO_2/硅藻土在可见光照射下表现出较强的甲醛吸附、活化和完全分解性能，10h 降解效率达 50%以上。这种具有高效分解室内甲醛的复合光催化剂在水泥装饰砂浆中的成功试验，为室内装饰砂浆在可见光下消除挥发性有机物提供了一条新的途径。

参考文献

[1]　Yu J, Li X, Xu Z. NaOH-modified ceramic honeycomb with enhanced formaldehyde adsorption and removal performance[J]. Environmental science & technology, 2013, 47(17): 9928-9933.

[2]　Zhao D Z, Li X S, Shi C. Low-concentration formaldehyde removal from air using a cycled storage-discharge (CSD) plasma catalytic process[J]. Chemical Engineering Science, 2011, 66(17): 3922-3929.

[3]　Zhu X, Jin C, Li X S. Photocatalytic formaldehyde oxidation over plasmonic Au/TiO_2 under visible light: Moisture indispensability and light enhancement[J]. ACS Catalysis, 2017, 7(10): 6514-6524.

[4]　Xiao L G, Zhang X T, Yan G. Diatomite-Bi_2S_3 composite photocatalyst: enhanced photocatalytic performance for visible light reduction of Cr (VI)[J]. Materials Research Express, 2019, 6(6): 065902.

[5]　徐瑞锋，黄少文，罗琦．珍珠岩粉对水泥基彩色装饰砂浆性能的影响[J]．新型建筑材料，2018(2)：116-118.

[6]　叶青，莫荣辉，余亚超．掺氮改性纳米 TiO_2 光催化材料的聚合物水泥砂浆的应用研究[J]．新型建筑材料，2009，36(4).

[7]　Lopes F V S, Monteiro R A R, Silva A M T. Insights into UV-TiO_2, photocatalytic degradation of PCE for air decontamination systems[J]. Chemical Engineering Journal, 2012, 204-206(18): 244-257.

[8]　Liu S H, Lin W X. A simple method to prepare $g\text{-}C_3N_4\text{-}TiO_2$/waste zeolites as visible-light-responsive photocatalytic coatings for degradation of indoor formaldehyde[J]. Journal of hazardous materials, 2019, 368: 468-476.

[9]　肖力光，张晓彤，闫刚，等．硅藻土/TiO_2/氧化石墨烯复合材料的制备及其光催化性能研究[J]．人工晶体学报，2019，48(04)：712-717+724.

[10]　李铭哲，刘阳钰，郑水林．改性硅藻土的甲醛吸附性能与吸附机理[J]．非金属矿，2019，42(3)：83-86.

[11]　Sun Z, Li C, Yao G. In situ generated $g\text{-}C_3N_4$/TiO_2 hybrid over diatomite supports for enhanced photo-

degradation of dye pollutants[J]. Materials & Design, 2016, 94: 403-409.

[12] Yu J, Wang S, Low J. Enhanced photocatalytic performance of direct Z-scheme g-C_3N_4-TiO_2 photocatalysts for the decomposition of formaldehyde in air[J]. Physical Chemistry Chemical Physics, 2013, 15 (39): 16883-16890.

[13] Tan Y, Shu Z, Zhou J. One-step synthesis of nanostructured g-C_3N_4/TiO_2 composite for highly enhanced visible-light photocatalytic H_2 evolution[J]. Applied Catalysis B: Environmental, 2018, 230: 260-268.

石膏基复合轻质保温砂浆的性能研究

贺诚，李庆超，周涵，李东旭
（南京工业大学材料科学与工程学院，江苏省南京市，210000）

摘　要：在聚苯颗粒石膏基保温砂浆研究的基础上，加入适量的玻化微珠改善其颗粒级配，并且进行了相关原料对玻化微珠-聚苯颗粒复合石膏基保温砂浆各项性能影响的实验研究。实验结果：玻化微珠掺量占总骨料质量的0.86为最佳；纤维素醚最佳质量为胶凝材料质量的0.6%，各组分均外掺。根据各组分最佳掺量制备保温材料的各项性能均满足《建筑保温砂浆》（GB/T 20473—2006）的相关要求，改善了现有保温材料强度与导热系数不能兼顾的缺陷，完全能满足地面用保温材料的要求。
关键词：无机非金属材料　石膏　保温材料　轻质骨料

Study on Properties of Gypsum-based Composite Light Insulation Mortar

HE Cheng，LI Qing-chao，ZHOU Han，LI Dong-xu
（Nanjing Tech University，College Of Materials Science And Engineering，Nanjing 210000）

Abstract: on the basis of the study on the gypsum based thermal insulation mortar of polybenzene particles，the appropriate amount of glass bubbles was added to improve the particle grading，and the influence of relevant raw materials on the properties of glass bubbles and polybenzene particles mixed with gypsum based thermal insulation mortar was studied experimentally. The experimental results showed that the mixing amount of glass bubbles accounted for 0.86 of the total aggregate mass，which was the best. The best quality of cellulose ether was 0.6% of that of the cementitious material. The performance of the insulation material prepared according to the best dosage of each component meets the relevant requirements of "building insulation mortar" (GB/T 20473—2006)，which improves the existing insulation material strength and thermal conductivity can not be taken into account，completely meeting the requirements of ground insulation materials.
Keywords: inorganic non-metallic materials　Gypsum　Insulation material　Light aggregate

1　引言

随着人们生活水平的提高，人们在室内广泛地使用空调和地暖，而目前的建筑保温材料

作者简介：贺诚（1995—　），男，在读硕士研究生，主要从事地面轻质保温材料的研究。邮箱：1608483509@qq.com。

多用于墙体，故仍有相当多的热量通过地板传出。这不但增加了能源消耗，而且现有的地面保温材料粘结性弱，强度低，保温性能差，容易吸潮膨胀，干燥后又容易收缩变形，导致产生裂缝。混凝土和水泥吸湿膨胀的裂缝会造成地热采暖地表面受热不均等问题，并且混凝土水泥材料制成的保温材料的比重较大，铺设这样的材料作为保温层会大大增加地面和楼板的负荷[1]。

玻化微珠和聚苯颗粒复合的保温砂浆可用于地面用保温层材料中。其选用合理颗粒级配的玻化微珠和聚苯颗粒混合，加入适量外加剂制备成新型复合建筑保温材料[2]。单一有机类聚苯颗粒保温砂浆虽然保温性能好，但是存在耐温低、强度低、抗老化性能差和遇高温产生有害气体等缺点；单一无机类玻化微珠保温材料虽然强度较高，但存在粒径小、粉尘含量高、吸水率高、球形度差、玻化度不足和机械性能差等缺点[3]。该建筑保温砂浆改善了现有保温材料强度与导热系数不能兼顾的缺点，具有优异的热性能，施工性、耐候性和抗裂性良好，完全能满足地面用保温材料的要求。

2 实验原料和方法

2.1 实验原料

α-半水石膏来自南京一夫新材料有限公司，呈淡黄色，附着含水量 13%，其 XRD 图如图 1 所示，化学组成见表 1。由表 1 可见，α-半水石膏的 CaO、SO_3 和结晶水的含量较高。由图 1 可看出 α-半水石膏的主要矿物组成为二水石膏（$CaSO_4 \cdot 2H_2O$）。

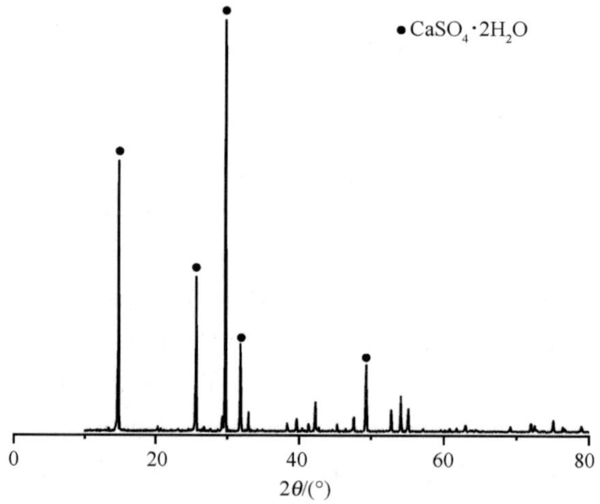

图 1 α-半水石膏 XRD 图

表 1 原材料化学成分（wt. %）

原材料	SO_3	CaO	SiO_2	Al_2O_3	MgO	Fe_2O_3
α-半水石膏	52.38	38.87	0.769	0.266	0.116	0.116
PⅡ52.5 水泥	2.27	63.89	20.72	4.58	0.94	2.96

聚苯颗粒（EPS）为膨胀聚苯乙烯泡沫颗粒（又称膨胀聚苯颗粒），是一种轻质高分子聚合物，具有轻质和保温隔热等特性，在建筑物中被大量使用，主要应用于墙体、地面和屋

顶保温[4]。本实验所用聚苯颗粒外观呈球体，其物理性能见表2。实验用聚苯颗粒性能达到《胶粉聚苯颗粒外墙外保温系统》(JG 158—2013)[5]的相关要求；玻化微珠是由松脂岩加工成的一种不规则球状颗粒，内部含有许多空隙，其表面大部分玻化封闭，并且具有轻质、隔热和物理化学性能稳定等特点，广泛应用于保温隔热工程中[6]。本实验所用玻化微珠购自贝福德有限公司，其物理性能见表2。实验用玻化微珠性能达到《膨胀玻化微珠轻质砂浆》(JG 283—2010)[7]的相关要求。

表2　轻骨料物理性能

轻骨料	粒度/mm	堆积密度/(kg/m³)	导热系数/[W/(m·K)]
玻化微珠	0.2～0.3	170～180	0.028～0.048
聚苯颗粒	3.0～6.0	11～15	0.03～0.04

减水剂为聚羧酸减水剂，减水率为11%；可再分散乳胶粉（6020N）购自江苏兆佳建材科技有限公司，为白色粉末；纤维素醚（羟丙基甲基纤维素醚，HPMC）购自深圳同洲达有限公司，为白色粉末；缓凝剂（蛋白类）购自上海钦和化工有限公司，为白色粉末；水泥来自江南-小野田水泥有限公司的PⅡ52.5水泥，其基本物理性能见表3，化学组成见表1。

表3　水泥物理性能

比表面积/(m²/kg)	凝结时间/mim		抗折强度/MPa		抗压强度/MPa	
	初凝	终凝	3d	28d	3d	28d
372	180	260	6.1	9.4	39.2	54.3

本文详细介绍了聚苯颗粒与玻化微珠级配、轻骨料掺量和纤维素醚对保温材料各项性能的影响，最终确定了最佳配合比，保温材料各项性能均满足“十三五”国家重点研发计划“村镇生态建筑材料研究与部品开发”（2018YFD1101000）的相关指标要求，具体指标见表4。

表4　预期指标

项目	指标
抗压强度	≥0.75MPa
吸潮率	≥1%
导热系数	≤0.08W/(m·K)
干表观密度	≤400kg/m³
线性膨胀系数	≤0.012mm/(m·℃)

2.2　实验方法

2.2.1　复掺石膏基轻质保温材料的制备

通过大量的聚苯颗粒单掺实验，得到聚苯乙烯颗粒石膏基保温砂浆的最佳配合比，本实验在此基础上进行适当的调整，各原料用量以α-石膏量的百分数掺入，具体用量见表5。

表 5　原材料配合比

原材料	用量
α-石膏	450g
聚苯颗粒	12～18g
玻化微珠	70～120g
缓凝剂	0.05%
减水剂	0.7%
可分散乳胶粉	1.6%～2.4%
纤维素醚	0.4%～0.8%
水泥	3%～12%

将原材料按比例混合后，加入预定水量在水泥砂浆搅拌机中搅拌均匀。由于聚苯颗粒质量轻和体积大，在搅拌过程中容易聚集在砂浆面层，导致搅拌不均匀，将所用轻骨料在搅拌过程中缓慢加入搅拌锅内；并且随着聚苯颗粒分量的增加，砂浆慢慢变疏松。将搅拌好的砂浆注入符合待测性能要求的模具中，使用振动台振动 60 次，并且抹平，养护至龄期并烘干进行测试。

2.2.2　测试方法

复合石膏基轻质保温材料测试项目包括湿密度、干密度、分散度、力学性能。湿密度利用新拌砂浆体积进行测定；干密度是将试样养护至龄期烘干至恒重，参照《建筑保温砂浆》(GB/T 20473—2006)[8]的相关规定进行测定；分散度参照《粉刷石膏》(JC/T 517—2004)[9]的相关规定进行测定；力学性能是将试样养护至龄期，参照《无机硬质绝热制品试验方法》(GB/T 5486—2008)[10]的相关规定进行测定。

3　结果与分析

3.1　玻化微珠掺量对保温材料性能的影响

颗粒级配是影响复掺聚苯颗粒-玻化微珠保温砂浆性能的一个重要因素。聚苯颗粒骨料具有闭孔结构，由 98%的空气组成，在复掺保温砂浆中作为粗骨料，其尺寸范围为 3.0～6.0mm[11]；玻化微珠在复掺保温砂浆中作为细骨料，其尺寸范围为 0.2～0.3mm。良好的颗粒级配是指玻化微珠刚好能填充聚苯颗粒之间的空隙[12]。在该实验中聚苯颗粒掺量为 15g，玻化微珠掺量（即玻化微珠占总骨料质量比）分别为 0.84、0.86、0.88、0.9、0.92，可再分散乳胶粉、纤维素醚和水泥的掺量分别为 2%、0.6%和 6%。聚苯颗粒和玻化微珠级配对保温材料各项性能的影响如图 2 所示。

从图 2 可看出，随着玻化微珠占总骨料质量比的增加，复掺保温材料干、湿密度逐渐减小。当玻化微珠占总骨料质量比为 0.86 时，复掺保温材料的抗折、抗压强度达到最大值 0.73MPa 和 0.98MPa，由于增加玻化微珠将减小填充聚苯颗粒之间的空隙和减少所需的石膏浆量，所以当掺量继续增加时，保温材料的抗折和抗压强度均逐渐降低，最理想的比值为 0.86。

图 3 所示为单掺聚苯颗粒石膏基保温材料和复合玻化微珠-聚苯颗粒石膏基保温材料强度对比。从图中可以看出，当保温材料达到同样干密度时，复合保温材料的抗折强度相比单

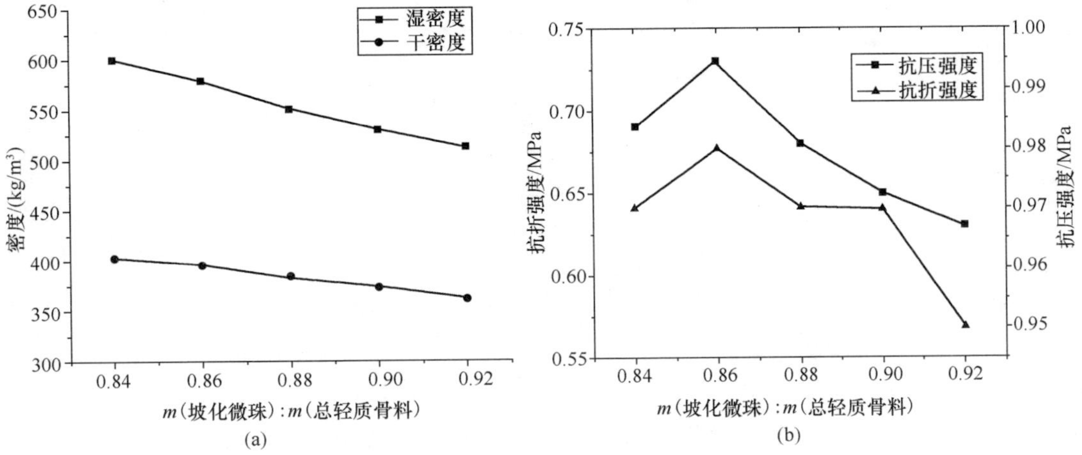

图 2　聚苯颗粒和玻化微珠级配对保温材料各项性能的影响

(a) 对干、湿密度的影响；(b) 对抗折、抗压强度的影响

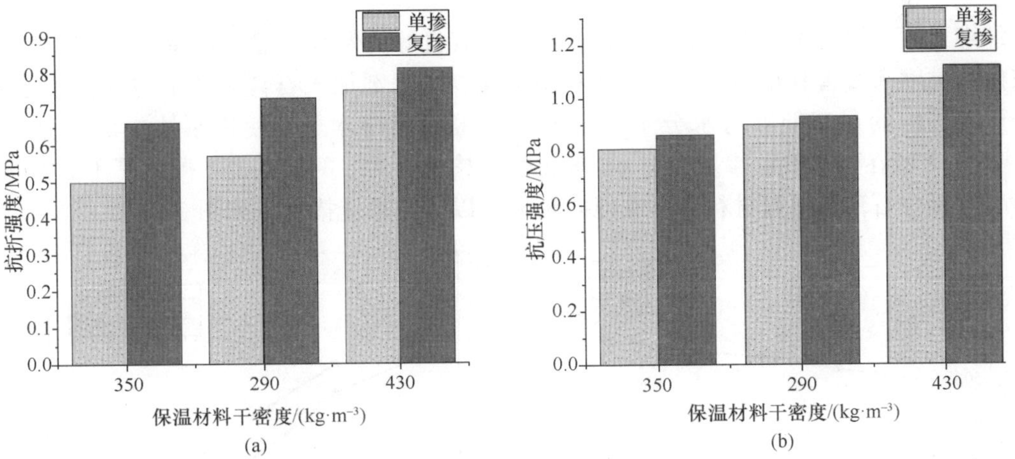

图 3　单掺聚苯颗粒和复合玻化微珠-聚苯颗粒石膏基保温材料强度对比

(a) 抗折强度对比；(b) 抗压强度对比

掺增加 28%，抗压强度也有所增加，所以复合玻化微珠-聚苯颗粒增强保温材料的强度是符合要求的。

3.2　轻骨料掺量对复合保温材料性能的影响

在该实验中聚苯颗粒掺量分别为 12g、13.5g、15g、16.5g、18g，玻化微珠掺量占总骨料质量比为 0.86，聚苯颗粒掺量对复掺保温材料各项性能的影响如图 4 所示。

从图 4 可以看出，随着聚苯颗粒掺量增加，保温材料干、湿密度逐渐减小，当聚苯颗粒掺量为 15g，玻化微珠为 92g 时，保温材料干密度为 395kg/m³，抗折强度为 0.73MPa，抗压强度为 0.98MPa，满足《建筑保温砂浆》(GB/T 20473—2006) 的相关规定要求。

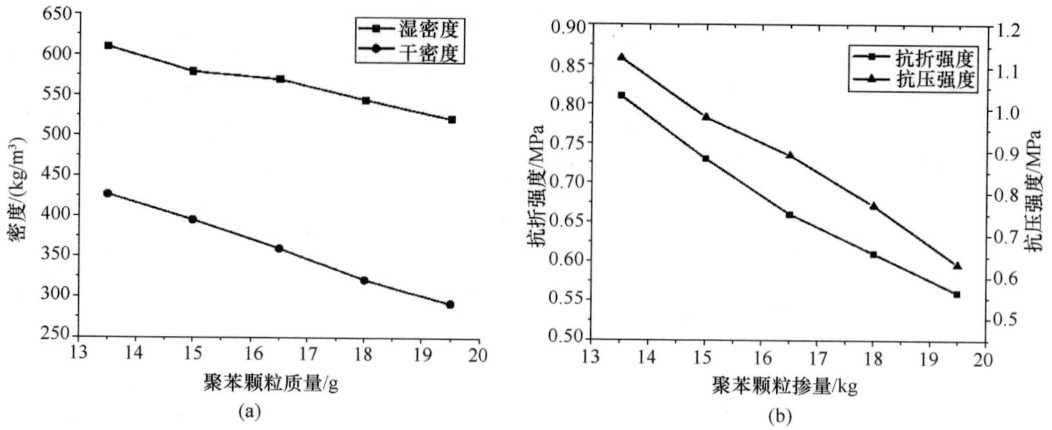

图 4　聚苯颗粒掺量对复掺保温材料性能的影响

(a) 对干、湿密度的影响；(b) 对抗折、抗压强度的影响

3.3　纤维素醚掺量对保温材料性能的影响

纤维素醚主要是水溶性的高分子化合物，具有良好的保水、增稠效果，能够通过改善石膏浆体的黏度来改善其粘结性、保水性和稳定性。保水剂加入石膏浆体中与水分子接触时，其分子链接中的羟基能够与水分子结合形成氢键而吸持水分，使得浆体中的水分不易丢失[13]。该实验在聚苯颗粒掺量为 15g，玻化微珠掺量为 92g 的基础上，测定了不同掺量的纤维素醚对复合石膏基保温材料各项性能的影响，以确定最佳掺量，如图 5 所示。

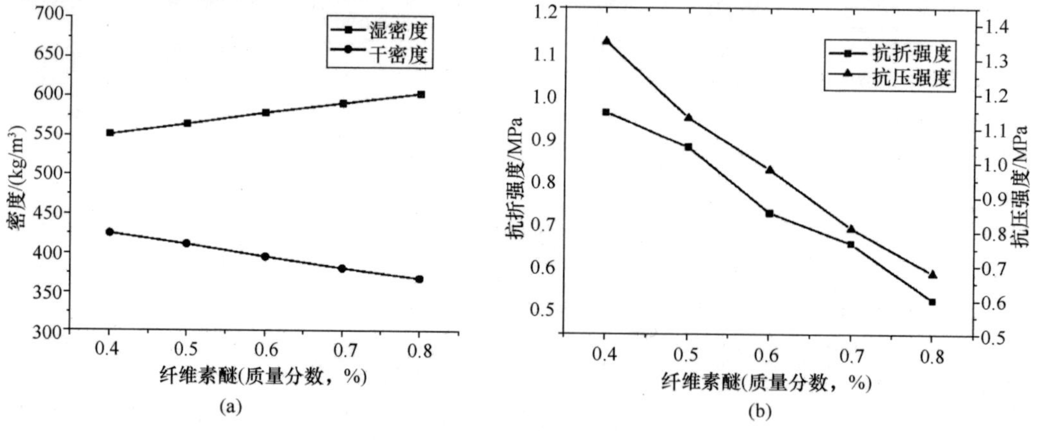

图 5　纤维素醚对复掺保温材料性能的影响

(a) 对干、湿密度的影响；(b) 对抗折、抗压强度的影响

由图 5 可见，随着纤维素醚掺量增加，保温材料干密度呈减小趋势，而湿密度逐渐增大，抗折和抗压强度均逐渐降低。纤维素醚加入石膏浆体中，其羟基能与水分子结合成氢键，从而使得浆体中水分不易丢失，起到改善浆体粘结性和保水性[14]的作用。随着纤维素醚掺量增加，浆体的稠度越来越大，为了达到相同范围内的扩散度，须增加水的掺量，故试样硬化干燥后，内部因水分蒸发而留下大量空隙；并且由于纤维素醚还具有引气作用，其掺量增加导致试样中气泡增多，从而使试样干密度逐渐减小，湿密度逐渐增大，抗折强度和抗压强度也逐渐降低。

4　结论

（1）将玻化微珠和聚苯颗粒复合制备成石膏基轻质保温材料，可改善骨料级配，改善了聚苯颗粒强度低、抗折强度大（最大可增加28%），玻化微珠粒径小、粉尘含量高、吸水率高等缺点。该复合保温材料具有优异的导热性能和施工性能，完全能满足地面用保温材料的要求。

（2）随着玻化微珠掺量增加，试样干密度逐渐减小，当玻化微珠掺量占总骨料质量比为0.86时，试样的抗折强度最大，为0.73MPa，抗压强度为0.98MPa。

（3）随着轻骨料掺量增加，石膏基保温材料的干密度、湿密度减小，抗折强度和抗压强度均逐渐降低，会导致试样碎裂，因此以聚苯颗粒掺量15g，玻化微珠掺量92g为宜。

（4）纤维素醚具有良好的保水和增稠的作用，随着纤维素醚掺量增加，试样的湿密度逐渐增大，干密度逐渐减小，抗折强度和抗压强度均逐渐下降，试样的分层度也逐渐降低，但掺量过大，试样强度降低严重，纤维素醚最佳掺量为0.6%。

参考文献

[1]　一种石膏基复合轻质保温砂浆及其制备方法：201910345464.9[P]. 2019.06.28.

[2]　Dong X, Wang S, Gong C, et al. Effects of aggregate gradation and polymer modifiers on properties of cement-EPS/vitrified microsphere mortar[J]. Construction and Building Materials, 2014, 73: 255-260.

[3]　李友群，李丽娟，苏健波．不同级配玻化微珠-聚苯乙烯颗粒双掺建筑保温砂浆研究[J]. 新型建筑材料，2009(6)：49-51.

[4]　Del Rio Merino M, Villoria Sáez P, Longobardi I, et al. Redesigning lightweight gypsum with mixes of polystyrene waste from construction and demolition waste[J]. Journal of Cleaner Production, 2019, 220: 144-151.

[5]　中华人民共和国住房和城乡建设部．胶粉聚苯颗粒外墙外保温系统材料(JG/T 158—2013)[S]. 北京：中国标准出版社，2013.

[6]　唐楷，黄守斌，缪建波，等．工业副产石膏基玻化微珠保温砂浆的开发应用[J]. 混凝土，2013(02)：107-109.

[7]　中华人民共和国住房和城乡建设部．膨胀玻化微珠轻质砂浆(JG/T 283—2010)[S]. 北京：中国标准出版社，2011.

[8]　San-Antonio-González A, Del Río Merino M, Viñas Arrebola C, et al. Lightweight material made with gypsum and extruded polystyrene waste with enhanced thermal behaviour[J]. Construction and Building Materials, 2015, 93: 57-63.

[9]　梁洪超，相利学，吴亚男．磷石膏基玻化微珠保温砂浆的制备研究[J]. 广州化工，2016，44(21)：86-88.

[10]　雷东移，郭丽萍，孙伟．原状脱硫石膏聚苯颗粒轻质保温材料的制备与性能[J]. 东南大学学报(自然科学版)，2017，47(02)：384-391.

[11]　吴建东．轻质泡沫混凝土及自流平保温材料的制备与性能研究[Z]. 南京市：78.

高性能灌浆料的长期性能和耐久性能研究

张洁[1,2]，鲁统卫[1,2]，吕金环[1,2]，马良青[1,2]
（1. 山东省建筑科学研究院有限公司，济南，250031；
2. 山东建科建筑材料有限公司，济南，250121）

摘　要：本文对自主研制的高性能灌浆料的长期性能和耐久性能进行研究，主要研究干缩性能、抗裂性能、耐磨性能、长期抗压强度、抗渗性能和对钢筋锈蚀的影响。结果表明，该灌浆料早期强度高且后期强度不产生倒缩；具有良好的干缩、抗裂和耐磨性能；抗渗性能非常好，Cl^- 扩散系数在 $1\times10^{-13}m^2/s$ 数量级，耐腐蚀，耐油渗，对钢筋无锈蚀。
关键词：高性能灌浆料　长期性能　耐久性能

Research on long-term properties and durability of high-performance grouting material

Zhang Jie[1,2], Lu Tongwei[1,2], Lv Jinhuan[1,2], Ma Liangqing[1,2]
([1]Shandong Academy of Building Research Co. Ltd, Ji' nan, 250031
[2]Shandong Jianke Building Materials Co. Ltd, Ji' nan, 250121)

Abstract: In this paper, the long-term properties and durability of the self-developed high performance grout material are studied. This involves dry shrinkage, crack resistance, wear resistance, long-age compressive strength, permeability resistance and the influence on the corrosion of steel reinforcement. The results show that the early-age strength is high and no shrinkage of long-age strength occurs; the grouting material has good dry shrinkage, crack resistance and wear resistance; the permeability resistance is very good, and Cl^- diffusion coefficient of belongs to $1\times10^{-13}m^2/s$ order of magnitude. In addition, good corrosion resistance and oil resistance are demonstrated. What' s more, the grout material has no poor effect on the steel reinforcement.
Keywords: High performance grout material; Long-term properties; Durability

1　前言

水泥基灌浆料是一种由水泥、骨料、矿物掺合料等材料以及多种外加剂复合而成的干混料，其加水搅拌后具有高流动性、高强度和微膨胀等特点，可用于混凝土构件及建筑的快速

作者简介：张洁，女，硕士研究生，工程师，主要从事砂浆及外加剂、高性能混凝土及外加剂、防腐蚀混凝土及混凝土耐久性、免蒸养早强混凝土的研究。邮箱：jessiez1212@126.com，电话：13011731905。

修补、设备基础的二次灌浆等领域[1-4]。随着我国基本建设加快和装配式建筑的推广应用，水泥基灌浆料的应用范围也越来越广，目前已应用于冶金、电力、道路、水工、机械、建材、石化、轻工、电子、环保等诸多行业的混凝土基础设施维修、土建加固、设备安装等[5,6]。其中，石化、冶金、电力等涉及大型设备安装的企业，以及公路、桥梁的建设都对灌浆料的长期性能和耐久性能提出了更高的要求[7]。

灌浆料的耐久性差、体积收缩大等问题都会严重影响其使用寿命和结构稳定性，这就需要更多地考虑合理评价灌浆料的长期性能和耐久性能。因此，本文主要研究利用自主研发灌浆剂配制的高性能灌浆料（干混砂浆）的长期性能和耐久性能。

2　原材料和试验方法

2.1　原材料和灌浆料的制备

（1）水泥：山东某水泥厂生产的 P. O. 52.5 水泥，其 28d 强度在 52.5MPa 左右。

（2）NC-L 灌浆剂：由山东省建筑科学研究院外加剂厂生产，主要由新型高效减水剂、增强组分、微膨胀组分、增黏组分和改性剂混合而成，通过正交试验获得其配比。采用基准水泥和标准砂检验，用灌浆剂制备的胶砂，主要技术性能指标见表 1。

表 1　NC-L 灌浆剂的主要技术指标

项　目		技术指标
细度	0.08mm 筛筛余/%	≤12.0
凝结时间	初凝/min	≥120
泌水率/%		0.0
流动度/mm	初始流动度	≥320
	30min 流动度保留值	≥300
抗压强度/MPa	1d	≥30.0
	3d	≥50.0
	28d	≥70.0
竖向膨胀率/%	3h	0.1%～3.5%
	24h 与 3h 膨胀率之差	0.02%～0.5%
对钢筋锈蚀作用		应说明对钢筋无锈蚀作用

（3）砂：

① 普通河砂，细度模数为 2.9。

② 石英砂。经过对山东地区石英砂资源的调研，选定了两家产品。通过对石英砂的颗粒级配的研究，选定不同粒径的石英砂最佳组成，使其具有最小的空隙率，以此配制的灌浆料具有最佳堆积密度，使硬化浆体具有最高的强度和良好的耐久性能。石英砂性能指标见表 2，取三种粒径砂的最佳组合时，其表观密度达到 2571kg/m^3，孔隙率为 38.65%。

表 2　石英砂性能指标

编号	石英砂组成	表观密度/（kg/m³）	堆积密度/（kg/m³）	空隙率/%
1	粗：中：细=1：1：1	2571	1577.4	38.65
2	粗：中：细=2：1：1	2571	1575.5	38.72
3	粗：中：细=1：2：2	2571	1547.7	39.80
备注	4.75mm 筛筛余≤2.0%			

（4）高性能灌浆料的制备。本文中的高性能灌浆料是采用 P.O.52.5 水泥、NC-L 灌浆剂和高强石英砂按照一定比例混合而成的一种干混砂浆（以下统称为灌浆料），其中石英砂选取空隙率最小的粗中细砂配比（表 2）。该灌浆料的流动性能较好，且流动损失小，在水料比为 0.14～0.15 的情况下，其 1d 的抗压强度可达 50MPa 以上。

2.2　试验方法

本试验主要研究灌浆料砂浆的长期性能和耐久性能，包括干缩性能、抗裂性能、耐磨性能，以及氯离子扩散系数、抗渗性能和钢筋锈蚀试验等。部分性能与普通砂浆进行对比研究，对比砂浆的配合比为水泥：普通河砂：水=1：1：0.30，灌浆料砂浆作为对比砂浆，灌浆料与水的比例为 1：0.145。

试验方法的主要依据（或参考）如下：

《水泥基灌浆材料应用技术规范》（GB 50448—2015）；

《水泥基灌浆材料》（JC/T 986—2018）；

《混凝土外加剂匀质性试验方法》（GB 8077—2012）；

《普通混凝土长期性能和耐久性能试验方法标准》（GB 50082—2009）；

《公路工程水泥混凝土试验规程》（JTG E 30—2015）。

氯离子扩散系数测定方法：NEL-PD 型混凝土渗透性检测仪，根据 NEL 方法测试原理测试。

3　性能研究

3.1　干缩性能

浆体的初始流动度为 320mm，成型试件尺寸为 100mm×100mm×400mm，1d 拆模后，一组立即放入干缩室内测干缩，另一组放入标准养护室养护 3d，然后再放入干缩室内测干缩。试验结果如图 1 所示。可以看出，灌浆料的干缩值非常小，拆模后立即放入干缩室的试件，其 28d 的干缩值只有 2.1×10^{-4}。标养 3d 后再放入干缩室的试件，其各龄期的干缩值要小一半左右，这主要是由于灌浆料本身具有微膨胀，3d 标养后膨胀基本

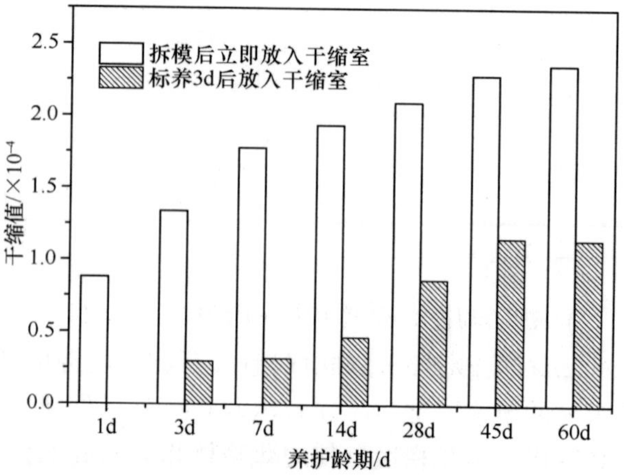

图 1　灌浆料的干缩值

稳定，再干缩也不会出现绝对收缩值；同时，灌浆料早期强度较高，3d 的抗拉强度已较大。以上说明灌浆料具有较好的干缩性能。

3.2　抗裂性能

抗裂性试验是参照美国标准 ASTM C1581/C1581M-09a 提出的中间有刚性约束的胶砂圆环抗裂试验，测定其收缩过程中出现开裂的时间，用来相对比较抗裂能力。试件的标准模具包括内环、外环和底座，其示意图如图 2 所示。制作试件的尺寸为：内径 41.3mm，外径 66.7mm（壁厚 25.4mm），高 25.4mm。内外钢环与试件接触的表面应经过磨光，外环由两个半环组成，为保证拼接良好并防止漏浆，可在外面再套一层用螺栓连接的薄铁皮套箍加以固定。

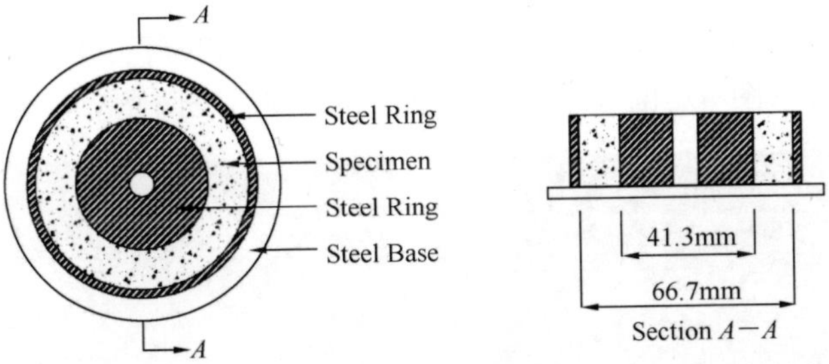

图 2　圆环模具示意图

圆环试件浇筑后采用振动成型以及用小刀插捣，以减少试件产生气泡的可能性。每次插捣后，模板的内外表面要铲一铲，以消除模板表面大的空隙。最后对试件进行整平，并迅速将试件移入养护温度为（20±2）℃、湿度大于 95%的养护室养护。其中，一组放入养护室养护 1d，然后拆模，继续在标养室养护至 7d 龄期，然后再放入干缩室内；另一组 1d 拆模后立即放入干缩室内。试验结果见表 3。通过对比发现，无论采用哪种养护方式，对比砂浆在 5～7d 龄期出现裂缝，而 NC-L 灌浆料 1 年以后未出现任何的裂缝，说明灌浆料具有较强的抗裂能力。

表 3　灌浆材料的抗裂性能

编号	试件		裂缝情况	
	种类	配合比	拆模后立即放于干缩室	标养 7d 后放于干缩室
1	对比砂浆	1∶1∶0.30	第 5d 出现裂缝	第 7d 出现裂缝
2	灌浆料	1∶0.145	1 年无裂缝	1 年无裂缝

3.3　耐磨性能

本试验采用 TMS-04 水泥胶砂耐磨试验机，试件为 15cm×15cm×7cm，参照《公路工程水泥及水泥混凝土试验规程》(JTG E30—2005）规定进行测定。试验前，将试件放在 60℃烘箱中烘干至恒重。磨蚀面积为 0.0125m^2，通过计算试件单位面积磨蚀量来描述混凝土的耐磨性能。本文利用自制的灌浆料和上海一家企业的耐磨地面材料做对比试验，试验结果见表 4。

表 4　灌浆料耐磨试验

编号	砂浆		试件的原始质量/g	试件磨损后的质量/g	单位面积的磨损量/(kg/m²)	平均值/(kg/m²)
	类别	配合比				
M1-1	灌浆料	1∶0.145	1632.0	1630.1	0.152	0.144
M1-2			1578.4	1576.7	0.136	
M2-1	某厂家耐磨料	1∶2.5∶0.5	1435.0	1422.3	1.016	1.093
M2-2			1468.2	1455.6	1.008	
M2-3			1429.8	1414.1	1.256	

可以看出，自制的灌浆料的磨损量只有 0.144kg/m²，反而耐磨地面材料的磨损量非常大。一般认为，当材料磨损量小于 0.5kg/m²时是耐磨的，因此自制灌浆料的耐磨性能非常好，这主要是由于灌浆料组成上的特点，使灌浆料硬化体具有很高的密实度，可降低磨损率，提高抗磨性能。从磨损后图片（图 3）也可以看出，灌浆料磨损后表面光滑，磨损程度较轻。

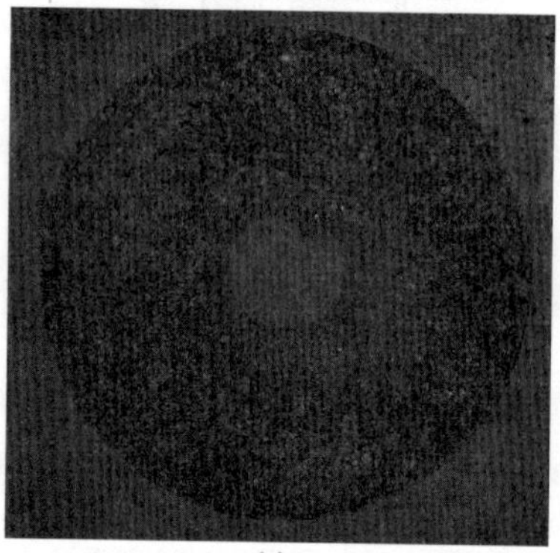
(a)

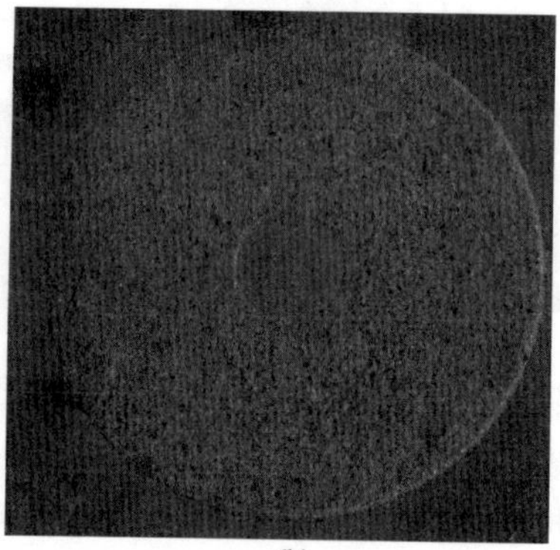
(b)

图 3　试件磨损后照片

(a) 某厂家耐磨料；(b) 灌浆料

3.4　抗压强度

图 4 给出了灌浆料的抗压强度曲线，水料比仍为 1∶0.145。总体来看，灌浆料的早期强度较高，而且随着龄期延长，180d 的强度仍有小幅增长，到 360d 时强度没有倒缩，其中 1d 强度达到 47.5MPa，3d 强度为 72.7MPa，到 180d 后强度达到 96.3MPa，1 年后强度为 98.4MPa，略有增长。因此，该灌浆料的早期强度高，且后期强度不产生倒缩，这对工程施工和应用意义重大。

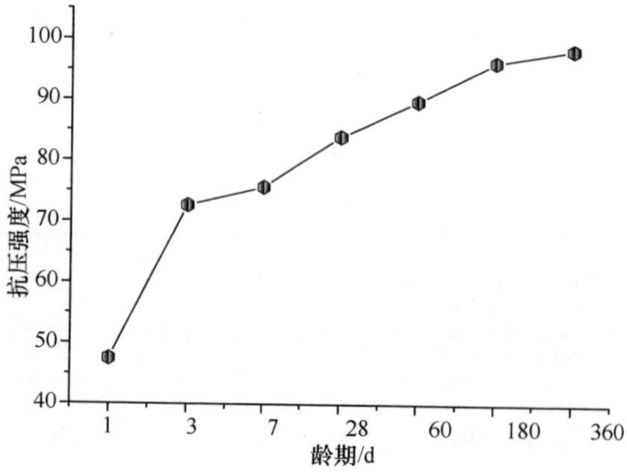

图 4　灌浆料砂浆的抗压强度曲线

3.5　抗渗性能

灌浆料的抗渗性能是耐久性的重要指标。渗透性不仅对要求防水的结构物有意义，而且更重要的是可以用于评价灌浆材料在抵抗环境中侵蚀性介质侵入和腐蚀的能力。

本文主要研究灌浆料的抗氯离子渗透性能及耐油性能。氯离子作为侵蚀介质，在灌浆料砂浆中氯离子扩散系数的大小可以对灌浆料的抗渗性进行评价。耐油性能是通过将灌浆料标养 7d 后，经烘干浸入机油中养护至规定龄期，观察抗压强度、抗折强度与其浸油前相比是否降低来研究。其试验结果见表 5。

表 5　氯离子扩散系数和耐油试验数据

氯离子扩散系数/($\times10^{-13}m^2\cdot s^{-1}$)		抗折强度/MPa				抗压强度/MPa			
14d	28d	标 7d	标 7d+油 28d	标 7d+油 180d	标 7d+油 240d	标 7d	标 7d+油 28d	标 7d+油 180d	标 7d+油 240d
5.387	5.405	11.3	13.5	12.6	11.5	85.3	93.2	91.6	89.2

一般情况，品质较差的混凝土氯离子扩散系数在 $10^{-11}m^2/s$ 数量级，普通混凝土氯离子扩散系数在 $10^{-12}m^2/s$ 数量级，具有较高抗渗性的混凝土氯离子扩散系数在 $10^{-13}m^2/s$ 数量级[8]。从表 5 中氯离子扩散系数可以看出，灌浆料的氯离子扩散系数很低，14d 龄期在 $10^{-13}m^2/s$ 数量级，说明灌浆料抵抗氯离子扩散的能力很高。对比标养与标养烘干后浸油试件强度，不难发现，浸油 28d、180d、240d，其抗折强度分别提高了 20%、12%和 2%，抗压强度分别提高了 9%、7%和 5%。由此可见，灌浆料具有良好的耐机油侵蚀能力，适合机座油污环境中应用。

3.6　钢筋锈蚀

钢筋锈蚀是耐久性研究的重点内容，混凝土中钢筋锈蚀是一个电化学过程。导致混凝土（砂浆）中钢筋钝化膜失效的主要原因有混凝土的碳化、氯离子或硫酸盐侵蚀等[9]。因此，砂浆中氯离子的含量、砂浆的渗透性对钢筋是否会发生锈蚀是非常关键的。

本文通过电化学加速锈蚀试验和剖型观察研究灌浆料的钢筋锈蚀性能。采用中国冶金建筑研究总院研制的 SCA 钢筋锈蚀评定仪进行试验，主要通过测定硬化砂浆中钢筋的阳极极化曲线和在恒电压下阳极加速试验的电流-时间曲线。阳极电流随着时间而下降，说明阳极过程受到抑制，钢筋不会发生腐蚀。图 5 给出了阳极极化曲线。随着电流的增大，电位趋于稳定，说明钢筋表面钝化膜完好，胶砂中的钢筋处于钝化状态。然后将阳极加速试验 7d 后的砂浆试件破型观察，如图 6 所示，可以明显看出钢筋没有锈蚀，说明灌浆料对钢筋没有锈蚀作用。

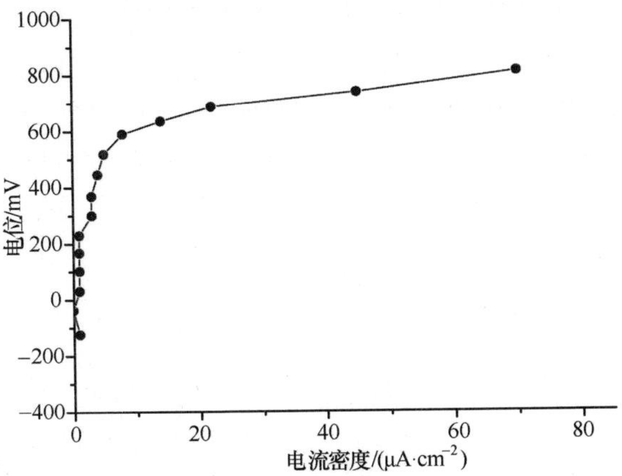

图 5　阳极极化曲线

图 6　加速钢筋锈蚀试验后试件

由研究结果可知，灌浆料硬化浆体具有很高的抗渗性能，氯离子扩散系数很小。高抗渗能力可以大大延缓碳化和氯离子侵蚀使钢筋脱钝的过程。事实上，本文制备的灌浆料组成中没有引入含氯组分，微量的氯离子只是原材料带入，也没有引入其他促进钢筋锈蚀的组分，因而不会引起灌浆材料中钢筋锈蚀。

4 结论

（1）高性能灌浆料具有很好的干缩、抗裂和耐磨性能，其 28d 干缩值只有 2.1×10^{-4}，与普通砂浆相比，无论采取文中涉及的哪种养护方式，高性能灌浆料试件表面在 1 年后仍未出现裂缝。此外，通过耐磨试验得出，其砂浆磨损量只有 $0.144kg/m^2$。

（2）高性能灌浆料早期强度较高，其 1d 强度可达 47.5MPa，且后期强度不倒缩。

（3）通过对氯离子渗透和耐油性研究，发现灌浆料抗渗性能非常好，氯离子扩散系数在 $1\times10^{-9}cm^2/s$ 数量级，抗油渗，耐腐蚀。

（4）对灌浆料的电化学加速锈蚀试验研究发现，阳极加速试验 7d 后的灌浆料砂浆试件仍没有出现锈蚀的迹象，表明该灌浆料对钢筋无锈蚀作用。

参考文献

［1］ 刘小兵．水泥基无收缩灌浆砂浆的配制及性能研究[D]．重庆：重庆大学，2010.

［2］ 张琪．湿度变化对超早强灌浆料强度的影响及其加固应用[D]．辽宁：沈阳建筑大学，2014.

［3］ 韩佃利．超高强水泥基灌浆料配制试验研究[D]．河北：河北联合大学，2014.

［4］ 张勇，田文丽，马超然，等．我国水泥基灌浆材料研究进展[J]．混凝土，2018(6)：124-126+131.

［5］ 中华人民共和国住房和城乡建设部．水泥基灌浆材料应用技术规范(GB/T 50448—2015)[S]．北京：中国建筑工业出版社，2015.

［6］ 张杰．全机制砂制备高性能灌浆料试验研究[J]．公路工程，2017，42(3)：278-281.

［7］ 兰春晖，延 茜，邢小茹．新型高性能水泥基灌浆料的配制研究[J]．广东土木与建筑，2019，26(7)：86-89.

［8］ 郭蕾，鲁统卫，谷强，等．用高性能灌浆剂配制灌浆材料的性能与工程应用研究[J]．工业建筑，2007，37(9)：93-96.

［9］ 施锦杰，孙伟．矿物掺合料与钢筋表面状态对砂浆中钢筋锈蚀的影响[J]．硅酸盐学报，2011，39(1)：54-62.

植筋锚固专用灌浆料的性能研究与应用

张洁[1,2]，鲁统卫[1,2]，白雪梅[3]，郭蕾[1,2]
（1. 山东省建筑科学研究院有限公司，济南，250031；
2. 山东建科建筑材料有限公司，济南，250121；
3. 青岛市建筑工程质量监督站，青岛，266000）

摘　要：本文研究一种植筋锚固专用灌浆料的性能和应用。试验结果表明，该灌浆料膨胀性能好，抗压强度高；3d 钢筋裹握强度均超过 6.0MPa；灌浆料砂浆新旧界面拉拔强度与普通砂浆相比有大幅度提高，其中 1d 抗拉强度提高近 188%；灌浆料净浆的耐高温性能良好，抗拉拔性能完全媲美较好的化学植筋胶，是一种理想的钢筋锚固粘结材料，工程应用情况良好。

关键词：植筋　灌浆料　性能　应用

Research on performance and application of special grouting material forplanting steel bars and anchoring

Zhang Jie[1,2], Lu Tongwei[1,2], Bai Xuemei[3], Guo Lei[1,2]
([1] Shandong Academy of Building Research Co. Ltd，Ji' nan，250031
[2] Shandong Jianke Building Materials Co. Ltd，Ji' nan，250121
[3] Qingdao Construction Engineering Quality Supervision Station，266000)

Abstract: The performance and application of special grouting material for planting bars and anchoring is studied in this paper. The results show that the grouting material has characteristics of good expansion and high early-age compressive strength. The grip strength of steel reinforcement after 3 days exceeds 6.0 MPa. Compared with ordinary mortar, the drawing strength between old and new interface of grouting mortar is greatly improved, among which the tensile strength of 1d is increased by nearly 188%. Besides, the property of resisting high temperature is good, and the drawing property is comparable to that of the chemical plant glue. It is an ideal bonding material for reinforcing steel anchor, and its engineering application is favorable.

Keywords: Planting steel bars; Grouting material; Performance application

1　前言

植筋技术在混凝土加固修复工程中得到广泛应用，粘结材料的好坏直接决定植筋效

作者简介：张洁，女，硕士研究生，工程师，主要从事砂浆及外加剂、高性能混凝土及外加剂、防腐蚀混凝土及混凝土耐久性、免蒸养早强混凝土的研究。邮箱：jessiez1212@126.com，电话：13011731905。

果[1,2]。目前，可作为粘结材料的有有机锚固材料、无机锚固材料和有机-无机双组分的锚固剂等，然而有机锚固材料存在诸多缺点，如其弹性模量与线膨胀系数与被修补材料不协调，粘结力随着龄期发展下降，甚至发生滑移失去粘结力，硅酸盐水泥碱性环境中适应性差，高温下易老化降解，价格高且污染环境等[3]。因此，无机锚固材料应用越来越广泛，现有的无机锚固材料多为水泥基材料。

水泥基灌浆材料作为植筋锚固剂有许多优点：耐高温、抗火灾，植筋后可满足钢筋焊接要求；可带明水作业，且施工简便，便于清洗；可以低、负温下施工；植筋成本低，损耗小；耐老化性与混凝土构筑物本体一致；不污染环境等[1,4]。因此，水泥基灌浆材料是维修加固的理想材料。

目前国内关于水泥基灌浆材料在植筋工程中应用的报道相对较少，本文针对前期研制的一种植筋锚固专用灌浆料的性能和应用进行研究。

2 原材料和试验方法

2.1 原材料

水泥：P. O42.5 普通硅酸盐水泥；钢筋锚固专用灌浆料：山东建科建筑材料有限公司生产；河砂：2 区天然中砂，细度模数为 2.8，符合《普通混凝土用砂质量标准及检验方法》(JGJ 52—1992)；水：自来水，符合《混凝土拌合用水标准》(JGJ 63—1989)。

2.2 试验方法

（1）竖向膨胀率：按照《混凝土外加剂应用技术规范》(GB 50119—2013) 附录 C 灌浆用膨胀砂浆竖向膨胀率的测定方法进行测定。

（2）钢筋裹握强度：参照《水工混凝土试验规程》(DL/T 5150—2017) 规定的试验方法进行，钢筋为 ϕ20 的光面圆钢，试件尺寸为 100mm×100mm×200mm。

（3）抗剥离-新旧界面强度：利用 8 字模进行试验，参照《聚合物水泥防水涂料黏结强度试验方法》(JC/T 894—2001) 进行测定。

（4）耐高温试验：先将试块标养 3d，然后在 110℃下烘 24h，而后升温至测试温度下保温 3h，冷却至常温后测试强度。本文主要测试 300℃和 600℃两个温度。

（5）孔结构分析：使用美国 Quantachrome 公司的 PoreMaster 60 全自动压汞仪，依据压汞法测试。

3 试验结果和分析

3.1 膨胀性能

灌浆材料硬化后必须填充密实，增加与基材的粘结强度，提高其抗裂防渗效果，不能产生收缩，必须有适宜的膨胀。因此对灌浆料砂浆的竖向膨胀进行试验，试验结果如图 1 所示。空气中养护是指试件仍带模置于温度 (20±3)℃，相对湿度为 (60±5)%的环境中测试。从图中可以看出，灌浆料砂浆 1d 的竖向膨胀率已超过标准规定的 3d 竖向膨胀不小于 0.1%的要求。3d 和 7d 膨胀率基本稳定，均超过了 0.6%。然后置于空气中，灌浆料砂浆 2 个月仍具有较高的膨胀率，不收缩，这对于植筋加固地基基础、植筋加固混凝土等都有极大的意义。

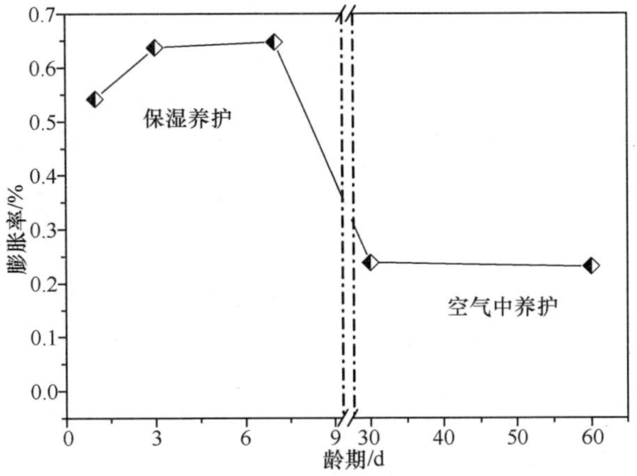

图 1　灌浆料砂浆竖向膨胀率

3.2　抗压强度

植筋用灌浆料对早期强度要求较高，通过灌浆料净浆与砂浆试验对其强度进行试验，结果（表 1）证明该植筋专用灌浆料具有较高的早期强度，尤其 1h 强度，灌浆料净浆的 1h 强度大于 20MPa，1d 强度超过 60MPa，28d 强度大于 80MPa；砂浆强度也较高，1h 强度大于 10MPa，1d 强度大于 50MPa，28d 强度在 80MPa 左右。

表 1　植筋锚固灌浆料抗压强度

编号	灌浆料	抗压强度/MPa				
		1h	1d	3d	7d	28d
1	净浆	27.7	66.2	69.8	78.3	91.9
2	砂浆	10.9	53.4	60.2	66.4	79.6

3.3　钢筋裹握强度

灌浆料与钢筋具有足够的粘结强度，是保证结构良好的关键。因此本文对最佳配合比制备的灌浆料进行钢筋裹握强度的试验研究。钢筋握裹强度的测试，是将钢筋一端埋入灌浆材料 200mm 深，在另一端施加拉力将钢筋拔出来。一般要求灌浆料与光面钢筋的粘结强度不小于 6.0MPa，《水泥基灌浆材料》（JC/T 986—2005）要求不小于 4.0MPa。对灌浆料净浆和砂浆的钢筋裹握强度进行研究，试验结果如图 2 所示。由图中可见，无论净浆还是砂浆，钢筋握裹强度 3d 均超过 6.0MPa，完全可以达到锚固设备地脚螺栓的要求。其中，砂浆的钢筋握裹强度：3d 为 6.5MPa，28d 为 7.1MPa；净浆的钢筋握裹强度：3d 为 7.0MPa，28d 为 6.4MPa。

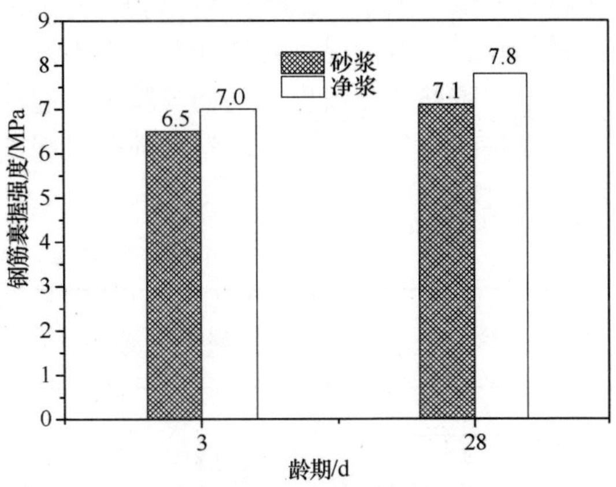

图 2　钢筋裹握强度

3.4 抗剥离-新旧界面强度

将植筋锚固专用灌浆料砂浆与普通砂浆进行对比，研究新旧界面拉拔强度，试验结果见表2。可以看出，灌浆料胶砂的1d拉拔强度提高近188%，3d提高近165%，28d新旧界面拉拔强度大于3.5 MPa，提高了114%。因此，灌浆料胶砂较普通砂浆具有较高的新旧界面粘结强度，抗剥离能力较好。

表2　胶砂∞形粘结强度

编号	种类	抗拉强度/MPa		
		1d	3d	28d
1	普通砂浆	0.34	0.52	1.69
2	灌浆料砂浆	0.98	1.38	3.62

3.5 耐热性能

耐热耐高温对于植筋工程具有非常重要的意义，本文主要通过将试件高温处理后的抗压强度来进行表征，主要对灌浆料净浆进行耐高温试验，试验结果见表3。可以看出，植筋净浆标养3d后，经烘干后放入高温炉灼烧，在300℃时抗压强度为86.3MPa，在600℃时抗压强度仍旧达到73.0MPa，说明其具有较高的耐高温能力，可以用于500℃以下的高温环境中使用，完全能克服有机粘结材料（如树脂类等）在这方面的缺陷。

表3　高温后抗压强度（MPa）

灌浆材料		标养28d	标养3d后高温	
类型	配合比	92.3	300℃	600℃
灌浆料净浆	1∶0.30		86.3	73.0

3.6 植筋用灌浆料与有机植筋胶比较

3.6.1 抗拉拔性能

为了更好地了解本文研制的无机植筋粘结材料与植筋胶的性能情况，可将灌浆料与市场知名品牌植筋胶就抗拉拔性能进行对比试验，用$\phi18$的Ⅱ级螺栓，埋植深度为300mm，每种材料埋植3根筋，试验结果见表4。可以看出，灌浆料具有非常高的抗拉拔性能，整体优于植筋胶。一般情况，若植筋胶性能不好，则很难达到理想的植筋效果，容易出现问题，如钢筋沿着胶筋界面拔出，钢筋与胶体一起沿着胶混凝土界面拔出。其主要原因是化学植筋胶没有膨胀率，从而影响界面粘结强度。因此，本文中的植筋锚固专用灌浆料完全可以取代有机粘结材料。

表4　抗拉拔性能试验

试验编号	锚固料	埋植深度/mm	拔出力/kN	破坏状态
1-1	灌浆料	300	145.4	钢筋拉断
1-2		300	147.1	钢筋颈缩
1-3		300	145.4	钢筋颈缩

续表

试验编号	锚固料	埋植深度/mm	拔出力/kN	破坏状态
2-1	植筋胶	300	137.2	钢筋颈缩
2-2		300	145.4	钢筋颈缩
2-3		300	140.5	钢筋颈缩

3.6.2 植筋用灌浆料与环氧树脂胶比较

环氧树脂胶用于植筋已有很长的历史，将自制的植筋锚固专用灌浆料各方面性能与环氧树脂胶进行综合分析比较，见表5。自制灌浆料在植筋施工时对基层处理的要求较环氧树脂胶宽松，施工及使用温度较环氧树脂胶范围广泛，钢筋粘结力及其他性能与环氧树脂胶一致，施工性能和环境指标远远好于环氧树脂胶。特别要指出的是，在植筋后钢筋的焊接方面，由于灌浆料为无机材料，从耐热性考虑相比环氧树脂胶有极大的优势。另外，灌浆料在价格方面也比环氧树脂胶便宜许多。

表5 植筋锚固专用灌浆料与环氧树脂胶性能比较

性能	灌浆料	环氧树脂胶
施工温度/℃	≥−10	≥10
使用温度/℃	−100～500	−40～70
基层要求	湿润	表面平整，含水率≤6%
负荷时间	1d	7d
环境污染	无污染	有污染
钢筋粘结力	好	好
施工性能	简便	复杂

4 工程应用举例

植筋锚固专用灌浆料已在多项工程中得到应用，具有良好的技术性能，深受施工单位好评。

（1）某商业地块综合楼改造工程，增层、接建、新增楼梯等部位采用该灌浆料进行植筋。

（2）某革命烈士陵园纪念碑岩石进行植筋加固，植筋规格 ϕ25，植入深度不小于1000mm，作为抗倾覆锚杆，3根试验筋均拉拔至钢筋破坏。

（3）某高校学生餐厅因设计时统计荷载失误，使部分柱子承载力不足，采用植筋增大柱截面的方法进行植筋工程。

（4）某工业园生产区F1、F2、Z2座部分构件因混凝土强度不足而采用植筋增大截面的方法进行加固等。图3是施工现场用灌浆料植筋加固柱子的情形。

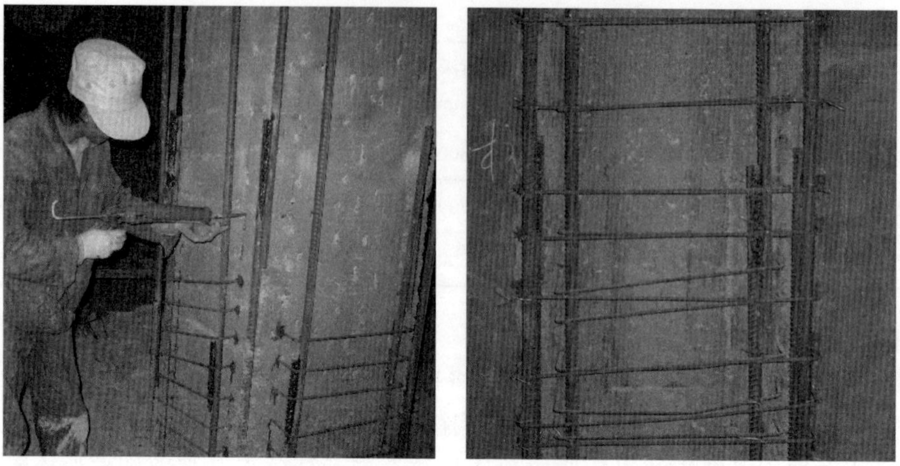

图 3　用灌浆料植筋加固柱子

5　结论

植筋锚固专用灌浆料的早期强度高，具有较大的膨胀性能，与钢筋粘结强度高，抗拉拔性能好，略优于有机类粘结材料，施工性能和使用温度范围广，具有较好的耐高温性能，在植筋后钢筋的焊接连接方面具有更大的优势。因此，本文研究的植筋锚固专用灌浆料是一种较好的钢筋锚固材料，已在工程中得到应用，效果良好。

参考文献

[1]　许化彬．水泥基无机粘结材料植筋粘结锚固性能研究[D]．郑州：郑州大学，2006.

[2]　张建华．用碱激发胶凝材料作胶粘剂的植筋性能试验研究[D]．哈尔滨：哈尔滨工业大学，2008.

[3]　戴梦希．磷酸镁水泥砂浆的植筋锚固性能研究[D]．深圳：深圳大学，2016.

[4]　曲燕，丛玉华，朴坤．2CGM 高强无收缩灌浆料在加固植筋工程中的应用[J]．施工技术，2006，35(8)：41-45.

聚合物/硫铝酸盐水泥基防水涂料的组成及性能研究

李权威，王晗，梁辰，赵丕琪*
（济南大学，建筑材料制备与测试技术重点实验室，济南，250000）

摘　要： 本文以提升聚合物/硫铝酸盐水泥基防水涂层（PMCC）的综合性能为研究目标，通过研究体系内聚合物乳液与水泥的相容性以及探究涂层组成对PMCC的影响，从而优化其组分配合比，明确其匹配关系。试验结果表明，PA、VAE乳液与SAC有很好的相容性，而且合适的PA/VAE乳液复配比、聚灰比、填料水泥比可以有效提高涂层的拉伸性能并降低其吸水率，当PA与VAE乳液比例为65∶35，聚灰比为1.1，填料水泥比为2∶3时，涂层（PMCC）的综合性能较好。

关键词： 拉伸性能　吸水率　配合比组成　断裂伸长率

Abstract: This study aims to improve the comprehensive properties of PMCC. Following by studying the compatibility between polymer emulsion and cement, the influence of coating composition on properties of PMCC was systematically investigated. The experimental results show that PA and VAE emulsions have good compatibility with SAC, and PA/VAE latex ratio. Appropriate polymer-cement ratio and fillers-cement ratio can effectively increase the tensile property of coatings and reduce its water absorption rate. As PA/VAE latex ratio is 65∶35, the polymer-cement ratio is 1.1, the filers-cement ratio is 2∶3 respectively, the coating is optimal.

Keyword: Tensile property; Water absorption rate; Composition; Breaking elongation

1　前言

随着我国建筑行业的迅速发展，人们对建筑材料的要求也越来越高[1]。建筑外墙材料是建筑材料的重要组成部分，不仅能够美化建筑外观，而且具有保护建筑主体的重要作用[2]。而针对外墙材料的防护属性，如何有效提高其防水性能是一个迫切需要解决的实际问题，对于提升建筑物的安全服役意义重大。

建筑防水材料按形态与性能通常分为五大类，即防水卷材、防水涂层、防水片材、刚性防水材料和密封材料[3-5]，防水涂层凭借其施工简单、取材容易的特点，在市场上占有很大的份额。防水涂层主要分为有机类、无机类和有机-无机复合类[6-9]三种。传统的有机和无机涂料属于单组分涂料[10]，难以有效兼顾韧性、耐候性和耐久性。因此，研究学者将水泥基

基金项目：村镇既有建筑修复加固与维护关键技术研究（2018YED1101003-06）。

作者简介：赵丕琪，男，博士，研究生导师，研究领域包括功能性有机-无机复合涂层、特种水泥与砂浆等，兼任中国硅酸盐学会房建材料分会商品砂浆专家委员会委员，山东硅酸盐学会水泥专家委员会秘书长。联系方式：13127133982，mse_zhaopq@ujn.edu.cn.

无机组分与聚合物基有机组分复配[11]，制备出一种有机-无机复合涂料（PMCC）。与单组分有机涂料[12]和无机涂料相比，这种双组分聚合物水泥基防水涂料不仅具有水泥的高耐久性和高强度，而且还具有聚合物的高弹性和高韧性[13]。经过研究发现，乳液的组成、聚灰比、填料与水泥的配合比对聚合物水泥基防水涂层有着重要的影响[14-16]。

为了进一步提高聚合物水泥基防水涂层的综合性能，本文对 PMCC 中乳液的组成、聚灰比、填料与水泥的配合比对涂层的力学性能和吸水性能影响进行研究，通过分析涂层的拉伸强度和吸水率，得到综合性能较好的聚合物水泥基防水涂层的配合比组成。

2 试验

2.1 试验原料

本试验所用水泥为强度等级为 42.5 的快硬硫铝酸盐水泥（SAC），其化学成分见表 1。试验中 PMCC 制备所采用的乳液分别为聚丙烯酸酯乳液（PA）和醋酸乙烯-乙烯共聚乳液（VAE），其基本性能见表 2；所采用的填料包括轻质碳酸钙（$CaCO_3$）和二氧化硅（SiO_2），其主要质量指标见表 3；所采用的助剂的基本信息见表 4。

表 1 SAC 化学成分

化学成分	CaO	Al_2O_3	SO_3	SiO_2	Fe_2O_3	$CaCO_3$	其他
含量/%	45.59	19.51	12.32	12.11	1.93	1.13	7.41

表 2 PA 与 VAE 的基本性能

类型	外观	固含量/%	黏度（MPa·s）	pH	粒径/μm	最低成膜温度/℃
PA	乳白色	54.39	920	8.6	0.2～2.0	−8
VAE	乳白色	58.12	750	4.4	0.2～2.0	0
氟碳	乳白色	48.88	450	8.0	0.1～2.0	28
硅丙	乳白色	50.06	470	7.9	0.1～2.0	5

表 3 $CaCO_3$ 与 SiO_2 的主要质量指标

名称	外观	细度/目	纯度/%
$CaCO_3$	白色	80～150	98
SiO_2	白色	25～50	98

表 4 助剂的基本信息

名称	类别	型号	生产厂家
分散剂	六偏磷酸钠	SH	国药集团化学试剂有限公司
消泡剂	有机硅	Foamastar MO 2190AC	巴斯夫股份公司
成膜助剂	十二醇酯	TEXANOL	国药集团化学试剂有限公司

2.2 试验方法

（1）相容性的测定。在 10mL 乳液中，逐次增加 SAC 和水的掺入量（每次 2.5gSAC、1g 水）并搅拌均匀，直至发现破乳现象，记录破乳点的 SAC 加入量。

（2）拉伸性能的测定。参照《硫化橡胶或热塑性橡胶拉伸应力应变性能的测定》（GB/T 528—2009）的规定，将试样裁剪成要求的哑铃Ⅰ型试样，并参照《建筑防水试验方法》

(GB/T 16777—2008)进行测定。

(3)吸水率的测定。在规定养护龄期后,将涂层裁剪为40.0mm×40.0mm的试样并称量,然后将试样放入水中72h,试样用湿抹布擦干表面的水分并称量。根据下式计算。

$$\omega = \frac{m_n - m_0}{m_0} \times 100\% \quad (1)$$

式中 ω——试样的吸水率(%);

m_0——试样的初始质量(kg);

m_n——试样浸水后的质量(kg)。

(4)PMCC的制备工艺。其工艺如图1所示。

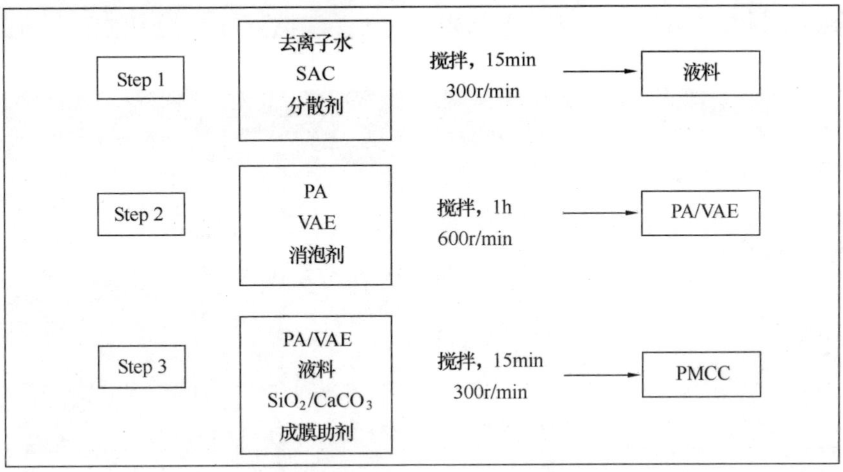

图1 PMCC的制备工艺

3 结果与讨论

3.1 聚合物乳液与水泥的相容性研究

PMCC性能的优劣与所选用乳液与水泥的相容性有关,其基本要求是水泥的水化不会引起乳液的去乳化。从DvLo理论可知,使乳液体系失稳的最低电解质浓度(临界电解质浓度)与平衡离子化合价的6次方成反比[17]。因此,选择对电解质稳定性较高的乳液才能保证配制时乳液不发生凝聚,得到流变性较好的涂料。表5为乳液与水泥相混后的情况。图2所示为4种乳液与SAC搅拌均匀后的实际效果图。试验结果表明,PA、VAE乳液均与SAC有很好的相容性,而氟碳乳液、硅丙乳液与SAC的相容性较差。因此,后续试验所用乳液确定为PA乳液和VAE乳液。

表5 乳液与水泥的相容性

乳液	与水泥相混后的情况
PA(10mL)	大量SAC(≥12.5g)加入后,两者仍有很好的流动性
VAE(10mL)	大量SAC(≥12.5g)加入后,两者仍有很好的流动性
氟碳(10mL)	2.5gSAC加入后,两者的流动性极差
硅丙(10mL)	2.5gSAC加入后,有较好的流动性,但有分层离析现象

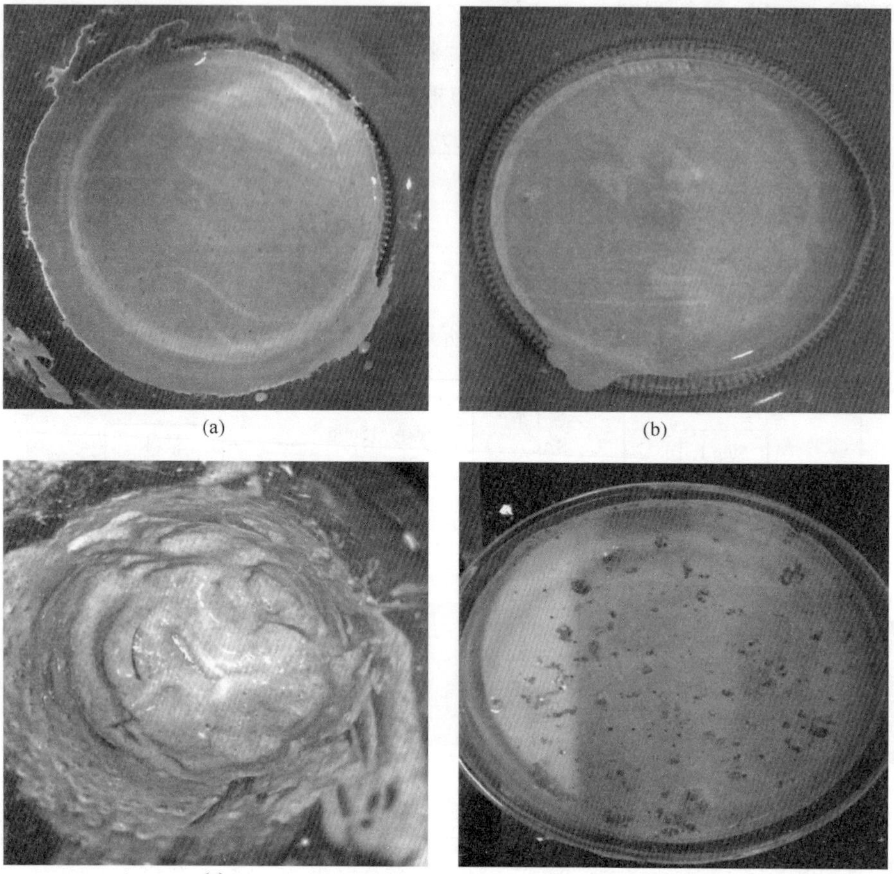

(a) (b) (c) (d)

图 2 乳液和水泥相容性实验的效果图

(a) PA 乳液；(b) VAE 乳液；(c) 氟碳乳液；(d) 硅丙乳液

3.2 乳液组成对涂层性能的影响

因聚合物分子类型的不同，不同乳液性能差异较大，乳液之间的复合匹配是提升涂层性能的重要途径之一，而组成比例的优化是其中的关键因素。选择 PA 乳液和 VAE 乳液，对两者进行复配，研究其复配比对涂层性能的影响。其配合比组成见表 6。

表 6 原料配合比组成（g）

PA/VAE	PA	VAE	$CaCO_3$	SiO_2	DI-water	SAC
100/0	150	0	52.5	37.5	22.5	60
95/5	142.5	7.5	52.5	37.5	22.5	60
85/15	127.5	22.5	52.5	37.5	22.5	60
65/35	97.5	52.5	52.5	37.5	22.5	60
50/50	75	75	52.5	37.5	22.5	60
0/100	0	150	52.5	37.5	22.5	60

其中，分散剂的掺量占 SAC 的 0.2%，而消泡剂和成膜助剂的掺量占复合乳液总量的 1.5%。

图 3 反映了 PA/VAE 乳液复配比对涂层拉伸性能的影响。随着 VAE 乳液在其复合乳液中所占比率的增加，涂层的拉伸强度呈现逐渐升高的趋势，断裂伸长率呈现先升高后降低的趋势。当 PA/VAE 乳液复配比例为 65∶35 时，断裂伸长率达到最大值 185.6%，较纯 PA 乳液 PMCC 试样高 30.7%，较纯 VAE 乳液 PMCC 试样高 17.4%；此时 PMCC 的拉伸强度为 1.36MPa，较空白 PA 乳液高 23.6%，较空白 VAE 乳液低 32.4%。在组成乳液分子中，VAE 乳液分子是由醋酸乙烯与乙烯聚合而成，由于乙烯基的引入使得高分子主链变得柔软，具有内增塑作用，提升了涂层的韧性。因此随着 VAE 掺量的增加，涂层的断裂伸长率逐渐升高，但随着 VAE 掺量进一步增多，体系相分离严重，反而降低了涂层的韧性，从而降低了涂层的断裂伸长率。

图 4 反映了 PA/VAE 乳液复配比对涂层吸水率的影响。随着 VAE 乳液所占比率的增加，涂层的吸水率呈现逐渐增加的趋势。纯 PA 乳液 PMCC 试样的吸水率为 5.46%，较纯 VAE 乳液 PMCC 试样的吸水率低 58.9%。其原因为 VAE 乳液胶粒有明显的核壳结构，粒径较 PA 乳液胶粒更大，导致胶粒周围水化层更厚，因而不利于 PMCC 降低吸水率。

因此，综合 PA/VAE 乳液复配比对涂层拉伸性能和吸水率的影响，在后续试验中选择的 PA/VAE 的共混比例为 65∶35，此时涂层的综合性能较为优异。

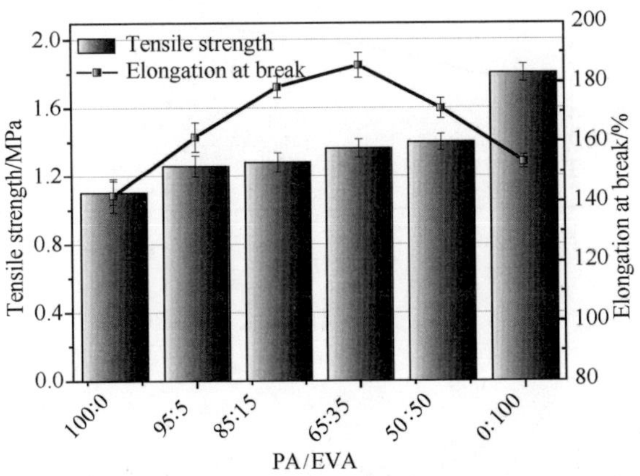

图 3 PA/VAE 乳液复配比对涂层拉伸性能的影响

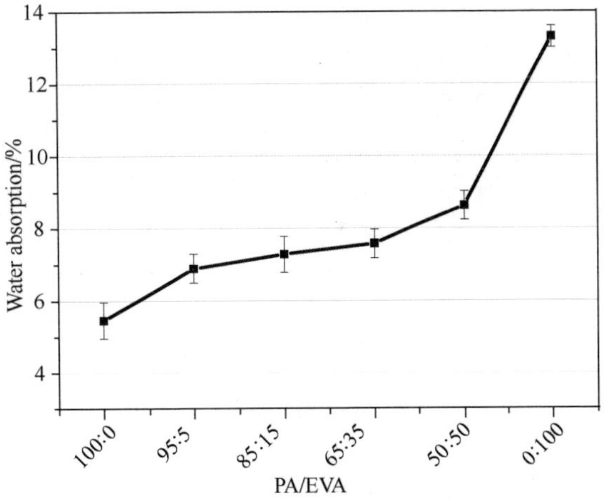

图 4 PA/VAE 乳液复配比对涂层吸水率的影响

3.3 聚灰比对涂层性能的影响

聚灰比（P/C）是指 PMCC 中聚合物乳液中固相质量与水泥质量之比。它决定了 PMCC 涂层的刚柔程度，最终会对 PMCC 的力学性能、防水性能等其他性能有决定性的作用。选择 PA/VAE 乳液复配比为 65∶35，同时 SAC 和填料的量固定不变，通过改变聚合物与水泥的比例来研究涂层性能的变化规律。其配合比组成见表 7。

表 7 原料配合比组成（g）

P/C	PA	VAE	$CaCO_3$	SiO_2	DI-water	SAC
0.9	72.4	25.6	52.5	37.5	22.5	60
1.1	78	42	52.5	37.5	22.5	60
1.3	93.6	50.4	52.5	37.5	22.5	60
1.5	109.2	58.8	52.5	37.5	22.5	60

其中，分散剂的掺量占SAC的0.2%，而消泡剂和成膜助剂占复合乳液总量的1.5%。

图5反映了P/C对涂层的拉伸性能的影响。随着P/C逐渐增大，涂层的拉伸强度逐渐降低，断裂伸长率逐渐增大。当P/C从0.9增大到1.5，涂层的拉伸强度由2.28MPa降至1.72MPa，断裂伸长率由162.11%增至261.30%。当P/C较低时，水泥占体系比率高，容易和乳液反应形成新的离子键且水泥水化水平较高，从而导致拉伸强度较高；当P/C较高时，乳液将水泥和填料包裹，形成了致密的连续膜结构，从而导致断裂伸长率较高。

图6反映了P/C对涂层的吸水率的影响。随着P/C逐渐增大，PMCC的吸水率逐渐增大。当P/C由0.9增至1.5时，吸水率由3.95%增至7.56%。与高P/C的涂层相比，尽管低P/C的涂层存在更多的缺陷和孔隙，但是其吸水率更低，由此推测，涂层的吸水率不仅仅是由缺陷和孔隙引起，还与涂层中聚合物的性质紧密相关。

因此，基于P/C对PMCC的拉伸性能和吸水率的影响，在后续试验中选择P/C为1.1，因为此时涂层的综合性能较为优异。

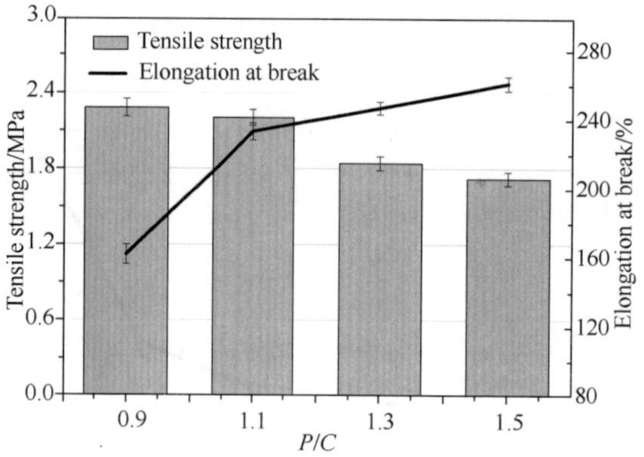

图5　P/C对涂层的拉伸性能的影响

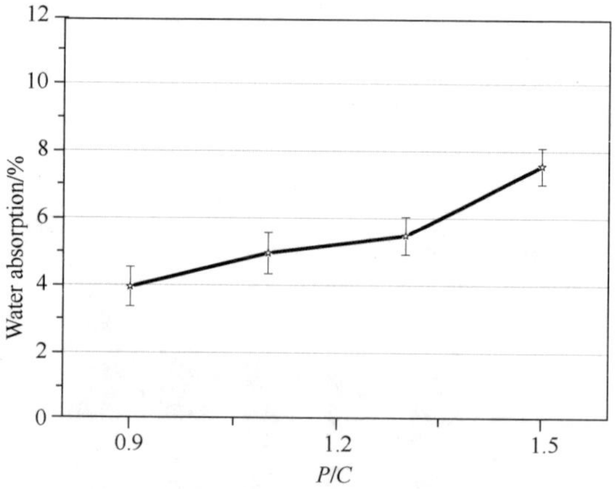

图6　P/C对涂层的吸水率的影响

3.4　填料对涂层性能的影响

由于填料能增加涂层硬度、减缓紫外线对涂层破坏并能提高涂层的耐久性，在上述试验的基础上选择PA/VAE乳液复配比为65∶35，聚灰比为1.1，同时固定填料中$CaCO_3$和SiO_2的比例，研究填料掺入总量对涂层性能的影响。其配合比组成见表8。

表8　原料配合比组成

F/C	PA/g	VAE/g	$CaCO_3$/g	SiO_2/g	DI-water/g	SAC/g
0∶2	78	42	0	0	22.5	60
1∶2	78	42	11.7	8.3	22.5	60
2∶2	78	42	23.3	16.7	22.5	60
3∶2	78	42	52.5	37.5	22.5	60
4∶2	78	42	35.0	25.0	22.5	60
5∶2	78	42	105.0	75.0	22.5	60

其中，分散剂的掺量占SAC的0.2%，而消泡剂和成膜助剂占复合乳液总量的1.5%。

图 7 反映了填料水泥比对涂层的拉伸性能的影响。随着 F/C 的逐渐增大，PMCC 的拉伸强度呈现先升高后降低的趋势，当 F/C 为 3∶2 时，涂层的拉伸强度达最大值 2.37MPa，较无填料所制备的 PMCC 试样高 1.25MPa；随着 F/C 的逐渐增大，断裂伸长率呈现逐渐降低的趋势，当 F/C 从 0 增大到 5∶2，断裂伸长率由 262.50%降至 172.60%。这是由于作为填料的 SiO_2 和 $CaCO_3$，与涂层中的未水化水泥颗粒共同形成了不同级的颗粒级配，最终提升了涂层的拉伸强度；而填料过量，将破坏涂层的整体连续结构，使得涂层存在缺陷，降低涂层的拉伸强度。这是因为填料可填充于聚合物形成的膜结构中，具有限制高分子分子链之间自由伸缩的作用，随着其掺量的增加，涂层断裂伸长率逐渐下降。

图 8 反映了填料水泥比对涂层的吸水率的影响。随着 F/C 的增大，PMCC 的吸水率呈现先降低后升高的趋势，当 F/C 为 3∶2 时，吸水率达到最小值 4.71%，较无填料所制备的 PMCC 试样低 7.83%。当填料的掺量较少时，随着填料的加入，降低了涂层的孔隙率，起到了密实涂层的效果，从而降低吸水率；而当填料的掺量过量时，将破坏涂层中聚合物分子形成的膜结构，使得涂层产生严重的缺陷，导致吸水率上升。

因此，综合 F/C 对 PMCC 的拉伸性能和吸水率的影响，F/C 为 3∶2，涂层性能较为优异，此时涂层综合性能较好。

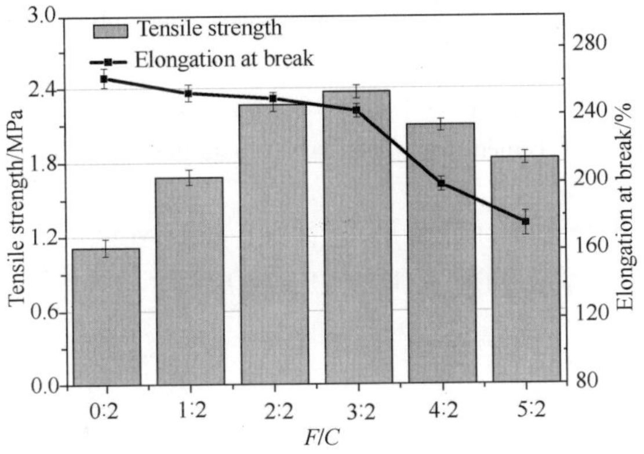

图 7　填料水泥比对涂层的拉伸性能的影响

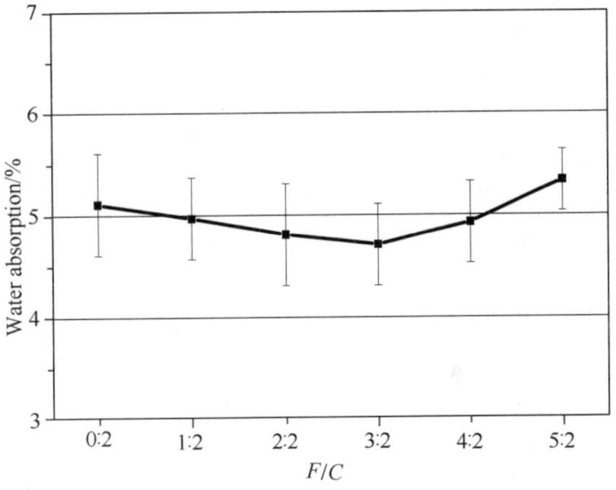

图 8　填料水泥比对涂层的吸水率的影响

4　结论

（1）本文对比分析了不同乳液与 SAC 的相容性，结果表明，聚丙烯酸酯（PA）乳液和醋酸乙烯-乙烯共聚（VAE）乳液优于氟碳乳液、硅丙乳液。

（2）综合乳液复配比、聚灰比和填料水泥比对 PMCC 的拉伸性能和吸水率的影响及变化规律，确定了 PMCC 的基本组成：PA/VAE 乳液比例为 65∶35；聚灰比为 1.1；填料水泥比 3∶2。随着 PA/VAE 乳液复配比的降低，涂层的拉伸强度和吸水率逐渐升高，断裂伸长率先升高后降低；随着聚灰比的升高，涂层的拉伸强度逐渐降低，断裂伸长率、吸水率逐渐升高；随着填料水泥比的升高，涂层的拉伸强度先升高后降低，断裂伸长率逐渐降低，吸水率先降低后升高。

参考文献

[1] 朱常兰．浅析建筑外墙涂料的应用[J]．科学技术创新，2016(19)：238-238.

[2] 高柏林．建筑外墙涂料的材料选用及施工[J]．门窗，2016(4)：7-8.

[3] Jing qiao，L I U. Application of cement base-penetrated crystallized waterproof coating in wall project [J]. Shanxi Architecture，2007，15：105.

[4] 沈春林．中国防水材料现状和发展建议[J]．硅酸盐通报，2005，3(5)：5-9.

[5] 王洪立，王玉白，赵震．建筑防水材料市场的现状及发展对策[J]．山西建筑，2005，31(2)：95-96.

[6] 张蓓．纳米杂化长碳链有机硅防水涂层的制备与应用[D]．陕西：陕西科技大学，2016.

[7] 周虎．高性能聚合物水泥基防水涂料的研究[D]．武汉：武汉理工大学，2004.

[8] 檀琳琳．防水涂层对碳纤维增强树脂基复合材料湿热老化影响研究[D]．辽宁：沈阳航空航天大学，2012.

[9] 阮峥，刘朝辉，成声月，等．水性环氧防水涂层材料对混凝土吸水性能的影响[J]．表面技术，2015，3(4)：5-9.

[10] 瞿金清，黄玉科，黎永津．单组分水性聚氨酯涂料的进展[J]．合成材料老化与应用，2002，31(1)：20-22.

[11] 蒋正武，孙振平．建筑用聚合物水泥基复合防水涂料及其制备方法[J]．绿色建筑，2005(2)：59.

[12] Meng，Q B，Lee S I，Nah C，et al. Preparation of waterborne polyurethanes using an amphiphilic diol for breathable waterproof textile coatings[J]. Progress in Organic Coatings，2009，66：382-386.

[13] Murahara M，Sato N，Ikadai A. Hard protective waterproof coating for high-power laser optical elements[J]. Optics Letters，2005，30：3416-3418.

[14] 张陆阳．聚灰比对聚合物水泥防水涂料性能的影响[J]．科技资讯，2014，12(23)：59.

[15] CHEN B，NIG，LI G. Composition and function of cementitious capillary crystalline waterproof coating[J]. New Building Materials，2008(5)：026.

[16] 胡小琴．高弹性聚合物水泥防水涂料的制备与其耐老性研究[D]．赣州：江西理工大学，2016.

[17] 董松．聚合物水泥基防水涂料的制备及涂膜性能、显微结构的研究[D]．重庆：重庆大学，2002.

基于响应曲面法的改性硫铝酸盐水泥体系抗压强度优化研究

马保国[1]，刘凤利[2]，刘俊华[3]，胡国峰[2]，周亚超[2]
（1. 武汉理工大学硅酸盐建筑材料国家重点实验室，湖北武汉，430070；
2. 河南大学循环与功能建材实验室，河南开封，475004；
3. 开封大学土木建筑工程学院，河南开封，475004）

摘　要：基于响应曲面法对硫铝酸盐水泥-硅酸盐水泥-纳米硅溶胶（SAC-PC-NSS）三元体系进行试验设计，研究了 PC 掺量、NSS 掺量和水胶比对 SAC-PC-NSS 体系 28d 抗压强度的影响规律，建立了 SAC-PC-NSS 体系 28d 抗压强度预测模型，并对该模型进行了回归分析和方差分析。结果表明，PC 掺量为 10.78%、NSS 掺量为 5%以及水胶比为 0.23 时，SAC-PC-NSS 体系 28d 抗压强度最高，PC 掺量与 NSS 掺量和水胶比之间存在明显的交互作用，预测模型可以有效进行 SAC-PC-NSS 三元体系 28d 抗压强度预测。

关键词：硫铝酸盐水泥　抗压强度　改性　响应曲面法　预测模型

Compressive Strength Optimization of Modified Sulphoaluminate Cement System Based on Response Surface Method

MA Baoguo[1], LIU Fengli[2], LIU Junhua[3], HU Guofeng[2], ZHOU Yachao[2]
(1. State Key Laboratory of Silicate Materials for Architectures, Wuhan University of Technology, Hubei Wuhan, 430070, China; 2. Laboratory for Recycled and Functional Building Materials, Henan University, Henan, Kaifeng, 475004, China; 3. School of Civil Engineering and Architecture, Kaifeng University, Henan, Kaifeng, 475004, China)

Abstract: Based on the response surface methodology, experimental design on the ternary system of sulphoaluminate cement-ordinary Portland cement-nano silica sol (SAC-PC-NSS) is made. The effect of PC dosage, NSS content and water-to-binder ratio on 28d compressive strength of SAC-PC-NSS system is studied. The prediction model on 28d compressive strength of SAC-PC-NSS is established, and the model is analyzed by both regression analysis and variance analysis. Results showed that the 28d compressive strength of the SAC-PC-

基金项目："十三五"国家重点研发计划项目（2016YFC0700904）。
作者简介：马保国（1957—　），男，河南开封人，博士，教授。E-mail：mbgjob@163.com，Tel：13971277568。

NSS system was the highest when PC dosage is 10.78%, NSS content is 5%, and water-to-binder ratio is 0.23. Besides there are obvious interactions between PC dosage and NSS content, PC dosage and water-to-binder ratio, respectively. And the prediction model can effectively predict 28d compressive strength of SAC-PC-NSS ternary system.

Keywords: sulphoaluminate cement; compressive strength; modification; response surface method; predictive model

引言

硫铝酸盐水泥（Sulphoaluminate Cement，SAC）具有早强、高强、微膨胀、抗渗、抗冻、耐侵蚀以及生产能耗低等特点，广泛应用于抢修抢建工程、预制构件、低温施工工程、抗海水腐蚀工程等领域[1]。但是，硫铝酸盐水泥存在后期强度发展缓慢、强度发展不稳定甚至倒缩等问题[2]。因此，对SAC进行改性具有较好的研究价值。

硅酸盐水泥（Portland Cement，PC）与SAC具有显著的协同水化效应，表现为凝结时间-复合比例显著相关、初终凝间隔时间缩短、水化产物及微结构可调等特性[3]。文献[4]研究表明，以SAC为基体，PC部分取代SAC后，SAC-PC体系的小时强度和1d强度增高，水化生成的钙矾石稳定，体积稳定性增强。此外，纳米硅溶胶（Nano silica sol，NSS）具有纳米级粒径，比水泥细度低两个数量级，与纳米SiO_2相比，具有更好的分散性。以NSS作为改性剂可促进水泥的水化，提高硬化水泥石的致密性和强度。本文选择P·Ⅱ 52.5水泥（PC）和NSS作为改性剂，对SAC的抗压强度和强度稳定性进行调控，利用响应曲面法设计试验，研究SAC-PC-NSS三元体系的最佳复配比例，并揭示其性能调控机理。

1　原材料与试验方法

1.1　原材料

硫铝酸盐水泥（SAC）为郑州市建文特材科技有限公司生产，42.5级，比表面积为410m^2/kg。硅酸盐水泥（PC）为华新水泥公司生产，P·Ⅱ 52.5级。水泥的化学组成与物理力学性能分别见表1和表2。纳米硅溶胶（NSS）为试验室自制，主要成分为纳米级SiO_2和水。SAC、PC和NSS的粒度分布曲线如图1（a）所示。NSS的红外光谱，［图1（b）］特征峰分别为3455/cm（—OH反对称伸缩振动峰）、1635/cm（水的弯曲振动峰），1113/cm（Si—O—Si反对称伸缩振动峰）、800/cm和473/cm（Si—O键对称伸缩振动峰）以及973/cm（Si—OH弯曲振动峰）。NSS平均粒径为26nm，固含量为38%，密度为1.28g/cm^3，pH为10。NSS具有固体含量高、分散性好等特点。减水剂采用巴斯夫公司生产的2651F聚羧酸减水剂（PCS）。

表1　水泥的化学组成

名称	质量占比/%										烧失量/%
	SiO_2	Al_2O_3	CaO	SO_3	Fe_2O_3	MgO	TiO_2	Na_2O	MnO	K_2O	
SAC	13.73	20.64	40.79	11.32	3.76	3.04	1.18	0.73	1.41	0.64	2.30
PC	24.30	7.07	56.90	2.36	2.51	3.01	—	0.13	—	0.87	1.96

表2　水泥的物理力学性能

名称	密度/（g/cm^3）	比表面积/（m^2/kg）	抗压（抗折）强度/MPa		凝结时间/min	
			3d	28d	初凝	终凝
SAC	3.06	410	48.8/7.3	55.4/8.1	30	55
PC	3.13	383	35.1/6.7	59.5/10.3	137	206

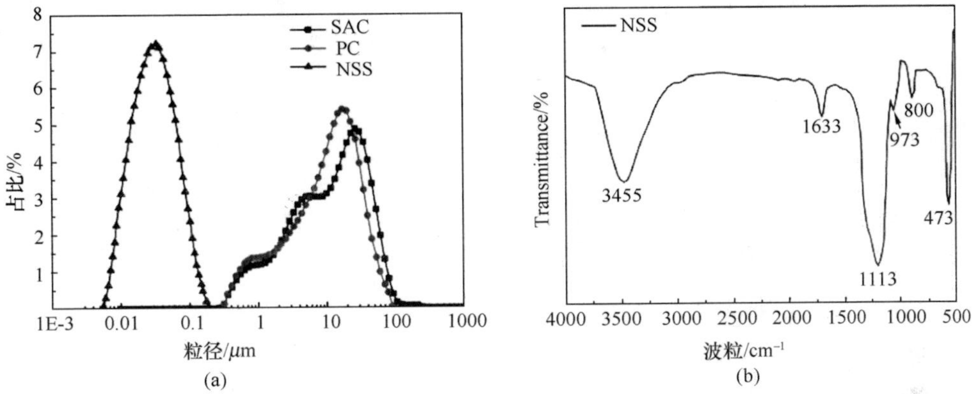

图1　（a）SAC、PC和NSS的粒度分布曲线以及（b）NSS红外图谱

1.2　试验设计与方法

响应曲面法（Response surface method，RSM）是一种利用统计学方法进行试验设计和分析，基于测试数据建立连续变量曲面模型，寻求最佳水平参数，实现多变量优化设计的方法。RSM具有所需试验次数少、预测结果精度高等优点[5]。利用RSM可以确定各因素与响应值之间的定量关系，与传统正交设计（只能对孤立试验点进行分析）相比，RSM所得到的预测模型是连续的，便于确定各因素水平间的最优组合[6]。在生物、医学、农业和食品科学等领域，RSM广泛应用于工艺优化和过程控制，但在建筑材料领域应用较少[7]。

本文基于响应曲面法设计试验，选取PC掺量、NSS掺量和水胶比作为响应因素，根据前期单因素试验确定不同因素对应的水平值，减水剂掺量取1%；采用Box-Behnken Design（BBD）设计安排试验，测试抗压强度作为响应指标；利用Design expert软件对试验结果进行建模和分析；研究改性剂种类、掺量和水胶比及其交互作用对改性SAC体系抗压强度的影响规律与影响显著程度；通过响应面预测和试验验证获得最佳优化参数。试验因素及水平设计见表3，试验设计与结果见表4。试件尺寸为40mm×40mm×40mm，抗压强度测试参照《水泥胶砂强度检验方法（ISO法）》（GB/T 17671—1999）进行。

表3　试验因素及水平

因素（编号）	水平		
	−1	0	1
PC（A）/%	10	15	20
NSS（B）/%	5	8	11
W/B（C）/%	0.23	0.25	0.27

表 4　试验设计与结果

序号	SAC/%	PC/%	NSS/%	PCS/%	W/B	28d 抗压强度/MPa
1	77	15	8	1	0.25	96.4
2	85	10	5	1	0.25	92.6
3	77	15	8	1	0.25	98.5
4	77	15	8	1	0.25	96.5
5	75	20	5	1	0.25	91.1
6	82	10	8	1	0.27	77.0
7	74	15	11	1	0.27	90.8
8	80	15	5	1	0.27	84.4
9	77	15	8	1	0.25	97.3
10	79	10	11	1	0.25	85.3
11	72	20	8	1	0.23	82.4
12	82	10	8	1	0.23	102.3
13	74	15	11	1	0.23	108.8
14	77	15	8	1	0.25	96.0
15	69	20	11	1	0.25	107.8
16	72	20	8	1	0.27	83.4
17	80	15	5	1	0.23	105.4

2　试验结果及分析

2.1　拟合模型与方差分析

利用 Design expert 软件对表 4 中的抗压强度测试结果进行二次多元回归拟合，得出以 28d 抗压强度为响应值，以三因素为自变量的计算模型，见下式：

$$R = 96.9 + 0.9x + 2.4y - 7.9z + 6xy + 6.6xz + 0.8yz - 6.9x^2 + 4.2y^2 - 3.8z^2$$

式中，R 为 28d 抗压强度，MPa；x、y 分别为 PC 掺量和 NSS 掺量，%；z 为水胶比。

为验证上述抗压强度预测模型的可靠性，通过方差分析进行检验，并分析不同因素及其交互作用对抗压强度影响的显著程度。方差分析结果见表 5。方差分析中，P 值代表置信度，可以判断拟合方程的显著情况。若 $P<0.05$，则说明回归效果显著[7]。由表 5 可知，预测模型的 $P=0.021<0.05$，表明此模型显著；复相关系数为 0.9087，表明方程拟合良好，模型可信度高。

表 5　抗压强度响应面模型方差分析

变异来源	平方和	自由度	均方	F	P 值	显著性
模型	1199.88	9	133.32	5.19	0.0205	显著
A (PC)	7.03	1	7.03	0.27	0.6169	—
B (NSS)	46.08	1	46.08	1.79	0.2222	—
C (W/B)	500.86	1	500.86	19.51	0.0031	显著
AB	144.00	1	144.00	5.61	0.0497	显著
AC	172.92	1	172.92	6.73	0.0357	显著

续表

变异来源	平方和	自由度	均方	F	P 值	显著性
BC	2.25	1	2.25	0.08	0.7758	—
A^2	200.90	1	200.90	7.82	0.0266	显著
B^2	73.13	1	73.13	2.85	0.1353	—
C^2	59.45	1	59.45	2.32	0.1719	—
残差	179.74	7	25.68	—	—	—
总离差	1379.62	16	—	—	—	—

图 2 为改性 SAC 体系 28d 抗压强度预测值与实测值之间的关系。28d 抗压强度预测值与实测值之间相关性较好，该预测模型可用于指导改性 SAC 体系抗压强度优化条件的选择与预测。三因素中水胶比对抗压强度影响最显著。此外，AB、AC 和 A^2 影响显著，说明不同因素间存在明显的交互作用。依据 P 值对影响显著性排序为：$C^2>A^2>AC>AB$。

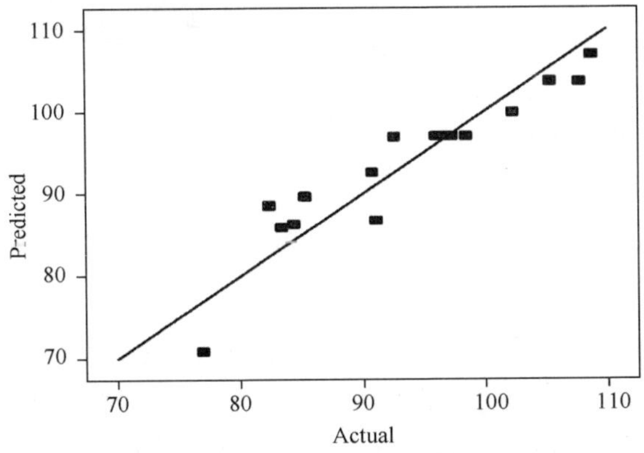

图 2　改性 SAC 体系 28d 抗压强度预测值与实测值之间的关系

2.2　抗压强度响应曲面分析

三因素及其交互作用对抗压强度的三维响应曲面图和等高线图分别示于图 3 至图 5。根据响应曲面的形状、扭曲度以及等高线的形状和密集程度，可直观分析各因素及其交

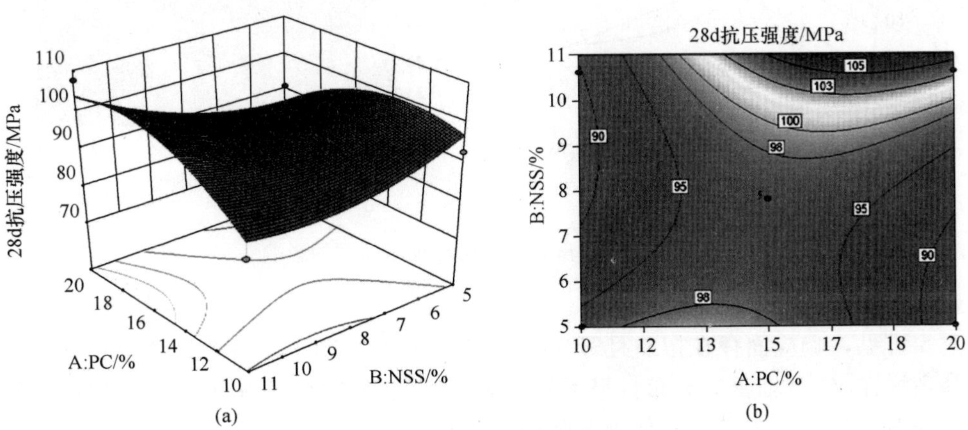

图 3　PC 和 NSS 掺量对抗压强度的影响

（a）响应面图；（b）等高线图

互作用对响应指标的影响规律和程度。抗压强度在测试范围内应尽可能高，图 3 至图 5 中的灰色斑点代表高强度目标所覆盖区域，可指导优配比选择。

图 3 所示为水胶比固定时 PC 和 NSS 掺量对抗压强度的影响。由图 3（a）可见，响应面明显扭曲，表明 PC 和 NSS 掺量交互作用显著。由图 3（b）可见，PC 和 NSS 掺量在选定范围内变化时，等高线分布稀疏，说明上述两因素对抗压强度的影响不显著，与方差分析结论一致。随着 PC 掺量和 NSS 掺量的增加，抗压强度均先增高后降低，在 NSS 的低掺量区和高掺量区分别对应不同 PC 掺量使抗压强度最佳，二者交互作用明显。

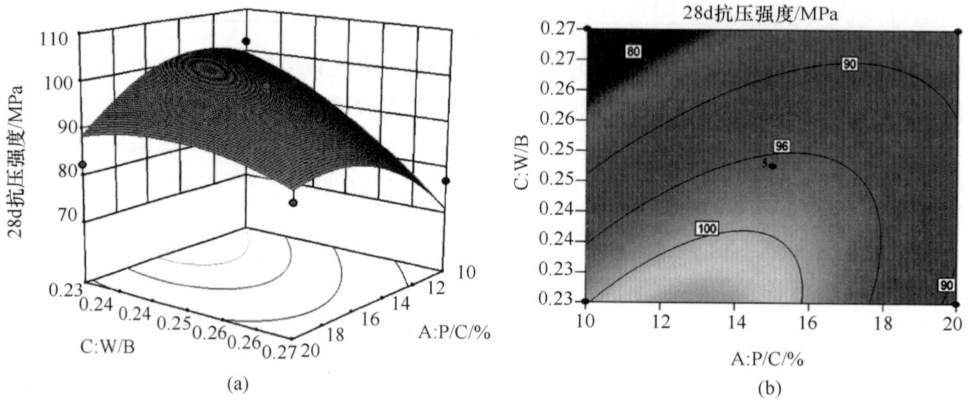

图 4 PC 掺量和水胶比对抗压强度的影响

（a）响应面图；（b）等高线图

由图 4 可见，等高线在 W/B 轴上密集分布，表明 W/B 对抗压强度影响显著，而且抗压强度随 W/B 的增大而明显下降。同时等高线呈不规则的椭圆形，表明 W/B 与 PC 掺量的交互作用也较明显，与方差分析结论一致。在低水胶比情况下，PC 掺量存在一个最佳值使抗压强度最高。

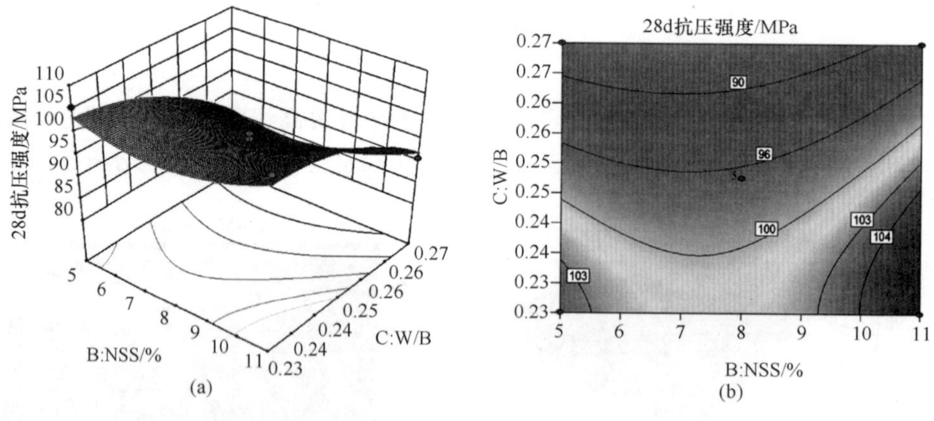

图 5 NSS 掺量和水胶比对抗压强度的影响

（a）响应面图；（b）等高线图

由图 5 可见，响应面存在扭曲且等高线形状不规则，表明 NSS 掺量和 W/B 间存在交互作用，等高线在 W/B 轴密集分布且呈下降趋势，表明 W/B 的影响更显著且与强度负相关。NSS 对抗压强度影响不显著，总体上与强度呈正相关。

综上所述，对抗压强度的影响程度，水胶比＞NSS 掺量＞PC 掺量，并且 PC 掺量与水胶比、PC掺量与NSS掺量之间均存在明显的交互作用。水胶比增大时，硬化水泥石内孔隙率增大，对抗压强度不利。NSS的纳米多质点效应提供大量晶核，可有效促进水泥水化。同时NSS具有纳米级物理填充效应，有利于改善水泥石的微结构。其超级火山灰效应有利于弥补因钙矾石脱水转晶导致的水泥石后期强度倒缩。掺入适量PC时，可以促进SAC中$C_4A_3\overline{S}$的水化，使胶凝材料的水化速度加快，生成的钙矾石增多，有利于调节SAC体系的凝结时间和微观结构。

2.3 试验验证

基于拟合模型，选择响应值最大为优化目标，得到最优预测点对应配比参数：PC掺量为10.78%、NSS掺量为5%以及水胶比为0.23。根据强度回归模型，28d抗压强度预测值为109MPa，实测28d抗压强度为110.7MPa，预测误差仅为1.61%。这表明采用响应曲面法预测模型对响应值进行预测较为准确，利用响应曲面法对SAC基胶凝材料进行配比优化具有可行性。其具体结果见表6。由测试结果可见，改性后SAC-PC-NSS胶凝材料体系比空白SAC体系1d和28d强度分别提高了20.57%和22.32%。

表6 响应曲面优化配比预测值与试验值对比

	SAC/%	PC/%	NSS/%	PCS/%	W/B	抗压强度/MPa		
						28d预测	28d实测	1d实测
对照组	100	—	—	1	0.23	—	90.5	69.5
优配比	84.22	10.78	5	1	0.23	109	110.7	83.8

3 结论

（1）在试验所取水平范围内，当PC掺量为10.78%、NSS掺量为5%以及水胶比为0.23时，SAC-PC-NSS体系28d抗压强度存在最大值。PC掺量与水胶比、PC掺量与NSS掺量之间均存在明显的交互作用。

（2）响应曲面预测模型能够较好地表征PC掺量、水胶比和NSS掺量三因素与改性SAC体系抗压强度之间的关系。利用该模型可以进行改性SAC体系28d抗压强度预测分析，预测误差较小。利用响应曲面法对SAC基胶凝材料进行配比优化具有可行性。

参考文献

[1] 胡曙光. 先进水泥基复合材料[M]. 北京：科学出版社，2009.

[2] 欧志华，刘广，曹晖，等. 硅灰对硫铝酸盐水泥砂浆物理力学性能的影响[J]. 上海建材，2017(05)：27-29.

[3] 张川，硅酸盐-硫铝酸盐复合浆液灌注性能与水化协同效应研究[D]. 成都：成都理工大学，2016.

[4] 崔素萍. 硅酸盐-硫铝酸盐复合体系水泥研究[D]. 北京：北京工业大学，2005.

[5] 赵士豪，林喜华，车玉君，等. 基于DE响应面分析的C100超高性能混凝土配合比优化设计[J]. 混凝土与水泥制品，2018(8)：24-28.

[6] Upasani R S，Banga A K. Response surface methodology to investigate the iontophoretic delivery of tacrine hydrochloride[J]. Pharmaceutical Research (Dordrecht)，2004，21(12)：2293-2299.

[7] 吴永根，张泽垚，刘庆涛，等. 运用响应面法的无机聚合物混凝土性能分[J]. 空军工程大学学报(自然科学版)，2017，18(3)：92-98.

石膏自流平砂浆气候适应性研究

李志博[1,2]，章银祥[1,2]，田胜力[1,2]，刘亚菲[1,2]，杨永峰[1,2,3]

（1. 北京金隅砂浆有限公司，北京，102402；2. 北京市预拌砂浆工程技术研究中心，北京，100041；3. 天津金隅宝辉砂浆有限公司，天津，301600）

摘　要：石膏自流平砂浆以其优异的性能而得以在工程中逐步应用。由于中国国土面积较大，使得同一时间不同区域的温湿度等气候条件差异较大，结合石膏自流平砂浆实际施工时的环境，研究了不同环境条件对石膏自流平砂浆的流动性、力学性能、尺寸稳定性、表面含水率的影响规律。研究表明，不同环境条件对石膏自流平砂浆的施工性能、力学性能、尺寸稳定性、表面含水率等具有较大影响，应根据环境气候条件、施工环境，适当调整石膏自流平砂浆的配比，以满足施工要求。研究结果可指导石膏自流平砂浆的施工。

关键词：石膏自流平砂浆　气候适应性　流动性　力学性能　尺寸稳定性　表面含水率

Research on the climate adaptability of gypsum self-leveling mortar

Li Zhibo[1,2], Zhang Yinxiang[1,2], Tian Shengli[1,2], Liu Yafei[1,2], Yang Yongfeng[1,2,3]

(1　Beijing BBMG-M Co. Ltd, Beijing 102402, China;

2　Beijing municipal research center of engineering technology on pre-mixed mortar, Beijing 100041, China;

3　Tianjin Jinyu Baohui Mortar Co., Ltd. Tianjin 301601, China)

Abstract: Gypsum self-leveling mortar has been applied in engineering construction in recent years due to its excellent performance. Due to the large land area in China, the climatic conditions such as temperature and humidity are different in different regions at the same time. Combined with the actual construction environment of gypsum self-leveling mortar, the effects of different environmental conditions on the fluidity, mechanical properties, dimensional stability and surface moisture content of gypsum self-leveling mortar were studied. The research shows that different environmental conditions have a great influence on the fluidity, mechanical properties, dimensional stability and surface moisture content of gypsum self-leveling mortar. The proportion of gypsum self-leveling mortar should be adjusted according to the environmental climatic conditions and construction environment to meet

作者简介：李志博，工程师，研究方向为石膏基干混砂浆及外墙外保温系统配套砂浆的研究与应用。

联系地址：北京市房山区窦店镇亚新路17号，北京金隅砂浆有限公司。联系电话：010-60344480，邮箱：lzhbly1988@126.com。

the construction requirements. The research results are of great significance for guiding the construction of gypsum self-leveling mortar.

Key words: Gypsum self-leveling mortar, climate adaptability, fluidity, mechanical properties, dimensional stability, surface moisture content

1　引言

现阶段，建筑室内楼地面找平主要采用地面砂浆、细石混凝土材料。地面砂浆、细石混凝土施工后均需要进行养护，养护至一定龄期方可进行下道工序作业，会严重影响施工效率。此外，地面砂浆、细石混凝土施工时均需要人工摊平，对施工人员技术水平有一定要求，收面时间不当时易出现开裂、起砂等质量问题。石膏基自流平砂浆具有流动性好、早期强度高、不需要养护等优点。作为地面垫层材料，其尺寸稳定好，不易开裂，非常适合替代地面砂浆、细石混凝土等材料作为新型地面垫层材料。

目前，国内对石膏自流平砂浆的研究主要集中在原材料组成方面，研究重点为脱硫石膏、磷石膏、硬石膏替代部分或全部 α 型高强石膏作为胶凝材料制备石膏自流平砂浆[1-6]。部分学者研究了不同骨料级配[7-8]、水泥掺量[9-11]、减水剂、胶粉等外加剂掺量[12]对石膏自流平砂浆性能的影响。吴金明研究认为，一定掺量粉煤灰和水泥可通过孔径细化改善脱硫石膏基自流平砂浆耐水性能[13]。以上研究内容都是在《石膏基自流平砂浆》（JC/T 1023—2007）[14]所规定的标准试验条件［（23±2)℃、相对湿度（50%±5%)］下开展的。实际施工过程中，石膏自流平砂浆可能会面临高温高湿、低温低湿等环境条件的考验。为了弄清石膏自流平砂浆性能在非标准环境下的变化，有必要开展相应研究。本文通过实验室模拟一系列环境条件，研究该环境条件下石膏自流平砂浆性能的变化。本文成果可用于指导石膏自流平砂浆的生产和施工。

2　原材料与试验方法

2.1　原材料及其性能检测

试验用原材料为北京金隅砂浆有限公司生产的厚层石膏基自流平砂浆，按照标准试验方法进行检测。其主要性能见表 1。

表 1　试验用石膏自流平砂浆的性能

检测项目	结果
初始流动度用水量/%	24
初凝时间/min	215
终凝时间/min	220
30min 流动度损失/mm	2
24h 抗折强度/MPa	3.1
24h 抗压强度/MPa	10.9
绝干抗折强度/MPa	8.5
绝干抗压强度/MPa	25.6
绝干拉伸粘结强度/MPa	1.2
收缩率/%	0.01

2.2 试验方法

采用恒温、恒湿养护箱模拟不同温度、湿度的环境条件，将加水搅拌完成后的石膏自流平砂浆置于养护箱中进行养护，测试不同龄期的性能指标。30min 流动度损失、抗折强度、抗压强度、拉伸粘结强度、收缩率指标测试过程均按照《石膏基自流平砂浆》（JC/T 1023—2007）进行。

可操作时间测试方法：①按 JC/T 1023—2007 的要求在标况下加水搅拌制备料浆，记下加水时刻；②立即测试初始流动度，测试后的料浆扔掉；③每隔 10min 测试料浆的流动度，测试前一种为不搅拌，另一种为低速搅拌 15s；④至流动度<140mm 的最长时间视为可操作时间。

表面含水率的测定方法：按照标准流动度用水量，加水搅拌，成型为 200mm×400mm×50mm 的石膏自流平试块，在不同温度、湿度条件下养护，采用便携式水分测定仪测定不同龄期的含水率，含水率检测时，以距各边 100mm 的中间三点（间距 100mm）的平均值作为试验结果。

2.3 试验方案

石膏自流平砂浆收缩率试验方案见表 2，30min 流动度损失、凝结时间、抗折强度、抗压强度试验方案见表 3，表面含水率试验方案见图 4。

表 2 石膏自流平砂浆收缩率试验方案

试验序号	试验方案
1	标准试验条件下成型，6h 后拆模，24h 时测定试件长度，即为初始长度；24h 后置于 40℃烘箱烘至绝干，测定试件绝干强度，即为绝干强度；按照 JC/T 1023—2007 规定方法，计算干燥收缩率
2	标准试验条件下成型，6h 后拆模，测试试件长度，即为初始长度；置于标准条件下继续养护，分别测定养护 24h、48h、72h 试件长度；按照 JC/T 1023—2007 规定方法，计算尺寸变化变化率
3	标准试验条件下成型，高温、高湿（40°C，90%RH）环境下养护 6d，以 6h 时尺寸为初始值，分别测定养护 24h、48h、72h 试件长度；按照 JC/T 1023—2007 规定方法，计算尺寸变化变化率

3 试验结果与讨论

由图 1 可见，正常施工条件下，石膏自流平砂浆流动度损失率均满足标准要求；当施工现场出现负温（−5°C）和高温（40°C）、高湿（70%、90%）时，石膏自流平砂浆流动度损失增加，造成石膏自流平砂浆 30min 流动度损失率不合格。因此，砂浆生产企业应针对该施工环境条件，生产专用石膏自流平砂浆。

现行石膏基自流平砂浆标准中，测试 30min 流动度损失指标时，要求对石膏自流平砂浆进行二次搅拌，搅拌时间为 1min。由于实际施工过程中可能存在料浆放置时间偏长的情况，因此分别采用二次搅拌 15s 和不搅拌两种方法，研究标准试验条件下，石膏自流平砂浆流动度变化情况。其具体试验结果见图 2。由图 2 可知，二次搅拌对石膏自流平砂浆流动度影响较大，同一时间，二次搅拌的石膏自流平砂浆流动度均高于不搅拌料浆。由此可知，搅拌对可操作时间有延长的作用。实际施工时，应注意在可操作时间范围内，对石膏自流平砂浆进行辅助流平和消泡施工。

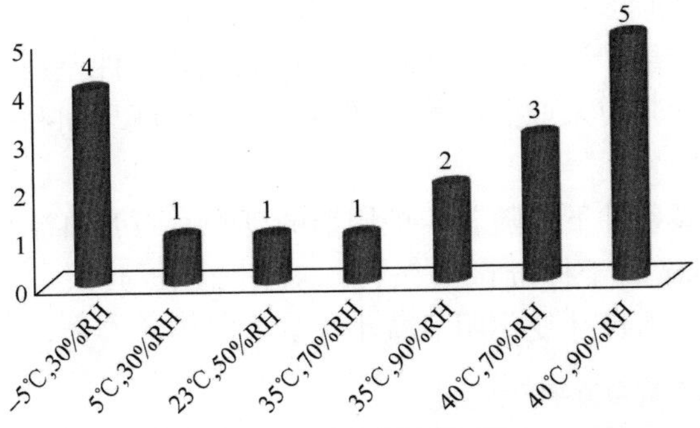

图 1　环境条件对石膏自流平砂浆流动度损失影响规律

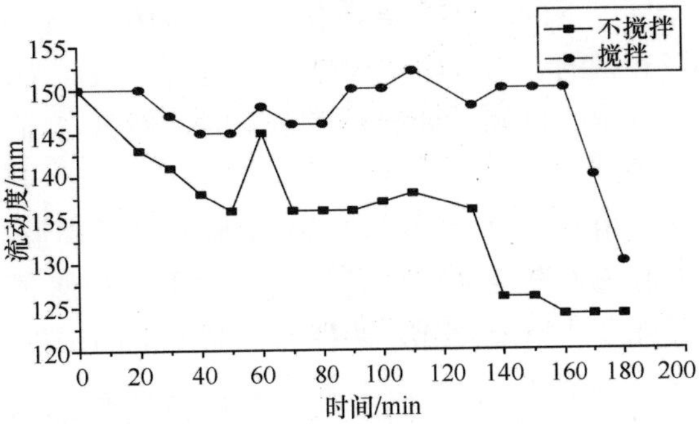

图 2　石膏自流平砂浆流动度变化规律

由表 3 可见，高温高湿环境下，石膏自流平砂浆的凝结时间会略有延长。因此在此环境下施工时，应适当缩短石膏自流平砂浆的凝结时间。在−5°C 环境下，装有料浆的环模会出现结冰，因此，冬期施工时可适当缩短石膏自流平砂浆的凝结时间，并采取必要的防冻措施。

表 3　石膏自流平砂浆试验环境条件及试验数据

环境条件	30min 流动度损失/mm	终凝时间/min	24h 抗折强度/MPa	24h 抗压强度/MPa
−5℃，30%RH	4	—	1.9	8.6
5℃，30%RH	1	195	3.0	11.3
23℃，50%RH	1	220	3.1	10.9
35℃，70%RH	1	250	2.9	10.2
35℃，90%RH	2	260	2.6	10.2
40℃，70%RH	3	275	2.9	10.8
40℃，90%RH	5	290	2.6	10.3

由图 3 可见，与标准试验环境相比，−5℃，30%RH 条件下养护的石膏自流平砂浆 24h 抗折强度仅为标养环境下的 61%，24h 抗压强度为标养环境下的 79%；绝干抗折强度为标

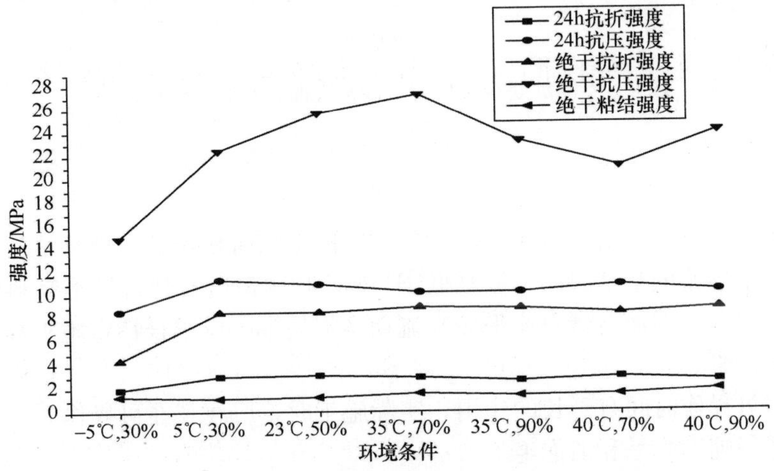

图 3　养护制度对石膏自流平砂浆力学性能影响

养环境下的52%，绝干抗压强度为标养环境下的58%。5℃，30%RH～40℃，90%RH环境养护的石膏自流平试件24h抗折、抗压强度，绝干抗折、抗压强度与标准试验条件差别不大。由此可知，低温环境施工时，石膏自流平砂浆应采取必要的防冻措施，以保证早期和后期强度。

由表4可以看出，标准试验条件、高温高湿条件件下，随着养护周期的延长，石膏自流平膨胀值逐渐变大；高温高湿条件下，膨胀值明显高于标准试验条件。对比24h、48h、72h尺寸变化情况发现，两种养护制度下的试件48h后尺寸变化明显减小。

表4　不同环境条件下石膏自流平尺寸变化

环境条件	6h	24h变化率	48h变化率	72h变化率	绝干变化率
1	—	—	—	—	0.011%
2	—	−0.003%	−0.008%	−0.01%	−0.007%
3	—	−0.034%	−0.04%	−0.045%	−0.051%

由图4不难看出，随着养护龄期延长，不同养护制度下，石膏自流平试件表面含水率逐渐下降。不同环境下，试件干燥速率不同，标准试验条件下，石膏自流平砂浆干燥速率最快。高温高湿条件不利于石膏自流平砂浆的干燥。低温条件下，养护初期，由于环境湿度较低，石膏自流平砂浆干燥速率高于高温高湿环境下干燥速率。标准试验条件下，石膏自流平试件养护5d时含水率基本不再变化。对于石膏自流平试件含水率数据的积累，有利于指导石膏自流平砂浆下道工序（木地板安装、瓷砖粘贴等）的施工。

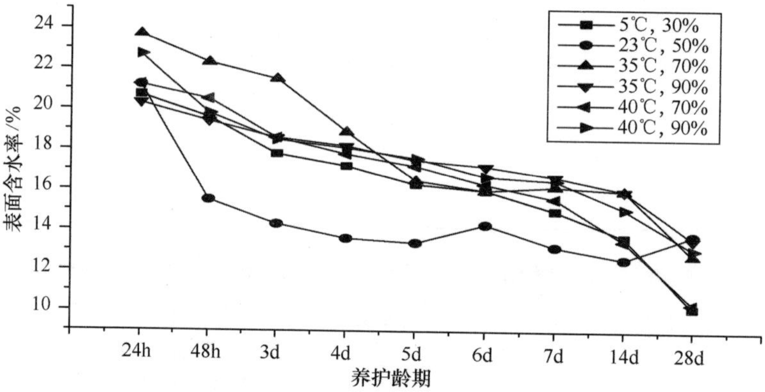

图4　不同龄期石膏自流平砂浆表面含水率变化规律

4　结论

（1）高温高湿环境下，石膏自流平砂浆凝结时间会略有延长。在此环境下施工时，应适当缩短石膏自流平砂浆的凝结时间；温度低于−5°C时，普通石膏自流平浆料会结冰；负温和高温高湿环境下，会增加石膏自流平砂浆流动度损失率。应结合特定施工环境条件，采用专用石膏自流平砂浆。

（2）搅拌对可操作时间有延长的作用。实际施工时，应注意在可操作时间范围内，对石膏自流平砂浆进行辅助流平和消泡施工。

（3）低温环境施工时，石膏自流平砂浆应采取必要的防冻措施，以保证早期和后期强度。

（4）石膏自流平砂浆标准条件下养护初期，发生体积微膨胀，烘干后，体积表现为收缩。高温高湿环境下，石膏自流平砂浆膨胀率明显高于标准试验条件下。

（5）不同环境下，石膏自流平砂浆干燥速率不同，标准试验条件下石膏自流平干燥速率最快，高温高湿条件不利于石膏自流平砂浆的干燥。

参考文献

[1] 曾爱斌．烟气脱硫石膏应用于自流平材料的研究[D]．杭州：浙江大学，2008：22-25.

[2] 刘文斌，高淑娟．脱硫建筑石膏粉制备自流平砂浆的技术研究[J]．硅酸盐通报，2013，32(9)：1927-1931.

[3] 彭明强，叶蓓红．脱硫石膏用于自流平砂浆的研究[J]．建筑材料学报，2012，15(3)：406-409.

[4] 单平平．单组分β石膏基自流平砂浆配制关键问题研究[J]．福建建设科技，2014(1)：34-37.

[5] 李前均．α-石膏基自流平材料的制备与性能研究[D]．贵州：贵州大学，2017：10，11.

[6] 唐玉超．天然硬石膏基自流平砂浆的制备及性能研究[D]．武汉：武汉理工大学，2011，9，10.

[7] 张晓菲，陈红霞，王霞，等．砂对石膏基自流平砂浆强度影响的研究[A]//第七届全国商品砂浆学术交流会论文集[C]. 2017.

[8] 邹本芬．石膏基自流平砂浆试验研究[J]．山西建筑，2013，39(34)：150.

[9] 黄天勇，章银祥，张文才，等．普通硅酸盐水泥对石膏基自流平砂浆性能的影响[J]．硅酸盐通报，2016(10)：3106-3111.

[10] 权刘权，张菁燕，李东旭，等．水泥掺量对脱硫石膏基自流平材料的影响[J]．非金属矿，2012，35(1)：30-32.

[11] 琚诚兰，戴浩，张树鹏，等．水泥对石膏基自流平材料性能的影响[J]．材料导报，2016，30(8)：113-117.

[12] 李英丁，李玉香，宋子健．建筑添加剂对厚层石膏基自流平砂浆性能影响研究[J]．新型建筑材料，2015(11)：11-14.

[13] 吴金明，唐凯靖．脱硫石膏基自流平砂浆耐水性改善及机理研究[J]．非金属矿，2018(4)：43-45.

[14] 中华人民共和国国家发展和改革委员会．石膏基自流平砂浆：JC/T 1023—2007[S]．北京：中国建材工业出版社，2007.

脱硫石膏基粉刷砂浆的制备与性能研究

马保国[1]，郅真真[2]，戚华辉[1]
（1. 武汉理工大学硅酸盐建筑材料国家重点实验室，湖北武汉，430070；
2. 洛阳理工学院，河南洛阳，471023）

摘　要：粉刷石膏砂浆可以克服水泥砂浆制备过程中产生的弊病，它不仅具有建筑石膏体积稳定性好、早强快硬、粘结力强、轻质、吸湿、防火等优点，而且还改善了建筑石膏凝结速度快、施工性差和抹灰施工操作不便等缺陷，其是一种低成本、高性能的理想墙体抹灰材料。本文对集料及矿物掺合料对脱硫石膏基粉刷砂浆性能的影响进行了研究，详细研究了胶砂比、矿物掺合料掺量对粉刷石膏砂浆凝结时间、保水率、抗压强度的影响，制备出了性能优异的脱硫石膏基粉刷砂浆。

关键词：脱硫石膏　粉刷砂浆　胶砂比　矿物掺合料

1　引言

石膏制品在现代建筑中成为支柱，这是由于采用石膏材料对于节约建材资源及提高建筑技术水平都有很大的潜力。生产石膏胶凝材料的原材料按形成方式的不同，分为天然二水石膏、硬石膏及工业副产石膏——化学石膏三种。目前，工业石膏主要有磷石膏、氟石膏、脱硫石膏、钛石膏等[1]。

近年来，我国石膏资源开发迅速[2-4]。企业生产的原料以雪花石膏粉、纤维石膏粉、精细石膏粉和混合石膏粉为主，以这些原料制备出的制品广泛应用于陶瓷模具、医用、加工纸面石膏板、石膏装饰线材及水泥添加剂等方面。我国作为石膏资源大国，有丰富的脱硫石膏及磷石膏等资源，如何合理有效地利用石膏资源，实现石膏资源低成本大规模应用，成为目前发展的热点问题[5-6]。

传统的室内抹灰材料是以水泥砂浆和混合砂浆为主，这些材料的主要缺陷是干缩大、粘结力差，因此容易出现龟裂、空鼓等弊病，而且难以避免，直接影响装修工程质量[7]。目前所研制的粉刷石膏是一种高效节能的建筑物室内墙面及顶板的抹面材料[8]，可以从根本上克服水泥砂浆制备过程中产生的弊病，不仅具有建筑石膏体积稳定性好、早强快硬、粘结力强、轻质、吸湿、防火等优点，而且还改善了建筑石膏凝结速度快、施工性差和抹灰施工操作不便等缺陷，是一种低成本、高性能的理想墙体抹灰材料[9]。本文主要研究集料、矿物掺合料对粉刷石膏砂浆性能的影响，调整制备的粉刷石膏所需达到的凝结时间、保水率，提高成型后的抗折、抗压强度。

项目来源："十三五"国家重点研发计划（2016YFC0700904）；湖北省技术创新重大专项（2017ACA177）。
作者简介：马保国（1957—　），男，博士，教授，E-mail：mbgjob@163.com。

2　原材料与试验方案

2.1　原材料

1. 脱硫建筑石膏

建筑石膏是石膏基建筑材料的主要原料，建筑石膏与适量的水拌和后，形成塑性良好的浆体，随着石膏与水的反应，浆体的塑性消失而发生凝结，产生硬化强度。本文采用脱硫建筑石膏材料作为胶凝材料制备功能型建筑材料。脱硫建筑石膏来自湖北武汉阳逻电厂，为淡黄色粉末，吸附水含量极少，结晶水含量为5.18%，化学结合水含量为2.8%，粒径分布在30～60μm之间，平均粒度为40～45μm，晶体形态为片状的、不规则的次生颗粒，晶体结构完整，以β半水石膏为主，pH为6.8。

2. 活性掺合料

加入适量的活性掺合料可以减少石膏料浆的用水量，增强料浆的流动性、粘聚性、保水性，提高体系密实程度、硬化石膏材料的强度和耐久性，同时可以降低成本。本文选用粉煤灰与矿粉两种活性掺合料进行试验。本文采用的粉煤灰为武汉阳逻电厂生产的Ⅱ级粉煤灰，采用武汉钢铁集团有限公司生产的矿粉。

3. 河砂

本文采用普通河砂，细度模数为1.94。

4. 外加剂

缓凝剂采用河北栾城县京广混凝土外加剂厂生产的蛋白质类石膏专用缓凝剂SC；采用河北久强建材有限公司生产的萘系减水剂（FDN），武汉华轩高新技术有限公司生产的KH-5系列聚羧酸减水剂（PC）、F10系列三聚氰胺减水剂；采用美国赫克力士集团公司生产的羟丙基甲基纤维素（HPMC），黏度为100000Pa・s。

2.2　测试方法

1. 保水率测定

（1）取一个大小合适的塑料板作为托板，在托板上放五层慢速过滤滤纸，称量塑料托板与五层慢速滤纸的质量，记为m_0。

（2）在五层慢速滤纸上放置一层快速过滤滤纸后，在滤纸上方放置一个内径为56mm、高为55mm的圆筒。

（3）将石膏在搅拌锅中加水拌和成浆，快速搅拌1min，慢速搅拌4min后，倒入（2）所述的铺有六层滤纸的圆筒内。

（4）浆体与滤纸接触15min后，将浆体及圆筒移开，重新测量五层慢速滤纸与托板的质量，记为m_1。

（5）用慢速过滤滤纸的每平方米的质量差计算其保水率H，按下式计算：

$$H=\frac{\Delta m}{S}\times 100\%$$

式中　H——保水率，%；

Δm——吸水前后的质量差（m_1-m_0），g；

S——圆筒底面积，取24.63mm^2。

2. 凝结时间测定

(1) 标准扩散度用水量测定。试验前，用湿布抹擦标准扩散度测量板、圆模和模套内壁，并将圆模置于测量板中心，盖上湿布。称取一定量充分搅拌的干粉试样，在搅拌锅中加入估计为标准扩散度用水量的水。将试样在 5s 内均匀地撒入水中，湿润后用料勺搅拌 30s，得到均匀的石膏浆，迅速将浆体倒入圆模内，振实并用刮刀刮去高出圆模的浆体，然后在 50s 时向上提起圆模，待浆体流动停止后，在两个垂直方向上测量试饼的直径，精确到 1mm，即为标准扩散度。

(2) 凝结时间测定。利用具有标准扩散度用水量的石膏浆，倒入圆形模内。按照 GB/T 17669.4 进行凝结时间的测定，测定时间间隔为 5min。

3. 强度测定

采用无锡建仪仪器有限公司生产的 TYE-300 型抗压强度试验仪。按《粉刷石膏》(JC/T 517—2004) 进行试验。试块采用规格为 40mm×40mm×160mm 模具成型，脱模后在实验室条件下养护 3d，然后烘干至恒量，冷却至室温。以 2.4kN/s 的速度对试块加载载荷进行抗压试验，以 50kN/s 的速度对试块加载载荷进行抗折试验，直至试块破裂。

3 试验结果与讨论

3.1 集料对底层粉刷石膏性能的影响

不同的胶砂比对底层粉刷石膏的宏观和微观性能均会产生较大的影响，尤以力学性能影响最大。配制底层粉刷石膏时，不仅要确保其具有良好的和易性、强度，也要考虑到实际的施工性。在制备底层粉刷石膏过程中，采用河砂作为细集料，主要起骨架作用。试验选取天然河砂，使用之前经水洗、晾晒处理。

本文针对河砂对底层粉刷石膏的各项性能做了系统的研究，采用胶砂比为 1∶0.5、1∶0.75、1∶1、1∶1.5、1∶2 五组不同的配比进行探讨，主要测试其标稠需水量、保水率、绝干抗折/抗压强度、剪切粘结强度及可操作时间等因素的变化规律，试验结果见表 1。

表 1 河砂对底层粉刷石膏性能的影响

胶砂比	标稠需水量/(%)	保水率(%)	绝干抗压/抗折强度/MPa	剪切粘结强度/MPa	初凝时间
1∶0	0.5	94.72	14.45/7.35	0.46	1h～25min
1∶0.5	0.53	94.36	10.35/5.0	0.34	1h～13min
1∶0.75	0.56	94.10	9.70/4.7	0.32	1h～16min
1∶1	0.61	93.50	6.05/3.4	0.25	1h～100min
1∶1.5	0.73	93.25	4.45/3.3	0.22	0h～58min
1∶2	0.78	92.69	3.23/2.6	0.16	0h～52min

注：胶砂比为脱硫半水石膏与河砂的比例，标稠需水量以石膏的量计算。

1. 河砂掺量对底层粉刷石膏标稠用水量的影响

由表 1 可以看出，随着胶砂比减小，标稠需水量逐渐增加。这主要是由于加入河砂后，浆体中骨料颗粒间空隙增多，在满足标准扩展度、流动性良好的条件下，需要加入更多的水，使石膏浆体足以包裹粗细骨料表面并填充骨料颗粒间的空隙。由于石膏浆体的润滑作用，骨料间摩擦阻力减小。

2. 河砂掺量对底层粉刷石膏保水率的影响

由表 1 可以看出，随着胶砂比减小，底层粉刷石膏保水率逐渐减小，但均大于 90%，远远超过《粉刷石膏》行业标准规定底层粉刷石膏保水率 75%的要求。保水率降低是由于随着胶砂比减小，标稠需水量增加，从而造成水胶比的增加，因此会明显降低粉刷石膏的保水性和黏聚性，产生流浆、离析、分层的现象。

3. 河砂掺量对底层粉刷石膏强度的影响

试验测试采用绝干抗折强度、绝干抗压强度及剪切粘结强度三个宏观数据表征。由表 1 可知，随着胶砂比减小，底层粉刷石膏的各项强度测试结果均逐渐减低。其原因是，随着胶砂比减小（砂胶比增大），掺入的外加剂在石膏浆体中分散、粘结、包裹砂子颗粒的量相对减少。由于砂子之间缺少了粘结物质，颗粒之间粘结性降低，从而降低了底层粉刷石膏的和易性，同时一定程度上也降低了制品的粘结性及保水性。但由于原材料自身性能比较优异，加之外加剂种类及掺量的合理调控，试验过程中掺入河砂后的强度基本符合行业标准，但胶砂比为1：2时，其剪切粘结强度低于行业标准，不满足施工需要。

3.2　矿物掺合料对底层粉刷石膏性能的影响

矿物掺合料是一种可以改善混凝土流动性、黏聚性、保水性，并能提高硬化混凝土的强度和耐久性的矿物质。在石膏体系中，矿物掺合料的加入，作用效果与之相似。本文以粉煤灰、矿粉及水泥进行试验，探讨矿物掺合料对底层粉刷石膏性能的影响。在固定胶砂比为 1：0.75的前提下，掺入粉煤灰（FA）、矿粉（SG）及水泥（C）进行对比试验，试验结果见表 2。

表 2　粉煤灰掺量对底层粉刷石膏性能的影响

编号	FDN/%	FA/%	SG/%	C/%	水胶比	初凝时间
Blank	100	0	—	—	0.56	1h～6min
F1	90	10	—	—	0.57	1h～14min
F2	80	20	—	—	0.58	58min
F3	70	30	—	—	0.60	54min
F4	60	40	—	—	0.62	48min
K1	90	—	10	—	0.55	1h～10min
K2	80	—	20	—	0.54	1h～15min
K3	70	—	30	—	0.53	1h～18min
K4	60	—	40	—	0.52	1h～20min
FH1	60	37.5	—	2.5	0.51	56min
FH2	60	35.0	—	5.0	0.49	51min
FH3	60	32.5	—	7.5	0.48	46min
FH4	60	30.0	—	10.0	0.46	42min

1. 矿物掺合料对底层粉刷石膏标准扩散度用水量的影响

由表 2 可知，单掺粉煤灰时，由于粉煤灰自身需水量较大，底层粉刷石膏的标准扩散度用水量随粉煤灰掺量的增加而增加，即若在相同水灰比条件下，掺入粉煤灰的浆体的流动度随粉煤灰掺量的增加而减小；单掺矿粉时，浆体的标准扩散度用水量随矿粉掺量的增加而减少，即若在相同水灰比条件下，掺入矿粉的浆体的流动度随矿粉掺量的增加而增大；但在掺粉煤灰的同时，掺入少量的水泥，可有效改善浆体的流动度，在一定范围内，随着水泥掺量的增加，体系的标准扩散度用水量减少，效果优于单掺矿粉。

2. 矿物掺合料对底层粉刷石膏凝结时间的影响

由表 2 可知，单掺粉煤灰时，体系的初凝时间随粉煤灰掺量的增大出现先增大后减小并趋于稳定的现象，在掺量为 10%时，初凝时间达到最大值，之后逐渐减小。粉煤灰掺量较少时，掺入石膏体系后稀释了整个体系，导致形成二水石膏的结晶骨架的时间延长，在一定程度上延长了凝结时间。但是，随着粉煤灰掺量的增加，总浆体中石膏的含量逐渐减少，体系的凝结时间逐渐缩短。单掺矿粉时，由于矿粉活性较高，石膏浆体的凝结时间随矿粉掺量的增加而增加；复掺粉煤灰与水泥时，浆体的凝结时间逐渐减少，这是由于一定量的水泥的水化对石膏体系产生促凝作用。

3. 矿物掺合料对底层粉刷石膏的宏观强度的影响

图 1 为矿物掺合料对底层粉刷石膏绝干抗折强度及绝干抗压强度的影响。图中 F 组为单掺粉煤灰体系，K 组为单掺矿粉体系，FH 组为粉煤灰与水泥复掺体系。由图 1 可知，单掺粉煤灰体系中，体系的绝干抗折、抗压强度随粉煤灰掺量的增加而逐渐降低，这是因为粉煤灰水化速度缓慢，在石膏体系中不能有效发挥其作用，导致体系强度逐渐降低；单掺矿粉时，体系的抗折及抗压强度随矿粉掺量的增加而逐渐增加，且强度增加明显，这是因为矿粉自身活性较强，在石膏体系中可以激发胶凝材料的强度；复掺粉煤灰与水泥时，体系的抗折、抗压强度也逐渐增加，但增加幅度小于矿粉作用下的强度，这主要是因为脱硫半水石膏水化而成的二水石膏与水泥发生水化反应，在 $Ca(OH)_2$ 碱性环境下二水石膏充分发挥激发作用，生成水化硅酸钙、水化铝酸钙和水化硫铝酸钙等水硬性产物[10]。

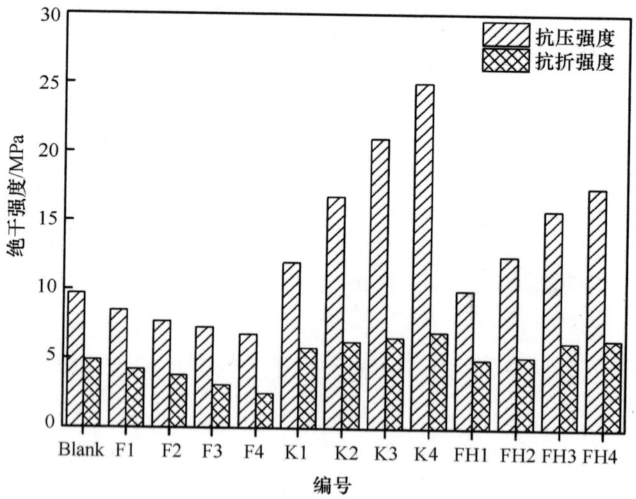

图 1　矿物掺合料对底层粉刷石膏的宏观强度的影响

4　结论

河砂的掺量对底层粉刷石膏有一定的影响。随着胶砂比的增加，需水量逐渐增加，可操作时间减少，强度及保水性也相应降低。考虑宏观性能及经济，选择最优胶砂比为1∶0.75。

矿物掺合料合适的配比为 40％，即为单掺矿粉 40％或复掺粉煤灰 30％、水泥 10％。脱硫石膏基粉刷砂浆的最终配比可确定为脱硫建筑石膏∶细集料∶矿物掺合料∶缓凝剂∶减水剂∶保水剂＝1∶0.75∶0.4∶0.25％∶0.5％∶0.1％。

参考文献

[1] 袁润章．胶凝材料学[M]．武汉：武汉工业大学出版社，1996.

[2] 刘红岩，施惠生．脱硫石膏的应用技术研究现状和典型工艺[J]．矿冶，2007，15(4)：56-60.

[3] Lerch William. The influence of gypsum on the hydration and properties of Portland cement pastes[J]. Portland Cement Association.

[4] 尹维新，洪彩霞．烟气脱硫石膏的基本性能分析及应用发展[J]．太原科技，2007(11)：64-66.

[5] 吴晓琴，吴忠标．烟气脱硫石膏资源化利用现状及展望[J]．重庆环境科学，2004，25(11)：192-195.

[6] 王方群，原永涛，齐立强．脱硫石膏性能及其综合利用[J]．粉煤灰综合利用，2004(1)：41-44.

[7] 罗树琼，管学茂，杨雷，等．加气混凝土专用抹灰砂浆的研制[J]．新型建筑材料，2007，34(1)：16-19.

[8] 张仲强，王金拴．粉刷石膏在室内抹灰中的应用及施工[J]．山西建筑，2001，27(6)：81-82.

[9] 田贺忠，郝吉明，赵喆，等．燃煤电厂烟气脱硫石膏综合利用途径及潜力分析[J]．中国电力，2006，39(2)：64-69.

[10] 王祖润，陈明凤．脱硫粉刷石膏的制备及性能研究[D]．重庆：重庆大学，2010.

机喷砂浆流变参数分析及砂浆组成对其影响

陈宁[1,2]，王培铭[1]，赵立群[2]
（1. 同济大学材料科学与工程学院，上海，201804；
2. 上海市建筑科学研究院，上海，200032）

摘　要：本文对机喷砂浆关键流变参数进行了研究和分析，研究水泥用量及纤维素醚、淀粉醚、引气剂等添加剂对砂浆流变性的影响规律，并定量测试了机喷砂浆的关键流变参数。结果表明，机喷砂浆稳定性、流动性、抗垂挂性、触变性等性能与砂浆塑性黏度（h）、初始临界扭矩（T_{0max}）、初期扭矩差（ΔT_0）相关性较强，h、T_{0max}、ΔT_0 可作为表征机喷砂浆工作性能的三个主要流变参数；水泥用量及不同添加剂对砂浆的 h、T_{0max}、ΔT_0 均具有不同程度的影响；利用 Viskomat XL 砂浆流变仪，测得水泥基和石膏基机喷砂浆的流变参数，h 分布在 1.31～2.28N·mm·min，T_{0max}分布在 421～723N·mm，ΔT_0 分布在 124～271N·mm。该研究结果可在调整机喷砂浆性能时提供参考。
关键词：建筑材料　机喷砂浆　流变性　流变参数　抗垂挂性　触变性

Rheological parameter analysis of machine-blasted mortar and influence of mortar composition on it

Ning Chen[1,2], Peiming Wang[1], Liqun Zhao[1,2]
(1. School of Materials Science and Engineering, Tongji University, Shanghai, 201804;
2. Shanghai Research Institute of Building Science, Shanghai, 200032)

Abstract: In this paper, the key rheological parameters of machine-blasted mortar are studied and analyzed. The influence rules of cement dosage and additives such as cellulose ether, starch ether and air entraining agent on the rheological properties of machine-blasted mortar are clarified, and the key rheological parameters of machine-blasted mortar are measured quantitatively. The results show that the stability, fluidity, anti-hanging property and thixotropy of machine—blasted mortar have strong correlation with the plastic viscosity h, initial critical torque T_{0max} and initial torque difference ΔT_0 of mortar. h, T_{0max} and ΔT_0 can be used as three main rheological parameters to characterize the workability of machine-blasted mortar. The rheological parameters of cement-based and gypsum-based machine-blasted mortar were measured by Viskomat XL rheometer. The distributions of h, T_{0max} and ΔT_0 are (1.31

作者简介：陈宁（1983—　），高级工程师，在职博士生，主要从事建筑砂浆、保温材料、墙体材料等土木工程材料的研发与应用工作。

~2.28) N·mm·min, (421~723) N·mm and (124~271) N·mm respectively. The results can provide reference for adjusting the performance of machine-blasted mortar.

Keywords: Building materials, machine-blasted mortar, rheological properties, rheological parameters, anti-hanging property, thixotropy

1　概述

预拌砂浆作为一种使用量大面广的建筑材料，已经成为重要的新兴材料。据统计，2017年全国生产预拌砂浆不少于13270万吨。目前，国内预拌砂浆（包括普通预拌砂浆和特种砂浆）以水泥基砂浆为主，主要品种包括抹灰砂浆、砌筑砂浆、陶瓷砖粘结配套砂浆、外墙外保温配套砂浆、防水砂浆、自流平砂浆、界面砂浆及腻子等。砂浆和易性、可操作性对施工质量、施工效率和劳动强度具有重要影响。预拌砂浆和易性被优化至合理区间，有利于提高施工质量和施工效率，并可在很大程度上降低劳动强度以及减少材料浪费和损耗。

目前，传统抹灰作业方式正在加速向机械化抹灰施工转变，发展普通预拌砂浆机械化抹灰施工技术（简称机喷砂浆技术）是未来重要的发展方向之一。出于施工需要，要求其既要具有良好的流动性，又要具备符合施工要求的变形能力，因此，机喷砂浆的抗垂挂性、触变性和流动性等工作性能得到广泛关注和研究。目前，反映机喷砂浆工作性能的技术指标主要有稠度、保水率、流动度、稠度损失率、压力泌水率等。作者认为上述指标在一定程度上能够反映机喷砂浆的工作性能，但在表征砂浆用于机械喷涂抹灰施工的工作性能方面，还需建立关联性更高的性能指标。流动和变形是机喷砂浆工作性的核心要素，还应从流变学的角度对其关键技术指标进行探索和分析，以更准确地反映普通预拌砂浆用于机械化喷涂抹灰施工时的特殊性能要求。

目前国内外学者对水泥净浆和砂浆的流变学特性进行了研究[1-5]，部分研究者以水泥净浆为研究对象，延伸分析水泥砂浆流变性的变化规律，部分学者使用旋转黏度计[6]、漏斗[7]或自制流变仪[8]等进行研究。从现有研究结果看，水泥砂浆的流变性与胶砂比、添加剂、掺合料、温度等因素有关，结果表征与测试仪器有很大关系。试验条件对砂浆流变性能的研究有重要影响。基于上述分析，本文选择水泥砂浆为主要研究对象，利用具有精确测定功能的新型流变仪 Viskomat XL 对砂浆拌合物的流变性能进行测试，进而研究和分析机喷砂浆的关键流变参数；同时研究水泥用量及纤维素醚、淀粉醚、引气剂等添加剂对砂浆流变性的影响规律，为机喷砂浆研究提供有关参考。

2　原材料和试验方法

2.1　原材料

（1）水泥：选用海螺 P·Ⅱ52.5 水泥，水泥化学成分见表1，水泥物理性能见表2。

（2）砂：选择中国 ISO 标准砂（厦门艾思欧标准砂有限公司生产）。

（3）纤维素醚：选择上海地诺化工有限公司提供的浙江中维羟丙基甲基纤维素醚（HPMC），NDJ 黏度为 40000Pa·s（DN1），羟丙基取代度（MS）为 0.31，甲氧基取代度（DS）为 1.5。

（4）砂浆稠化粉（CF）：选择上海建研建材科技有限公司生产的高效砂浆稠化粉。

（5）淀粉醚（SE）：亚什兰 ST2000。

（6）引气剂（AA）：选择粉状 SJ-2 引气剂。

（7）水：采用自来水。

表 1 海螺 P·Ⅱ52.5 水泥化学成分

SiO_2	Al_2O_3	Fe_2O_3	CaO	Na_2O	MgO	SO_3	Loss	f-CaO
21.68	5.20	2.59	62.94	0.53	1.56	2.39	1.58	1.58

表 2 海螺 P·Ⅱ52.5 水泥物理性能

细度 %	比表面积/ (m^2/kg)	标稠用水量/ %	安定性	凝结时间/ min		抗折强度/ MPa		抗压强度/ MPa	
				初凝	终凝	3d	28d	3d	28d
6.2	362	26.8	合格	135	170	7.9	11.6	39.0	64.7

2.2 试验方法

2.2.1 水泥砂浆试样制备

水泥砂浆制备时，稠度控制在 90～95mm，稠度测试方法按照《建筑砂浆基本性能试验方法》(JGJ 70—2009) 的规定进行。

2.2.2 水泥砂浆流变性测试

1. 宾汉姆塑性流体模型

研究表明，新拌水泥砂浆可以看作宾汉姆塑性流体，Banfill 分析了用宾汉姆模型描述砂浆流变性能的可行性[9]。宾汉姆模型流变学方程为：

$$\tau = \tau_0 + \mu\gamma$$

式中 τ——剪切应力；

τ_0——屈服应力；

μ——塑性黏度；

γ——剪切速率。

屈服应力（τ_0）为使水泥砂浆拌合物产生流动的最小剪切应力，当作用于砂浆的 $\tau > \tau_0$ 时，砂浆开始产生流动。塑性黏度（μ）则表征了砂浆拌合物作为匀质连续介质时的黏度，宾汉姆塑性流体模型是基于牛顿流体模型演变而来，其塑性黏度的物理含义和利用黏度计测得液体的运动黏度是相同的，测试时需至少获得两个不同剪切速率下的剪切应力，方可对其进行计算。

2. 水泥砂浆流变性测试

图 1 所示的 Viskomat XL 砂浆流变仪是通过设定桨叶转动速率 N，测量砂浆剪切阻力产生的扭矩 T，进而获得 N-T 曲线。根据宾汉姆塑性流体模型其 N-T 方程为 $T=g+Nh$，其中 g 表征屈服应力 τ_0，h 表征塑性黏度 μ，$\tau_0=(K/G)\ g$，$\mu=(l/G)\ h$，G 为与仪器有关的常数，K 可以通过校正计算得到[10]。为便于讨论，可将 K、G 视作与设备相关的不变参数，不影响对 g 和 h 进行分析，g、h 可视为该设备测得的砂浆屈服应力和塑性黏度。

本文在对水泥砂浆进行流变性测试时参数控制如下：

（1）x 代表水泥在水泥砂浆干物料中的质量比。未标明 x 的水泥砂浆，均按 $C:S=1:3$ 配制（即 $x=0.25$）。水泥砂浆配制时的拌和时间为 180s。

（2）砂浆稠度按抹灰施工要求控制在 90～95mm。当纤维素醚作为研究对象时，随着其掺量的增加砂浆变得黏稠，稠度不再随着用水量的增加而变大，此时砂浆稠度控制在 80～90mm。试验时水胶比 W/C 控制在 0.52～0.58。

（3）试验环境温度控制在（23±2)℃。

（4）试验设备 Viskomat XL 设定转动速率 N 分别为 10r/min、30r/min、50r/min、80r/min，每个转动速率的阶段时间为 1min，转动速率随时间变化的加载方式如图 2 所示，搅拌桨叶为鱼骨形。

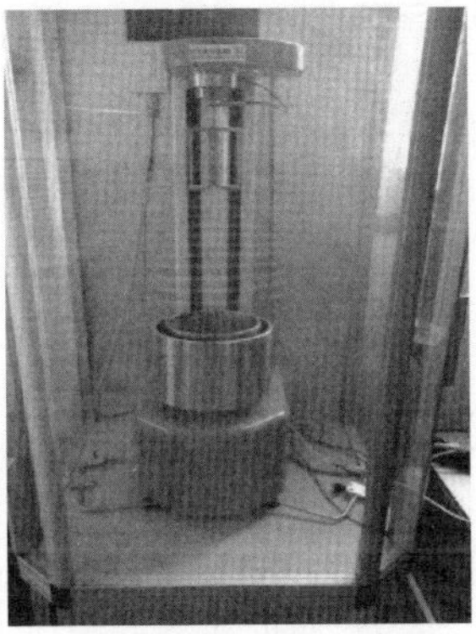

图 1　Viskomat XL 砂浆流变仪

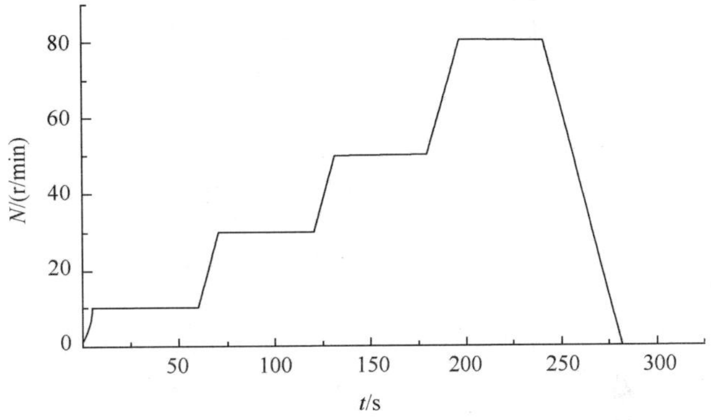

图 2　流变仪转动速率-时间 N-t 控制曲线

3　试验结果和讨论

3.1　用于机械喷涂时水泥砂浆流变参数分析

施工时对机喷砂浆的和易性要求可总结为：①整体匀质稳定性，砂浆自然放置和压力输送时不出现泌水和分层离析；②流动性，保证砂浆在料管中输送方便；③抗垂挂性，保证一定厚度的砂浆可以与基层粘结牢靠，不会因自重产生流淌；④可塑性，砂浆在抹灰工具的作用下可以自由塑形。此外，砂浆的可操作时间、不粘刀也是影响机喷抹灰施工的重要性能要求。因此，应对机喷砂浆的保水性、可操作时间、匀质稳定性、流动性、抗垂挂、抹灰触变性和黏聚性等进行合理的规定。行业标准《机械喷涂砂浆》（JC/T 2476—2018)、《机械喷涂抹灰施工技术规程》（JGJ/T 105—2011）通过对砂浆保水率、凝结时间、分离度指标进行规定，有利于保证机喷砂浆的保水性、可操作时间和匀质稳定性。此外，从流变性入手对机喷砂浆的特征参数进行分析和合理确定，也具有积极作用和实际意义。

按流变仪转动速率-时间（N-t）控制曲线（图 2），测得砂浆扭矩-时间（T-t）曲线，如图 3 所示。根据宾汉姆塑性流体模型 $T=g+Nh$，可计算出 g、h，其中 g 表征砂浆屈服应力，h 表征砂浆的塑性黏度，均与砂浆性能存在联系。研究过程中，发现流变仪从静止状态开始工作时，桨叶搅动受到砂浆内部阻力 T 不断增大，当其打破砂浆内部静态平衡时，达到初始临界扭矩最大值（T_{0max}）；随着桨叶在极慢速度（$N=10$r/min）下开始搅动，流变仪因砂浆内部阻力而产生的扭矩会逐渐降低并趋于稳定（T_{10r}），初始临界扭矩最大值（T_{0max}）与 T_{10r}之间出现初期扭矩差（ΔT_0）。经过试验，作者认为 T_{0max}、ΔT_0 和机喷砂浆的工作性能存在密切关系，应作为机喷砂浆的关键流变参数给予研究和分析。

选择 C∶S=1∶3 水泥砂浆作为研究基准，利用 DN1 作为保水增稠材料，研究和分析水泥砂浆关键流变参数。砂浆流变参数测试结果见表 3，砂浆和易性分析见表 4。

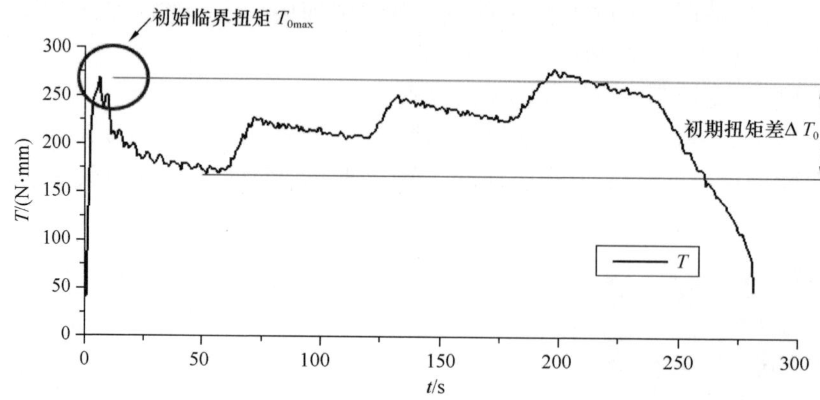

图3　砂浆扭矩-时间（T-t）曲线

表3　砂浆流变参数测试结果

编号	CE掺量/‰	保水率/%		塑性黏度 h/(N·mm·min)	跳桌流动度/mm	屈服应力 g/(N·mm)	初始临界扭矩 T_{0max}(N·mm)	初期扭矩差 ΔT_0/(N·mm)
		JGJ/T 70—2009	GB/T 28627—2012					
X0	0	85.6	31.2	1.08	248	166	268	99
DN1-1	0.1	83.9	29.4	1.07	245	303	475	162
DN1-2	0.3	90.6	41.3	1.63	239	182	362	165
DN1-3	0.5	96.0	50.2	1.96	225	207	354	135
DN1-4	1.0	99.0	58.4	3.63	207	263	357	75
DN1-5	3.0	99.7	92.1	4.15	172	316	366	34
DN1-6	5.0	100	98.5	5.49	155	447	516	52

注：CE为DN1，CE掺量为占砂浆干物料质量比。

表4　砂浆和易性及机喷工作性分析

编号	稳定性	输送流动性	黏性	抗垂挂性	触变性	机喷工作性能
JZ-0	保水性差，泌水	流动差	不粘刀	流淌	一定的触变性	较差，离析
DN1-1	保水性差，泌水	流动差	不粘刀	一定的抗垂挂性	一定的触变性良	较差，离析
DN1-2	保水性良，无泌水离析	流动性良	不粘刀	一定的抗垂挂性	一定的触变性良	可用
DN1-3	保水性优，无泌水离析	流动性良	不粘刀	一定的抗垂挂性	一定的触变性良	可用
DN1-4	保水性优，无泌水离析	流动性差	粘刀	抗垂挂性良	一定的触变性	较差，触变性差
DN1-5	保水性优，无泌水离析	流动性差	粘刀	抗垂挂性良	无触变性	较差，过黏
DN1-6	保水性优，无泌水离析	流动性差	粘刀	抗垂挂性良	无触变性	极差，过黏

注：稳定性为目测，输送流动性采用自制装置，黏性、抗垂挂性、触变性依据操作手感。

1. 初始临界扭矩 T_{0max}、屈服应力 g 对机喷砂浆工作性能的影响

分析流变试验原理认为，T_{0max}为打破砂浆内部静态平衡的临界扭矩，可以用于表征砂浆静态时的内聚力。根据试验结果，T_{0max}可作为反映砂浆流动性和抗垂挂性的关键指标，其影响规律可总结为：(1) T_{0max}较小时（＜350N·mm），砂浆内聚力小，用于打破内部静

态平衡所需的外力较小，砂浆流动性较好，但此时砂浆的抗垂挂性能不易满足机喷施工的要求。(2) T_{0max}较大时（>350N·mm），随着砂浆内聚力增大，用于打破内部静态平衡所需的外力变大，砂浆流动性下降，抗垂挂性提高。因此，T_{0max}对砂浆流动性和抗垂挂性均产生影响。

屈服应力 g 与 T_{0max}具有相似的物理意义，测试数据也表明，g 与 T_{0max}具有一致的影响规律。但 g 是基于宾汉姆塑性流体模型 $T=g+Nh$ 计算得到，由于砂浆属于塑性材料，为非流体材料，搅拌过程受到变稀或变稠的影响，因此，受砂浆塑性黏度 h 的影响，通过计算 g 进而分析其屈服特性存在一定偏差。从对机喷砂浆使用的指导作用看，T_{0max}比 g 更具有实际意义。

2. 初期扭矩差 h 对机喷砂浆工作性能的影响

按照 JGJ/T 70—2009、GB/T 28627—2012 两种方法测得的砂浆保水率，均与砂浆塑性黏度呈正相关（表 3）。基准水泥砂浆塑性黏度为 1.08N·mm·min，两种方法测得的保水率分别为 85.6%和 31.2%；掺入纤维素醚后，砂浆塑性黏度随着其掺量增加而升高，同时砂浆保水性也逐渐提高。《预拌砂浆》（GB/T 25181—2010）对抹灰砂浆的保水率要求为不小于 88%，《机械喷涂砂浆》（JC/T 2476—2018）、《机械喷涂抹灰施工技术规程》（JGJ/T 105—2011）对机喷砂浆的保水率要求分别为不小于 92%和不小于 90%。根据砂浆塑性黏度和保水率测试结果：掺入 0.01%DN1 时，砂浆塑性黏度为 1.07N·mm·min，与基准砂浆基本持平，砂浆保水率为 83.9%；掺入 0.03%、0.05%DN1 时，砂浆塑性黏度提高至 1.63N·mm·min、1.96N·mm·min，砂浆保水率分别提高至 90.6%、96.0%；掺入 0.01%以上 DN1 时，砂浆塑性黏度提高至 3.63N·mm·min 以上，砂浆保水率为 99.0%。

分析砂浆塑性黏度 h 的影响规律为：①h 与砂浆稳定性、保水性呈正相关。h 增大，有利于提高砂浆的均匀性和稳定性，提高砂浆保水性。②针对机喷抹灰，从实际使用出发，h 应控制在合理区间，以保证砂浆在管道内的匀质输送和喷涂施工。h 低于该合理区间时，砂浆保水性和稳定性差，输送过程易泌水、离析；h 高于该区间时，砂浆过于黏稠，不利于在管道内输送和喷涂抹灰施工。

3. 初期扭矩差 ΔT_0对机喷砂浆工作性能的影响

ΔT_0表明了砂浆从静态平衡向塑性流动转变过程中，内聚力损失的程度。ΔT_0又反映了砂浆在外力作用下的可塑能力，在一定程度上表现出砂浆所具备的触变性。同时，ΔT_0也能间接表现出砂浆恢复的流动能力。根据试验结果（表 3、表 4），从对触变性的影响规律看，ΔT_0越大，砂浆可塑性越强，触变性越好；ΔT_0越小，砂浆可塑性越差，触变性越差。但结合实际应用，ΔT_0不宜过大，否则砂浆打破静态平衡后内聚力大幅降低，将具备较强的流动能力，反而影响工作性能。此时，需通过控制砂浆塑性黏度 h，兼顾砂浆的可塑能力和可恢复流动能力。

4. 影响机喷砂浆工作性能的流变参数分析

综上分析，机喷砂浆稳定性、流动性、抗垂挂性、触变性等性能与 h、T_{0max}、ΔT_0相关性较强，h、T_{0max}、ΔT_0可作为表征机喷砂浆工作性能的三个主要流变参数，且机喷砂浆工作性能缺乏与单一因素的对应性，而是三个流变参数共同作用的结果。

机喷砂浆工作性能与三个流变参数之间的作用规律可归纳为：①砂浆稳定性、保水性、黏性主要与 h 正相关。h 越大，砂浆黏度越高，稳定性越好，保水率越高。但基于机喷砂浆抹灰施工，h 应控制在合理区间，h 过低则砂浆易泌水、离析，h 过高则砂浆黏稠，流动性降低。②砂浆流动性、抗垂挂性是h、T_{0max}共同作用的结果，只有当h、T_{0max}均控制在合理区间，砂浆才能具有适宜的流动性和抗垂挂性。③砂浆触变性是h、ΔT_0共同作用的结果，合理控制h、ΔT_0可在砂浆可塑能力和可恢复流动能力之间实现平衡。

3.2 水泥用量及添加剂组成对机喷砂浆流变参数的影响

3.2.1 水泥用量对机喷砂浆流变参数的影响

研究结果（表5）表明，水泥用量对h的影响为先增大后减小，对T_{0max}、ΔT_0的影响为逐渐增大，分析其原因为：水泥浆料需对砂颗粒进行包裹，并对砂形成的骨架间隙进行填充，在水泥浆料完全填充这些间隙前，水泥砂浆的内聚力主要来自骨料颗粒间、水泥浆料间、水泥浆料和骨料界面间。在此过程中，水泥砂浆密实度逐渐提高，其h、T_{0max}、ΔT_0均表现为增大。当水泥浆料增加时，砂颗粒被水泥浆料完全包裹，砂骨架间隙被水泥浆料完全填充后，砂浆内部存在自由水泥浆料，水泥砂浆流动的内聚力主要来自水泥浆料间、水泥浆料和骨料界面间。由于水泥颗粒较细，浆料间及浆料与骨料界面间的内聚力要强于骨料颗粒间内聚力作用，T_{0max}、ΔT_0均表现为持续增大。但同时由于水泥为塑性颗粒，浆料在受到不同程度剪切作用时，其黏性并不明显。

表5 不同水泥用量砂浆流变参数测试结果

编号	塑性黏度h/（N·mm·min）	屈服应力g/（N·mm）	初始临界扭矩T_{0max}/（N·mm）	初期扭矩差ΔT_0/（N·mm）
x=0.15	0.68	129	154	39
x=0.25	1.08	166	268	99
x=0.35	0.07	528	669	103
x=0.50	−0.09	424	1521	1086

注：水泥砂浆组成为海螺P·Ⅱ52.5水泥、标准砂，x为水泥在砂浆干物料中的质量比。

3.2.2 HPMC对机喷砂浆流变参数的影响

研究结果（表3、表4）表明，HPMC掺入后，对水泥砂浆的塑性黏度h、初始临界扭矩T_{0max}、初期扭矩差ΔT_0均有影响，其中最为显著的是对塑性黏度h产生作用（具体分析见3.1条）。CE属于多聚葡萄糖结构，含有大量羟基基团。大量研究表明[11-22]，HPMC具有的多聚葡萄糖结构和羟基基团，使其与水泥矿物产生吸附作用，并改变水泥浆体的黏聚和水化进程等特性，其作用体现在使水泥砂浆流动性、黏聚性等和易性改变。

3.2.3 淀粉醚对机喷砂浆流变参数的影响

分析试验结果（表4）可知，淀粉醚对砂浆流变性最为显著的作用是提高抗垂挂和触变性。从表4可直观看出，淀粉醚对砂浆的剪切变稀作用十分明显。掺入0.06%～0.14%淀粉醚，砂浆T_{0max}从基准时的268N·mm大幅提高至1151N·mm和1141N·mm，表明砂浆静态平衡时的内聚力增大。打破其静态平衡需要较大的外力作用，这表明当砂浆喷涂至基层墙面后，具有较强的抗垂挂能力。但这也反映出，当砂浆在管道内静止时，恢复其流动性也需要更大的外部作用力。因此，机喷砂浆使用淀粉醚时，应在抗垂挂性和输送能力改善之间进行合理控制。在触变性改善方面，掺入0.06%～0.14%淀粉醚，砂浆T_{0max}大幅提高，表明砂浆具有更强的触变性。

表 6　掺入淀粉醚的砂浆流变参数测试结果

编号	塑性黏度 h/（N·mm·min）	屈服应力 g/（N·mm）	初始临界扭矩 T_{0max}/（N·mm）	初期扭矩差 ΔT_0/（N·mm）
$x=0$（x_0）	1.08	166	268	99
$SE=0.06\%$	−6.08	665	1151	486
$SE=0.14\%$	−3.56	485	1141	645
$SE=0.20\%$	1.48	341	626	257

注：水泥砂浆组成为海螺 P·Ⅱ52.5 水泥、标准砂，SE 为淀粉醚在砂浆干物料中的质量比。

3.2.4　引气剂对机喷砂浆流变参数的影响

根据试验结果（表 7），引气剂对水泥砂浆的 T_{0max}、ΔT_0 作用明显，在 0.10%～0.30% 掺量时，能够改善砂浆的抗垂挂和触变性。对砂浆塑性黏度的影响方面，引气剂在一定掺量（0.03%）时，能够起到降低砂浆塑性黏度的作用，在较低和较高（0.10%）掺量时，对塑性黏度 h 影响不明显。因此，当砂浆过于黏稠时，可以利用引气剂对其进行改善。但需注意的是，由于引气剂在水泥砂浆中引入大量气泡，气泡的稳定性对砂浆和易性有很大影响，同时引气剂对砂浆力学性能影响较大，使用时需充分验证。

表 7　掺入引气剂的砂浆流变参数测试结果

编号	塑性黏度 h/（N·mm·min）	屈服应力 g/（N·mm）	初始临界扭矩 T_{0max}/（N·mm）	初期扭矩差 ΔT_0/（N·mm）
$x=0$（x_0）	1.08	166	268	99
$AA=0.01\%$	1.04	289	419	149
$AA=0.03\%$	−0.34	401	696	283
$AA=0.10\%$	0.93	217	335	105

注：水泥砂浆组成为海螺 P·Ⅱ52.5 水泥、标准砂，AA 为引气剂在砂浆干物料中的质量比。

3.3　机喷砂浆流变参数测试

研究砂浆各组成对其流变性的影响，便于有针对性地对砂浆性能进行改善，提高机喷作业效果。因此，对机喷砂浆的各流变参数进行定量化测试和分析，确定各项流变参数是十分必要和有指导意义的。

研究选取了三种水泥砂浆（CF 为自主研发的砂浆稠化粉）和两种石膏砂浆（市售机喷抹灰石膏），利用 PFT G5c 机喷设备进行机喷作业，确定其机喷抹灰工作性。根据测试结果（表 8、表 9），CF 掺量为 2.1%时，水泥砂浆适用于机喷作业，三种可用于机喷抹灰的砂浆的塑性黏度 h 的分布区间为 1.3～2.3N·mm·min，初始临界扭矩 T_{0max} 的分布区间为 420～730N·mm，初期扭矩差 ΔT_0 的分布区间为 120～280N·mm。在对机喷砂浆流变性能进行调整时，上述流变参数测试结果可作为参考。值得注意的是，使用其他型号流变仪测得的流变参数与本研究结果的一致性，尚不可知。

表 8 砂浆机喷抹灰工作性能

编号	砂浆种类	稳定性	输送流动性	黏性	抗垂挂性	触变性	机喷工作性
x=0（x_0）	水泥基	保水性差，泌水	流动差，离析堵管	抹灰时不粘刀	流淌	一定的触变性	差，离析，堵管
CF=1.4%	水泥基	保水性一般，受压轻微泌水	一般	抹灰时不粘刀	良好	一定的触变性	一般，存在不稳定性
CF=2.1%	水泥基	保水性良好，无泌水	良好	抹灰时不粘刀	良好	触变性良好	良好
P75	石膏基	保水性良好，无泌水	良好	抹灰时轻微粘刀	良好，喷涂厚度可大于20mm	触变性良好	良好
PL	石膏基	保水性良好，无泌水	良好	抹灰时不粘刀	良好	触变性良好	良好

注：水泥砂浆组成为工程实际配比，CF 为稠化粉在砂浆干物料中的质量比。

表 9 用于机喷作业的抹灰砂浆流变参数测试

编号	塑性黏度 h/（N·mm·min）	屈服应力 g/（N·mm）	初始临界扭矩 T_{0max}/（N·mm）	初期扭矩差 ΔT_0/（N·mm）
x=0（x_0）	1.08	166	268	99
CF=1.4%	−1.03	704	1012	355
CF=2.1%	1.31	471	723	271
P75	1.41	345	547	192
PL	2.28	289	421	124

4 结论

（1）机喷砂浆稳定性、流动性、抗垂挂性、触变性等性能与砂浆塑性黏度 h、初始临界扭矩 T_{0max}、初期扭矩差 ΔT_0 相关性较强，h、T_{0max}、ΔT_0 可作为表征机喷砂浆工作性能的三个主要流变参数。其相关性作用为：①砂浆稳定性、保水性、黏性主要与 h 正相关；②砂浆流动性、抗垂挂性是 h、T_{0max} 共同作用的结果；③砂浆触变性是 h、ΔT_0 共同作用的结果。

（2）水泥用量对 h 的影响为先增大后减小，对 T_{0max}、ΔT_0 的影响为逐渐增大；HPMC 对 h、T_{0max}、ΔT_0 均有影响，最为显著的是对 h 产生正相关作用；淀粉醚对砂浆流变性显著的作用是增大 T_{0max}、ΔT_0，提高抗垂挂和触变性；引气剂对水泥砂浆 T_{0max}、ΔT_0 作用明显，能够改善砂浆的抗垂挂和触变性，此外，引气剂在一定掺量（0.03%）时，能够起到降低砂浆塑性黏度的作用。

（3）利用 Viskomat XL 砂浆流变仪，选择适于机喷作业的水泥基和石膏基砂浆，测得其流变参数为：砂浆塑性黏度 h 分布区间为 1.31～2.28N·mm·min，初始临界扭矩 T_{0max} 分布区间为 421～723N·mm，初期扭矩差 ΔT_0 的分布区间为 124～271N·mm。

参考文献

[1] Seabra M P, Paiva H, Labrincha J A, et al. Admixtures effect on fresh state properties of aerial lime based mortars[J]. Construction and Building Materials, 2009, 23(2): 1147-1153.

[2] Paiva H, Silva L M, Labrincha J A, et al. Effects of a water-retaining agent on the rheological behaviour of a single-coat render mortar[J]. Cement and Concrete Research, 2006, 36(7): 1257-1262.

[3] 段鹏选，苗元超，陈卓，等．新拌建筑干混砂浆流变性能研究[A]//第二届中国国际建筑干混砂浆生产应用技术研讨会论文集．2006：129-135.

[4] 王复生，张小涛．水泥净浆流变性能的测定方法及流变特性的探讨[A]//中国硅酸盐学会2003年学术年会水泥基材料论文集．2003：460-466.

[5] 曾远宏．水泥砂浆的流变性能研究和流变参数预测[D]．重庆：重庆大学，2007.

[6] 董素芬．水泥基自流平砂浆的配制与性能研究[D]．重庆：重庆大学，2009.

[7] 杨保旭，彭杰．漏斗测试砂浆流变性方法的改进[J]．中国建材科技，2010，31(2)：68-72.

[8] 郑少鹏，田波，王少鹏，等．基于流变特性的水泥砂浆流动性试验方法[J]．公路交通科技，2013，29(2)：38-43.

[9] Banfill P F G. The rheology of fresh mortar[J]. Mag Concr Res, 1991, 154(43): 13-21.

[10] Banfill P F G. Use of the viscocorder to study the flow properties of fresh mortar[J]. Magazine of Concrete Research, 1990, 42(6): 213-221.

[11] Liu Q, Zhang Y, Laskowski J S. The adsorption of polysaccharides onto mineral surfaces: an acid/baseinteracton[J]. International Journal of Mineral Processiong, 2000, 60(3-4): 229-245.

[12] 蔡希高．缓凝外加剂缓凝作用的化学本质[J]．化学建材，2007，23(2)：41-45.

[13] 张国防，王培铭．羟乙基甲基纤维素对水泥水化的影响[J]．同济大学学报(自然科学版)，2009，37(3)：369-373.

[14] 张国防，王培铭．羟乙基甲基纤维素对水泥水化产物形成的影响[J]．建筑材料学报，2010，13(5)：573-577.

[15] 张国防，王培铭．羟乙基甲基纤维素影响水泥水化进程的交流阻抗研究[J]．建筑材料学报．2014，17(1)：9-14.

[16] Knapen E, Van Gemert D. Cement hydration and microstructure formation in the presence of water-soluble polymers [J]. Cement and Concrete Research, 2009, (39): 6-13.

[17] 张彬，贺鸿珠，钟世云．纤维素醚在水泥砂浆中的作用机理及影响因素[J]．上海建材，2008(3).

[18] 马保国，欧志华，蹇守卫，等．HEMC对水泥浆早期水化产物形成历程的影响[J]．建筑材料学报，2011，14(6)：798-802.

[19] Pourchez J, Govin A, Grosseau P, et a1. Alkaline stability of cellulose ethers and impact of their degradation products on cement hydration[J]. Cement and Concrete Research, 2006, 36(7): 1252-1256

[20] Pourchez J, Grosseau P, Ruot B. Changes in C_3S hydration in the presence of cellulose ethers [J]. Cement and Concrete Research, 2010, (40): 179-188.

[21] Pourchez J, Grosseau P, Guyonnet P, et al. HEC influence on hydration measured byconductometry [J]. Cement and Concrete Research. 2006(36): 1777-1780.

[22] Pourchez J, Peschard A, Grosseau P, et al. HPMC and HEMC influence on cement hydration [J]. Cement and Concrete Research, 2006, 36: 288.

楼地面隔声砂浆的配制及其应用性能研究

谢小利[1]，卢凌寰[1]，杨阳[1]，冯庆革[2]
（1. 广西壮族自治区建筑科学研究设计院，广西南宁，530005；
2. 广西大学，广西南宁，530005）

摘　要： 随着社会经济和城市建设的不断发展，人们对居住的声环境的要求不断提高，尤其是绿色建筑的逐步推广，建筑的隔声成了强制性要求，而普通的钢筋混凝土楼板无法满足该要求。本文通过在普通砂浆中掺入漂珠、废弃橡胶粉、聚丙烯纤维等隔声阻尼功能性材料，配制了力学性能满足楼面垫层要求、体积稳定性好、可有效改善楼地面隔声性能的隔声砂浆。本文通过在装配式建筑中进行工程应用和性能测试，提出了隔声砂浆的施工工艺技术，为钢筋混凝土楼板铺设隔声砂浆的施工提供参考，同时为漂珠和废弃橡胶粉的资源化利用提供了新的途径。

关键词： 楼板　隔声砂浆　漂珠　废弃橡胶粉

Configuration and Application Performance of the Sound Insulation Mortar on the Floor

XIE Xiaoli[1]，LU Linghuan[1]，YANG Yang[1]，FENG Qingge[2]
（1. Guangxi Institute of Building Research and Design，Nanning 530005，China
2. Guangxi University，Nanning 530005，China）

Abstract: With the continuous development of social economy and urban construction，people′s requirements on the living acoustic environment have been constantly improved. Especially with the gradual promotion of green buildings，sound insulation of building components has become a mandatory requirement，which cannot be met by ordinary reinforced concrete floors. Therefore，in this paper，sound insulation mortar with mechanical properties meeting the requirements of floor cushion，good volumetric stability and effective improvement of sound insulation performance of floor was prepared by mixing sound insulation functional materials such as drift beads，discarded rubber particles and polypropylene fiber into ordinary mortar. The construction technology of sound insulation mortar is put forward through the engineering application and performance test in the prefabricated construction，which provides a reference for the sound insulation mortar，and provides a new way for the resource utilization of drift beads and waste rubber powder.

基金项目：广西重点研发计划——广西绿色建筑隔声构造适宜性技术研究与应用示范（桂科 AB18050007）。
作者简介：谢小利，女，硕士，工程师，从事建筑材料研究，电话：18677179795，Email：1127939957@qq.com。

Keywords: floor　sound insulation mortar　drift beads　waste rubber powder

1　前言

健康建筑是我国建筑领域发展的重要趋势之一，其突出的环境问题包括大气污染、装修污染、水质污染、土壤污染及噪声污染等，其中噪声问题成为制约健康建筑发展的主要问题之一。近年来随着绿色建筑的推广应用，声环境作为绿色建筑评价控制项的指标之一，在我国现行国家标准《绿色建筑评价标准》(GB/T 50378—2014)中对建筑隔声提出了强制性要求。其中，楼板的隔声问题尤为突出，常规钢筋混凝土楼板＋硬质面砖层构造的楼板撞击声隔声性能无法达到绿色建筑的低限要求，且隔声材料的应用技术也不完善，尤其是装配式建筑的提出和发展，构件连接处的薄弱环节和声桥的形成，使装配式建筑的隔声问题更为突出[1]，因此对常规的建筑结构采用相应的隔声措施，通过材料的本身性能和构造来消耗撞击时产生的振动能，降低振动的传播，改善钢筋混凝土楼板的撞击声隔声性能[2; 3]，可有效改善建筑的隔声性能，满足人们对居住环境的要求。Jung 等人[4]在改善楼板的隔声性能方面，采用了轻质减振板材铺设在刚性楼板和楼面之间，阻断楼板与主体结构之间的刚性连接，使楼板的振动和撞击声得到了明显的减弱。Onkur[1]等人就多层复合结构楼板的隔声性能探讨了声桥对隔声性能的影响，并表明连接构件形成的声桥对隔声性能具有显著的影响，因此在楼地面铺设时应尽量避免声桥的形成。Shi 等人[5]采用具有隔声功能的水泥砂浆，如废弃橡胶等来降低水泥砂浆的动态弹性模量、固有频率及声波速率，并认为碎橡胶颗粒的掺量为 25%(体积比)时，水泥砂浆的隔声性能最好。此外，Tan 等人[6]对裸露墙板、带普通砂浆的墙板及带隔声砂浆的墙板进行了传声损失性能的研究，也表明采用隔声砂浆后，传声损失约 8dB，而普通砂浆只能降低 4dB 左右。因此，采用适当的隔声构造措施能有效提高建筑构件的隔声性能，从而改善建筑的声环境。本文通过实际工程应用，研究了在普通砂浆中掺入漂珠和废弃橡胶粉复合材料来改善钢筋混凝土楼板的撞击声隔声性能，并提出了该隔声砂浆的配制方法、构造方法及施工技术，为解决钢筋混凝土楼板撞击声隔声问题提供了有效方法。

2　原材料和试验依据

2.1　原材料

水泥采用广西某公司生产的 32.5 级普通硅酸盐水泥。隔声功能材料为漂珠和废弃橡胶粉，其外观如图 1 所示。隔声砂浆的配合比见表 1。

表 1　楼地面隔声砂浆的配合比(kg/m³)

水泥	漂珠	废弃橡胶粉	聚丙烯纤维	细砂
330	39	101.5	1	1348.5

2.2　试验依据

隔声砂浆的基本性能测试参考《建筑砂浆基本性能试验方法》(JGJ/T 70—2009)、《建筑材料及制品的燃烧性能 燃烧热值的测定》(GB/T 14402—2007)及《建筑材料不燃性试验方法》(GB/T 5464—2010)进行；隔声砂浆的撞击声隔声性能测试和评价分别依据《声学 建筑

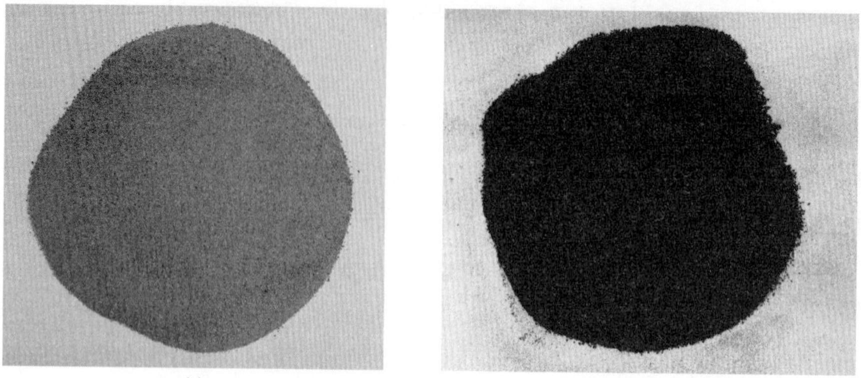

(a)　　　　　　　　　　　　(b)

图 1　隔声功能材料

(a)漂珠；(b)废弃橡胶粉

和建筑构件隔声测量 第 7 部分：楼板撞击声隔声的现场测量》(GB/T 19889—2005)和《建筑隔声评价标准》(GB/T 50121—2005)进行。

3　工程应用

在广西某装配式建筑产业基地实验楼开展示范应用，项目外观如图 2 所示。用于隔声砂浆的现场测试楼板尺寸均为 5000mm×3500mm×120mm 的实心钢筋混凝土原楼板。

图 2　广西某装配式建筑产业基地实验楼外观

4　试验方法

4.1　构造做法

隔声砂浆隔声楼板的构造做法如图 3 所示。

隔声砂浆的铺装方法及细部构造节点的处理对楼板的撞击声隔声性能有较大影响，孔洞与缝隙往往容易造成隔声体系的破坏。为防止楼板上孔洞、缝隙的漏声，对楼板上的各种孔洞、管线均要求采取可靠的密封隔声措施，防止声桥的产生。因此，现场铺设隔声材料时，应注重细部构造节点的处理。隔声砂浆隔声楼板的踢脚线构造做法如图 4 所示。

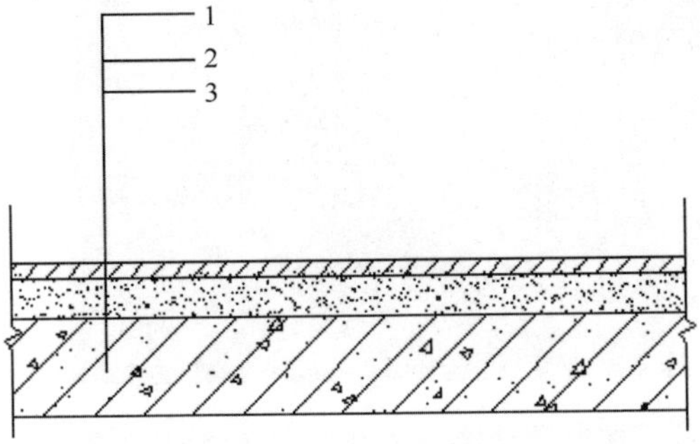

图 3　隔声砂浆隔声楼板的构造做法

1—20mm 厚花岗岩；2—30mm 厚隔声砂浆；
3—120mm 钢筋混凝土楼板

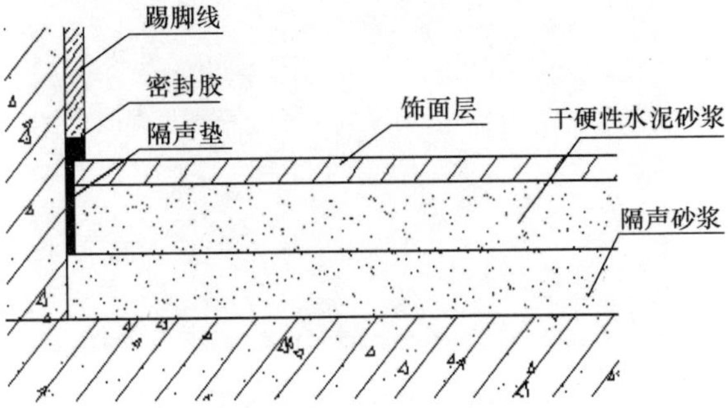

图 4　隔声砂浆隔声楼板的踢脚线构造做法

4.2　施工工艺

(1)基层处理：在铺设隔声砂浆前需要清除影响粘结的杂物，如浮尘、泥土等杂物，并平整基层，用水泥浆找平，防止基层空鼓。

(2)隔声砂浆的搅拌：隔声砂浆应随用随拌，采用搅拌机拌和，搅拌只需要添加适量的水，搅拌时间应大于 2min 且小于 20min，搅拌好的浆料在 3h 内铺设完成。

(3)隔声砂浆的铺设：在铺设隔声砂浆之前，采用水泥浆加建筑胶对楼面界面进行界面处理，并在涂刷前润湿表面再铺设隔声砂浆，隔声砂浆的铺设厚度为 30mm。在门口收口处铺设隔声砂浆时，需用木杆围挡；遇到管线时，两侧需设置宽度大于 250mm 的增强网，且增强网离地面高约 20mm。

(4)隔声楼板的压光：在隔声砂浆初凝前进行首次抹平，并在终凝前完成压光，且确保在 7h 内完成第二次压平和压光。

(5)隔声砂浆隔声楼板的养护：压光后覆盖养护 7d，为确保覆盖物湿润，每天应洒水 3 次。

根据以上步骤进行隔砂浆的铺装，铺装现场如图 5 所示。

5　试验结果和分析

5.1　隔声砂浆基本性能

配制的隔声砂浆性能指标见表 2。

表 2　楼地面隔声砂浆性能指标

凝结时间	5h30min	抗压强度/MPa	18.2
14d 拉伸粘结强度/MPa	0.68	保水率/%	92
稠度/mm	55	燃烧性能	A2 级
外观质量	外观应为均匀、干燥无结块的颗粒状混合物		

图 5　隔声砂浆隔声楼板现场施工

从表 2 可知，隔声砂浆的抗压强度和粘结强度满足楼地面砂浆垫层的基本要求，且和易性和施工性能较好。

5.2　隔声砂浆隔声性能

对未铺设砂浆、铺设普通砂浆和铺装隔声砂浆的钢筋混凝土楼板均进行楼板的撞击声隔声性能测试，其测试结果如图 6 所示，各楼板隔声性能见表 3。

表 3　各楼板的隔声性能

结构形式	计权标准化撞击声压级/dB	频谱修正量/dB
120mm 厚钢筋混凝土楼板	79	－10
120mm 厚钢筋混凝土楼板＋30mm 厚干硬性水泥砂浆＋20mm 厚花岗岩饰面	77	－11
120mm 厚钢筋混凝土楼板＋30mm 厚隔声砂浆＋20mm 厚花岗岩饰面	66	－4

从表 3 可知，原裸露的钢筋混凝土楼板的撞击声压级最高，计权标准化撞击声压级为 79dB，无法满足现行国家标准《绿色建筑评价标准》(GB/T 50378—2014)对建筑楼板撞击声隔声性能低限要求；30mm 厚干硬性水泥砂浆＋20mm 厚花岗岩饰面的楼板构造对楼板的撞

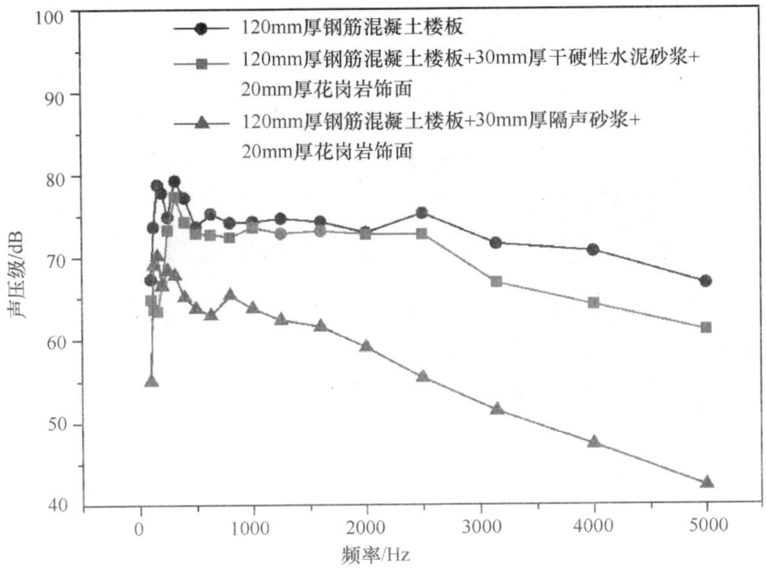

图 6　楼板隔声曲线

击声隔声性能的改善不明显，仅降低了 2dB；30mm 厚隔声砂浆＋20mm 厚花岗岩饰面的楼板构造的撞击声压级最低，计权标准化撞击声压级为 66dB，能满足绿色建筑对楼板撞击声隔声要求，并接近于 65dB 高限要求。

根据隔绝结构的传声机理和方法，在楼地面上铺设弹性材料，降低砂浆的动弹性模量，从而减弱撞击楼板时产生的振动幅度[7]，因此在砂浆中加入多孔材料或柔性材料，可通过降低水泥砂浆的动态弹性模量、固有频率及声波速率来改善楼板砂浆层的隔声性能[5-6]。本文在实际应用中采用漂珠和废弃橡胶粉复合材料来改善砂浆的隔声性能，其中漂珠密度低且为空心结构，对撞击声产生的振动具有很好的减弱效果，尤其是对低频声的隔声效果较明显，此外，由于掺量不大，对强度的影响较小；而废弃橡胶粉为有机高分子材料，与水泥砂浆的界面粘结力较弱，会导致砂浆的粘结强度降低，但可有效改善砂浆的柔韧性和收缩性，减少砂浆的开裂，此外，由于橡胶粉为弹性阻尼材料，能有效耗散撞击时产生的振动能量，尤其是高频带的撞击声。因此，采用漂珠和废弃橡胶粉复合材料，可对高低频声波的吸收性能进行互补，所以这两种材料复合掺入砂浆后可明显地改善楼地面的撞击声隔声性能。

6　小结

本文通过在普通砂浆中掺入漂珠、废弃橡胶粉、聚丙烯纤维等隔声阻尼功能性材料制备隔声砂浆，并在装配式建筑中进行工程应用和性能测试，获得的结论如下：

(1)通过对隔声砂浆隔声楼板进行的工程实践应用研究，结果表明不做任何隔声措施的楼板的撞击声压级过高，无法满足现行国家标准《绿色建筑评价标准》(GB/T 50378—2014)对建筑楼板撞击声隔声性能低限要求。

(2)在钢筋混凝土楼板上铺设 30mm 厚隔声砂浆，楼板撞击声隔声性能大幅提高，较铺设普通干硬性水泥砂浆的计权标准化撞击声压级低 11dB。

(3)在普通砂浆中掺入漂珠和废弃橡胶粉作为隔声阻尼组分，可配制出力学性能满足楼面垫层要求、体积稳定性好、有效改善楼地面隔声性能的隔声砂浆。

参考文献

[1] Y Vinokur R. Evaluating sound-transmission effects in multi-layer partitions[J]. Sound and Vibration, 1996, 30: 24-28.

[2] Kim K W, Jeong G C, Yang K S, et al. Correlation between dynamic stiffness of resilient materials and heavyweight impact sound reduction level[J]. Building & Environment, 2009, 44(8): 1589-1600.

[3] 张颜科. 楼地面保温隔声砂浆的配制与性能研究[D]. 重庆: 重庆大学, 2007.

[4] Lee J Y, Kim J M. Deflection of resilient materials for reduction of floor impact sound[J]. The Scientific World Journal, 2014, 10: 608-612.

[5] Shi W, Zhang X, Shen Lei L U. Sound insulation function of cement mortar modified with crumb rubber [J]. Journal of Building Materials, 2005, 8(5): 553-557.

[6] Tan C, Wang J, Feng F. Application of sound insulation mortar in building walls[J]. Construction Technology, 2009.

[7] 史巍, 张雄, 陆沈磊. 橡胶粉水泥砂浆隔声功能研究[J]. 建筑材料学报, 2005, 8(5): 553-557.

预拌盾构注浆料在北京地铁项目应用现状调研

肖群芳[1]，于荷玲[2]，张海旺[1]

（1. 中科院建筑设计研究院有限公司；2. 唐山润泓新型建材有限公司）

摘　要：预拌盾构注浆料作为全国散装水泥“禁现”工作在市政交通领域的产物之一，极大便利了北京地铁盾构施工，在提升地铁整体绿色文明施工水平、便于现场进行场地规划和管理的前提下，将预拌砂浆行业的技术优势、生产优势、应用优势引入城市轨道交通建设，经济成本与现场搅拌浆液基本相当，同步注浆料的浆液在固结率、浆液稳定性方面有显著改善。北京市作为国内率先全面推广预拌盾构注浆料应用的城市，其预拌盾构注浆料推广、应用与行业管理经验值得借鉴。

关键词：预拌盾构注浆料　出浆率　固结率　筒仓制浆

0　前言

在《北京市大气污染防治条例》实施后，北京市建委颁布京建法〔2014〕15 号文[1]、〔2019〕6 号文[2]，明确要求“全市建设工程禁止现场搅拌砂浆”，使得预拌盾构注浆料在北京地铁项目中得到了全面推广。

预拌盾构注浆料是由专业的砂浆工厂将胶凝材料、经分级处理的干燥细集料、填料、外加剂等按照配比在工厂加工制成干粉料，经散装运输车输送至工地的砂浆移动筒仓内，按照厂家规定加水混合，即可用于盾构工程管片背后的同步注浆，取代了施工单位在现场建设临时搅拌站，储存一定水泥、粉煤灰、天然砂、膨润土，进行现场混合生产的作业方式。

1　北京预拌盾构注浆料发展历史

预拌盾构注浆料于 2016 年在北京市地铁西郊线、16 号线进行了试点推广。2017 年，北京市采用盾构工法的地铁项目较少，预拌盾构注浆料成套技术未得到充分验证。2018 年，北京市地铁建设进入“不降水”施工阶段，盾构工法逐步取代暗挖工法，成为北京市内地铁建设项目的主要技术，预拌盾构注浆料也在 2018 年、2019 年陆续进入正在施工的地铁 7 号线、17 号线、19 号线、昌平南延线、房山北沿线、13 号线扩能的各标段中。预拌盾构注浆料在全市的年用量也由 2017 年的不足 10 万吨，上升至 2018 年的不低于 20 万吨、2019 年的不低于 40 万吨（含 2019 年下半年预估量），连续两年的年增长率不低于 100%，2020 年预计年需求量约为 50 万吨。

同步注浆料作为控制管片姿态和地层沉降的因素之一，建设单位结合多年施工经验，均积累了不少应用经验：①同步注浆料的配方会随着地层条件的变化而变化；②过重大、一级风险源时，会对同步注浆料提出特殊要求；③当管片姿态出现明显偏差时，需及时调整同步

作者简介：肖群芳，女，硕士，高级工程师，现任职于中科院建筑设计研究院有限公司，一直从事预拌砂浆相关研究与应用工作，邮箱：121574895@qq.com。

注浆料性能等。但是对于工厂预制好的预拌注浆料，能否满足现场施工要求？能否及时调整以满足地层变化？在遇风险源时，能否从材料角度确保沉降控制？

针对上述问题，我们以北京在施地铁项目为目标，于2018年和2019年对预拌盾构注浆料应用情况，以及其与现场搅拌站的浆液状态进行了为期两年的调研跟踪，分别从材料、设备与工艺两个方面进行分析比较。

2 预拌盾构注浆料性能

2.1 2018年材料性能分析

施工现场搅拌的同步注浆料在长江以北区域以水泥浆液（又名活性浆液）为主，受限于现场条件，原材料为水泥、粉煤灰、膨润土、砂。在砂浆企业生产成预拌料时，原材料选择较多，掺合料还可以替换成石粉或当地便宜的地材，膨润土可以替换为其他的有机/无机类增稠锁水材料，尾矿砂、再生骨料粉末等固体废弃物也成了骨料的首选。

对于活性的同步注浆料，主要关注固结率、流动度和凝结时间，对强度要求较低。北京市地标《预拌盾构注浆料应用技术规程》（DB11/T 1608）对预拌盾构注浆料的性能要求见表1。

表1 预拌盾构注浆料的性能要求

项目	技术指标		检验方法
	Ⅰ型	Ⅱ型	
流动度/s	70±10	—	本标准附录A
截锥流动度/mm	—	200±10	GB/T 50448
表观凝结时间/h	≤6	—	本标准附录B
初凝时间/h	≤16	≤8	GB 1346
固结率/%	≥95	≥96	本标准附录C
28d抗压强度/MPa	≥2.5	≥2.5	JGJ/T 70

注：1. 该表对Ⅰ型产品的性能要求指（70±10）s标准流动度下的试验结果。
2. 该表对Ⅱ型产品的性能要求指（200±10）mm标准截锥流动度下的试验结果。

预拌盾构注浆料刚开始进入工地使用时，合格率最低的是现场抽取浆液的固结率。图1为2018年自北京地铁17号线、新机场线、房山北延线、7号线东延线部分在施项目上抽取

图1 2018年北京在施盾构项目预拌盾构注浆料浆液质量汇总

浆液的固结率情况。

从图1可以看出，浆液的固结率能达到95%的并不多，图（a）只有一个样品合格，图（b）没有一个样品能达到95%，但有一个样品能达到现场搅拌同步注浆料提出的90%固结要求。各企业还停留在参考工地配方，用砂浆企业生产预拌注浆料替代工地现场拌制的注浆料的过程，从科研、生产工艺角度去提高注浆料性能创新性工作不多。

2.2　2019年材料性能分析

到了2019年，北京市下井的盾构机越来越多，仅19号线和17号线每天在井下掘进的盾构机不少于20台，在北京市建委“禁止现场搅拌、使用预拌材料”的政策要求下，北京市的预拌盾构注浆料进入市场需求井喷期。北京也出现了房建项目建设速度下降导致的砂浆需求下降，北京及其周边砂浆企业的产能严重过剩，不少砂浆企业纷纷从“一地鸡毛”的房建市场转战北京地铁市场，地铁领域的砂浆质量一泻千里，预拌喷射混凝土和预拌盾构注浆料完全进入无序竞争带来的恶性竞争中。

恶性竞争直接损失了砂浆质量，北京地铁12号线某标段在开挖过程中出现严重地面沉降，引起了地铁建设管理公司对预拌料的重视，预拌盾构注浆料成为其管控的第一类产品，要求施工单位在选择合作砂浆厂家时，对工程案例和企业生产规模提出了一定要求。在建管公司的引导下，预拌盾构注浆料进入良性发展，由具有一定规模的砂浆企业供应北京预拌盾构注浆料市场，如北京金隅、唐山润泓、北京久筑。

图2　2019年自北京地铁17号线抽取浆液固结率情况

大型砂浆企业在市场竞争需求下，不断提升预拌盾构注浆料的品质和生产、应用工艺，干粉料的出浆率、固结率、表观凝结时间这三个与质量和成本相关的重要指标，在技术创新的推动下，都有了重大突破。图2为2019年自北京地铁17号线部分标段的二次中转储浆罐中抽取浆液固结率情况。

从图2可以看出，与2018年相比，2019年浆液的质量明显提升，抽取的三个样品中，两个样品的固结率为99.5%，一个样品固结率为90%。调研时，从施工单位物资部了解到，各厂家的预拌盾构注浆料出浆率均在1.0左右，1t干粉料能制备出1m^3的合格浆液。

3　预拌盾构注浆料配套设备与工艺

预拌盾构注浆料的浆液质量受砂浆企业提供干粉料质量、项目现场制备浆液质量、浆液输送工艺三方面影响。目前砂浆企业已经经验丰富，能够制备出性能优异的产品。但在调研过程中发现浆液在项目现场的制备水平和输送水平仍然存在一定问题，需要尽快规范预拌盾构注浆料筒仓、输送泵与输送管道。

预拌盾构注浆料在工地现场仍然采用移动筒仓进行储存与制浆，鉴于地铁施工与房建施工对材料消耗量的不同，移动筒仓从房建常用的23m^3标准筒仓演变为45 m^3的大筒仓。图3为北京地铁出现的筒仓制浆方式。

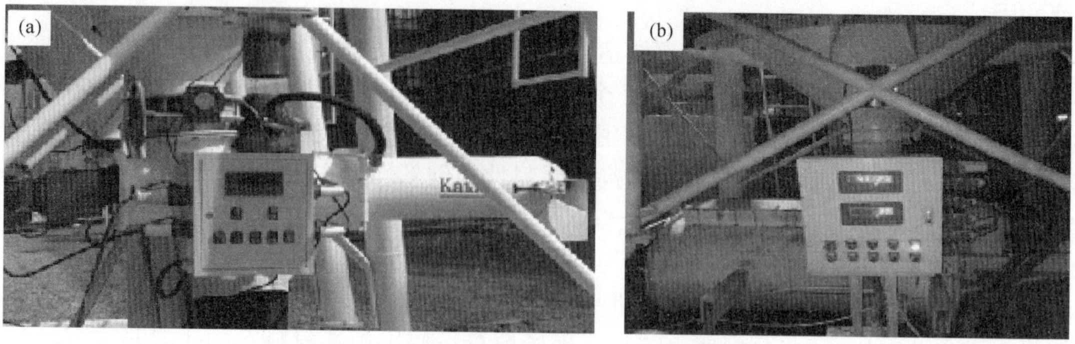

图 3　北京预拌盾构注浆料用筒仓制浆方式

图 3（a）所示为老式的连续混浆机，在制备高稠度房建用普通砂浆时，水料比的无法定量对砂浆质量影响不大，但在制备流态的预拌盾构注浆料时，会出现严重的过稀或过稠现象，导致浆液的质量全凭工人的经验掌握，无法定量。图 3（b）为唐山润泓正在推广使用的非连续式制浆机，能精确计量浆液制备时每一盘的水量和粉料量，制备出的浆液非常稳定，质量可控。

图 4 为北京地铁不同项目采用的浆液输送方式。盾构掘进时会碰到不同地层情况，水位情况也在变动，有时会碰到不同级别的风险源，因此浆液的流动度也会随之发生一些变化。

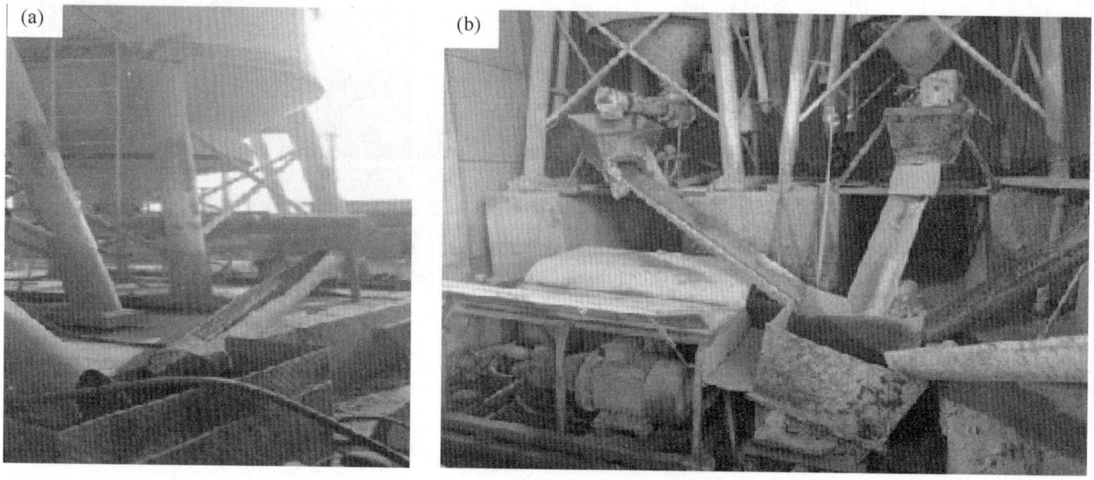

图 4　施工现场浆液输送工艺比较

图 4（a）采用的是部分开口的斜溜槽进行浆液运送，在筒仓离中转罐的水平输送距离不远，且没有水平输送管道时，浆液输送不会受阻。当筒仓离中转罐的水平输送距离较远时，应该使用图 4（b）的输送工艺，采用活塞泵进行浆液水平与垂直输送。在调研时发现部分标段采用泥浆泵进行浆液输送，受限于泥浆泵的输送压力，很难将合格的浆液输送至中转罐中，不得不多加水以增加浆液流动性，导致浆液的固结率不合格。

4　结论

国内具备一定规模的城市进入了城市轨道交通建设的繁忙期，北京作为全国第一个强制要求使用预拌料的城市，在四年的时间里，积累了丰富的生产与应用经验，编制完成了《预拌盾构注浆料应用技术规程》(DB11/T 1608)、《预拌喷射混凝土应用技术规程》(DB11/T 1609)两项地标，并将预拌盾构注浆料和预拌喷射混凝土这两种材料列入了北京市建委的定额和工程造价中，其推广与应用经验值得借鉴。

北京及其周边的砂浆企业在信息化管理方面落后于华东片区，企业管理信息化程度不高，导致了预拌盾构注浆料并未纳入轨道交通建设管理公司对施工项目的信息化监管系统中，未能充分发挥预拌盾构注浆料的优势。预拌盾构注浆料成套技术的研发与推广小组会继续联动政府、轨道交通建设管理公司与生产企业，推进预拌盾构注浆料全生命周期的监管模块与轨道公司的风控系统对接事宜，实现线上监控与线下监管浆液的双轨并行，推动预拌砂浆行业的绿色化、数字化、集成化发展。

参考文献

[1] 《北京市住房和城乡建设委员会在全市建设工程中使用散装预拌砂浆工作的通知》(京建法〔2014〕15 号文).

[2] 《关于进一步加强全市建设工程预拌砂浆应用工作的通知》(京建法〔2019〕6 号文).

预拌干粉砂浆高层输送的研究与发展

王卫军
[培福德（PFT）中国有限公司，太仓，215433]

摘　要：本文主要介绍预拌干混砂浆高层输送设备的应用研究与产品发展。通过本文可以了解到预拌干混砂浆高层输送设备的起源、工作原理及其应用优势。文中通过开式和闭式施工系统介绍了干混砂浆的机械化施工系统，并通过对气力输送设备的优势和经济性分析，说明干粉砂浆高层输送的重要价值。更为重要的是，本文针对应用于气力输送设备的预拌干混砂浆提出了指导性技术要求，同时也对气力输送设备筒仓应用的分类进行了介绍，并对重力筒仓的预拌干混砂浆气力输送设备应用进行了详细的介绍。

关键词：高层输送　气力输送设备　开式施工系统　闭式施工系统

Research and Development of Conveying Dry-Mixed Mortar to High Floors

Wang Weijun
[Pei Fude (PFT) Co. Ltd. , Taichang 215433]

Abstract: The Paper mainly introduces the application research and product development of conveying equipment that conveys dry-mixed mortar to high floors. The origin, working principle and advantage in application of conveying equipment that conveys dry-mixed mortar to high floors can be comprehended through the Paper. Through the introduction of open and closed construction systems in the Paper, people can fully understand the mechanical construction system of dry-mixed mortar; and the analysis of advantage and economic efficiency of the pneumatic conveying equipment further convinces people of the importance of conveying dry-mixed mortar to high floors. More importantly, the Paper puts forward guiding technical requirements on dry-mixed mortar that is applied to pneumatic conveying equipment. Meanwhile, it also introduces the classification of application of pneumatic conveying equipment silo, and introduces the application of pneumatic conveying equipment with gravity silo in details.

Keywords: Convey to high floors　pneumatic conveying equipment　open construction system　closed construction system

---

作者简介：王卫军，男，1977年7月生，工商管理硕士。单位地址：江苏省太仓市太仓港协鑫东路18号；邮编：215433；联系电话：13916139629。

1　预拌干混砂浆气力输送设备的介绍

1.1　预拌干混砂浆气力输送设备的起源

1966 年，世界第一台干混砂浆气力输送设备由德国可耐福（现培福德母公司）研发成功并投入使用（图 1）。当时该设备主要应用于石膏砂浆市场。

图 1　第一台干混砂浆气力输送设备

1.2　预拌干混砂浆气力输送设备的工作原理

预拌干混砂浆输送设备主要由输送罐、空压机、控制系统和输送管路组成。控制系统定时从物料筒仓给输送罐进料（进料时间可以按实际需要和物料特性调整）；进料结束后，输送罐自动关闭进料蝶阀；进料蝶阀关闭后，控制系统自动启动空压机进行物料吹送；输送罐里物料吹送完成后，控制系统自动打开进料蝶阀；如此全自动循环进行高层物料输送，直至控制系统接受到物料输送达到要求后自动停止；待收到物料需求信号时又自动启动系统（图 2）。

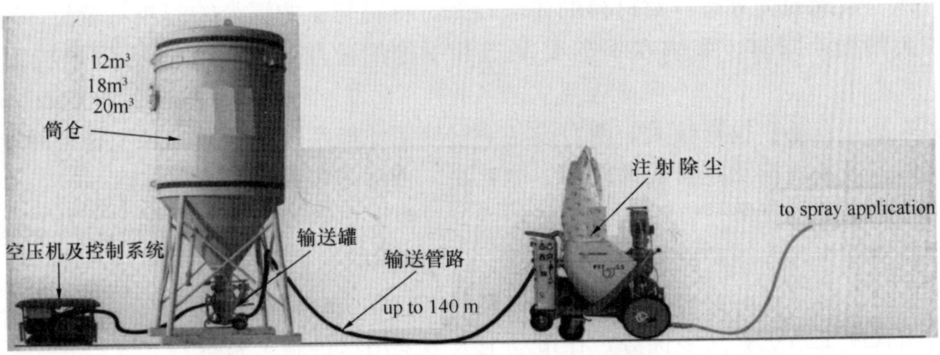

图 2　气力输送系统的工作原理

2 预拌干混砂浆气力输送设备的应用

2.1 开式和闭式施工系统

预拌干混砂浆气力输送设备按类应用形式，可分为开式施工系统和闭式施工系统，如图3所示。

开式施工系统即预拌干混砂浆先经过搅拌机（人工加水或自动加水）混合后，再进入输送泵进行泵送或喷涂施工的形式。

闭式施工系统即预拌干混砂浆通过一台设备自动加水搅拌并直接在密闭的情况下，直接进行泵送或喷涂的施工系统。

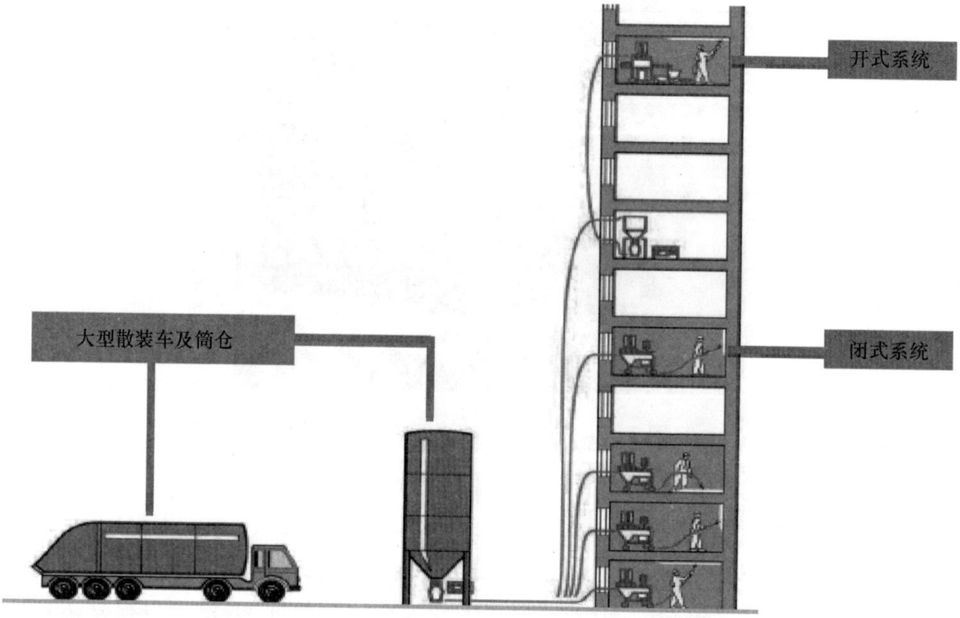

图3 开式和闭式施工系统

2.2 开式和闭式施工系统的优劣势

开式施工系统的优势是：对材料的要求较低，材料与水的混合时间相对较长，对材料的泵送有较大帮助；同时，如果在不需要泵送和喷涂的应用场合，设备可以单机设备单独工作。

其劣势是：设备初投资较大，两台设备同时使用才能实现泵送及喷涂工作，两台设备的清洗时间长、设备维护及耗材成本较高、能耗高、占地面积大。

闭式施工系统的优势是：设备初投资较低，单机即可实现材料与水的混合及泵送、喷涂工作，设备清洗快速、维护成本低、能耗低、占地面积小。

其劣势是：对材料的要求相对较高，材料与水的混合时间较短。

由于闭式施工系统有众多优势，在市场上大多采用这种施工系统。

3　优势、投资与经济性分析

3.1　预拌干混砂浆高层输送的优势

（1）自动化程度高，一人一键式控制整个系统的运行（图 4）。

（2）高效，大大提高了施工效率（图 5）。

（3）环保，全封闭结构，无粉尘外泄、无包装袋二次污染。

（4）经济，节约物料运输人员，无包装袋费用，无材料丢失风险。

（5）安全，无材料运输人员活动，减少人员安全事故。

图 4　一人一键式启停系统

图 5　大大提高施工效率

3.2　预拌干混砂浆高层输送的投资与经济性分析（表 1）

表 1　预拌干混砂浆高层输送的投资与经济性分析

气力输送设备高层输送的费用节省				
传统方式	材料垂直运输费用/（元/t）	材料包装贷费用/（元/t）	单台机器材料用量/（t/d）	合计费用/［元/月（30d）］
	30	40	7.5	1.6
采用气力输送设备	0	0	0	0
可节省费用				1.6 万
气力输送设备的投资与成本回收				
采用气力输送设备	设备初投资/［元/套（输送距离 100m）］	节省人工及包装袋/（元/月）	设备损耗/（元/月）	收回设备初投资/（月/套）
	13.5 万	1.6 万	1000	9
气力输送设备的投资与回报				
采用气力输送设备	节省人工及包装袋/（元/月）	收回设备初投资/（月/套）	设备使用期限/（月/套）	设备投资回报/（元/套）
	1.5 万	9	300	436.5 万

由表 1 可知，投资预拌干混砂浆气力输送设备只需要 9 个月即可收回投资，并在使用寿命期限内（根据德国 PFT 设备的使用寿命）可以产出 436.5 万元的收入。

4 对材料的要求及使用要求

4.1 预拌干混砂浆气力输送设备对材料的要求

以德国为例，预拌干混砂浆气力输送设备对其输送的材料有一定的要求，但随着技术的不断创新和发展，近年来其对材料的要求越来越低。但根据德国以往经验最理想的适合气力

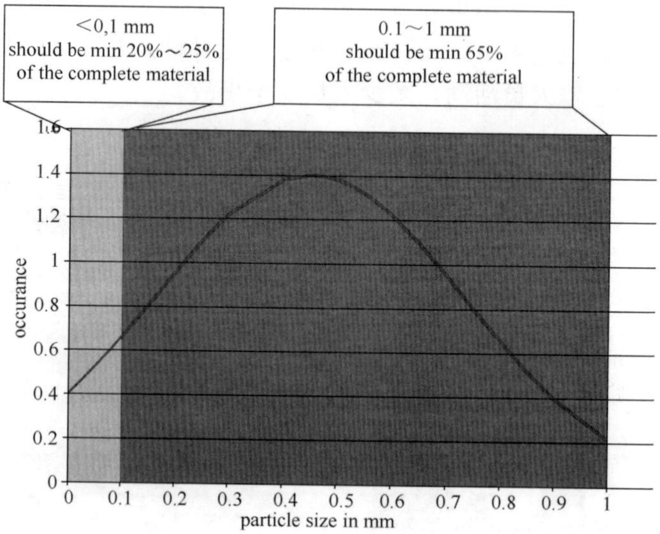

图 6 骨料级配曲线

输送的材料，容重建议小于 1400kg/m³，对于骨料级配曲线的要求如图 6 所示。

4.2 预拌干混砂浆气力输送设备的使用要求

在气力输送设备的使用上，对输送管的布置有一定的要求，在进行水平距离材料输送时，要求采取防离析曲线布管（图 7）。另外，一定要采用橡胶（或塑料）软管作为输送管，这样便于排除由于设备故障及停电等造成的管路阻塞。

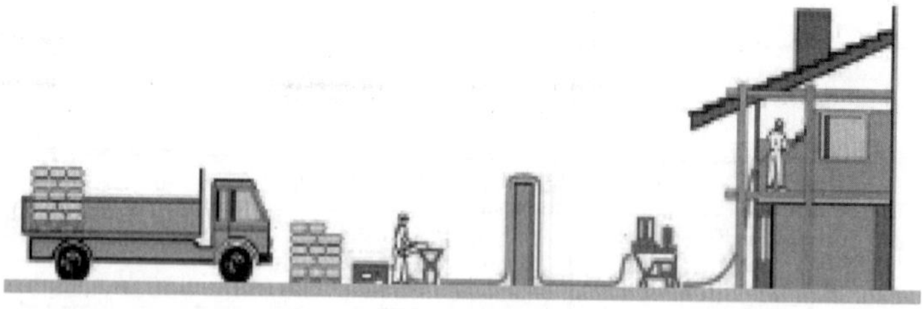

图 7 防离析曲线布管

5 预拌干混砂浆气力输送设备的发展

5.1 预拌干混砂浆气力输送设备的分类

预拌干混砂浆气力输送设备根据筒仓的类型，可分为重力筒仓气力输送设备、压力筒仓

气力输送设备和袋装材料气力输送设备。

（1）重力筒仓气力输送设备：靠材料的自重下料到气力输送罐，一般筒仓会配备振动器辅助下料，如图 8 所示。

（2）压力筒仓气力输送设备：材料筒仓内部加压，靠压力下料到气力输送设备，如图 9 所示。

（3）袋装材料气力输送设备：针对小型工地或特殊材料，在重力筒仓气力输送设备基础上的下料口变更，如图 10 所示。

图 8　重力筒仓气力输送设备

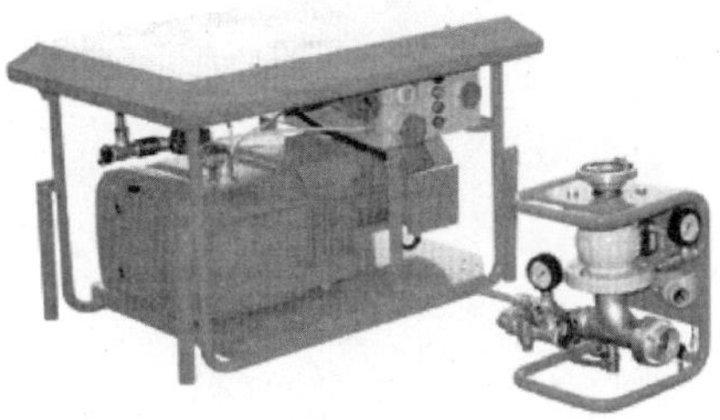

图 9　压力筒仓气力输送设备

图 10　袋装材料气力输送设备

由于筒仓的发展情况，目前应用最多的是重力筒仓气力输送设备。

5.2　重力筒仓预拌干混砂浆气量输送设备的发展

近年来预拌干混砂浆气力输送设备在技术上又有了重大的突破，在之前气力输送设备对于材料有较高的要求：对于容重较大砂浆，只能采取缩短输送距离或采用双空压机的形式来克服材料的问题；在输送高度上，单机一般最高可达 140m，更高的高度就需要采用楼层中转装置（图 11）或双空压机系统，这样会增加设备的投入和增加能耗及维护成本。

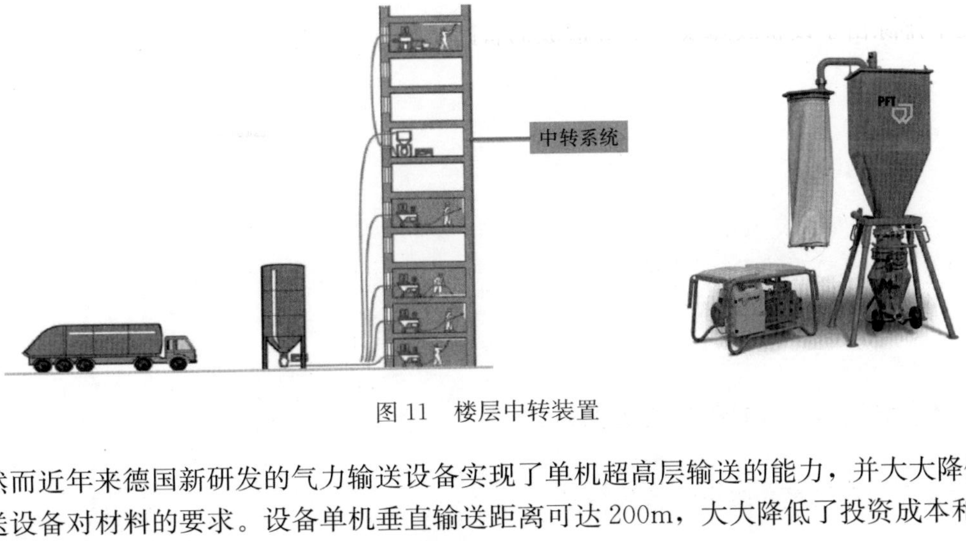

图 11　楼层中转装置

然而近年来德国新研发的气力输送设备实现了单机超高层输送的能力，并大大降低了气力输送设备对材料的要求。设备单机垂直输送距离可达 200m，大大降低了投资成本和能耗。随着新技术的发展，在未来还会有更大的突破。

6 结束语

只有预拌干混砂浆气力输送设备成功应用，才能算真正地实现了预拌干混砂浆的机械化施工。气力输送设备作为预拌干混砂浆施工中的重要环节，它的成功应用将会大大降低劳动力成本，提高施工效率，减少人员安全事故，实现真正的无尘、绿色环保施工。同时，随着预拌干混砂浆气力输送设备技术的不断创新和大范围应用，也将会不断促进预拌干混砂浆产品质量的提升，使预拌干混砂浆市场不断地向高质、高效、节能和环保的方向发展。

第四部分　其　他

VAE 乳液在聚合物水泥防水涂料中的应用

王振兴，段瑜芳
［瓦克化学（中国）有限公司，上海，200030］

摘　要：本文研究了不同涂膜涂覆次数、掺入适量施工水、不同养护条件下聚合物防水涂料的物理性能，测试了基于 VINNAPAS 547ED 的三种 JS 防水涂料与陶瓷砖胶粘剂的拉伸粘结强度。对瓦克化学 VINNAPAS 547ED 与市面上常用 VAE 防水乳液在 JS 防水涂料中的物理性能进行对比测试，结果发现，VINNAPAS 547ED 具有优异的断裂伸长率，具有更好的配方适应性和经济性。
关键词：防水涂料　断裂延伸率　拉伸强度　拉伸粘结强度

Application of VAE Dispersion in Polymer-modified Cement Compounds for Waterproofing Membrane

WANG Zhenxing，DUAN Yufang
（Wacker Chemicals（China）Co.，Ltd.，Shanghai，20030）

Abstract：The physical properties of polymer-modified cement compounds for waterproofing membrane under different coating times，adding proper amount of construction water and different curing conditions were studied. The tensile adhesion strength between three types of JS waterproofing coatings based on VINNAPAS 5457ED and ceramic tile adhesives was tested. From the test results of physical properties of VINNAPAS 547ED and other commercial VAE waterproofing dispersions in JS waterproofing membranes，it can be found that VINNAPAS 547ED has excellent elongation，better formula adaptability and economic performance.
Keywords：waterproofing membrane　elongation　tensile strength　tensile adhesion strength

0　引言

聚合物水泥防水涂料以其优异的环保性能、力学性能和施工性能等被广泛用于厕所、厨房、阳台、建筑物外墙等部位的防水[1]。它能够在干燥或潮湿的基材上直接施工，干燥后涂膜具有良好的耐水性、耐碱性和耐候性[2]，良好的柔韧性使涂膜对裂纹具有一定的追随性。VAE 乳液是一种水性醋酸乙烯酯-乙烯共聚物乳液，具有低气味、低 VOC、无

作者简介：王振兴（1986—　），男，硕士研究生，从事聚合物防水涂料及干粉砂浆研究。单位地址：上海市虹梅路 1535 号。邮箱：derek. wang@wacker. com。

APEO 等特点，因其具有优异的水泥相容性、施工性，对不同基材具有良好的适应性等被广泛应用于聚合物水泥防水涂料中。本文主要基于对 VINNAPAS 547ED 乳液防水涂料的物理性能与涂膜制备方式的关系，对 VAE 乳液与苯丙乳液防水涂料在不同养护条件下的长期性能做了对比，同时也对防水涂料的物理性能以及与陶瓷砖胶粘剂的拉伸粘结强度进行了测试。

1　实验

1.1　原材料

选取三种 VAE 乳液和一种苯丙乳液进行测试，乳液基体参数见表 1。

表 1　聚合物乳液基本参数

名称	类别	固含量/%	T_g/℃	黏度/CP
VINNAPAS 547ED	VAE	>54.5	0	1300～2000
市场 A	VAE	>54.5	0	1200～2200
市场 B	VAE	54.5～56.5	0	3000～5000
市场 C	苯丙乳液	56	−8	<1500

1.2　实验方法

（1）防水涂料制备、养护和测试按《聚合物水泥防水涂料》（GB/T 23445—2009）进行。

（2）防水涂膜与陶瓷砖胶粘剂的拉伸粘结强度试件的制备、养护、测试按《用于陶瓷砖粘结层下的防水涂膜》（JC/T 2415—2017）进行。

1.3　实验方案

目前，市面上聚合物水泥防水涂料主要有两种类型，一种是以聚合物乳液为主的液料组分和由水泥、填料（如砂、重钙）和添加剂组成的粉料组分按照一定配比混合而成本［本文中用 JS（2k）表示］，另一种是以聚合物为主的液料组分和水泥（通常为 P·O 42.5 水泥）按照一定的比例混合而成［本文中用 JS（L）表示］。本文对这两种类型的防水涂料均进行了测试，测试所用配方见表 2。其中配方 1～3 为 VAE 乳液防水涂料的配方，配方 4 为苯丙乳液防水涂料配方。

表 2　防水涂料配方

配方编号		配方 1	配方 2	配方 3	配方 4
		JS Ⅱ（2k）	JS Ⅰ（2k）	JS Ⅱ（L）	JS Ⅱ（2k）
液料部分	VAE 乳液	80～85	82～88	70～80	
	苯丙乳液				82～88
	助剂	5～8	6～10	6～10	0.3～0.5
	水	10～15	5～10	12～18	12～18
合计		100	100	100	100

续表

配方编号		配方 1	配方 2	配方 3	配方 4
		JS Ⅱ（2k）	JS Ⅰ（2k）	JS Ⅱ（L）	JS Ⅱ（2k）
粉料部分	P·O 42.5 水泥	30～35			40～50
	砂 70～140 目	35～45			20～30
	重钙 325 目	25～35			30～40
	F10	0.3			0.3
合计		100			100
L∶P		1∶1.2	1∶0.8	1∶1	1∶1.8

2　实验结果与讨论

2.1　涂膜涂覆次数对防水涂料性能的影响

断裂伸长率和拉伸强度是JS防水涂料的重要参数之一，它们直接关系到防水涂料在工程中的应用和防水效果，因此对生产方和使用方来说都是重点关注和测试的性能。而断裂伸长率和拉伸强度除了与涂料配方紧密相关外，还与涂膜制备有一定的关系，虽然《聚合物水泥防水涂料》（GB/T 23445—2009）规定涂膜制备时应分两次或三次涂覆，但在实际涂膜制备时，不同测试人员在制备JS防水涂膜时会有一定的差异，其中大部分进行两次涂覆，但也有部分进行一次涂覆或三次涂覆。下面主要针对不同涂覆次数对断裂伸长率和拉伸强度的影响进行研究。

2.1.1　涂覆方法

分别用涂覆厚度为1200μm、1500μm、1800μm、2000μm和2200μm的湿膜制备器涂覆，保证干膜厚度为（1.5±0.2）mm，具体方案见表3。

表3　防水涂膜涂覆方案

涂膜类别	涂膜制备过程
一次涂膜	用涂覆厚度为2200μm的湿膜制备器进行涂覆
二次涂膜	分别用涂覆厚度为1200μm、2000μm的湿膜制备器进行涂覆
三次涂膜	分别用涂覆厚度为1200μm、1500μm和1800μm的湿膜制备器进行涂覆

2.1.2　测试结果

不同涂覆次数对JSⅡ（2k）型防水涂料断裂伸长率和拉伸强度的影响如图1和图2所示。从测试结果可以看出：①涂覆次数越多，防水涂料的断裂伸长率越高。一方面，由于防水涂料中含有较多气泡，如果一次涂覆量过高，气泡很难从涂料内部逸出，所形成的涂膜内部孔相对较多，而多次涂覆可有效降低涂膜内部孔的数量，涂膜更加致密；另一方面，如果一次涂覆量过高，防水涂料表面成膜后内部水分难以挥发，造成涂膜干燥时间过长，水泥水化量会有所增加，而水泥水化产物会破坏乳液膜的连续性，从而引起弹性下降。②涂覆次数越多，涂膜的拉伸强度越低。在防水涂料成膜均匀一致的情况下，涂料的拉伸强度与水泥水化量有一定的关系，水泥水化量与涂料的干燥时间相关，一次涂覆厚度越厚，相应的干燥时间越长，水泥的水化量越多，拉伸强度越高。

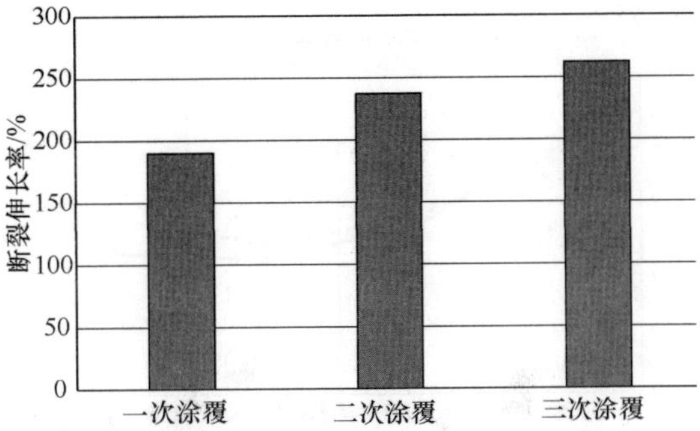

图 1　涂膜涂覆次数与断裂伸长率的关系

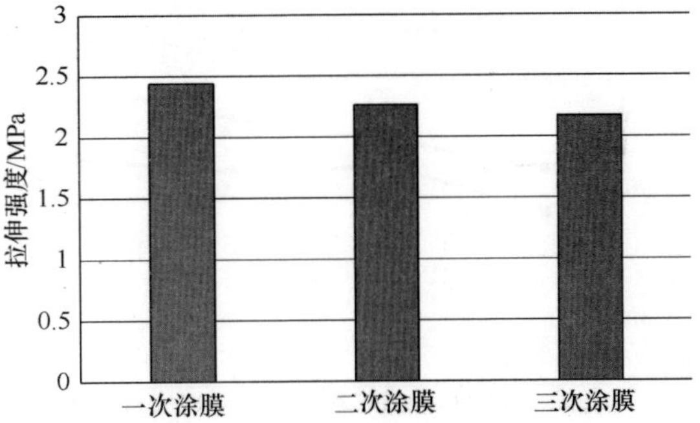

图 2　涂膜涂覆次数与拉伸强度的关系

2.2　施工水对防水涂料性能的影响

在实际 JS 防水涂料使用过程中，很多工人会根据实际情况（如高温、干燥环境等）加入适量的水（本文称为施工水）再进行施工，而加入部分水除了会引起涂料的黏度变化以外，还会对物理性能产生一定的影响。在保证防水涂料不出现分层的情况下，加入适量施工水对 JSⅠ（2k）型和 JSⅡ（2k）型防水涂料物理性能的影响如图 3 和图 4 所示。从测试结果可以看出，在防水涂料中加入适量水后，断裂伸长率和拉伸强度都出现了不同程度的提高。这主要是由于加入适量水后，防水涂料的黏度降低，在制备涂膜过程中，气泡更加容易从涂膜内部排出，使涂膜更加致密，从而提高断裂伸长率和拉伸强度。

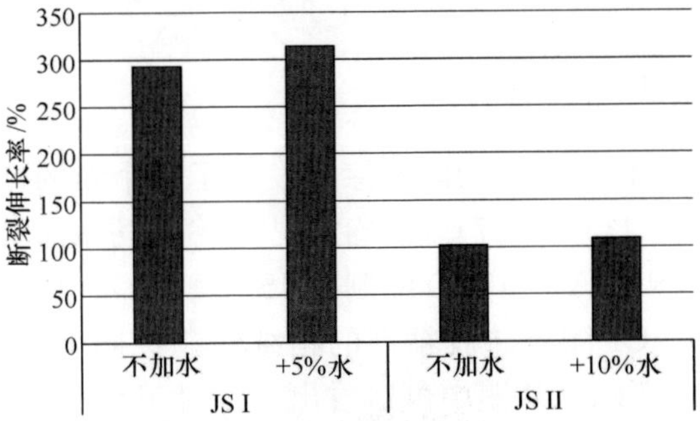

图 3　施工水对防水涂膜断裂伸长率的影响

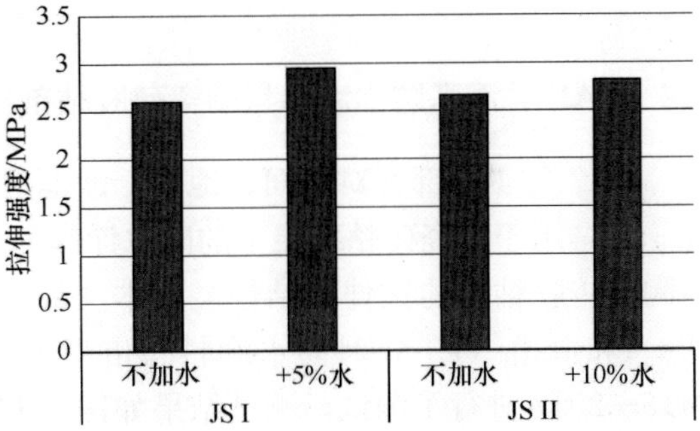

图 4　施工水对防水涂膜拉伸强度的影响

2.3　VAE 乳液和苯丙乳液基防水涂料性能对比

《聚合物水泥防水涂料》（GB/T 23445）要求在测试浸水处理后的断裂伸长率和拉伸强度之前，需在 60℃条件下烘养 18h，考虑到防水涂膜实际的使用环境和使用条件，本文在测试长期耐水后的物理性能时未进行烘干，涂膜从水中取出直接进行测试。不同类型乳液的 JS Ⅱ（2k）型防水涂料在标准养护条件和浸水处理条件下断裂伸长率和拉伸强度的测试结果如图 5～图 8 所示。从图中可以看出：①标准养护条件下，随着养护时间的延长，VAE 乳液和苯丙乳液基防水涂料的断裂伸长率均出现增大趋势，而拉伸强度则呈现下降趋势。②VAE乳液基防水涂料在浸水 28d 时，断裂伸长率开始出现下降，当浸水 140d 时，断裂伸长率出现剧烈下降。苯丙乳液基防水涂料在浸水 14d 时，断裂伸长率出现大幅度下降，并趋于稳定。③对于 VAE 乳液和苯丙乳液基防水涂料来说，两者浸水后的拉伸强度都出现较大幅度下降，而后趋于稳定。

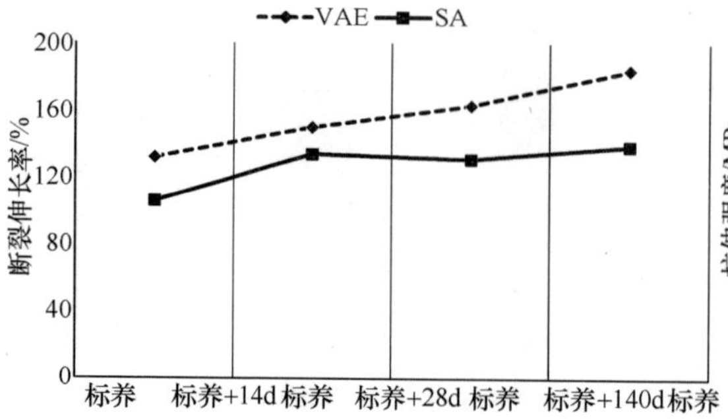

图 5　标养时间与防水涂膜断裂伸长率的关系

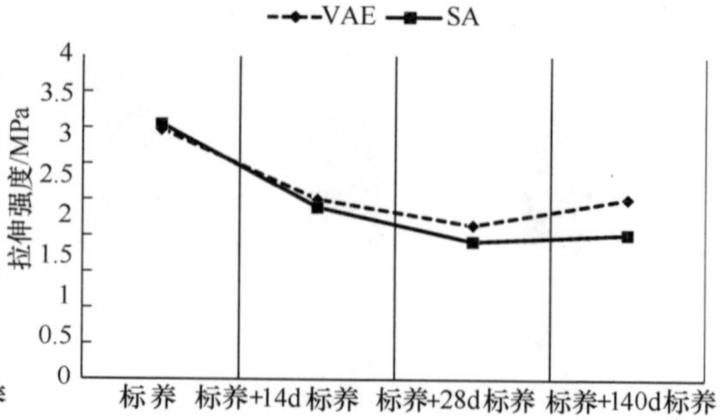

图 6　标养时间与防水涂膜拉伸强度的关系

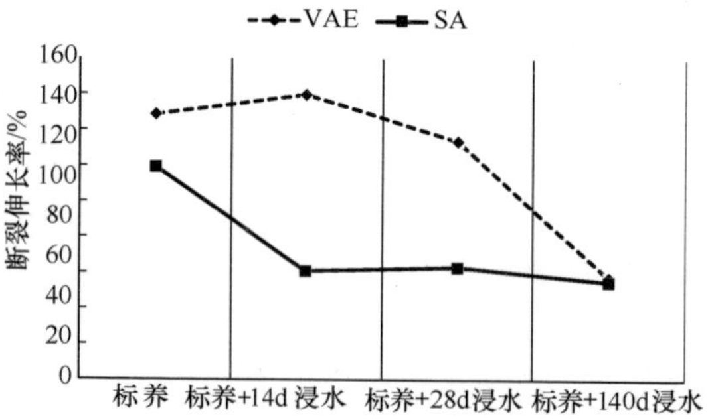

图 7　浸水时间与防水涂膜断裂伸长率的关系

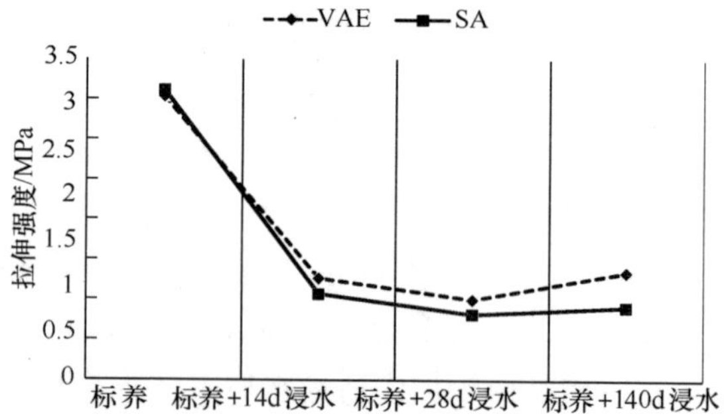

图 8　浸水时间与防水涂膜拉伸强度的关系

2.4　VAE 乳液基防水涂料与陶瓷砖胶粘剂拉伸粘结强度研究

2017 年工信部针对墙面、地面、泳池等陶瓷砖粘结层下的防水涂膜发布了一个新的标准——《用于陶瓷砖粘结层下的防水涂膜》(JC/T 2415—2017)。为确定现有 JS 型防水涂料与陶瓷砖胶粘剂的拉伸粘结性能，本文针对 VINNAPAS 547ED 配制的 JS Ⅰ（2k)、JSⅡ（2k）和 JSⅡ（L）三种防水涂料与市面上的 C0、C1 陶瓷砖胶粘剂的粘结性能按照 JC/T 2415—2017 进行了测试，测试结果如图 9 和图 10 所示。从图中可以看出：①对于 C0 陶瓷砖胶粘剂，涂覆 JSⅡ型防水涂料后，系统的拉伸粘结强度要高于未涂覆防水涂膜系统的拉伸粘结强度，并且都能满足 JC/T 2415—2017 的要求。涂覆防水涂料后可以有效提高系统

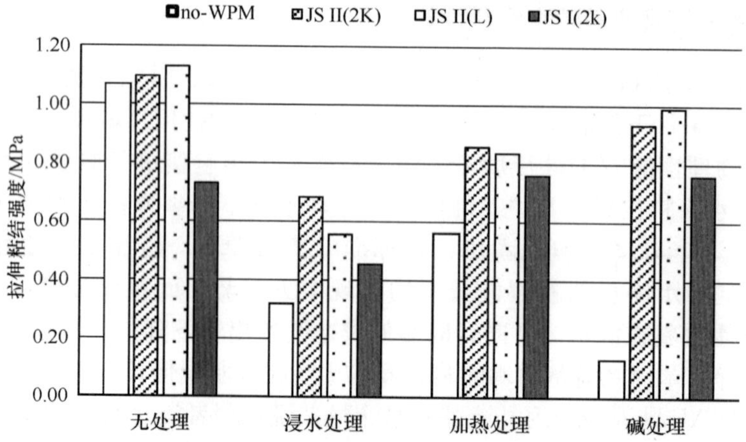

图 9　防水涂膜与 C0 陶瓷砖胶粘剂的拉伸粘结强度

浸水处理和碱处理后的拉伸粘结强度。②对于 C1 陶瓷砖胶粘剂，涂覆 JSⅡ型防水涂料后，系统的拉伸粘结强度与未涂覆防水涂膜系统的拉伸粘结强度没有明显差异，并且都能满足 JC/T 2415—2017 的要求。而涂覆 JSⅠ型防水涂料后，系统的拉伸粘结强度则出现了下降。③基于VINNAPAS 547ED 的 JSⅡ型防水涂料可以与陶瓷砖胶粘剂进行搭配使用。

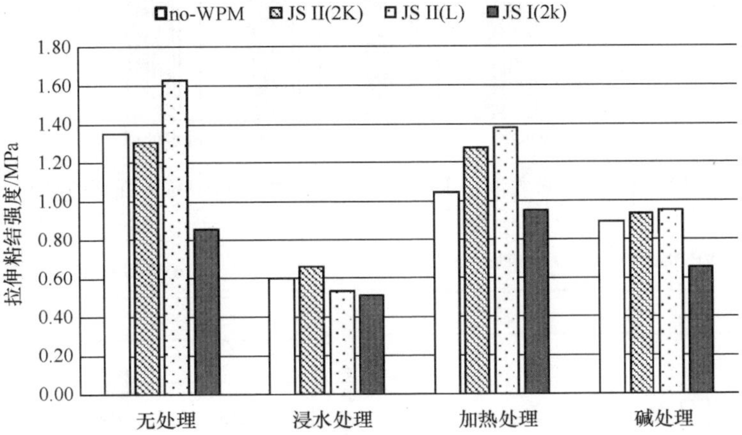

图 10　防水涂膜与 C1 陶瓷砖胶粘剂的拉伸粘结强度

2.5　VINNAPAS 547ED 在防水涂料中的性能测试

不同 VAE 乳液在 JSⅡ（2k）型防水涂料中物理性能的测试结果如图 11 和图 12 所示。从测试结果可以看出：①在 JSⅡ（2k）防水涂料中，VINNAPAS 547ED 具有优异的断裂伸长率，其无处理以及老化后的断裂伸长率要明显高于市场常见的两种 VAE 防水乳液。优异的断裂伸长率使 VINNAPAS 547ED 具有更加广泛的配方适应性，同时在相同弹性的要求下，乳液添加量更少，配方更加经济。②拉伸强度与断裂伸长率呈现对立的关系，因此 VINNAPAS 547ED 的拉伸强度要低于市场上的两种 VAE 防水乳液。但对于 VAE 防水乳液来说，拉伸强度是其优势之一，其所配制的防水涂料拉伸强度都能很容易达到标准要求，而断裂伸长率的高低是决定 VAE 乳液使用的重要因素。

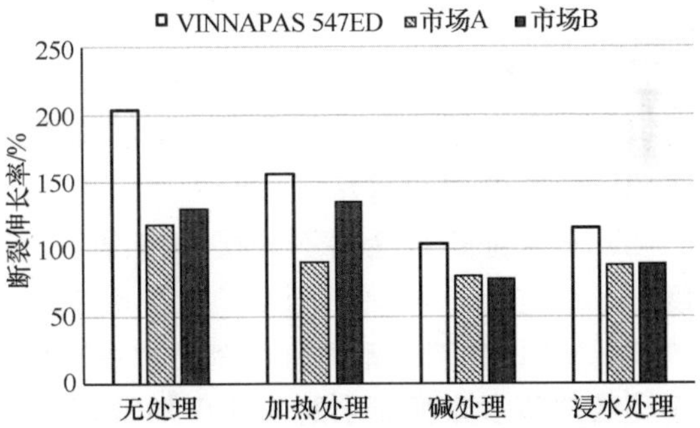

图 11　不同 VAE 乳液在 JSⅡ（2k）型防水涂料中断裂伸长率的对比

图 13 和图 14 是不同 VAE 乳液在JSⅡ（L)型防水涂料中物理性能的测试结果。从测试结果可以看出：①VINNAPAS 547ED 具有非常优异的断裂伸长率，尤其是在无处理的条件下，其断裂伸长率高于市场 A 产品的 80%以上，其碱处理、浸水处理以及热老化处理的断裂伸长率也远远高于市场 A 产品；②对于该种类型的防水涂料，其碱处理和浸水处理后的断裂伸长率会出现明显的下降，一方面是由于碱处理和浸水处理后，小分子增塑剂的溶出，另一方面是由于该种类型的防水涂料是纯水泥体系，水泥遇水后持续水化破坏了聚合物膜的连续性；③VINNAPAS 547ED 和市场 A 产品的拉伸强度远高于标准的要求（>1.8MPa)。

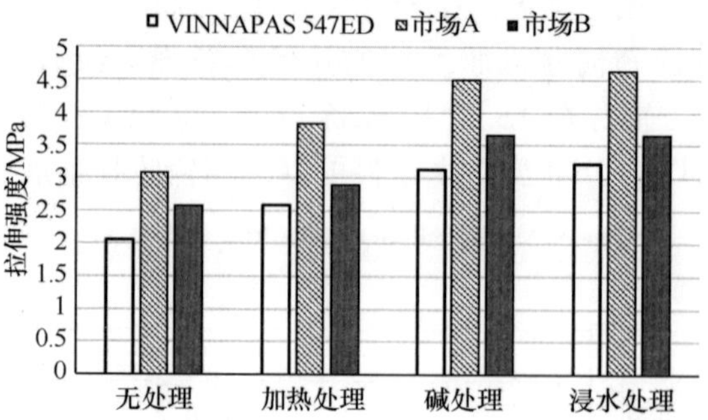

图 12　不同 VAE 乳液在 JSⅡ（2k）型防水涂料中拉伸强度的对比

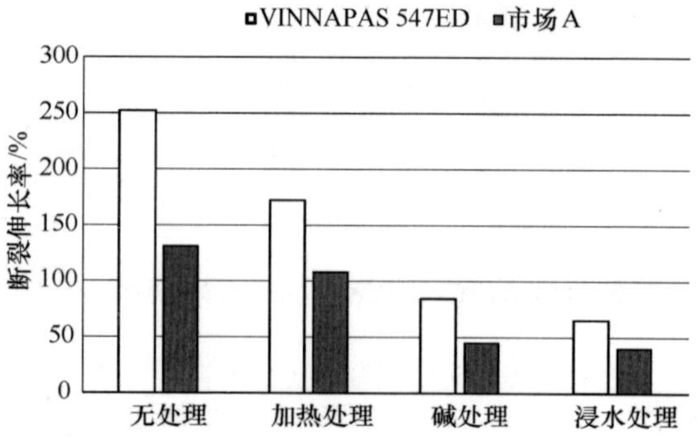

图 13　不同 VAE 乳液在 JS Ⅱ（L）型防水涂料中断裂伸长率的对比

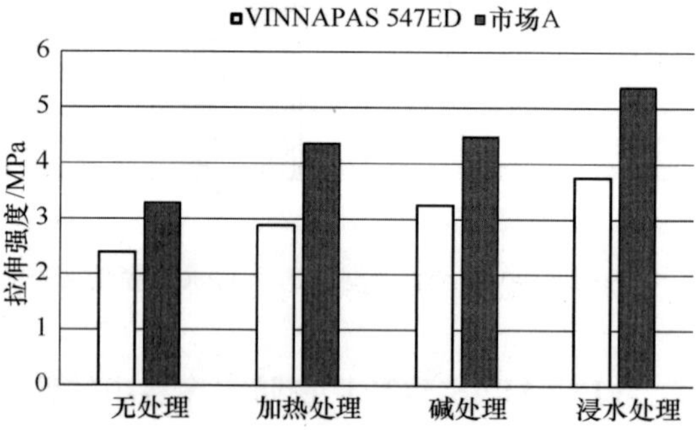

图 14　不同 VAE 乳液在 JSⅡ（L）型防水涂料中拉伸强度的对比

3　结论

（1）涂膜涂覆次数和涂覆厚度会影响防水涂膜的物理性能，涂覆次数越多，一次涂覆厚度越薄，涂膜的弹性越好。

（2）在保证防水涂料不分层的情况下，加入少量施工水，可以提高涂膜的弹性和拉伸强度。

（3）VAE 乳液和苯丙乳液基防水涂料的弹性和拉伸强度在浸水后会出现较大幅度下降，苯丙乳液基防水涂膜对水的影响更加敏感。

（4）基于 VINNAPAS 547ED 配制的 JS II 型防水涂料可以与陶瓷砖胶粘剂搭配使用，其拉伸粘结强度能够满足 JC/T 2415—2017 的要求。

（5）VINNAPAS 547ED 具有优异的弹性，其断裂伸长率远高于市场上常见的 VAE 防水乳液，具有更加广泛的配方适应性和经济性。

参考文献

［1］　陈为良．聚合物水泥基复合防水涂料及其应用[J]. 上海涂料，2001，5：37-40.

［2］　曹同玉，刘庆普，胡金生．聚合物乳液合成原理、性能及应用[M]. 北京：化学工业出版社，1997.

养护条件对JS防水涂料性能影响及优化措施

胡莹莹，范树景，杭法付，叶勇
（浙江忠信新型建材股份有限公司杭州研发分公司，杭州，310052）

摘　要：本文研究在五种养护条件下，聚合物水泥防水涂料拉伸性能、粘结强度和不透水性的变化趋势。结果表明，五种养护条件下，当养护温度或湿度下降时，防水涂料的拉伸强度呈上升趋势，断裂伸长率呈下降趋势；高温、高湿条件不利于聚合物水泥防水涂料的正常成型，通过聚合物乳液复配可以降低高温或高湿对涂料成膜的不利影响。本文研究的三组乳液复配配方在两种高温、高湿条件下的拉伸性能都比较优异，可以适应梅雨季节和夏季的室内环境。

关键词：JS防水涂料　苯丙乳液　VAE乳液　拉伸性能

Influence of Curing Conditions on JS Waterproof Coating Performance and Optimization

HU Yingying, FAN Shujing, Hang Fafu, Ye Yong
(Hangzhou R&D Branch, Zhejiang Zhongxin New Building Materials Company Ltd, Hangzhou, 310052)

Abstract: Coating, bonding strength and the change trend of waterproofness of polymer cement waterproof was studied, under the condition of five kinds of curing. The results show that the tensile strength shows rises trend and the elongation shows decreases when the curing temperature or humidity drops. High temperature and high humidity are not conducive to the normal molding of polymer cement waterproof coating. The adverse effect of high temperature or high humidity on coating formation can be reduced by polymer emulsion composite. The three emulsion compound formulations studied in this paper have excellent tensile properties under two conditions of high temperature and high humidity, which can adapt to the indoor environment of plum rain season and summer。

Keywords: JS waterproof coating; Styrene-acrylic latex; VAE latex; Tensile properties

前言

聚合物水泥防水涂料简称JS防水涂料，是一种由聚丙烯酸酯乳液和乙烯-醋酸乙烯酯乳

作者简介：胡莹莹（1989—　），女，本科，主要从事聚合物改性砂浆、环保材料的研究。联系地址：浙江省杭州市滨江区长河路590号东忠科技园，E-mail：yiwaihaishui2007@163.com。

液等聚合物乳液和助剂组成的液料，与水泥、填料和添加剂组成的粉料通过合理配比、复合制成的双组分水性防水涂料[1]。JS防水涂料是一种涂膜型防水涂料，具有对环境友好、施工简单方便、耐水性和耐候性良好、整体防水效果优异等特点，广泛应用于厕浴间、厨房、建筑外墙等的防水施工，越来越受到人们的青睐[2]。

JS防水涂料是一种兼具挥发固化和反应固化的防水涂料，主要成膜物质是水性聚合物乳液，聚合物乳液的成膜效果受到环境中温度和湿度的影响，与聚合物乳液的玻璃转化温度和成膜温度有很大关系[2-4]，养护条件影响涂料各项性能指标和防水效果。上述研究均未对比不同养护温度和湿度对JS防水涂料性能的影响。

本文研究了五种养护条件下，不同养护温度和湿度对聚合物水泥防水涂料拉伸性能、粘结强度和不透水性的影响，通过聚合物乳液复配、实现高温、高湿条件防水涂料性能的优化。五种养护条件分别为江浙沿海地区春夏秋冬季室内条件和标准养护条件。

1 原材料与试验方法

1.1 原材料

苯丙乳液：H，成膜温度为－2℃；苯丙乳液：F，成膜温度为6℃；VAE乳液：G，成膜温度为4℃；消泡剂：有机硅消泡剂，市售；杀菌剂：市售；增稠剂：市售；石英砂：市售；重钙：300目，市售；水泥：P·O 42.5，市售。

1.2 试验方法

聚合物水泥防水涂料的基本配方见表1，养护条件见表2。将聚合物水泥防水涂料按照GB/T 23445—2009中第7.4条、7.6条和7.7条的规定分别制作拉伸性能、粘结强度和不透水性的试件，将试件分别置于相应养护条件下静置96h，然后脱模。将脱模后的试件反面向上在（40±2）℃干燥箱中处理48h，取出后分别置于表2规定的条件下进行养护，到龄期后在相应养护条件下进行拉伸性能、粘结强度和不透水性试验。

表1 聚合物水泥防水涂料的基本配方

编号	原材料	质量分数/%
1	苯丙乳液（H）	87
2	有机硅消泡剂	1
3	杀菌剂	0.25
4	增稠剂	0～1
5	水	11～12
6	石英砂（120～180目）	20
7	重钙（300目）	40
8	水泥（P·O 42.5）	40

表2 五种养护条件

编号	温度/℃	湿度/%RH	环境条件
1#	10±2	30±10	冬季室内
2#	23±2	30±10	秋季室内
3#	23±2	50±10	标准养护条件
4#	23±2	85±10	春季梅雨季节室内
5#	30±2	70±10	夏季室内

2　结果与讨论

2.1　养护条件对聚合物水泥防水涂料拉伸性能的影响

图1显示了不同养护条件下，聚合物水泥防水涂料的拉伸强度和断裂伸长率。从图1可以看出，在不同养护条件下防水涂料的拉伸强度和断裂伸长率差异较大；还可以看出，随着温度和相对湿度的升高，防水涂料的断裂伸长率有所增大。当温度和相对湿度较低，为1＃（10℃，30％RH）时，环境处于冬季条件，试件的断裂伸长率较低，不足60％（1＃试样）。随着温度的升高，防水涂料的断裂伸长率逐渐增大（2＃试样），大于100％。当温度为标准养护温度时，即 T＝23℃，随着相对湿度升高，防水涂料的断裂伸长率呈上升趋势，当为85％RH时，断裂伸长率达到160％。与之类似的，温度和相对湿度也影响防水涂料拉伸强度。随着温度和相对湿度的升高，拉伸强度呈下降趋势。当温度较低，为1＃（10℃，30％RH）时，环境处于冬季条件，防水涂料的拉伸强度超过2.4MPa；随着温度的升高，为2＃（23℃，30％RH）时，拉伸强度降到2.0MPa左右；随着相对湿度的升高，为4＃（23℃，85％RH），与梅雨季节湿度相当时，防水涂料的拉伸强度甚至不足1.2MPa。在高温、高湿的5＃（30℃，70％）条件下，环境处于夏季条件时，防水涂料的拉伸强度较低，只有1.1MPa。

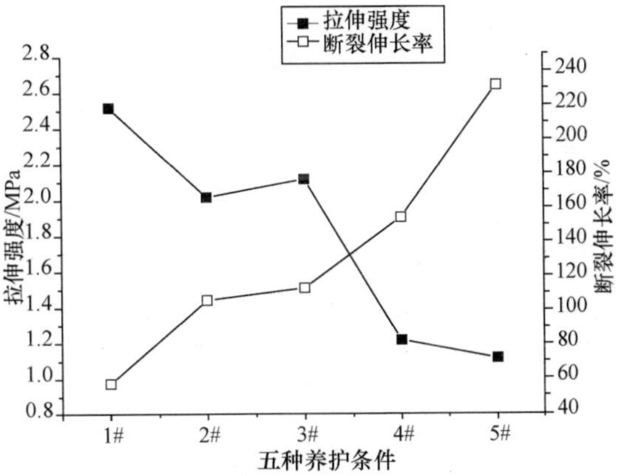

图1　五种养护条件对聚合物水泥防水涂料拉伸性能的影响

水性涂料的成膜过程主要是涂料中水性乳液的成膜过程，本质上是一种分子链凝聚现象，一个从颗粒相互接触、变形至分子链相互贯穿的过程。成膜过程的完成需要两个客观条件，即膜的养护温度高于乳液的最低成膜温度和膜中水分能持续不断挥发直至固化干燥[5]。文献［6］还指出，热能可以活化高分子的分子运动，增大分子链段间的自由体积，两者都能加速分子链凝聚现象，从而缩短乳液成膜的时间；但太高的热能也会加快水分挥发的速度（即加快涂膜的干燥速率），降低分子链在空间构象上的物理缠绕程度，降低膜的综合性能。

在标准养护条件的3＃（23℃，50％RH）时，涂料涂膜的干燥速率和成膜速率合理，涂料的拉伸性能较高。当在低温、低湿的1＃（10℃，30％RH）时，涂料涂膜的干燥速率较低，温度高于乳液的最低成膜温度，分子链在空间构象上的物理缠绕程度较高，涂膜的密实程度较高，涂料涂膜的力学性能（拉伸强度）较高、变形性能（断裂伸长率）较低。随着温度和相对湿度的提高，为5＃（30℃，70％RH）时，涂料涂膜的干燥速率较高，分子链在空间构象上的物理缠绕程度较低，涂膜的密实程度较低，涂料涂膜的拉伸强度较低、断裂伸长率较高。高湿的4＃（23℃，85％RH）条件下的温度较适宜，此条件下涂膜中分子凝聚速度较快，但此条件下相对湿度很高并起到很重要的作用，较慢的水分挥发速度和空气中居高不下的相对湿度，使大量水分留存在涂膜中并起到了很强的增塑作用，降低了涂膜的拉伸强度，提高了涂膜的断裂伸长率。

2.2 养护条件对聚合物水泥防水涂料粘结强度的影响

图2显示了不同养护条件下，聚合物水泥防水涂料的粘结强度。从图2可以看出，不同养护条件下的粘结强度差异明显，随着温度和湿度的升高，粘结强度有所降低；还可以看出，当温度和相对湿度较低，为1# （10℃，30%RH），环境处于冬季条件时，试件的粘结强度较高，大于1.3MPa。随着温度和相对湿度的升高，为2#～5# （23～30℃，50%～85%RH）时，防水涂料的粘结强度快速下降，降到0.9MPa左右。

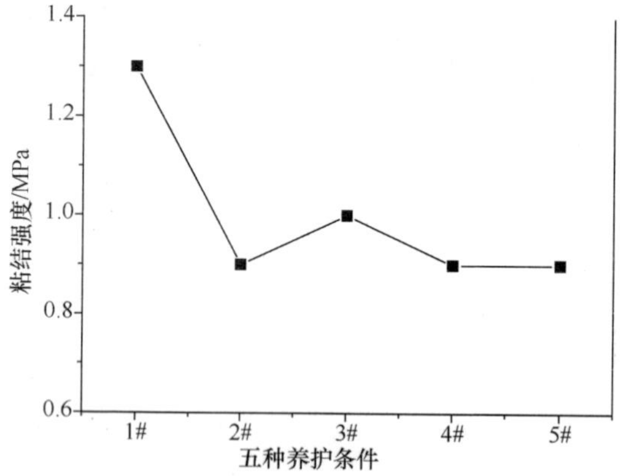

图2　五种养护条件对聚合物水泥防水涂料粘结强度的影响

决定涂膜粘结强度大小的主要因素是乳液成膜后分子链在空间构象上的物理缠绕程度[5]和水泥硬化后的强度，即膜的密实程度。温度略高于聚合物乳液成膜温度时，乳液中分子链在空间构象上的物理缠绕程度最高，水泥硬化后的强度较高，膜的密实程度最高，膜的粘结强度最高。当温度继续升高时，膜达到最高密实程度的时间缩短，成膜时间进一步缩短，乳液中分子链发生相互滑动，分子链在空间构象上的物理缠绕程度下降，水泥硬化后的强度变化较小，膜的密实程度下降，膜的粘结强度下降。同时，随着相对湿度的升高，膜中水分的留存率增大，水在乳液成膜过程中的增塑作用增强，膜的密实程度和粘结强度进一步降低。

当为1号（10℃，30%RH），环境处于冬季条件时，温度略高于苯丙乳液H的成膜温度（MFFT为−2℃），相对湿度较低，乳液成膜性较优，膜的密实程度较高，涂料的粘结强度较高；当为2～5号（23～30℃，50%～85%RH），环境处于冬季以外的条件时，养护温度与苯丙乳液H的成膜温度（MFFT为−2℃）之差在25℃以上，相对湿度在50%RH以上，乳液中分子链相互滑动较大，膜中水分的留存率较大，膜的密实程度较低，涂料的粘结强度较低。

2.3 养护条件对聚合物水泥防水涂料不透水性的影响

表3显示了不同养护条件下，聚合物水泥防水涂料的不透水性试验结果。从表3可以看出，五种养护条件下，聚合物水泥防水涂料的不透水性都是合格的；还可以看出，低温、低湿的1号（10℃，30%RH）和常温常湿的低湿2号（23℃，30%RH），不透水性试验结果与标准条件的3号（23℃，50%RH）没有差异，均为3个平行样中3个试件不透水，即合格；高湿的4号（23℃，85%RH）和高温、高湿的5号（30℃，70%RH），不透水性试验结果为3个平行样中有2个试件不透水、1个试件透水，满足GB/T 23445—2009的规定。

表3　五种养护条件对聚合物水泥防水涂料不透水性的影响

编号	养护温度/℃	养护湿度/%RH	不透水性/（0.3MPa，30min）	检测结果
1#	10±2	30±10	3个试件不透水	合格
2#	23±2	30±10	3个试件不透水	合格

续表

编号	养护温度/℃	养护湿度/%RH	不透水性/（0.3MPa，30min）	检测结果
3#	23±2	50±10	3个试件不透水	合格
4#	23±2	85±10	2个试件不透水	合格
5#	30±2	70±10	2个试件不透水	合格

涂料不透水性测试的是涂膜的综合性能，即涂膜是否整体形成了均匀致密的网络结构，聚合物乳液粒子包裹水泥水化产物和填料后形成具有良好柔韧性的、耐冲击的均匀一致的乳胶链结构。结合图1中五种养护条件下的拉伸强度可以看出，高湿条件的4号（23℃，85%RH）和高温、高湿条件的5号（30℃，70%RH），试件的拉伸强度较低，不透水性试验结果为3个平行样中有1个试件透水，说明高温、高湿条件时，涂膜的拉伸强度降低，膜的致密性和柔韧性有所降低，涂料的不透水性受到一定程度的不利影响，但影响不大。

3　优化措施

我国地域辽阔，有高原、平原、山岭、丘陵和盆地等多种地理环境，且地处寒带、温带和热带等多样的气候环境，环境条件差别极大。为满足不同区域的使用条件，对JS防水涂料的性能考验较大。

3.1　常用优化措施

1. 聚合物乳液复配[7]

在高温或低温条件下，调整不同成膜温度的聚合物乳液用量，使涂料中复配的聚合物乳液成膜温度与养护温度（或者环境温度）之差保持在一定范围内，通常采用两种及其以上聚合物乳液复配。

2. 改变聚合物乳液的掺量[7,8]

在低温条件时，提高液料中聚合物乳液的用量，或者提高液粉料比，提高涂料中柔性成膜物质的比率，降低涂料涂膜的拉伸强度、提高涂膜的断裂伸长率。

3. 改变水泥的掺量[9]

在高温、高湿条件时，通过提高水泥的掺量，即增大涂料中刚性成膜物质的比率，从而使涂料的拉伸强度提高，断裂伸长率降低。

4. 添加成膜助剂[8,10]

成膜助剂又称增塑剂，可有效降低聚合物乳液成膜温度，在较低温度条件下，使聚合物乳液正常成膜，并在聚合物乳液成膜后不断挥发掉。

当然，还有很多的优化措施能够使JS防水涂料适应相应的施工环境条件。由于篇幅有限，仅阐述聚合物乳液复配对高温、高湿环境的适应性，以应对高温、高湿环境。

3.2　聚合物乳液复配对JS防水涂料拉伸性能的影响

表4显示了高湿（23℃，85%RH）和高温、高湿（30℃，70%RH）两种养护条件下，三种聚合物乳液复配的三组配方的六组试验方案。六组试验方案的液料总掺量为87%。配料成型方法如前文所述，进行相应的试验。

表 4 高温、高湿条件下聚合物乳液复配试验方案

方案编号	养护温度/℃	养护湿度/%RH	苯丙乳液 H 掺量	苯丙乳液 F 掺量	VAE 乳液 G 掺量
Ⅰ	23±2	85±10	70%	17%	0
Ⅱ	30±2	70±10	70%	17%	0
Ⅲ	23±2	85±10	65%	0	22%
Ⅳ	30±2	70±10	65%	0	22%
Ⅴ	23±2	85±10	65%	10%	12%
Ⅵ	30±2	70±10	65%	10%	12%

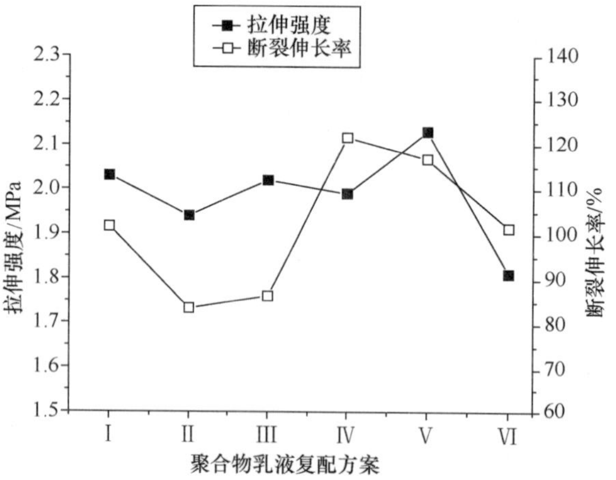

图 3 高温、高湿条件下聚合物乳液复配对拉伸性能的影响

两种高温、高湿养护条件下，即高湿（23℃，85% RH）和高温、高湿（30℃，70%RH）条件下，聚合物乳液复配改性后的聚合物水泥防水涂料的拉伸性能如图 3 所示。从图 3 可以看出，六组试验方案的拉伸强度都高于 1.80MPa，断裂伸长率都大于 80%。在高湿（23℃，85%RH）时，防水涂料的拉伸强度较高，为 2.0MPa 以上；在高温、高湿（30℃，70%RH）时，防水涂料的拉伸强度略有下降。

对比图 1 中高湿（23℃，85%RH）和高温高湿（30℃，70%RH）条件时涂料的拉伸性能，掺有高成膜温度的苯丙乳液 F（MFFT 为 6℃）和 VAE 乳液 G（MFFT 为 4℃）制成的防水涂料的拉伸强度明显提高、断裂伸长率明显下降。这说明复配后乳液的成膜温度与高湿（23℃，85%RH）和高温高湿（30℃，70%RH）条件时的温度之差变小，乳液中分子链在空间构象上的物理缠绕程度增强，涂膜的密实程度提高，防水涂料在两种高温、高湿条件下的拉伸性能更加优异，能适应梅雨季节和夏季的室内环境。

4 结论

（1）不同养护条件下，防水涂料的拉伸强度和断裂伸长率差异较大。在一定范围内，随着温度和相对湿度的升高，拉伸强度呈下降趋势，断裂伸长率则呈上升趋势。

（2）不同养护条件下，防水涂料的粘结强度有一定差异，低温、低湿条件有利于提高涂料的粘结强度。

（3）乳液复配改变乳液的成膜温度，缩小乳液成膜温度与养护温度之差，有利于高温、高湿条件下涂料成膜。本文研究的三组乳液复配比例为苯丙乳液 H∶苯丙乳液 F=70∶17，苯丙乳液 H∶VAE 乳液 G=65∶22，苯丙乳液 H∶苯丙乳液 F∶VAE 乳液 G=65∶10∶12 时，涂料的拉伸性能较优异，能适应梅雨季节和夏季两种高温、高湿环境。

参考文献

[1] 沈春林. 聚合物水泥防水涂料[M]. 北京：化学工业出版社，2003：10-11.

[2] 陈立军，陈焕钦. 聚合物水泥防水涂料的应用及其乳液的选择[J]. 新型建筑材料，2004(12)：32-34.
[3] 李应权，徐永模，韩立林. 聚合物水泥类防水材料性能改进的研究[J]. 中国建筑防水，2002(3)：19-22.
[4] 王会元，黄凯，张鑫宇，等. 聚合物水泥防水涂料吸水性对力学性能的影响研究[J]. 中国涂料，2017，36(6)：50-52.
[5] 叶丹滢. 丙烯酸酯核壳乳液成膜机理及涂膜性能的研究[D]. 北京：北京化工大学，2009：1-14.
[6] 张丹年，唐宏科. 苯丙微乳液的成膜过程研究[J]. 上海涂料，2008，46(8)：1-3.
[7] 董孔祥，卢迪芬. 聚合物水泥基防水涂料性能的影响因素[J]. 新型建筑材料，2006，(5)：19-21.
[8] 胡小琴. 高弹性聚合物水泥防水涂料的制备及其耐老化性研究[D]. 赣州：江西理工大学，2016：22-34.
[9] 李成吾，杜晓宁，刘艳辉. 聚合物水泥防水涂料的制备及其拉伸性能[J]. 新型建筑材料，2015(1)：72-73.
[10] 张智强，董松. 聚合物水泥基复合防水涂料各组分对其性能的影响[J]. 新型建筑材料，2002(11)：21-25.

外保温系统抹面层及其抹面砂浆抗裂性试验方法的研究

章银祥[1,3,4]，王肇嘉[2,3,4]，蔡鲁宏[1,3,4]，张增寿[2,3,4]
（1. 北京金隅砂浆有限公司，北京，102402；2. 北京建筑材料科学研究总院有限公司，北京，100041；3. 北京市预拌砂浆工程技术研究中心，北京，100041；4. 固废资源化利用与节能建材国家重点实验室，北京，100041）

摘　要：现行标准中的抗裂性试验方法，不能真实地表征外保温系统抹面层及其抹面砂浆的抗裂性，使行业备受困扰。自行研究、设计的抗裂性试验方法，可精确、定量地测出砂浆组分、玻纤网的位置等对抗裂性的影响。对于抹面砂浆，其抗裂性随其中乳胶粉含量的提高而提高。对于含网抹面层，玻纤网的位置对试件抗裂性的影响很大；当玻纤网在抹面层中接近于上表面时，抹面层是否开裂主要取决于抹面砂浆的抗裂性；而是否断裂，则主要取决于玻纤网的质量。试验方法与实验结果为相关标准的制定提供了直接依据。

关键词：材料检测与分析技术　抗裂性　抹面层　抹面砂浆　外保温系统

Research on the Anti-craking Test Method of Render & Base-coat for ETICS

Zhang Yinxiang[1,3,4], Wang Zhaojia[2,3,4], Cai Luhong[1,3,4], Zhang Zengshou[2,3,4]
(1 Beijing BBMG-M Co. Ltd, Beijing 102402; 2 Beijing building materials academy, Beijing 100041; 3 Beijing municipal research center of engineering technology on pre-mixed mortar, Beijing 100041; 4 State key laboratory of solid waste reuse for buiding materials, Beijing 100041)

Abstract: The anti-cracking test method in the current standard couldn't be met with the truth. Designed new mould, sample moulding & curing method, as well as test method of anti-cracking. The new method is suitable to test the anti-cracking of the base-coat with different component and the render with different mesh position. The base-coat's anti-cracking value could be increased with the value of the emulsion powder. As the render, the anti-cracking value is significantly influenced by the mesh position; when the mesh is quite near to the surface, whether cracking is main depended on the base-coat, otherwise whether breaking is main depended on the mesh.

作者简介：章银祥，男，材料工学硕士，教授级高工，从事砂浆、保温等方面的研究与应用工作，邮箱：zhang-yx@163.com。

Keywords: materials test and analysis　anti-cracking　render　base-coat　ETICS

1　既有方法存在的问题

粘贴保温板薄抹灰外墙外保温系统（ETICS）是综合性能优良、最有代表性的一种建筑保温形式。其构造为内饰面层—结构墙—粘结层—保温板—抹面层（抹面砂浆＋玻纤网）—外饰面层[1]。

ETICS 的一个主要性能指标为“无可见裂缝”[1]。研究表明，含网抹面层及其抹面砂浆的抗裂性直接影响 ETICS 的抗裂性。

在我国的现有标准中，没有抹面层的抗裂性试验方法及其指标。我国的相关标准[1-4]均用抗冲击性、压折比（抗压强度与抗折强度之比）来表征抹面砂浆的抗裂性。相关文献[5,6]中也用压折比等表征抹面砂浆的抗裂性。

但我们的试验结果（表 1）表明，对于相同样品，不同试验单位的抗冲击性试验结果差异很大。

表 1　不同试验单位、不同样品的抗冲击性试验结果

样品厂家代号		MS-1-1			MS-3			MS-5		
试验单位代号		YZ-1	YZ-5	YZ-6	YZ-1	YZ-5	YZ-6	YZ-1	YZ-5	YZ-6
不同基板的试验结果	EPS	2/10	—	8/10	1/10	—	5/10	8/10	—	11/11
	岩棉板	3/10	1/8	—	7/10	1/9	0/12	8/10	11/11	8/12

注：试验结果中，分母代表某个样品的抗冲击次数，分子代表其中破坏个数。

压折比也不能真实地表征抹面砂浆的抗裂性。当水泥用量很低时，即使不掺 VAE 等聚合物，也可做到压折比≤3.0；但使用此类抹面砂浆组成的外保温系统，经过大型耐候性试验后，很难做到“无可见裂缝”。

因此，很有必要研究一种新型的含网抹面层及其抹面砂浆的抗裂性试验方法。

2　成型模具及抗裂性试验机具的研究与设计

2.1　成型模具

自行研究、设计的弯拉抗裂性试验模具由塑料型框Ⅰ（1 只）、塑料型框Ⅱ（1 只）、塑料型框Ⅲ（1 只）、塑料型框Ⅳ（1 只）、塑料板条（2 只）和钢直尺（2 只）等组成，大样图如图 1 所示，组合图如图 2 所示。

2.2　弯拉抗裂性试验机具

弯拉抗裂性试验机具由一台电子万能试验机及一套自行研制的抗裂性试验夹具组成，如图 3 所示。

微机控制电子万能试验机可以 2mm/min 的速度进行拉伸试验，并自动记录相关数据。

夹具分为固定部件和移动部件。

（1）固定部件由两块相互平行的、对称布置的 U 形钢板及连接件组成，开口向上，上部两端各固定一根可以自由自转的、表面光滑的、相互平行的、对称布置的水平轴，水平轴

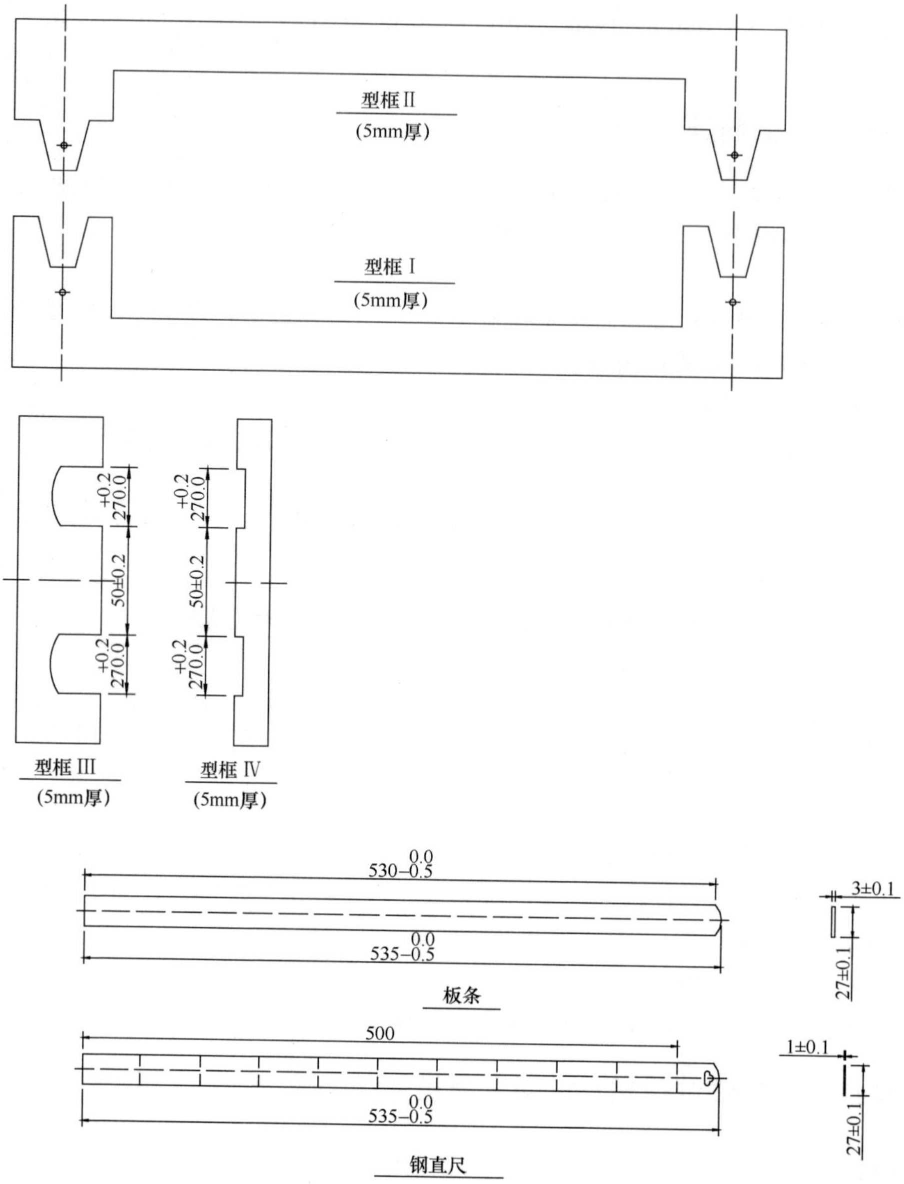

图 1　弯拉抗裂性试件成型模具大样图

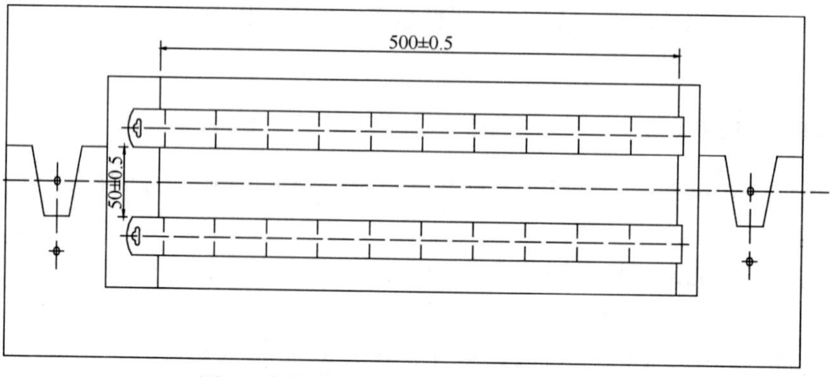

图 2　弯拉抗裂性试件成型模具组合图

的直径为（10±0.1）mm、轴向长度不小于 50mm、中心距为（350±1）mm。固定件底部中心位置通过连接件连接于电子万能试验机的底座上。

（2）移动部件的半圆环开口向下，净宽不小于 50mm，表面光洁；半圆环两侧各固定一只可沿固定轴径向自由活动的、对称布置的连接片，连接片上部与连接轴活接，连接轴中部通过万向节与电子万能试验机的拉伸头连接。

电子万能试验机底座上的连接件、固定件、半圆环、万向节、拉伸头的中轴线在同一条直线上。

图 3 弯拉抗裂性试验机具

3 标准试验方法

3.1 模具准备

将聚乙烯薄膜平摊、固定于水平放置的玻璃板表面上，确保成型后的试件下表面平整、光滑、无皱褶。按照图 2 所示，在固定好的聚乙烯薄膜上组装型框Ⅰ、Ⅲ、Ⅳ，再将两只板条放入型框Ⅲ、Ⅳ之间；将型框Ⅱ插入型框Ⅰ中，将二者固定。

将标准玻纤网按纬向×经向为 500mm×27mm 的规格裁剪出 6 片；将标准玻纤网按纬向×经向为 500mm×115mm 的规格裁剪出 3 片。

3.2 新拌砂浆制备

按照文献[1]的要求加水制备抹面砂浆，按照 JGJ/T 70 的规定检测其稠度，应为（95±4)mm；否则，重新计量、搅拌、检测，直至稠度合适。

3.3 成型与养护

按照下列顺序成型与养护：

（1）将搅拌好的抹面砂浆填实于模具中型框Ⅲ、Ⅳ及两只板条之间，抹平。

（2）将裁剪好的 500mm×27mm 玻纤网在两只板条之上分别对中摊铺一片，以成型无网试件（抹面砂浆）；或将裁剪好的 500mm×115mm 玻纤网在两只板条之上对中摊铺一片，以成型有网试件（抹面层）。

（3）在板条位置的玻纤网之上分别放置钢直尺一只，压住玻纤网。

（4）将搅拌好的抹面砂浆填实于模具中型框Ⅲ、Ⅳ及两只直尺之间，抹平。

（5）移去型框Ⅰ、Ⅱ，余者即刻置于温度为（23±2)℃、湿度为（50±5）%的标准养护室中。

（6）2d 后脱模：顺序移去型框Ⅲ、型框Ⅳ、钢直尺和板条，将试件与聚乙烯薄膜分开。

（7）养护：将试件置于光滑、平整的板面上，按规定制度继续养护至 28d。养护时，试件不得受外力，试件之间应保持 5mm 以上的距离。

所得试件如图 4 所示，其中，图 1 为有网试件，图 2 为无网试件。无网试件三个为一组，有网试件也是三个为一组。

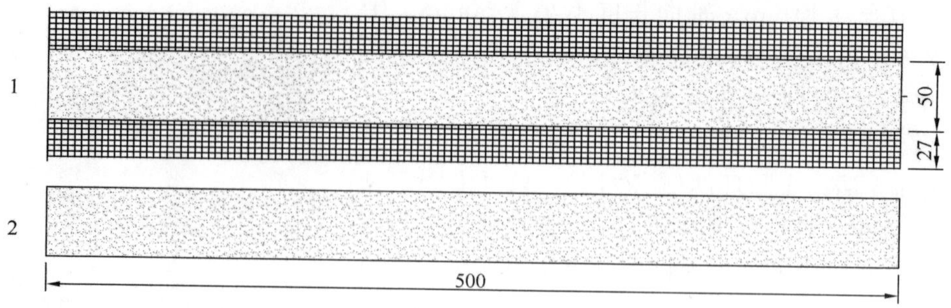

图 4　抗裂性试件

3.4　测试步骤

养护完成后，剪除有网试件的可见网布。用精度为 0.02mm 的游标卡尺测试试件长度方向的中间厚度。若各试件的中间厚度与三个平行试件的平均厚度值误差在±0.2mm 内，则此组试件为有效试件，可进行后续测试；若有一条试件无效，则用其余两个试件进行检测；若两个试件均无效，则需重新制样。

按照图 3 所示，将符合要求的试件固定于弯拉抗裂性试验夹具上。以 2mm/min 的速度对试件施加法向荷载，使试件三点受拉、弯曲，直至试件断裂或被拉出。记录拉力-位移曲线；计算拉力-位移曲线中最高点处的净位移，单位为 mm。

3.5　试验结果的处理

取有效试件的净位移的算术平均值作为弯拉抗裂性试验结果，精确到 0.1mm。

4　试验结果

4.1　标准试验方法的试验结果

按照前述标准方法进行成型、养护与测试。

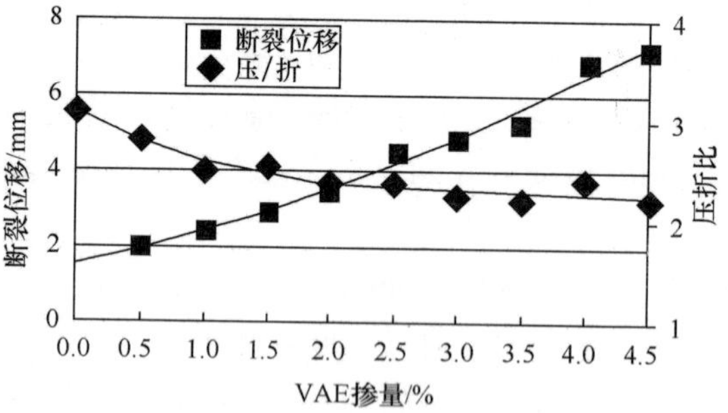

图 5　断裂位移及压折比与胶粉含量的相关性

图 5 为抹面砂浆的断裂位移、压折比与其中聚合物（VAE 胶粉）含量的相关性试验结果。其中，横坐标为干混抹灰砂浆中 VAE 胶粉的掺量（%），左纵坐标为断裂位移（mm），右纵坐标为压折比。

由图 5 可知，随着 VAE 含量的提高，抹面砂浆的压折比先是较快减小，直至 VAE 含量达到 2.0%后，减小幅度就不明显了。而按照本文的抗裂性试验方法检测的断裂位移（抗裂性）则随着 VAE 含量的提高而不断增加。这说明本文方法较压折比更能真实地反映抹面砂浆的抗裂性。

图 6 为无网抹面砂浆试件与有网抹面层试件的抗裂性对比试验结果。其中，横坐标为位移（mm），纵坐标为拉力（N），两种试件的砂浆组分一致。

由图 6 可知，有网抹面层试件的破坏曲线与无网抹面砂浆试件有明显不同。（1）有网抹面层试件的最终断裂位移比无网抹面砂浆的大得多；在有网抹面层试件的破坏曲线中，每一处波动几乎对应试件中的一条裂纹，这揭示了外保温系统中玻纤网的重要作用。（2）有网抹面层试件出现初始裂纹的位移几乎与无网抹面砂浆试件的断裂位移一致。可见，对于有网抹面层试件，是否开裂主要取决于抹面砂浆的抗裂性；而是否断裂，则主要取决于玻纤网的质量。

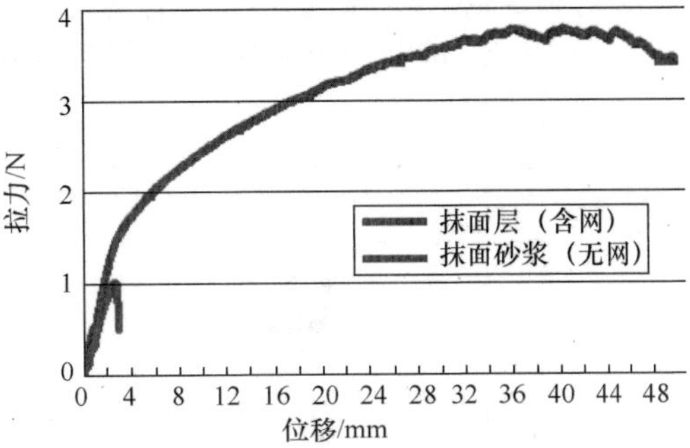

图 6 无网与有网试件的抗裂性差异

4.2 非标准成型方法的试验结果

为了解玻纤网在抹面层中的位置、玻纤网的经纬向对抹面层抗裂性的影响，进行了非标准试验，表 2 为部分试验结果。其中，3＋1 表示玻纤网底下的砂浆厚度为 3mm、玻纤网上表面的砂浆厚度为 1mm；1＋3 则与 3＋1 相反；带 w 的表示玻纤网的纬向与试件的长度方向一致，不带 w 的则表示玻纤网的经向与试件的长度方向一致。养护与测试方法均相同。

表 2 玻纤网的经纬向及其在抹面层中的位置对抗裂性的影响

玻纤网的经纬向及其位置	3＋1	1＋3	（3＋1）w
抗裂性/mm	40.6	2.4	32.9

由表 2 可知，试验范围内，玻纤网在抹面层中的位置对抹面层的抗裂性影响很大，而玻纤网的经纬向对抹面层的抗裂性影响相对较小。

5 讨论

（1）玻纤网在抹面层中的位置对抗冲击性试验结果影响很大；相关标准[1-4]中的抗冲击性试验成型方法，因试件尺寸较大（600mm×400mm），使得玻纤网的位置很难控制。此外，在抗冲击性试验结果的评判中，相关标准[1-4]对裂纹的长度、宽度等未予以明确规定。因此，不同试验室、不同试验人员之间的抗冲击性试验结果差异较大（表 1）。本文的成型方法中，由于板条与钢直尺的厚度固定、试件宽度较小，因此试件本身的厚度、其中玻纤网的位置等基本不受人为因素影响，从而有效减少了不同试验室、不同试验人员之间的误差。此外，本文的测试方法中，由于使用计算机精确记录了试件受力破坏过程中的三点拉力-位移曲线，可从弯拉曲线中精确检测出试件的开裂位移（图 6）。

（2）本文的测试方法能精确检测出玻纤网在抹面层中的位置对抹面层抗裂性的影响（表 2），这是目前国内外各标准试验方法[1-4,7]都无法做到的（表 1）。

（3）本文的测试方法中，无网抹面砂浆抗裂性试件、有网抹面层抗裂性试件均使用同一模具、同样的成型与养护方法、基本相同的测试步骤与结果处理方法，使得无网抹面砂浆、有网抹面层的弯拉抗裂性试验结果具有高度可比性（图 6）。本文的测试方法可定量地测试出有/无网试件受力破坏过程中的三点拉力-位移曲线，因此，可精确地测试出不同组成材料的抗裂性差异（图 5、图 6），这是相关标准试验方法（国标的抗冲击性、压折比，欧标的轴向拉伸强度[7]等）难以做到的（图 5）。

（4）抹面砂浆的弯拉抗裂性，不但与其中胶粉的掺量（图 5）与种类密切相关，还与无机胶凝材料的种类与用量、保水增稠材料的种类与用量、骨料（砂）的级配与含泥量、其他材料（憎水剂、填料、纤维）的种类与掺量、养护制度等相关，这些均可通过本文介绍的试验方法一一测试出来。

6 结论

（1）现行标准中的抗裂性试验方法，不能真实表征外保温系统抹面层及其抹面砂浆的抗裂性，使行业备受困扰。

（2）自行研究、设计的抗裂性试件成型模具、试件成型与养护方法、抗裂性试验夹具、抗裂性试验过程及其结果处理方法，可精确、定量地测试出砂浆组分、玻纤网的位置等对抗裂性的影响，比既有方法具有优越性。

（3）对于无网试件（抹面砂浆），其弯拉抗裂性随其中乳胶粉含量的提高而提高。

（4）对于有网试件（抹面层），玻纤网的位置对试件弯拉抗裂性的影响很大。当玻纤网在抹面层中接近于上表面时，抹面层是否开裂主要取决于抹面砂浆的抗裂性；而其是否断裂，则主要取决于玻纤网的质量。

参考文献

[1] 中华人民共和国住房和建设部. 模塑聚苯板薄抹灰外墙外保温系统材料：GB/T 29906—2013[S]. 北京：中国标准出版社，2014.

[2] 中华人民共和国住房和建设部. 挤塑聚苯板(XPS)薄抹灰外墙外保温系统材料：GB/T 30595—2014[S]. 北京：中国标准出版社，2014.

[3] 中华人民共和国住房和建设部. 硬泡聚氨酯板薄抹灰外墙外保温系统材料：JG/T 420—2013[S]. 北京：中国标准出版社，2014.

[4] 中华人民共和国住房和建设部. 岩棉薄抹灰外墙外保温系统材料：JG/T 483—2015[S]. 北京：中国标准出版社，2016.

[5] 崔九春，刘巧玲，张旭. 外墙保温用柔性干粉抹面胶浆的抗裂性能研究[J]. 山西建筑，2010(16)：143-145.

[6] 莫永恒. 外墙外保温系统抹面胶浆压折比的试验研究[J]. 江西建材，2009(2)：18-19.

[7] Guideline for European Technical Approval of External Thermal Insulation Composite Systems(ETICS) With Rendering：ETAG 004：2013[S].

轻质保温板孔结构特征的 X-CT 表征研究

彭宇[1]，于龙[2]，张林[3]，刘贤萍[2]，张国防[2]
（1. 浙江大学建筑工程学院，浙江杭州，310058；2. 同济大学材料科学与工程学院，上海，210804；3. 浙江天地环保科技有限公司，浙江杭州，310006）

摘　要：本文利用 X 射线断层扫描技术（X-CT）研究了多个轻质保温板的孔结构特征，统计并对比了这些轻质保温板的孔隙率、孔径、孔的球度及连通性等参数，并对其孔结构特征与导热系数关联性进行了讨论。结果表明，轻质保温板的孔隙率及孔径大小与导热系数呈反比例关系，即其值越大，导热系数越小；而干密度、孔的球度及孔壁厚与导热系数呈正比例关系，即其值越大，导热系数越大。孔结构特征中，对导热系数影响程度从大到小依次为干密度、孔隙率、孔径及孔的球度，而孔的连通性对导热系数影响不大。

关键词：轻质保温板　X-CT　孔结构特征　导热系数

Research on the Pore Structure Characterization of Lightweight Insulation Board by X-ray Computed Tomography

PENG Yu[1], YU Long[2], ZHANGLin[3], LIU Xianping[2], ZHANG Guofang[2], WANG Peiming[2]
(1. College of Civil Engineering and Architecture, Zhejiang University, Hangzhou Zhejiang, 310058; 2. School of Materials Science and Engineering, Tongji University, Shanghai, 201804, China; 3. Zhejiang Tiandi Environmental-Protection Technology Co. Ltd, Hangzhou Zhejiang, 310006)

Abstract: Pore characteristics of lightweight insulation (LIB) board were researched by X-ray computed tomography (X-CT). Porosity, pore-size, pore sphericity and pore connectivity of these LIBs and their relations with thermal conductivities were systemically analyzed. The results show that porosity and pore size are inversely proportional to thermal conductivity, i. e. the larger the value, the smaller the thermal conductivity; while the dry density, sphericity and pore wall thickness are proportional to the thermal conductivity, i. e. the larger the value, the greater the thermal conductivity. Among all the pore characteristics, the influences of them to thermal conductivity from stronger to weaker are dry density, porosi-

---

基金项目：浙江省分析测试项目（LGC19E020001）。
作者简介：彭宇，男（土家族），工程师，从事高性能水泥基材料微观结构研究，Email：0013452@zju. edu. cn。

ty, pore-size and pore sphericity, and the pore connectivity has little effect on thermal conductivity.

Keywords: Lightweight insulation board, X-ray computed tomography (X-CT), Pore characteristic, Thermal conductivity

1 引言

轻质保温板（lightweight insulation board）是利用水泥、发泡剂、掺合料、增强纤维、聚合物及外加剂等制备的一种具有轻质、保温、隔声、抗冻、不燃等优点的发泡水泥保温板，是一种具有广阔运用前景的新型墙体保温材料[1-3]。硫铝酸盐水泥因其快凝早强、早期稳定性好等被广泛用于制备轻质保温板[4]，而普通硅酸盐水泥在制备轻质保温板时，若参数设定不当，易发生坍缩。快硬水泥制品的缺点是在后期有强度倒缩，且其成本较高[5-6]。近年来大家的研究重点均在如何利用普通硅酸水泥生产性能优良的发泡水泥保温材料，或将二者复掺[7-9]。文献显示，发泡水泥保温材料的干密度在 200～300kg/m^3[10-13]，也有报道为 160kg/m^3 的[2]。导热系数普遍在 0.052～0.07W/(m·K)[11-13]。

在诸多因素中，孔结构对发泡水泥综合性能影响最大，因而若要实现发泡水泥性能优化，必须从改善发泡水泥孔结构着手[14]。研究证明，水灰比为 0.5～0.55[3]时，聚合物含量、水温、发泡剂含量、搅拌参数等均会对孔结构特征产生影响[10-11]。同时，利用适当方法对孔结构特征进行表征，也是综合改善发泡水泥性能的关键。目前，对发泡水泥孔结构表征方法主要是利用光学显微镜、照相机与扫描电镜[10,13,15-16]、超景深三维显微系统等[14]获取发泡水泥断面信息，而后利用图形处理软件对断面信息进行处理，包括二值化处理、特征提取等过程[17]，这些方法的共同点在于所能观测的区域较小、图像为二维、制样对样品的损伤等。

X 射线断层扫描技术（X-CT）是利用 X 射线从各个角度穿透样品，而后依据空间上不同物相对 X 射线衰减程度的不同而获得样品三维空间结构的一种无损测试手段，近年来，被越来越多用于水泥基材料的微观结构测试[18-19]。其显著优势在于对样品无损，且可以直接获得其三维结构特征。基于此，本文特随机从杭州地区的建材市场上选取了 9 种产品，对其干密度、导热系数进行了测量，利用 X-CT 技术对其孔结构特征进行了对比研究，获得了其孔隙率、孔径分布、孔的球度和连通性等。

2 试验

2.1 样品与试验

本试验所用的样品是从杭州地区建材市场随机购买的 9 种轻质保温板样品，依据其干密度由小到大将其命名为 FC01～FC09。样品形态及其干密度如图 1 所示。该批次样品干密度最小为 191kg/m^3（FC01），最高为 265kg/m^3（FC09）。

图 2 为轻质保温板样品的抗压强度与导热系数。总体来看，导热系数与抗压强度随着样品干密度的增高而增大，但规律并不明显。不排除测试过程中存在误差的可能性，但很可能是由于轻质保温板的抗压强度、导热系数等物理性质并不是仅受干密度这单一因素影响，而是各种因素（如孔隙率、孔隙结构等）的综合影响。

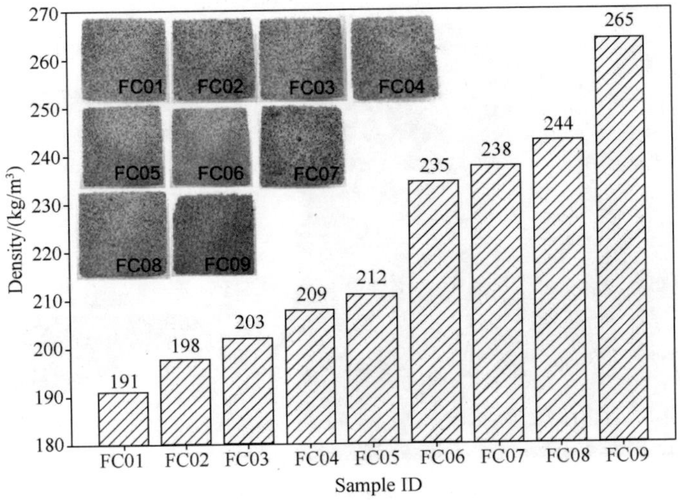

图 1 轻质保温板样品外观及其干密度

Figure 1 Lightweight insulation board samples and densities

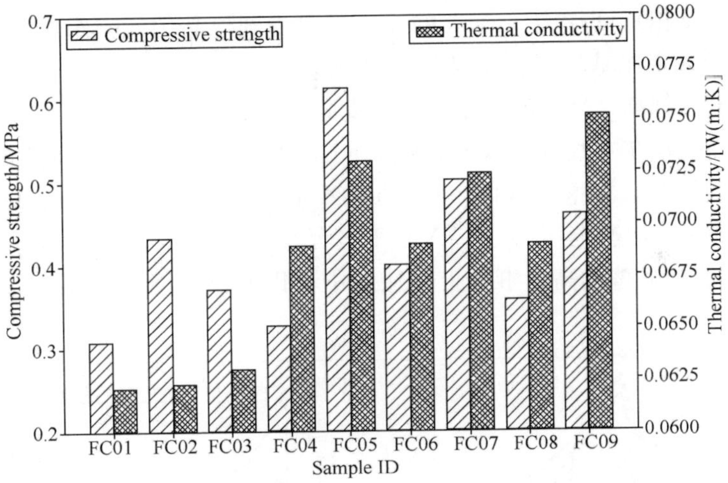

图 2 轻质保温板样品的抗压强度与导热系数

Figure 2 Compressive strength and thermal conductivities of lightweight insulation board

X-CT 试验在 Nikon XTH 225/320 LC 工业 CT 上进行。试验所用加速电压为 110kV，电流为 200μA，分辨率为 64.5μm。试验装置如图 3 所示。测试时将样品直立于样品台上，X 射线从射线源处以锥束形式发出，射线穿透样品后可在另一端的探测器上形成一张透视投影图。正式试验时，在一定速率下将样品旋转 360°，旋转过程中以每秒 2 张的速率从各个角度拍摄样品投影图 2500 张，而后利用 CT Pro 3D 软件对所得投影数据进行三维重构，重构出的数据利用 VGStudio MAX 3.1 软件进行分析。

2.2 CT 图像的灰度分布

本质上，X-CT 图像的灰度取决于其对 X 射线的质量衰减系数（mass attenuation,

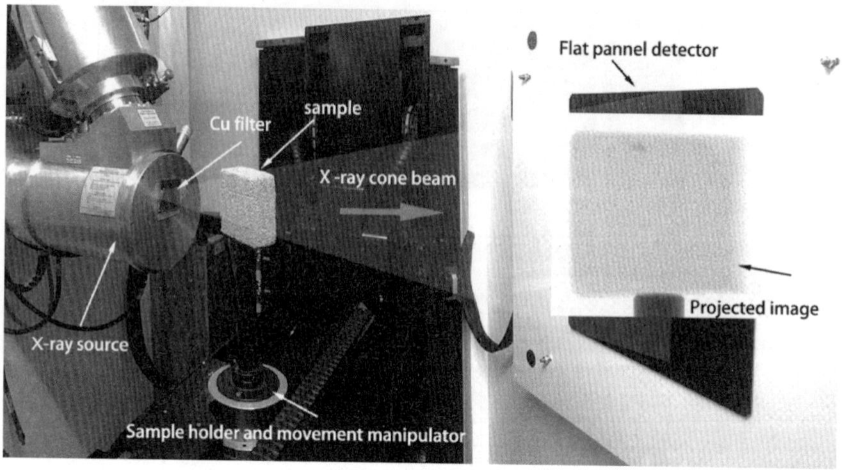

图 3　X-CT 机器内部结构

Figure 3　Inner structure of X-CT instrument

MA），MA 越大的区域其亮度越高，反之，MA 较小的区域其亮度较低（有时候，为研究之便，也可将灰度反相）。理论上，MA 的大小主要受到样品的元素组成与加速电压等因素的影响。图 4 所示为水泥基材料中常见的几种元素的 MA 值，基本上 MA 值的变化遵循两个规律：①加速电压越高，MA 值越小；②元素原子序数越高，MA 值越大。但其变化率并不呈直线关系，同时存在一些异常区域。图 4（b）为一般工业 CT 常用的能量范围下各元素的 MA 值，可以看到，在这个区间，Fe 的 MA 值最高，而 C 与 O 的 MA 值最低。图 4（c）为本试验所采用的加速电压（110 kV）下各元素的 MA 值，其基本遵循上述第二个规律，但 H 的 MA 值却显著偏高。事实上，从图中可以看出，能量高于 300 kV 以后，H 的 MA 值均最大。

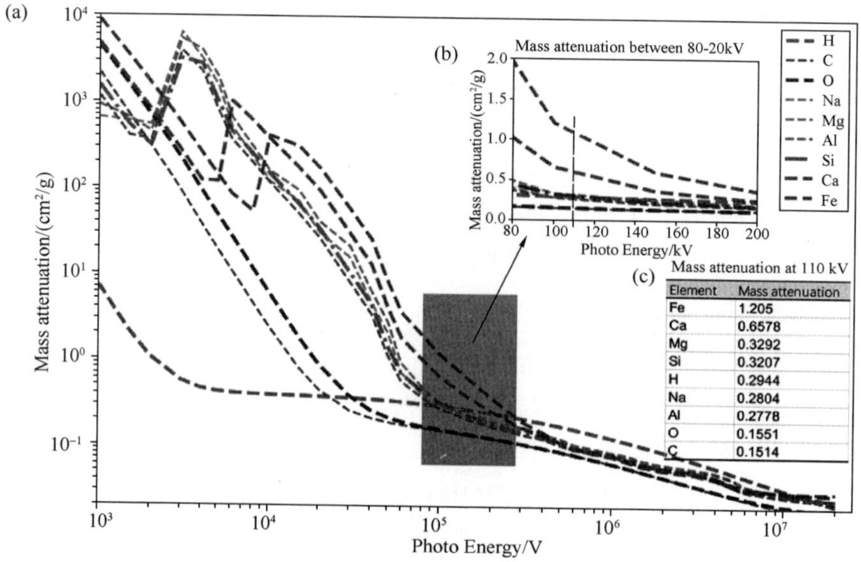

图 4　水泥中不同元素在不同加速电压下的 X 射线衰减系数

Figure 4. X-ray attenuation coefficient of different elements in cement at different photo energy

实际试验过程中，X-CT 图像的灰度还受到样品大小、区域密度高低、元素密度（平均原子序数高低）、放大倍数、分辨率、加速电压、滤片的种类及厚度、灯丝的状态等诸多因素的综合影响，因此试验时要根据材料及目的选择合适的参数进行拍摄。图 5（a）为 FC01 样品的 CT 图像，其中白色网格状区域为水泥，被水泥网格所包覆的黑色区域为孔隙。孔隙大小整体较均匀，局部存在一些较大孔隙［图 5（b)］，也存在少量水泥团聚现象［图 5（c）中亮点］。图 5（d）为图 5（a）的灰度分布曲线，左侧较尖锐的峰为孔隙，右端较平滑区域为水泥，孔隙的峰明显高于水泥。

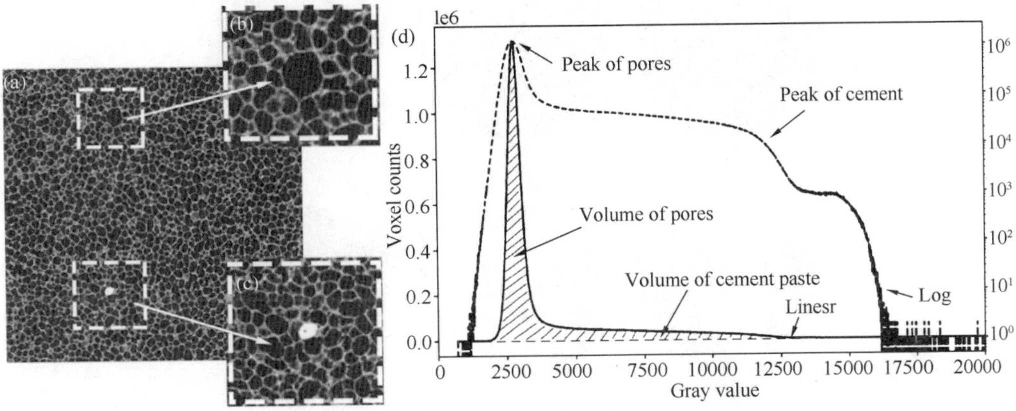

图 5　轻质保温板的 X-CT 图像与其灰度分布曲线（FC05）

Figure 5　X-CT image and its Gray value histogram of lightweight insulation board (sample FC05)

2.3　数据分析

图 6 为从各样品中切取的边长为 20 mm 的立方体小块的三维 X-CT 图像。图中白色区域为水泥骨架结构，黑色区域为孔隙，可以清晰地看到不同样品的孔隙孔径大小与形态不尽相同。

对图 5 灰度峰所包含区域进行积分求和即可得到孔隙或水泥的体积，将孔隙体积与样品总体积相除即可获得孔隙率，同时还可获得孔径分布、孔的球度、密实度、孔壁厚度、孔连通性等特征参数。

这里以图 7 为例说明各结构参数。孔隙率是孔隙总体积与样品体积的比值；孔径是与孔隙体积相等的球体的直径［图 7（c）中不同颜色代表不同孔径］，为等效球直径；球度是与孔等体积的球体表面积与孔结构实际表面积之比，其值越接近于 1，说明其形状越接近于球形；孔的壁厚（Wallthickness）是指相邻两孔隙之间的孔壁的厚度，从图 7（b）可以看到孔壁厚薄不一，图 7（d）为软件计算所得轻质保温板中壁厚的热力图；孔的连通是指相邻孔之间存在连通的孔道，通过图 7（b）可以看到轻质保温板中的孔并不全是独立的，一些相邻的孔通过两孔之间的孔壁上存在的孔洞相互连接；孔洞的数量越多、面积越大，说明孔隙的连通性越好。这里将这些孔洞的横截面积相加与所有孔的表面积相除得到的比值定义为孔的连通性。图 7（e）为图 7（a）样品中所有连通孔的空间三维分布，可以看到这些连通孔道的横截面面积有大有小。

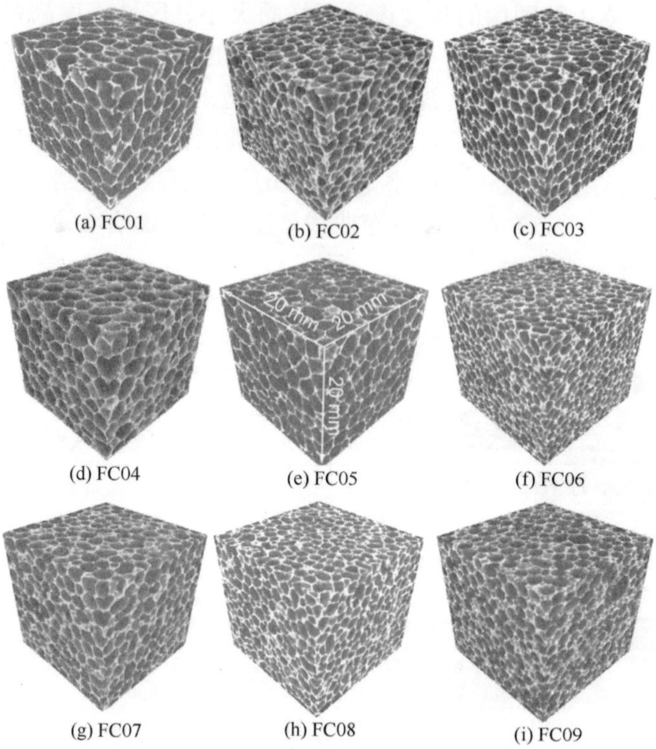

图 6　轻质保温板的三维 X-CT 图像
Figure 6　3D X-CT image of lightweight insulation board

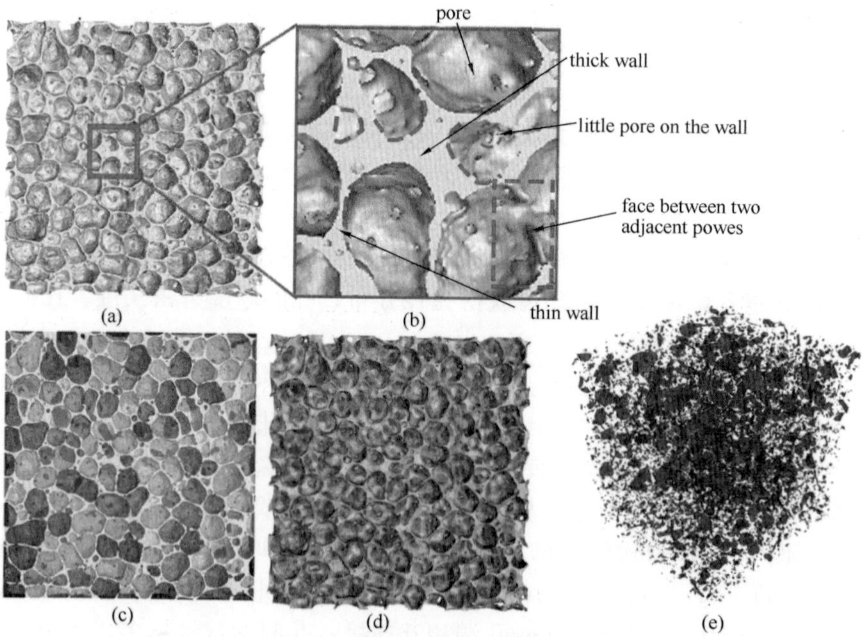

图 7　轻质保温板的孔结构特征
（a）图像；（b）孔、壁厚、连通孔等示意图；（c）孔隙渲染图（颜色代表不同体积）；
（d）壁厚渲染图（颜色代表不同壁厚）；（e）连通孔面积
Figure 7　Pore characteristics of lightweight insulation board
（a）X-CT image，（b）illustration of pore，wall and connected pores，（c）pores in colors（colors indicates volumes），（d）wallthickness（color indicate thickness），（e）faces in 3D

3　结果与讨论

3.1　孔结构特征

3.1.1　孔隙率

图 8 为 X-CT 计算出的各样品的孔隙率，可见轻质保温板的孔隙较大。总体而言，孔隙率随着干密度的增高而下降。

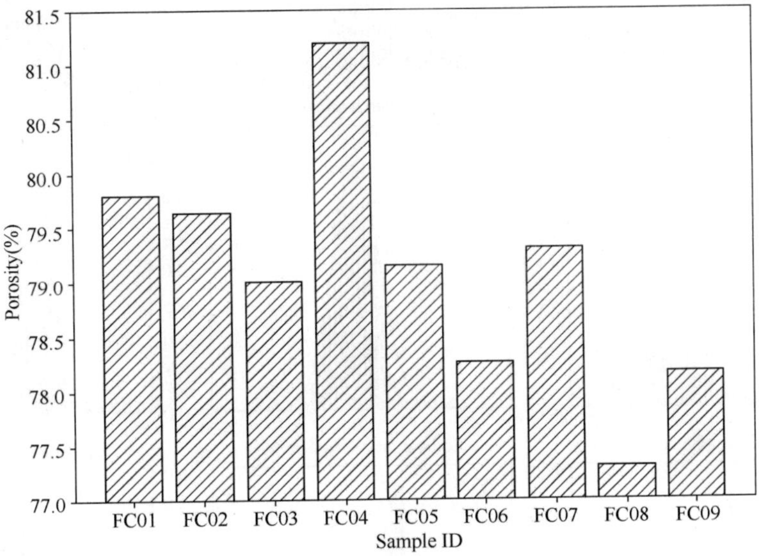

图 8　轻质保温板孔隙率

Figure 8　Porosity of lightweight insulation board

3.1.2　孔径分布

图 9（a）～（i）为轻质保温板孔隙的孔径（等效球直径）分布。由图中可知，总体来说样品孔隙的孔径在最可几孔径两侧呈正态分布，但不同样品的分布特征各异。如 FC06 样品的孔径分布范围约为 0.4～1.3 mm，在 9 个样品中分布最集中。FC01 样品的孔径主要分布于 0.5～1.5mm 范围，在最可几孔径（约为 1.0 mm）两侧均匀分布；FC03 与 FC05 样品的最可几孔径及孔径分布范围均与 FC01 样品接近，但其分布略分散。FC08 与 FC09 样品的分布范围接近（约为 0.4～1.3 mm），FC08 样品的孔径呈正态分布，而 FC09 样品的孔径分布不如 FC08 样品均匀。FC02、FC04 及 FC07 三个样品的孔径分布范围较其余 6 个样品要广得多（0～2mm），且其分布十分不均匀，FC04 样品中含有大量粒径小于 0.5 mm 的孔（远小于其余样品）。

从图 9（j）来看，孔径均值的大小与干密度并无直接关系，FC02 与 FC07 样品的平均孔径最大（约为 1.3 mm），FC01、FC03 与 FC05 三个样品的平均孔径约为 1.0 mm，FC04、FC06、FC08 与 FC09 样品的平均孔径最小，约为 0.8 mm。图 9（k）为孔径大小的箱形图，可见 FC02、FC04 与 FC07 三个样品的离散性较大，尤以 FC04 样品为甚。

3.1.3　孔的球度

由图 10（a）～（i）可知，孔的球度多分布于 0.5～0.7 之间，最可几球度值出现在 0.6 附近，其分布亦多呈正态分布，在最可几球度值两侧均匀分布。通过图 10（j）可知，

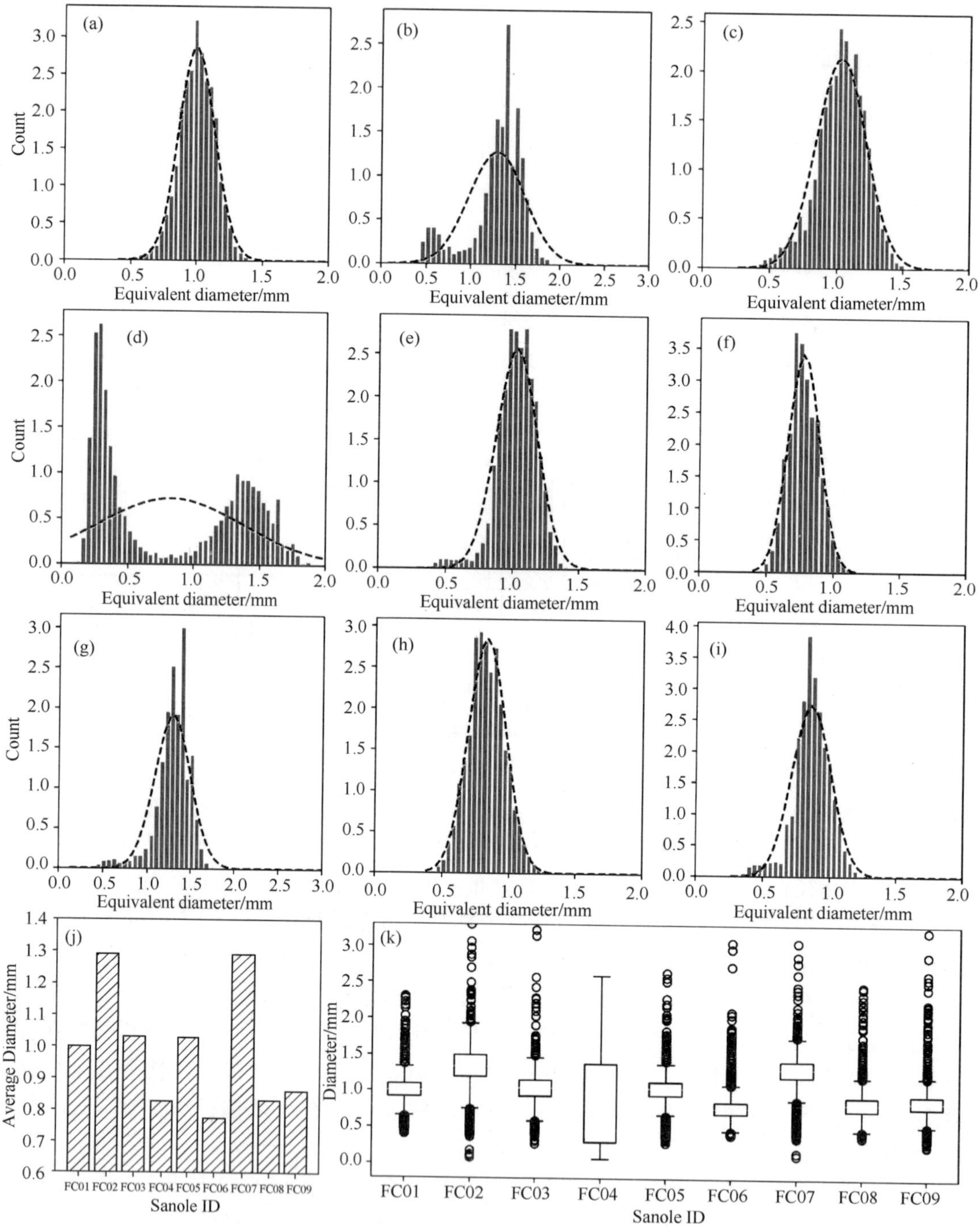

图 9　轻质保温板孔隙的孔径（等效球直径）分布

Figure 9　Distribution of equivalent diameter of pores in lightweight insulation board

(a) FC01; (b) FC02; (c) FC03; (d) FC04; (e) FC05; (f) FC06; (g) FC07; (h) FC08; (i) FC09; (j) Average diameter; (k) Boxplot

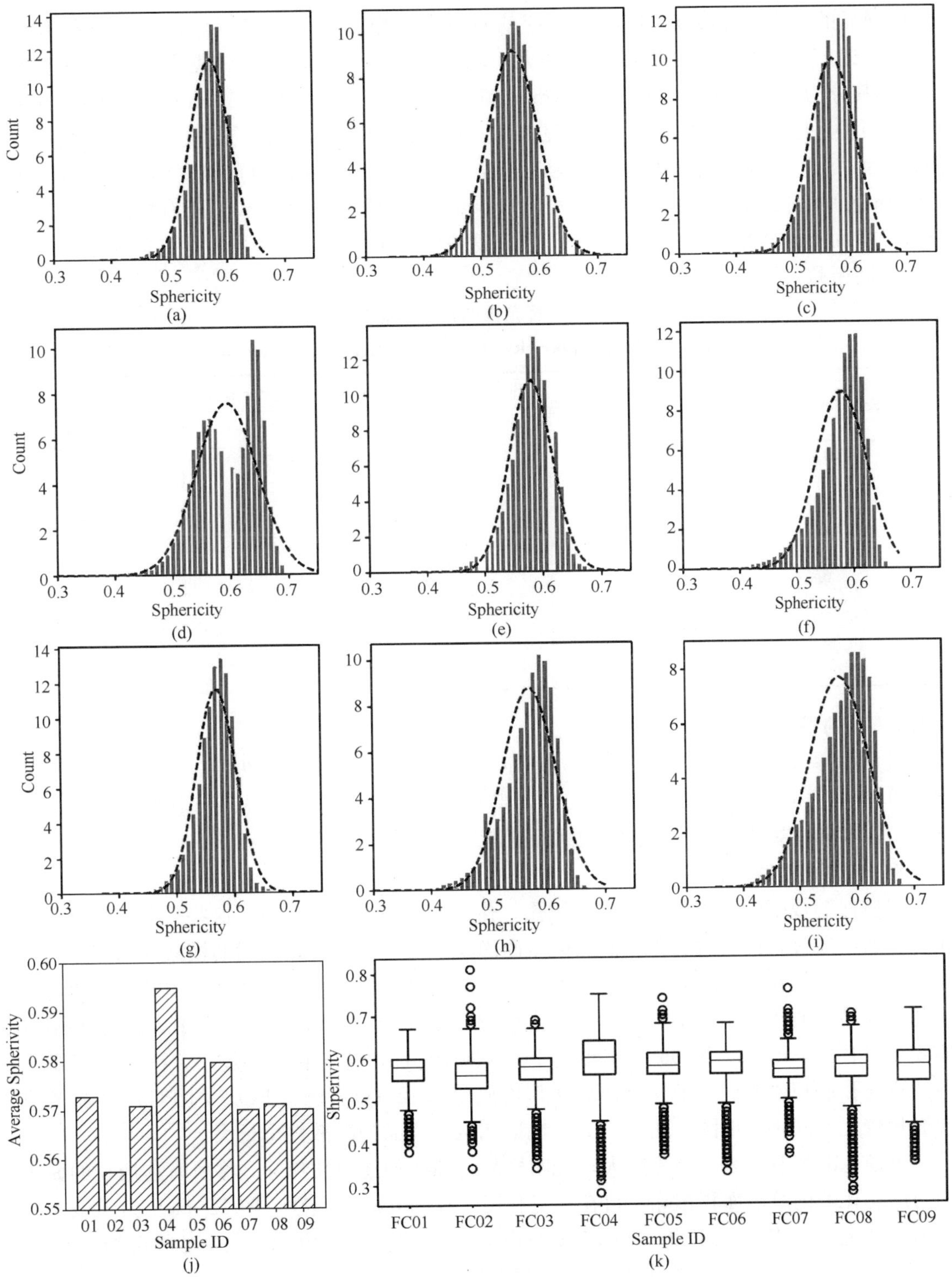

图 10　轻质保温板孔隙的球度分布

Figure 10　Distribution of Sphericity of pores in lightweight insulation board

(a) FC01; (b) FC02; (c) FC03; (d) FC04; (e) FC05; (f) FC06; (g) FC07; (h) FC08; (i) FC09; (j) Average shpericity; (k) Boxplot

FC04 样品的平均球度最高，同时其球度值直方图分布亦有两个峰，与其粒径分布［图 10 (d)］接近。笔者推测球度值或与粒径大小间存在一定关联，因此依据孔隙等效球直径大小，将其分为小于 0.5mm、0.5～1.0mm、1.0～1.5mm 及大于 1.5mm 四个区间，分别统计了四个区间上的孔隙球度值，结果见表 1。由表中数据可知，孔的球度随着孔粒径的增大而减小：小于 0.5mm 的孔球度值约为 0.63，0.5～1.0mm 区间的孔球度约为 0.59，1.0～1.5mm 区间的孔球度约为 0.56，而大于 1.5mm 的孔球度约为 0.50。所有样品均存在这样规律，然而不同样品之间仍存在一些差别，这或许是不同样品在不同粒径区间所包含的孔隙数量不同所致。

表 1　不同孔径范围的孔隙球度平均值比较

Table 1　Average sphericity of pores in different diameter range

Sample ID	Sphericity in different pore diameter range			
	≤0.5mm	0.5～1.0mm	1.0～1.5mm	≥1.5mm
FC01	0.60	0.59	0.56	0.53
FC02	0.64	0.59	0.56	0.52
FC03	0.62	0.59	0.56	0.49
FC04	0.63	0.55	0.56	0.55
FC05	0.64	0.60	0.57	0.51
FC06	0.63	0.58	0.51	0.51
FC07	0.64	0.57	0.57	0.54
FC08	0.62	0.58	0.53	0.51
FC09	0.63	0.58	0.50	0.48

3.1.4　孔的壁厚

孔的壁厚分布如图 11 (a) ～ (i) 所示，壁厚的分布范围主要为 0～0.6mm，最可几壁厚在 0.3～0.4mm。与孔径及球度相比，壁厚的分布不够均匀。从平均壁厚来看［图 11 (j)］，总体来说壁厚随着干密度的增高而逐渐增大。

3.1.5　连通孔横截面面积

轻质保温板中的孔隙并不都是封闭孔，孔壁上存在大量的孔洞，这些孔洞使临近的孔隙相互连通。通过软件可对这些孔洞的横截面面积进行统计分析，孔洞的横截面面积越大，说明轻质保温板中孔隙的连通性越强。图 12 (a) ～ (i) 为连通孔横截面面积的直方图，可见大部分样品连通孔面积均小于 1 mm^2，主要分布于 0～0.4 mm^2 区间。从其灰度直方图累计曲线可以看到，FC03、FC06、FC08 与 FC09 四个样品的连通孔面积较小，FC02 与 FC07 样品的连通孔面积要明显大于其余样品。其均值［图 12 (j)］显示 FC02 与 FC07 样品的连通孔面积较大，同时箱形图［图 12 (l)］也证明两个样品的离散性也最大。

连通孔的数量越多、面积越大，说明样品孔隙间的连通性越好。将所有连通孔的面积相加与所有孔隙的总表面积相除，可在一定程度上反映孔的连通性，图 12 (k) 为用该方法计算出的连通性，其变化趋势与连通孔平均截面面积一致。FC06 样品连通性最小（小于 2%），FC02 与 FC07 样品的连通性最大（均超出了 5%）。

3.2　各孔结构特征与导热系数关系

图 13 为各孔结构特征平均值与导热系数的关系散点图，其中横坐标为导热系数，纵坐标为各孔结构特征。本试验由于客观条件所限，取样数量不多，样品本身及试验过程中或不

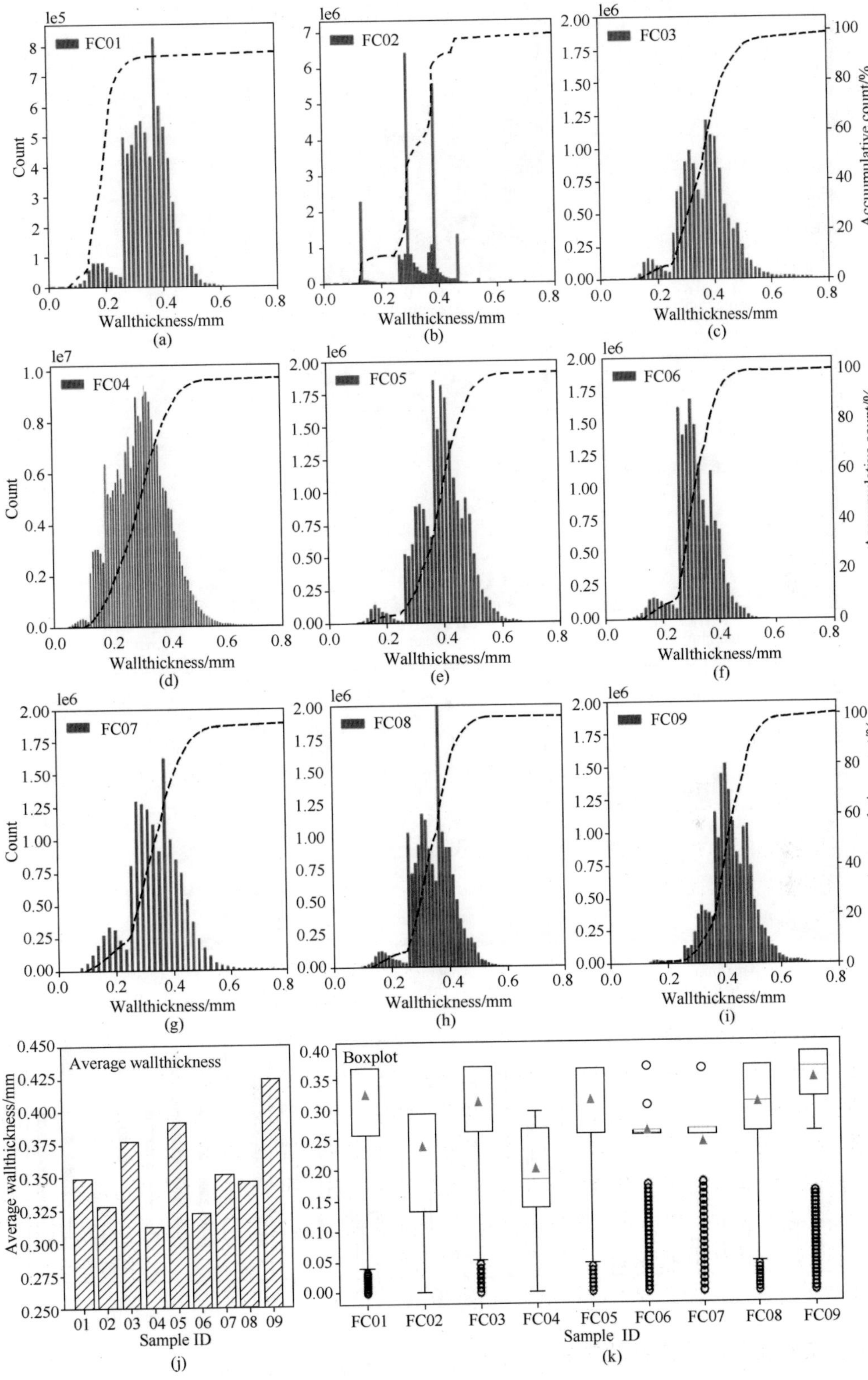

图 11　轻质保温板中孔隙的壁厚分布

Figure 11　Distribution of wall-thickness of pores in lightweight insulation board

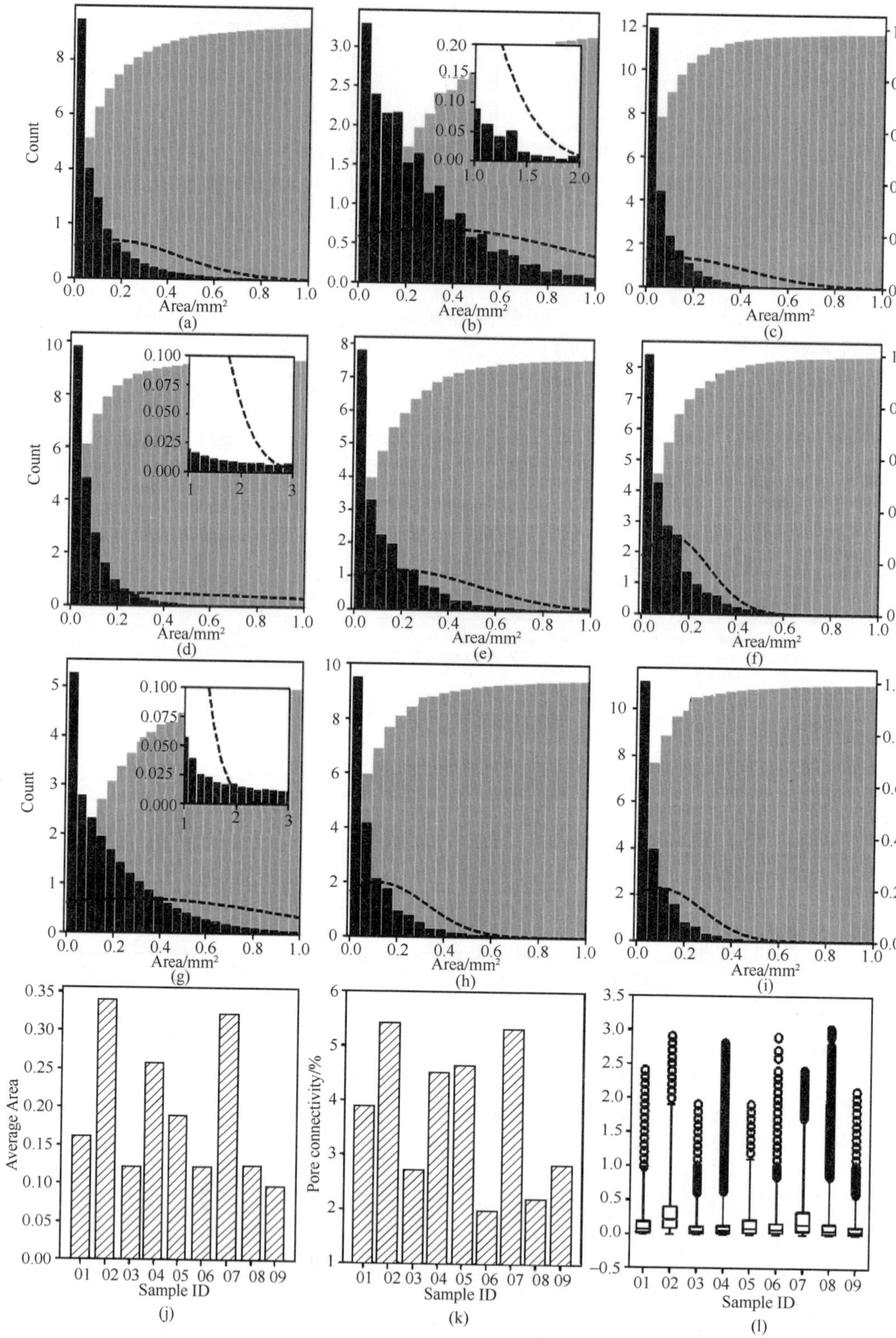

图 12　轻质保温板孔结构连通孔道横截面面积分布

Figure 12　Distribution of sections areas of connected pores of lightweight insulation board

(a) FC01; (b) FC02; (c) FC03; (d) FC04; (e) FC05; (f) FC06; (g) FC07; (h) FC08; (i) FC09; (j) Average area; (k) Pore connectivity; (l) Boxplot

可避免存在一些误差，而可能导致结果具有波动性，然而通过对数据进行合理的分析，从中能发现一些规律。比如可以看出，孔隙率［图 13（a)］和孔径［图 13（d)］与导热系数的变化呈反比关系，即孔隙率及孔径越大，其导热系数越小，反之孔隙率与孔径越小，其导热系数越大。而导热系数与干密度［图 13（b)］、孔的球度［图 13（c)］及孔的壁厚［图 13（f)］之间的关系则呈正比关系，即其值越大，导热系数越大；其值越小，则导热系数越小。而孔的连通性与导热系数间并无明显的对应关系［图 13（e)］，这或许是由于本文所有样品孔的连通性均较小，不足以对样品的传热过程带来质的影响。

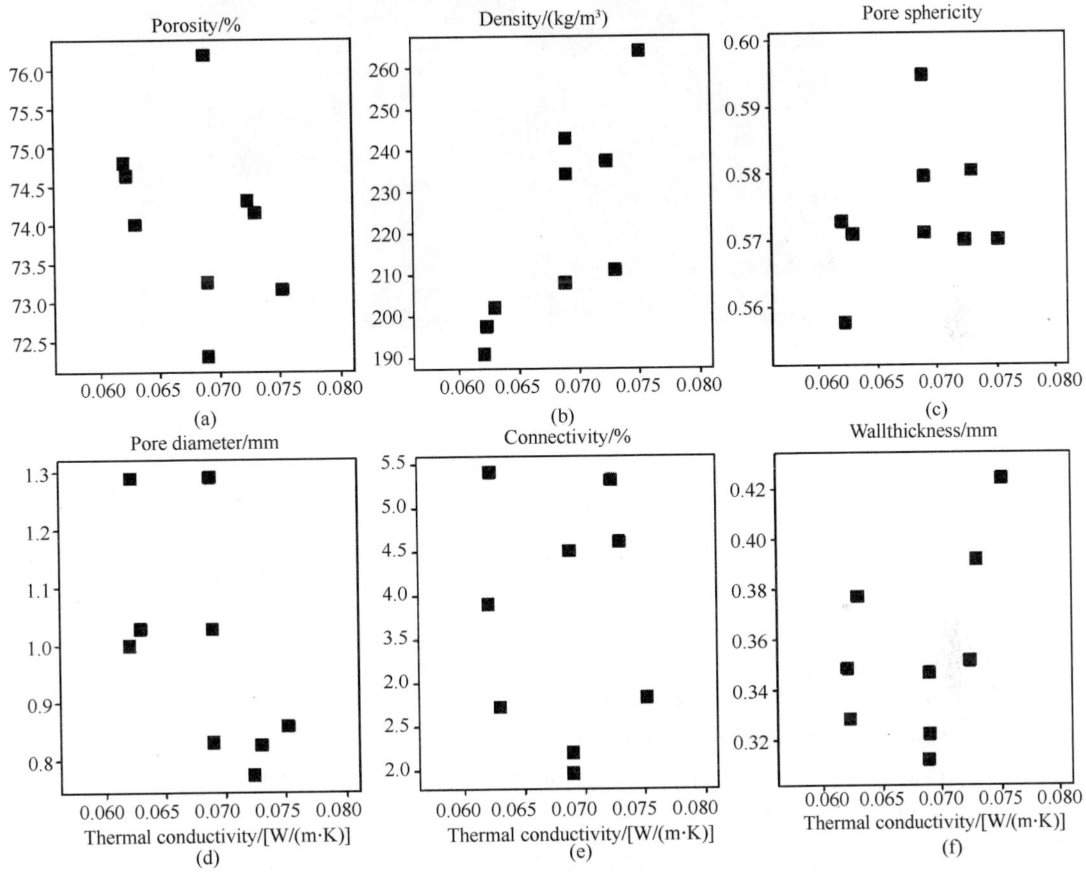

图 13　轻质保温板孔结构特征与导热系数关系散点图

Figure 13　Scatter plot of relations between pore characteristics and thermal conductivities of lightweight insulation board

图 14 为轻质保温板各参数间的相关性分析热力图，其值越大，说明两者相关性越强。可以看到对轻质保温板导热系数影响最大的因素为干密度（0.79），其次为孔隙率（0.51）、孔的壁厚（0.47）、孔径（0.25）、球度（0.31）、连通孔横截面面积（0.14）、孔的连通性（0.062）。

4　结论与展望

4.1　结论

本文利用 X 射线断层扫描技术（X-CT）研究了在市场上随机选取的 9 种超低密度轻质

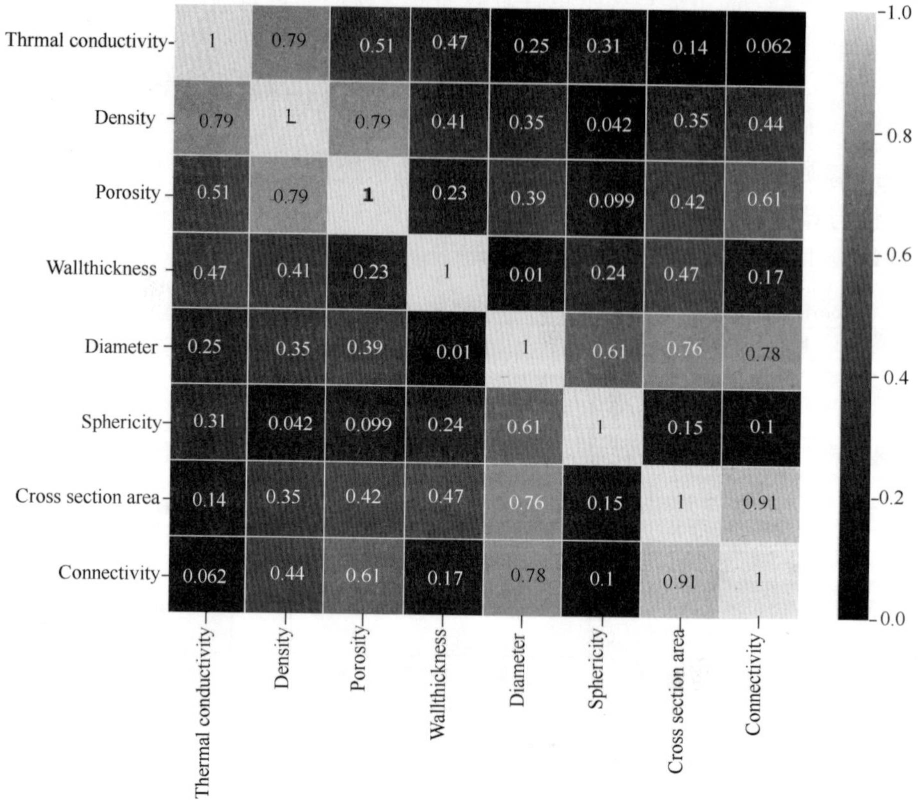

图 14 轻质保温板中各参数间的影响热力图

Figure 14 Heatmap of all pore characteristics of lightweight insulation board

保温板的孔结构，通过对其各种孔结构特征进行对比分析，可获得如下结论：

（1）通过 X-CT 获得轻质保温板的孔隙率、孔径分布、球度分布等，这是一个综合、全面地表征轻质保温板的孔结构特征的技术。

（2）与导热系数呈正比例关系的孔结构特征是干密度、球度与壁厚；与导热系数呈反比例的关系的孔结构特征是孔隙率与孔径。

（3）各孔结构特征与导热系数间的相关性从强到弱依次为干密度、孔隙率、壁厚、孔径、球度、连通孔横截面面积及孔的连通性。

4.2 展望

由于本批次样品来自不同厂家，其配合比、成型工艺均存在一定差异，因此导致数据间的离散性与差异性较大。后续可选择同一厂家的不同系列产品或在实验室严格控制变量的前提下配制不同干密度、导热系数及配合比的样品，再对其孔结构特征进行研究，可获得较可信的结果，以促进对轻质保温板产品的理解与应用。

参考文献

[1] 兰明章，王清，陈智丰，等. 超轻普通发泡水泥保温板的制备试验研究[J]. 硅酸盐通报，2014，33(8)：2001-2006.

[2] 马一平，王洋，李奎，等. 超轻发泡水泥保温材料的制备及力学性能[J]. 建筑材料学报，2017(3)：

424-430.
[3] 牛云辉，卢忠远，严云，等．泡沫混凝土整体现浇墙体工程应用研究[J]．新型建筑材料，2011(3)：25-29.
[4] 汪卫琴，李秋义，王军委，等．硫铝酸盐发泡水泥性能的影响因素[J]．低温建筑技术，2015，37(1)：04-07.
[5] 张萌，田清波，徐丽娜，等．发泡水泥的研究现状及展望[J]．硅酸盐通报，2014，33(10)：2547-2551.
[6] 肖忠明，郭俊萍．快硬硫铝酸盐水泥抗折强度倒缩机理的探讨[J]．水泥，2016(12)：03-05.
[7] 黄政宇，孙庆丰，周志敏．硅酸盐-硫铝酸盐水泥超轻泡沫混凝土孔结构及性能研究[J]．硅酸盐通报，2013，32(9)：1894-1899.
[8] 张磊蕾，王武祥，廖礼平，等．用普硅水泥制备发泡水泥的试验研究[J]．墙材革新与建筑节能，2013(7)：29-32.
[9] 祁冰，张长森．硅酸盐水泥基发泡水泥的试验研究[J]．广东化工，2015，42(23)：80-81.
[10] 孙诗兵，陈华，兰明章，等．聚合物对发泡水泥制品孔结构和性能影响[J]．北京工业大学学报，2014，40(6)：922-927.
[11] 石岩，师恩强，辛德胜，等．发泡混凝土材料的制备及性能研究[J]．新型建筑材料，2012，39(5)：66-68.
[12] 李国忠，李小龙．水泥基泡沫保温材料的制备与性能研究[J]．砖瓦，2013(6)：55-57.
[13] 张水，李国忠．发泡水泥轻质保温材料的制备与性能研究[J]．墙材革新与建筑节能，2011(5)：33-36.
[14] 张磊蕾，丁苏金，王武祥，等．发泡水泥孔结构控制技术研究[J]．新型建筑材料，2015，42(1)：43-47.
[15] 李启金，李国忠，杜传伟．改性聚丙烯纤维对发泡水泥性能的影响[J]．复合材料学报，2013，30(3)：14-20.
[16] 李静，李国忠．高效稳泡剂对发泡水泥性能影响的试验研究[J]．墙材革新与建筑节能，2015(3)：44-46.
[17] 代丹丹．超轻发泡水泥保温板孔结构与性能关系的研究[D]．北京：北京工业大学，2016.
[18] 张萍，秦鸿根，万克树，等．X-CT 技术在水泥基材料孔结构分析中的应用[J]．商品混凝土，2011(11)：27-29.
[19] 孙国文，张丽娟．CT 技术用于水泥基材料微观结构表征的国内外研究进展[J]．混凝土，2015(12)：8-12.

无机复合聚苯颗粒保温板的性能研究

熊少波[1]，张丽华[2]
（1. 广州孚达保温隔热材料有限公司；2. 江苏卧牛山建筑节能科技有限公司）

摘　要：本文采用水泥作为粘结材料，EPS保温颗粒和无机纳米颗粒作为保温组分，辅以早强晶核、防水乳液和纤维素醚等其他添加剂，使用压制法快速脱模得到无机复合聚苯颗粒保温板，研究了防水乳液和纳米颗粒对保温板导热系数、抗拉强度、抗压强度和吸水率等指标的影响，并研究了早强晶核和硫铝酸盐水泥对保温板脱模时间的影响，最后考察了保温板的施工性能。

关键词：聚苯颗粒　保温板　早强晶核　纳米颗粒

建筑的防火性能是其安全性能的重要指标之一。外墙外保温系统由于广泛使用EPS等有机保温材料，存在一定的消防隐患。各地相继发生建筑外墙保温材料火灾，造成严重的人员伤亡和财产损失，引起了社会各界的广泛关注。

保温材料的燃烧性能要符合标准、规定的要求。从现阶段保温市场来看，A级保温材料屈指可数，常用的有岩棉板、泡沫玻璃保温板、无机保温砂浆、发泡水泥板、STP超薄绝热保温板等，但这些材料或多或少都有一些缺陷。聚苯乙烯泡沫由于质轻、隔热性能优异、吸水率低、机械强度较高等优点被广泛应用，但由于其易燃、安全性差的显著缺点，因此提高聚苯乙烯保温材料的阻燃性，开发A级聚苯乙烯板的研究已迫在眉睫。

1　原材料与试验方法

1.1　原材料

普通硅酸盐水泥：海螺42.5级水泥；硫铝酸盐水泥：唐山产42.5级快硬硫铝酸盐水泥；EPS颗粒和石墨改性EPS颗粒：芜湖卧牛山工厂自发聚苯乙烯和石墨改性聚苯乙烯颗粒；纳米颗粒：常州宥纳提供，堆积密度为280～350kg/m^3；憎水剂：seal80；防水乳液：BASF售S400乳液；早强晶核：上海三瑞生产。

1.2　保温板制备方式

本研究采用EPS颗粒、SEPS颗粒和无机纳米颗粒作为保温组分，普通硅酸盐水泥作为无机胶凝组分，辅以各种化学外加剂，采用快速压制法，在压力传导的限定范围内，定制承压模具，配制可快速凝固的水泥胶凝材料，将混合均匀的聚苯颗粒水泥胶浆铺入模具，用机械压力压实至设定高度，锁紧压盖，待模内水泥浆体具备一定强度时，再打开模具，脱模、清模，循环生产。

2　影响因素研究

2.1　无机纳米颗粒影响的研究

作为需要保温隔热性能的无机复合聚苯颗粒保温材料，其保温性能和防火性能有一定的矛盾之处，为了提高保温板的阻燃性能，又不降低保温板的保温性能，添加少量无机纳米颗粒替代聚苯颗粒。无机纳米颗粒作为保温板浆料的细骨料，一方面，可以显著降低保温砂浆的表观密度，在砂浆内部形成比较多的孔隙，减小空气的对流，进而增强保温板的保温隔热能力。另一方面，少量纳米颗粒的加入可以填充 EPS 颗粒和水泥料之间的空隙，提高保温板密实度和机械强度[1]。

图 1 显示在不改变聚苯颗粒掺量的情况下，无机纳米颗粒的添加可以在一定程度上对降低导热系数有利。图 2 表明无机纳米颗粒的添加对保温板软化系数会产生不利影响，因为纳米颗粒吸水较多，在成型时为保证浆体状态势必要增加用水量，导致无机料强度下降，因此在保证强度能达到标准要求的条件下，应合理控制无机纳米颗粒的使用量。

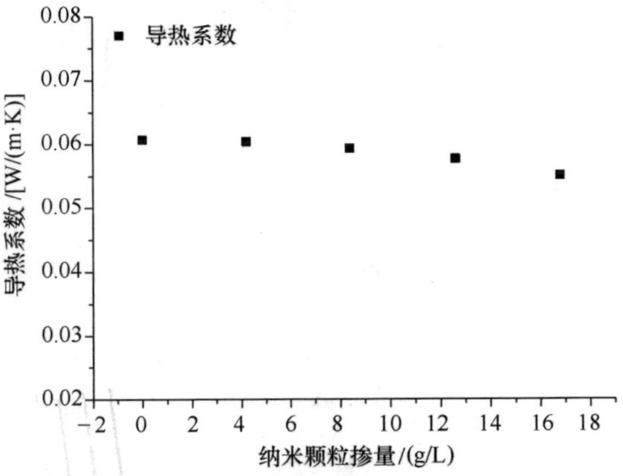

图 1　纳米颗粒对导热系数的影响

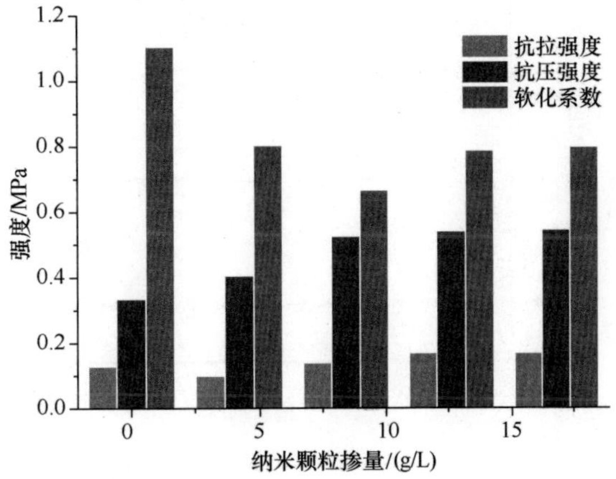

图 2　纳米颗粒对强度的影响

2.2　憎水剂影响的研究

憎水剂的添加对导热系数和强度影响不大。图 3 显示憎水剂使用量为 1%时，保温板的体积吸水量有减少的趋势，但是添加量增加到 2%和 3%时吸水量反而有所上升，可能是因为用量很少的粉体憎水剂存在分散不均的问题，在保温板中并不能很好地发挥作用。

2.3　防水乳液影响的研究

首先将水泥和防水乳液在水中搅拌均匀，使乳液在浆体中充分分散；在 EPS 和水泥颗粒之间会干燥聚集形成紧密的聚合物网络薄膜，可有效提高保温板的拉伸强度和憎水性[2]，见表 1。防水乳液的添加可以有效提高保温板的憎水性能，随着乳液掺量的增加，保温板体积吸水率逐渐下降，软化系数逐渐增大。图 4 显示添加防水乳液对于保温板的憎水性能比憎水剂要好。

表 1　防水乳液对保温板导热系数和强度的影响

防水乳液掺量/%	1	2	3	4
导热系数/［W/(m·K)］	0.05358	0.04961	0.05358	0.05645
抗拉强度/MPa	0.14	0.15	0.16	0.18
抗压强度/MPa	0.5454	0.5433	0.5426	0.5424

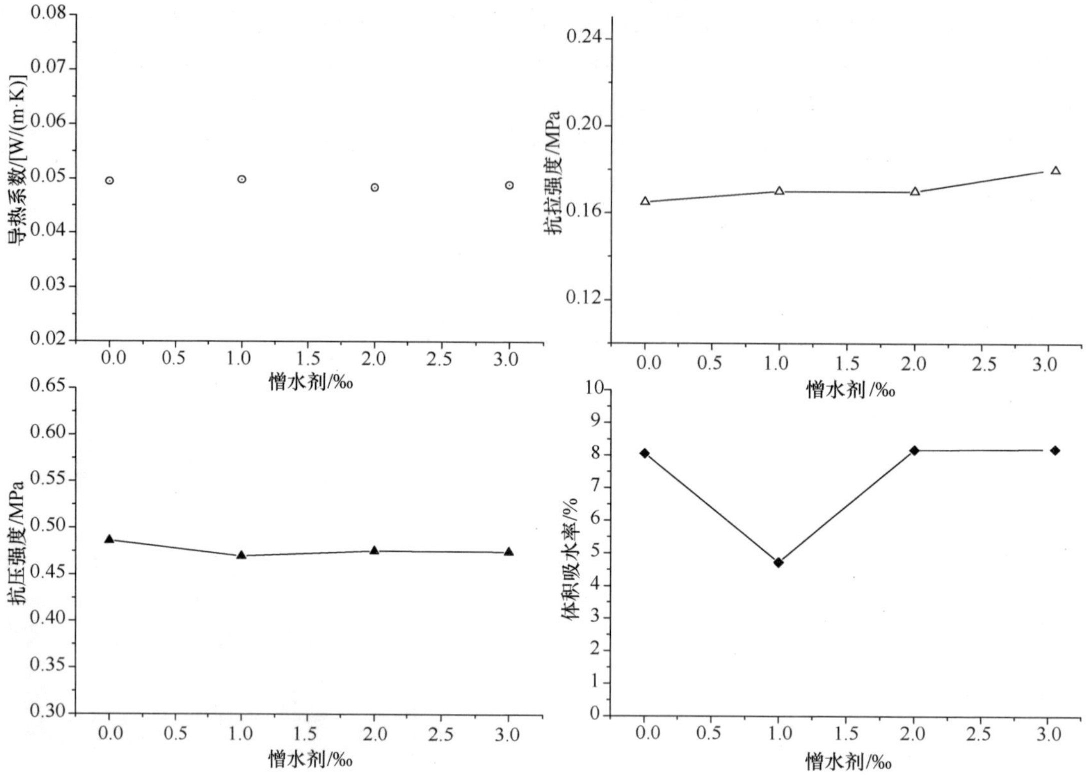

图 3　憎水剂对保温板综合性能的影响

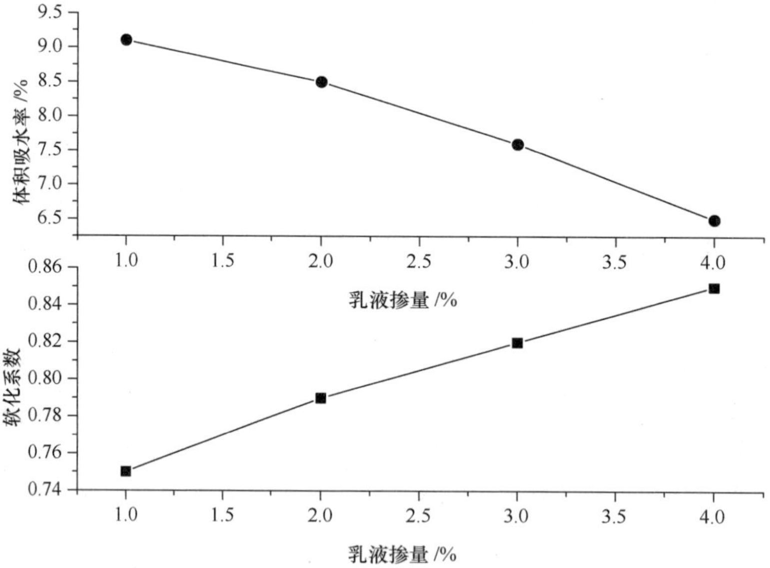

图 4　防水乳液对体积吸水率和软化系数的影响

2.4　早强晶核影响的研究

早强晶核是一种可促进水泥水化反应的水泥基建筑材料外加剂。它富含具有纳米结构的无机微晶与有机聚合物的杂化颗粒，可以诱发水泥水化形成 C-S-H 凝胶，降低水泥水化反应活化能，提高水化反应速率，促进硬化期强度快速发展，显著提高混凝土 12h 内的超早期强度[3]。表 2 列出了保温板 28d 后的抗压强度和垂直于板面方向的抗拉强度，早强晶核的使用对保温板的后期强度没有不利影响。

表 2　早强剂对保温板导热系数和强度的影响

早强剂掺量/%	0	0.5	1	1.5	2
导热系数/［W/(m·K)］	0.04864	0.0645	0.05855	0.0613	0.05038
抗拉强度/MPa	0.13	0.14	0.1025	0.148	0.12
抗压强度/MPa	0.4663	0.5139	0.5189	0.5074	0.5059

2.5　脱模时间的研究分析

为了减少保温板的脱模时间，选取了两种体系的无机材料：普通硅酸盐水泥＋矿物掺合料（粉煤灰或硅灰）＋早强剂（早强晶核）；普通硅酸盐水泥＋硫铝水泥＋膨胀剂。早强晶核选择四种添加比例，普通硅酸盐水泥和硫铝水泥选择五种比例，分别研究它们的脱模时间，如图 5 所示。由图可知，加入早强晶核可以提前脱模，当早强晶核掺量为 2%时，脱模时间可以由原来的 4h 缩短为 2h。硫铝水泥的使用可以明显缩短保温板的脱模时间。当普通硅酸盐水泥和硫铝水泥的比例为 7∶2 时，脱模时间为 87min，比纯普通硅酸盐水泥提前了 113min；当普通硅酸盐水泥和硫铝水泥的比例为 6∶3 时，脱模时间仅为 56min。硫铝水泥的加入是否对保温板的后期强度造成不利影响需要进一步研究。

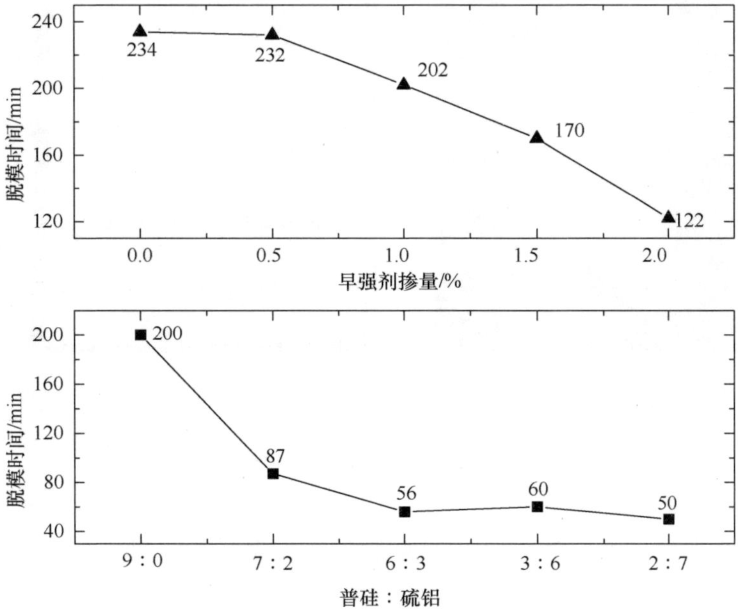

图 5　两种体系脱模时间分析

表 3　硫铝水泥对保温板导热系数和强度的影响

水泥组成（普硅∶硫铝）	9∶0	7∶2	6∶3	3∶6	2∶7
导热系数/［W/(m·K)］	0.04864	0.05082	0.04976	0.05079	0.05113

续表

水泥组成（普硅：硫铝）	9：0	7：2	6：3	3：6	2：7
抗拉强度/MPa	0.13	0.082	0.08	0.1	0.182
抗压强度/MPa	0.4663	0.5498	0.4653	0.4712	0.4756

3 保温板模拟应用

本文研究保温板适用于外墙外保温薄抹灰系统，作为建筑物的外保温材料，当建筑主体结构完成后，将保温板专用粘结砂浆按要求粘贴上墙，辅以膨胀螺栓锚固，然后在保温板表面抹聚合物水泥砂浆，其中压入耐碱玻纤网格布加强以形成抗裂砂浆保护层，最后为腻子和涂料的装饰面层。

图 6 和图 7 分别为自制无机复合聚苯颗粒保温板以及相应的外墙外保温薄抹灰系统样板。将自制保温板粘贴到墙上打锚栓，保温板粘接牢固，无开裂。

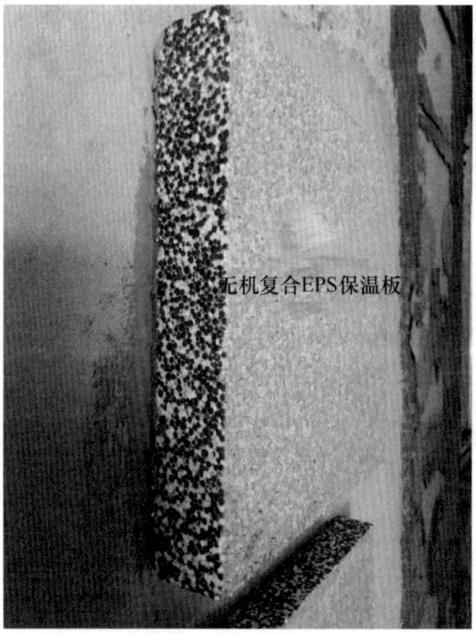

图 6　自制无机复合聚苯颗粒保温板

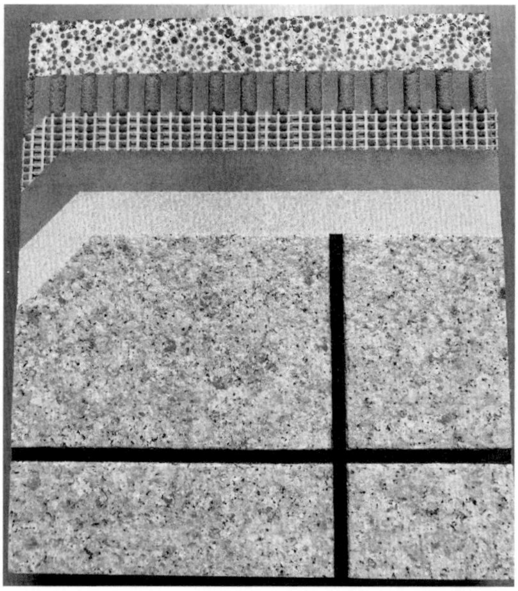

图 7　无机复合聚苯颗粒保温板薄抹灰系统

4 结论

（1）无机纳米颗粒可以部分取代 EPS 颗粒提高保温板的阻燃性能和强度，又不降低保温板的保温性能。

（2）粉体憎水剂在保温板浆料中存在分散不均的问题，并不能很好地发挥不亲水效果；防水乳液的添加可以有效提高保温板的憎水性能，随着乳液掺量的增加，保温板体积吸水率逐渐下降，软化系数逐渐增大。

（3）早强晶核和硫铝水泥均能缩短保温板脱模时间，同时早强晶核对保温板抗拉和抗压强度的影响较小，而硫铝水泥对保温板前期和后期强度是否有不利影响均需进一步验证探讨。

（4）本保温板可以很好地用在薄抹灰外墙外保温系统中。

参考文献

[1] Bouvard D，Chaix J M，Dendievel R，et al. Characterization and simulation of microstructure and properties of EPS lightweight concrete[J]. Cement and Concrete Research，2007，37(12)：1666-1673.
[2] 傅鹏. 纤维增强水泥保温砂浆的性能及应用研究[D]. 济南：济南大学，2016.
[3] 王伟山. 新型晶核型早强剂的性能与早强机理分析[J]. 新型建筑材料，2016，43(5)：9-13.

生物基发泡剂泡沫特征及其对泡沫保温材料性能的影响

张静[1]，荣辉[1,2]
（1. 天津城建大学材料科学与工程学院，天津，300384；
2. 天津市建筑绿色功能材料重点实验室，天津，300384）

摘　要：本文以动物蛋白和微生物蛋白发泡剂为基础的发泡剂，分别与十六烷基三甲基溴化铵（CTMAB）复掺制备生物基发泡剂［动物蛋白基（A 型）和微生物基（M 型）］，探究 CTMAB 掺量对生物基发泡剂泡沫性质的影响，并在此基础上，研究两种生物基发泡剂对泡沫保温材料宏观性能和微观结构的影响。结果表明，掺加适量 CTMAB 有利于提高泡沫性质，A 型和 M 型发泡剂 CTMAB 最佳掺量分别为 0.7%和 0.5%；在最佳 CTMAB 掺量下，A 型和 M 型发泡剂的表面张力值分别为 48.80 mN/m 和 48.48 mN/m，但 M 型发泡剂泡沫的泡径分布均匀且液膜较厚，导致其稳定性优于 A 型发泡剂；M 型泡沫保温材料的孔径分布均匀，且水化生成的 C-S-H 与其他水化产物呈网状交织、结构密实，因此，其抗压强度（3.3 MPa）高于 A 型泡沫保温材料（2.1MPa）。
关键词：微生物发泡剂　泡沫特征　泡沫保温材料

Foam Characteristics of Biological Based Foaming Agent and Its Effect on Properties of Foamed Insulation Materials

ZHANG Jing[1], RONG Hui[1,2]
（1. School of Materials Science and Engineering, Tianjin ChengJian Universisty, Tianjin 300384, China; 2. Tianjin Key Laboratory of Building Green Functional Materials, Tianjin Chengjian University, Tianjin 300384, China）

Abstract: Based on animal protein and microbiological protein, the biological foaming agent (animal protein based foaming agent (A-type foaming agent) and microbial based foaming agent (M-type foaming agent) were prepared by mixing with cetrimonium bromide (CTMAB). The effect of CTMAB content on the foam properties of biological foaming agent was investigated. Based on these work above, the effects of two kinds of biological foaming agents on the macro properties and microstructure of foam concrete were studied. The results show that the addition of proper amount of CTMAB is beneficial to improve the foam properties. The optimum content of CTMAB for A-type and M-type foaming agent are 0.7% and 0.5%,

作者简介：张静，女，硕士研究生，主要从事土木工程材料研究，Email：zjjiayouy@163.com。

respectively. Under the optimum content of CTMAB, the surface tension values of A-type foaming agent and M-type foaming agent are 48.80 mN/m and 48.48 mN/m, respectively. However, the bubble diameter distribution of M-type foaming agent foam is uniform and the liquid film is thick, which leads to its stability is better than that of A-type foaming agent. The pore structure and hydration product distribution of foam insulation have great influence on its strength. The pore size distribution of M-type foam insulation is uniform, and the C-S-H formed by hydration is intertwined with other hydration products, and the structure is dense. Therefore, the compressive strength of M-type foam insulation (3.3 MPa) is higher than that of A-type foam insulation (2.1MPa).

Keywords: microbial foaming agent　foam characteristics　foamed insulation materials

自1937年，意大利厂商以牛羊蹄角为原料研发出一种蛋白质类发泡剂——FORMCEN以来，蛋白质类发泡剂便逐渐在各国兴起，辅助材料也不尽相同[1]。传统蛋白质类发泡剂按原料划分主要包括动物蛋白和植物蛋白两种，其产泡机理是通过碱水解，使得蛋白质大分子中的肽键断裂，降解为可溶解的羧基、羟基等亲水基团以及长碳链羟基等疏水基团，从而降低液面表面张力形成界面[2]。水解过程不仅技术和设备要求苛刻，并且所用碱试剂会与溶液中酸性物质发生化学反应，使得分子结构发生改变，导致产泡过程不稳定且形成泡沫的稳定性变差。因此，对于蛋白质类发泡剂的研究主要集中在泡沫稳定性方面，对于发泡剂起泡能力的研究则较少，而发泡剂起泡能力的高低对生产应用有很大影响。

针对上述问题，本文拟研制一种起泡能力适中、泡沫稳定性强的新型蛋白质类发泡剂——微生物发泡剂，该发泡剂以自然界中广泛存在的酵母菌为原材料，利用其自身生化反应分解底物产生泡沫，不需经过外界化学反应，这不仅可有效提高泡沫的稳定性，而且还可以减少对环境的污染和对人体的危害。将微生物发泡剂与传统动物蛋白发泡剂泡沫性质进行对比，并通过与兼具起泡能力和稳泡能力的十六烷基三甲基溴化铵（CTMAB）复掺，探究CTMAB掺量对两种生物基发泡剂［动物蛋白基（A型）和微生物基（M型）］泡沫性质的影响。最后，对比研究基于最佳CTMAB掺量下两种生物基发泡剂的泡沫性质及对应成型的泡沫保温材料相关性能。

1　试验

1.1　试验原材料

水泥：P.O 42.5硅酸盐水泥，山东鲁城水泥有限公司；酵母菌：中国微生物菌种保藏管理委员会普通微生物中心；牛蹄角粉：山东孟氏伟业化工有限公司；十六烷基三甲基溴化铵：天津市光复精细化工研究所；水：微生物培养基用水为蒸馏水，其他用水为本地自来水。

动物蛋白发泡剂：按照文献[3]将120g牛蹄角粉与13.5g $Ca(OH)_2$ 放置于1000 mL的锥形瓶中，加入900mL自来水，在100℃下水解6h，过滤得到澄清母液，使用时与水按照1∶1混合使用。

微生物发泡剂：按葡萄糖10g、胰蛋白胨10g、酵母浸粉5g的比例加入1000mL蒸馏水，制得酵母菌培养基，并将其分装于锥形瓶中放入高压蒸汽灭菌锅灭菌，再将灭菌后的培养基放置于无菌操作台冷却至室温，接种10%的酵母菌母液，放入恒温振荡培养箱振荡培养48h后取出，获得微生物发泡剂。

1.2 试验方案

首先，以动物蛋白和微生物蛋白发泡剂为基础发泡剂，分别与CTMAB复掺，研究不同CTMAB掺量（0.1%、0.3%、0.5%、0.7%、0.9%）对生物基发泡剂［动物蛋白基（A型）和微生物基（M型）］泡沫性质的影响。随后通过发泡剂表面张力以及泡沫微观结构表征两种生物基发泡剂的泡沫特征。最后，基于两种生物基发泡剂最佳配方制备泡沫保温材料，配合比见表1，并对两种生物基泡沫保温材料的宏观性能及微观结构进行测试与分析。

表1　泡沫保温材料配合比

Table 1　Mix proportion of foam insulation

Density grade	Water cement ratio	Material usage		
		Cement/（kg/m³）	Water/（kg/m³）	Foam/（m³/m³）
A07	0.4	583.33	233.33	0.69

1.3 测试方法

1.3.1 泡沫性质

参照《泡沫混凝土用泡沫剂》（JC/T 2199—2013），采用罗氏泡沫仪对发泡剂的发泡倍数以及泡沫的1 h沉降距和1 h泌水率进行测试。

1.3.2 表面张力

按照文献[4，5]采用滴体积法，首先计算待测溶液的密度，用半径为1.5mm的胶头滴管吸入待测溶液，然后控制相同滴落速度滴取10滴溶液，并在电子天平上称量，重复3次，利用式（1）计算表面张力。

$$\gamma = F \cdot \frac{V\rho g}{R} \tag{1}$$

式中　γ——表面张力，mN/m；

F——校正系数；

V——落滴体积，mL；

ρ——液体密度，g/mL；

g——重力加速度，mN/g；

R——管口半径，mm。

1.3.3 泡沫保温材料性能

参照《泡沫混凝土》（JG/T 266—2011）对泡沫保温材料的干密度、抗压强度及导热系数进行测试，利用式（2）计算孔隙率。

$$n = \frac{V_a + V_{ew}}{V_c + V_w + V_a} \tag{2}$$

式中　n——孔隙率，%；

V_a——掺入泡沫体积，mL；

V_{ew}——蒸发水体积，mL；

V_c——水泥体积，mL；

V_w——水体积，mL。

1.3.4　微观结构

采用 VHX-600E 型超景深显微镜观察泡沫微观结构及泡沫保温材料孔结构，采用 JSM-7800F 型扫描电子显微镜观察泡沫保温材料水化产物的微观形貌。

2　结果与讨论

2.1　CTMAB 掺量对生物基发泡剂泡沫性质的影响

CTMAB 既能提高发泡剂起泡能力，又能提高泡沫稳定性，因此，分别将两种蛋白质类发泡剂与 CTMAB 复掺，研究 CTMAB 掺量（0.1%、0.3%、0.5%、0.7%、0.9%）对生物基发泡剂泡沫性质的影响。

2.1.1　发泡倍数

不同 CTMAB 掺量对发泡剂发泡倍数的影响如图 1 所示。

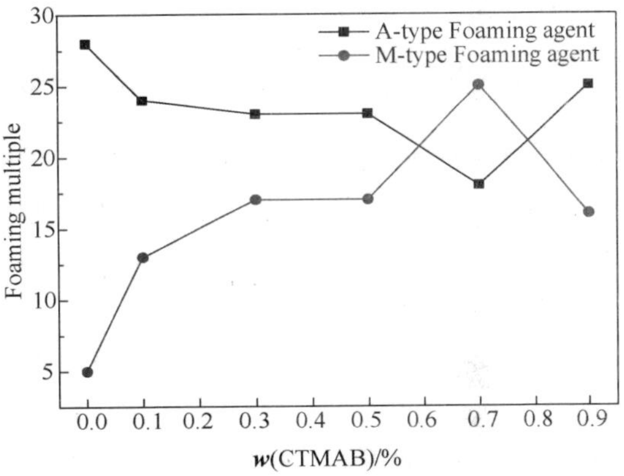

图 1　CTMAB 掺量对发泡倍数的影响

Fig. 1　Influence of CTMAB dosage on foaming multiple

通过图 1 可以看出，动物蛋白发泡剂（CTMAB 掺量为 0.0 时）通过水解提纯制得，发泡剂溶液中表面活性分子浓度较高，其发泡倍数较高为 28 倍。与 CTMAB 复掺后，A 型发泡剂的发泡倍数随着 CTMAB 掺量的增加，由掺量为 0.1%时的 24 倍降至掺量为 0.7%时的 18 倍，继续增加掺量至 0.9%时，发泡倍数增加至 25 倍。出现这种情况的原因是 CTMAB 的加入使该体系产生富集行为[6,7]。随着 CTMAB 掺量的增加，溶液中表面活性分子浓度不断增高，附着于界面的表面活性分子数量也不断增加并脱离界面，最终发泡剂溶液液面上附着的表面活性分子数量大大降低，因此其发泡倍数呈不断降低的趋势。但当 CTMAB 掺量过高时，动物蛋白表面活性分子与 CTMAB 表面活性分子存在对界面的竞争吸附，由于 CTMAB 表面活性分子的吸附速率远大于动物蛋白，导致界面上附着的大量 CTMAB 表面活性分子被带出，此时，该复合体系中动物蛋白发泡剂起主导作用，发泡倍数开始增加。

微生物发泡剂（CTMAB 掺量为 0.0 时）通过酵母菌生长繁殖制得，发泡剂溶液中表面活性分子浓度较低，其发泡倍数较低为 5 倍。与 CTMAB 复掺后，其发泡倍数由掺量为 0.1%时的 13 倍增加至掺量为 0.7%时的 25 倍，继续增加掺量至 0.9%时，发泡倍数降至 16 倍。这与 Marangoin 效应[8]有关，CTMAB 的加入使发泡剂溶液中表面活性分子浓度不断增高，当 CTMAB 掺量适中时，发泡剂溶液中表面活性分子浓度适中，受破坏区域与未破坏区域形成表面张力梯度，未破坏区域的表面活性分子及夹带的溶液会迁移至受破坏区域，受破坏区域厚度及表面活性分子数量均恢复原值，因此发泡能力较强。当 CTMAB 掺量过高或过低时，溶液中表面活性分子浓度较高或较低，两个区域表面张力变化不大，表面张力梯度较小，导致发泡倍数降低。

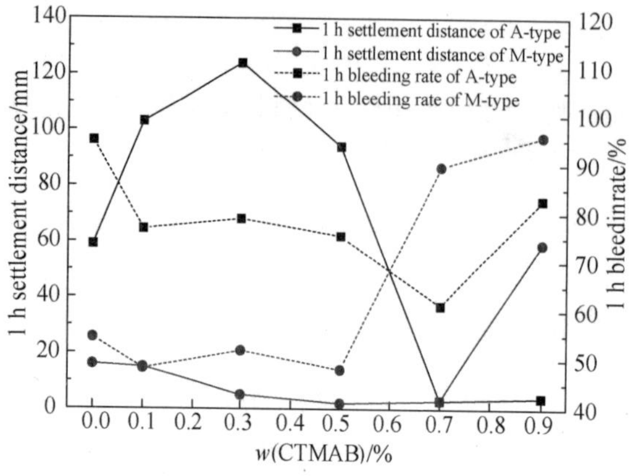

图 2　CTMAB 掺量对泡沫稳定性的影响

Fig. 2　Influence of CTMAB dosage on foam stability

2.1.2　泡沫稳定性

不同 CTMAB 掺量对泡沫稳定性的影响如图 2 所示。

通过图 2 可以看出，动物蛋白发泡剂（CTMAB 掺量为 0.0 时）和微生物发泡剂（CTMAB 掺量为 0.0 时）的稳定性均较差。与 CTMAB 复掺后，A 型发泡剂的 1h 沉降距随着 CTMAB 掺量的增加呈先增加后降低再增加趋势，当掺量为 0.7%时，其 1h 沉降距达到最低为 3mm，此时 1h 泌水率为 61%。M 型发泡剂的 1h 沉降距则随着 CTMAB 掺量的增加呈先降低后增加的趋势，当掺量为 0.5%时，其 1h 沉降距达到最低为 2mm，此时 1h 泌水率为 48%。

2.2　CTMAB 对生物基发泡剂表面张力的影响

不同 CTMAB 掺量下两种生物基发泡剂的表面张力如图 3 所示。

通过图 3 可以看出，两种生物基发泡剂的表面张力均随着 CTMAB 掺量的增加呈先降低后增加的趋势。当 CTMAB 掺量为 0.7%时，A 型发泡剂的表面张力达到最低值为 48.80mN/m。当 CTMAB 掺量为 0.5%时，M 型发泡剂的表面张力达到最低值为 48.48mN/m。这表明发泡剂的表面张力大小并不能完全反映其发泡能力，发泡剂的发泡能力还与自身分子内在作用力及外加剂种类等多种因素有关，这与文献[9]所得结论一致。另外，从图 3 还可以看出，表面张力的降低有利于保持泡沫的稳定，这是因为根据 Laplace 公式，泡沫液膜的 Plateau 交界处与平面膜间的压差与表面张力成正比，表面张力低则正差小，从而排液速度较慢，液膜变薄也较慢[10,11]。

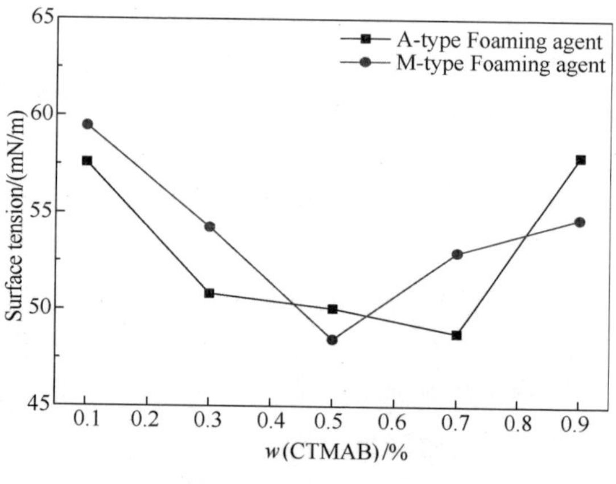

图 3　CTMAB 掺量对表面张力的影响

Fig. 3　Influence of CTMAB dosage on surface tension

2.3　生物基发泡剂泡沫微观结构

利用超景深显微镜观察不同蛋白质类发泡剂以及最佳 CTMAB 掺量下制备的两种生物基发泡剂的泡沫微观结构。图 4 为在放大倍数为 100 倍时测量泡沫的泡径尺寸以及放大倍数为 500 倍时测量泡沫的液膜厚度。

图 4（a）和图 4（b）分别为动物蛋白发泡剂和 A 型发泡剂泡沫微观结构。对比两图可

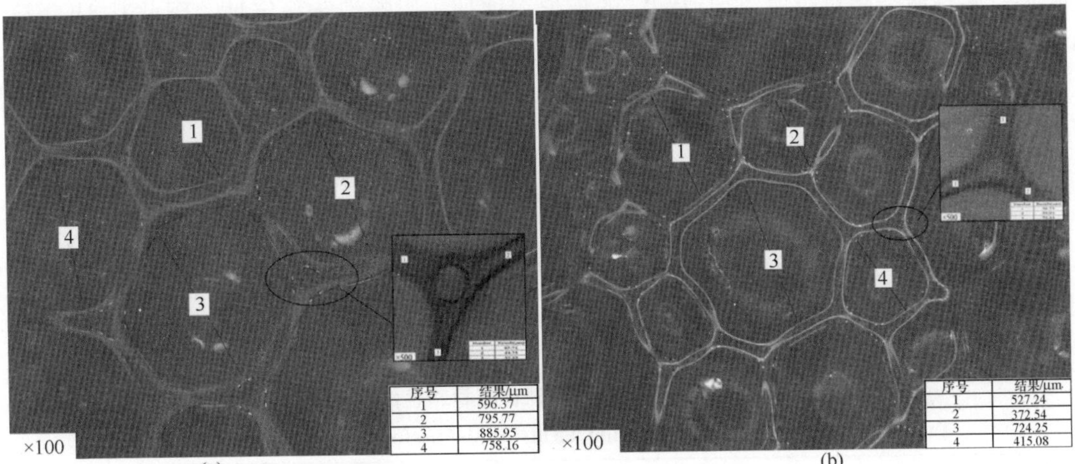

(a) (b)

图 4 动物蛋白基发泡剂泡沫微观结构

Fig. 4 Microstructure of Animal protein based foaming Agent

(a) Animal protein foaming agent; (b) A-type foaming agent

以发现，动物蛋白发泡剂所制得泡沫的泡间水较多（图中液膜边界反光处），且 Plateau 边界处存在许多气泡，平均液膜相对较薄为 55.94 μm；A 型发泡剂所制得泡沫的泡间水相对较少，Plateau 边界处无明显气泡，平均液膜相对较厚为 62.37 μm，与动物蛋白发泡剂相比，液膜厚度提高 11.5%。

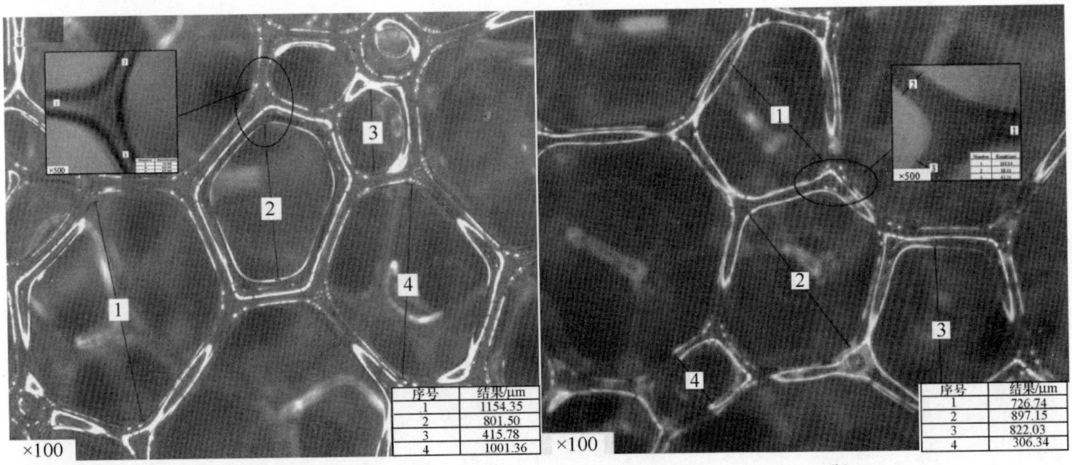

(a) (b)

图 5 微生物基发泡剂泡沫微观结构

Fig. 5 Microstructure of microbe based foaming agent

(a) Microbial foaming agent; (b) M-type foaming agent

图 5（a）和图 5（b）分别为微生物发泡剂和 M 型发泡剂泡沫微观结构。对比两图可以发现，微生物发泡剂所制得泡沫的泡径较大，且存在少量泡间水，Plateau 边界处较充实，平均液膜厚度为 68.50μm；M 型发泡剂所制得泡沫的泡径相对较小，Plateau 边界处充实饱满，平均液膜厚度较大为 91.25μm，与微生物发泡剂相比，液膜厚度提高 33.2%。

另外，对比图 4（b）和图 5（b）可以发现，A 型发泡剂所制得泡沫的泡径分布不均匀，泡间水较多且液膜相对较薄，导致泡沫的连通率增加，影响泡沫稳定性，因此其 1h 沉降距和 1h 泌水率相对较大，分别为 3mm 和 61.1%；M 型发泡剂所制得泡沫的泡径分布均匀，且 Plateau 边界处充实饱满，液膜相对较厚，这大大提高了泡沫稳定性，故其 1h 沉降距（2mm）和 1h 泌水率（48.0%）均低于 A 型发泡剂。

2.4 生物基发泡剂对泡沫保温材料性能的影响

发泡剂性质的好坏与否直接影响基体的性能和微观孔结构[12]，因此，采用最佳 CTMAB 掺量下的两种生物基发泡剂分别按照相同配合比制备泡沫保温材料，对比分析其宏观性能和微观结构。参照《泡沫混凝土》（JG/T 266—2011）对物理性能进行测试，见表 2。

表 2 不同发泡剂对泡沫保温材料性能的影响

Table 2 Effect of different foaming agents on the performance of foam insulation

Density grade	Sample	Dry density/(kg/m³)	Porosity/%	Compressive strength/MPa	Heat conductivity coefficient/[W/(m·k)]
A07	A-type foam insulation	670	85.2	2.1	0.17
	M-type foam insulation	690	84.1	3.3	0.18
	JG/T 266—2011	650～750	—	1.2～2.0	0.18

由表 2 可以看出，利用两种生物基发泡剂所制得保温材料的干密度、孔隙率及导热系数值很接近，但 M 型泡沫保温材料的 28 d 抗压强度却比 A 型泡沫保温材料的抗压强度高出 57%。

为解释上述现象，采用超景深显微镜及扫描电子显微镜对两种生物基泡沫保温材料的孔结构及水化产物进行分析，如图 6、图 7 所示。

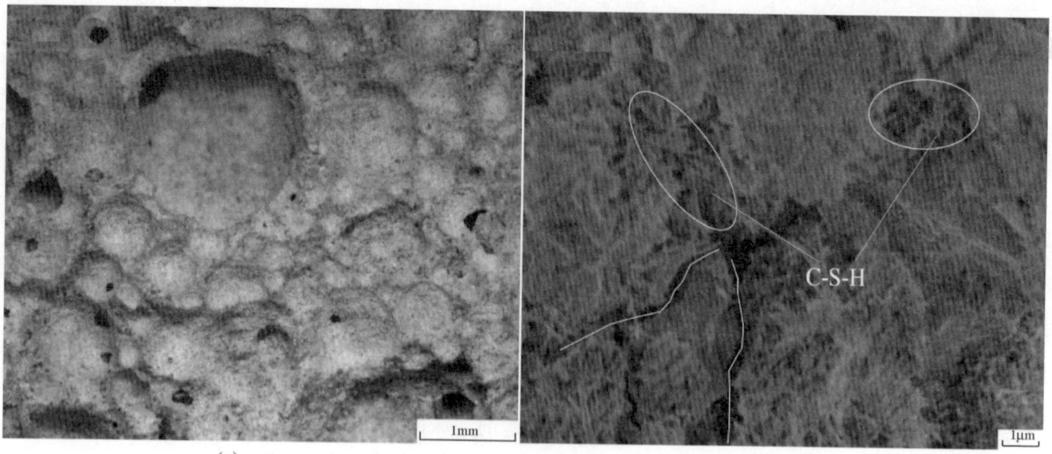

(a) (b)

图 6 A 型保温材料

Fig. 6 A-type foam insulation

(a) Pore structure; (b) Hydration product

图 6（a）和图 7（a）分别为超景深显微镜 200 倍下观察到的 A 型泡沫保温材料和 M 型泡沫保温材料的孔结构。对比两图可以发现，A 型泡沫保温材料的孔径分布不均匀，且大孔、连通孔较多，M 型泡沫保温材料孔径分布均匀、连通孔较少，这与两种发泡剂泡沫性

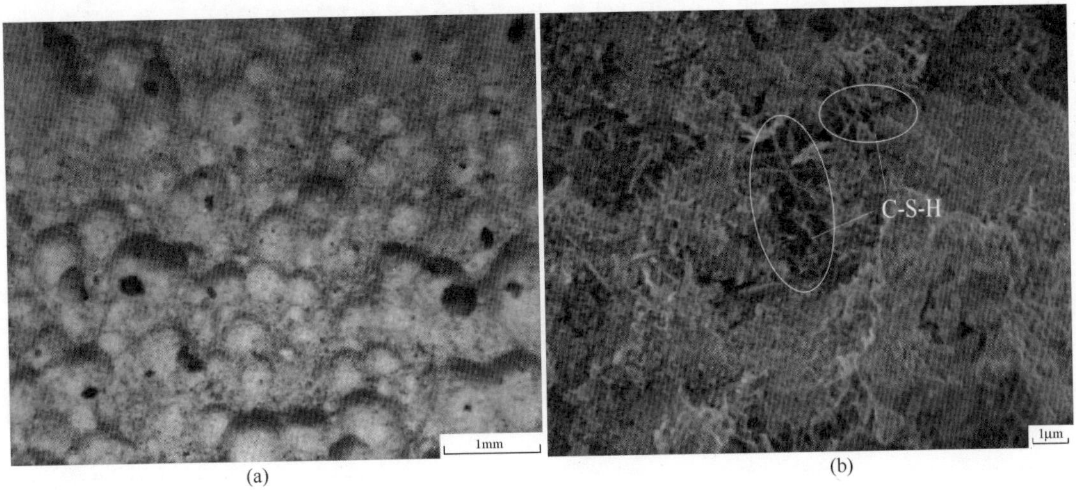

图 7　M 型保温材料

Fig. 7　M-type foam insulation

(a) Pore structure; (b) Hydration product

质有关。A 型泡沫发泡剂泡沫液膜较薄且 Plateau 边界不稳定，泡沫容易合并，所以造成成型的泡沫保温材料试样内部大孔、连通孔较多，应力集中现象较为明显，从而抗压强度较低。而 M 型发泡剂泡沫稳定性好，对应成型的泡沫保温材料内部大孔、连通孔较少且孔径分布均匀，应力集中现象不明显，故抗压强度较高。

图 6（b）和图 7（b）分别为扫描电子显微镜 8000 倍下观察到的 A 型泡沫保温材料和 M 型泡沫保温材料的水化产物。对比两图可以发现，28d 后，A 型泡沫保温材料试样的内部存在较多缝隙，结构较疏松，而 M 型泡沫保温材料因水化生成的 C-S-H 与其他水化产物相互交叉、搭接，导致试样内部结构较密实，因此，M 型泡沫保温材料抗压强度较高。

3　结论

（1）掺加适量 CTMAB 有利于提高泡沫性质。在泡沫性质满足一等品要求的前提下，综合考虑发泡剂起泡能力及泡沫稳定性，确定 A 型发泡剂 CTMAB 最佳掺量为 0.7%，M 型发泡剂 CTMAB 最佳掺量为 0.5%。

（2）泡沫保温材料的孔结构及其水化产物分布对其强度有很大影响。M 型泡沫保温材料的孔径分布均匀，且水化生成的 C-S-H 与其他水化产物呈网状交织，结构密实，导致其抗压强度（3.3MPa）远高于 A 型泡沫保温材料抗压强度（2.1MPa）。

参考文献

[1]　余红发，胡仁．蛋白质型发泡剂的性能研究[J]．新型建筑材料，1994(12)：30-32.

[2]　王学川，王琳，任龙芳．生物质蛋白类发泡剂的研究进展[J]．中国皮革，2016，45(12)：45-49.

[3]　石行波，霍冀川，尹冰，等．猪蹄角粉制备蛋白质类混凝土发泡剂及性能研究[J]．新型建筑材料，2008(7)：74-77.

[4]　尹东霞，马沛生，夏淑倩．液体表面张力测定方法的研究进展[J]．科技通报，2007，23(3)：424-429+433.

[5]　朱埏瑶，赵国玺．液体表(界)面张力的测定——滴体积法介绍[J]．化学通报，1981(6)：21-26.

[6] 魏晓芳，常志东，刘会洲．阴离子表面活性剂/蛋白质混合体系泡沫的富集行为[J]．化工学报，2000，51(S1)：295-298.

[7] 刘佳奇，霍冀川，雷永林，等．混凝土蛋白质发泡剂的改性研究[J]．混凝土与水泥制品，2009(4)：15-17.

[8] 赵振国．应用胶体与界面化学[M]．北京：化学工业出版社，2008.

[9] 吴文祥，徐景亮，崔茂蕾．起泡剂发泡特性及其影响因素研究[J]．西安石油大学学报(自然科学版)，2008，23(3)：72-75.

[10] 闫振甲，何艳君．泡沫混凝土实用生产技术[M]．北京：化学工业出版社，2006.

[11] 何亮，王真，马育，等．发泡剂对沥青发泡和混合料水稳定性的影响[J]．建筑材料学报，2010(2)：198-202.

[12] 杨赞中，王涵，王永在，等．抛光砖废渣复合发泡法制备闭孔泡沫陶瓷[J]．材料导报，2017，31(20)：119-123.

气凝胶密度对泡沫混凝土性能影响的实验研究

张海英[1]，刘振宇[1]，吴会军[1,2]，刘彦辰[1]，杨文兵[1,2]，杨丽修[1,2]

（1. 广州大学土木工程学院，广州，510006；2. 广州大学建筑节能研究院，广州，510006）

摘　要：SiO_2 气凝胶是一种低密度、高疏水、超低导热系数的纳米多孔材料。本文采用在气凝胶体积比相等的条件下，分别用较高密度（170kg/m³）和超低密度（75kg/m³）气凝胶作为填充材料，制备了两种气凝胶泡沫混凝土，获得了基于超轻气凝胶（密度低于100kg/m³）的高性能泡沫混凝土；研究了气凝胶密度对泡沫混凝土密度、导热系数和抗压强度的影响。结果表明，在满足抗压强度要求的情况下，采用低密度气凝胶泡沫混凝土，可有效降低泡沫混凝土的密度和导热系数，且大大减少气凝胶的用量。在泡沫体积比为70%、气凝胶体积比为13%的条件下，采用低密度气凝胶填充的泡沫混凝土，密度和导热系数均减小约10%，且气凝胶质量用量减少43%。

关键词：建筑节能　泡沫混凝土　气凝胶　密度　导热系数

Experimental Research on the Effect of Aerogel Density on Properties of Ultra-light Foamed Concrete

Zhang Haiying[1], Liu Zhenyu[1], Wu Huijun[1,2], Liu Yanchen[1], Yang Wenbing[1,2], Yang Lixiu[1,2]

(1. College of Civil Engineering, Guangzhou University, Guangzhou 510006, China; 2. Institute of Building Energy Efficiency, Guangzhou University, Guangzhou 510006, China)

Abstract: SiO_2 aerogels are a kind of nanometer porous solid material with low density, high hydrophobic and ultra low thermal conductivity. The aerogel foam concrete was prepared by filling super-insulating aerogel powders into foam concrete. Both a higher density (170kg/m³) and super-low density (75kg/m³) aerogels were used as filling materials. The effects of the aerogel density on the density, thermal conductivity and compressive strength of foam concrete were studied. The high-performance foam concrete based on ultra-light aerogel (density<100kg/m³) was obtained. The results showed that both the density and thermal conductivity were obviously reduced by filling foam concrete with low-density aerogels con-

基金项目：广州市教育系统创新团队项目（1201610010）。

作者简介：张海英（1980—），女，博士研究生，主要从事新型建筑隔热材料与性能的研究。

通讯作者：吴会军，研究员，博士生导师，E-mail：wuhuijun@tsinghua.org.cn。

通讯地址：广东省广州市番禺区大学城外环西路230号广州大学，联系方式：020-39366655。

cerning meeting the compressive strength requirement. Moreover, the mass quantity of aerogel can be significantly reduced. For instance, at the foam volume ratio 70% and the aerogel volume ratio 13%, the density and thermal conductivity of the foams filled with low-density aerogel were reduced by 10%. Moreover, the mass quantity of aerogel was reduced by 43%. This study could provide useful references in high performance foam concrete preparations and building energy-efficient applications.

Keywords: Building energy efficiency heat insulation foam concrete aerogel thermal conductivity

1 前言

作为墙体保温材料，相比普通混凝土，泡沫混凝土具有密度低、保温隔热性好、隔声耐火强和抗震性优良等特点，是一种新型轻质的节能环保型材料，具有更好的施工方便性和隔热保温性能[4]，尤其适用于建筑外墙保温工程[2,3]。随着建筑节能技术的运用与推广，对具有轻质、保温、隔热性能的泡沫混凝土的要求也越来越高，但因其在工程运用中存在易开裂、运输过程中由于强度低而破碎、吸水性高导致保温隔热性能下降等情形，因此有必要在泡沫混凝土中掺加高性能的外加料来改善其性能。而气凝胶作为目前密度最低和绝热性能最好的固体材料，常温下导热系数可低至 0.013W/(m· K)[5-7]，比表面积为 1000m^2/g，密度为 0.003g/cm^3，具有超级绝热性能以及良好的耐火安全性和耐候性，同时还具有高疏水性以及良好的吸声和减震功能[8,9]，在航天航空、工业、交通、建筑节能方面具有广泛应用前景[10]。作为一种轻质多孔非晶体固体材料，SiO_2 气凝胶独特的纳米级多孔结构和三维网络结构使其拥有多种独特的性质[11]，因此，SiO_2 气凝胶在泡沫混凝土中的掺入具有其他轻集料不可比拟的优势。

将气凝胶填充于混凝土和泡沫混凝土中，可有效降低泡沫混凝土的密度和导热系数。Gao 等[9]将密度为 100kg/m^3 的气凝胶与水泥、砂等混合制备出气凝胶混凝土，发现气凝胶的加入有效降低了混凝土的密度和导热系数，如当气凝胶加入量为 60%（体积）时，制备出密度为 1000kg/m^3、导热系数为 0.26W/(m· K) 的气凝胶混凝土，相对普通轻集料混凝土密度和导热系数分别降低了 23%和 53%；付平等[10]将密度为 170kg/m^3 的气凝胶加入到泡沫混凝土中，当气凝胶加入量为 20%（体积）时，泡沫混凝土密度由 719kg/m^3 降至 512kg/m^3，导热系数由 0.188W/(m·K) 降至 0.121W/(m·K)；李朋威等[11]将密度为 170kg/m^3 的气凝胶加入到泡沫混凝土中，在气凝胶体积占比为 20%时，制备出密度和导热系数分别为 270.2kg/m^3 和 0.069W/(m·K) 的新型气凝胶泡沫混凝土。

可见，加入气凝胶粉体可有效降低混凝土和泡沫混凝土的密度及导热系数，提升其保温性能。但在制备气凝胶泡沫混凝土的相关研究中，均采用密度较高的气凝胶（>100kg/m^3）。因此，本文探讨采用低密度气凝胶（<100kg/m^3）以获得更低密度和更小导热系数的气凝胶泡沫混凝土的可能性。若采用超低密度气凝胶可获得更低密度和更小导热系数的气凝胶泡沫混凝土，还可以大大减少气凝胶的用量，有效降低成本。

本文分别以较高密度和低密度气凝胶制备气凝胶泡沫混凝土，在气凝胶占体积比率相等的条件下，研究气凝胶密度对气凝胶泡沫混凝土性能（包括密度、导热系数、抗压强度等）的影响规律。

2　实验

2.1　实验原材料

（1）P.O 42.5 普通硅酸盐水泥：由安徽海螺水泥有限公司生产，采用排乙醇法测得密度为 3100kg/m^3，比表面积≥300m^2/g；

（2）较高密度气凝胶粉体（密度为 170kg/m^3）。低密度气凝胶粉体（密度为 75kg/m^3），两种气凝胶粉体的孔隙率均为 95%，粒径均≤250μm，导热系数均约为 0.023W/(m·K)。

（3）双氧水发泡剂：由福建漳州万可涂节能建材公司生产，发泡后泡沫密度为 50kg/m^3。

（4）短切玻璃纤维：由广州市润顺新材料科技有限公司生产，加入玻璃纤维的目的为增强泡沫混凝土的强度。

（5）防水剂：主要成分为硬脂酸钙，由鲁川化工有限公司生产，包装规格为 250g。呈白色固体颗粒，如图 1 所示，其密度为 1.08×10^{-3}kg/m^3，不溶于水，但溶于部分冷的有机溶剂，具有可燃性和吸湿性。

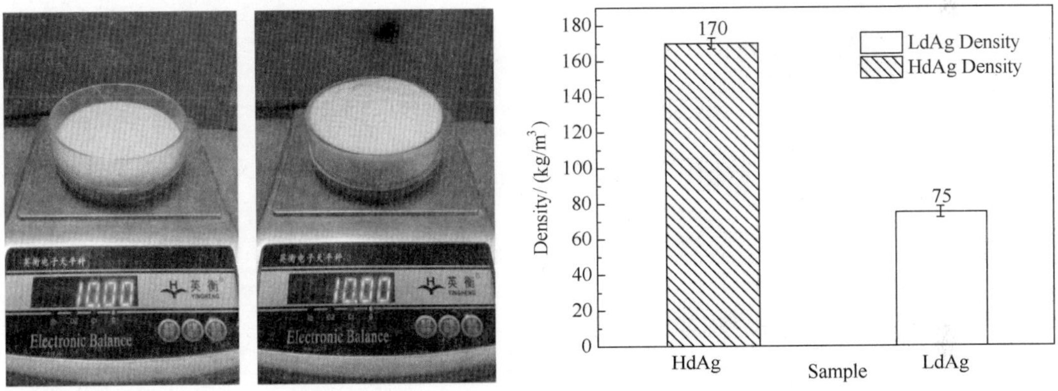

(a)　(b)　(c)

图 1　不同密度的气凝胶粉体及堆积密度

（a）高密度气凝胶（质量为 10.00g）；（b）低密度气凝胶（质量为 10.00g）；（c）堆积密度

图 1（a）和（b）分别为质量为 10.00g 时的高密度气凝胶粉体和低密度气凝胶粉体的自然堆积外观。由图中可以看出，低密度气凝胶粉体在相同质量下所占体积更大。图 1（c）为两种气凝胶三次堆积密度测量平均值，较高密度气凝胶粉体的密度为 170kg/m^3，低密度气凝胶粉体的密度为 75kg/m^3。

2.2　实验设备

（1）电子秤：型号为 T1000，常熟市双杰测试仪器厂生产。

（2）混凝土恒温恒湿养护箱：型号为 HJ-84，沧州鑫兴试验仪器有限公司生产。

（3）发泡机：型号为 HY-1，广州市永昊建设工程有限公司生产。

（4）电热鼓风干燥箱：型号为 GZX-9240MBE，上海市博讯实业有限公司生产。

（5）导热系数测定仪：型号为 Hot Disk 2500s，瑞典 Hot Disk 公司生产。

2.3 气凝胶粉体导热系数测试

气凝胶粉体导热系数测试过程如图 2 所示。将两种密度的气凝胶粉体分别倒入 250mL 量杯中，自然堆积；然后将量杯 125mL 刻度线处开缝，插入事先准备好的 HotDisk 热探头，测量气凝胶粉体的导热系数，分别测试三次，取平均值。

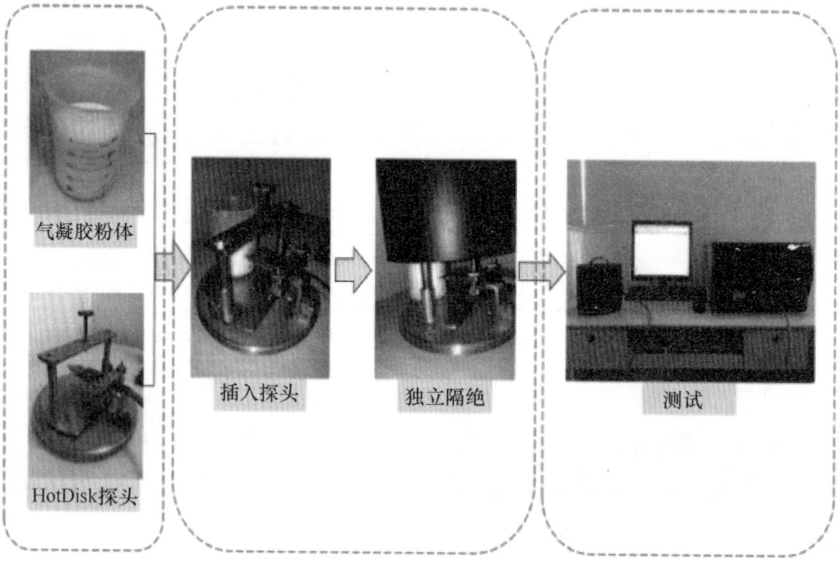

图 2　气凝胶粉体导热系数测试流程

2.4 实验制备流程

气凝胶泡沫混凝土制备流程如图 3 所示。

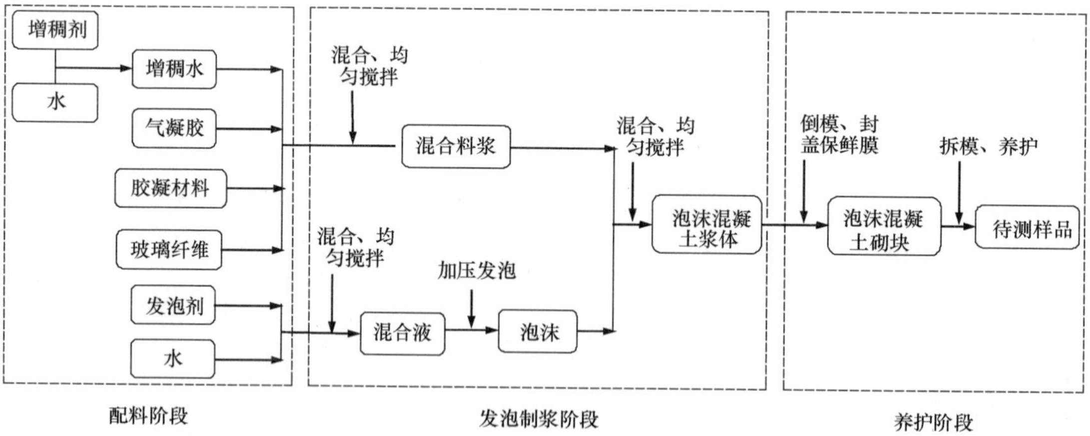

图 3　气凝胶泡沫混凝土制备流程

（1）水和增稠剂质量比为 1000∶3，搅拌均匀制得增稠水。

（2）称量各组实验固体物料（水泥、气凝胶、硬脂酸钙防水剂）并混合均匀得到固体混合干料。

(3) 将增稠水加入固体混合干料中，持续搅拌，并在搅拌过程中不断加入0.5%质量比的短切玻璃纤维，直至得到含有气凝胶的混凝土浆料。

(4) 采用机械加压发泡，将发泡剂与水质量比为1∶40的混合液倒入发泡机中制备泡沫，制备出的泡沫立刻加入混凝土浆料中，快速均匀搅拌得到气凝胶泡沫混凝土浆体。

(5) 模具均匀刷油，将气凝胶泡沫混凝土浆体倒入40mm×40mm×40mm模具中，轻敲击模具边缘防止部分浆体没有下沉，待模具均匀填充后密封保鲜膜，放入40～50℃的恒温恒湿养护箱中静置养护1d后拆模。

(6) 将气凝胶泡沫混凝土模块放入70～80℃的养护箱中养护3d，取出后常温下自然养护至28d，养护期间需要间隔一定时间在试样表面洒水，以保持试块表面湿润，防止水分蒸发导致收缩开裂。

2.5 气凝胶泡沫混凝土配比

根据《泡沫混凝土应用技术规程》(JGJ/T 341—2014)[9]的要求，采用高密度气凝胶与水泥质量比为0.182∶1（即水泥与气凝胶质量比为5.5∶1)，制备气凝胶泡沫混凝土（记为HdAg/FC)；按照气凝胶体积比相等的条件，采用低密度气凝胶与水泥质量比为0.079∶1（即水泥与气凝胶质量比为12.6∶1)，制备气凝胶泡沫混凝土（记为LdAg/FC)。因此，制备质量相等的气凝胶泡沫混凝土，低密度气凝胶质量用量减少44.1%。

实验采用50%的泡沫体积比，制备了两种不同密度的气凝胶混凝土，具体配比见表1。实验中编号1#高密度气凝胶与编号2#低密度气凝胶为等体积替换，两种气凝胶添加的体积比均为21.8%。

表1 实验原料用量及配比

编号	水泥与气凝胶质量比%	材料用量/ (kg/m³)						泡沫体积比/%
		水泥	气凝胶	水	泡沫	玻璃纤维	防水剂	
1#	5.5/1	206.01	37.07	216.29	25	1.01	4.10	50
2#	12.6/1	206.01	16.34	216.29	25	1.01	4.10	50

2.6 气凝胶泡沫混凝土性能测试

2.6.1 干密度试验

将试件放入温度为95～105℃的电热鼓风干燥箱内烘干，直至前后两次相隔4h的质量差不超过试件的0.5%；取出试件放在干燥器内冷却至室温，称取试件质量m_0（精确至0.1g)，质量m_0与体积V的比值即为泡沫混凝土的干密度。每种配比取三个试样，每个试样测量三次，取平均值。

2.6.2 导热系数试验

将试样切割成40mm×40mm×20mm的长方体，采用Hot Disk 2500S导热系数仪测试导热系数，测试温度为30℃，功率为30mV。测试三块试件，每块试件测量三个不同点，取平均值。

2.6.3 抗压强度试验

根据《泡沫混凝土》(JG/T 266—2011)[13]，取试件尺寸为40mm×40mm×40mm，采

用 WD-100KE 电子式万能试验机测试抗压强度，加压速度为 5mm/min。

3 结果与讨论

3.1 泡沫混凝土结构

泡沫混凝土自身有较高的孔隙率，且气孔结构分布对其性能也有较大影响[14-16]。图 4 为采用低密度气凝胶和较高密度气凝胶填充的泡沫混凝土形态及微观结构的对比。由图 4 可知，在泡沫加入量为 50%时，两种泡沫混凝土成型后的孔径结构与分布基本相同，但由于低密度气凝胶粉体更轻，粉体在浆料中分布更加均匀，超轻气凝胶填充的泡沫混凝土成型后的气孔孔径更圆润。

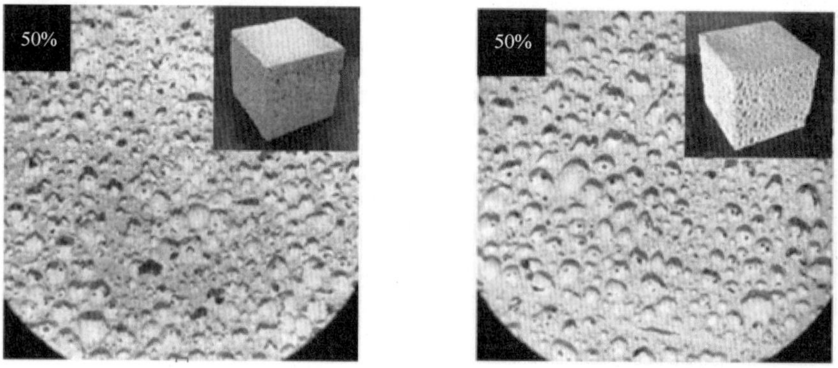

图 4 两种气凝胶泡沫混凝土的光学图片

(a) 采用高密度气凝胶；(b) 采用低密度气凝胶

3.2 气凝胶密度对泡沫混凝土密度、导热系数和抗压强度的影响

3.2.1 气凝胶密度对泡沫混凝土密度的影响

由图 5 可以看出，低密度气凝胶填充的泡沫混凝土密度为 276kg/m^3，低于较高密度气凝胶填充的泡沫混凝土（密度为 362kg/m^3），在加入相同体积的气凝胶时，低密度气凝胶填充的泡沫混凝土所用的气凝胶粉体质量更少，为高密度气凝胶填充泡沫混凝土的 44.1%，造成成型后的泡沫混凝土更轻。

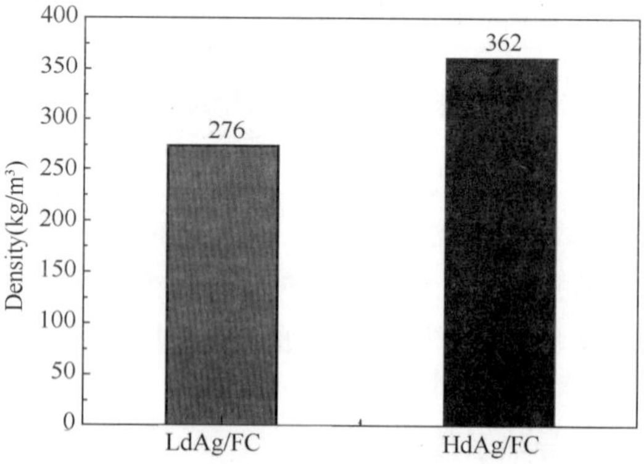

图 5 两种气凝胶泡沫混凝土密度

3.2.2 气凝胶密度对泡沫混凝土导热系数的影响

由图 6 可以看出，低密度气凝胶填充的泡沫混凝土的导热系数小于高密度气凝胶的填充试样，分别为 0.083W/（m·K）和 0.094W/（m·K）。低密度气凝胶填充的泡沫混凝土相较于高密度气凝胶的填充试样导热系数减小了 11.7%。

3.2.3　气凝胶密度对泡沫混凝土抗压强度的影响

由图 7 可以看出，低密度气凝胶泡沫混凝土抗压强度略低于高密度气凝胶泡沫混凝土，分别为 0.37MPa 和 0.38MPa，但二者抗压强度都满足《泡沫混凝土应用技术规程》（JGJ/T 341—2014）的要求。

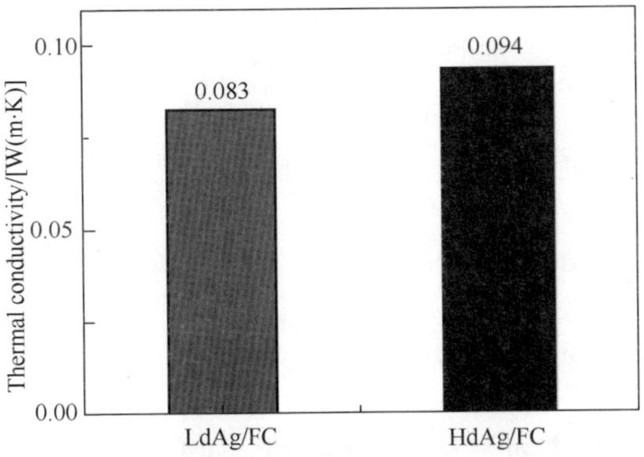

图 6　两种气凝胶泡沫混凝土导热系数

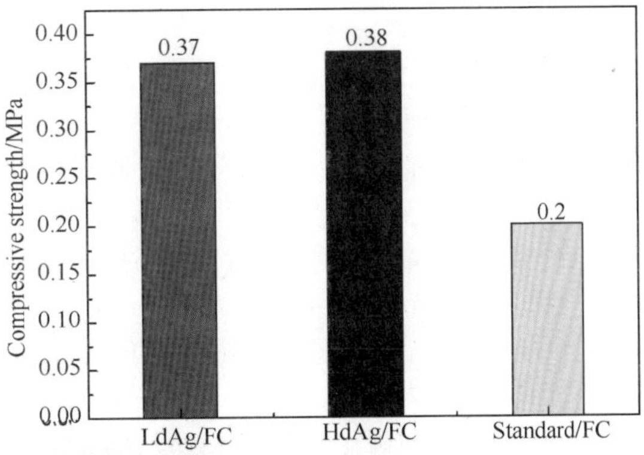

图 7　两种气凝胶泡沫混凝土抗压强度

4　结论

本实验在气凝胶体积比相等的条件下，分别采用较高密度（170kg/m^3）和超轻气凝胶（密度为 75kg/m^3）为保温材料，获得了高性能气凝胶泡沫混凝土，研究了气凝胶密度对泡沫混凝土导热系数、密度和抗压强度的影响，结果表明：

（1）采用较低密度气凝胶填充的泡沫混凝土具有较低的密度和导热系数。

（2）在满足抗压强度要求的情况下，当泡沫体积比为 50%时，添加体积比为 21.8%的低密度气凝胶得到的泡沫混凝土密度更低、导热系数更小，分别为 276kg/m^3 和 0.083W/(m・K)，相比较高密度气凝胶填充的泡沫混凝土分别减小 23.7%和 11.7%；且添加的气凝胶用量减少 44.1%。

（3）等体积采用超轻气凝胶粉体进行填充，在满足抗压强度要求的同时，不仅可以降低成型后的泡沫混凝土密度和导热系数等，提升泡沫混凝土的热工性能，而且可明显减少气凝胶用量，降低成本，促进了超级绝热气凝胶在建筑节能领域的发展应用。

参考文献

[1] Ai L. Construction method of the new thermal insulation material foam concrete[A]//2016 6th International Conference on Management, Education, Information and Control (MEICI 2016). Atlantis Press, 2016

[2] Hu C, Li H, Liu Z, et al. Research on properties of foamed concrete reinforced with small sized glazed hollow beads [J]. Advances in Materials Science and Engineering, 2016(2): 1-8.

[3] Zhang Z, Provis J L, Reid A, et al. Mechanical, thermal insulation, thermal resistance and acoustic absorption properties of geopolymer foam concrete [J]. Cement & Concrete Composites, 2015, 62: 97-105.

[4] 田国鑫，黄俊．浅谈国内外泡沫混凝土的发展与应用[J]．混凝土，2017(3)：124-128.

[5] 吴会军，胡焕仪，陈奇良，等．通过控制醇凝胶强度常压制备低密度疏水 SiO_2 气凝胶[J]．化工学

报，2015，66(10)：4281-4287.

[6] Liang Y，Wu H，Huang G，et al. Prediction and optimization of thermal conductivity of vacuum insulation panels with aerogel composite cores[J]. Procedia Engineering，2017，205：2855-2862.

[7] 钱耀丽. 基于增水性气凝胶的高性能无机保温材料的开发[J]. 新型建筑材料，2017(12)：1-4.

[8] 李朋威，吴会军，杨建明，等. 轻质低导热气凝胶泡沫混凝土的制备与性能实验研究[J]. 硅酸盐通报，2018，37(8)：2555-2561.

[9] 中华人民共和国住房和城乡建设部. 泡沫混凝土应用技术规程(JGJ/T 341—2014)[S]. 北京：中国建筑工业出版社. 2014.

[10] 郭晓煜，张光磊，赵霄云，等. 气凝胶在建筑节能领域的应用形式与效果[J]. 硅酸盐通报，2015(2)：444-449，445.

[11] 付平，吴会军，李朋威. 气凝胶含量对泡沫混凝土孔结构及性能的影响[J]. 新型建筑材料，2018(5)：125-130.

[12] Tao G，Jelle B P，Gustavsen A. Building integration of aerogel glazings[J]. Procedia Engineering，2016，145：723-728.

[13] 中华人民共和国住房和城乡建设部. 泡沫混凝土(JG/T 266—2011)，[S]. 北京：中国标准出版社，2011.

[14] Kuzielová E，Pach L，Palou M. Effect of activated foaming agent on the foam concrete properties [J]. Construction and Building Materials，2016，125：998-1004.

[15] 庞超明，王少华. 泡沫混凝土孔结构的表征及其对性能的影响[J]. 建筑材料学报，2017，20(1)：93-98.

[16] Li P，Wu H，Liu Y，et al. Preparation and optimization of ultra-light and thermal insulative aerogel foam concrete[J]. Construction and Building Material，2019，205：529-542.

[17] 戴雨辰，高培伟，林辉，等. 泡沫混凝土孔结构对抗压强度的影响研究[J]. 新型建筑材料，2018(3)：130-133.

$g\text{-}C_3N_4$复合光催化材料制备及其可见光催化活性研究

申乾宏[1,2,3]，尤增宇[2]，盛建松[1,3]，李跃[1,3]，杨辉[1,2,3]*
（1. 浙江大学浙江加州国际纳米技术研究院，杭州，310058；2. 浙江大学材料科学与工程学院，杭州，310027；3. 浙江大学绿色建材与应用技术工程研究中心，杭州，310027）

摘　要：采用静电自组装的方法将 $g\text{-}C_3N_4$ 纳米颗粒负载到 $g\text{-}C_3N_4$ 多孔块体表面，制备出 $g\text{-}C_3N_4$纳米颗粒修饰的多孔 $g\text{-}C_3N_4$复合光催化材料（CNNP@PCN）。利用 XRD、SEM、TEM、Zeta 电位、DRS、PL、FT-IR 及 XPS 等手段对 CNNP@PCN 进行了测试表征。结果表明，纳米化使 $g\text{-}C_3N_4$ 的光吸收边带发生蓝移，其光学带隙从 2.84eV 增加到 3.40eV。此外，与 $g\text{-}C_3N_4$ 多孔块体相比，$g\text{-}C_3N_4$ 纳米颗粒的价带位置降低了 0.7eV，使得 $g\text{-}C_3N_4$ 多孔块体上的光生电子能够迁移到 $g\text{-}C_3N_4$ 纳米颗粒上，从而获得较高的光生载流子分离效率以及较长的载流子寿命。因此，在可见光辐照下，6CNNP@PCN 复合样品表现出最高的光催化活性，其对有机污染物的分解能力是 $g\text{-}C_3N_4$ 块体材料的 3.4 倍。

关键词：$g\text{-}C_3N_4$ 纳米颗粒　$g\text{-}C_3N_4$ 多孔块体　复合半导体　可见光催化

Preparation and visible-light photocatalytic activities ofg-C_3N_4 photocatalytic composite materials

Shen Qianhong[1,2,3], You Zengyu[2], Sheng Jiansong[1,3], Li Yue[1,3], Yang Hui[1,2,3]*
(1. Zhejiang-California International NanoSystems Institute, Zhejiang University, Hangzhou, China 310058; 2. School of Materials Science and Engineering, Zhejiang University, Hangzhou, China 310027; 3. Green Constructional Materials and Applied Technology Engineering Research Center, Zhejiang University, Hangzhou, China 310027)

Abstract: A novel $g\text{-}C_3N_4$ nanoparticle@porous $g\text{-}C_3N_4$ composite (CNNP@PCN) was fabricated by loading $g\text{-}C_3N_4$ nanoparticles on porous $g\text{-}C_3N_4$ matrix via a simply electrostatic self-assembly method. The CNNP@PCN composite was characterized by various techniques including XRD, SEM, TEM, Zeta potential, DRS, PL, FT-IR and XPS. The results show that the nanolization of $g\text{-}C_3N_4$ leads to an obvious blueshift of the absorption edge, and the band gap is increased from 2.84eV of PCN to 3.40eV of CNNP. Moreover, the VB position of CNNP is about 0.7eV lower than that of PCN, so the photo-generated electrons in PCN can transfer to the conduction band of CNNP, resulting in higher separation efficiency of photo-generated carriers as well as longer carrier lifetime. Therefore, under visible-light irradiation, the 6CNNP@PCN composite shows the highest photocatalytic activity, which is about 3.4 times as that of bulk g-C_3N_4.

Keywords: g-C_3N_4 nanoparticles　Porous g-C_3N_4　Composite semiconductors　Visible-light photocatalysis

1　引言

室内空气污染已成为一种新的污染形式，严重危害人身安全。室内装饰装修产生的甲醛、苯系物等挥发性有机物，会对神经系统、呼吸道系统、消化系统等产生危害，甚至导致癌症和血液方面的疾病。世界卫生组织统计显示，全球每年由室内空气污染引起的死亡人数高达 280 万。中国室内装饰协会环境监测中心统计资料也表明，全国每年约有 11 万人死于由室内空气污染引起的疾病。目前，室内空气的传统净化技术有物理吸附净化、臭氧净化、负氧离子净化、消毒剂净化、紫外线净化等，但这些技术要么是耗用品，需要频繁更换，要么存在净化不彻底、安全性偏低的不足。光催化环境污染治理技术因其净化彻底、可循环使用、无二次污染等优势，在室内空气净化领域展现出广阔的应用前景[1-3]。

g-C_3N_4 是一种新型的可见光催化材料，具有二维层状结构、可调谐的电子结构、良好的热稳定性和化学稳定性等优点，特别是其制备方法简单、绿色无污染和元素成分储量丰富等特点，为其产业化应用提供了基础条件[4]。但是，在实际的研究及应用过程中，g-C_3N_4 仍存在光催化效率不高、光生载流子易复合等问题[5]。目前，研究者们构建了多种 g-C_3N_4 基异质结体系以提高光生载流子的分离效率[6-10]。此外，构造多孔结构也是提高 g-C_3N_4 光催化活性的有效途径[11,12]。多孔结构能够增加催化材料比表面积，提高物质输运的速率，抑制光生载流子复合。同时，多孔 g-C_3N_4 表面往往有较多的活性位点和官能团，能够成为理想的复合光催化材料载体。

本文采用氨水水热法合成多孔 g-C_3N_4，然后通过静电自组装技术制备 g-C_3N_4 纳米颗粒/多孔 g-C_3N_4 复合光催化材料，研究了该复合光催化材料的光吸收特性、光生载流子分离及迁移能力，并探讨了材料结构与性能之间的关系，优化了 g-C_3N_4 光催化材料性能，为 g-C_3N_4 在室内空气净化材料中的应用奠定了基础。

2　实验

2.1　材料制备

将一定量的三聚氰胺置于半封闭的氧化铝坩埚舟中，在空气气氛下，以 3℃/min 的速率升温至 600℃，保温 2h，自然降温至室温后取出黄色块体研磨均匀至粉末状。取 0.2g 块状 g-C_3N_4 分散于 50mL 去离子水中，磁力搅拌 10min 后向该体系中加入一定量的氨水。继续搅拌 30min 后，将上述混合物转移至 100mL 反应釜中，140℃保温 12h。待冷却至室温后，分别用去离子水和无水乙醇将沉淀物离心洗涤两次，60℃烘干 6h，获得多孔g-C_3N_4。

将多孔 g-C_3N_4 分散于去离子水中搅拌分散 30min，然后加入按照文献[3]报道的方法制备的 g-C_3N_4 纳米颗粒（记为 CNNP），超声 1h 后，搅拌 12h。搅拌结束后用无水乙醇离心洗涤两次，60℃烘干 6h。将所得样品置于烘箱中，180℃热处理 1h，得到 g-C_3N_4 纳米颗粒/多孔 g-C_3N_4 复合材料（记为 CNNP@PCN）。为方便表述，将 CNNP 质量分数分别为 1%、

3%、6%、10%的样品标记为 1CNNP@PCN、3CNNP@PCN、6CNNP@PCN 和 10CNNP@PCN。作为参照，多孔 g-C_3N_4 也经过相同搅拌过程，记为 PCN。作为对比，制备 g-C_3N_4 纳米颗粒/块状 g-C_3N_4 复合材料（记为 CNNP/CN）。

2.2 测试表征

采用 APEXII 型 X 射线衍射仪（XRD，Bruker，German）对样品晶体结构、晶格参数等进行分析。采用 Nicolet 5700 型红外光谱测试仪（FT-IR，Thermo Fisher，USA）对样品的分子结构进行分析。采用 Escalab 250Xi 型 X 射线光电子能谱仪（XPS，ThermoFisher，UK）得到样品中元素的结合能，分析元素的化学价态和存在形式。采用 SU-70 型场发射扫描电子显微镜（SEM，Hitachi，Japan）对样品微观形貌进行观测，加速电压为 3kV。采用 Tecnai G2 F20 S-TWIN 型场发射透射电子显微镜（TEM，FEI，USA）对样品的微观结构形貌进行观测，加速电压为 200kV。采用 Zetasizer Nano-ZS 型 Zeta 电位测试仪（Malvern，UK）得到固体样品在去离子水中的带电情况。采用 UV-4100 型紫外-可见分光光度计（Hitachi，Japan）测试可见漫反射光谱。采用 FLS920 型荧光光谱仪（Edinburgh，UK）检测样品的荧光光谱和时间分辨荧光光谱，表征粉末样品的光生载流子分离效率。

样品的光催化活性采用水溶液体系中对目标污染物的降解进行评估。测试过程为：取 50mg 样品研磨均匀，加入到 100mL 浓度为 10mg/L 的亚甲基蓝水溶液（MB）中。在避光条件下磁力搅拌一定时间，使光催化剂与污染物达到吸附-脱附平衡。暗反应结束后开启光源，光源为 300W 氙灯（Perfect Light），采用 420nm 截止滤光片去除紫外光。在固定间隔时间内取混合溶液 3.5mL，10000r/min 条件下离心 10min 后取上层清液，采用 UV-4100 型紫外-可见分光光度计测试污染物溶液在 663nm 处的吸光度。根据 Beer-Lambert 定律，污染物溶液浓度较低时，溶液的浓度 c 与光吸收值 A 成正比，因此可通过式（1）计算得到光催化材料对污染物的降解率。

$$D(\%) = (C_0 - C_t)/C_0 \times 100\% = (A_0 - A_t)/A_0 \times 100\% \tag{1}$$

式中，A_0 与 A_t 分别为 0 时刻与 t 时刻溶液的吸光度，C_0 与 C_t 分别为 0 时刻与 t 时刻溶液中污染物的浓度。以 C_t/C_0 对时间 t 作图，得到污染物光催化降解曲线。

3 结果与讨论

3.1 结构与形貌分析

图 1（a）为样品的 XRD 谱图，可以看出除 CNNP 以外，其他所有样品在 13.2°和 27.4°处均存在两个明显的衍射峰，对应于 g-C_3N_4 的特征衍射峰。小角度衍射峰对应于 g-C_3N_4 层内基本结构单元七嗪结构周期性排列。对于 CNNP，位于 13.2°处的衍射峰几乎消失，这是由纳米颗粒的几何限制效应导致的。对于 CNNP/PCN，27.4°处衍射峰向大角度偏移，这是由于 PCN 相较于 CN 其大角度峰位会向大角度偏移。而 CNNP/CN 相较于 CN 则具有基本相同的峰型。XRD 测试结果表明，在制备过程中，g-C_3N_4 的主体结构没有遭到破坏。图 1（b）为 FT-IR 测试结果，可以看出所有样品在 809cm^{-1} 处与 1200～1600cm^{-1} 范围内表现出 g-C_3N_4 的特征峰型。FT-IR 测试结果与 XRD 共同表明所得样品晶体结构得到保留。

图 2 为样品的 SEM 照片。图 2（a）与图 2（b）为 PCN 的 SEM 照片和高倍率 SEM 照

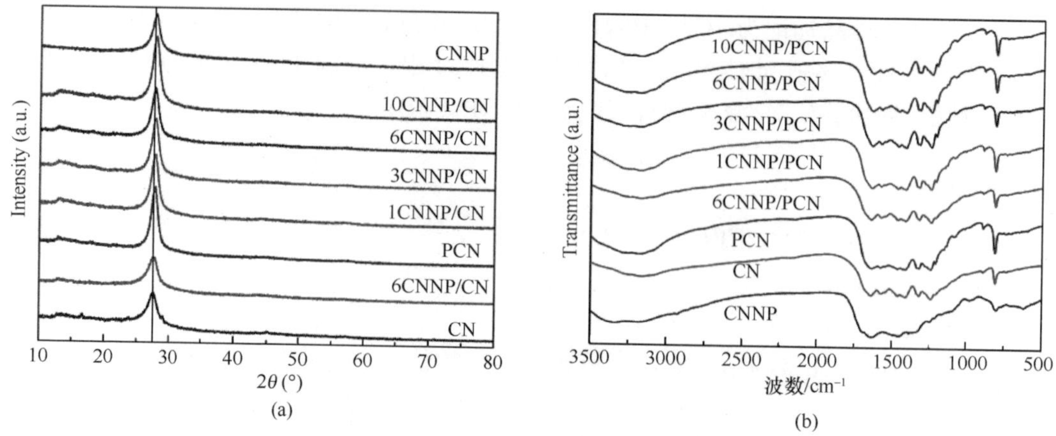

图 1　样品的（a）XRD 谱图与（b）红外光谱

Fig. 1　(a) XRD patterns and (b) FT-IR spectra of as-prepared samples

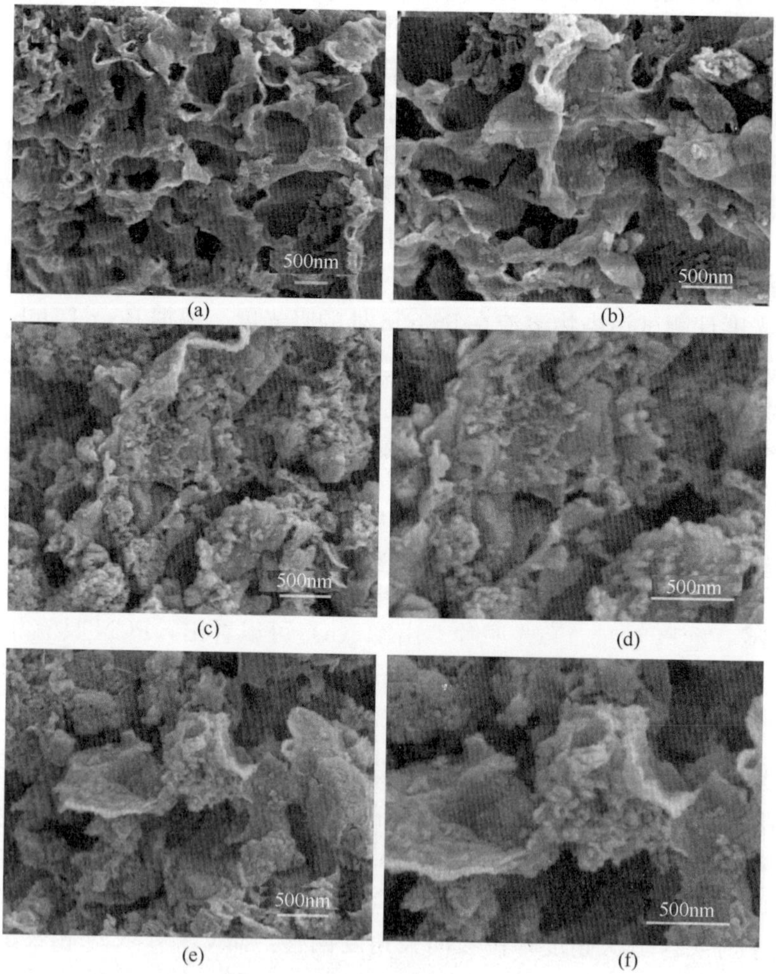

图 2　样品的 SEM 照片（一）

(a)、(b) PCN；(c)、(d) 1CNNP@PCN；(e)、(f) 3CNNP@PCN

Fig. 2　SEM images of

(a)、(b) PCN，(c)、(d) 1CNNP@PCN，(e)、(f) 3CNNP@PCN

图 2　样品的 SEM 照片（二）

（g）、（h）6CNNP@PCN；（i）、（j）10CNNP@PCN

Fig. 2　SEM images of

（g）、（h）6CNNP@PCN and（i）、（j）10CNNP@PCN

片，可以看出 PCN 具有相互连通的孔道与片层状 g-C_3N_4 构成的多孔结构，PCN 表面暴露面积大并且光滑，有利于 CNNP 的负载。图 2（c）与图 2（d）为 1CNNP@PCN 的 SEM 照片和高倍率 SEM 照片，可以看出 CNNP 均匀负载于 PCN 表面，并紧密地与之结合。由图 2（e）～（h）可以看出，随着 CNNP 质量分数由 1%上升至 6%，CNNP 在 PCN 表面的负载量逐渐增加，但 PCN 的孔道结构依然有效地被保留下来。由图 2（i）和图 2（j）可以看出，随着 CNNP 的负载量增加至 10%，PCN 表面负载了过多的 CNNP，过多的 CNNP 除了占据 PCN 表面位置以外，会发生团聚，阻塞 PCN 的孔道结构。

图 3 为 6CNNP@PCN 的 TEM 照片。由图（a）可以看出，PCN 具有相互连通的孔道结构与片层状 g-C_3N_4 构成的多孔结构；尺寸在 50nm 左右的 CNNP 均匀负载于 PCN 表面。

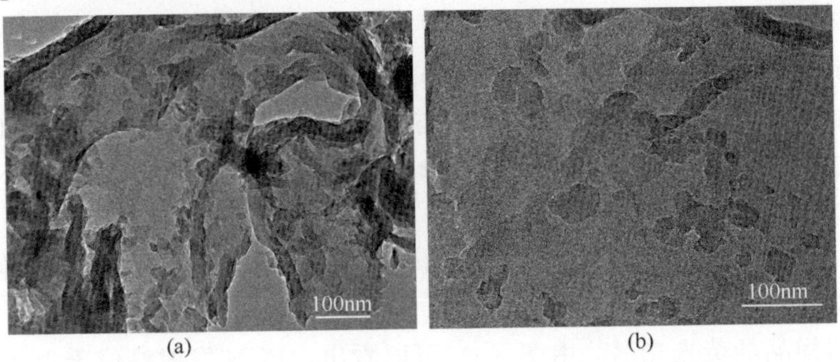

图 3　6CNNP@PCN 的（a）TEM 和（b）高倍率 TEM 照片

Fig. 3（a）TEM and（b）High magnification TEM iamges of 6CNNP@PCN

由图 3（b）可以看出，CNNP 与 PCN 紧密结合在一起，构成了异质结复合结构。Zeta 电位测试表明，CNNP 在去离子水中表面带正电，Zeta 电势为 21.5mV；而 PCN 在去离子水中表面呈负电性，Zeta 电势为－9.97mV。因此，CNNP 在 PCN 表面负载正是利用了两者带电性相反而产生的静电组装作用。

3.2 光学性质分析

图 4 为样品的紫外–可见漫反射光谱。CN 的吸收边带在 450nm 左右，与文献中报道一致。相较于 CN，PCN 的吸收边带发生蓝移，在 430nm 左右，这与其多孔结构有关。多孔化导致 PCN 禁带宽度变大，吸收边带蓝移。相较于 PCN，CNNP 的吸收边带发生进一步蓝移，在 400nm 左右，这是由于纳米颗粒相较于多孔 g-C_3N_4 块体其尺寸进一步减小，禁带宽度进一步增大。对于 CNNP@PCN 体系，其吸收边带随着 CNNP 质量分数的增加而发生轻微的蓝移，这是由于体系中 CNNP 具有较大的禁带宽度。

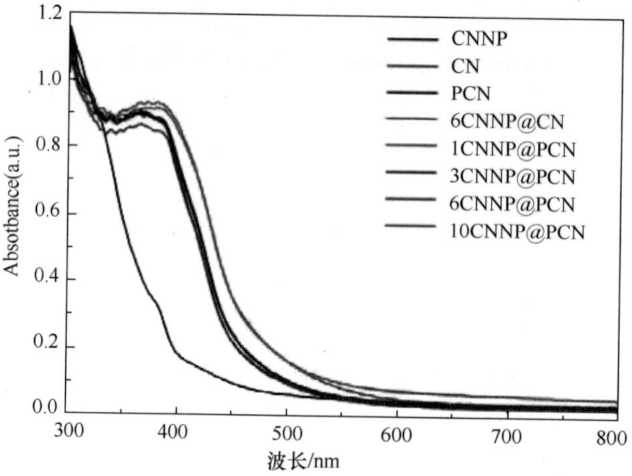

图 4　样品的紫外–可见漫反射光谱

Fig. 4　UV-Vis DRS spectra of as-prepared samples

根据式（2）可以通过转换 DRS 光谱获得相应的光子吸收系数（$\alpha h\nu$）$^{n/2}$ 对光子能量（$h\nu$）的关系曲线。

$$\alpha h\nu \sim (h\nu - E_g)^{(n/2)}/h\nu \tag{2}$$

式中，α 为吸收系数，E_g 为半导体的禁带宽度。对于 g-C_3N_4，$n=1$，通过转换 DRS 曲线得到了（$\alpha h\nu$）^{2} 与 $h\nu$ 的关系曲线[14]。如图 5（a）所示，通过切线法计算得到 CN、PCN 与 CNNP 的禁带宽度分别为 2.76eV、2.84eV 与 3.40eV。图 5（b）为 CNNP@PCN 体系的（$\alpha h\nu$）^{2} 与 $h\nu$ 的关系曲线，计算得到 1CNNP@PCN、3CNNP@PCN、6CNNP@PCN 和 10CNNP@PCN 的禁带宽度分别为 2.85eV、2.86eV、2.88eV 和 2.89eV。相较于 CN 与 PCN，CNNP/PCN 体系具有更大的禁带宽度，因此具有更正或负的价带与导带位置，有利于提升其光生载流子的活性。

图 6 为所得样品的荧光光谱。由图（a）可以看出，PCN 发射峰位于 460nm 左右，相较于 CN 的发射峰（470nm 处）有略微蓝移，其峰强相较于 CN 有少许增加，这都与上文结果相符。当与 CNNP 进行复合后，CNNP@PCN 样品在 460nm 处有较强的发射峰，且峰强均

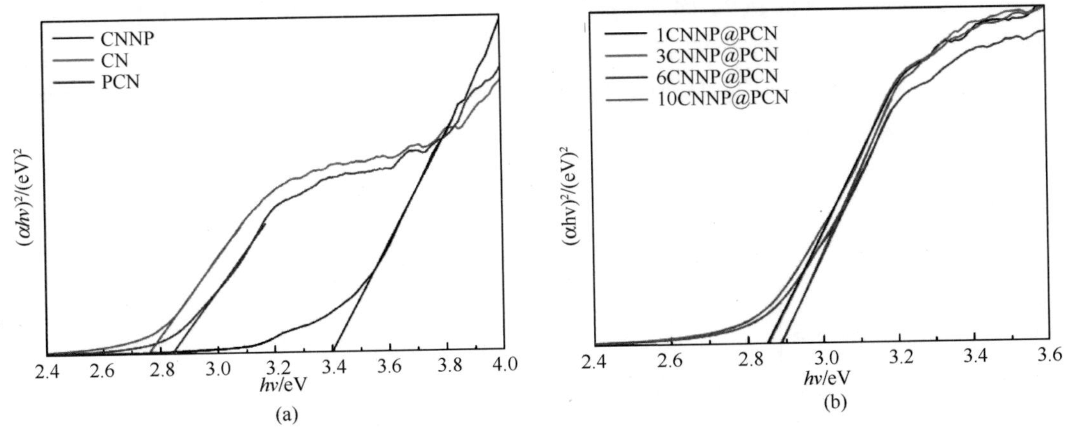

图 5　样品的禁带宽度分析

（a）CNNP、CN 与 PCN；（b）CNNP@PCN

Fig. 5　Bandgap analysis of

（a）CNNP，CN and PCN；（b）CNNP@PCN composites

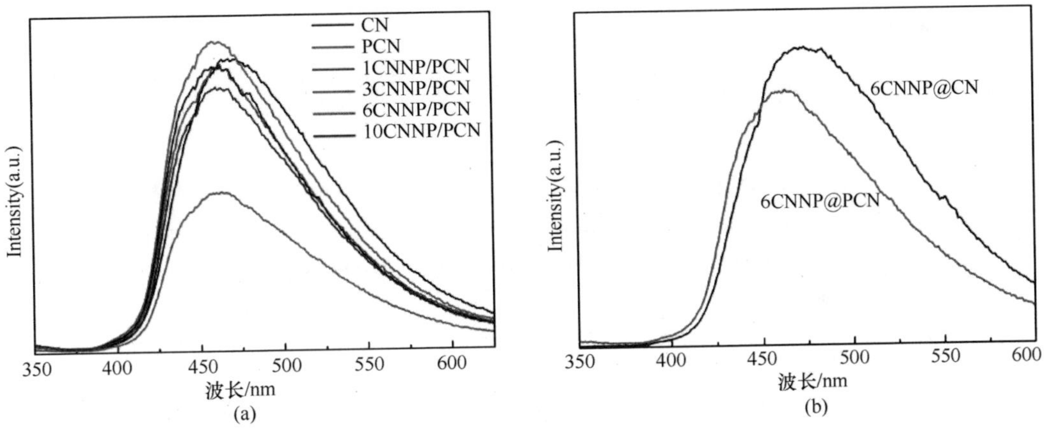

图 6　所得样品的荧光光谱

（a）CN、PCN 与 CNNP@PCN；（b）6CNNP@CN 与 6CNNP@PCN

Fig. 6　PL spectra of

（a）CN，PCN and CNNP@PCN composites；（b）6CNNP@CN and 6CNNP@PCN

小于 PCN，这表明表面负载 CNNP 后，复合体系具有更高的光生载流子分离效率，其中 6CNNP@PCN 峰强最低，因此具有最高的光生载流子分离效率。由图（b）可以看出，相较于 6CNNP@CN，6CNNP@PCN 具有更高的光生载流子分离效率，这是由于一方面 PCN 表面具有更多的活性位点，能够使 CNNP 更均匀有效地负载，另一方面 PCN 具有更高的光生载流子输运能力，能够实现载流子在 CNNP 与 PCN 之间的迁移，从而进一步提高其分离效率。

采用时间分辨荧光光谱进一步研究光生载流子的分离能力。由图 7 可以看出，两个样品的荧光衰减曲线呈现指数方式衰减。采用三指数衰减动力学方程对样品的荧光衰减曲线进行拟合，得到了各部分荧光寿命及占比，见表 1。CN 的载流子平均寿命为 5.64ns，高于 PCN 的 4.39ns，这一结果也与 PL 测试的结果相符。相较于 CN 和 PCN，与 CNNP 进行复合的

6CNNP@CN 和 6CNNP@PCN 样品明显都具有更高的平均荧光寿命。其中，6CNNP@PCN 样品的平均载流子寿命为 8.27ns，高于 CN（5.64ns）、PCN（4.39ns）和 6CNNP@CN（7.81ns），这表明 CNNP@PCN 能够更加有效地抑制光生载流子的复合，从而提高光生载流子分离效率。

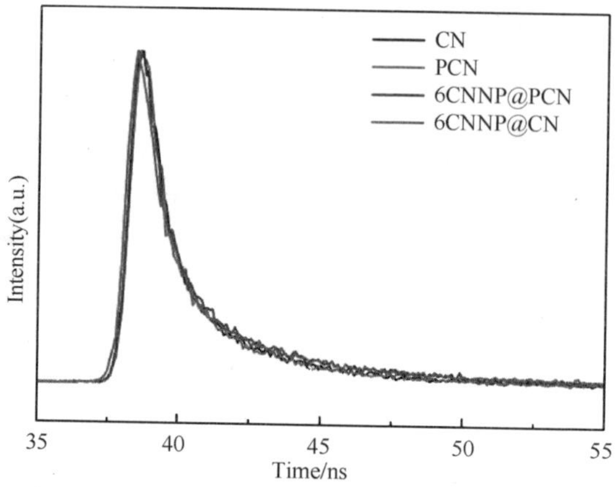

图 7　CN、PCN、6CNNP@PCN 与 6CNNP@CN 的时间分辨荧光光谱

Fig. 7　Time-resolved fluorescence decay spectra of CN, PCN, 6CNNP@PCN and 6CNNP@CN

表 1　CN、PCN、6CNNP@PCN 与 6CNNP@CN 中光生载流子的各部分荧光寿命及占比

Table 1　The radiative fluorescence lifetimes and their relative percentages of photo-generated charge carriers in the CN, PCN, 6CNNP@PCN and 6CNNP@CN

Sample	τ_1	τ_2	τ_3	Average/ns
CN	0.87ns/34.0Rel%	3.51ns/43.6Rel%	16.99ns/22.4Rel%	5.64
PCN	0.84ns/37.0Rel%	3.24ns/47.1Rel%	16.03ns/15.9Rel%	4.39
6CNNP@PCN	1.01ns/42.4Rel%	4.29ns/40.8Rel%	36.22ns/16.8Rel%	8.27
6CNNP@CN	0.98ns/35.4Rel%	4.22ns/40.2Rel%	23.64ns/24.4Rel%	7.81

3.3　光催化性能及机理分析

图 8（a）为样品对 MB 的光催化降解曲线。120 min 内 CN 对 MB 的降解率达到 41%；而对于 PCN，相同时间内对于 MB 的降解率高于 CN，达到 67%。与预期相同，复合体系展现出更高的降解效率。其中，6CNNP@CN 的降解率为 64%，高于 41%。同样地，CNNP@PCN 复合样品也都展现出相较于 PCN 更高的光催化活性，这表明复合体系能够使样品的光催化活性得到提升。值得注意的是，相较于 CNNP@CN 体系，CNNP@PCN 体系展现出更高的光催化活性。其中，6CNNP@PCN 的光催化降解效率最高，为 84%。图 8（b）为相应的一级反应速率常数 k，其拟合公式为 $\ln(C_0/C) = kt$。其中 C_0 与 C 分别为初始和光催化反应 t 时刻 MB 溶液的浓度。通过计算发现，6CNNP@PCN 的一级反应速率常数为 0.906h^{-1}，分别为 CN（0.265h^{-1}）、PCN（0.551h^{-1}）和 6CNNP@CN（0.499h^{-1}）的 3.4 倍、1.6 倍和 1.8 倍。

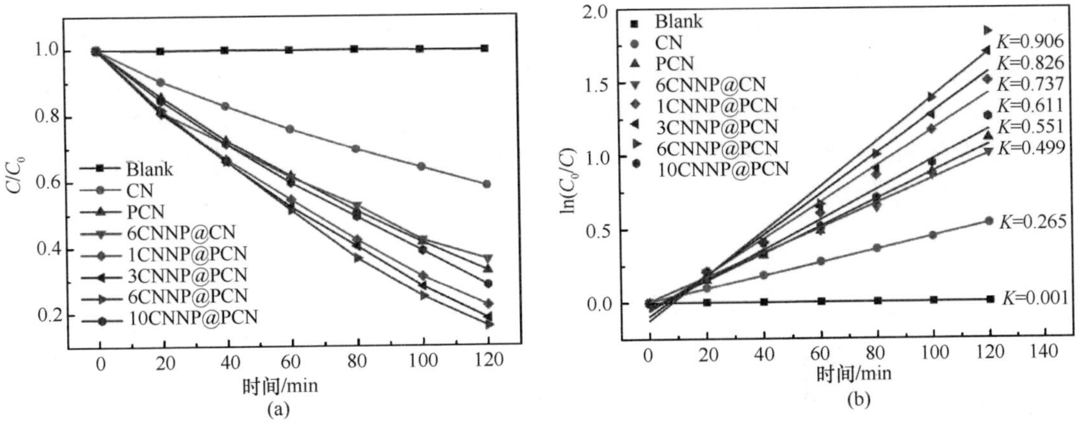

图 8 (a) 光催化降解 MB 曲线及 (b) 一级反应速率常数

Fig. 8 (a) Photocatalytic degradation of MB and (b) the corresponding kinetics

图 9 (a) 为 CNNP 与 PCN 的 XPS 价带谱，可以看出 CNNP 的价带位于 2.51eV，PCN 的价带位于 1.81eV。结合由图 5 计算得到的禁带宽度（CNNP 为 3.40eV，PCN 为 2.84eV），可以得到二者的导带位置分别位于－0.89eV 和－1.03eV。因此，CNNP@PCN 的降解机理可以解释如下［图 9 (b)］：当可见光照射时，PCN 受激发产生光生电子和空穴。由于 PCN 的导带位置为－1.03eV，相较于 CNNP 的导带位置－0.89eV 更小。因此，位于 PCN 导带上的光生电子能够转移至 CNNP，并且与吸附在表面的 O_2 反应生成超氧自由基 $\cdot O_2^-$，从而对污染物产生降解作用；光生空穴将停留在 PCN 的价带能级直接参与污染物降解反应。此外，由于光生电子能够被 CNNP 转移出 PCN，因此该复合体系相较于 PCN 具有更高的光生载流子分离效率。

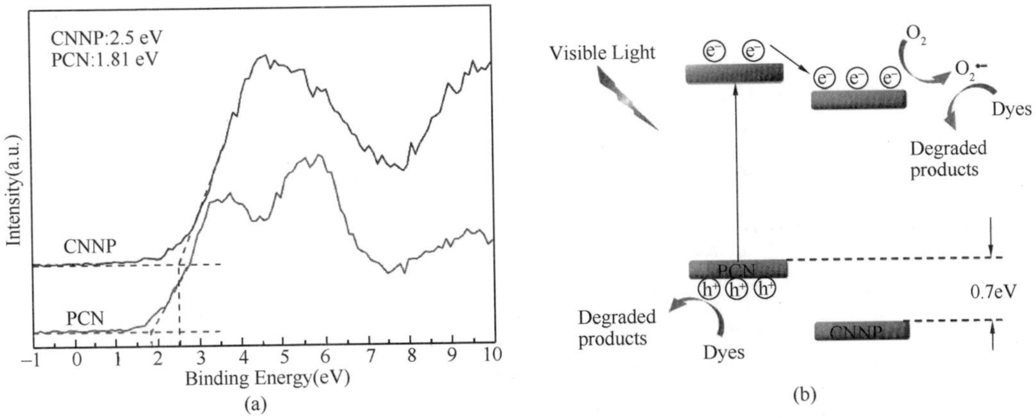

图 9 (a) PCN 与 CNNP 的 XPS 价带谱；(b) 光生载流子转移机制

Fig. 9 (a) VB XPS spectra of PCN and CNNP; (b) Photo-generated electron-hole pair separation and transfer mechanism

4 结论

本文采用氨水水热法制备得到了由相互连通的孔道结构和片状 $g\text{-}C_3N_4$ 构成的多孔

$g\text{-}C_3N_4$。通过静电组装方法将 $g\text{-}C_3N_4$ 纳米颗粒负载于多孔 $g\text{-}C_3N_4$ 表面，获得 $g\text{-}C_3N_4$ 纳米颗粒/多孔 $g\text{-}C_3N_4$ 复合光催化材料。$g\text{-}C_3N_4$ 纳米颗粒/多孔 $g\text{-}C_3N_4$ 复合结构能够有效地促进光生载流子的分离，其中 6CNNP@PCN 展现出最高的分离效率；同时在光催化降解 MB 中，6CNNP@PCN 也展现出最高的光催化反应活性，分别为 CN、PCN 和 6CNNP@CN 的 3.4 倍、1.6 倍和 1.8 倍。该高活性 $g\text{-}C_3N_4$ 复合光催化材料可作为空气净化涂料的功能性填料，应用于室内空气治理。

参考文献

[1] Hoffmann M R, Martin S T, Choi W Y, et al. Environmental applications of semiconductor photocatalysis[J]. Chemical Reviews, 1995, 95(1): 69-96.

[2] Alberici R M, Jardim W E. Photocatalytic destruction of VOCs in the gas-phase using titanium dioxide [J]. Applied Catalysis B: Environmental, 1997, 14(1-2): 55-68.

[3] Paz Y. Application of TiO_2 photocatalysis for air treatment: Patents's overview[J]. Applied Catalysis B: Environmental, 2010, 99(3-4): 448-460.

[4] Wang X, Maeda K, Thomas A, et al. A metal-free polymeric photocatalyst for hydrogen production from water under visible light[J]. Nature materials, 2009, 8(1): 76-80.

[5] You Z, Su Y, Yu Y, et al. Preparation of $g\text{-}C_3N_4$ nanorod/$InVO_4$ hollow sphere composite with enhanced visible-light photocatalytic activities [J]. Applied Catalysis B: Environmental, 2017, 213: 127-135.

[6] Liu X, Jin A, Jia Y, et al. Facile synthesis and enhanced visible-light photocatalytic activity of graphitic carbon nitride decorated with ultrafine Fe_2O_3 Nanoparticles [J]. RSC Advances, 2015, 5 (112): 92033-92041.

[7] Chen J, Shen S, Guo P, et al. In-situ reduction synthesis of nano-sized Cu_2O particles modifying $g\text{-}C_3N_4$ for enhanced photocatalytic hydrogen production[J]. Applied Catalysis B: Environmental, 2014, 152-153: 335-341.

[8] Jiang D, Li J, Xing C, et al. Two dimensional $CaIn_2S_4/g\text{-}C_3N_4$ heterojunction nanocomposite with enhanced visible-Light photocatalytic activities: Interfacial engineering and mechanism insight[J]. ACS Applied Materials & Interfaces, 2015, 7(34): 19234-19242.

[9] Qin T, You Z, Wang H, et al. Preparation and photocatalytic behavior of carbon-nanodots/graphitic carbon nitride composite photocatalyst [J]. Journal of The Electrochemical Society, 2017, 164 (4): H211-H214.

[10] You Z, Wu C, Shen Q, et al. A novel efficient $g\text{-}C_3N_4$@BiOI p-n heterojunction photocatalyst constructed through the assembly of $g\text{-}C_3N_4$ nanoparticles[J]. Dalton Transactions, 2018, 47: 7353-7361.

[11] Shen J, Yang H, Shen Q, et al. Template-free preparation and properties of mesoporous $g\text{-}C_3N_4/TiO_2$ nanocomposite photocatalyst[J]. Cryst Eng Comm, 2014, 16, 1868-1872.

[12] Xu J, Wang Y, Zhu Y. Nanoporous graphitic carbon nitride with enhanced photocatalytic performance [J]. Langmuir: the Acsjournal of surfaces and colloids, 2013, 29(33): 10566-10572.

[13] Wang H, Shen Q, You Z, et al. Preparation of nanoscale-dispersed $g\text{-}C_3N_4$/graphene oxide composite photocatalyst with enhanced visible-light photocatalytic activity[J]. Materials Letters, 2018, 217: 143-145.

[14] Yang S, Gong Y, Zhang J, et al. Exfoliated graphitic carbon nitride nanosheets as efficient catalysts for hydrogen evolution under visible light[J]. Advanced materials, 2013, 25(17): 2452-2456.